地球物理电磁三维数值模拟

THREE-DIMENSIONAL FORWARD MODELING IN EM GEOPHYSICS

殷长春 等 著

科 学 出 版 社

北 京

内 容 简 介

本书回顾了地球物理电磁三维数值模拟的发展历史及研究现状，系统地介绍了作者团队近10年在电磁三维数值模拟方面取得的系列研究成果，并对未来发展方向进行展望。本书主要内容涵盖三维电磁数值模拟中的边值问题、基于交错网格的频域和时域有限差分法、基于结构和非结构网格的有限体积法、基于非结构网格的频域和时域矢量有限元法、基于多种近似的积分方程法、基于结构和非结构六面体网格及GLL和GLC多项式插值基函数的谱元法和基于耦合无单元伽辽金的谱元法。此外，本书还对电磁势及规范化条件、电磁散度校正、吸收边界条件、面向目标的自适应网格加密策略、局部网格、区域分解、后推欧拉时间离散、初始场及源项加载等电磁数值模拟中的关键技术进行了详细介绍。最后，为使得广大读者能够清楚地了解电磁数值模拟方程求解的基本原理，书中还简要介绍了大型线性方程组的直接解法和迭代解法。期待本书能够为广大从事电磁数值模拟的研究人员提供参考。

本书面向三维电磁数值模拟的前沿技术，可作为从事电磁理论和方法技术研究的科技工作者和广大研究生的参考书。

图书在版编目(CIP)数据

地球物理电磁三维数值模拟 / 殷长春等著．—北京：科学出版社，2024.1

ISBN 978-7-03-076631-1

Ⅰ．①地…　Ⅱ．①殷…　Ⅲ．①地球物理场-电磁场-三维数值模拟　Ⅳ．①P3

中国国家版本馆CIP数据核字(2023)第194303号

责任编辑：焦　健 / 责任校对：何艳萍

责任印制：赵　博 / 封面设计：北京图阅盛世

科学出版社 出版

北京东黄城根北街16号

邮政编码：100717

http://www.sciencep.com

北京建宏印刷有限公司印刷

科学出版社发行　各地新华书店经销

*

2024年1月第　一　版　开本：787×1092　1/16

2024年8月第二次印刷　印张：23 3/4

字数：563 000

定价：318.00 元

（如有印装质量问题，我社负责调换）

作 者 名 单

殷长春　刘云鹤　张　博　任秀艳
黄　鑫　王德智　苏　扬　关珊珊

前　言

在撰写本书之前，笔者一直在思考一个问题——三维反演才是地球物理学家追求的目标，为什么要出版关于三维电磁正演的专著？为回答这个问题，需要阐述清楚电磁正演和反演之间的关系。三维电磁正演是三维电磁反演的基础，实用化的三维电磁反演需要内存需求小、网格依赖性小、普适性好、高效和高精度的正演算法。无论采用何种技术手段（梯度下降、全球最小搜索、贝叶斯、机器学习等），如果没有高效的正演算法，则反演难以实现。同时，相比于反演算法种类有限、发展缓慢的现状，正演算法正处于蓬勃发展、百花齐放的阶段，具有广阔的研究空间和应用前景，因此本书聚焦地球物理电磁正演模拟技术，以期为相关研究人员提供参考。

地球物理电磁数值模拟算法研究可追溯到20世纪60～70年代，代表性人物有德国布伦瑞克工业大学Peter Weidelt教授、美国犹他大学Gerald W. Hohmann教授等。这些学者的研究开起了地球物理电磁三维正反演的先河。早期的研究主要集中在较为简单的算法，如积分方程、有限差分和基于结构网格的节点有限元法等。限于当时的计算条件，三维数值模拟主要针对水平地表、简单异常体和地下电性结构简单的小尺度模型。经过地球物理学家们几十年的不懈努力，特别是近20年来随着计算条件和数值计算技术的不断发展，地球物理电磁数值模拟迅速进入"真"三维时代，涌现出基于结构和非结构网格的有限差分及有限元和有限体积法、基于多级近似的积分方程法、基于结构和非结构网格的谱元法、基于通量耦合的间断有限元法和多种混合方法。同时，方程空间离散中的插值基函数由传统的线性插值向高阶、非线性、多尺度、非共形方向发展，模拟的地电模型也从简单的水平地表、简单异常体和小尺度模型向起伏地表、复杂地下电性结构、各向异性、含激电效应、粗糙介质、震电联合、全球尺度等延伸，时域算法也由传统的时频变换和显式时间离散方法向无条件稳定的隐式时间离散方向发展。在降低正演问题规模和节省内存方面，局部网格、自适应网格、八叉树网格和多尺度网格等模型剖分手段极大地减少了正演问题的自由度。在提高计算效率方面，矩阵直接分解类方法、基于高效预处理的Krylov子空间迭代算法大大提升了大型方程组的求解速度，结合区域分解和网格解耦等方法有效解决了正演计算效率和内存需求问题，使得大尺度问题的求解成为可能。总而言之，三维电磁数值模拟进入"真"三维时代后，其算法如雨后春笋般出现。

三维电磁正演模拟中，在算法实现之前需要对几个重要的问题进行深入思考。首先，由电磁场理论中的唯一性定理可知，针对一个由场方程和边界条件确定的边值问题，其解是唯一的。因此，三维电磁正演模拟中无论采用有限差分、有限体积法，还是有限元或谱元法，只要从共同的电磁场方程出发，在采用相同的边界条件下一定能获得相同的解。然而，数值求解过程中的误差问题会导致不同算法、不同插值方式、不同网格或不同时间离散方式具有不同的计算精度，因此第二个需要思考的问题是如何对所开发的各种数值模拟方法进行精度验证。精度验证方法包括自我检验和交叉检验。自我检验包括互易性（交换发射源和接收机）和收敛性（改变网格尺寸、插值基函数阶数等）检验，而交叉检验是对不同方法计算结果进行交叉验证。考虑到不同数值方法均存在自身精度问题，其间的交叉验证仅能说明两种方法达到了相同的计算精度，但无法确定这种精度到底有多高。目前最常用和最有效的检验方法是通过设计一个如半空间或层状介质的简单模型，利用其对应的解析或半解析解进行精度验证。由于一维解析或半解析解精度很高，可将其作为一把高精度的尺子，进行有效的精度验证。第三个需要思考的问题是如何评价一个数值算法的有效性。传统的评价方法主要考虑算法的精度、效率和内存需求。然而，众所周知，所有数值方法均对网格质量有较强的依赖性，这意味着虽然在精度验证时采用合理的网格能够保证很高的计算精度，但在计算其他地球电磁模型时不能保证获得高的计算精度。因此，评价一种新算法的有效性，除了传统的精度、效率和内存需求外，对网格的依赖性也应作为一项重要指标。

本书出版的意义在于对地球物理电磁三维数值模拟的现有算法进行系统的分析和总结。本书主要内容涵盖作者电磁研究团队在过去十多年从事三维电磁数值模拟的最新研究成果，重点对非结构网格有限元法、有限体积法、谱元法和积分方程等数值算法做出详细的介绍。相比之下，在有限差分三维数值模拟方面本团队做的工作有限，书中给出的相关介绍属于基础性内容。同时，书中最后给出的方程组求解方法，只是作者学习和使用相关算法的一些体会，旨在让广大读者在使用各种数值解法时能了解其基本原理，仅供大家参考。

本书共八章。第 1 章阐述三维电磁数值模拟研究的必要性，介绍了地球物理电磁三维数值模拟的发展历史和现状、关键技术和未来发展方向；第 2 章介绍地球物理电磁场边值问题，包括电磁场方程、边界条件、电磁势及规范化条件等；第 3 章介绍有限差分三维电磁数值模拟技术及应用，包括基于交错网格的空间离散及基于时间递推的时域电磁模拟方法、散度校正、吸收边界条件等；第 4 章介绍有限体积数值模拟方法及应用，包括基于结构和非结构网格的有限体积法、局部网格及应用等；第 5 章介绍非结构有限元数值模拟方法，包括控制方程和伽辽金法、有限单元分析、不等步长后推欧拉时间离散、矩阵方程合成及源项加载、边界条件及初始条件，并扩展介绍了平面波大地电磁有限元正演模拟方法、面向目标的自适应网格加密策略和区域分解技术等；第 6 章介绍积分方程法及应用，包括积分方程基本理论及各种近似解法、层状介质并矢格林函数及积分方程快速数值算法；第 7 章介绍谱元法及应用，包括基于 GLL 和 GLC 多项式插值基函数的结构化六面体网格、形变六面体网格谱元法，以及基于耦合无单元伽辽金的谱元法；第 8 章简要介绍三维电磁数值模拟中方程组求解方法，包括直接解法和迭代解法等。本书可作为从事电磁三维数值模拟的科研人员技术参考书，也可作为广大电磁勘探领域研究生的参考教材。

本书由吉林大学殷长春教授担任主编，参编人员包括吉林大学刘云鹤教授、张博副教授、任秀艳副教授、长江大学黄鑫副教授、美国普渡大学王德智博士、国家博士后创新人才苏扬博士、吉林大学关珊珊副教授。另外，本书在撰写过程中，还得到中南大学国家优秀青年科学基金获得者任政勇教授（自适应网格加密算法、大地电磁三维有限元正演及相关算例，并审阅了全书内容）、加拿大 Memorial University 卢绪山博士（非结构网格有限体积法及相关算例）、中国地质调查局发展研究中心邱长凯博士（大型方程组迭代算法及非结构有限元相关算例）、山东大学孙怀凤教授（时域有限差分法部分内容）、中国地质科学院地球物理地球化学勘查研究所高级工程师贲放博士和黄威博士（频域有限差分算法及部分算例）、长安大学齐彦福博士（时域非结构有限元法及相关算例）、成都理工大学惠哲剑博士（时域非结构有限元方法、区域分解技术、不等步长后推欧拉时间离散技术及相关算例）、长江大学曹晓月博士（谱元法及部分大地电磁三维正演算例）的指导和帮助，同时还要感谢吉林大学韩雪、王路远、刘玲、高宗慧、高玲琦、王宁、王涵、马鑫鹏、张鑫崇、陶梦丽、梁昊等给予的支持和帮助。通过本书的撰写，作者深刻体会到只有各团队通力合作才能共同进步，相应地也能够促进学科发展。从这个意义上讲，本专著是多个团队通力合作的共同成果。

目前，国内外在三维电磁数值模拟方面发表的文章较多，但经系统整理和完善后出版的专著较少。期待本书能够起到抛砖引玉的作用，为广大读者提供相关基础知识和研究思路，以推动对三维电磁数值模拟的深入研究和相关工作的广泛开展。然而，由于作者水平有限，特别是部分内容目前还处于研究之中，书中难免存在不完善的地方，甚至出现错误和遗漏，敬请广大读者批评指正。如有任何改进意见，可通过邮件联系作者 yinchangchun@jlu.edu.cn。另外，书中提供的算例均为作者团队近年的研究成果，业内同行如果想使用书中的图片，请注明出处。

需要特别指出，本书中外文人名均采用全国科学技术名词审定委员会给定的术语，有可能与传统的译名存在差异。请广大读者参见 https：//www.termonline.cn，查阅科学技术名词和规范术语。

本书得到国家自然科学基金重点项目（42030806）、国家重点研发计划项目（2021YFB3202104）及国家自然科学基金面上项目（42074120、42274093、42174167、42104070、41774125）及国家博士后创新人才支持计划（BX20220130）的联合资助。

国家海外高端人才
殷长春博士
2023年2月于长春

目　录

第 1 章　电磁三维数值模拟现状及展望

1.1　电磁三维数值模拟的必要性

电磁法作为一种主流的地球物理探测技术起源于 20 世纪初，经过百余年发展，目前已广泛应用于油气与矿产资源勘探、地下水、环境与工程调查、地质灾害预测与监测、地球深部构造与动力学研究等领域(Zhdanov, 2010)。20 世纪末至 21 世纪初，随着计算机技术的不断发展，电磁法数据处理与解释从早期的量板法逐步向自动反演转变。在此期间涌现出许多优秀的电磁数据一维和二维反演方法(Constable et al., 1987)，一定程度地提高了电磁法数据的解释精度和效率。近年来，随着地球物理学科的快速发展，电磁探测开始向深地、深海和深空进军，探测目标的地质环境复杂度和对探测分辨率的需求均大大增加。基于简单模型的一维和二维反演由于无法准确刻画地下三维结构，已不能满足地质勘探精细化解释的需求，亟须研发面向真实世界地下复杂结构的三维电磁反演技术。

电磁探测三维反演的核心是三维数值模拟，因此实现高效、高精度的电磁三维数值模拟是电磁法发展的重要方向。此外，电磁三维数值模拟还可指导仪器设计和研发，为地球物理仪器研发提供技术参数和指标，同时还可以为野外电磁数据采集提供指导，提升目标探测能力、改善勘探效果。

促进电磁三维数值模拟快速发展的另一个重要因素是电子计算机的快速发展和日趋成熟的数值计算方法。目前，在普通个人工作站上可进行百万级甚至千万级未知数的电磁正演问题求解，这可以满足主流电磁探测方法的三维数值模拟需求。对有限元、有限差分、积分方程和谱元法等不断深入研究极大地丰富了电磁三维数值模拟技术，推动了电磁正反演模拟的快速发展。

作为电磁探测数据解释的终极解决方案，电磁三维正反演研究得到全球地球电磁学者的高度重视。截至目前，多国地球物理组织已举办至少 6 次三维电磁数值模拟国际性会议 International Symposium on Three-Dimensional Electromagnetics，出版了电磁三维正反演论文集(Oristaglio and Spies, 1999；Zhdanov and Wannamaker, 2002；Macnae and Liu, 2003)。这个会议汇聚了全球知名的地球电磁学研发人员，共同探讨电磁三维正反演的研究现状、关键技术、应用前景和未来发展方向，有力地推动了电磁三维正反演技术的进步。

综上所述，电磁三维数值模拟研究是趋势。同时，考虑到目前各种计算技术和设备也已相当完善，因此当下也是发展电磁三维数值模拟的黄金时期。可以预期，未来 10 年将是电磁三维数值模拟技术的高速发展期，各种计算电磁学中的先进数值模拟技术将被引入，地球物理电磁三维数值模拟方法将进入百花齐放的蓬勃发展阶段。

1.2　电磁三维数值模拟发展历史

电磁勘探最具有挑战性的研究是有效地获得地下非均匀的三维地质信息(Zhdanov, 2010)。40多年前，Raiche(1974)、Hohmann(1975)和Weidelt(1975)发表了多篇三维地电结构电磁正演的开创性论文。这些文章激励了几代电磁地球物理学家坚持不懈地研发新的电磁正演技术，分析电磁场在复杂地电介质中的传播规律，并进而推广应用到三维电磁反演之中。20世纪末和21世纪初，得益于高性能计算机的快速发展，模拟电磁和地下介质相互作用的解析和数值方法得到快速发展。电磁数值模拟技术的发展历程回顾详见Hohmann(1983)、Avdeev(2005)、Zhdanov(2009)、Börner(2010)、Siripunvaraporn(2012)、Newman(2014)及Pankratov和Kuvshinov(2016)的综述论文。本节简要回顾几种主流数值计算方法在电磁三维数值模拟中的发展历程。

有限差分法是一种发展历史较长、应用范围较广的数值模拟方法。交错网格的提出(Yee, 1966)使得使用有限差分法模拟电磁场时能够很好地处理内部物性差异引起的电磁场不连续的现象(Avdeev, 2005；汤井田等, 2007)。另外，该方法还具有算法相对简单、易于编程实现等优点。这些优势使得目前有限差分法在三维电磁模拟领域仍然具有很强的活力。在地球电磁学领域中，Jones和Pascoe(1972)率先应用该技术模拟了三维不均匀介质中的地磁场，Dey和Morrison(1979)随后将其引入直流电阻率法的三维数值模拟当中。目前，有限差分法已广泛应用于大地电磁法(Smith and Booker, 1991；Mackie et al., 1994；Egbert and Kelbert, 2012)、可控源电磁法(Newman and Alumbaugh, 1995；Weiss and Constable, 2006)等的三维数值模拟中。除了将其应用于求解频域电磁法的正演问题外，另一种主流的有限差分技术——时域有限差分法也被广泛应用于地球物理电磁问题的数值模拟之中(Wang and Hohmann, 1993；Wang and Tripp, 1996；Commer and Newman, 2004；Maaø, 2007)。Weidelt(1999)、Weiss和Newman(2002, 2003)将有限差分法应用于各向异性介质的电磁场模拟中，Uyeshima和Schultz(2000)利用曲边交错网格实现了全球电磁感应的模拟，而Weiss(2010)利用三角化的有限差分技术研发了一种计算全球电磁感应的新方法。为了进一步提高有限差分技术模拟复杂介质的能力，Gao等(2021)提出了多分辨网格有限差分技术，利用局部网格细化实现在不显著增加网格数量的前提下有效地提升复杂介质中电磁场模拟精度，推动了有限差分技术在电磁数值模拟方向不断向前迈进。

有限元法是20世纪50年代兴起的一种数值模拟方法，最早被应用于结构力学领域数值模拟。1971年，Coggon首次将该方法应用到地球物理领域，实现了二维直流电阻率法正演模拟，Kaikkonen(1979)随后将有限元方法应用于甚低频电磁问题模拟，Pridmore等(1981)对应用有限单元法模拟三维直流和交流电磁响应问题进行了论述。早期的有限元法为节点有限元方法。该方法强制要求在单元边界上所有场是连续的，因此无法描述场的突变情况。此外，节点有限元法无法保证单元内部散度为零，容易出现伪解。Nédélec(1980, 1986)提出的棱边有限元方法完美地解决了介质不连续性导致场不连续情况下的正演模拟问题，并且保证了单元内部散度为零。Jin等(1999)是最早应用棱边有限元法对地球电磁问题进行模拟的一批学者，利用谱兰乔斯分解(spectral Lanczos decomposition method，SLDM)分别计算了窄频带和短时时域有限元解。随后，Mitsuhata 和 Uchida(2004)通过将磁场分解为电矢量势和磁标量势，并结合棱边有限元方法，实现了大地电磁三维正演。Nam 等(2007)基于棱边有限元法和形变六面体网格实现了起伏地形条件下大地电磁三维正演。与规则形体网格相比，三角单元和四面体网格在模拟复杂形体时更加灵活，因此基于三角形和四面体网格的有限元方法在过去十余年中受到高度关注(Puzyrev et al.，2013；Ansari and Farquharson，2014；Yin et al.，2016a，2016b)。在这种有限元方法中，如何合理地设置网格剖分密度来获取满意的计算精度和效率是非常重要的，因此自适应网格剖分技术成为过去 10 年中电磁正演模拟的研究热点之一。早期的自适应网格剖分有限元技术主要应用于电磁二维模拟中。Key 和 Weiss(2006)及 Franke 等(2007)率先展示了利用自适应有限元方法模拟复杂结构大地电磁二维响应的技术优势。通过合理加密网格，在明显提高计算精度的情况下不会过多增加计算量。Li 和 Key(2007)进一步将自适应有限元方法应用于求解海洋可控源电磁二维正演模拟问题，Ren 和 Tang(2010)率先将自适应有限元方法应用于直流电法三维正演模拟。随后，Schwarzbach 等(2011)进一步使用基于电场旋度超收敛性的全局自适应算法求解了海洋可控源电磁三维正演问题，Ren 等(2013)提出了使用基于电磁场连续性条件的面向目标自适应算法进行大地电磁三维正演问题求解，而 Yin 等(2016c)实现了面向目标自适应航空电磁三维正演模拟。八叉树网格虽然不如非结构四面体网格在模型剖分上灵活，但也可进行合理局部加密，且在模型剖分和编程实现上更加容易，已发展成为一种主流的有限元网格剖分技术。Haber 等(2012)基于八叉树网格自适应有限元方法对三维电磁正演问题进行求解，取得了很好的应用效果。

积分方程法最早于 1969 年由 Dmitriev 引入电磁数值模拟中。1974 年 Raiche 给出了三维异常介质所满足的积分方程及其离散形式。随后，Weidelt(1975)推导了任意层状介质中张量格林函数表达式。基于前人的研究，Ting 和 Hohmann(1981)使用积分方程法模拟了均匀半空间中埋有异常体模型的三维大地电磁响应，而 Newman 和 Hohmann(1988)则对层状介质中埋有异常体模型的瞬变电磁响应进行了模拟。Xiong(1992)在 SYSEM 代码中给出了积分方程法，有力促进了积分方程法的进一步发展。与有限差分和有限元技术需要全局离散的模拟方式不同，积分方程法仅需对异常区域进行离散，因此具有快速、精确地模拟层状背景模型中的三维紧凑异常体电磁响应的技术优势。然而，当需要计算大规模和复杂地电结构时，由于积分方程法正演矩阵是密实的，求解难度较大。为解决这一难题，人们提出多种近似方法以提高积分方程的计算效率。1993 年 Habashy 等提出了局部非线性近似法，这一技术很大程度地改善了积分方程法的计算效率。随后，犹他大学的 Zhdanov 教授团队提出了目前广泛应用的拟线性近似技术(Zhdanov and Fang，1996a，1996b)、拟线性序列方法(Zhdanov and Fang，1997)、拟解析近似技术(Zhdanov et al.，2000)和矩阵压缩方法(Zhdanov et al.，2002)等，为积分方程法的发展做出了重要贡献。针对规则网格积分方程法模拟复杂形体计算精度差的问题，任政勇等(2017)提出了基于非结构四面体网格的体积分方程法，实现了起伏地表大地电磁三维正演模拟。目前，积分方程法已经被众多学者应用于地球物理电磁数值模拟之中(Avdeev et al.，1998；Farquharson and Oldenburg，2002；Kuvshinov et al.，2002；Zhdanov et al.，2006；Gao and Torres-Verdin，2006；陈桂波等，2009)。

有限体积法又称控制体积法，是20世纪60~70年代发展起来的一种主要用于求解流体和热传导问题的数值模拟方法。该方法将计算区域划分为一系列不重复的控制体积，并保证每个网格点周围有一个控制体积。通过将待解的微分方程对每一个控制体积进行积分，得到控制方程的离散形式。有限体积法满足控制体积内通量守恒特性，且每一项物理意义明确。相比之下，其他离散方法，如有限差分法，仅当网格极其细密时离散方程才满足积分守恒。在电磁法领域，有限体积法应用起步较晚。早期的工作中Madden和Mackie(1989)利用交错网格有限体积法实现了大地电磁三维正演。对于可控源电磁法，Weiss和Constable(2006)利用有限体积法开展了海洋可控源电磁三维正演模拟研究。值得一提的是，2000年之后，加拿大英属哥伦比亚大学(UBC)Oldenburg教授团队在有限体积法方面开展了大量的工作，对推动有限体积法在电磁数值模拟领域的发展做出了重要贡献。Haber等(2000)利用势方程有限体积法实现了可控源电磁的三维模拟。随后UBC的有限体积法研究工作主要针对瞬变电磁方法，并结合多种网格剖分方法和求解技术在瞬变电磁三维正反演研究中取得了系列研究成果(Haber and Ascher, 2001; Haber et al., 2002; Haber and Heldmann, 2007; Yang and Oldenburg, 2012; Oldenburg et al., 2013)。近年来，UBC对有限体积法的突出贡献是将多尺度拟态有限体积技术应用到三维电磁正演模拟中(Haber and Ruthotto, 2014)。该项技术不仅保持了有限体积法的守恒特性，还能够有效地处理复杂构造。有限体积法另一个内在的技术优势是适用于多种网格剖分情况，为其模拟复杂地电模型提供了前提。Jahandari和Farquharson(2014)利用非结构网格有限体积法对三维电磁正演问题进行了研究，随后Jahandari和Farquharson(2015)又提出了基于势方程的非结构网格有限体积正演方法，并成功将其应用于大地电磁的三维正演模拟中。

谱元法是将谱方法和有限元方法相结合发展起来的一种求解偏微分方程的高精度数值模拟算法。该方法与谱方法的不同之处在于它在每个网格剖分的区域进行谱积分运算，与有限元方法的不同之处在于其采用高阶正交多项式作为基函数。该方法继承谱方法固有的指数收敛特性，并兼顾有限元方法对复杂地电模型模拟的灵活性，可在保证计算精度前提下获得最佳计算效率，实现计算速度和精度同步优化。20世纪80年代中期，Patera(1984)提出基于高斯-洛巴托-切比雪夫(Gauss-Lobatto-Chebyshev, GLC)基函数的谱元法，并将其应用于流体力学方程求解。Rønquist和Patera(1987)扩展了谱元法的插值基函数形式，将高斯-洛巴托-勒让德(Gauss-Lobatto-Legendre, GLL)多项式作为谱元法基函数用于求解偏微分方程。20世纪90年代，该方法的应用领域逐渐从流体力学研究延伸到声波和地震波场等的求解(Priolo and Seriani, 1991; Seriani, 1997; Komatitsch and Tromp, 1999; Komatitsch et al., 2005; 林伟军等, 2018)。21世纪谱元法受到计算电磁学领域的广泛关注，被用于微波和电路仿真研究(Lee and Liu, 2004; Lu and Li, 2007)。与计算电磁学的应用场景不同，地球物理电磁中的地电模型尺度大、结构复杂，并且低频电磁散射效应远远小于扩散效应。迄今为止，仅有少数学者采用谱元法模拟地球物理电磁场。Zhou等(2016)首先尝试将区域分解与谱元法结合求解频域电磁场在地下的传播特征，随后Zhou等(2017)利用谱元法模拟了2.5维海洋电磁正演响应。本书作者所在的团队近年对谱元法进行了较为深入的研究，分别利用基于GLL和GLC多项式构建的插值基函数模拟航空电磁和海洋电磁响应，获得了高精度的三维模拟结果(Huang et al., 2017, 2019, 2021; 刘玲等，2018；Yin et al.，2017，2019，2021）。一些其他电磁法的数值模拟技术，如无网格法、边界元法和混合方法等，由于篇幅所限，此处不予介绍。

1.3　电磁三维数值模拟方法

电磁三维数值模拟方法种类繁多，分类方式目前尚无统一的标准。本书从以下几个方面进行简单的分类。

(1)麦克斯韦方程组具有积分形式和微分形式，因此电磁数值模拟方法也可以分为积分方程法和微分方程法。目前积分方程法中只有体积分方程法在电磁三维数值模拟中获得应用，未见其他基于积分方程的数值模拟技术。有限差分法、有限元法、有限体积法和谱元法等均从麦克斯韦方程组微分形式推导出控制方程，同属于微分方程法。

(2)偏微分方程的离散方法主要有强形式和弱形式。强形式是指由于物理模型的复杂性和各种边界条件的限制，因此对微分方程解有很强的要求。目前应用较多的是配点法(包括直接配点法和移动配点法)。强形式中场变量测试函数的可微阶数需达到偏微分方程的最高阶数。相比之下，弱形式弱化对微分方程解的要求。它不拘泥于个别特殊点，而是对一定范围内解的积分进行限制，使其可以离散的形式存在。弱形式主要有伽辽金(Galerkin)法、局部边界积分方程、加权最小二乘法等。当场的二阶导数连续时，弱形式与强形式本质上是等价的，但弱形式为构造出稳定收敛的数值方法提供了更加灵活的选择空间。目前电磁数值模拟方法中有限差分法为强形式方法，有限体积法既可用强形式也可用弱形式求解，而有限元法和谱元法等为典型的弱形式求解方法。

(3)在求解时域问题时，电磁数值模拟可以分为隐式和显式两种方法。隐式方法需要构建所有时间道的整体正演方程，然后通过依次求解每个时间道的正演方程获得各时间道的解。显式方法在推导过程中也构建了整体的正演方程，但是通过特殊的时间离散技术或降阶方法使得正演矩阵变为对角阵，此时只需递推即可完成所有时间道电磁响应的求解。隐式方法的缺点在于需要多次求解正演方程，计算量大，而优势在于时间步长与网格大小可灵活选择，计算精度容易得到保障。相比之下，显式方法的优势在于不需要求解大型线性方程组，结合区域分解和并行技术可求解超大规模的电磁正演问题。然而，显式方法的缺陷在于时间步长的选择需要满足柯朗-弗里德里希斯-列维(Courant-Friedrichs-Levy，CFL)条件，网格尺度不能过大。另外，应用该方法处理复杂问题时易出现正演网格规模过大、计算效率降低的现象。

(4)根据对电磁场描述方式的不同，电磁数值模拟方法可以分为求解电磁场方程和势方程两种。电磁场方程的物理意义明确，因此求解电磁场方程是目前广泛应用的主流技术。然而，对于空气介质中电导率接近零的情况，麦克斯韦方程变为近奇异的系统。甚至在大地介质中，最终的微分算子也是强耦合且非严格椭圆的。由于电磁法使用的频率较低，在这个频段离散麦克斯韦方程组会出现解的不连续性。这种不连续性会导致离散解和连续解的特征向量不同(Schroeder and Wolff，1994)，从而导致数值解不准确。产生这种现象的物理原因在于对旋度算子零解空间的近似不够精确。直接求解电磁场方程时需额外加入散度校正进行修正。相比之下，通过将电磁场方程转换为势方程，可以将电磁场分解为活动的解空间和零解空间，且由于施加规范化条件对势进行校正，改善了解的收敛性。求解势方程的缺点是未知数变多，方程规模变大，计算相对耗时。

(5)按照不同的网格剖分，电磁数值模拟方法可以分为规则网格法和非规则网格法。早期的数值模拟技术大多基于规则六面体网格剖分。该网格数值计算难度较小，易于实现。特别是交错网格的提出有力推动了规则六面体网格在电磁数值模拟中的广泛应用。随着对复杂形体数值模拟精度要求的不断提高，在传统规则网格基础上逐步发展了八叉树网格及多分辨网格等可灵活加密的规则网格以及形变六面体网格等，一定程度上巩固了六面体网格在数值模拟中的地位。与之相比，非结构四面体网格在拟合复杂形体时具有更好的灵活性，在有限元法、积分方程法和有限体积法中获得广泛应用，目前已成为电磁三维数值模拟的研究热点。

(6)特别值得介绍的一种数值模拟技术为有理函数 Krylov 子空间法。与常规数值模拟技术直接求解大型线性方程组的方式不同，该方法的基本思想是将正演响应表示为发射频率的传递函数，从而实现一定频率范围内所有频率的正演响应的同步求解。然而，由于该传递函数的分母包含大维度离散系数矩阵，难以直接求解，通常采用降阶技术求解该传递函数。Knizhnerman 等(2009)提出的基于 m 维有理函数 Krylov 子空间投影的模型降阶方法具有很好的近似特征，是目前该类方法中的主流技术。该方法的优势在于可同时计算多个频率或多个时间道的电磁响应，但缺点在于数据灵敏度矩阵不易求取，因此在电磁反演应用中受限。

1.4　电磁三维数值模拟关键技术

经过几十年的发展，电磁三维数值模拟技术目前已趋于成熟，其中的一些关键问题与技术难点简要介绍如下。

(1)网格质量控制。网格剖分质量的优劣对数值模拟的精度有严重的影响。特别是目前流行的非结构四面体网格剖分方法，如果四面体的形状过于狭长、过扁，各种数值算法均无法得到精确的计算结果。除了网格形状对精度的影响，优化设计网格剖分以实现利用有限的网格数量获取高精度的计算结果也非常重要。虽然目前已提出了一些自适应加密技术，但仍无法获得最优的网格分布。因此，如何利用数值方法对网格剖分的质量进行评价并根据具体问题的特殊性对网格进行自适应剖分，是非常重要的研究课题。

(2)大型线性方程组求解。当待求解问题很大时，电磁三维数值模拟对内存需求很大，常常导致任务无法在个人电脑和工作站上完成。特别是对于目前主流的直接求解技术而言，方程分解后占用的内存过大，导致只能对有限未知数的问题进行求解。迭代法内存需求小，可适用于解决大规模正演问题，但其对方程的条件数要求很高，没有合适的预处理技术降低条件数时，求解过程收敛很慢甚至会出现发散的情况。因此，研究高效、高精度且内存占用小的求解技术是电磁三维正反演实用化进程中的关键问题。

(3)时间离散的步长选择问题。时域电磁数值模拟中的时间步长选择对计算精度影响较大。在显式时域正演方法中，人们可根据 CFL 条件对时间步长进行限制，而在隐式的求解方法中目前尚无合理的步长选择方法。虽然隐式方法时间离散可保证无条件稳定，即早期的数值误差不会传播到晚期，但时间步长的选择仍以经验为主。时间步长选择过小时浪费计算资源，而过大时局部时间道电磁响应会出现突跳现象。为利用直接求解器一次分解可多次回代的优势，目前时域电磁隐式求解方法的时间步长主要采用分段等步长的方式，导致时间步数通常为几百至上千个。可否采用合理的对数等间隔时间步长来减少时间步数，进而提高计算效率尚需进一步研究。因此，探索隐式方法中时间步长的选择与网格大小和介质参数之间的关系，对于提高时域电磁正演计算效率具有重要意义。

(4) 复杂地质模型的快速建模。电磁三维数值模拟建模方法目前只能采用商业化软件或相关开源代码，如 Gmesh、Comsol、hitmesh 和 TetGen 等。这些软件代码适用于建立简单形状的地电模型，构建复杂模型时耗时过长。因此，如何从地质目标出发，利用可视化技术高效地建立与地下真实电性结构接近的三维模型是电磁三维数值模拟走向实用化的必经之路。

1.5　电磁三维数值模拟发展方向

(1) 基于人工智能技术的三维电磁模拟方法。人工智能技术近年来取得了快速发展，在地球物理数据去噪、成像和反演领域均获得应用。随着物理驱动神经网络 (physics informed neural network，PINN) 及类似技术的提出，深度神经网格在物理场模拟中开始占有一席之地。虽然在电磁法的三维模拟中尚未见到相关报道，但可期待在不久的将来，人工智能技术将成为电磁三维数值模拟的新生力量。

(2) 高效的迭代求解预处理技术。迭代法对内存需求小，适合在有限的计算资源下开展大尺度模型的正演研究，是电磁三维数值模拟的主要求解技术。为保证迭代法的收敛速度，高效的预处理技术不可或缺。传统的预处理方法无法胜任这项工作，目前较为有效的方法为辅助空间块状预条件子。针对不同的问题研发高效的预处理技术是未来电磁三维数值模拟中的重要研究方向。

(3) 基于几何多重网格的电磁三维数值模拟方法。代数多重网格方法对于正演方程求解的加速效果有限，如希望从根本上提高大尺度模型三维正演计算效率，需要研发基于几何多重网格的数值模拟方法。在直流电法正演问题求解中，几何多重网格已经可以在秒级求解上亿未知数的正演模拟问题，但对于交流问题，相关的研究不够深入，目前仍没有达到预期的效果。因此，研发基于几何多重网格的电磁三维数值模拟方法对解决大尺度模型三维电磁快速仿真具有重要意义。

(4) 基于高阶插值基函数的正演模拟技术。插值基函数的阶数与单元内场的近似精度密切相关。目前关于电磁三维数值模拟方法，大多研究如何通过加密网格实现高精度计算，而对于插值基函数的研究相对较少。单纯利用网格加密技术提高计算精度的代价很大，网格加密和提高基函数阶数两种方法相互配合，是提高电磁三维正演精度的优选策略。

(5) 研究合理的吸收边界条件。目前电磁法数值模拟中 (时域有限差分法等显式方法除外) 主要通过大范围的扩边使电磁场满足设定的边界条件，进而实现三维正演计算。扩边不仅会导致未知数的个数增多，而且其剖分质量会对数值精度产生影响。研究开发合适的吸收边界条件可完美解决以上这些问题，也是值得深入研究的课题。

(6)高度并行化的电磁三维数值模拟技术。电磁三维数值模拟方法中并行计算问题虽然目前已经取得了一定的进展，但仍局限于分频率、分时间或分测点等粗粒度的并行计算，系统化、粗粒度和细粒度兼备，融合区域分解、云计算和其他相关技术的高效并行化等相关研究成果相对较少。随着对计算模型尺度和精细程度要求的不断提高，为解决大尺度复杂模型的三维正演问题，研发高度并行化的电磁三维数值模拟技术势在必行。

(7)基于混合方法的电磁三维数值模拟技术。目前多种电磁三维数值模拟技术已发展相当成熟，各具特点和优势。在一个正演问题中如何有效地融合多种方法的优势来达到最优的计算效果是一个值得思考的问题。目前计算电磁学领域已有相关的研究，可以系统地学习与借鉴应用。

(8)球坐标系下的电磁三维数值模拟技术。目前的电磁三维数值模拟技术均在直角坐标系下进行方程离散。该类算法虽然可以解决绝大部分问题，但是当模拟诸如全球电磁感应问题时，没有球坐标系直接和方便。随着地球深部结构和构造研究、矿产资源勘查、地质灾害预测、大尺度海洋动力学及气候变化等研究的不断深入，对全球电磁感应数值模拟的研究正在逐步加强，有必要开展球坐标系下电磁三维数值模拟技术研究。

(9)多尺度电磁三维正演模拟技术。地球物理探测工作效率不断提高，探测范围越来越广，导致观测数据量越来越大。同时，对地球物理探测精度要求越来越高，不仅要对大尺度区域结构和构造进行有效解释，同时还要求能对局部小尺度结构进行精细刻画。针对这种多尺度模型，采用传统的数值模拟方法网格剖分数太多、求解的方程组太大，常规计算条件难以实现。为此，研发多尺度电磁三维数值模拟技术至关重要。目前正在研发的间断伽辽金法并结合区域分解、非共形网格、*hp* 自适应等技术有很好的发展前景。

(10)粗糙介质电磁三维数值模拟技术。粗糙介质中电磁场扩散称为异常扩散(anomalous diffusion)或亚扩散(subdiffusion)，它仅与介质的几何性质有关(如岩石裂缝、孔隙分布等)且表现出明显的频散特征。在此类介质中欧姆定律由传统的乘积形式变为褶积形式，从而描述电磁场扩散过程的双旋度方程变成包含分数阶时间导数的形式。求解粗糙介质电磁三维数值模拟的关键在于如何实现对这些非整数阶微分算子的离散问题。粗糙介质中电磁扩散问题研究将有助于了解介质中裂隙或孔隙发育特征。目前针对粗糙介质电磁三维数值模拟技术的研究刚刚起步，具有广阔的研究空间。

1.6　电磁三维数值模拟应用前景

电磁三维数值模拟是三维反演的基础，在三维反演解释软件的研发中占有重要地位。此外，高精度的电磁仿真在勘探施工设计、仪器研发指标制定和参数设计、深地和深海资源勘探、环境与工程、地下水资源探测、防灾减灾、城市地下空间透明化、军事地球物理等方面均可发挥重要作用。随着越来越多的电磁卫星在轨运行，全球电磁三维数值模拟在未来的国防、地质灾害预测和环境调查、气候变化等研究领域也有一定的用武之地。

1.7 小　　结

电磁三维数值模拟技术过去受计算条件限制，没有得到很好的开发和应用。随着计算技术的快速发展，电磁三维数值模拟目前已取得巨大进步。各种数值模拟方法各有优缺点。针对不同的计算目标，可以选用不同的计算手段。然而，总体目标是在获得高计算精度的同时，有效提高计算效率。在后续各章节中将分别介绍各种电磁三维数值模拟方法，对比各种算法的优缺点并给出其适用的领域。

参 考 文 献

陈桂波，汪宏年，姚敬金，等. 2009. 用积分方程法模拟各向异性地层中三维电性异常体的电磁响应. 地球物理学报，52(8)：2174-2181.

林伟军，苏畅，Seriani G. 2018. 多网格谱元法及其在高性能计算中的应用. 应用声学，37(1)：42-52.

刘玲，殷长春，刘云鹤，等. 2018. 基于谱元法的频率域三维海洋可控源电磁正演模拟. 地球物理学报，61(2)：756-766.

任政勇，陈超健，汤井田，等. 2017. 一种新的三维大地电磁积分方程正演方法. 地球物理学报，60(11)：4506-4515.

汤井田，任政勇，化希瑞. 2007. 地球物理学中的电磁场正演与反演. 地球物理学进展，22(4)：1181-1194.

Ansari S M, Farquharson C G. 2014. 3D finite-element forward modeling of electromagnetic data using vector and scalar potentials and unstructured grids. Geophysics, 79(4): E149-E165.

Avdeev D B. 2005. Three-dimensional electromagnetic modeling and inversion from theory to application. Surveys in Geophysics, 26: 767-799.

Avdeev D B, Kuvshinov A V, Pankratov O V, et al. 1998. Three-dimensional frequency-domain modelling of airborne electromagnetic responses. Exploration Geophysics, 29(1-2): 111-119.

Börner R U. 2010. Numerical modelling in geo-electromagnetics: Advances and challenges. Survey in Geophysics, 31: 225-245.

Coggon J H. 1971. Electromagnetic and electrical modeling by the finite element method. Geophysics, 36(1): 132-155.

Commer M, Newman G. 2004. A parallel finite-difference approach for 3D transient electromagnetic modeling with galvanic sources. Geophysics, 69(5): 1192-1202.

Constable S C, Parker R L, Constable C G. 1987. Occam's inversion: A practical algorithm for generating smooth models from electromagnetic sounding data. Geophysics, 52(3): 289-300.

Dey A, Morrison H F. 1979. Resistivity modeling for arbitrary shaped three-dimensional structures. Geophysics, 44(4): 753-780.

Dmitriev V I. 1969. Electromagnetic Fields in Inhomogeneous Media. Moscow: Moscow State University.

Egbert G D, Kelbert A. 2012. Computational recipes for electromagnetic inverse problems. Geophysical Journal International, 189(1): 251-267.

Farquharson C G, Oldenburg D W. 2002. Chapter 1 An integral-equation solution to the geophysical electromagnetic forward-modeling problem. Methods in Geochemistry and Geophysics, 35: 3-19.

Franke A, Börner R U, Spitzer K. 2007. Adaptive unstructured grid finite element simulation of two-dimensional magnetotelluric fields for arbitrary surface and seafloor topography. Geophysical Journal International, 171(1): 71-86.

Gao G, Torres-Verdin C. 2006. High-order generalized extended born approximation for electromagnetic scattering. IEEE Transactions on Antennas and Propagation, 54(4): 1243-1256.

Gao J Y, Smirnov M, Smirnova M, et al. 2021. 3-D time-domain electromagnetic modeling based on multi-resolution grid with application to geomagnetically induced currents. Physics of the Earth and Planetary Interiors, 312: 106651.

Habashy T M, Groom R W, Spies B R. 1993. Beyond the Born and Rytov approximations: A non-linear approach to electromagnetic scattering. Journal of Geophysical Research, 98(B2): 1759-1775.

Haber E, Ascher U M. 2001. Fast finite volume simulation of 3D electromagnetic problems with highly discontinuous coefficients. SIAM Journal on Scientific Computing, 22(6): 1943-1961.

Haber E, Heldmann S. 2007. An octree multigrid method for quasi-static Maxwell's equations with highly discontinuous coefficients. Journal of Computational Physics, 223(2): 783-796.

Haber E, Ruthotto L. 2014. A multiscale finite volume method for Maxwell's equations at low frequencies. Geophysical Journal International, 199(2): 1268-1277.

Haber E, Ascher U M, Aruliah D A, et al. 2000. Fast simulation of 3D electromagnetic problems using potentials. Journal of Computational Physics, 163(1): 150-171.

Haber E, Ascher U, Oldenburg D W. 2002. 3D forward modeling of time domain electromagnetic data. https://citeseerx.ist.psu.edu/viewdoc/download;jsessionid=4E0E7F1487B4EE1805063E66500A97FD?doi=10.1.1.329.9787&rep=rep1&type=pdf[2023-4-10].

Haber E, Holtham E, Granek J, et al. 2012. An adaptive mesh method for electromagnetic inverse problems. https://www.xueshufan.com/publication/2322823762[2023-4-10].

Hohmann G W. 1975. Three-dimensional induced polarization and electromagnetic modeling. Geophysics, 40(2): 309-324.

Hohmann G W. 1983. Three-dimensional EM modeling. Geophysical Survey, 6(1-2): 27-53.

Huang X, Yin C C, Cao X Y, et al. 2017. 3D anisotropic modeling and identification for airborne EM systems based on the spectral-element method. Applied Geophysics, 14(3): 419-430.

Huang X, Yin C C, Farquharson C G, et al. 2019. Spectral-element method with arbitrary hexahedron meshes for time-domain 3D airborne electromagnetic forward modeling. Geophysics, 84(1): E37-E46.

Huang X, Farquaharson C, Yin C C, et al. 2021. A 3D forward modeling approach for airborne electromagnetic data using a modified spectral-element method. Geophysics, 86(5): E343-E354.

Jahandari H, Farquharson C G. 2014. A finite-volume solution to the geophysical electromagnetic forward problem using unstructured grids. Geophysics, 79(6): E287-E302.

Jahandari H, Farquharson C G. 2015. Finite-volume modeling of geophysical electromagnetic data on unstructured grids using potentials. Geophysical Journal International, 202(3): 1859-1876.

Jin J, Zunoubi M, Donepudi K C, et al. 1999. Frequency-domain and time-domain finite-element solution of Maxwell's equations using spectral Lanczos decomposition method. Computer Methods in Applied Mechanics and Engineering, 169(3-4): 279-296.

Jones F W, Pascoe L J. 1972. The perturbation of alternating geomagnetic fields by three-dimensional conductivity-inhomogeneities. Geophysical Journal International, 27(5): 479-485.

Kaikkonen P. 1979. Numerical VLF modeling. Geophysical Prospecting, 27(4): 815-834.

Key K, Weiss C. 2006. Adaptive finite-element modeling using unstructured grids: The 2D magnetotelluric example. Geophysics, 71(6): G291-G299.

Knizhnerman L, Druskin V, Zaslavsky M. 2009. On optimal convergence rate of the rational Krylov subspace reduction for electromagnetic problems in unbounded domains. SIAM Journal on Numerical Analysis, 47(2): 953-971.

Komatitsch D, Tromp J. 1999. Introduction to the spectral element method for three- dimensional seismic wave propagation. Geophysical Journal International, 139(3): 806-822.

Komatitsch D, Tsuboi S, Tromp J. 2005. The spectral-element method in seismology. Geophysical Monograph, 157

Kuvshinov A V, Avdeev D B, Pankratov O V, et al. 2002. Modelling electromagnetic fields in a 3D spherical earth using a fast integral equation approach. In: Zhdanov M S and Wannamaker P E(ed). Three- dimensional electromagnetics: Proceedings of the second international symposium. Elsevier.

Lee J H, Liu Q H. 2004. Analysis of 3D Eigenvalue Problems based on A Spectral Element Method. Monterey CA : Int. Union Radio Science(URSI) Meeting Abstract.

Li Y, Key K. 2007. 2D marine controlled-source electromagnetic modeling: Part 1—An adaptive finite-element algorithm. Geophysics, 72(2): WA51-WA62.

Lu G Z, Li Y F. 2007. The Study of Spectral Element Method in Electromagnetic Fields. Guilin: International Symposium on Antennas, Propagation & EM Theory.

Maaø F A. 2007. Fast finite-difference time-domain modeling for marine-subsurface electromagnetic problems. Geophysics, 72(2): A19-A23.

Mackie R L, Smith J T, Madden T. 1994. Three- dimensional electromagnetic modeling using finite difference equations: The magnetotelluric example. Radio Science, 29(4): 923-935.

Macnae J, Liu G. 2003. Proceedings of Three- dimensional Electromagnetics III. Adelaide : Australia Society of Exploration Geophysics.

Madden T R, Mackie R L. 1989. Three- dimensional magnetotelluric modeling and inversion. Proceedings of the IEEE, 77(2): 318-333.

Mitsuhata Y, Uchida T. 2004. 3D magnetotelluric modeling using the T-Ω finite- element method. Geophysics, 69(1): 108-119.

Nam M J, Kim H J, Song Y, et al. 2007. 3D magnetotelluric modelling including surface topography. Geophysical Prospecting, 55(2): 277-287.

Nédélec J C. 1980. Mixed finite elements in R3. Numerische Mathematik, 35: 315-341.

Nédélec J C. 1986. A new family of mixed finite elements in R3. Numerische Mathematik, 50: 57-81.

Newman G A. 2014. A review of high-performance computational strategies for modeling and imaging of electromagnetic induction data. Surveys in Geophysica, 35: 85-100.

Newman G A, Alumbaugh D L. 1995. Frequency- domain modeling of airborne electromagnetic responses using staggered finite differences. Geophysical Prospecting, 43(8): 1021-1042.

Newman G A, Hohmann G W. 1988. Transient electromagnetic responses of high- contrast prisms in a layered earth. Geophysics, 53(5): 691-706.

Oldenburg D, Haber E, Shekhtman R. 2013. Three-dimensional inversion of multisource time domain electromagnetic data. Geophysics, 78(1): E47-E57.

Oristaglio M J, Spies B R. 1999. Three-dimensional Electromagnetics. SEG : Geophysical Developments Series 7.

Pankratov O, Kuvshinov A. 2016. Applied Mathematics in EM Studies with Special Emphasis on an Uncertainty Quantification and 3-D Integral Equation Modelling. Surveys in Geophysics, 37: 109-147.

Patera A T. 1984. A spectral element method for fluid dynamics: Laminar flow in a channel expansion. Journal of

Computational Physics, 54(3): 468-488.

Pridmore D, Hohmann G, Ward S, et al. 1981. An investigation of finite-element modeling for electrical and electromagnetic data in three dimensions. Geophysics, 46(7): 1009-1024.

Priolo E, Seriani G. 1991. A Numerical Investigation of Chebyshev Spectral Element Method for Acoustic Wave Propagation. Dublin: Proceedings of 13rd IMACS Conference on Computation and Applied Mathematics.

Puzyrev V, Koldan J, de la Puente, et al. 2013. A parallel finite-element method for three-dimensional controlled-source electromagnetic forward modeling. Geophysical Journal International, 193(2): 678-693.

Raiche A P. 1974. An integral equation approach to three-dimensional modelling. Geophysical Journal of the Royal Astronomical Society, 36(2): 363-376.

Ren Z Y, Tang J T. 2010. 3D direct current resistivity modeling with unstructured mesh by adaptive finite-element method. Geophysics, 75(1): H7-H17.

Ren Z Y, Kalscheuer T, Greenhalgh S, et al. 2013. A goal-oriented adaptive finite-element approach for plane wave 3-D electromagnetic modeling. Geophysical Journal International, 194(2): 700-718.

Rønquist E M, Patera A T. 1987. A Legendre spectral element method for the Stefan problem. International Journal for Numerical Methods in Engineering, 24(12): 2273-2299.

Schroeder W, Wolf I. 1994. The origin of spurious modes in numerical solutions of electromagnetic field eigenvalue problems. IEEE Transactions on Microwave Theory and Techniques, 42(4): 644-653.

Schwarzbach C, Börner R U, Spitzer K. 2011. Three-dimensional adaptive higher order finite element simulation for geo-electromagnetics—a marine CSEM example. Geophysical Journal International, 187(1): 63-74.

Seriani G. 1997. A parallel spectral element method for acoustic wave modeling. Journal of Computational Acoustics, 5(1): 53-69.

Siripunvaraporn W. 2012. Three-dimensional magnetotelluric inversion: An introductory guide for developers and users. Surveys in Geophysics, 33: 5-27.

Smith J T, Booker J R. 1991. Rapid inversion of two- and three- dimensional magnetotelluric data. Journal of Geophysical Research, 96(B3): 3905-3922.

Ting S C, Hohmann G W. 1981. Integral equation modeling of three- dimensional magnetotelluric response. Geophysics, 46(2): 182-197.

Uyeshima M, Schultz A. 2000. Geoelectromagnetic induction in a heterogeneous sphere: A new three-dimensional forward solver using a conservative staggered- grid finite difference method. Geophysical Journal International, 140(3): 636-650.

Wang T, Hohmann G W. 1993. A finite- difference, time- domain solution for three- dimensional electromagnetic modelling. Geophysics, 58(6): 797-809.

Wang T, Tripp A. 1996. FDTD simulation of EM wave propagation in 3-D media. Geophysics, 61(1): 110-120.

Weidelt P. 1975. Electromagnetic induction in three- dimensional structures. Journal of Geophysics, 41(1): 85-109.

Weidelt P. 1999. 3D conductivity models: implications of electrical anisotropy. https://www.researchgate.net/publication/289243309_8_3-D_Conductivity_Models_Implications_of_Electrical_Anisotropy[2023-4-15].

Weiss C J. 2010. Triangulated finite difference methods for global- scale electromagnetic induction simulations of whole mantle electrical heterogeneity. Geochemistry Geophysics Geosystems, 11(11): 1-15.

Weiss C J, Constable S. 2006. Mapping thin resistors and hydrocarbons with marine EM methods, part II-modeling and analysis in 3D. Geophysics, 71(6): G321-G332.

Weiss C J, Newman G A. 2002. Electromagnetic induction in a generalized 3D anisotropic earth. Geophysics, 67

(3): 1104-1114.

Weiss C J, Newman G A. 2003. Electromagnetic induction in a generalized 3 anisotropic earth part 2 the LIN preconditioner. Geophysics, 68(3): 922-930.

Xiong Z H. 1992. EM modeling of three-dimensional structures by the method of system iteration using integral equations. Geophysics, 57(12): 1556-1561.

Yang D K, Oldenburg D. 2012. Three-dimensional inversion of airborne time-domain electromagnetic data with applications to a porphyry deposit. Geophysics, 77(2): B23-B34.

Yee K S. 1966. Numerical solution of initial boundary problems involving Maxwell's equations in isotropic media. IEEE Transactions on Antennas and Propagation, 14(3): 302-309.

Yin C C, Qi Y F, Liu Y H. 2016a. 3D time-domain airborne EM modeling for an arbitrarily anisotropic earth. Journal of Applied Geophysics, 131: 163-178.

Yin C C, Qi Y F, Liu Y H, et al. 2016b. 3D time-domain airborne EM forward modeling with topography. Journal of Applied Geophysics, 134: 11-22.

Yin C C, Zhang B, Liu Y H, et al. 2016c. A goal-oriented adaptive finite-element method for 3D scattered airborne electromagnetic method modeling. Geophysics, 81(5): E337-E346.

Yin C C, Huang X, Liu Y H, et al. 2017. 3D modeling for airborne EM using spectral element method. Journal of Environmental and Engineering Geophysics, 22(1): 13-23.

Yin C C, Liu L, Liu Y H, et al. 2019. 3D frequency-domain airborne EM forward modeling using spectral element method with Gauss-Lobatto-Chebyshev polynomials. Exploration Geophysics, 50(5): 461-471.

Yin C C, Gao Z H, Su Y, et al. 2021. 3D airborne EM forward modeling based on time-domain spectral element method. Remote Sensing, 13(4): 1-18.

Zhdanov M S. 2009. Geophysical electromagnetic theory and methods. Methods in Geochemistry and Geophysics, 43: i-iii.

Zhdanov M S. 2010. Electromagnetic geophysics: Notes from the past and the road ahead. Geophysics, 75(5): 75A49-75A66.

Zhdanov M S, Fang S. 1996a. Quasi-linear approximation in 3-D EM modeling. Geophysics, 61(3): 646-665.

Zhdanov M S, Fang S. 1996b. 3-D quasi-linear electromagnetic inversion. Radio Science, 31(4): 741-754.

Zhdanov M S, Fang S. 1997. Quasi-linear series in 3-D EM modeling. Radio Science, 32(6): 2167-2188.

Zhdanov M S, Wannamaker P E. 2002. Three-dimensional electromagnetics. https://www.elsevier.com/books/three-dimensional-electromagnetics/author/978-0-444-50429-6[2023-4-15].

Zhdanov M S, Dimitriev V I, Fang S, et al. 2000. Quasi-analytical approximations and series in electromagnetic modeling. Geophysics, 65(6): 1746-1757.

Zhdanov M S, Portniaguine O, Hursan G. 2002. Compression in 3-D integral equation modeling. Methods in Geochemistry and Geophysics, 35: 21-42.

Zhdanov M S, Lee S K, Yoshioka K. 2006. Integral equation method for 3D modeling of electromagnetic fields in complex structures with inhomogeneous background conductivity. Geophysics, 71(6): G333-G345.

Zhou Y, Shi L, Liu N, et al. 2016. Spectralelement method and domain decomposition for low-frequency subsurface EM simulation. IEEE Geoscience and Remote Sensing Letters, 13(4): 550-554.

Zhou Y, Zhuang M, Shi L, et al. 2017. Spectral-element method with divergence-free constraint for 2.5-D marine CSEM hydrocarbon exploration. IEEE Geoscience and Remote Sensing Letters, 14(11): 1973-1977.

第 2 章　电磁理论基础

2.1　麦克斯韦方程组

2.1.1　微分形式

麦克斯韦方程是地球物理电磁学的基本方程，其微分形式可表示如下：

$$
\begin{cases}
\nabla\times \boldsymbol{H} = \boldsymbol{J} + \dfrac{\partial \boldsymbol{D}}{\partial t} \\
\nabla\times \boldsymbol{E} = -\dfrac{\partial \boldsymbol{B}}{\partial t} - \mu\dfrac{\partial \boldsymbol{M}_i}{\partial t} \\
\nabla\cdot \boldsymbol{B} = 0 \\
\nabla\cdot \boldsymbol{D} = \rho_0
\end{cases}
\tag{2.1}
$$

式中，$\boldsymbol{H}$ 为磁场强度；$\boldsymbol{E}$ 为电场强度；$\boldsymbol{D}$ 为电位移矢量；$\boldsymbol{B}$ 为磁感应强度；电流密度 $\boldsymbol{J}=\boldsymbol{J}_i+\boldsymbol{J}_c$，$\boldsymbol{J}_i$为外加电流源，而 $\boldsymbol{J}_c$为传导电流密度；$\dfrac{\partial \boldsymbol{D}}{\partial t}$为位移电流密度；$\boldsymbol{M}_i$ 为外加磁流源；ρ_0为体电荷密度。根据 Hohmann(1983)，$\boldsymbol{J}_i$对应一个大线圈或接地导线中的电流，而 $\boldsymbol{M}_i$ 对应单位体积的磁矩。在电导率不为零的均匀介质中，积累电荷随时间衰减并快速消失，因此可以将均匀介质中积累电荷设为零，即 $\rho_0=0$。此时，式(2.1)变为

$$
\begin{cases}
\nabla\times \boldsymbol{H} = \boldsymbol{J} + \dfrac{\partial \boldsymbol{D}}{\partial t} \\
\nabla\times \boldsymbol{E} = -\dfrac{\partial \boldsymbol{B}}{\partial t} - \mu\dfrac{\partial \boldsymbol{M}_i}{\partial t} \\
\nabla\cdot \boldsymbol{B} = 0 \\
\nabla\cdot \boldsymbol{D} = 0
\end{cases}
\tag{2.2}
$$

此外，电磁场之间还存在如下本构关系：

$$
\begin{cases}
\boldsymbol{J}_c = \sigma\boldsymbol{E} \\
\boldsymbol{B} = \mu\boldsymbol{H} \\
\boldsymbol{D} = \varepsilon\boldsymbol{E}
\end{cases}
\tag{2.3}
$$

式中，μ 为磁导率；ε 为介电常数；σ 为电导率。

将式(2.3)代入式(2.2)中，消去其中的 $\boldsymbol{D}$ 和 $\boldsymbol{B}$，并假设磁导率和介电常数不随时间发生变化，则有

$$\begin{cases}\nabla\times\boldsymbol{H}=\boldsymbol{J}+\varepsilon\dfrac{\partial\boldsymbol{E}}{\partial t}\\ \nabla\times\boldsymbol{E}=-\mu\dfrac{\partial\boldsymbol{H}}{\partial t}-\mu\dfrac{\partial\boldsymbol{M}_i}{\partial t}\\ \nabla\cdot\mu\boldsymbol{H}=0\\ \nabla\cdot\varepsilon\boldsymbol{E}=0\end{cases}\tag{2.4}$$

如果对式(2.4)中的第一式取散度，并利用第四式，可得电流密度的散度为零，即 $\nabla\cdot\boldsymbol{J}=0$。

2.1.2 积分形式

在电磁数值模拟中，有时需要将麦克斯韦方程微分形式转换成积分形式。在具有边界的开放曲面 S' 上对式(2.2)中旋度方程进行面积分并应用斯托克斯定理，同时在具有封闭曲面 S 的体积 V 上对式(2.2)中散度方程进行体积分并应用散度定理，可以得到如下积分形式的麦克斯韦方程，即

$$\begin{cases}\oint_C\boldsymbol{H}\cdot\mathrm{d}\boldsymbol{l}=\int_{S'}\left(\boldsymbol{J}+\dfrac{\partial\boldsymbol{D}}{\partial t}\right)\cdot\mathrm{d}\boldsymbol{s}\\ \oint_C\boldsymbol{E}\cdot\mathrm{d}\boldsymbol{l}=-\int_{S'}\left(\dfrac{\partial\boldsymbol{B}}{\partial t}+\mu\dfrac{\partial\boldsymbol{M}_i}{\partial t}\right)\cdot\mathrm{d}\boldsymbol{s}\\ \oint_S\boldsymbol{B}\cdot\mathrm{d}\boldsymbol{s}=0\\ \oint_S\boldsymbol{D}\cdot\mathrm{d}\boldsymbol{s}=0\end{cases}\tag{2.5}$$

式中，$\boldsymbol{l}$ 和 $\boldsymbol{s}$ 表示积分路径上的单元长度和单元面积矢量。

表 2.1 给出了麦克斯韦方程的微分和积分形式。

表 2.1　麦克斯韦方程

定理和定律	积分形式	微分形式
安培环路定理	$\oint_C\boldsymbol{H}\cdot\mathrm{d}\boldsymbol{l}=\int_{S'}\left(\boldsymbol{J}+\dfrac{\partial\boldsymbol{D}}{\partial t}\right)\cdot\mathrm{d}\boldsymbol{s}$	$\nabla\times\boldsymbol{H}=\boldsymbol{J}+\dfrac{\partial\boldsymbol{D}}{\partial t}$
法拉第电磁感应定律	$\oint_C\boldsymbol{E}\cdot\mathrm{d}\boldsymbol{l}=-\int_{S'}\left(\dfrac{\partial\boldsymbol{B}}{\partial t}+\mu\dfrac{\partial\boldsymbol{M}_i}{\partial t}\right)\cdot\mathrm{d}\boldsymbol{s}$	$\nabla\times\boldsymbol{E}=-\dfrac{\partial\boldsymbol{B}}{\partial t}-\mu\dfrac{\partial\boldsymbol{M}_i}{\partial t}$
磁场高斯定理	$\oint_S\boldsymbol{B}\cdot\mathrm{d}\boldsymbol{s}=0$	$\nabla\cdot\boldsymbol{B}=0$
电场高斯定理	$\oint_S\boldsymbol{D}\cdot\mathrm{d}\boldsymbol{s}=0$	$\nabla\cdot\boldsymbol{D}=0$

2.2 电磁场满足的微分方程

对式(2.4)中的第二式求旋度，代入第一式并假设 $\boldsymbol{J}_m=\mu\dfrac{\partial\boldsymbol{M}_i}{\partial t}$，则有

$$\nabla\times\nabla\times\boldsymbol{E}=-\sigma\mu\frac{\partial\boldsymbol{E}}{\partial t}-\varepsilon\mu\frac{\partial^2\boldsymbol{E}}{\partial t^2}-\mu\frac{\partial\boldsymbol{J}_i}{\partial t}-\nabla\times\boldsymbol{J}_m \tag{2.6}$$

式(2.6)是目前电磁三维数值模拟中最常用的方程。

利用矢量恒等式$\nabla\times\nabla\times\boldsymbol{E}=\nabla\nabla\cdot\boldsymbol{E}-\nabla^2\boldsymbol{E}$，并将其代入式(2.4)中的第四式，可得

$$\nabla^2\boldsymbol{E}=\sigma\mu\frac{\partial\boldsymbol{E}}{\partial t}+\varepsilon\mu\frac{\partial^2\boldsymbol{E}}{\partial t^2}+\mu\frac{\partial\boldsymbol{J}_i}{\partial t}+\nabla\times\boldsymbol{J}_m \tag{2.7}$$

式中，已假设磁导率和介电常数为分区均匀。同理，对式(2.4)中的第一式求旋度，代入第二式并考虑式(2.4)中的第三式，可得

$$\nabla^2\boldsymbol{H}=\sigma\mu\frac{\partial\boldsymbol{H}}{\partial t}+\varepsilon\mu\frac{\partial^2\boldsymbol{H}}{\partial t^2}+\varepsilon\frac{\partial\boldsymbol{J}_m}{\partial t}+\sigma\boldsymbol{J}_m-\nabla\times\boldsymbol{J}_i \tag{2.8}$$

由上文各式可以看出，电磁场的源项可以是外加电流源$\boldsymbol{J}_i$或外加磁流源$\boldsymbol{J}_m$。

式(2.7)和式(2.8)描述了电场$\boldsymbol{E}$和磁场$\boldsymbol{H}$满足的微分方程，称为矢量电报方程。当电磁场的频率很高或者介质为高阻时，位移电流远大于传导电流，则式(2.7)和式(2.8)的第一项可以忽略不计，则有

$$\nabla^2\boldsymbol{E}=\varepsilon\mu\frac{\partial^2\boldsymbol{E}}{\partial t^2}+\mu\frac{\partial\boldsymbol{J}_i}{\partial t}+\nabla\times\boldsymbol{J}_m \tag{2.9}$$

$$\nabla^2\boldsymbol{H}=\varepsilon\mu\frac{\partial^2\boldsymbol{H}}{\partial t^2}+\varepsilon\frac{\partial\boldsymbol{J}_m}{\partial t}-\nabla\times\boldsymbol{J}_i \tag{2.10}$$

式(2.9)和式(2.10)称为矢量波动方程。当电磁场的频率较低或者地下介质为低阻时，传导电流远大于位移电流，式(2.7)和式(2.8)中右端第二项可以忽略不计，则方程变为

$$\nabla^2\boldsymbol{E}=\sigma\mu\frac{\partial\boldsymbol{E}}{\partial t}+\mu\frac{\partial\boldsymbol{J}_i}{\partial t}+\nabla\times\boldsymbol{J}_m \tag{2.11}$$

$$\nabla^2\boldsymbol{H}=\sigma\mu\frac{\partial\boldsymbol{H}}{\partial t}+\sigma\boldsymbol{J}_m-\nabla\times\boldsymbol{J}_i \tag{2.12}$$

由此可见，在导电介质中电磁场不再以波动形式传播，而是按照扩散规律传播。需要指出的是，电磁正演模拟中通常使用电流源对场源进行描述，而磁流源使用相对较少。

2.3 电磁场满足的边界条件

本节依据 Hohmann(1983)、徐世浙(1994)、金建铭(1998)、Cheng 等(2007)对电磁场满足的边界条件进行讨论。电磁场满足的边界条件通常可分为内部和外部边界条件，分别介绍如下。

2.3.1 内部边界条件

电磁问题求解中经常涉及介质物理性质存在差异的分界面，因此需要了解两种介质分界面处电磁场之间的关系，即电磁场满足的边界条件。利用麦克斯韦方程组的积分形式进行推导。

1. 电场切向分量满足的边界条件

为推导电场在两种不同物性分界面的边界条件，在界面两侧构造一个如图 2.1 所示的小矩形闭合回路 $abcda$。在介质 1 和介质 2 中，棱边 ab 和 cd 平行于界面，长度为 Δl。假设 $\boldsymbol{n}$ 为界面的单位法向量。如果棱边 $bc=da=\Delta h$ 无限接近零，则可以忽略它们对电场 $\boldsymbol{E}$ 沿矩形环路积分的贡献。此时，应用法拉第电磁感应定律和斯托克斯定理可得

$$\oint_C \boldsymbol{E} \cdot \mathrm{d}\boldsymbol{l} = -\int_{S'} \frac{\partial \boldsymbol{B}}{\partial t} \cdot \mathrm{d}\boldsymbol{s} \tag{2.13}$$

考虑 Δl 很短，其中的电场不发生变化，同时右端项中积分在回路面积很小时可假设为零，则有

$$\oint_{abcda} \boldsymbol{E} \cdot \mathrm{d}\boldsymbol{l} = E_{1t}\Delta l - E_{2t}\Delta l = 0 \tag{2.14}$$

因此，有 $E_{1t}=E_{2t}$，或者写成通式

$$\boldsymbol{n} \times (\boldsymbol{E}_1 - \boldsymbol{E}_2) = 0 \tag{2.15}$$

即为电场切向分量满足的连续性条件。

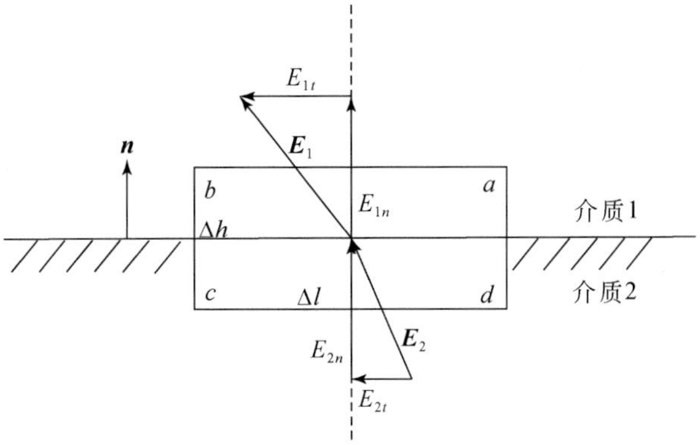

图 2.1　电场切向分量满足的边界条件

2. 电场法向分量满足的边界条件

为了确定电场法向分量的边界条件，在两种介质分界面上选取一个小柱形闭合面，如图 2.2 所示。该柱形闭合上下底面与分界面平行，上底面位于介质 1 中，下底面位于介质 2 中，高度 Δh 无限接近于零。由于底面积 ΔS 很小，可认为在 ΔS 上的电位移矢量 $\boldsymbol{D}$ 和传导电流密度 $\boldsymbol{J}_c$ 保持不变，此时在这个柱形闭合面对 $\nabla \cdot \boldsymbol{J}=0$ 进行积分，可得

$$\begin{aligned}\oint_S \boldsymbol{J} \cdot \mathrm{d}\boldsymbol{s} &= \oint_S \left(\boldsymbol{J}_c + \frac{\partial \boldsymbol{D}}{\partial t}\right) \cdot \mathrm{d}\boldsymbol{s} = (\boldsymbol{J}_1 - \boldsymbol{J}_2) \cdot \boldsymbol{n}\Delta S \\ &= \left[\left(\boldsymbol{J}_{c1} + \frac{\partial \boldsymbol{D}_1}{\partial t}\right) \cdot \boldsymbol{n} - \left(\boldsymbol{J}_{c2} + \frac{\partial \boldsymbol{D}_2}{\partial t}\right) \cdot \boldsymbol{n}\right]\Delta S = 0\end{aligned} \tag{2.16}$$

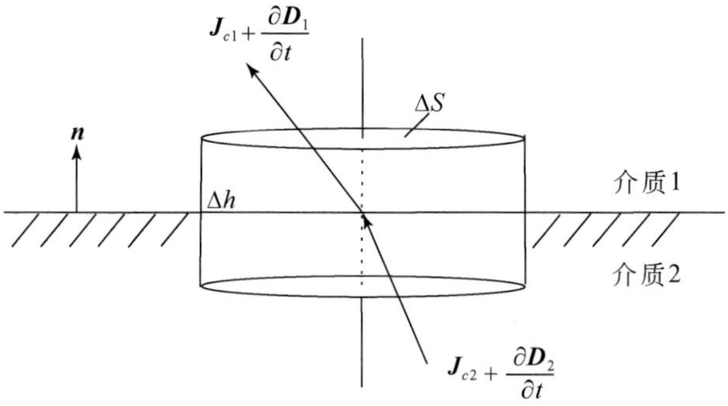

图 2.2　电场法向分量满足的边界条件

式中，$\boldsymbol{n}$ 为界面的单位法向量。消去上式中的 ΔS，可得

$$\boldsymbol{n}\cdot(\boldsymbol{J}_1-\boldsymbol{J}_2)=0 \tag{2.17}$$

上式写成分量形式则有

$$J_{c1n}+\frac{\partial D_{1n}}{\partial t}=J_{c2n}+\frac{\partial D_{2n}}{\partial t} \tag{2.18}$$

即电位移矢量和传导电流密度法向分量满足的边界条件。利用电场可进一步表示为

$$\sigma_1 E_{1n}+\varepsilon_1\frac{\partial E_{1n}}{\partial t}=\sigma_2 E_{2n}+\varepsilon_2\frac{\partial E_{2n}}{\partial t} \tag{2.19}$$

在导电介质中位移电流可以忽略，则有

$$\sigma_1 E_{1n}=\sigma_2 E_{2n} \tag{2.20}$$

3. 磁场切向分量满足的边界条件

为得到磁场切向分量满足的边界条件，在两种介质分界面上构造一个小矩形闭合回路 $abcda$，如图 2.3 所示。在介质 1 和介质 2 中，边 ab 和 cd 分别平行于界面，长度等于 Δl，而边 $bc=da=\Delta h$ 无限接近零。在此回路上对式(2.2)第一式应用安培环路定理，可得

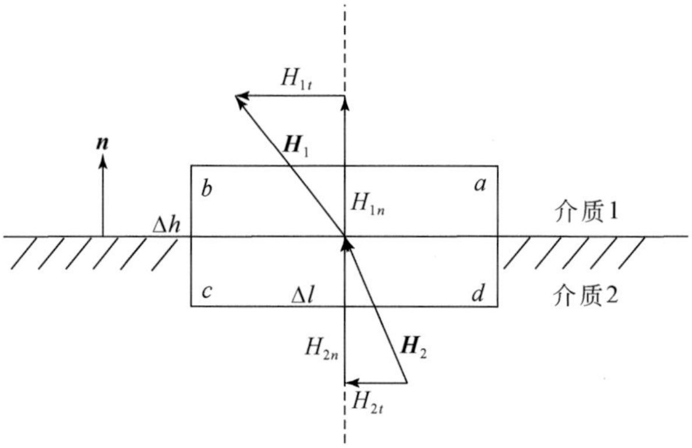

图 2.3　磁场切向分量满足的边界条件

$$\oint_C \boldsymbol{H} \cdot \mathrm{d}\boldsymbol{l} = (H_{1t} - H_{2t})\Delta l \tag{2.21}$$

$$\int_{S'} \left(\boldsymbol{J} + \frac{\partial \boldsymbol{D}}{\partial t}\right) \cdot \mathrm{d}\boldsymbol{s} = I = J_s \Delta l \tag{2.22}$$

式(2.22)中左端第二项积分为零，第一项的积分等于分界面上的面电流密度 J_s，其方向与所取环路方向满足右手螺旋法则。由式(2.21)和式(2.22)可以得到

$$H_{1t} - H_{2t} = J_s \tag{2.23}$$

式(2.23)即磁场切向分量满足的边界条件，写成通式

$$\boldsymbol{n} \times (\boldsymbol{H}_1 - \boldsymbol{H}_2) = \boldsymbol{J}_s \tag{2.24}$$

如果两个介质电导率有限，界面上不存在面电流，则有 $\boldsymbol{n}\times(\boldsymbol{H}_1-\boldsymbol{H}_2)=0$，此时磁场切线分量连续。

4. 磁场法向分量满足的边界条件

为推导磁场法线分量满足的边界条件，在两种介质的分界面上取一个小的柱形闭合面，如图 2.4 所示。图中柱形闭合面的上下底面分别位于两种介质中，且与分界面平行，其高度 Δh 无限接近零，底面积 ΔS 很小，$\boldsymbol{n}$ 为界面的单位法向量。

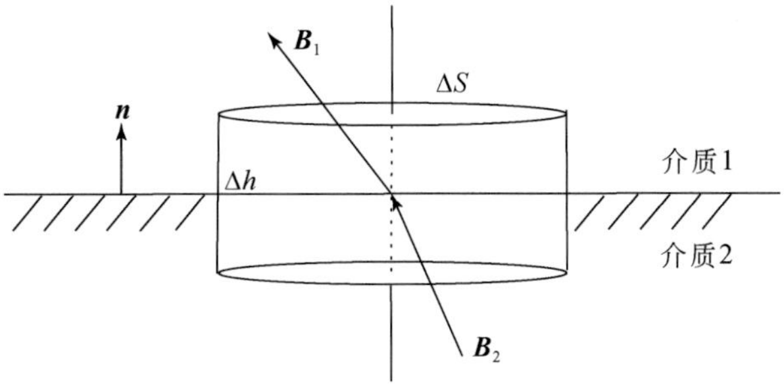

图 2.4　磁场法向分量满足的边界条件

在图 2.4 给出的柱形闭合面上应用磁场高斯定理$\nabla \cdot \boldsymbol{B}=0$，并考虑到闭合面很小，其上的磁感应强度不发生变化，则有

$$\oint_S \boldsymbol{B} \cdot \mathrm{d}\boldsymbol{s} = \boldsymbol{B}_1 \cdot \boldsymbol{n}\Delta S - \boldsymbol{B}_2 \cdot \boldsymbol{n}\Delta S = B_{1n}\Delta S - B_{2n}\Delta S = 0 \tag{2.25}$$

则有 $B_{1n}=B_{2n}$，写成通式形式可得

$$\boldsymbol{n} \cdot (\boldsymbol{B}_1 - \boldsymbol{B}_2) = 0 \tag{2.26}$$

2.3.2　外部边界条件

1. 第一类边界条件

第一类边界条件又称为狄利克雷(Dirichlet)边界条件，是直接给定边界上场值，即

$$u|_\Gamma = f \tag{2.27}$$

式中，f为已知函数，代表边界上的场值。若边界上的场值为 0，则称之为齐次狄利克雷边界条件。齐次狄利克雷边界条件是三维数值模拟中常用的边界条件。

2. 第二类边界条件

第二类边界条件又称为诺依曼(Neumann)边界条件，是给定边界上物理量的法向导数值，即

$$\left.\frac{\partial u}{\partial n}\right|_{\Gamma}=f \tag{2.28}$$

式中，f代表边界上物理量的法向导数。

3. 第三类边界条件

$$\left.\left(\alpha\frac{\partial u}{\partial n}+\gamma u\right)\right|_{\Gamma}=f \tag{2.29}$$

式中，$\alpha^2+\gamma^2\neq0$，当 $\alpha=0$ 时变为第一类边界条件，当 $\gamma=0$ 时变为第二类边界条件。第三类边界条件是混合边界条件，它给定边界上物理量本身与物理量法向导数值之间的组合关系。

2.4　电磁矢量势和标量势

求解电磁场边值问题时，直接求解电磁场 $\boldsymbol{E}$ 和 $\boldsymbol{B}$ 双旋度形式控制方程有时会导致方程条件数过大，求解过程不易收敛。引入矢量势和标量势可降低方程条件数。由麦克斯韦方程组式(2.1)可知，$\boldsymbol{B}$ 通常满足无源条件，因此我们可以引入矢量势 $\boldsymbol{A}$，满足

$$\boldsymbol{B}=\nabla\times\boldsymbol{A} \tag{2.30}$$

矢量势的物理意义为任一时刻 $\boldsymbol{A}$ 沿任一闭合回路的线积分等于该时刻通过回路内的磁通量。在通常情况下，电场 $\boldsymbol{E}$ 与电荷和变化磁场相关，而变化磁场激发的电场是有旋的，因此电场 $\boldsymbol{E}$ 是有源和有旋的场量，不能用单一标势进行描述。考虑到电场和磁场之间存在耦合关系，电场表达式也必然包含矢量势 $\boldsymbol{A}$。将式(2.30)代入式(2.1)中的第二式可得

$$\nabla\times\left(\boldsymbol{E}+\frac{\partial\boldsymbol{A}}{\partial t}\right)=0 \tag{2.31}$$

式(2.31)表明矢量 $\boldsymbol{E}+\dfrac{\partial\boldsymbol{A}}{\partial t}$是无旋场，因此可以用标量势 φ 的负梯度表示，即

$$\boldsymbol{E}+\frac{\partial\boldsymbol{A}}{\partial t}=-\nabla\varphi \tag{2.32}$$

由此电场可用标量势和矢量势表示为

$$\boldsymbol{E}=-\frac{\partial\boldsymbol{A}}{\partial t}-\nabla\varphi \tag{2.33}$$

需要注意的是，式(2.33)中的标量势不再表示电场中的势能。事实上，此时电场已不再是保守场，无法用势能和电压进行描述。变化电磁场相互作用，需要将其作为一个整体利用矢量势和标量势进行描述(郭硕鸿，2008)。

2.4.1　规范条件

对于给定的 $\boldsymbol{E}$ 和 $\boldsymbol{B}$，尚无法确定唯一的矢量势 $\boldsymbol{A}$ 和标量势 φ。这是由于对矢量势 $\boldsymbol{A}$ 加上一个任意函数的梯度，同时在标量势 φ 中减去这个函数的时间导数，不会影响电磁场 $\boldsymbol{E}$ 和 $\boldsymbol{B}$。具体地，假设 ξ 为任意时空函数，则存在如下变换：

$$\boldsymbol{A}' = \boldsymbol{A} + \nabla\xi \tag{2.34}$$

$$\varphi' = \varphi - \frac{\partial \xi}{\partial t} \tag{2.35}$$

使得

$$\boldsymbol{B} = \nabla\times\boldsymbol{A} = \nabla\times\boldsymbol{A}' \tag{2.36}$$

$$\boldsymbol{E} = -\frac{\partial \boldsymbol{A}}{\partial t} - \nabla\varphi = -\frac{\partial \boldsymbol{A}'}{\partial t} - \nabla\varphi' \tag{2.37}$$

即($\boldsymbol{A}'$，φ')与($\boldsymbol{A}$，φ)描述同一电磁场。式(2.34)和式(2.35)称为电磁势的规范变换，每一组($\boldsymbol{A}$，φ)称为一种规范。当对电磁势做规范变换时，所有物理量和物理规律都保持不变，这种不变性称为规范不变性。

从数学意义上，规范自由度的存在是由于势在定义中只给定 $\boldsymbol{A}$ 的旋度，而没有给定 $\boldsymbol{A}$ 的散度，这不足以确定一个矢量场。虽然电磁场 $\boldsymbol{E}$ 和 $\boldsymbol{B}$ 本身对于 $\boldsymbol{A}$ 的散度没有限制，作为确定势的辅助条件，可以取$\nabla\cdot\boldsymbol{A}$ 为任意值，不同的选择对应不同的规范。然而，选择适当的辅助条件可以使方程简化，其物理意义也会更为明显。下文介绍最常用的两种规范条件，即库仑规范和洛伦兹规范。

1. 库仑规范

首先假设矢量势的散度为零，即

$$\nabla\cdot\boldsymbol{A} = 0 \tag{2.38}$$

则库仑规范中矢量势为无源场。由此，电场表达式(2.33)中$-\frac{\partial \boldsymbol{A}}{\partial t}$是无源场，对应电场的感应部分。同时，由于$-\nabla\varphi$ 是无旋场，因此对应库仑电场。

2. 洛伦兹规范

假设矢量势和标量势满足如下条件：

$$\nabla\cdot\boldsymbol{A} + \varepsilon\mu\frac{\partial \varphi}{\partial t} = 0 \tag{2.39}$$

则可得到洛伦兹规范条件。当采用洛伦兹规范时，电磁势的基本方程转化为简单的对称形式，其物理意义也比较明显，因此洛伦兹规范条件在解决实际问题中应用较为广泛。

2.4.2 电磁势方程及边界条件

1. 电磁势

将式(2.30)和式(2.33)代入麦克斯韦方程组的第一式和第四式中，可得

$$\nabla\times(\nabla\times\boldsymbol{A})=\nabla\times\boldsymbol{B}=\nabla\times\mu\boldsymbol{H}=\mu\boldsymbol{J}-\mu\varepsilon\frac{\partial}{\partial t}\nabla\varphi-\mu\varepsilon\frac{\partial^2\boldsymbol{A}}{\partial t^2}\tag{2.40}$$

$$-\nabla^2\varphi-\nabla\cdot\frac{\partial\boldsymbol{A}}{\partial t}=\frac{\rho_0}{\varepsilon}\tag{2.41}$$

对式(2.40)和式(2.41)进行整理，可得

$$\nabla^2\boldsymbol{A}-\varepsilon\mu\frac{\partial^2\boldsymbol{A}}{\partial t^2}-\nabla\left(\nabla\cdot\boldsymbol{A}+\varepsilon\mu\frac{\partial\varphi}{\partial t}\right)=-\mu\boldsymbol{J}\tag{2.42}$$

$$\nabla^2\varphi+\nabla\cdot\frac{\partial\boldsymbol{A}}{\partial t}=-\frac{\rho_0}{\varepsilon}\tag{2.43}$$

采用库仑规范条件$\nabla\cdot\boldsymbol{A}=0$，则上式可简化为

$$\nabla^2\boldsymbol{A}-\varepsilon\mu\frac{\partial^2\boldsymbol{A}}{\partial t^2}-\varepsilon\mu\frac{\partial}{\partial t}\nabla\varphi=-\mu\boldsymbol{J}\tag{2.44}$$

$$\nabla^2\varphi=-\frac{\rho_0}{\varepsilon}\tag{2.45}$$

由式(2.45)可以看出，标量势满足的方程与静电场相同，其解为库仑势。在求解φ之后，将其代入式(2.44)即可求解矢量势$\boldsymbol{A}$，从而进一步求解电场$\boldsymbol{E}$和磁场$\boldsymbol{B}$。

若采用洛伦兹规范条件$\nabla\cdot\boldsymbol{A}+\varepsilon\mu\frac{\partial\varphi}{\partial t}=0$，则有

$$\nabla^2\boldsymbol{A}-\varepsilon\mu\frac{\partial^2\boldsymbol{A}}{\partial t^2}=-\mu\boldsymbol{J}\tag{2.46}$$

$$\nabla^2\varphi-\varepsilon\mu\frac{\partial^2\varphi}{\partial t^2}=-\frac{\rho_0}{\varepsilon}\tag{2.47}$$

由式(2.46)和式(2.47)可以看出，矢量势$\boldsymbol{A}$和标量势φ满足相同形式的非齐次波动方程(称为达朗贝尔方程)，其源项分别为电流密度和电荷。

必须指出，上文各式中的右端项包含源电流和感应电流，求解较为困难。为此，将其中的电流项分解为$\boldsymbol{J}=\boldsymbol{J}_i+\boldsymbol{J}_c=\boldsymbol{J}_i+\sigma\boldsymbol{E}$，再代入式(2.42)和式(2.43)中，并取新规范条件$\nabla\cdot\boldsymbol{A}+\varepsilon\mu\frac{\partial\varphi}{\partial t}+\mu\sigma\varphi=0$，可得

$$\nabla^2\boldsymbol{A}-\varepsilon\mu\frac{\partial^2\boldsymbol{A}}{\partial t^2}-\sigma\mu\frac{\partial\boldsymbol{A}}{\partial t}=-\mu\boldsymbol{J}_i\tag{2.48}$$

$$\nabla^2\varphi-\varepsilon\mu\frac{\partial^2\varphi}{\partial t^2}-\sigma\mu\frac{\partial\varphi}{\partial t}=-\frac{\rho_0}{\varepsilon}\tag{2.49}$$

式中，$\boldsymbol{J}_i$和ρ_0分别为源电流和电荷密度。当忽略位移电流时，式(2.48)和式(2.49)简化为

$$\nabla^2 \boldsymbol{A} - \sigma\mu \frac{\partial \boldsymbol{A}}{\partial t} = -\mu \boldsymbol{J}_i \tag{2.50}$$

$$\nabla^2 \varphi - \sigma\mu \frac{\partial \varphi}{\partial t} = -\frac{\rho_0}{\varepsilon} \tag{2.51}$$

2. 边界条件

由前文讨论的电磁场在物性分界面上满足的连续性条件，可以得出电磁矢量势和标量势满足的连续性条件为

$$\boldsymbol{A}_1 = \boldsymbol{A}_2 \tag{2.52}$$

$$\boldsymbol{n} \times \left(\frac{1}{\mu_1} \nabla \times \boldsymbol{A}_1 - \frac{1}{\mu_2} \nabla \times \boldsymbol{A}_2\right) = \boldsymbol{J}_s \tag{2.53}$$

及

$$\varphi_1 = \varphi_2 \tag{2.54}$$

$$\boldsymbol{n} \times (\nabla\varphi_1 - \nabla\varphi_2) = 0 \tag{2.55}$$

上文各电磁势满足的边界条件很容易由电磁场连续性得到。事实上，当采用图 2.4 所示的柱形闭合面对式(2.38)或式(2.39)给出的规范条件进行积分时，可得 $A_{1n} = A_{2n}$。同时，对式(2.30)在图 2.3 给出的面积上进行积分，并利用斯托克斯定理可得 $A_{1t} = A_{2t}$，即有 $\boldsymbol{A}_1 = \boldsymbol{A}_2$。为得到式(2.53)，只需将式(2.3)和式(2.30)代入式(2.24)即可。使用式(2.15)、式(2.33)及式(2.52)即可得到式(2.55)中的边界条件。然而，为得到式(2.54)，需要将标量位与电场的关系[式(2.33)]沿图 2.5 中垂直分界面的法线方向 AB 进行积分，考虑到矢量位的连续性并假设 $\Delta h \to 0$，可得

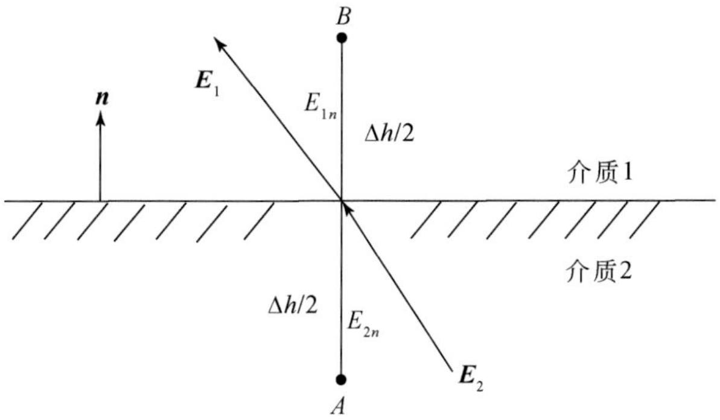

图 2.5　标量位在分界面上的连续性

$$\varphi_1 - \varphi_2 = \int_A^B \boldsymbol{E} \cdot \mathrm{d}\boldsymbol{l} = E_{1n} \cdot \frac{\Delta h}{2} + E_{2n} \cdot \frac{\Delta h}{2} = 0 \tag{2.56}$$

由此可得标量位在分界面两侧的连续性。

2.5 小　　结

电磁正演问题归根结底是求解基于麦克斯韦方程的定解问题。它不仅定义了电磁场满足的方程，同时还确定了电磁场在电性分界面和外部边界上的边界条件。实际的数值计算中，通常很少对麦克斯韦方程组进行直接求解，而是将其转换为双旋度方程进行求解。根据电磁场论中的唯一性定理，理论上只要电磁场满足的方程和边界条件不变，无论采用何种方法求解均能获得相同的结果，这为应用不同数值方法进行电磁问题求解提供了理论依据。

依据电磁信号的频率，当地下介质中的位移电流远小于传导电流时，可以忽略位移电流影响。对于频域正演问题，时谐因子的两种选择均可使用，但需要特别提醒的是，在使用过程中应始终保持一致。电磁势的引入可以改善电磁方程解的特性，同时电磁势具有更好的边界连续性，可很好地保证电磁场求解的稳定性。

参考文献

Cheng D K，何业军，桂良启 . 2007. 电磁场与电磁波(第二版). 北京：清华大学出版社 .

郭硕鸿 . 2008. 电动力学(第三版). 北京：高等教育出版社 .

金建铭 . 1998. 电磁场有限元方法 . 西安：西安电子科技大学出版社 .

李貅，周建美，戚志鹏 . 2021. 地球物理电磁理论 . 北京：科学出版社 .

徐绳均 . 1989. 电磁矢量位的边界条件 . 华北电力学院学报，16(4)：1-12.

徐世浙 . 1994. 地球物理中的有限单元法 . 北京：科学出版社 .

Hohmann G W. 1983. Three-dimensional EM modeling. Geophysical Surveys，6(1-2)：27-53.

Nabighian M. 1998. Electromagnetic Method in Applied Geophysics. https：//www. researchgate. net/publication/49181060_ Electromagnetic_ methods_ in_ applied_ geophysics[2023-4-15].

第3章 有限差分法正演理论及应用

3.1 引 言

有限差分法是一种发展较为成熟、应用广泛、实现较为简单的三维数值模拟算法。20世纪90年代该方法在地球电磁场模拟方面发展迅速，其中有三项技术起了关键作用。首先是交错网格技术的提出使得离散网格中的电磁场遵守能量守恒定律，在求得电(磁)场分布后可以方便地求解磁(电)场分布，并能够很好地处理内部电性差异引起的电磁场不连续现象；其次是Krylov子空间方法，如CG和QMR方法等，可有效地求解大型线性方程组，解决了电磁三维数值模拟中的关键问题；最后是散度校正技术的引入极大地提高了电磁问题求解的收敛速度。

频域有限差分法早期被Mackie等(1993)应用于大地电磁场模拟，虽然可以得到精确解但计算效率低。随后，Mackie等(1994)利用交错网格和迭代方法求解由积分形式导出的磁场，并使用预处理技术加快计算速度。为保证在低频段获得精确解，以便能模拟长周期大地电磁场，Smith(1996a，1996b)提出了散度校正方法。散度处理技术极大地提高了电磁问题的求解精度和速度。在上述各种改进后，频域有限差分法已发展成为模拟复杂三维电性结构的高效数值模拟技术。Alumbaugh等(1996)在此基础上给出了基于二次电场麦克斯韦方程的求解方法，而Weidelt(1999)及Weiss和Newman(2002，2003)等将有限差分法拓展到各向异性介质正演模拟。Weiss(2010)提出了三角化有限差分法并将其成功应用于全球电磁感应模拟。它不仅保留了交错网格的技术优势，而且模拟复杂异常体的能力得到进一步提升。为灵活刻画地下复杂地电结构，Gao等(2021)提出了基于多分辨网格的有限差分法。随着模型剖分和求解技术的不断发展，可以预见有限差分法在未来电磁数值模拟中仍将占有一席之地。

显式时域有限差分(explicit time-domain finite-difference，FDTD)法作为有限差分法的重要分支，近年在地球电磁领域发展迅速。Adhidjaja和Hohmann(1989)利用显式时域有限差分法计算了三维模型瞬变电磁响应，但受到内存等计算条件限制，仅模拟了小尺度模型的电磁响应。Zivanovic等(1991)利用多分辨网格时域有限差分法对二维模型麦克斯韦方程进行了求解，Wang和Hohmann(1993)对计算区域进行非均匀剖分，应用时域有限差分法求解了三维模型的时域电磁响应，而Commer和Newmann(2004，2006)提出了几何多重网格剖分和显式时间离散的迭代方法，实现了三维瞬变电磁响应数值模拟。李展辉和黄清华等(2014)将复频移完美匹配层(complex frequency-shifted-perfectly matched layer，CFS-PML)应用于含源介质的瞬变电磁响应模拟中，Ji等(2018)将CFS-PML应用于航空瞬变电磁三维数值模拟中，推导了CFS-PML卷积项变时间步长的离散公式及延伸坐标中散度方程的离散格式。孙怀凤等(2018)将多分辨网格应用于时域有限差分中，提高了非规则异常体电磁响应的计算精度和效率。本章将分别介绍频域和时域有限差分法的基本理论和应用。

3.2 频域有限差分法

3.2.1 交错网格

通常有两种类型的网格可用于有限差分模拟。在第一种网格中，三个电场分量位于六面体的边上，而三个磁场分量位于六面体的面中心，如图 3.1(a)所示。在这种情况下，直接求解电场，而磁场利用法拉第电磁感应定律由电场求出。这种类型的网格最先被 Yee(1966)用于求解基于麦克斯韦方程的边值问题，通常称为 Yee 氏网格。此类网格是模拟地球电磁场常用的网格(Wang and Hohmann，1993；Newman and Alumbaugh，1997)。对于第二种网格，三个电场分量位于六面体的面中心，而三个磁场分量位于六面体的边上，如图 3.1(b)所示。在这种情况下，先求解出磁场，然后利用安培环路定理求解电场。这种类型的网格被 Mackie 等(1994)和 Smith(1996a，1996b)用于大地电磁三维正演模拟。这两种类型的网格均适用于施加边界约束条件。其中，第一种网格易于施加电场切线分量和磁场法线分量的连续性条件，而第二种网格易于施加电流密度法线分量和磁场切线分量的连续性条件。然而，根据 Siripunvaraporn 等(2002)对这两类网格的计算效率和精度的分析研究，发现虽然利用这两种网格在精细网格上均能获得很好的计算结果，但对于第一种网格，在网格较粗时求解电场仍能获得较高的计算精度。本章的数值模拟均采用第一种网格。

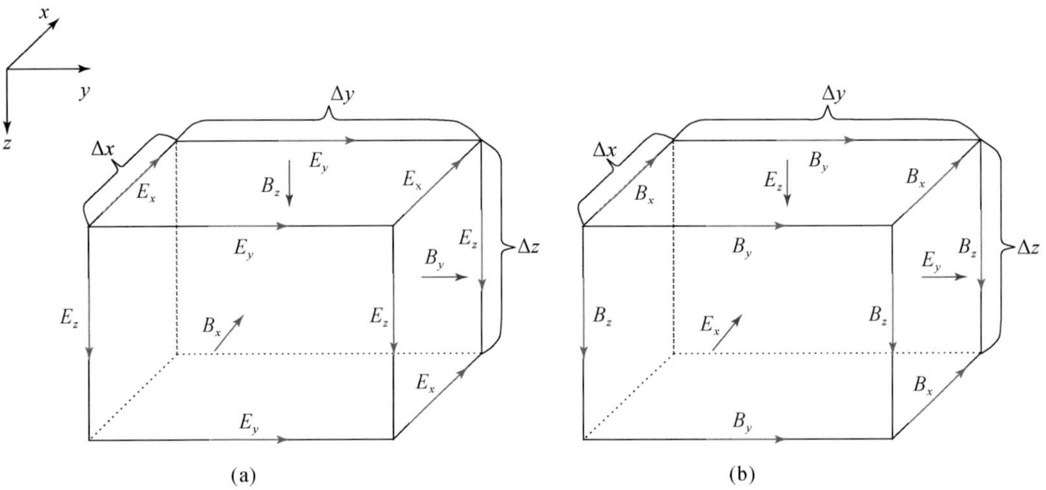

图 3.1 两种应用于有限差分法的网格

(a)电场分量位于棱边而磁场分量位于面上；(b)电场分量位于面上而磁场分量位于棱边

3.2.2 各向同性介质中宽频带电场方程的有限差分离散

Mackie 等(1993)和 Smith(1996a)对基于交错网格有限差分法的优点进行了详细讨论。随后，Newman 和 Alumbaugh(1995)提出了计算可控源电磁响应的二次场有限差分法，并实现了频域航空电磁三维数值模拟。本章介绍的频域有限差分法主要基于 Newman 和 Alumbaugh 的系列研究成果。

为了计算介质中的二次电场，把地电模型划分成规则六面体网格(包括上面的空气部分)，并用角标(i, j, k)标注。考虑各向同性介质的情况，设每一个剖分单元的电导率为$\sigma(i, j, k)$。其中，i 的范围为$(1 \sim N_x)$，代表 x 方向的网格序号；j 和 k 分别代表 y 和 z 方向的网格序号，范围分别为$(1 \sim N_y)$和$(1 \sim N_z)$。根据 Alumbaugh 等(1996)，频域可控源电场可表示为

$$\nabla_h \times \frac{\mu_p}{\mu} \nabla_e \times \boldsymbol{E}_s + i\omega\mu_p(\sigma + i\omega\varepsilon)\boldsymbol{E}_s = -i\omega\mu_p[(\sigma - \sigma_p) + i\omega(\varepsilon - \varepsilon_p)]\boldsymbol{E}_p - i\omega\mu_p \nabla \times \left[\left(\frac{\mu - \mu_p}{\mu}\right)\boldsymbol{H}_p\right] \tag{3.1}$$

其中

$$\nabla_e = \frac{1}{e_x}\frac{\partial}{\partial x}\hat{\boldsymbol{x}} + \frac{1}{e_y}\frac{\partial}{\partial y}\hat{\boldsymbol{y}} + \frac{1}{e_z}\frac{\partial}{\partial z}\hat{\boldsymbol{z}} \tag{3.2}$$

和

$$\nabla_h = \frac{1}{h_x}\frac{\partial}{\partial x}\hat{\boldsymbol{x}} + \frac{1}{h_y}\frac{\partial}{\partial y}\hat{\boldsymbol{y}} + \frac{1}{h_z}\frac{\partial}{\partial z}\hat{\boldsymbol{z}} \tag{3.3}$$

式中，$\hat{\boldsymbol{x}}$、$\hat{\boldsymbol{y}}$、$\hat{\boldsymbol{z}}$ 分别表示各坐标轴方向的单位向量。如果 $\mu = \mu_p = \mu_0$，$\varepsilon = \varepsilon_p = \varepsilon_0$，且定义 $k^2 = i\omega\mu_0(\sigma + i\omega\varepsilon_0)$，$k_p^2 = i\omega\mu_0(\sigma_p + i\omega\varepsilon_0)$，则(3.1)可简化为

$$\nabla_h \times \nabla_e \times \boldsymbol{E}_s + k^2\boldsymbol{E}_s = (k_p^2 - k^2)\boldsymbol{E}_p \tag{3.4}$$

式(3.1)~(3.4)中，σ、μ 和 ε 分别代表电导率、磁导率和介电常数；角标“p”表示一次场或背景场；$\boldsymbol{E}_s$、$\boldsymbol{E}_p$ 和 $\boldsymbol{E}$ 分别表示二次电场、背景场和总电场，即 $\boldsymbol{E} = \boldsymbol{E}_s + \boldsymbol{E}_p$；$\boldsymbol{H}_s$、$\boldsymbol{H}_p$ 和 $\boldsymbol{H}$ 分别为相应的二次磁场、背景场和总磁场；e_j 和 $h_j(j = x, y, z)$为坐标伸展变量，当其为复数时可用于描述完美吸收介质(Chew and Weedon，1994)。本节使用直角坐标系及狄利克雷边界条件，因此它们均可设为常数 1。

为了离散式(3.1)，首先展开两个一阶旋度，即

$$\nabla_e \times \boldsymbol{E}_s = \left(\frac{1}{e_y}\frac{\partial E_z^s}{\partial y} - \frac{1}{e_z}\frac{\partial E_y^s}{\partial z}\right)\hat{\boldsymbol{x}} + \left(\frac{1}{e_z}\frac{\partial E_x^s}{\partial z} - \frac{1}{e_x}\frac{\partial E_z^s}{\partial x}\right)\hat{\boldsymbol{y}} + \left(\frac{1}{e_x}\frac{\partial E_y^s}{\partial x} - \frac{1}{e_y}\frac{\partial E_x^s}{\partial y}\right)\hat{\boldsymbol{z}} \tag{3.5}$$

和

$$\nabla_h \times \left[\frac{\mu - \mu_p}{\mu}\right]\boldsymbol{H}_p = \left(\frac{1}{h_y}\frac{\partial}{\partial y}\frac{(\mu_z - \mu_p)H_z^p}{\mu_z} - \frac{1}{h_z}\frac{\partial}{\partial z}\frac{(\mu_y - \mu_p)H_y^p}{\mu_y}\right)\hat{\boldsymbol{x}} + \left(\frac{1}{h_z}\frac{\partial}{\partial z}\frac{(\mu_x - \mu_p)H_x^p}{\mu_x} - \frac{1}{h_x}\frac{\partial}{\partial x}\frac{(\mu_z - \mu_p)H_z^p}{\mu_z}\right)\hat{\boldsymbol{y}}$$

$$+\left(\frac{1}{h_x}\frac{\partial}{\partial x}\frac{(\mu_y-\mu_p)H_y^p}{\mu_y}-\frac{1}{h_y}\frac{\partial}{\partial y}\frac{(\mu_x-\mu_p)H_x^p}{\mu_x}\right)\hat{\boldsymbol{z}} \qquad (3.6)$$

式中，$\mu_w(w=x,\ y,\ z)$表示在 w 方向两个剖分单元共有界面上的磁导率平均值。

利用式(3.5)和式(3.6)展开式(3.1)左边的二阶旋度，可得

$$\nabla_h\times\left[\frac{\mu_p}{\mu}\nabla_e\times\boldsymbol{E}_s\right]=$$

$$\left[\frac{1}{h_y}\frac{\partial}{\partial y}\left(\frac{\mu_p}{\mu_z}\frac{1}{e_x}\frac{\partial E_y^s}{\partial x}\right)-\frac{1}{h_y}\frac{\partial}{\partial y}\left(\frac{\mu_p}{\mu_z}\frac{1}{e_y}\frac{\partial E_x^s}{\partial y}\right)-\frac{1}{h_z}\frac{\partial}{\partial z}\left(\frac{\mu_p}{\mu_y}\frac{1}{e_z}\frac{\partial E_x^s}{\partial z}\right)+\frac{1}{h_z}\frac{\partial}{\partial z}\left(\frac{\mu_p}{\mu_y}\frac{1}{e_x}\frac{\partial E_z^s}{\partial x}\right)\right]\hat{\boldsymbol{x}}$$

$$+\left[\frac{1}{h_z}\frac{\partial}{\partial z}\left(\frac{\mu_p}{\mu_x}\frac{1}{e_y}\frac{\partial E_z^s}{\partial y}\right)-\frac{1}{h_z}\frac{\partial}{\partial z}\left(\frac{\mu_p}{\mu_x}\frac{1}{e_z}\frac{\partial E_y^s}{\partial z}\right)-\frac{1}{h_x}\frac{\partial}{\partial x}\left(\frac{\mu_p}{\mu_z}\frac{1}{e_x}\frac{\partial E_y^s}{\partial x}\right)+\frac{1}{h_x}\frac{\partial}{\partial x}\left(\frac{\mu_p}{\mu_z}\frac{1}{e_y}\frac{\partial E_x^s}{\partial y}\right)\right]\hat{\boldsymbol{y}}$$

$$+\left[\frac{1}{h_x}\frac{\partial}{\partial x}\left(\frac{\mu_p}{\mu_y}\frac{1}{e_z}\frac{\partial E_x^s}{\partial z}\right)-\frac{1}{h_x}\frac{\partial}{\partial x}\left(\frac{\mu_p}{\mu_y}\frac{1}{e_x}\frac{\partial E_z^s}{\partial x}\right)-\frac{1}{h_y}\frac{\partial}{\partial y}\left(\frac{\mu_p}{\mu_x}\frac{1}{e_y}\right)\frac{\partial E_z^s}{\partial y}+\frac{1}{h_y}\frac{\partial}{\partial y}\left(\frac{\mu_p}{\mu_x}\frac{1}{e_z}\right)\frac{\partial E_y^s}{\partial z}\right]\hat{\boldsymbol{z}}$$

$$(3.7)$$

下文分别讨论亥姆霍兹方程中与 $\hat{\boldsymbol{x}}$、$\hat{\boldsymbol{y}}$ 和 $\hat{\boldsymbol{z}}$ 相关的部分。为此，先列出每个节点处要求解的方程。对于 $\hat{\boldsymbol{x}}$ 分量有

$$\frac{1}{h_y}\frac{\partial}{\partial y}\left(\frac{\mu_p}{\mu_z}\frac{1}{e_x}\frac{\partial E_y^s}{\partial x}\right)-\frac{1}{h_y}\frac{\partial}{\partial y}\left(\frac{\mu_p}{\mu_z}\frac{1}{e_y}\frac{\partial E_x^s}{\partial y}\right)-\frac{1}{h_z}\frac{\partial}{\partial z}\left(\frac{\mu_p}{\mu_y}\frac{1}{e_z}\frac{\partial E_x^s}{\partial z}\right)+\frac{1}{h_z}\frac{\partial}{\partial z}\left(\frac{\mu_p}{\mu_y}\frac{1}{e_x}\frac{\partial E_z^s}{\partial x}\right)$$

$$+i\omega\mu_p(\sigma+i\omega\varepsilon)E_x^s=-i\omega\mu_p[(\sigma-\sigma_p)+i\omega(\varepsilon-\varepsilon_p)]E_x^p-\frac{i\omega\mu_p}{h_y}\frac{\partial}{\partial y}\left(\frac{\mu_z-\mu_p}{\mu_z}H_z^p\right)$$

$$-\frac{i\omega\mu_p}{h_z}\frac{\partial}{\partial z}\left(\frac{\mu_y-\mu_p}{\mu_y}H_y^p\right) \qquad (3.8)$$

如图 3.2 所示，利用有限差分近似展开式(3.8)，得到

$$\left\{\frac{\mu_p}{\mu_{z_{i+1/2,\ j+1/2,\ k}}}\left[\frac{1}{e_{x_i}\Delta x_i}\left(E^s_{y_{i+1,\ j+1/2,\ k}}-E^s_{y_{i,\ j+1/2,\ k}}\right)-\frac{1}{e_{y_j}\Delta y_j}\left(E^s_{x_{i+1/2,\ j+1,\ k}}-E^s_{x_{i+1/2,\ j,\ k}}\right)\right]\right.$$

$$\left.-\frac{\mu_p}{\mu_{z_{i+1/2,\ j-1/2,\ k}}}\left[\frac{1}{e_{x_i}\Delta x_i}\left(E^s_{y_{i+1,\ j-1/2,\ k}}-E^s_{y_{i,\ j-1/2,\ k}}\right)-\frac{1}{e_{y_{j-1}}\Delta y_{j-1}}\left(E^s_{x_{i+1/2,\ j,\ k}}-E^s_{x_{i+1/2,\ j-1,\ k}}\right)\right]\right\}\cdot\frac{1}{h_{y_j}\Delta\bar{y}_j}$$

$$+\left\{\frac{\mu_p}{\mu_{y_{i+1/2,\ j,\ k+1/2}}}\left[\frac{1}{e_{x_i}\Delta x_i}\left(E^s_{z_{i+1,\ j,\ k+1/2}}-E^s_{z_{i,\ j,\ k+1/2}}\right)-\frac{1}{e_{z_k}\Delta z_k}\left(E^s_{x_{i+1/2,\ j,\ k+1}}-E^s_{x_{i+1/2,\ j,\ k}}\right)\right]\right.$$

$$\left.-\frac{\mu_p}{\mu_{z_{i+1/2,\ j,\ k-1/2}}}\left[\frac{1}{e_{x_i}\Delta x_i}\left(E^s_{z_{i+1,\ j,\ k-1/2}}-E^s_{z_{i,\ j,\ k-1/2}}\right)-\frac{1}{e_{z_{k-1}}\Delta z_{k-1}}\left(E^s_{x_{i+1/2,\ j,\ k}}-E^s_{x_{i+1/2,\ j,\ k-1}}\right)\right]\right\}\cdot\frac{1}{h_{z_k}\Delta\bar{z}_k}$$

$$+i\omega\mu_p\hat{y}_pE^s_{x_{i+1/2,\ j,\ k}}=-i\omega\mu_p(\hat{y}_{i+1/2,\ j,\ k}-\hat{y}_p)E^p_{x_{i+1/2,\ j,\ k}}$$

$$-i\omega\mu_p\left\{\left[\frac{\mu_{y_{i+1/2,\ j,\ k+1/2}}-\mu_p}{\mu_{y_{i+1/2,\ j,\ k+1/2}}}H^p_{y_{i+1/2,\ j,\ k+1/2}}-\frac{\mu_{y_{i+1/2,\ j,\ k-1/2}}-\mu_p}{\mu_{y_{i+1/2,\ j,\ k-1/2}}}H^p_{y_{i+1/2,\ j,\ k-1/2}}\right]\cdot\frac{1}{h_{z_k}\Delta\bar{z}_k}\right.$$

$$\left.-\left[\frac{\mu_{z_{i+1/2,\ j+1/2,\ k}}-\mu_p}{\mu_{z_{i+1/2,\ j+1/2,\ k}}}H^p_{z_{i+1/2,\ j+1/2,\ k}}-\frac{\mu_{z_{i+1/2,\ j-1/2,\ k}}-\mu_p}{\mu_{z_{i+1/2,\ j-1/2,\ k}}}H^p_{z_{i+1/2,\ j-1/2,\ k}}\right]\cdot\frac{1}{h_{y_j}\Delta\bar{y}_j}\right\} \qquad (3.9)$$

式中，导纳 $\hat{y}=\sigma+i\omega\varepsilon$；$\Delta w_\ell(w=x,\ y,\ z$ 和 $\ell=i,\ j,\ k)$为第 ℓ 个单元在 w 方向上的长度，而 $\Delta\bar{w}_\ell$ 为 w 方向剖分单元 ℓ 和 $\ell-1$ 中心点的距离。

上文的差分方法实质上利用直接向前差分近似表示微分算子。以式(3.8)中的第一项 $\frac{1}{h_y}\frac{\partial}{\partial y}\left(\frac{\mu_p}{\mu_z}\frac{1}{e_x}\frac{\partial E_y^s}{\partial x}\right)$ 为例，$\frac{\partial E_y^s}{\partial x}$ 被近似差分表示为位于$(i+1/2,\ j+1/2,\ k)$处的 $\frac{1}{\Delta x_i}(E^s_{y_{i+1,j+1/2,k}}-E^s_{y_{i,j+1/2,k}})$。注意 E_y 只定义在棱边中心，序号为 $j\pm1/2$。为了得到关于 y 的偏微分，位于$(i+1/2,\ j-1/2,\ k)$处的 $\frac{\partial E_y^s}{\partial x}$ 也需要用相同方法进行近似，即 $\frac{\partial E_y^s}{\partial x}=\frac{1}{\Delta x_i}(E^s_{y_{i+1,j-1/2,k}}-E^s_{y_{i,j-1/2,k}})$。注意这里的磁导率也需要在每个剖分单元表面的中心处进行计算，记为 $\mu_{z_{i+1/2,j\pm1/2,k}}$。由此得到关于 y 偏微分的离散形式为

$$\frac{1}{h_y}\frac{\partial}{\partial y}\left(\frac{\mu_p}{\mu_z}\frac{1}{e_x}\frac{\partial E_y^s}{\partial x}\right)\approx\left[\frac{\mu_p}{\mu_{z_{i+1/2,\ j+1/2,\ k}}}\frac{1}{e_{x_i}\Delta x_i}(E^s_{y_{i+1,\ j+1/2,\ k}}-E^s_{y_{i,\ j+1/2,\ k}})-\frac{\mu_p}{\mu_{z_{i+1/2,\ j-1/2,\ k}}}\frac{1}{e_{x_i}\Delta x_i}(E^s_{y_{i+1,\ j-1/2,\ k}}-E^s_{y_{i,\ j-1/2,\ k}})\right]\times\frac{1}{h_{y_j}\Delta\bar{y}_j}\tag{3.10}$$

式中，$\Delta\bar{y}_j$ 为剖分单元$(i+1/2,\ j-1/2,\ k)$和$(i+1/2,\ j+1/2,\ k)$中心点的距离。利用相同方法推导方程中的其余部分并整理可得式(3.9)。

同理，可以推导出 $\hat{\boldsymbol{y}}$ 和 $\hat{\boldsymbol{z}}$ 分量的差分表达式为

$$\begin{aligned}
&\left\{\frac{\mu_p}{\mu_{x_{i,\ j+1/2,\ k+1/2}}}\left[\frac{1}{e_{y_j}\Delta y_j}(E^s_{z_{i,\ j+1,\ k+1/2}}-E^s_{z_{i,\ j,\ k+1/2}})-\frac{1}{e_{z_k}\Delta z_k}(E^s_{y_{i,\ j+1/2,\ k+1}}-E^s_{y_{i,\ j+1/2,\ k}})\right]\right.\\
&\left.-\frac{\mu_p}{\mu_{x_{i,\ j+1/2,\ k-1/2}}}\left[\frac{1}{e_{y_j}\Delta y_j}(E^s_{z_{i,\ j+1,\ k-1/2}}-E^s_{z_{i,\ j,\ k-1/2}})-\frac{1}{e_{z_{k-1}}\Delta z_{k-1}}(E^s_{y_{i,\ j+1/2,\ k}}-E^s_{y_{i,\ j+1/2,\ k-1}})\right]\right\}\times\frac{1}{h_{z_k}\Delta\bar{z}_k}\\
&+\left\{\frac{\mu_p}{\mu_{z_{i+1/2,\ j+1/2,\ k}}}\left[\frac{1}{e_{y_j}\Delta y_j}(E^s_{x_{i+1/2,\ j+1,\ k}}-E^s_{x_{i+1/2,\ j,\ k}})-\frac{1}{e_{x_i}\Delta x_i}(E^s_{y_{i+1,\ j+1/2,\ k}}-E^s_{y_{i,\ j+1/2,\ k}})\right]\right.\\
&\left.-\frac{\mu_p}{\mu_{z_{i-1/2,\ j+1/2,\ k}}}\left[\frac{1}{e_{y_j}\Delta y_j}(E^s_{x_{i-1/2,\ j+1,\ k}}-E^s_{x_{i-1/2,\ j,\ k}})-\frac{1}{e_{x_{i-1}}\Delta x_{i-1}}(E^s_{y_{i,\ j+1/2,\ k}}-E^s_{y_{i-1,\ j+1/2,\ k}})\right]\right\}\times\frac{1}{h_{x_i}\Delta\bar{x}_i}\\
&+i\omega\mu_p\hat{y}_pE^s_{y_{i,\ j+1/2,\ k}}=-i\omega\mu_p(\hat{y}_{i,\ j+1/2,\ k}-\hat{y}_p)E^p_{y_{i,\ j+1/2,\ k}}\\
&-i\omega\mu_p\left\{\left[\frac{\mu_{x_{i,\ j+1/2,\ k+1/2}}-\mu_p}{\mu_{x_{i,\ j+1/2,\ k+1/2}}}H^p_{x_{i,\ j+1/2,\ k+1/2}}-\frac{\mu_{x_{i,\ j+1/2,\ k-1/2}}-\mu_p}{\mu_{x_{i,\ j+1/2,\ k-1/2}}}H^p_{x_{i,\ j+1/2,\ k-1/2}}\right]\times\frac{1}{h_{z_k}\Delta\bar{z}_k}\right.\\
&\left.-\left[\frac{\mu_{z_{i+1/2,\ j+1/2,\ k}}-\mu_p}{\mu_{z_{i+1/2,\ j+1/2,\ k}}}H^p_{z_{i+1/2,\ j+1/2,\ k}}-\frac{\mu_{z_{i-1/2,\ j+1/2,\ k}}-\mu_p}{\mu_{z_{i-1/2,\ j+1/2,\ k}}}H^p_{z_{i-1/2,\ j+1/2,\ k}}\right]\times\frac{1}{h_{x_i}\Delta\bar{x}_i}\right\}
\end{aligned}\tag{3.11}$$

及

$$\begin{aligned}
&\left\{\frac{\mu_p}{\mu_{y_{i+1/2,\ j,\ k+1/2}}}\left[\frac{1}{e_{z_k}\Delta z_k}(E^s_{x_{i+1/2,\ j,\ k+1}}-E^s_{x_{i+1/2,\ j,\ k}})-\frac{1}{e_{x_i}\Delta x_i}(E^s_{z_{i+1,\ j,\ k+1/2}}-E^s_{z_{i,\ j,\ k+1/2}})\right]\right.\\
&\left.-\frac{\mu_p}{\mu_{x_{i-1/2,\ j,\ k+1/2}}}\left[\frac{1}{e_{z_k}\Delta z_k}(E^s_{x_{i-1/2,\ j,\ k+1}}-E^s_{x_{i-1/2,\ j,\ k}})-\frac{1}{e_{x_{i-1}}\Delta x_{i-1}}(E^s_{z_{i,\ j,\ k+1/2}}-E^s_{z_{i-1,\ j,\ k+1/2}})\right]\right\}\times\frac{1}{h_{x_i}\Delta\bar{x}_i}\\
&+\left\{\frac{\mu_p}{\mu_{x_{i,\ j+1/2,\ k+1/2}}}\left[\frac{1}{e_{z_k}\Delta z_k}(E^s_{y_{i,\ j+1/2,\ k+1}}-E^s_{y_{i,\ j+1/2,\ k}})-\frac{1}{e_{y_j}\Delta y_j}(E^s_{z_{i,\ j+1,\ k+1/2}}-E^s_{z_{i,\ j,\ k+1/2}})\right]\right.\\
&\left.-\frac{\mu_p}{\mu_{x_{i,\ j-1/2,\ k+1/2}}}\left[\frac{1}{e_{z_k}\Delta z_k}(E^s_{y_{i,\ j-1/2,\ k+1}}-E^s_{y_{i,\ j-1/2,\ k}})-\frac{1}{e_{y_{j-1}}\Delta y_{j-1}}(E^s_{z_{i,\ j,\ k+1/2}}-E^s_{z_{i,\ j-1,\ k+1/2}})\right]\right\}\times\frac{1}{h_{y_j}\Delta\bar{y}_j}
\end{aligned}$$

$$
\begin{aligned}
&+ i\omega\mu_p\hat{y}_p E^s_{z_{i,\,j,\,k+1/2}} = -i\omega\mu_p(\hat{y}_{i,\,j,\,k+1/2} - \hat{y}_p)E^p_{z_{i,\,j,\,k+1/2}} \\
&- i\omega\mu_p\left\{\left[\frac{\mu_{x_{i,\,j+1/2,\,k+1/2}} - \mu_p}{\mu_{x_{i,\,j+1/2,\,k+1/2}}}H^p_{x_{i,\,j+1/2,\,k+1/2}} - \frac{\mu_{x_{i,\,j-1/2,\,k+1/2}} - \mu_p}{\mu_{x_{i,\,j-1/2,\,k+1/2}}}H^p_{x_{i,\,j-1/2,\,k+1/2}}\right] \times \frac{1}{h_{y_j}\Delta\bar{y}_j}\right. \\
&\left.- \left[\frac{\mu_{y_{i+1/2,\,j,\,k+1/2}} - \mu_p}{\mu_{y_{i+1/2,\,j,\,k+1/2}}}H^p_{y_{i+1/2,\,j,\,k+1/2}} - \frac{\mu_{y_{i-1/2,\,j,\,k+1/2}} - \mu_p}{\mu_{y_{i-1/2,\,j,\,k+1/2}}}H^p_{y_{i-1/2,\,j,\,k+1/2}}\right] \times \frac{1}{h_{x_i}\Delta\bar{x}_i}\right\}
\end{aligned}
\tag{3.12}
$$

必须指出，上文三个差分表达式不能生成一个对称矩阵。为了生成对称矩阵需要将式(3.9)、式(3.11)和式(3.12)两边分别乘以$(e_{x_i}\Delta x_i)(h_{y_j}\Delta\bar{y}_j)(h_{z_k}\Delta\bar{z}_k)$，$(h_{x_i}\Delta\bar{x}_i)(e_{y_j}\Delta y_j)(h_{z_k}\Delta\bar{z}_k)$和$(h_{x_i}\Delta\bar{x}_i)(h_{y_j}\Delta\bar{y}_j)(e_{z_k}\Delta z_k)$。

由上文的讨论可以实现对式(3.1)离散化并最终形成如下线性方程组：

$$
\boldsymbol{KE} = \boldsymbol{S} \tag{3.13}
$$

式中，$\boldsymbol{K}$为大型复稀疏对称系数矩阵；$\boldsymbol{S}$为与背景场和边界条件有关的源矢量；$\boldsymbol{E}$为各长方体单元边界中点处的电场。在利用式(3.13)求出网格棱边中点的电场后，借助法拉第电磁感应定律可计算出面中心的磁场，进而可利用空间插值获得观测点处的电磁场。

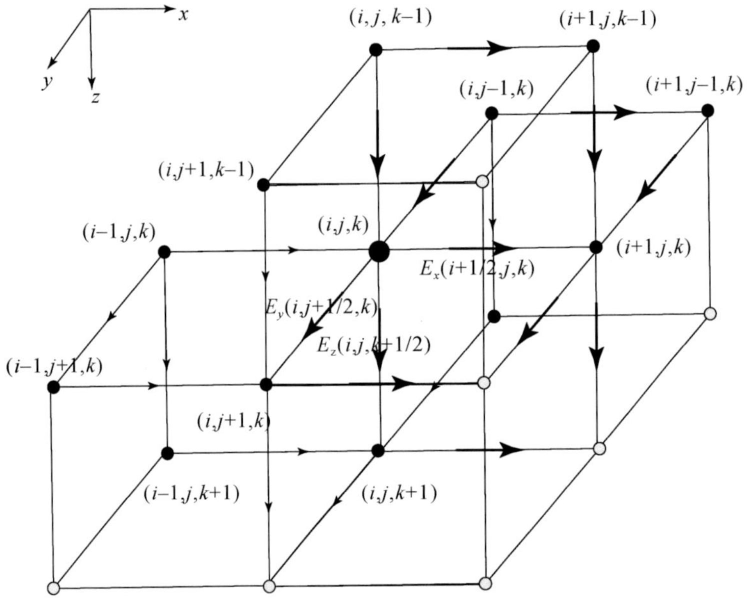

图 3.2　求解电场亥姆霍兹方程的交错网格

中心处的黑点代表计算节点$(i,\ j,\ k)$；该处电场有三个对应的分量，13 个大箭头代表构成$(i,\ j,\ k)$处E_x方程的未知电场，而小箭头为附加电场，用来构成E_y和E_z方程

在应用交错网格有限差分法时，对于式(3.9)、式(3.11)和式(3.12)中的平均导纳$\hat{y}$，需要沿给定的单元棱边进行计算。Wang 和 Hohmann(1993)指出，该平均导纳可通过四个相邻单元导纳的加权和进行计算。如图 3.3 所示，y方向位于$(i+1,\ j+1/2,\ k+1)$处的平均导纳为

$$\hat{y}_{\text{avg}} = \frac{\hat{y}_{i,\,j+1/2,\,k}A_{i,\,j+1/2,\,k} + \hat{y}_{i+1,\,j+1/2,\,k}A_{i+1,\,j+1/2,\,k} + \hat{y}_{i,\,j+1/2,\,k+1}A_{i,\,j+1/2,\,k+1} + \hat{y}_{i+1,\,j+1/2,\,k+1}A_{i+1,\,j+1/2,\,k+1}}{A_{i,\,j+1/2,\,k} + A_{i+1,\,j+1/2,\,k} + A_{i,\,j+1/2,\,k+1} + A_{i+1,\,j+1/2,\,k+1}} \tag{3.14}$$

式中，$A_{i,j,k}$为与各单元横截面积相关的加权函数(Alumbaugh et al.，1996)。类似地，磁导率也可以采用两个相邻单元磁导率的几何平均进行计算。如图3.3所示，与位于$(i+1,\ j+1/2,\ k+1/2)$面上H_x相关的平均磁导率可用单元$(i+1,\ j,\ k)$和$(i,\ j,\ k)$的磁导率进行计算，即

$$\mu_{\text{avg}} = \frac{(x_{i+3/2} - x_{i+1/2})\mu_{i+1,\,j,\,k}\mu_{i,\,j,\,k}}{(x_{i+3/2} - x_{i+1})\mu_{i,\,j,\,k} + (x_{i+1} - x_{i+1/2})\mu_{i+1,\,j,\,k}} \tag{3.15}$$

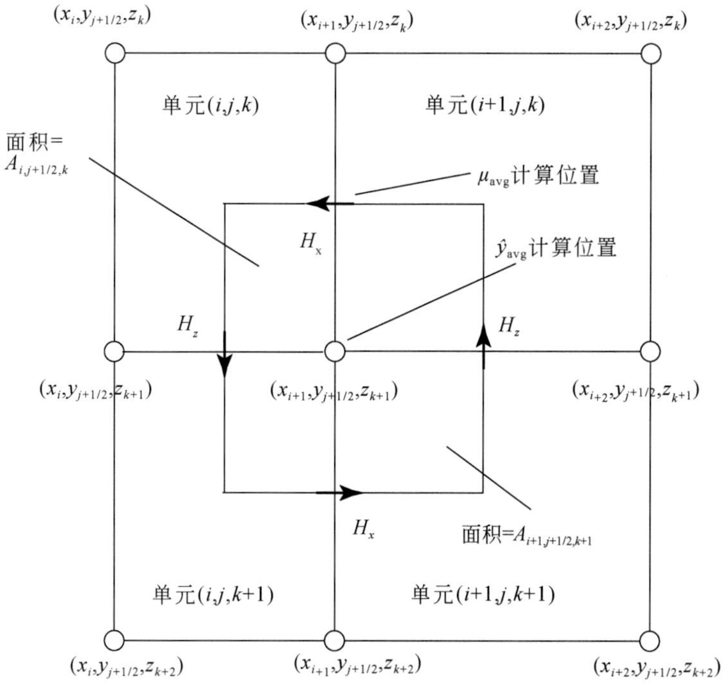

图3.3　磁场、电场、平均导纳与平均磁导率计算位置示意图
图中展示的平均导纳位于y方向的单元棱边上，而磁化率位于单元面的中心位置

3.2.3　各向异性介质中电磁扩散方程有限差分离散

在任意各向异性介质中，由式(3.4)可以得到二次散射场满足的微分方程为(Weiss and Newman，2002)

$$\nabla\times\nabla\times \boldsymbol{E}_s + i\omega\mu_0\boldsymbol{\sigma}\boldsymbol{E}_s = -i\omega\mu_0\boldsymbol{J}_p \tag{3.16}$$

式中，自由空间磁导率取为$\mu_0=4\pi\times10^{-7}\text{H/m}$；$\boldsymbol{E}_s$为二次散射电场；$\boldsymbol{J}_p$源项可表示为

$$\boldsymbol{J}_p = (\boldsymbol{\sigma} - \boldsymbol{\sigma}_p)\boldsymbol{E}_p \tag{3.17}$$

式(3.17)中的一次电场 $\boldsymbol{E}_p$ 可利用全空间格林函数求取；$\boldsymbol{\sigma}$ 为 3×3 的对称正定电导率张量。为方便计算，$\boldsymbol{\sigma}_p$ 通常假设为均匀半空间或者水平层状介质模型。任意各向异性介质中的电导率张量可表示为(Yin，2000)

$$\boldsymbol{\sigma}=\begin{pmatrix}\sigma_{xx} & \sigma_{xy} & \sigma_{xz}\\ \sigma_{xy} & \sigma_{yy} & \sigma_{yz}\\ \sigma_{xz} & \sigma_{yz} & \sigma_{zz}\end{pmatrix} \tag{3.18}$$

式中，x、y、z 表示直角坐标系三个方向。式(3.18)中的对角元素和非对角元素将各向异性介质中电流密度与不同方向的电场耦合在一起，由此电场和电流密度不在同一方向。为得到任意各向异性介质的电导率张量 $\boldsymbol{\sigma}$，通常先设定一个主轴电导率 $\boldsymbol{\sigma}_0$(其三个主对角元素对应各向异性的三个主轴电导率)，即

$$\boldsymbol{\sigma}_0=\begin{pmatrix}\sigma_x & 0 & 0\\ 0 & \sigma_y & 0\\ 0 & 0 & \sigma_z\end{pmatrix} \tag{3.19}$$

则根据 Yin(2000)，通过三重欧拉旋转可得到任意各向异性介质的电导率 $\boldsymbol{\sigma}$，即

$$\boldsymbol{\sigma}=\boldsymbol{D}\boldsymbol{\sigma}_0\boldsymbol{D}^{\mathrm{T}},\quad \boldsymbol{D}=\boldsymbol{D}_x\boldsymbol{D}_y\boldsymbol{D}_z \tag{3.20}$$

其中，旋转矩阵为(图 3.4)

$$\boldsymbol{D}_x=\begin{pmatrix}1 & 0 & 0\\ 0 & \cos\varphi & -\sin\varphi\\ 0 & \sin\varphi & \cos\varphi\end{pmatrix},\quad \boldsymbol{D}_y=\begin{pmatrix}\cos\psi & 0 & \sin\psi\\ 0 & 1 & 0\\ -\sin\psi & 0 & \cos\psi\end{pmatrix},\quad \boldsymbol{D}_z=\begin{pmatrix}\cos\chi & -\sin\chi & 0\\ \sin\chi & \cos\chi & 0\\ 0 & 0 & 1\end{pmatrix} \tag{3.21}$$

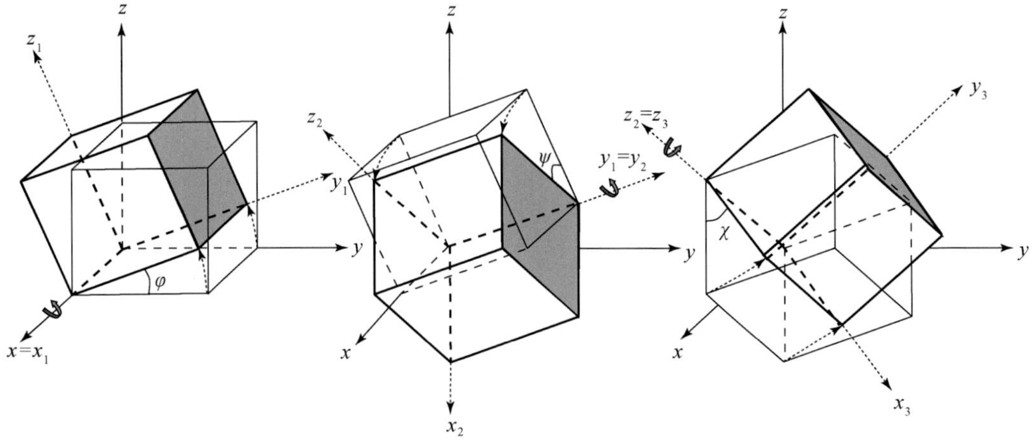

图 3.4　坐标旋转示意图(参考 Yin，2000)

利用有限差分法进行数值模拟时，需要将式(3.16)分解为 x、y、z 三个方向的标量方程，即

$$0+\frac{\partial^2 E_x^s}{\partial y^2}+\frac{\partial^2 E_x^s}{\partial z^2}-0-\frac{\partial^2 E_y^s}{\partial x\partial y}-\frac{\partial^2 E_z^s}{\partial x\partial z}-i\omega\mu_0 J_x^s=i\omega\mu_0 J_x^p \tag{3.22}$$

$$\frac{\partial^2 E_y^s}{\partial x^2}+0+\frac{\partial^2 E_y^s}{\partial z^2}-\frac{\partial^2 E_x^s}{\partial x\partial y}-0-\frac{\partial^2 E_z^s}{\partial y\partial z}-i\omega\mu_0 J_y^s=i\omega\mu_0 J_y^p \tag{3.23}$$

$$\frac{\partial^2 E_z^s}{\partial x^2}+\frac{\partial^2 E_z^s}{\partial y^2}+0-\frac{\partial^2 E_x^s}{\partial x\partial z}-\frac{\partial^2 E_y^s}{\partial y\partial z}-0-i\omega\mu_0 J_z^s=i\omega\mu_0 J_z^p \tag{3.24}$$

式中，J_x^s、J_y^s、J_z^s分别为 x、y、z 三个方向的电流密度。对式(3.22)～式(3.24)进行离散时，需要对电流密度进行近似，以 J_x^s为例予以说明。在任意各向异性介质中，J_x^s可表示为

$$J_x^s=\overline{\sigma}_{xx}E_x^s+\overline{\sigma}_{xy}E_y^s+\overline{\sigma}_{xz}E_z^s \tag{3.25}$$

式中，$\overline{\sigma}_{xx}$、$\overline{\sigma}_{xy}$、$\overline{\sigma}_{xz}$表示平均电导率。由于需要计算的电流密度与 E_x^s 的方向相同，采用体积平均对 $\overline{\sigma}_{xx}$进行近似。参见 Weiss 和 Newman(2002)，对于节点(i+1/2，j，k)，则有

$$\begin{aligned}\overline{\sigma}_{xx}=&[\sigma_{xx}(i,\ j+1,\ k-1)\times V_1+\sigma_{xx}(i,\ j+1,\ k)\times V_2\\&+\sigma_{xx}(i,\ j,\ k-1)\times V_3+\sigma_{xx}(i,\ j,\ k)\times V_4]\\&/(V_1+V_2+V_3+V_4)\end{aligned} \tag{3.26}$$

式中，V_1、V_2、V_3、V_4分别为计算电场分量相邻网格体积的四分之一(图3.5)。

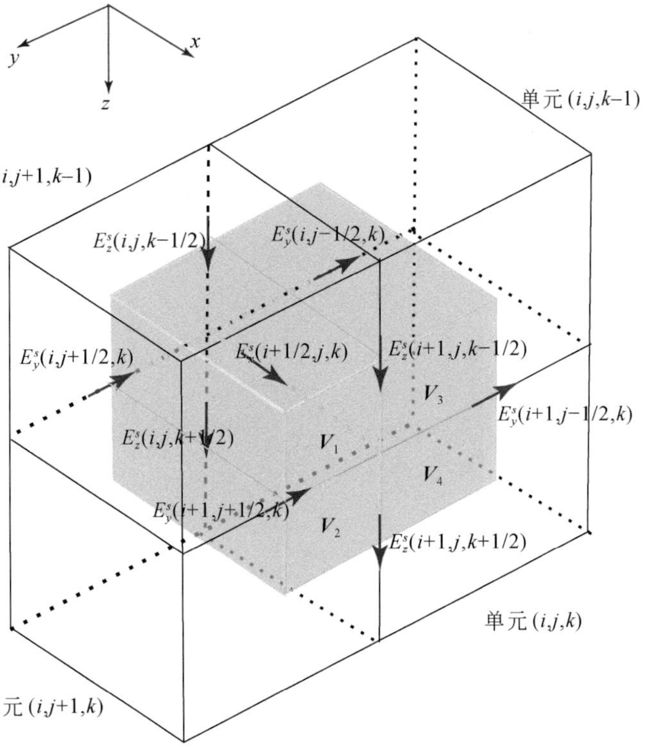

图3.5　任意各向异性介质中棱边电导率近似计算方法

对于式(3.25)中右端后两项，由于电场与电流密度方向不同，采用空间电流密度平均

技术将电场耦合到电流密度计算点上。因此，对于节点$(i+1/2, j, k)$，有

$$\begin{aligned}\overline{\sigma}_{xy}E_y^s = \{ & [E_y^s(i, j+1/2, k) + E_y^s(i+1, j+1/2, k)]/2 \\ & \times [V_1 \cdot \sigma_{xy}(i, j+1, k-1) + V_2 \cdot \sigma_{xy}(i, j+1, k)] \\ & + [E_y^s(i, j-1/2, k) + E_y^s(i+1, j-1/2, k)]/2 \\ & \times [V_3 \cdot \sigma_{xy}(i, j, k-1) + V_4 \cdot \sigma_{xy}(i, j, k)]\} \\ & /(V_1 + V_2 + V_3 + V_4)\end{aligned} \tag{3.27}$$

类似地，$\overline{\sigma}_{xz}E_z^s$ 可采用相同的方式进行离散，即

$$\begin{aligned}\overline{\sigma}_{xz}E_z^s = \{ & [E_z^s(i, j, k-1/2) + E_z^s(i+1, j, k-1/2)]/2 \\ & \times [V_1 \cdot \sigma_{xz}(i, j+1, k-1) + V_3 \cdot \sigma_{xz}(i, j, k-1)] \\ & + [E_z^s(i, j, k+1/2) + E_z^s(i+1, j, k+1/2)]/2 \\ & \times [V_2 \cdot \sigma_{xz}(i, j+1, k) + V_4 \cdot \sigma_{xz}(i, j, k)]\} \\ & /(V_1 + V_2 + V_3 + V_4)\end{aligned} \tag{3.28}$$

3.2.4　散度校正技术

有限差分法在频域三维电磁数值模拟中获得了广泛的应用，其重要原因之一是散度校正的引入。该技术极大地改善了迭代求解的收敛性。散度校正基于磁场或电流密度守恒特性，即

$$\nabla \cdot \boldsymbol{H} = 0 \tag{3.29}$$

$$\nabla \cdot (\sigma \boldsymbol{E}) = 0 \tag{3.30}$$

为了解释散度校正原理，以磁场为例进行说明(Mackie et al.，1994；Siripunvaraporn and Egbert，2000)，而基于电流密度的散度校正方法见 Smith(1996a，1996b)。对于给定迭代次数的数值求解，由于计算精度有限，磁场散度通常并不消失。磁场的散度可以通过 $\varphi=\nabla \cdot \boldsymbol{H}$ 进行计算，因此可以将 φ 作为源估计磁场的偏差。为了计算偏差磁场，需要求解泊松方程得到磁势 ϕ，即

$$\nabla \cdot \nabla \phi = \varphi \tag{3.31}$$

在利用式(3.31)求解出 ϕ 后，散度校正后的磁场可表示为

$$\boldsymbol{H}_{\text{correct}} = \boldsymbol{H}_{\text{old}} - \nabla \phi \tag{3.32}$$

则有

$$\nabla \cdot \boldsymbol{H}_{\text{correct}} = \nabla \cdot \boldsymbol{H}_{\text{old}} - \nabla \cdot \nabla \phi = \varphi - \varphi = 0 \tag{3.33}$$

因此校正后的磁场满足守恒定律。利用磁场进行散度校正可简化为以下三个步骤：

(1)计算原来磁场的散度 $\varphi=\nabla \cdot \boldsymbol{H}_{\text{old}}$；

(2)利用预处理共轭梯度方法求解泊松方程(3.31)，得到 ϕ；

(3)利用式(3.32)计算偏差磁场$\nabla \phi$，并对原来的磁场进行校正。

散度校正主要用于长周期电磁响应正演模拟(如大地电磁法)。对于频率相对较高的可控源电磁法，是否需要散度校正视具体情况而定。

3.3 时域有限差分法

3.3.1 Yee 氏网格及直角坐标中电磁场离散

下文的讨论中，将图 3.6 中给出的单个剖分网格称为 Yee 氏网格，并假设电场位于 Yee 氏网格棱边中心处，而磁场位于各个面的中心。电场周围环绕着四个磁场分量，而磁场周围环绕着四个电场分量。电磁场分量的空间取样方式既能恰当地描述电磁场的传播特性和界面连续性特征，又适合对麦克斯韦方程进行差分离散。

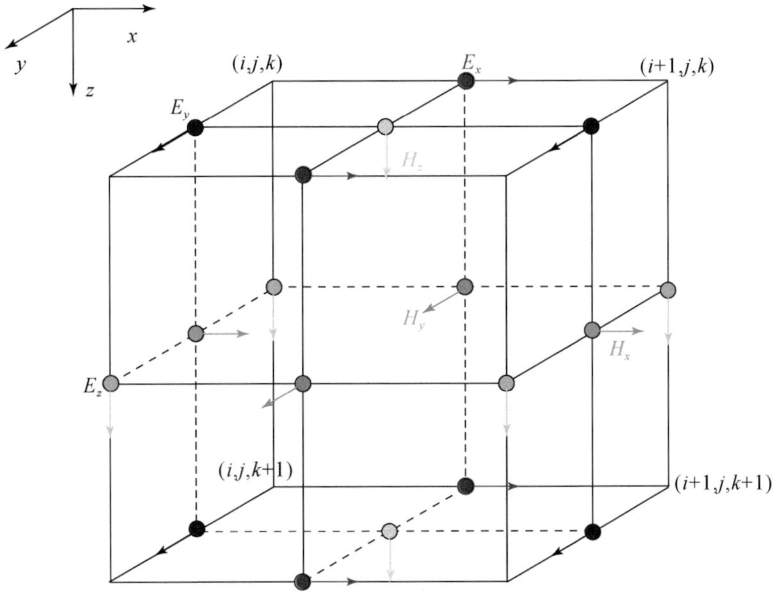

图 3.6 Yee 氏网格及电磁场分布图

为了方便推导差分离散方程，将电场 ***E*** 和磁场 ***H*** 各分量在网格中的位置及整数和半整数时间采样做出如表 3.1 的规定。

表 3.1 Yee 氏网格中电场 *E* 和磁场 *H* 节点位置

电磁场分量		空间分量采样			时间轴 t 采样
		x 坐标	y 坐标	z 坐标	
E 节点	E_x	$i+1/2$	j	k	n
	E_y	i	$j+1/2$	k	
	E_z	i	j	$k+1/2$	

续表

电磁场分量		空间分量采样			时间轴 t 采样
		x 坐标	y 坐标	z 坐标	
H 节点	H_x	i	$j+1/2$	$k+1/2$	$n+1/2$
	H_y	$i+1/2$	j	$k+1/2$	
	H_z	$i+1/2$	$j+1/2$	k	

时域有限差分法直接将麦克斯韦方程组中的两个旋度方程在空间和时间上进行差分离散，得到一组显式电场和磁场同步递推的方程。为了应用杜弗特–弗兰克尔(Du Fort-Frankel)方法(Du Fort and Frankel, 1953)，将各向同性和无源条件下的旋度方程改写为

$$\nabla\times\boldsymbol{H}(x,\ y,\ z,\ t)=\gamma\frac{\partial\boldsymbol{E}(x,\ y,\ z,\ t)}{\partial t}+\sigma(x,\ y,\ z)\boldsymbol{E}(x,\ y,\ z,\ t) \tag{3.34}$$

$$\nabla\times\boldsymbol{E}(x,\ y,\ z,\ t)=-\mu\frac{\partial\boldsymbol{H}(x,\ y,\ z,\ t)}{\partial t} \tag{3.35}$$

式(3.34)右端第一项为人工位移电流，系数 γ 称为虚拟介电常数。由于引入人工位移电流，准静态条件下电磁场满足的热传导方程变成阻尼波动方程，此时的电磁场称为虚拟波场。引入虚拟介电常数的目的在于虚拟波场的速度低于利用有限差分模拟的电磁波传播速度。选择一个适当的 γ 可保证时间步进过程中电磁场解的稳定性。将 $\nabla\times\boldsymbol{H}$、$\nabla\times\boldsymbol{E}$、$\boldsymbol{E}$ 和 $\boldsymbol{H}$ 展开成标量形式，则式(3.34)和式(3.35)可写为

$$\frac{\partial H_z(x,\ y,\ z,\ t)}{\partial y}-\frac{\partial H_y(x,\ y,\ z,\ t)}{\partial z}=\sigma_1(x,\ y,\ z)E_x(x,\ y,\ z,\ t)+\gamma\frac{\partial E_x(x,\ y,\ z,\ t)}{\partial t} \tag{3.36}$$

$$\frac{\partial H_x(x,\ y,\ z,\ t)}{\partial z}-\frac{\partial H_z(x,\ y,\ z,\ t)}{\partial x}=\sigma_2(x,\ y,\ z)E_y(x,\ y,\ z,\ t)+\gamma\frac{\partial E_y(x,\ y,\ z,\ t)}{\partial t} \tag{3.37}$$

$$\frac{\partial H_y(x,\ y,\ z,\ t)}{\partial x}-\frac{\partial H_x(x,\ y,\ z,\ t)}{\partial y}=\sigma_3(x,\ y,\ z)E_z(x,\ y,\ z,\ t)+\gamma\frac{\partial E_z(x,\ y,\ z,\ t)}{\partial t} \tag{3.38}$$

$$\frac{\partial E_z(x,\ y,\ z,\ t)}{\partial y}-\frac{\partial E_y(x,\ y,\ z,\ t)}{\partial z}=-\mu\frac{\partial H_x(x,\ y,\ z,\ t)}{\partial t} \tag{3.39}$$

$$\frac{\partial E_x(x,\ y,\ z,\ t)}{\partial z}-\frac{\partial E_z(x,\ y,\ z,\ t)}{\partial x}=-\mu\frac{\partial H_y(x,\ y,\ z,\ t)}{\partial t} \tag{3.40}$$

$$\frac{\partial E_y(x,\ y,\ z,\ t)}{\partial x}-\frac{\partial E_x(x,\ y,\ z,\ t)}{\partial y}=-\mu\frac{\partial H_z(x,\ y,\ z,\ t)}{\partial t} \tag{3.41}$$

为方便起见，用特定符号来表示电场和磁场分量在空间和时间上的离散。例如，在网格节点 $\left(i+\frac{1}{2},\ j,\ k\right)$ 处、t_n 时刻的电场 $E_x(x,\ y,\ z,\ t)$ 可表示为 $E_x^n\left(i+\frac{1}{2},\ j,\ k\right)$，其他场分量也可采用同样的方式表示。

下文以式(3.36)为例介绍如何实现对上述方程进行时间和空间离散。对于时刻 $t=t_n+$

$\frac{1}{2}\Delta t_n$，式(3.36)中右端电场一阶偏导数项可利用中心差分近似为

$$\frac{\partial E_x^{n+\frac{1}{2}}\left(i+\frac{1}{2},\ j,\ k\right)}{\partial t} \approx \frac{E_x^{n+1}\left(i+\frac{1}{2},\ j,\ k\right)-E_x^{n}\left(i+\frac{1}{2},\ j,\ k\right)}{\Delta t_n} \tag{3.42}$$

而电场利用平均值代替，即

$$E_x^{n+\frac{1}{2}}\left(i+\frac{1}{2},\ j,\ k\right) \approx \frac{E_x^{n+1}\left(i+\frac{1}{2},\ j,\ k\right)+E_x^{n}\left(i+\frac{1}{2},\ j,\ k\right)}{2} \tag{3.43}$$

需要指出的是，选择这样做的目的在于离散方程中仅出现表3.1所设定的场分量节点。将式(3.42)和式(3.43)代入式(3.36)，可得

$$\begin{aligned}&\sigma_1\frac{E_x^{n+1}\left(i+\frac{1}{2},\ j,\ k\right)+E_x^{n}\left(i+\frac{1}{2},\ j,\ k\right)}{2}+\gamma\frac{E_x^{n+1}\left(i+\frac{1}{2},\ j,\ k\right)-E_x^{n}\left(i+\frac{1}{2},\ j,\ k\right)}{\Delta t_n}\\&=\frac{H_z^{n+\frac{1}{2}}\left(i+\frac{1}{2},\ j+\frac{1}{2},\ k\right)-H_z^{n+\frac{1}{2}}\left(i+\frac{1}{2},\ j-\frac{1}{2},\ k\right)}{\Delta y}\\&-\frac{H_y^{n+\frac{1}{2}}\left(i+\frac{1}{2},\ j,\ k+\frac{1}{2}\right)-H_y^{n+\frac{1}{2}}\left(i+\frac{1}{2},\ j,\ k-\frac{1}{2}\right)}{\Delta z}\end{aligned} \tag{3.44}$$

式(3.44)经进一步整理后，可得时域有限差分法电场分量 E_x 的时间递推公式为

$$\begin{aligned}E_x^{n+1}\left(i+\frac{1}{2},\ j,\ k\right)=&\frac{2\Delta t_n}{\sigma_1\Delta t_n+2\gamma}\left[\frac{H_z^{n+\frac{1}{2}}\left(i+\frac{1}{2},\ j+\frac{1}{2},\ k\right)-H_z^{n+\frac{1}{2}}\left(i+\frac{1}{2},\ j-\frac{1}{2},\ k\right)}{\Delta y}\right.\\&\left.-\frac{H_y^{n+\frac{1}{2}}\left(i+\frac{1}{2},\ j,\ k+\frac{1}{2}\right)-H_y^{n+\frac{1}{2}}\left(i+\frac{1}{2},\ j,\ k-\frac{1}{2}\right)}{\Delta z}\right]\\&-\frac{\sigma_1\Delta t_n-2\gamma}{\sigma_1\Delta t_n+2\gamma}E_x^{n}\left(i+\frac{1}{2},\ j,\ k\right)\end{aligned} \tag{3.45}$$

类似地，也可以获得 E_y、E_z、H_x、H_y、H_z 的递推公式，即

$$\begin{aligned}E_y^{n+1}\left(i,\ j+\frac{1}{2},\ k\right)=&\frac{2\Delta t_n}{\sigma_2\Delta t_n+2\gamma}\left[\frac{H_x^{n+\frac{1}{2}}\left(i,\ j+\frac{1}{2},\ k+\frac{1}{2}\right)-H_x^{n+\frac{1}{2}}\left(i,\ j+\frac{1}{2},\ k-\frac{1}{2}\right)}{\Delta z}\right.\\&\left.-\frac{H_z^{n+\frac{1}{2}}\left(i+\frac{1}{2},\ j+\frac{1}{2},\ k\right)-H_z^{n+\frac{1}{2}}\left(i-\frac{1}{2},\ j+\frac{1}{2},\ k\right)}{\Delta x}\right]\\&-\frac{\sigma_2\Delta t_n-2\gamma}{\sigma_2\Delta t_n+2\gamma}E_y^{n}\left(i,\ j+\frac{1}{2},\ k\right)\end{aligned} \tag{3.46}$$

$$E_z^{n+1}\left(i,\ j,\ k+\frac{1}{2}\right)=\frac{2\Delta t_n}{\sigma_3\Delta t_n+2\gamma}\left[\frac{H_y^{n+\frac{1}{2}}\left(i+\frac{1}{2},\ j,\ k+\frac{1}{2}\right)-H_y^{n+\frac{1}{2}}\left(i-\frac{1}{2},\ j,\ k+\frac{1}{2}\right)}{\Delta x}\right.$$

$$
\left. - \frac{H_x^{n+\frac{1}{2}}\left(i,\ j+\frac{1}{2},\ k+\frac{1}{2}\right) - H_x^{n+\frac{1}{2}}\left(i,\ j-\frac{1}{2},\ k+\frac{1}{2}\right)}{\Delta y} \right]
$$

$$
- \frac{\sigma_3 \Delta t_n - 2\gamma}{\sigma_3 \Delta t_n + 2\gamma} E_z^n\left(i,\ j,\ k+\frac{1}{2}\right) \tag{3.47}
$$

$$
\begin{aligned}
H_x^{n+\frac{1}{2}}\left(i,\ j+\frac{1}{2},\ k+\frac{1}{2}\right) &= H_x^{n-\frac{1}{2}}\left(i,\ j+\frac{1}{2},\ k+\frac{1}{2}\right) \\
&+ \left[\frac{E_y^n\left(i,\ j+\frac{1}{2},\ k+1\right) - E_y^n\left(i,\ j+\frac{1}{2},\ k\right)}{\Delta z(i,\ j,\ k)}\right. \\
&\left. - \frac{E_z^n\left(i,\ j+1,\ k+\frac{1}{2}\right) - E_z^n\left(i,\ j,\ k+\frac{1}{2}\right)}{\Delta y(i,\ j,\ k)}\right] \times \frac{\Delta t_{n-1} + \Delta t_n}{2\mu_1}
\end{aligned} \tag{3.48}
$$

$$
\begin{aligned}
H_y^{n+\frac{1}{2}}\left(i+\frac{1}{2},\ j,\ k+\frac{1}{2}\right) &= H_y^{n-\frac{1}{2}}\left(i+\frac{1}{2},\ j,\ k+\frac{1}{2}\right) \\
&+ \left[\frac{E_z^n\left(i+1,\ j,\ k+\frac{1}{2}\right) - E_z^n\left(i,\ j,\ k+\frac{1}{2}\right)}{\Delta x(i,\ j,\ k)}\right. \\
&\left. - \frac{E_x^n\left(i+\frac{1}{2},\ j,\ k+1\right) - E_x^n\left(i+\frac{1}{2},\ j,\ k\right)}{\Delta z(i,\ j,\ k)}\right] \times \frac{\Delta t_{n-1} + \Delta t_n}{2\mu_2}
\end{aligned} \tag{3.49}
$$

$$
\begin{aligned}
H_z^{n+\frac{1}{2}}\left(i+\frac{1}{2},\ j+\frac{1}{2},\ k\right) &= H_z^{n-\frac{1}{2}}\left(i+\frac{1}{2},\ j+\frac{1}{2},\ k\right) \\
&+ \left[\frac{E_x^n\left(i+\frac{1}{2},\ j+1,\ k\right) - E_x^n(i+\frac{1}{2},\ j,\ k)}{\Delta y(i,\ j,\ k)}\right. \\
&\left. - \frac{E_y^n\left(i+1,\ j+\frac{1}{2},\ k\right) - E_y^n\left(i,\ j+\frac{1}{2},\ k\right)}{\Delta x(i,\ j,\ k)}\right] \times \frac{\Delta t_{n-1} + \Delta t_n}{2\mu_3}
\end{aligned} \tag{3.50}
$$

式中，$\Delta x(i,\ j,\ k)$，$\Delta y(i,\ j,\ k)$，$\Delta z(i,\ j,\ k)$表示图 3.6 中由节点$(i,\ j,\ k)$向 x，y，z 正向延伸的网格步长。

截至目前，我们考虑的是采用非均匀网格，因此 Δx、Δy 和 Δz 随网格位置变化。根据式(3.45)～式(3.47)，由磁场在网格中的位置可得

$$
\Delta x = \frac{\Delta x(i,\ j,\ k) + \Delta x(i-1,\ j,\ k)}{2} \tag{3.51a}
$$

$$
\Delta y = \frac{\Delta y(i,\ j,\ k) + \Delta y(i,\ j-1,\ k)}{2} \tag{3.51b}
$$

$$
\Delta z = \frac{\Delta z(i,\ j,\ k) + \Delta z(i,\ j,\ k-1)}{2} \tag{3.51c}
$$

如果采用均匀网格，则 $\Delta x = \Delta y = \Delta z$。式(3.45)中，$\sigma_1$ 是环绕 $E_x\left(i+\frac{1}{2},\ j,\ k\right)$的磁场环所在的四个网格的电导率平均值，即

$$
\begin{aligned}
\sigma_1 = [&\sigma(i, j, k)\Delta y(i, j, k)\Delta z(i, j, k) + \sigma(i, j-1, k)\Delta y(i, j-1, k) \\
&\times \Delta z(i, j-1, k) + \sigma(i, j-1, k-1)\Delta y(i, j-1, k-1) \\
&\times \Delta z(i, j-1, k-1) + \sigma(i, j, k-1)\Delta y(i, j, k-1)\Delta z(i, j, k-1)] \\
&/[\Delta y(i, j, k)\Delta z(i, j, k) + \Delta y(i, j-1, k)\Delta z(i, j-1, k) \\
&+ \Delta y(i, j-1, k-1)\Delta z(i, j-1, k-1) + \Delta y(i, j, k-1)\Delta z(i, j, k-1)]
\end{aligned} \tag{3.52}
$$

类似地，也可以推导出式(3.46)和式(3.47)中的σ_2和σ_3，即

$$
\begin{aligned}
\sigma_2 = [&\sigma(i, j, k)\Delta x(i, j, k)\Delta z(i, j, k) + \sigma(i-1, j, k)\Delta x(i-1, j, k) \\
&\times \Delta z(i-1, j, k) + \sigma(i, j, k-1)\Delta x(i, j, k-1)\Delta z(i, j, k-1) \\
&+ \sigma(i-1, j, k-1)\Delta x(i-1, j, k-1)\Delta z(i-1, j, k-1)] \\
&/[\Delta x(i, j, k)\Delta z(i, j, k) + \Delta x(i-1, j, k)\Delta z(i-1, j, k) \\
&+ \Delta x(i, j, k-1)\Delta z(i, j, k-1) \\
&+ \Delta x(i-1, j, k-1)\Delta z(i-1, j, k-1)]
\end{aligned} \tag{3.53}
$$

$$
\begin{aligned}
\sigma_3 = [&\sigma(i, j, k)\Delta x(i, j, k)\Delta y(i, j, k) + \sigma(i-1, j, k)\Delta x(i-1, j, k) \\
&\times \Delta y(i-1, j, k) + \sigma(i-1, j-1, k)\Delta x(i-1, j-1, k) \\
&\times \Delta y(i-1, j-1, k) + \sigma(i, j-1, k)\Delta x(i, j-1, k)\Delta y(i, j-1, k)] \\
&/[\Delta x(i, j, k)\Delta y(i, j, k) + \Delta x(i-1, j, k)\Delta y(i-1, j, k) \\
&+ \Delta x(i-1, j-1, k)\Delta y(i-1, j-1, k) \\
&+ \Delta x(i, j-1, k)\Delta y(i, j-1, k)]
\end{aligned} \tag{3.54}
$$

同理，可以对磁导率进行如下近似，即

$$
\mu_1(i, j+1/2, k+1/2) = \frac{\Delta x_{i-1}\mu(i-1, j, k) + \Delta x_i \mu(i, j, k)}{\Delta x_{i-1} + \Delta x_i} \tag{3.55a}
$$

$$
\mu_2(i+1/2, j, k+1/2) = \frac{\Delta y_{j-1}\mu(i, j-1, k) + \Delta y_j \mu(i, j, k)}{\Delta y_{j-1} + \Delta y_j} \tag{3.55b}
$$

$$
\mu_3(i+1/2, j+1/2, k) = \frac{\Delta z_{k-1}\mu(i, j, k-1) + \Delta z_k \mu(i, j, k)}{\Delta z_{k-1} + \Delta z_k} \tag{3.55c}
$$

3.3.2　时间离散稳定性条件

有限差分是利用差分方程的解替代电磁场满足的微分方程的解，因此需要保证离散后解的收敛性和稳定性。时域有限差分的数值稳定性由数值误差随时间迭代在空间的传播特征确定。数值模拟过程中空间和时间步长必须满足一定的条件才能保证数值误差不随时间步进无限放大，以保证解的稳定性。根据柯朗(Courant)稳定性要求，如果满足如下条件(Wang and Hohmann，1993)

$$
v \leqslant \frac{1}{\sqrt{\left(\frac{\Delta t_n}{\Delta x}\right)^2 + \left(\frac{\Delta t_n}{\Delta y}\right)^2 + \left(\frac{\Delta t_n}{\Delta z}\right)^2}} \leqslant \frac{\Delta_{\min}}{\sqrt{3}\,\Delta t_n} \tag{3.56}
$$

则差分方程的解是稳定的。式中$\Delta_{\min}$为最小网格步长。式(3.56)等价于电磁波在一个时间

步长内传播不能超过最小网格单元三个棱边时间的平均(对于一维问题，则意味着波在一个时间步长内不能传播超过一个单元)。将电磁波相速 $v=\frac{1}{\sqrt{\mu\gamma}}$ 代入式(3.56)中，可得到虚拟波场解的稳定性条件为

$$\gamma \geqslant \frac{3}{\mu_{\min}}\left(\frac{\Delta t_n}{\Delta_{\min}}\right)^2 \tag{3.57}$$

式中，$\mu_{\min}$为最小磁导率。式(3.34)中的电流项为人工位移电流，比实际位移电流要大很多。为了减小人工位移电流对扩散电磁场的影响，需要限制时间步长。依据 Oristaglio 和 Hohmann(1984)，应满足如下条件：

$$\Delta t_n \ll \left(\frac{\mu_{\min}\sigma_{\min}t}{6}\right)^{1/2}\Delta_{\min} \tag{3.58}$$

式中，$\sigma_{\min}$为模型中最小电导率值，实际计算时通常采用式(3.59)计算时间步长，即

$$\Delta t_{\max} = \alpha\left(\frac{\mu_{\min}\sigma_{\min}t}{6}\right)^{1/2}\Delta_{\min} \tag{3.59}$$

根据不同精度需求，α可在0.1～0.2选取。由式(3.59)可以看出时间步长可随着时间推移逐渐增大。换句话说，早期计算时间点较密，而晚期则较为稀疏。这符合电磁波早期衰减速度快、晚期衰减慢的特性。另外，由式(3.56)、式(3.57)和式(3.59)可以看出，针对不同时刻选择不同的时间步长，或者空间步长发生变化，等价于引入不同电磁波速度对阻尼波动方程进行修正，在柯朗条件得到满足的情况下实现电磁场稳定求解。在后续的FDTD三维电磁正演模拟过程中，首先按照式(3.57)确定随时间变化的虚拟介电常数，而可变时间步长由式(3.59)确定。必须注意的是，柯朗稳定性条件是保证数值解稳定收敛的条件，不能保证计算精度。为获得较高的计算精度，需要考虑网格、时间步长、空间和时间差分格式(阶数及参数求取)、边界条件、初始场等影响因素。Wang 和 Hohmann(1993)给出了模拟早期时间道电磁响应的四阶有限差分格式及相应的稳定性条件，而 Zheng 等(1999)给出时间步长不受柯朗条件限制的交替方向隐式(alternating direction implicit，ADI) FDTD 算法。限于篇幅，这里不作介绍。

3.3.3　吸收边界条件

1. 完美匹配层

时域三维电磁数值模拟中，受计算条件限制，有限差分法的计算区域无法取得很大，传统的方法是采用吸收边界条件(absorbing boundary conditions，ABC)，如完美导电层(perfect electric conductor，PEC)。然而，截断边界处的反射会给计算结果带来很大的误差。考虑不完美的空间截断将会产生电磁波数值反射，导致时间迭代过程中场的发散，为此引入完美匹配层(perfect matching layer，PML)理论。完美匹配层基本原理是在FDTD计算域的截断边界处设置特殊的介质层，该介质层的波阻抗能完全匹配模拟域介质的波阻抗，并且与入射波频率及入射角无关，因此入射波可以无反射地穿过分界面进入PML。同

时，PML 还是有损介质，能够迅速地衰减和吸收进入其中的透射波，从而使得利用有限的网格模拟无限空间中电磁波的传播成为可能。PML 的作用主要包括两个方面：①电磁波能够从模拟域中无反射地进入其中；②透射电磁波在 PML 中传播时发生快速衰减。因此，人们在设计 PML 时，通过设定包围模拟域的有限厚度介质层并设定本构参数，使其波阻抗与模拟域相匹配，从而保证针对任何入射角和频率的电磁波在模拟域与 PML 层分界面上均不发生反射。本节基于 Berenger(1994)以及 Elsherbeni 和 Demir(2009)给出的关于 TEz 极化电磁场理论，介绍 PML 的性质并推导 TMz 极化平面波条件下无反射边界的相关理论。关于 PML 的性质及数学描述请参见 Berenger(1994)、Elsherbeni 和 Demir(2009)。

2. 空气-PML 分解面

以二维 TMz 极化波为例讨论 PML 的性质、PML 的形成条件、PML 中电磁场满足的麦克斯韦方程及传播特征。考虑如图 3.7 所示的二维介质，假设分界面沿 x 轴方向(垂直于 y 轴)，则 TMz 极化电磁场(E_z，H_x，H_y)在 PML 介质中满足如下麦克斯韦方程：

$$\nabla\times \boldsymbol{H}=\varepsilon\frac{\partial \boldsymbol{E}}{\partial t}+\sigma_e\boldsymbol{E} \tag{3.60}$$

$$\nabla\times \boldsymbol{E}=-\mu\frac{\partial \boldsymbol{H}}{\partial t}-\sigma_m\boldsymbol{H} \tag{3.61}$$

或者写成分量形式

$$\frac{\partial H_y}{\partial x}-\frac{\partial H_x}{\partial y}=\sigma_e E_z+\varepsilon\frac{\partial E_z}{\partial t} \tag{3.62}$$

$$-\frac{\partial E_z}{\partial y}=\sigma_m H_x+\mu\frac{\partial H_x}{\partial t} \tag{3.63}$$

$$\frac{\partial E_z}{\partial x}=\sigma_m H_y+\mu\frac{\partial H_y}{\partial t} \tag{3.64}$$

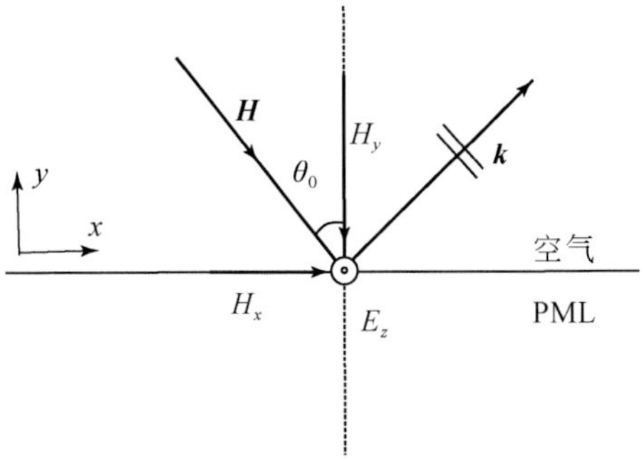

图 3.7　TMz 极化平面波在界面上的分解(其中 $\boldsymbol{k}$ 表征波传播方向)

对于 PML 介质，可以将 E_z 场分量分离成两个与 x 和 y 方向有关的分量 $E_z=E_{zx}+E_{zy}$，则有

$$\frac{\partial H_y}{\partial x}=\sigma_{pex}E_{zx}+\varepsilon\frac{\partial E_{zx}}{\partial t} \tag{3.65}$$

$$-\frac{\partial H_x}{\partial y}=\sigma_{pey}E_{zy}+\varepsilon\frac{\partial E_{zy}}{\partial t} \tag{3.66}$$

$$-\frac{\partial(E_{zx}+E_{zy})}{\partial y}=\sigma_{pmy}H_x+\mu\frac{\partial H_x}{\partial t} \tag{3.67}$$

$$\frac{\partial(E_{zx}+E_{zy})}{\partial x}=\sigma_{pmx}H_y+\mu\frac{\partial H_y}{\partial t} \tag{3.68}$$

在式(3.62)~式(3.68)中，虚构了针对 PML 介质的各向异性电导率 σ_{pex}，σ_{pmx}，σ_{pey}，σ_{pmy}。考虑电磁场可以表示成如下通解形式：

$$E_{zx}=E_{zx0}\mathrm{e}^{i\omega(t-\alpha x-\beta y)} \tag{3.69}$$

$$E_{zy}=E_{zy0}\mathrm{e}^{i\omega(t-\alpha x-\beta y)} \tag{3.70}$$

而入射波 H_x、H_y 可表示为

$$H_x=H_0\sin\theta_0\mathrm{e}^{i\omega(t-\alpha x-\beta y)} \tag{3.71}$$

$$H_y=-H_0\cos\theta_0\mathrm{e}^{i\omega(t-\alpha x-\beta y)} \tag{3.72}$$

式中，θ_0 为入射角；E_{zx0}、E_{zy0}、H_0 分别为电磁场振幅；α、β 为衰减系数。由式(3.69)~式(3.72)可见，电磁场 E_{zy} 和 H_x 产生了沿 y 方向传播的电磁波，而 E_{zx} 和 H_y 产生了沿 x 方向传播的电磁波。将式(3.69)~式(3.72)代入式(3.65)~式(3.68)中，可得

$$\alpha H_0\cos\theta_0=\varepsilon E_{zx0}-i\frac{\sigma_{pex}}{\omega}E_{zx0} \tag{3.73}$$

$$\beta H_0\sin\theta_0=\varepsilon E_{zy0}-i\frac{\sigma_{pey}}{\omega}E_{zy0} \tag{3.74}$$

$$\beta(E_{zx0}+E_{zy0})=\mu H_0\sin\theta_0-i\frac{\sigma_{pmy}}{\omega}H_0\sin\theta_0 \tag{3.75}$$

$$\alpha(E_{zx0}+E_{zy0})=\mu H_0\cos\theta_0-i\frac{\sigma_{pmx}}{\omega}H_0\cos\theta_0 \tag{3.76}$$

由式(3.73)和式(3.74)解出 E_{zx0} 和 E_{zy0}，然后代入式(3.75)和式(3.76)中，可得

$$\alpha=\frac{\sqrt{\varepsilon\mu}}{G}\left(1-i\frac{\sigma_{pmx}}{\omega\mu}\right)\cos\theta_0 \tag{3.77}$$

$$\beta=\frac{\sqrt{\varepsilon\mu}}{G}\left(1-i\frac{\sigma_{pmy}}{\omega\mu}\right)\sin\theta_0 \tag{3.78}$$

其中，

$$G=\sqrt{w_x\cos^2\theta_0+w_y\sin^2\theta_0} \tag{3.79}$$

$$w_x=\frac{\left(1-i\dfrac{\sigma_{pmx}}{\omega\mu}\right)}{\left(1-i\dfrac{\sigma_{pex}}{\omega\varepsilon}\right)},\quad w_y=\frac{\left(1-i\dfrac{\sigma_{pmy}}{\omega\mu}\right)}{\left(1-i\dfrac{\sigma_{pey}}{\omega\varepsilon}\right)} \tag{3.80}$$

在计算出 α 和 β 后，可以由式(3.73)和式(3.74)计算电场 E_z 两个分量的振幅，即

$$E_{zx0}=H_0\sqrt{\frac{\mu}{\varepsilon}}\frac{w_x}{G}\cos^2\theta_0 \tag{3.81}$$

$$E_{zy0} = H_0 \sqrt{\frac{\mu}{\varepsilon}} \frac{w_y}{G} \sin^2\theta_0 \tag{3.82}$$

则总电场幅值为

$$E_0 = E_{zx0} + E_{zy0} = H_0 \sqrt{\frac{\mu}{\varepsilon}} G \tag{3.83}$$

由此，可得 TMz 极化模式下 PML 介质的波阻抗为

$$Z = \frac{E_0}{H_0} = \sqrt{\frac{\mu}{\varepsilon}} G \tag{3.84}$$

值得注意的是，如果选择 PML 介质的各向异性电导率满足如下条件：

$$\frac{\sigma_{pex}}{\varepsilon} = \frac{\sigma_{pmx}}{\mu},\quad \frac{\sigma_{pey}}{\varepsilon} = \frac{\sigma_{pmy}}{\mu} \tag{3.85}$$

则 $w_x = w_y = 1$，$G = 1$，同时如果 PML 介质的介电常数和磁导率与空气介质相同，即 $\varepsilon = \varepsilon_0$，$\mu = \mu_0$，则 PML 介质波阻抗与空气的波阻抗相同。换句话说，如果 PML 的介质电导率满足式(3.85)，则以任意角度从空气入射到 PML 介质中的任意频率 TMz 电磁波不存在反射。本节推导的 TMz 极化平面波阻抗与 Berenger(1994)及 Elsherbeni 和 Demir(2009)给出的 TEz 稍有不同，但 PML 条件完全相同。

在获取传播系数 α 和 β 后，可以写出 PML 介质中的电磁场通解为

$$\psi = \psi_0 e^{i\omega\left[t - \frac{\sqrt{\varepsilon\mu}}{G}(x\cos\theta_0 + y\sin\theta_0)\right]} \times e^{-\sqrt{\frac{\varepsilon}{\mu}} \frac{\sigma_{pmx}\cos\theta_0}{G} x} \times e^{-\sqrt{\frac{\varepsilon}{\mu}} \frac{\sigma_{pmy}\sin\theta_0}{G} y} \tag{3.86}$$

由式(3.86)可以看出，在 PML 介质中电磁场发生衰减，衰减速率与 PML 介质导电率有关。选择合适的各向异性电导率，既可使得界面附近不发生反射，同时介质中电磁场也会发生快速衰减，因此称为 PML 介质。上面讨论中，当 $\sigma_{pex} = \sigma_{pmx} = \sigma_{pey} = \sigma_{pmy} = 0$ 时，则该 PML 介质变成空气介质。

3. PML-PML 分解面

如图3.8 所示，假设两种 PML 介质的分界面沿 x 轴方向(垂直于 y 轴)，TMz 极化平面波由介质 PML1 入射到介质 PML2 中，则界面的反射系数可写成(Berenger，1994)

$$r_p = \frac{Z_2\cos\theta_2 - Z_1\cos\theta_1}{Z_2\cos\theta_2 + Z_1\cos\theta_1} \tag{3.87}$$

式中，Z_1，Z_2为两个介质的本征阻抗。利用式(3.84)，则有

$$r_p = \frac{\sqrt{\mu_2/\varepsilon_2}\, G_2\cos\theta_2 - \sqrt{\mu_1/\varepsilon_1}\, G_1\cos\theta_1}{\sqrt{\mu_2/\varepsilon_2}\, G_2\cos\theta_2 + \sqrt{\mu_1/\varepsilon_1}\, G_1\cos\theta_1} \tag{3.88}$$

另外，利用电磁波在 x 分界面上满足的耗散介质中斯内尔–笛卡儿(Snell-Descartes)定律，即

$$\frac{\sqrt{\varepsilon_1\mu_1}}{G_1}\left(1 - i\frac{\sigma_{x1}}{\omega\mu_1}\right)\sin\theta_1 = \frac{\sqrt{\varepsilon_2\mu_2}}{G_2}\left(1 - i\frac{\sigma_{x2}}{\omega\mu_2}\right)\sin\theta_2 \tag{3.89}$$

则当两种介质的介电常数和磁导率相等 $\varepsilon_1 = \varepsilon_2 = \varepsilon$，$\mu_1 = \mu_2 = \mu$，且满足 $\sigma_{pmx1} = \sigma_{pmx2} = \sigma_{pmx}$及 $\sigma_{pex1} = \sigma_{pex2} = \sigma_{pex}$时，上式变为

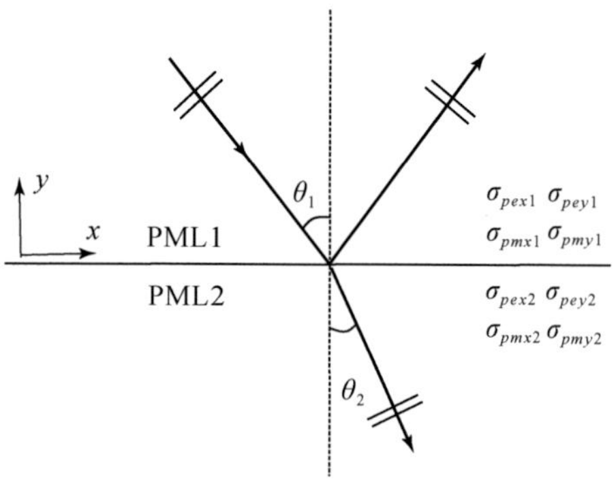

图 3.8 TMz 极化平面波在两种 PML 介质分界面的传播

$$\frac{1}{G_1}\sin\theta_1 = \frac{1}{G_2}\sin\theta_2 \tag{3.90}$$

当(σ_{pex}，σ_{pmx})及(σ_{pey1}，σ_{pmy1})和(σ_{pey2}，σ_{pmy2})满足式(3.85)时，则 $G_1=G_2=1$，此时由式(3.90)可得 $\theta_1=\theta_2$，再由式(3.88)可得 $r_p=0$。因此，可以得出结论：当两种 PML 介质具有相同的介电常数和磁导率，其电性参数满足式(3.85)，并且在垂直 y 轴分界面两侧具有相同的(σ_{pex}，σ_{pmx})时，则一个任意频率的 TMz 极化平面波以任意角度入射穿过界面时不发生反射。同样，当介质 PML1 变成空气层时，(σ_{pex1}，σ_{pmx1}，σ_{pey1}，σ_{pmy1})全部为 0，此时如果式(3.85)得到满足，则同样由空气层到介质 PML2 传播的 TMz 极化平面波不发生反射。Schneider(2021)将上面的问题进一步推广到两个任意 PML 介质分界面的情况，并给出如下完美匹配条件：对于沿垂直 y 轴的两个 PML 介质分界面，如果满足

$$\varepsilon_1 = \varepsilon_2 = \varepsilon, \quad \mu_1 = \mu_2 = \mu \tag{3.91a}$$

$$\sigma_{pex1} = \sigma_{pex2} = \sigma_{pex}, \quad \sigma_{pmx1} = \sigma_{pmx2} = \sigma_{pmx} \tag{3.91b}$$

$$\sigma_{pex}/\varepsilon = \sigma_{pmx}/\mu \text{ 和 } \sigma_{pey1,2}/\varepsilon = \sigma_{pmy1,2}/\mu \tag{3.91c}$$

则任意频率的电磁波以任意角度入射到界面上均不发生反射。类似地，也可推导出当电磁波入射到垂直 x 轴的分界面时的反射系数，并进而得到与式(3.91)相似的无反射条件(此时，需要将式中的 x 用 y 替换)。需要指出的是，当两种 PML 介质具有相同的(σ_{pex}，σ_{pmx})，但不满足式(3.85)的条件时，则由式(3.88)可知，此时垂直 y 轴的分界面上存在电磁波反射，并且反射系数与频率和入射角度相关。

综上所述，对于二维时域有限差分电磁模拟，如果添加合适的 PML，使其电导率满足相应的匹配条件，则电磁波穿过 PML 时不存在数值反射。

4. 三维模拟域中的 PML

对于三维模拟问题，需要将所有电磁场分量分解。类似于二维的情况，每个电磁场被分解为两个分量，则麦克斯韦方程变成(Berenger，1996；Elsherbeni and Demir，2009)

$$\frac{\partial(H_{zx}+H_{zy})}{\partial y} = \sigma_{pey}E_{xy} + \varepsilon\frac{\partial E_{xy}}{\partial t} \tag{3.92}$$

$$-\frac{\partial(H_{yx}+H_{yz})}{\partial z}=\sigma_{pez}E_{xz}+\varepsilon\frac{\partial E_{xz}}{\partial t} \tag{3.93}$$

$$-\frac{\partial(H_{zx}+H_{zy})}{\partial x}=\sigma_{pex}E_{yx}+\varepsilon\frac{\partial E_{yx}}{\partial t} \tag{3.94}$$

$$\frac{\partial(H_{xy}+H_{xz})}{\partial z}=\sigma_{pez}E_{yz}+\varepsilon\frac{\partial E_{yz}}{\partial t} \tag{3.95}$$

$$\frac{\partial(H_{yx}+H_{yz})}{\partial x}=\sigma_{pex}E_{zx}+\varepsilon\frac{\partial E_{zx}}{\partial t} \tag{3.96}$$

$$-\frac{\partial(H_{xy}+H_{xz})}{\partial y}=\sigma_{pey}E_{zy}+\varepsilon\frac{\partial E_{zy}}{\partial t} \tag{3.97}$$

$$-\frac{\partial(E_{zx}+E_{zy})}{\partial y}=\sigma_{pmy}H_{xy}+\mu\frac{\partial H_{xy}}{\partial t} \tag{3.98}$$

$$\frac{\partial(E_{yx}+E_{yz})}{\partial z}=\sigma_{pmz}H_{xz}+\mu\frac{\partial H_{xz}}{\partial t} \tag{3.99}$$

$$\frac{\partial(E_{zx}+E_{zy})}{\partial x}=\sigma_{pmx}H_{yx}+\mu\frac{\partial H_{yx}}{\partial t} \tag{3.100}$$

$$-\frac{\partial(E_{xy}+E_{xz})}{\partial z}=\sigma_{pmz}H_{yz}+\mu\frac{\partial H_{yz}}{\partial t} \tag{3.101}$$

$$-\frac{\partial(E_{yx}+E_{yz})}{\partial x}=\sigma_{pmx}H_{zx}+\mu\frac{\partial H_{zx}}{\partial t} \tag{3.102}$$

$$\frac{\partial(E_{xy}+E_{xz})}{\partial y}=\sigma_{pmy}H_{zy}+\mu\frac{\partial H_{zy}}{\partial t} \tag{3.103}$$

通过与前述二维问题类似的推导，可以得到如下三维 PML 的匹配条件：如果模拟域与 PML 具有相同的介电常数和磁导率，并且 PML 电性参数满足

$$\frac{\sigma_{pex}}{\varepsilon}=\frac{\sigma_{pmx}}{\mu},\quad \frac{\sigma_{pey}}{\varepsilon}=\frac{\sigma_{pmy}}{\mu},\quad \frac{\sigma_{pez}}{\varepsilon}=\frac{\sigma_{pmz}}{\mu} \tag{3.104}$$

则从模拟域入射的电磁波在与 PML 分界面上不会发生反射。在实际从事时域有限差分数值模拟时，如果在计算域外设置 PML，并且满足：①在界面两侧介电常数和磁导率相同；②横向电导率(Transverse conductivities)相同，即对于垂直 x 轴的分界面，其两侧的(σ_{pey}，σ_{pmy})和(σ_{pez}，σ_{pmz})相同，对于垂直 y 轴的分界面，其两侧的(σ_{pex}，σ_{pmx})和(σ_{pez}，σ_{pmz})相同，而对于垂直 z 轴的分界面，其两侧的(σ_{pex}，σ_{pmx})和(σ_{pey}，σ_{pmy})相同；③按照式(3.104)给出的完美匹配条件确定 PML 的电导率参数，则电磁波从模拟域穿过三维 PML 没有反射波。图 3.9 给出模拟域为空气介质时($\sigma=0$)外部 PML 的电导率分布特征。

最后，PML 设计除了考虑电磁波入射时在界面上不发生反射外，还需要考虑在内部传播时发生强力衰减。理想的情况是设计具有一定厚度的 PML 包围模拟域，选择满足上述条件的虚拟电导率以保证在模拟域和 PML 分界面上不发生反射，进而通过设计随距离分界面呈指数或幂指数增加的电导率分布，以保证当电磁波传播到 PML 外部边界时电磁场振幅已衰减殆尽，此时外部边界可用 PEC 代替，实现完美吸收边界。Elsherbeni 和 Demir (2009)给出 PML 电导率的建议分布。

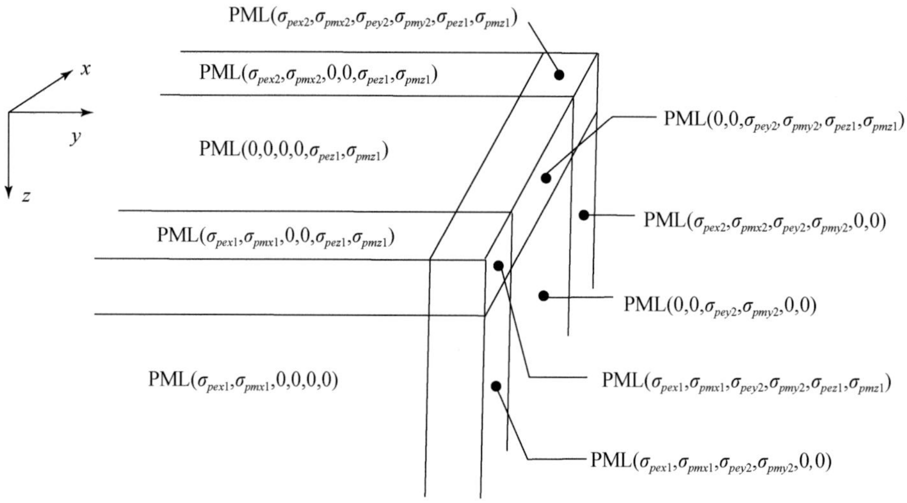

图 3.9　模拟域为空气介质时外部 PML 介质电导率分布（参考 Berenger，1996）

5. PML 中的有限差分技术

在完成 PML 的参数设计之后，可利用有限差分对麦克斯韦方程进行离散，实现正演问题求解。这里重点讨论由式(3.92)～式(3.103)给出的三维电磁问题。对式(3.92)进行有限差分离散可得

$$\sigma_{pey}\frac{E_{xy}^{n+1}\left(i+\frac{1}{2},\ j,\ k\right)+E_{xy}^{n}\left(i+\frac{1}{2},\ j,\ k\right)}{2}+\varepsilon\frac{E_{xy}^{n+1}\left(i+\frac{1}{2},\ j,\ k\right)-E_{xy}^{n}\left(i+\frac{1}{2},\ j,\ k\right)}{\Delta t_n}$$
$$=\frac{H_z^{n+\frac{1}{2}}\left(i+\frac{1}{2},\ j+\frac{1}{2},\ k\right)-H_z^{n+\frac{1}{2}}\left(i+\frac{1}{2},\ j-\frac{1}{2},\ k\right)}{\Delta y}\tag{3.105}$$

$$\sigma_{pez}\frac{E_{xz}^{n+1}\left(i+\frac{1}{2},\ j,\ k\right)+E_{xz}^{n}\left(i+\frac{1}{2},\ j,\ k\right)}{2}+\varepsilon\frac{E_{xz}^{n+1}\left(i+\frac{1}{2},\ j,\ k\right)-E_{xz}^{n}\left(i+\frac{1}{2},\ j,\ k\right)}{\Delta t_n}$$
$$=-\frac{H_y^{n+\frac{1}{2}}\left(i+\frac{1}{2},\ j,\ k+\frac{1}{2}\right)-H_y^{n+\frac{1}{2}}\left(i+\frac{1}{2},\ j,\ k-\frac{1}{2}\right)}{\Delta z}\tag{3.106}$$

$$\sigma_{pex}\frac{E_{yx}^{n+1}\left(i,\ j+\frac{1}{2},\ k\right)+E_{yx}^{n}\left(i,\ j+\frac{1}{2},\ k\right)}{2}+\varepsilon\frac{E_{yx}^{n+1}\left(i,\ j+\frac{1}{2},\ k\right)-E_{yx}^{n}\left(i,\ j+\frac{1}{2},\ k\right)}{\Delta t_n}$$
$$=-\frac{H_z^{n+\frac{1}{2}}\left(i+\frac{1}{2},\ j+\frac{1}{2},\ k\right)-H_z^{n+\frac{1}{2}}\left(i-\frac{1}{2},\ j+\frac{1}{2},\ k\right)}{\Delta x}\tag{3.107}$$

$$\sigma_{pez}\frac{E_{yz}^{n+1}\left(i,\ j+\frac{1}{2},\ k\right)+E_{yz}^{n}\left(i,\ j+\frac{1}{2},\ k\right)}{2}+\varepsilon\frac{E_{yz}^{n+1}\left(i,\ j+\frac{1}{2},\ k\right)-E_{yz}^{n}\left(i,\ j+\frac{1}{2},\ k\right)}{\Delta t_n}$$

$$= \frac{H_x^{n+\frac{1}{2}}\left(i,\ j+\frac{1}{2},\ k+\frac{1}{2}\right) - H_x^{n+\frac{1}{2}}\left(i,\ j+\frac{1}{2},\ k-\frac{1}{2}\right)}{\Delta z} \tag{3.108}$$

$$\sigma_{pex}\frac{E_{zx}^{n+1}\left(i,\ j,\ k+\frac{1}{2}\right) + E_{zx}^{n}\left(i,\ j,\ k+\frac{1}{2}\right)}{2} + \varepsilon\frac{E_{zx}^{n+1}\left(i,\ j,\ k+\frac{1}{2}\right) - E_{zx}^{n}\left(i,\ j,\ k+\frac{1}{2}\right)}{\Delta t_n}$$

$$= \frac{H_y^{n+\frac{1}{2}}\left(i+\frac{1}{2},\ j,\ k+\frac{1}{2}\right) - H_y^{n+\frac{1}{2}}\left(i-\frac{1}{2},\ j,\ k+\frac{1}{2}\right)}{\Delta x} \tag{3.109}$$

$$\sigma_{pey}\frac{E_{zy}^{n+1}\left(i,\ j,\ k+\frac{1}{2}\right) + E_{zy}^{n}\left(i,\ j,\ k+\frac{1}{2}\right)}{2} + \varepsilon\frac{E_{zy}^{n+1}\left(i,\ j,\ k+\frac{1}{2}\right) - E_{zy}^{n}\left(i,\ j,\ k+\frac{1}{2}\right)}{\Delta t_n}$$

$$= \frac{H_x^{n+\frac{1}{2}}\left(i,\ j+\frac{1}{2},\ k+\frac{1}{2}\right) - H_x^{n+\frac{1}{2}}\left(i,\ j-\frac{1}{2},\ k+\frac{1}{2}\right)}{\Delta y} \tag{3.110}$$

$$\sigma_{pmy}\frac{H_{xy}^{n+1/2}\left(i,\ j+\frac{1}{2},\ k+\frac{1}{2}\right) + H_{xy}^{n-1/2}\left(i,\ j+\frac{1}{2},\ k+\frac{1}{2}\right)}{2}$$

$$+\mu\frac{H_{xy}^{n+1/2}\left(i,\ j+\frac{1}{2},\ k+\frac{1}{2}\right) - H_{xy}^{n-1/2}\left(i,\ j+\frac{1}{2},\ k+\frac{1}{2}\right)}{\Delta t_n}$$

$$= -\frac{E_z^{n}\left(i,\ j+1,\ k+\frac{1}{2}\right) - E_z^{n}\left(i,\ j,\ k+\frac{1}{2}\right)}{\Delta y(i,\ j,\ k)} \tag{3.111}$$

$$\sigma_{pmz}\frac{H_{xz}^{n+1/2}\left(i,\ j+\frac{1}{2},\ k+\frac{1}{2}\right) + H_{xz}^{n-1/2}\left(i,\ j+\frac{1}{2},\ k+\frac{1}{2}\right)}{2}$$

$$+\mu\frac{H_{xz}^{n+1/2}\left(i,\ j+\frac{1}{2},\ k+\frac{1}{2}\right) - H_{xz}^{n-1/2}\left(i,\ j+\frac{1}{2},\ k+\frac{1}{2}\right)}{\Delta t_n}$$

$$= \frac{E_y^{n}\left(i,\ j+\frac{1}{2},\ k+1\right) - E_y^{n}\left(i,\ j+\frac{1}{2},\ k\right)}{\Delta z(i,\ j,\ k)} \tag{3.112}$$

$$\sigma_{pmx}\frac{H_{yx}^{n+1/2}\left(i+\frac{1}{2},\ j,\ k+\frac{1}{2}\right) + H_{yx}^{n-1/2}\left(i+\frac{1}{2},\ j,\ k+\frac{1}{2}\right)}{2}$$

$$+\mu\frac{H_{yx}^{n+1/2}\left(i+\frac{1}{2},\ j,\ k+\frac{1}{2}\right) - H_{yx}^{n-1/2}\left(i+\frac{1}{2},\ j,\ k+\frac{1}{2}\right)}{\Delta t_n}$$

$$= \frac{E_z^{n}\left(i+1,\ j,\ k+\frac{1}{2}\right) - E_z^{n}\left(i,\ j,\ k+\frac{1}{2}\right)}{\Delta x(i,\ j,\ k)} \tag{3.113}$$

$$\sigma_{pmz}\frac{H_{yz}^{n+1/2}\left(i+\frac{1}{2},\ j,\ k+\frac{1}{2}\right) + H_{yz}^{n-1/2}\left(i+\frac{1}{2},\ j,\ k+\frac{1}{2}\right)}{2}$$

$$+\mu\frac{H_{yz}^{n+1/2}\left(i+\frac{1}{2},\ j,\ k+\frac{1}{2}\right)-H_{yz}^{n-1/2}\left(i+\frac{1}{2},\ j,\ k+\frac{1}{2}\right)}{\Delta t_n}$$

$$=-\frac{E_x^n\left(i+\frac{1}{2},\ j,\ k+1\right)-E_x^n\left(i+\frac{1}{2},\ j,\ k\right)}{\Delta z(i,\ j,\ k)}\tag{3.114}$$

$$\sigma_{pmx}\frac{H_{zx}^{n+1/2}\left(i+\frac{1}{2},\ j+\frac{1}{2},\ k\right)+H_{zx}^{n-1/2}\left(i+\frac{1}{2},\ j+\frac{1}{2},\ k\right)}{2}$$

$$+\mu\frac{H_{zx}^{n+1/2}\left(i+\frac{1}{2},\ j+\frac{1}{2},\ k\right)-H_{zx}^{n-1/2}\left(i+\frac{1}{2},\ j+\frac{1}{2},\ k\right)}{\Delta t_n}$$

$$=-\frac{E_y^n\left(i+1,\ j+\frac{1}{2},\ k\right)-E_y^n\left(i,\ j+\frac{1}{2},\ k\right)}{\Delta x(i,\ j,\ k)}\tag{3.115}$$

$$\sigma_{pmy}\frac{H_{zy}^{n+1/2}\left(i+\frac{1}{2},\ j+\frac{1}{2},\ k\right)+H_{zy}^{n-1/2}\left(i+\frac{1}{2},\ j+\frac{1}{2},\ k\right)}{2}$$

$$+\mu\frac{H_{zy}^{n+1/2}\left(i+\frac{1}{2},\ j+\frac{1}{2},\ k\right)-H_{zy}^{n-1/2}\left(i+\frac{1}{2},\ j+\frac{1}{2},\ k\right)}{\Delta t_n}$$

$$=\frac{E_x^n\left(i+\frac{1}{2},\ j+1,\ k\right)-E_x^n\left(i+\frac{1}{2},\ j,\ k\right)}{\Delta y(i,\ j,\ k)}\tag{3.116}$$

式中，

$$E_x=E_{xy}+E_{xz},\quad E_y=E_{yx}+E_{yz},\quad E_z=E_{zx}+E_{zy}\tag{3.117}$$

$$H_x=H_{xy}+H_{xz},\quad H_y=H_{yx}+H_{yz},\quad H_z=H_{zx}+H_{zy}\tag{3.118}$$

在式(3.105)~式(3.116)中，n 表示第 n 个时刻，Δt_n 表示第 n 个时刻的时间采样间隔，而 $\Delta x(i,\ j,\ k)$、$\Delta y(i,\ j,\ k)$、$\Delta z(i,\ j,\ k)$ 见式(3.48)~式(3.50)。将式(3.117)和式(3.118)代入式(3.105)~式(3.116)中，可得到 PML 中各电磁场分量满足的方程，进而将该方程和模拟域方程联立即可实现电磁场迭代求解。如果假设 PML 的电导率均匀分布，则上文各式中的电导率为常数，无须进行式(3.52)~式(3.54)中的平均计算。然而，实际模拟中通常假设 PML 电导率从模拟域边界向外部边界逐渐增加，此时需要利用式(3.52)~式(3.54)计算平均电导率。需要指出的是，在模拟域和 PML 的边界处，电场或磁场的导数会跨越界面，此时式(3.105)~式(3.116)中的右端项如果位于 PML 介质中需要利用式(3.117)和式(3.118)进行合成计算。

6. CFS-PML 在有限差分中的应用

研究表明，前述基于场分离技术的完美匹配层在应用到消失波(evanescent wave)或表面波时会发生震荡，衰减效果不佳。此时，PML 必须离异常体足够远才能使得消失波发生足够的衰减，这无疑会增加计算量。另外，利用前述 PML 模拟具有长延时特征的电磁场时，还容易在晚期时间道出现强反射。最后，上述 PML 仅在对场方程进行精确求解时才能保证无反射，如果采用数值方法求解则仍有可能存在界面反射，由此 PML 层剖分精细程度对吸收效果有很大影响。本节基于循环褶积(recursive convolution)和复频移(complex frequency-shifted)讨论扩展坐标系下 PML 中的电磁场传播特征。

Kuzuoglu 和 Mittra(1996)引入的 CFS-PML 能很好地吸收消失波或者具有长时特征的电磁波，降低晚期时间道的电磁反射。因此，将其应用于三维电磁数值模拟，可大大缩小计算区域，节省计算资源。Roden 和 Gedney(2000)引入的卷积完美匹配层(convolution PML, CPML)被证明是一种非常有效的 CFS-PML 层，将其应用于电磁数值模拟中取得了很好的应用效果。同时，该方法还具有如下两个特征：①与模拟介质无关。换句话说，将 CPML 应用于电磁数值模拟中，无论对于不均匀、耗散介质、色散介质、各向异性还是非线性介质，算法无须做出任何改动；②CFS-PML 和 CPML 对消失波具有很强的吸收性能，因此非常适合模拟延伸较长的结构、尖锐边界或者具有低频特征的长延时电磁模拟问题。本节将重点介绍 CPML 中电磁场满足的微分方程及时域有限差分求解方法。参考 Roden 和 Gedney(2000)以及 Elsherbeni 和 Demir(2009)，在 CPML 中麦克斯韦方程可写为

$$i\omega\varepsilon E_x+\sigma_x^e E_x=\frac{1}{S_{ey}}\frac{\partial H_z}{\partial y}-\frac{1}{S_{ez}}\frac{\partial H_y}{\partial z} \tag{3.119}$$

$$i\omega\varepsilon E_y+\sigma_y^e E_y=\frac{1}{S_{ez}}\frac{\partial H_x}{\partial z}-\frac{1}{S_{ex}}\frac{\partial H_z}{\partial x} \tag{3.120}$$

$$i\omega\varepsilon E_z+\sigma_z^e E_z=\frac{1}{S_{ex}}\frac{\partial H_y}{\partial x}-\frac{1}{S_{ey}}\frac{\partial H_x}{\partial y} \tag{3.121}$$

$$i\omega\mu H_x+\sigma_x^m H_x=-\frac{1}{S_{my}}\frac{\partial E_z}{\partial y}+\frac{1}{S_{mz}}\frac{\partial E_y}{\partial z} \tag{3.122}$$

$$i\omega\mu H_y+\sigma_y^m H_y=-\frac{1}{S_{mz}}\frac{\partial E_x}{\partial z}+\frac{1}{S_{mx}}\frac{\partial E_z}{\partial x} \tag{3.123}$$

$$i\omega\mu H_z+\sigma_z^m H_z=-\frac{1}{S_{mx}}\frac{\partial E_y}{\partial x}+\frac{1}{S_{my}}\frac{\partial E_x}{\partial y} \tag{3.124}$$

式中，σ_ℓ^e 和 σ_ℓ^m($\ell=x, y, z$)为背景介质电导率(Taflove and Hagness，2005；余翔，2017)。由 Roden 和 Gedney(2000)，坐标伸缩因子 S_e、S_m 定义为

$$S_{e\ell}=k_{e\ell}+\frac{\sigma_{pe\ell}}{\alpha_{e\ell}+i\omega\varepsilon},\quad S_{m\ell}=k_{m\ell}+\frac{\sigma_{pm\ell}}{\alpha_{m\ell}+i\omega\mu},\quad \ell=x, y, z \tag{3.125}$$

其中，$\sigma_{pe\ell}$ 和 $\sigma_{pm\ell}$($\ell=x, y, z$)为 CFS–PML 层的电导率；$k_{m\ell}$、$k_{e\ell}$、$\alpha_{e\ell}$、$\alpha_{m\ell}$ 为新引入参数，取值为 $k_{m\ell}\geqslant 1$，$k_{e\ell}\geqslant 1$，$\alpha_{e\ell}\geqslant 0$，$\alpha_{m\ell}\geqslant 0$。Chew 和 Weedon(1994)及 Chen 等(1997)给出在任意 PML–PML 交界面上的无反射条件。以垂直于 z 轴的分界面为例，则有

$$\varepsilon_1=\varepsilon_2=\varepsilon,\quad \mu_1=\mu_2=\mu \tag{3.126a}$$

$$S_{ex1}=S_{ex2}=S_{mx1}=S_{mx2},\quad S_{ey1}=S_{ey2}=S_{my1}=S_{my2} \tag{3.126b}$$

$$S_{ez1}S_{mz2}=S_{ez2}S_{mz1} \tag{3.126c}$$

式中，第二个条件等价于：$k_{e\ell}=k_{m\ell}$，$\dfrac{\sigma_{pe\ell}}{\alpha_{e\ell}+i\omega\varepsilon}=\dfrac{\sigma_{pm\ell}}{\alpha_{m\ell}+i\omega\mu}$，或者 $\dfrac{\sigma_{pe\ell}}{\varepsilon}=\dfrac{\sigma_{pm\ell}}{\mu}$ 且 $\dfrac{\alpha_{e\ell}}{\varepsilon}=\dfrac{\alpha_{m\ell}}{\mu}$。对于其他方向的分界面，可得出类似的结论。当模拟域为常规导电介质时，即(S_{ex1}，S_{ey1}，S_{ez1}，

S_{mx1}，S_{my1}，S_{mz1})=(1，1，1，1，1，1)，则依据式(3.126)给出的条件，在垂直于 z 轴的交界面一侧，PML 介质参数应为(S_{ex2}，S_{ey2}，S_{ez2}，S_{mx2}，S_{my2}，S_{mz2})=(1，1，S_z，1，1，S_z)。

电磁场在导电介质中传播时满足 $e^{i\omega t-i\boldsymbol{k}\cdot\boldsymbol{r}}$($\boldsymbol{k}$ 为波数)，因此为实现电磁场衰减，波数 $\boldsymbol{k}$ 或位置矢量 $\boldsymbol{r}$ 必须为复数。由 Chew 和 Weedon(1994)等引入并经 Kuzuoglu 和 Mittra(1996)及 Taflove 和 Hagness(2005)拓展的复数伸缩坐标[式(3.125)]，有效地解决了电磁场在 CPML 介质中的衰减问题。复数伸缩坐标的引入将场方程解析延拓到复数坐标系中，进而将震荡电磁波转换为衰减电磁波。需要特别指出的是，式(3.125)中引入幅度衰减因子 α，使得极点由原来的实轴移向负虚半轴，因此称为 CFS-PML。式(3.125)中 k 为几何伸缩因子，它控制坐标长度伸缩比例，当 $k>1$ 时有效增加 PML 的厚度，而 α 和 σ_p 决定了电磁场在 PML 层中的衰减特征。

式(3.119)~式(3.124)给出的是 CFS-PML 层中频域麦克斯韦方程，经过频时转换可得如下时域电磁场方程，即

$$\varepsilon\frac{\partial E_x}{\partial t}+\sigma_x^e E_x=\bar{S}_{ey}*\frac{\partial H_z}{\partial y}-\bar{S}_{ez}*\frac{\partial H_y}{\partial z} \tag{3.127}$$

$$\varepsilon\frac{\partial E_y}{\partial t}+\sigma_y^e E_y=\bar{S}_{ez}*\frac{\partial H_x}{\partial z}-\bar{S}_{ex}*\frac{\partial H_z}{\partial x} \tag{3.128}$$

$$\varepsilon\frac{\partial E_z}{\partial t}+\sigma_z^e E_z=\bar{S}_{ex}*\frac{\partial H_y}{\partial x}-\bar{S}_{ey}*\frac{\partial H_x}{\partial y} \tag{3.129}$$

$$\mu\frac{\partial H_x}{\partial t}+\sigma_x^m H_x=-\bar{S}_{my}*\frac{\partial E_z}{\partial y}+\bar{S}_{mz}*\frac{\partial E_y}{\partial z} \tag{3.130}$$

$$\mu\frac{\partial H_y}{\partial t}+\sigma_y^m H_y=-\bar{S}_{mz}*\frac{\partial E_x}{\partial z}+\bar{S}_{mx}*\frac{\partial E_z}{\partial x} \tag{3.131}$$

$$\mu\frac{\partial H_z}{\partial t}+\sigma_z^m H_z=-\bar{S}_{mx}*\frac{\partial E_y}{\partial x}+\bar{S}_{my}*\frac{\partial E_x}{\partial y} \tag{3.132}$$

式中，$\bar{S}_{ex,ey,ez}$、$\bar{S}_{mx,my,mz}$ 为频域中 $\dfrac{1}{S_{ex,ey,ez}}$、$\dfrac{1}{S_{mx,my,mz}}$ 的傅里叶反变换，可写为

$$\bar{S}_{e\ell}=\frac{\delta(t)}{k_{e\ell}}-\frac{\sigma_{pe\ell}}{\varepsilon k_{e\ell}^2}\exp\left[-\left(\frac{\sigma_{pe\ell}}{\varepsilon k_{e\ell}}+\frac{\alpha_{e\ell}}{\varepsilon}\right)t\right]u(t)=\frac{\delta(t)}{k_{e\ell}}+\xi_{e\ell}(t) \tag{3.133}$$

$$\bar{S}_{m\ell}=\frac{\delta(t)}{k_{m\ell}}-\frac{\sigma_{pm\ell}}{\mu k_{m\ell}^2}\exp\left[-\left(\frac{\sigma_{pm\ell}}{\mu k_{m\ell}}+\frac{\alpha_{m\ell}}{\mu}\right)t\right]u(t)=\frac{\delta(t)}{k_{m\ell}}+\xi_{m\ell}(t) \tag{3.134}$$

式中，$\ell=x$，y，z；$\delta(t)$ 为单位脉冲函数；$u(t)$ 为单位阶跃函数。下文讨论如何展开式(3.127)~式(3.132)。分别以 E_x 和 H_x 为例进行讨论。为此，将式(3.133)代入式(3.127)可得

$$\varepsilon\frac{\partial E_x}{\partial t}+\sigma_x^e E_x=\frac{1}{k_{ey}}\frac{\partial H_z}{\partial y}-\frac{1}{k_{ez}}\frac{\partial H_y}{\partial z}+\xi_{ey}(t)*\frac{\partial H_z}{\partial y}-\xi_{ez}(t)*\frac{\partial H_y}{\partial z} \tag{3.135}$$

首先考虑等时间步长的情况。将卷积项 $\xi_{ey}(t)*\dfrac{\partial H_z}{\partial y}$ 用 ψ_{exy} 表示，其中下角标 exy 代表 E_x 控制方程中对 y 偏导的卷积项，则 ψ_{exy} 可表示为

$$\begin{aligned}\psi_{exy} &= \xi_{ey}(t) * \frac{\partial H_z}{\partial y} = \int_0^t \xi_{ey}(\tau)\frac{\partial H_z(t-\tau)}{\partial y}\mathrm{d}\tau \\ &\approx \sum_{m=0}^{n-1} W_{ey}(m)\left[H_z^{n-m+1/2}\left(i+\frac{1}{2},\ j+\frac{1}{2},\ k\right) - H_z^{n-m+1/2}\left(i+\frac{1}{2},\ j-\frac{1}{2},\ k\right)\right]\end{aligned} \tag{3.136}$$

其中，

$$\begin{aligned}W_{ey}(m) &= \frac{1}{\Delta y}\int_{m\Delta t}^{(m+1)\Delta t}\xi_{ey}(\tau)\mathrm{d}\tau = -\frac{\sigma_{pey}}{\Delta y\varepsilon k_{ey}^2}\int_{m\Delta t}^{(m+1)\Delta t}\mathrm{e}^{-\left(\frac{\sigma_{pey}}{\varepsilon k_{ey}}+\frac{\alpha_{ey}}{\varepsilon}\right)\tau}\mathrm{d}\tau \\ &= a_{ey}\mathrm{e}^{-\left(\frac{\sigma_{pey}}{k_{ey}}+\alpha_{ey}\right)\frac{m\Delta t}{\varepsilon}}\end{aligned} \tag{3.137}$$

$$a_{ey} = \frac{\sigma_{pey}}{\Delta y(\sigma_{pey}k_{ey}+\alpha_{ey}k_{ey}^2)}\left[\mathrm{e}^{-\left(\frac{\sigma_{pey}}{k_{ey}}+\alpha_{ey}\right)\frac{\Delta t}{\varepsilon}} - 1\right] \tag{3.138}$$

则 ψ_{exy} 的离散形式可表示为

$$\psi_{exy}^{n+1/2} = \sum_{m=0}^{n-1} W_{ey}(m)\left[H_z^{n-m+1/2}\left(i+\frac{1}{2},\ j+\frac{1}{2},\ k\right) - H_z^{n-m+1/2}\left(i+\frac{1}{2},\ j-\frac{1}{2},\ k\right)\right] \tag{3.139}$$

由此，式(3.135)可写成如下离散形式，即

$$\begin{aligned}&\sigma_x^e\frac{E_x^{n+1}\left(i+\frac{1}{2},\ j,\ k\right)+E_x^n\left(i+\frac{1}{2},\ j,\ k\right)}{2} + \varepsilon\frac{E_x^{n+1}\left(i+\frac{1}{2},\ j,\ k\right)-E_x^n\left(i+\frac{1}{2},\ j,\ k\right)}{\Delta t_n} \\ &= \frac{1}{k_{ey}\left(i+\frac{1}{2},\ j,\ k\right)}\times\frac{H_z^{n+\frac{1}{2}}\left(i+\frac{1}{2},\ j+\frac{1}{2},\ k\right)-H_z^{n+\frac{1}{2}}\left(i+\frac{1}{2},\ j-\frac{1}{2},\ k\right)}{\Delta y} \\ &\quad - \frac{1}{k_{ez}\left(i+\frac{1}{2},\ j,\ k\right)}\times\frac{H_y^{n+\frac{1}{2}}\left(i+\frac{1}{2},\ j,\ k+\frac{1}{2}\right)-H_y^{n+\frac{1}{2}}\left(i+\frac{1}{2},\ j,\ k-\frac{1}{2}\right)}{\Delta z} \\ &\quad + \psi_{exy}^{n+\frac{1}{2}}\left(i+\frac{1}{2},\ j,\ k\right) - \psi_{exz}^{n+\frac{1}{2}}\left(i+\frac{1}{2},\ j,\ k\right)\end{aligned} \tag{3.140}$$

式(3.140)与 Roden 和 Gedney(2000)给出的结果完全相同。类似地，将式(3.134)代入式(3.130)，可得

$$\mu_0\frac{\partial H_x}{\partial t} + \sigma_x^m H_x = -\frac{1}{k_{my}}\frac{\partial E_z}{\partial y} + \frac{1}{k_{mz}}\frac{\partial E_y}{\partial z} - \xi_{my}(t) * \frac{\partial E_z}{\partial y} + \xi_{mz}(t) * \frac{\partial E_y}{\partial z} \tag{3.141}$$

同样，将卷积项 $\xi_{my}(t) * \frac{\partial E_z}{\partial y}$ 用 ψ_{mxy} 表示，则有

$$\begin{aligned}\psi_{mxy} &= \xi_{my}(t) * \frac{\partial E_z}{\partial y} = \int_0^t \xi_{my}(\tau)\frac{\partial E_z(t-\tau)}{\partial y}\mathrm{d}\tau \\ &\approx \sum_{m=0}^{n-1} W_{my}(m)\left[E_z^{n-m+1}\left(i,\ j+1,\ k+\frac{1}{2}\right) - E_z^{n-m+1}\left(i,\ j,\ k+\frac{1}{2}\right)\right]\end{aligned} \tag{3.142}$$

其中，

$$W_{my}(m)=\frac{1}{\Delta y}\int_{m\Delta t}^{(m+1)\Delta t}\xi_{my}(\tau)\mathrm{d}\tau=-\frac{\sigma_{pmy}}{\Delta y\mu k_{my}^2}\int_{m\Delta t}^{(m+1)\Delta t}\mathrm{e}^{-\left(\frac{\sigma_{pmy}}{\mu k_{my}}+\frac{\alpha_{my}}{\mu}\right)\tau}\mathrm{d}\tau$$

$$=a_{my}\mathrm{e}^{-\left(\frac{\sigma_{pmy}}{k_{my}}+\alpha_{my}\right)\frac{m\Delta t}{\mu}} \tag{3.143}$$

$$a_{my}=\frac{\sigma_{pmy}}{\Delta y(\sigma_{pmy}k_{my}+\alpha_{my}k_{my}^2)}\left[\mathrm{e}^{-\left(\frac{\sigma_{pmy}}{k_{my}}+\alpha_{my}\right)\frac{\Delta t}{\mu}}-1\right] \tag{3.144}$$

由此，ψ_{mxy}的离散形式可表示为

$$\psi_{mxy}^n=\sum_{m=0}^{n-1}W_{my}(m)\left[E_z^{n-m}\left(i,\ j+1,\ k+\frac{1}{2}\right)-E_z^{n-m}\left(i,\ j,\ k+\frac{1}{2}\right)\right] \tag{3.145}$$

则式(3.141)的离散形式为

$$\sigma_x^m\frac{H_x^{n+1/2}\left(i,\ j+\frac{1}{2},\ k+\frac{1}{2}\right)+H_x^{n-1/2}\left(i,\ j+\frac{1}{2},\ k+\frac{1}{2}\right)}{2}$$

$$+\mu\frac{H_x^{n+1/2}\left(i,\ j+\frac{1}{2},\ k+\frac{1}{2}\right)-H_x^{n-1/2}\left(i,\ j+\frac{1}{2},\ k+\frac{1}{2}\right)}{\Delta t_n}$$

$$=-\frac{1}{k_{my}\left(i,\ j+\frac{1}{2},\ k+\frac{1}{2}\right)}\times\frac{E_z^n\left(i,\ j+1,\ k+\frac{1}{2}\right)-E_z^n\left(i,\ j,\ k+\frac{1}{2}\right)}{\Delta y(i,\ j,\ k)}$$

$$+\frac{1}{k_{mz}\left(i,\ j+\frac{1}{2},\ k+\frac{1}{2}\right)}\times\frac{E_y^n\left(i,\ j+\frac{1}{2},\ k+1\right)-E_y^n\left(i,\ j+\frac{1}{2},\ k\right)}{\Delta z(i,\ j,\ k)}$$

$$-\psi_{mxy}^n\left(i,\ j+\frac{1}{2},\ k+\frac{1}{2}\right)+\psi_{mxz}^n\left(i,\ j+\frac{1}{2},\ k+\frac{1}{2}\right) \tag{3.146}$$

下文推导ψ_{exy}和ψ_{mxy}离散形式的递推公式。为此，将式(3.139)和式(3.145)简写为

$$\psi(n)=\sum_{m=0}^{n-1}A\mathrm{e}^{mT}B(n-m) \tag{3.147}$$

式中，$A=a_{ey}$或a_{my}，$T=-\left(\frac{\sigma_{pey}}{k_{ey}}+\alpha_{ey}\right)\frac{\Delta t}{\varepsilon}$或$T=-\left(\frac{\sigma_{pmy}}{k_{my}}+\alpha_{my}\right)\frac{\Delta t}{\mu}$；$B=H_z^{n-m+1/2}\left(i+\frac{1}{2},\ j+\frac{1}{2},\ k\right)-H_z^{n-m+1/2}\left(i+\frac{1}{2},\ j-\frac{1}{2},\ k\right)$或$E_z^{n-m}\left(i,\ j+1,\ k+\frac{1}{2}\right)-E_z^{n-m}\left(i,\ j,\ k+\frac{1}{2}\right)$。展开式(3.147)，可得

$$\psi(n)=AB(n)+A\mathrm{e}^{T}B(n-1)+A\mathrm{e}^{2T}B(n-2)+\cdots+A\mathrm{e}^{(n-2)T}B(2)+A\mathrm{e}^{(n-1)T}B(1) \tag{3.148}$$

由此，可得到如下递推关系：

$$\psi(n)=A\cdot B(n)+\mathrm{e}^{T}\psi(n-1) \tag{3.149}$$

将式(3.149)分别应用于式(3.139)和式(3.145)中，可得

$$\psi_{exy}^{n+1/2}\left(i+\frac{1}{2},\ j,\ k\right)=b_{ey}\psi_{exy}^{n-1/2}\left(i+\frac{1}{2},\ j,\ k\right)+a_{ey}\left[H_z^{n+1/2}\left(i+\frac{1}{2},\ j+\frac{1}{2},\ k\right)\right.$$

$$-H_z^{n+1/2}\left(i+\frac{1}{2},\ j-\frac{1}{2},\ k\right)\Big] \tag{3.150}$$

$$\psi_{mxy}^{n}\left(i,\ j+\frac{1}{2},\ k+\frac{1}{2}\right)=b_{my}\psi_{mxy}^{n-1}\left(i,\ j+\frac{1}{2},\ k+\frac{1}{2}\right)+a_{my}\Big[E_z^{n}\left(i,\ j+1,\ k+\frac{1}{2}\right)$$
$$-E_z^{n}\left(i,\ j,\ k+\frac{1}{2}\right)\Big] \tag{3.151}$$

其中，

$$b_{ey}=\mathrm{e}^{-\left(\frac{\sigma_{pey}}{k_{ey}}+\alpha_{ey}\right)\frac{\Delta t}{\varepsilon}},\quad b_{my}=\mathrm{e}^{-\left(\frac{\sigma_{pmy}}{k_{my}}+\alpha_{my}\right)\frac{\Delta t}{\mu}} \tag{3.152}$$

$$a_{ey}=\frac{\sigma_{pey}}{\Delta y(\sigma_{pey}k_{ey}+\alpha_{ey}k_{ey}^2)}[b_{ey}-1],\quad a_{my}=\frac{\sigma_{pmy}}{\Delta y(\sigma_{pmy}k_{my}+\alpha_{my}k_{my}^2)}[b_{my}-1] \tag{3.153}$$

必须指出，上文的理论推导过程中，假设时间步长不发生变化。实际地球物理电磁数值模拟中，计算的时间范围非常宽，此时采用等时间步长不仅计算效率低，也浪费大量计算资源。因此，本节也尝试针对变时间步长建立CPML中的电磁模拟方法。将重点研究式(3.135)中两个褶积项的递推算法。为此，在式(3.136)的第一式中假设$t=t_{n+1/2}$，则有

$$\begin{aligned}\psi_{exy}^{n+1/2}&=\xi_{ey}(t)*\frac{\partial H_z}{\partial y}=\int_0^{t_{n+1/2}}\xi_{ey}(\tau)\frac{\partial H_z(t_{n+1/2}-\tau)}{\partial y}\mathrm{d}\tau=\int_0^{t_{n+1/2}}\xi_{ey}(t_{n+1/2}-\tau)\frac{\partial H_z(\tau)}{\partial y}\mathrm{d}\tau\\&=\int_0^{t_{n-1/2}}\xi_{ey}(t_{n+1/2}-\tau)\frac{\partial H_z(\tau)}{\partial y}\mathrm{d}\tau+\int_{t_{n-1/2}}^{t_{n+1/2}}\xi_{ey}(t_{n+1/2}-\tau)\frac{\partial H_z(\tau)}{\partial y}\mathrm{d}\tau\\&=\int_0^{t_{n-1/2}}\xi_{ey}(t_{n-1/2}+\Delta t_n-\tau)\frac{\partial H_z(\tau)}{\partial y}\mathrm{d}\tau+\int_{t_{n-1/2}}^{t_{n+1/2}}\xi_{ey}(t_{n+1/2}-\tau)\frac{\partial H_z(\tau)}{\partial y}\mathrm{d}\tau\\&=b_{ey}\psi_{exy}^{n-1/2}+\int_{t_{n-1/2}}^{t_{n+1/2}}\xi_{ey}(t_{n+1/2}-\tau)\frac{\partial H_z(\tau)}{\partial y}\mathrm{d}\tau\end{aligned} \tag{3.154}$$

式(3.154)第二个积分项中存在磁场的空间导数，分别采用积分区间右端点、区间中点及线性插值代替，推导其积分表达式。

1)采用区间右端点磁场值

$$\begin{aligned}\psi_{exy}^{n+1/2}\left(i+\frac{1}{2},\ j,\ k\right)&=b_{ey}\psi_{exy}^{n-1/2}\left(i+\frac{1}{2},\ j,\ k\right)+\frac{\partial H_z^{n+1/2}}{\partial y}\int_{t_{n-1/2}}^{t_{n+1/2}}\xi_{ey}(t_{n+1/2}-\tau)\mathrm{d}\tau\\&=b_{ey}(\Delta t_n)\psi_{exy}^{n-1/2}\left(i+\frac{1}{2},\ j,\ k\right)+a_{ey}(\Delta t_n)\Big[H_z^{n+1/2}\left(i+\frac{1}{2},\ j+\frac{1}{2},\ k\right)\\&\quad-H_z^{n+1/2}\left(i+\frac{1}{2},\ j-\frac{1}{2},\ k\right)\Big]\end{aligned} \tag{3.155}$$

由此可见，当采用等时间步长$\Delta t_n=\Delta t$时，式(3.155)简化成式(3.150)。

2)采用区间中点磁场值

$$\begin{aligned}\psi_{exy}^{n+1/2}\left(i+\frac{1}{2},\ j,\ k\right)&=b_{ey}\psi_{exy}^{n-1/2}\left(i+\frac{1}{2},\ j,\ k\right)+\frac{1}{2}\left(\frac{\partial H_z^{n+1/2}}{\partial y}+\frac{\partial H_z^{n-1/2}}{\partial y}\right)\int_{t_{n-1/2}}^{t_{n+1/2}}\xi_{ey}(t_{n+1/2}-\tau)\mathrm{d}\tau\\&=b_{ey}(\Delta t_n)\psi_{exy}^{n-1/2}\left(i+\frac{1}{2},\ j,\ k\right)+\frac{a_{ey}(\Delta t_n)}{2}\end{aligned}$$

$$\times\left[H_z^{n+1/2}\left(i+\frac{1}{2},\ j+\frac{1}{2},\ k\right)-H_z^{n+1/2}\left(i+\frac{1}{2},\ j-\frac{1}{2},\ k\right)\right.$$
$$\left.+H_z^{n-1/2}\left(i+\frac{1}{2},\ j+\frac{1}{2},\ k\right)-H_z^{n-1/2}\left(i+\frac{1}{2},\ j-\frac{1}{2},\ k\right)\right] \tag{3.156}$$

3)采用两个端点磁场值进行线性插值

$$\psi_{exy}^{n+1/2}\left(i+\frac{1}{2},\ j,\ k\right)=b_{ey}\psi_{exy}^{n-1/2}\left(i+\frac{1}{2},\ j,\ k\right)+\int_{t_{n-1/2}}^{t_{n+1/2}}\xi_{ey}(t_{n+1/2}-\tau)$$
$$\times\left[\frac{\partial H_z^{n-1/2}}{\partial y}+\frac{\left(\frac{\partial H_z^{n+1/2}}{\partial y}-\frac{\partial H_z^{n-1/2}}{\partial y}\right)}{\Delta t_n}(\tau-t_{n-1/2})\right]\mathrm{d}\tau=b_{ey}(\Delta t_n)\psi_{exy}^{n-1/2}\left(i+\frac{1}{2},\ j,\ k\right)$$
$$+\int_{t_{n-1/2}}^{t_{n+1/2}}\xi_{ey}(t_{n+1/2}-\tau)[c_e+d_e(\tau-t_{n-1/2})]\mathrm{d}\tau \tag{3.157}$$

式中，$c_e=\frac{\partial H_z^{n-1/2}}{\partial y}$，$d_e=\left(\frac{\partial H_z^{n+1/2}}{\partial y}-\frac{\partial H_z^{n-1/2}}{\partial y}\right)/\Delta t_n$。式(3.157)中第二积分项采用分步积分，可得

$$\int_{t_{n-1/2}}^{t_{n+1/2}}\xi_{ey}(t_{n+1/2}-\tau)c_e\mathrm{d}\tau=a_{ey}(\Delta t_n)\left[H_z^{n-1/2}\left(i+\frac{1}{2},\ j+\frac{1}{2},\ k\right)-H_z^{n-1/2}\left(i+\frac{1}{2},\ j-\frac{1}{2},\ k\right)\right] \tag{3.158a}$$

$$\begin{aligned}&\int_{t_{n-1/2}}^{t_{n+1/2}}\xi_{ey}(t_{n+1/2}-\tau)d_e(\tau-t_{n-1/2})\mathrm{d}\tau\\
&=d_e\int_{t_{n-1/2}}^{t_{n+1/2}}\xi_{ey}(t_{n+1/2}-\tau)(\tau-t_{n-1/2})\mathrm{d}\tau\\
&=-d_e\int_{t_{n-1/2}}^{t_{n+1/2}}\frac{\sigma_{pey}}{\varepsilon k_{ey}^2}\mathrm{e}^{-\left(\frac{\sigma_{pey}}{\varepsilon k_{ey}}+\frac{\alpha_{ey}}{\varepsilon}\right)(t_{n+1/2}-\tau)}(\tau-t_{n-1/2})\mathrm{d}\tau\\
&=-d_e\frac{\sigma_{pey}}{\varepsilon k_{ey}^2}\int_{t_{n-1/2}}^{t_{n+1/2}}\mathrm{e}^{\left(\frac{\sigma_{pey}}{\varepsilon k_{ey}}+\frac{\alpha_{ey}}{\varepsilon}\right)(\tau-t_{n+1/2})}(\tau-t_{n-1/2})\mathrm{d}\tau\\
&=-d_e\frac{\sigma_{pey}}{\varepsilon k_{ey}^2}\int_0^{\Delta t_n}\mathrm{e}^{\left(\frac{\sigma_{pey}}{\varepsilon k_{ey}}+\frac{\alpha_{ey}}{\varepsilon}\right)(\tau-\Delta t_n)}\tau\mathrm{d}\tau\\
&=-d_e\frac{\sigma_{pey}}{\varepsilon k_{ey}^2}\mathrm{e}^{-\left(\frac{\sigma_{pey}}{\varepsilon k_{ey}}+\frac{\alpha_{ey}}{\varepsilon}\right)\Delta t_n}\int_0^{\Delta t_n}\mathrm{e}^{\left(\frac{\sigma_{pey}}{\varepsilon k_{ey}}+\frac{\alpha_{ey}}{\varepsilon}\right)\tau}\tau\mathrm{d}\tau\\
&=-d_e\frac{\sigma_{pey}}{\varepsilon k_{ey}^2\left(\frac{\sigma_{pey}}{\varepsilon k_{ey}}+\frac{\alpha_{ey}}{\varepsilon}\right)^2}\left[\left(\frac{\sigma_{pey}}{\varepsilon k_{ey}}+\frac{\alpha_{ey}}{\varepsilon}\right)\Delta t_n-1+\mathrm{e}^{-\left(\frac{\sigma_{pey}}{\varepsilon k_{ey}}+\frac{\alpha_{ey}}{\varepsilon}\right)\Delta t_n}\right]\end{aligned} \tag{3.158b}$$

$$d_e=\left(\frac{\partial H_z^{n+1/2}}{\partial y}-\frac{\partial H_z^{n-1/2}}{\partial y}\right)/\Delta t_n=\frac{1}{\Delta y\Delta t_n}\left[H_z^{n+1/2}\left(i+\frac{1}{2},\ j+\frac{1}{2},\ k\right)-H_z^{n+1/2}\left(i+\frac{1}{2},\ j-\frac{1}{2},\ k\right)\right.$$
$$\left.-H_z^{n-1/2}\left(i+\frac{1}{2},\ j+\frac{1}{2},\ k\right)+H_z^{n-1/2}\left(i+\frac{1}{2},\ j-\frac{1}{2},\ k\right)\right] \tag{3.158c}$$

将式(3.158a)~式(3.158c)代入式(3.157)，可得 $\psi_{exy}^{n+1/2}$。同理，也可以推导出 ψ_{mxy}^{n}。为此，在式(3.142)的第一式中假设 $t=t_n$，则有

$$\begin{aligned}\psi_{mxy}^{n} &= \xi_{my}(t) * \frac{\partial E_z}{\partial y} = \int_0^{t_n} \xi_{my}(\tau) \frac{\partial E_z(t_n - \tau)}{\partial y} \mathrm{d}\tau = \int_0^{t_n} \xi_{my}(t_n - \tau) \frac{\partial E_z(\tau)}{\partial y} \mathrm{d}\tau \\ &= \int_0^{t_{n-1}} \xi_{my}(t_{n-1} + \Delta t_n - \tau) \frac{\partial E_z(\tau)}{\partial y} \mathrm{d}\tau + \int_{t_{n-1}}^{t_n} \xi_{my}(t_n - \tau) \frac{\partial E_z(\tau)}{\partial y} \mathrm{d}\tau \\ &= b_{my} \psi_{mxy}^{n-1} + \int_{t_{n-1}}^{t_n} \xi_{my}(t_n - \tau) \frac{\partial E_z(\tau)}{\partial y} \mathrm{d}\tau \end{aligned} \tag{3.159}$$

同样，式(3.159)第二个积分项中存在电场的空间导数，分别采用积分区间右端点、区间中点及线性插值代替，推导其积分表达式。

1)采用区间右端点电场值

$$\begin{aligned}\psi_{mxy}^{n}\left(i, j + \frac{1}{2}, k + \frac{1}{2}\right) &= b_{my} \psi_{mxy}^{n-1}\left(i, j + \frac{1}{2}, k + \frac{1}{2}\right) + \int_{t_{n-1}}^{t_n} \xi_{my}(t_n - \tau) \frac{\partial E_z(\tau)}{\partial y} \mathrm{d}\tau \\ &= b_{my}(\Delta t_n) \psi_{mxy}^{n-1}\left(i, j + \frac{1}{2}, k + \frac{1}{2}\right) \\ &\quad + a_{my}(\Delta t_n)\left[E_z^n\left(i, j+1, k + \frac{1}{2}\right) - E_z^n\left(i, j, k + \frac{1}{2}\right)\right] \end{aligned} \tag{3.160}$$

同样，当采用等时间步长 $\Delta t_n = \Delta t$ 时，式(3.160)简化成式(3.151)。

2)采用区间中点电场值

$$\begin{aligned}\psi_{mxy}^{n}\left(i, j + \frac{1}{2}, k + \frac{1}{2}\right) &= b_{my} \psi_{mxy}^{n-1}\left(i, j + \frac{1}{2}, k + \frac{1}{2}\right) + \frac{1}{2}\left(\frac{\partial E_z^n}{\partial y} + \frac{\partial E_z^{n-1}}{\partial y}\right) \int_{t_{n-1}}^{t_n} \xi_{my}(t_n - \tau) \mathrm{d}\tau \\ &= b_{my}(\Delta t_n) \psi_{mxy}^{n-1}\left(i, j + \frac{1}{2}, k + \frac{1}{2}\right) + \frac{a_{my}(\Delta t_n)}{2} \\ &\quad \times \left[E_z^n\left(i, j+1, k + \frac{1}{2}\right) - E_z^n\left(i, j, k + \frac{1}{2}\right)\right. \\ &\quad \left. + E_z^{n-1}\left(i, j+1, k + \frac{1}{2}\right) - E_z^{n-1}\left(i, j, k + \frac{1}{2}\right)\right] \end{aligned} \tag{3.161}$$

3)采用两个端点电场进行线性插值

$$\begin{aligned}\psi_{mxy}^{n}\left(i, j + \frac{1}{2}, k + \frac{1}{2}\right) &= b_{my} \psi_{mxy}^{n-1}\left(i, j + \frac{1}{2}, k + \frac{1}{2}\right) + \int_{t_{n-1}}^{t_n} \xi_{my}(t_n - \tau) \frac{\partial E_z(\tau)}{\partial y} \mathrm{d}\tau \\ &= b_{my}(\Delta t_n) \psi_{mxy}^{n-1}\left(i, j + \frac{1}{2}, k + \frac{1}{2}\right) \\ &\quad + \int_{t_{n-1}}^{t_n} \xi_{my}(t_n - \tau)\left[\frac{\partial E_z^{n-1}}{\partial y} + \frac{\left(\frac{\partial E_z^n}{\partial y} - \frac{\partial E_z^{n-1}}{\partial y}\right)}{\Delta t_n}(\tau - t_{n-1})\right] \mathrm{d}\tau \\ &= b_{my}(\Delta t_n) \psi_{mxy}^{n-1}\left(i, j + \frac{1}{2}, k + \frac{1}{2}\right) \\ &\quad + \int_{t_{n-1}}^{t_n} \xi_{my}(t_n - \tau)\left[c_m + d_m(\tau - t_{n-1})\right] \mathrm{d}\tau \end{aligned} \tag{3.162}$$

式中，$c_m = \frac{\partial E_z^{n-1}}{\partial y}$，$d_m = \left(\frac{\partial E_z^n}{\partial y} - \frac{\partial E_z^{n-1}}{\partial y}\right) / \Delta t_n$。式(3.162)中的第二积分项采用分步积分，可得

$$\int_{t_{n-1}}^{t_n} \xi_{my}(t_n - \tau) c_m \mathrm{d}\tau = a_{my}(\Delta t_n) \left[E_z^{n-1}\left(i,\ j+1,\ k+\frac{1}{2}\right) - E_z^{n-1}\left(i,\ j,\ k+\frac{1}{2}\right) \right] \tag{3.163a}$$

$$\begin{aligned} \int_{t_{n-1}}^{t_n} \xi_{my}(t_n - \tau) d_m(\tau - t_{n-1}) \mathrm{d}\tau &= d_m \int_{t_{n-1}}^{t_n} \xi_{my}(t_n - \tau)(\tau - t_{n-1}) \mathrm{d}\tau \\ &= -d_m \int_{t_{n-1}}^{t_n} \frac{\sigma_{pmy}}{\mu k_{my}^2} \mathrm{e}^{\left(\frac{\sigma_{pmy}}{\mu k_{my}} + \frac{\alpha_{my}}{\mu}\right)(\tau - t_n)} (\tau - t_{n-1}) \mathrm{d}\tau = -d_m \frac{\sigma_{pmy}}{\mu k_{my}^2} \int_0^{\Delta t_n} \mathrm{e}^{\left(\frac{\sigma_{pmy}}{\mu k_{my}} + \frac{\alpha_{my}}{\mu}\right)(\tau - \Delta t_n)} \tau \mathrm{d}\tau \\ &= -d_m \frac{\sigma_{pmy}}{\mu k_{my}^2 \left(\frac{\sigma_{pmy}}{\mu k_{my}} + \frac{\alpha_{my}}{\mu}\right)^2} \left[\left(\frac{\sigma_{pmy}}{\mu k_{my}} + \frac{\alpha_{my}}{\mu}\right) \Delta t_n - 1 + \mathrm{e}^{-\left(\frac{\sigma_{pmy}}{\mu k_{my}} + \frac{\alpha_{my}}{\mu}\right) \Delta t_n} \right] \end{aligned} \tag{3.163b}$$

$$\begin{aligned} d_m &= \left(\frac{\partial E_z^n}{\partial y} - \frac{\partial E_z^{n-1}}{\partial y} \right) / \Delta t_n \\ &= \frac{1}{\Delta y \Delta t_n} \left[E_z^n\left(i,\ j+1,\ k+\frac{1}{2}\right) - E_z^n\left(i,\ j,\ k+\frac{1}{2}\right) \right. \\ &\quad \left. - E_z^{n-1}\left(i,\ j+1,\ k+\frac{1}{2}\right) + E_z^{n-1}\left(i,\ j,\ k+\frac{1}{2}\right) \right] \end{aligned} \tag{3.163c}$$

由上文的讨论可知，当处理包含 CPML 的电磁模拟时，电磁场方程除了添加两个附加项外与常规有限差分没有实质性差别，因此在实际利用 CPML 进行电磁模拟时，可以利用常规有限差分进行电磁场更新，并在 CPML 区域添加 ψ_e 和 ψ_m 项。实际操作时，可以遵循如下步骤：①设定模型空间和参数并计算相关系数；②设定 CPML 参数并计算相关系数；③进入时间迭代过程；④对每个时间步，首先在模型域利用常规有限差分计算 $(n+1/2)\Delta t$ 时刻磁场，然后利用等时间步长对应的式(3.151)或可变时间步长对应的式(3.160)~式(3.162)，由前一时刻(ψ_{mxy}，ψ_{mxz}，ψ_{myx}，ψ_{myz}，ψ_{mzx}，ψ_{mzy})以及新的电场值计算新的(ψ_{mxy}，ψ_{mxz}，ψ_{myx}，ψ_{myz}，ψ_{mzx}，ψ_{mzy})，并将这些项加到 CPML 域的磁场中，进而利用常规有限差分更新 $(n+1)\Delta t$ 时刻模拟域的电场，并利用式(3.150)或者式(3.155)~式(3.157)，由前一时刻的(ψ_{exy}，ψ_{exz}，ψ_{eyx}，ψ_{eyz}，ψ_{ezx}，ψ_{ezy})和新的磁场值计算新的(ψ_{exy}，ψ_{exz}，ψ_{eyx}，ψ_{eyz}，ψ_{ezx}，ψ_{ezy})，并叠加到 CPML 域的电场中；⑤将时间步递进到 n+1，重复上述步骤直至最后时间道。图 3.10 给出了计算流程图。

图 3.11 给出了 CPML 参数分布。值得注意的是，辅助项 ψ_e 和 ψ_m 与 CPML 参数密切相关。例如，式(3.140)中的 ψ_{exy} 仅与 σ_{pey}、α_{ey}、k_{ey} 有关，因此在处理 CPML 中电磁场时仅在图 3.11(b)的 *yn* 和 *yp* 两个区域中将其叠加到电场 E_x；然而，由于 ψ_{exz} 仅与 σ_{pez}、α_{ez}、k_{ez} 有关，因此仅在图 3.11(c)的 *zn* 和 *zp* 两个区域中将其叠加到电场 E_x。由此，在式(3.140)中叠加 CPML 辅助项时，需要依据不同区域叠加相应的辅助项。Elsherbeni 和 Demir(2009)给出了详细的叠加过程。

最后还需要给出 CPML 参数的选择过程。依据 Elsherbeni 和 Demir(2009)，为实现对电磁波的有效吸收，CPML 中电导率分布可采用如下形式的多项式，即

$$\sigma_{pej}(r) = \sigma_{\max}(r/\delta)^{n_p},\quad \sigma_{pmj}(r) = \frac{\mu}{\varepsilon}\sigma_{\max}(r/\delta)^{n_p},\quad \sigma_{\max} = \sigma_f \frac{n_p + 1}{150\pi\sqrt{\varepsilon_r}\Delta j},\quad j = x,\ y,\ z \tag{3.164}$$

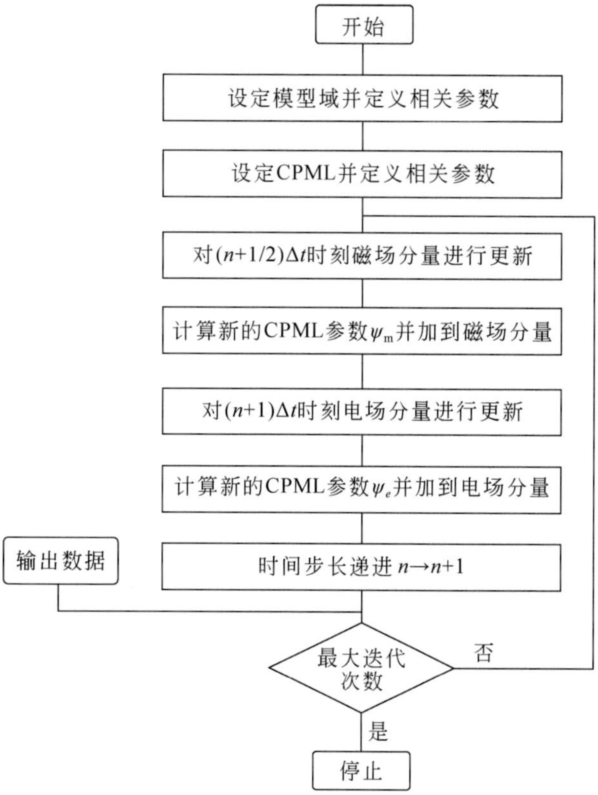

图 3.10　基于 CPML 的时域有限差分算法流程图(参考 Elsherbeni and Demir，2009)

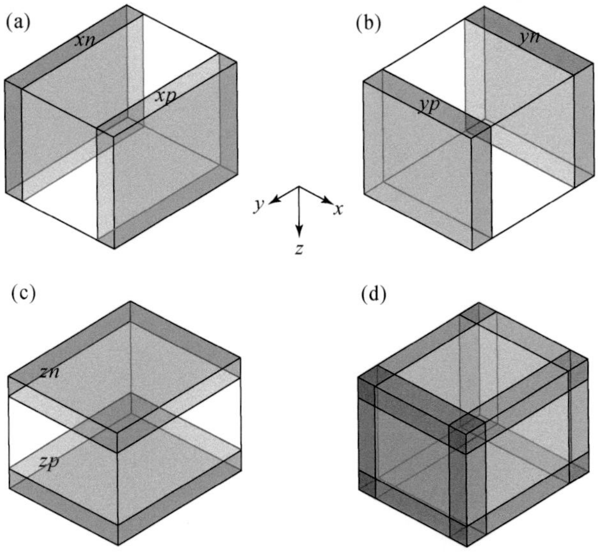

图 3.11　CPML 参数分布(参考 Elsherbeni and Demir，2009)

(a) σ_{pex}、σ_{pmx}、α_{ex}、α_{mx}、k_{ex}、k_{mx}确定；(b) σ_{pey}、σ_{pmy}、α_{ey}、α_{my}、k_{ey}、k_{my}确定；(c) σ_{pez}、σ_{pmz}、α_{ez}、α_{mz}、k_{ez}、k_{mz}确定；(d) CPML 重叠区域

式中，r 为 CPML 域中的点到模拟域与 CPML 交界面的距离；n_p 为多项式阶数；$\sigma_f=0.7\sim0.8$；ε_r 为背景介质相对介电常数，Δj 为 PML 中 j 方向的网格步长；δ 为 CPML 的厚度。同理，k_{ej}和 k_{mj}可表示为

$$k_{ej}(r)=1+(k_{\max}-1)(r/\delta)^{n_p},\quad k_{mj}(r)=1+(k_{\max}-1)(r/\delta)^{n_p} \tag{3.165}$$

式中，由于电场和磁场分量在有限差分模拟过程中位置不同，因此式(3.165)两式中的 r 取值不同。为保证电磁场充分衰减，幅度衰减因子 α 需要在交界面取最大值并随着远离交界面线性衰减，即

$$\alpha_{ej}(r)=\alpha_{\min}+(\alpha_{\max}-\alpha_{\min})(1-r/\delta) \tag{3.166}$$

$$\alpha_{mj}(r)=\frac{\mu}{\varepsilon}[\alpha_{\min}+(\alpha_{\max}-\alpha_{\min})(1-r/\delta)] \tag{3.167}$$

为保证 CFS-PML 能有效吸收低频电磁波，式(3.166)和式(3.167)中的 α 应该从某一最大值衰减到 0。Roden 和 Gedney(2000)给出了式(3.164)～式(3.167)中的参数选择。其中，$k_{\max}$选择范围为 5～11，$\alpha_{\max}$选择范围为 0～0.05，CPML 的厚度为 8 个单元，而 n_p的选择范围为 2～4。

3.3.4　时域有限差分中的散度校正

由于数值计算存在精度问题，因此利用前述 FDTD 进行时间迭代时会产生误差传播。为有效控制精度，特别是晚期时间道电磁响应的计算精度，改善解的收敛性，通常引入时域电磁散度校正。为此，展开麦克斯韦方程组中的第三方程，即

$$\nabla\cdot\boldsymbol{B}=\frac{\partial B_x}{\partial x}+\frac{\partial B_y}{\partial y}+\frac{\partial B_z}{\partial z}=0 \tag{3.168}$$

由此可得

$$\frac{\partial B_z}{\partial z}=-\frac{\partial B_x}{\partial x}-\frac{\partial B_y}{\partial y} \tag{3.169}$$

式(3.169)利用前述差分格式很容易进行离散。事实上，可以利用六面体单元六个面上的场值近似计算磁场的散度，则有

$$\begin{aligned}&\frac{B_z^{n+1/2}(i+1/2,j+1/2,k+1)-B_z^{n+1/2}(i+1/2,j+1/2,k)}{\Delta z_k}=\\&-\frac{B_x^{n+1/2}(i+1,j+1/2,k+1/2)-B_x^{n+1/2}(i,j+1/2,k+1/2)}{\Delta x_i}\\&-\frac{B_y^{n+1/2}(i+1/2,j+1,k+1/2)-B_y^{n+1/2}(i+1/2,j,k+1/2)}{\Delta y_j}\end{aligned} \tag{3.170}$$

进而可得

$$\begin{aligned}&B_z^{n+1/2}(i+1/2,j+1/2,k)=B_z^{n+1/2}(i+1/2,j+1/2,k+1)\\&+\Delta z_k\left[\frac{B_x^{n+1/2}(i+1,j+1/2,k+1/2)-B_x^{n+1/2}(i,j+1/2,k+1/2)}{\Delta x_i}\right.\\&\left.+\frac{B_y^{n+1/2}(i+1/2,j+1,k+1/2)-B_y^{n+1/2}(i+1/2,j,k+1/2)}{\Delta y_j}\right]\end{aligned} \tag{3.171}$$

式中，$B_{x,y,z}=\mu_{1,2,3}H_{x,y,z}$，其中，$\mu_{1,2,3}$由式(3.55)给出。将其代入式(3.171)即可得到磁场的迭代格式。实际计算过程中先由底部边界上磁场 $H_z=0$ 开始，利用式(3.171)由下往上进行空间迭代。

3.3.5　发射源及空气大地边界问题

时域有限差分是从一个初始场不断往后迭代，最终获得各时间道的电磁场值。为此，需要计算加载有源项的初始场，利用初始场代替源项可以有效减少源附近场的奇异性对计算结果的影响。由于采用的是电磁场交替求解技术，因此需要计算初始时刻的电场和磁场。原则上，需要计算针对实际地电模型的初始电磁场。然而，考虑到早期时间道电磁信号穿透能力较弱，可以认为电磁场存在于均匀半空间中，因此可以利用均匀半空间电磁响应作为初始场。关于导电半空间初始场的计算可参考相关文献(李貅，2002；殷长春，2018)。然而，如果需要模拟供电期间(on-time)阶段的电磁场，或者大地表层电阻率不均匀，此时早期时间道响应采用均匀半空间会产生误差，因此需要将发射源项加载到麦克斯韦方程中，此时源项的离散和时间递进需要和场同步进行。孙怀凤等(2013)给出了具体的操作方法。

同时，还需要设定初始时间 t_0和初始时间步长Δt_0，并计算 t_0时刻的电场和 $t_0+\Delta t_0/2$ 时刻的磁场。理论上初始时间 t_0应该选得足够小，以便早期电磁场在半空间中传播的假设成立。另外，t_0又要选择足够大，以便于对电磁场进行有效采样。选择合适的初始时间，可以获得光滑的初始场，同时又可对电磁场进行有效时间抽样，减少数值色散(即利用 FDTD 方法数值计算得到的相速度与实际波传播相速度不同的现象)。Wang 和 Hohmann(1993)指出，当模型中的异常体埋深较浅时，或者为获得早期时间道较高的计算精度，可以考虑采用自适应差分技术，即在早期时间道采用高阶差商进行时间离散，而在晚期时间道采用低阶差商，实现早晚期时间道电磁响应的高精度计算。此时，虚拟介电常数和最大时间步长式(3.56)~式(3.59)也相应地发生变化。经过大量数值实验，Wang 和 Hohmann(1993)给出初始时间的经验公式，即

$$t_0 = 1.13\mu_1\sigma_1\Delta_1^2 \tag{3.172}$$

式中，μ_1、σ_1分别为模型顶部介质磁导率和电导率；Δ_1为最上层垂直方向网格尺寸。

空气介质是有限差分法中需要特别关注的问题。这是因为空气导电率很小，因此如果考虑空气介质，则时域有限差分中的时间步长会受到很大影响。反之，如果不考虑空气介质，除了可以节省计算资源外，时间步长也可适当放宽。下文介绍 Oristaglio 和 Hohmann(1984)及 Wang 和 Hohmann(1993)提出的利用向上延拓方法处理空气大地分界面问题。为此，首先将网格从地表向空气中扩张一层，并利用地表的 H_z计算空气中的 H_x和 H_y，进而利用空气中的水平磁场将地表电场进行时间递进。依据 Wang 和 Hohmann(1993)及 Gao 等(2021)，空气中的磁场满足如下矢量拉普拉斯方程，即

$$\nabla^2\boldsymbol{H} = 0 \tag{3.173}$$

Macnae(1984)指出，满足式(3.173)的磁场水平分量可由垂直分量计算。为此，首先将磁场由空间域转换到波数域，即

$$F(u,\ v)=\int_{-\infty}^{\infty}\int_{-\infty}^{\infty}f(x,\ y)\mathrm{e}^{-i(ux+vy)}\mathrm{d}x\mathrm{d}y \tag{3.174}$$

$$f(x,\ y)=\frac{1}{4\pi^2}\int_{-\infty}^{\infty}\int_{-\infty}^{\infty}F(u,\ v)\mathrm{e}^{i(ux+vy)}\mathrm{d}u\mathrm{d}v \tag{3.175}$$

则由式(3.173)可得如下关系式：

$$H_x(u,\ v,\ z=-h)=\frac{iu}{\sqrt{u^2+v^2}}\mathrm{e}^{-h\sqrt{u^2+v^2}}H_z(u,\ v,\ z=0) \tag{3.176}$$

$$H_y(u,\ v,\ z=-h)=\frac{iv}{\sqrt{u^2+v^2}}\mathrm{e}^{-h\sqrt{u^2+v^2}}H_z(u,\ v,\ z=0) \tag{3.177}$$

换句话说，由于空气中的磁场满足矢量拉普拉斯方程，可以将地表的垂直磁场向上延拓，计算空气中的水平磁场。实际计算时，考虑到 H_z 在地表是非均匀分布的，可以首先利用双样条函数将其插值到均匀网格上并进行二维傅里叶变换，然后再乘以式(3.176)和式(3.177)中的系数并进行二维傅氏反变换，进而将反变换得到的场值插值到非均匀网格上即可实现磁场分量的向上延拓。最后，可以利用前文给出的 FDTD 格式[式(3.45)～式(3.47)]将电场 $\boldsymbol{E}(t_n)$ 递推到 $\boldsymbol{E}(t_{n+1})$，实现利用电磁场向上延拓处理空气地表电磁场时间递推问题。必须指出的是，前文讨论的基于规则网格的 FDTD 算法在模拟起伏地表和复杂异常体时存在较大误差，同时这里介绍的向上延拓算法也不适合起伏地表。针对起伏地表或复杂异常体的三维有限差分正演模拟，目前采用的方法主要包括利用台阶状网格并在处理起伏地表时将部分空气作为异常体，或者利用边界拟合或者贴体网格(Boundary-Fitted Grids)并结合等参变换技术进行处理。邱稚鹏等(2013)给出利用非正交网格处理带地形问题的瞬变电磁模拟问题，而 Gansen 等(2021)给出基于非结构四面体网格的 FDTD 三维电磁模拟算法。由于涉及的理论推导较为复杂且不是本书讨论的重点，这里不作介绍。

3.3.6 时域有限差分初始场加载问题

由前述讨论可知，本章介绍的时域有限差分计算电磁场时源项没有显式出现在求解方程中，而是通过添加初始场的方式加以考虑。这基本沿用了 Wang 和 Hohmann(1993)提出的思想，即通过交替网格采样并结合改进 Du Fort-Frankel 时间差分策略，离散准静态近似条件下的麦克斯韦方程组，得到了电磁场的显式迭代格式，进而将均匀半空间的半解析解作为初始条件加入到方程中，以求解后续时刻电磁场响应。为将发射源加载到数值计算中，需要计算 $t=t_0$ 时刻的初始电场 $\boldsymbol{E}$ 以及 $t=t_0+\Delta t_0/2$ 时刻的初始磁场 $\boldsymbol{B}$。如前所述，在有限差分正演模拟中可选取初始时刻 $t_0=1.13\mu_1\sigma_1\Delta_1^2$。然而，该方法的缺陷在于：虽然采用均匀半空间模型计算初始场方法简单，但由于初始场的近似性，由其递推计算的早期电磁场精度较低，特别是当异常体埋深较浅时，早期时间道计算精度难以保证。2013 年山东大学孙怀凤团队将电流源项直接加载到时域麦克斯韦方程中，实现了有源介质中电磁场求解。由于不需要将均匀半空间的半解析解作为初始条件，其算法可以模拟复杂地形，可以模拟不同的发射波形，因而可以精确地计算早期道电磁响应和模拟浅部异常体。进而，为了减少模型网格数，2018 年该团队又提出了多尺度网格方法，即对整个模型使用粗网格剖分，而在需要加密的区域使用细网格剖分，从而大大改善三维正演模拟效率。考虑到瞬变电磁法主要利用的是低频，该团队 2022 年将对低频有较好吸收效果的卷积完全匹配层 CPML 引入到三维时域有限差分正演模拟中，推导了在低频近似条件下 CPML 介质内的电磁场迭代方程，取得了很好的应用效果。需要指出的是，由于时域有限差分不是本人团队的研究重点，因此本章仅对其基本理论及算法进行了简要介绍。关于时域有限差分的高精度算法，可以参考国内外相关团队的最新研究成果。

3.4　典型模型响应及特征分析

3.4.1　频域有限差分法精度验证

为验证频域有限差分法的计算精度，首先将其应用于三维频域航空电磁法数值仿真，并采用 Newman 和 Alumbaugh(1995)给出的模型进行精度验证。为计算方便，我们使用电导率对地电模型进行描述。如图 3.12 所示，发射和接收装置离地高度 20m，发射和接收间距为 10m。考虑水平共面(horizontal coplanar，HCP)与直立共轴(vertical coaxial，VCX)两种装置，发射频率为 900Hz。对计算区域采用长方体单元进行离散，中心计算区域沿 x、y、z 方向的网格大小分别为 5m、10m、10m，扩边区域中的网格按 2 倍递增，网格总数为 50×50×40。图 3.13 中给出本章算法与 Newman 和 Alumbaugh(1995)结果的对比。由图 3.13 可以看出，本章的结果与 Newman 和 Alumbaugh 的结果整体吻合较好，仅虚部在异常体正上方的误差稍大。

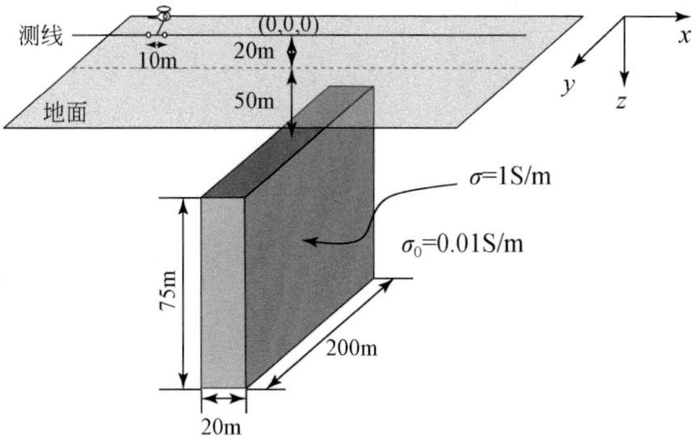

图 3.12　航空电磁三维模型(参考 Newman 和 Alumbaugh，1995)

为验证各向异性介质有限差分法的模拟精度，采用 Løseth 和 Ursin(2007)的一维海洋电磁倾斜各向异性模型。如图 3.14 所示，海水深度 300m，电导率 $\sigma=3.2$S/m；海底覆盖层厚 1000m，电导率 $\sigma=1.0$S/m；高阻异常层厚度 100m，设主轴电导率分别为 $\sigma_x=0.01$S/m，$\sigma_y=0.01$S/m，$\sigma_z=0.025$S/m，并令其绕 y 轴旋转 30°。高阻异常层下面是电导率为 $\sigma=1.0$S/m 的基底。发射源为沿 x 方向的水平电偶极子，偶极矩为 1Am，距离海底

30m，发射频率为 0.25Hz。图 3.15 给出利用本章介绍的有限差分法计算的 E_x 响应与 Løseth 和 Ursin(2007)一维半解析解的对比。由图 3.15 可见，两种方法计算结果吻合非常好，最大相对误差不超过 1.7%，说明本章提出的算法具有较高的计算精度。

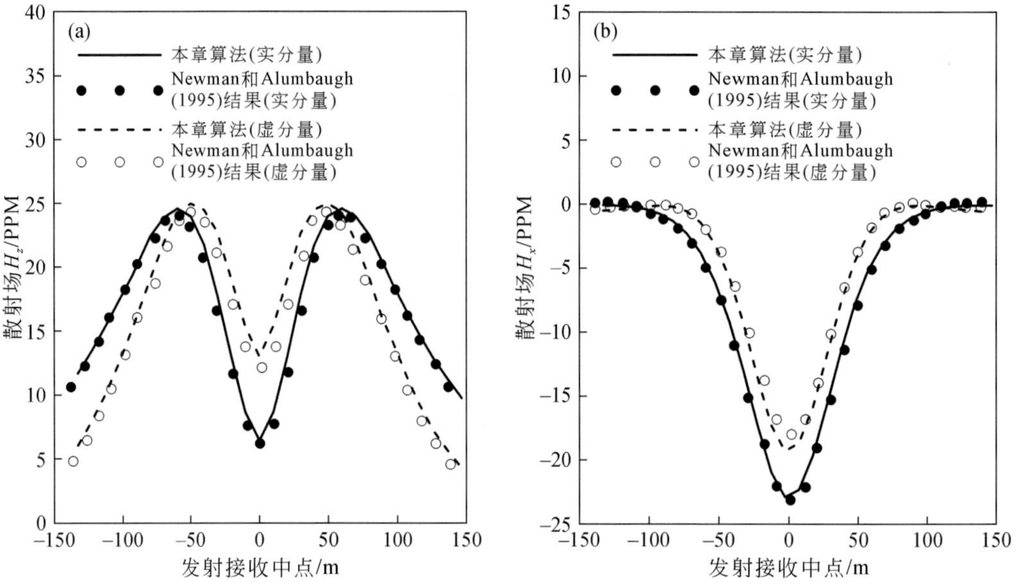

图 3.13　三维频域航空电磁数值模拟精度验证

(a) HCP；(b) VCX

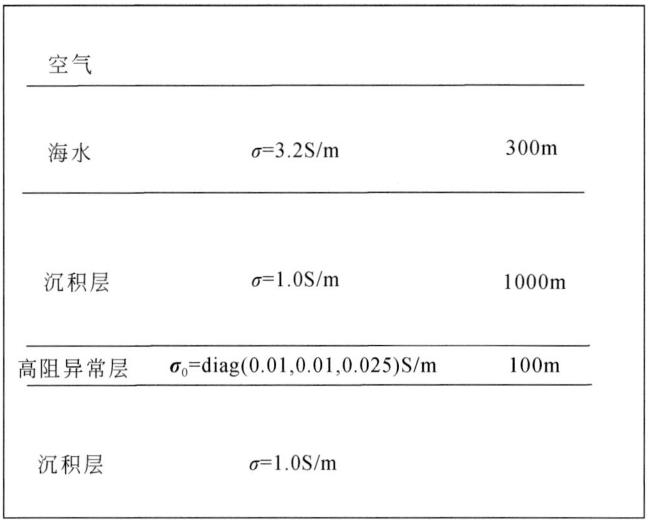

图 3.14　海洋电磁模型

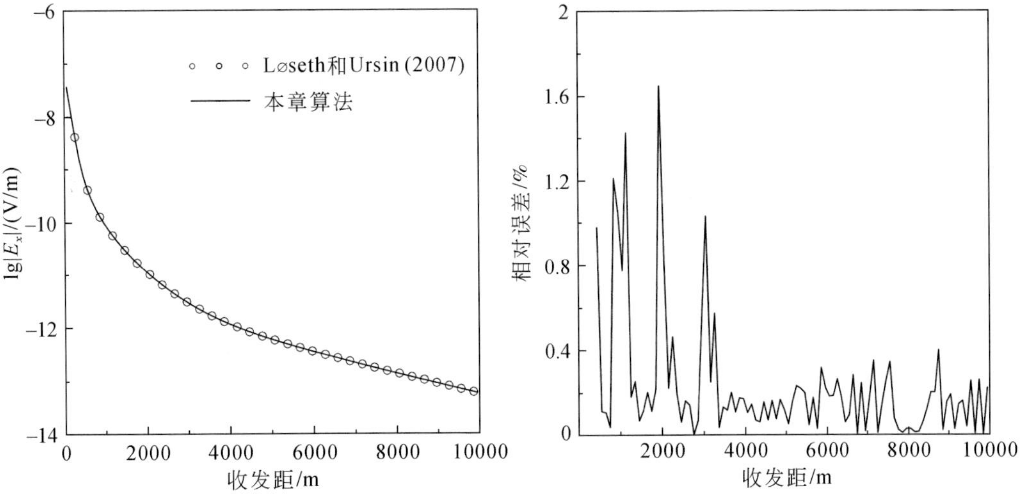

图 3. 15　有限差分法与一维半解析结果对比

3. 4. 2　有限差分法在海洋可控源电磁正演模拟中的应用

1. 海底各向异性对海洋可控源电磁响应的影响

为了分析海底介质各向异性对海洋可控源电磁响应的影响特征，设计如图 3. 16 所示的三维地电模型。其中，海底半空间为各向异性，三维高阻体为各向同性。海水深度为 1000m，电导率为 3. 33S/m。高阻异常体顶部埋深为 1000m，大小为 6000m×6000m×100m，中心在海底投影的空间坐标为(5000m，0m，1000m)。发射源为沿 x 方向的电偶极子，发射频率为 0. 25Hz，发射偶极矩 1Am，发射源距海底 30m。将三维模型剖分为 108×108×56 个单元，其中包括每个边向外扩四个格(2 倍扩边)，剖分单元长、宽、高分别为 200m、

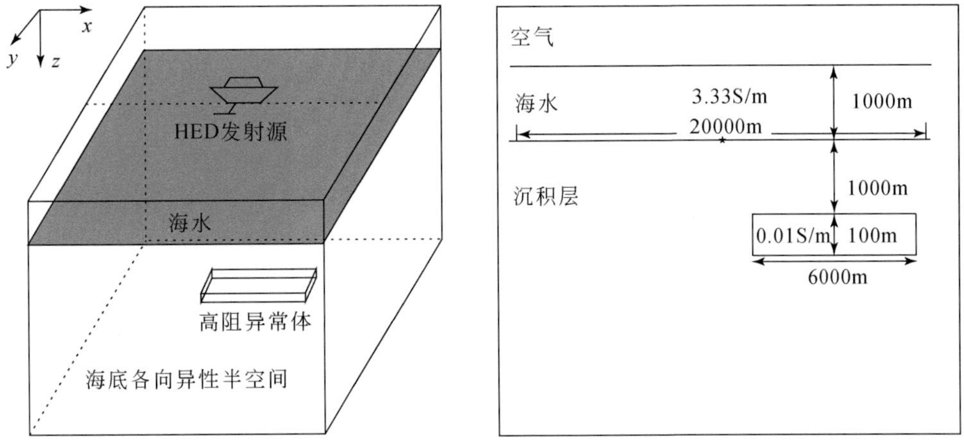

图 3. 16　海洋电磁三维各向异性模型

200m、100m。为了更精确地计算三维高阻异常体的电磁响应，将其所在位置 z 方向网格长度细分为 25m。正演模拟在 Intel ® Core™ i7-4770 CPU@3.40GHz，8GB DDR3 1600MHz 内存，NVIDIA GeForce GTX 650 显卡的计算机环境下运行，单次正演大约需要 11 分钟。

下文首先讨论海底各向异性半空间主轴电导率沿 x 方向变化的情况，进而通过对主轴电导率分别绕 y 和 z 轴旋转 45°得到倾斜各向异性电导率参数，研究各向异性对海洋可控源电磁响应的影响特征。假设海底围岩介质主轴电导率张量为

$$\boldsymbol{\sigma}_0=\begin{pmatrix} 2.0/1.0/0.25/0.1 & 0 & 0 \\ 0 & 1.0 & 0 \\ 0 & 0 & 1.0 \end{pmatrix}\text{S/m}$$

分别讨论两种情况：①只改变 x 方向的主轴电导率；②针对 4 种不同的主轴电导率，分别绕 y 和 z 轴旋转 45°。当主轴电导率的对角线元素相同时(各向同性)，欧拉旋转不影响电导率分布，由此只需研究 10 种各向异性电导率模型组合的情况。以各向同性作为参考模型，分别研究同线 E_x 分量的振幅随收发距(Magnitude Versus Offset，MVO)和相位随收发距(Phase Versus Offset，PVO)曲线，电场分量 E_x、E_y、E_z 的平面分布及 xz、xy 切面上的电流分布特征，讨论不同各向异性情况对海洋可控源电磁响应的影响规律。

2. 各向同性海底介质的电磁场分布特征

为方便对比，首先考虑海底围岩介质为各向同性情况。假设围岩电导率为 $\boldsymbol{\sigma}_0=\text{diag}(1.0, 1.0, 1.0)$ S/m，利用前述有限差分法计算出电场三分量振幅。图 3.17 展示其分布特征。由于高阻异常体位于模型中心的右方，三个电场分量振幅均呈现非中心对称的分布特征，无论是在 xy 平面还是在纵向断面图上，电场各分量和电流密度在高阻体附近呈现明显的延展趋势。图 3.18 给出各向同性情况下 xy 和 xz 切面的电场和电流分布。由图可见：①发射源附近的电场和电流均展示水平电偶极子场的分布特征。②在 xy 切面上可明显看出海底上下两侧由高阻体引起的电场向右延展的分布特征。③由于和围岩电导率存在巨大差异，高阻异常体中的电流近于直立。这是由于水平电场分量连续，所以高阻体中几乎不存在水平电流，而垂向电流在穿透高阻层时始终保持连续，导致高阻体中电流沿垂向流动。④在收发距很大的情况下电流呈现水平分布特征，此时电磁场中空气波占主导地位(殷长春等，2012)。

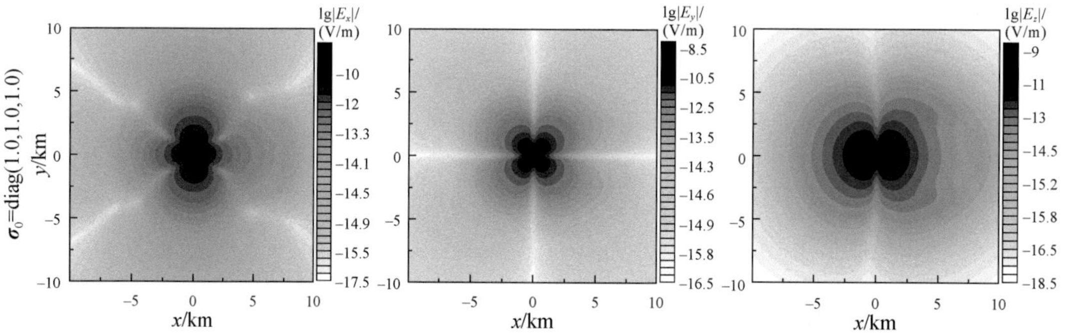

图 3.17　海底各向同性介质表面的电场分布

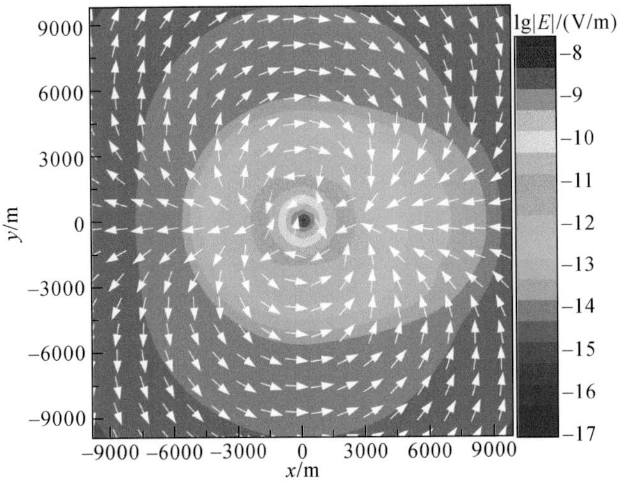

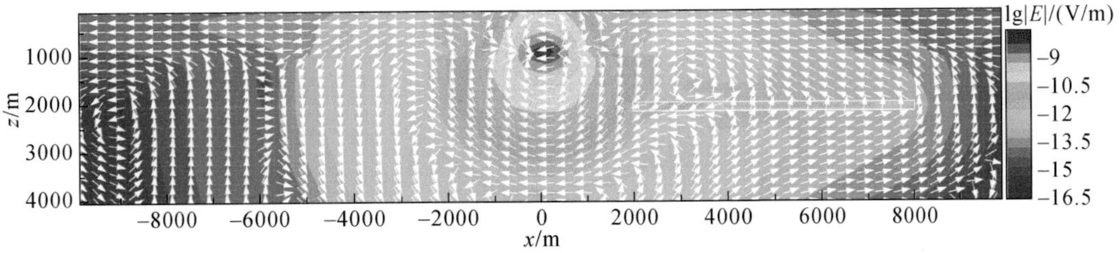

图 3.18　海底各向同性介质中电场和电流分布

等值线表示电场分布，箭头表示电流方向

3. 海底围岩 x 方向电导率变化对电场和电流分布的影响

当海底介质中只有 x 方向电导率发生变化时，同线 E_x 分量的振幅和相位曲线均发生不同程度的变化(图 3.19)。由于良导和高阻介质中电磁波衰减速度不同，振幅曲线左支(远离高阻层)呈现与电导率反向变化特征，相位曲线左支变化也有明显的规律性。由于高阻异常体的存在，右端曲线变化复杂。中间小极距区域直达波占主导地位，因而受海底介质影响很小，因此不能反映海底介质的电性变化。图 3.19 右侧存在高阻体，电磁响应受高阻层中导波的影响，造成右支振幅与相位曲线变化没有明显的规律性。由图 3.20 和图 3.21 电场分布的 xy 切面可以看出，随着 x 方向电导率的减小，电场 E_x 平面分布沿 y 方向发生明显延展，说明电导率沿 x 方向变化对旁线观测的电场产生较大影响。相比之下，电场 E_y 受海底介质沿 x 方向的电导率影响较小。由图 3.21 可进一步看出：①随着海底介质 x 方向电导率的逐渐减小，发射电流受到挤压而向垂直方向集中。②在 x 方向电导率为 2.0S/m 时，xz 平面内电流向 x 方向偏转，特别是在高阻储层的上下部位，其基本沿水平方向流动，说明此时电流试图绕过水平高阻体。对于 x 方向电导率为 0.25S/m 和 0.1S/m 的情况，z 方向电性与之相比为良导，此时海底沉积层中的电流偏向垂直方向。随着 x 方向电导率的减小，电流呈现由水平环绕到倾斜穿入，再到垂直穿透高阻层的特征。③如前所述，由于高阻储层和围岩存在巨大电性差异，高阻储层内的电流基本为垂向方向流动。④与垂直切面情况相比，水平方向电流分布受各向异性影响较小。发射源两侧的水平电流形成的电流环依据 x 方向电导率的变化呈现不同程度沿 y 方向的延展特征。

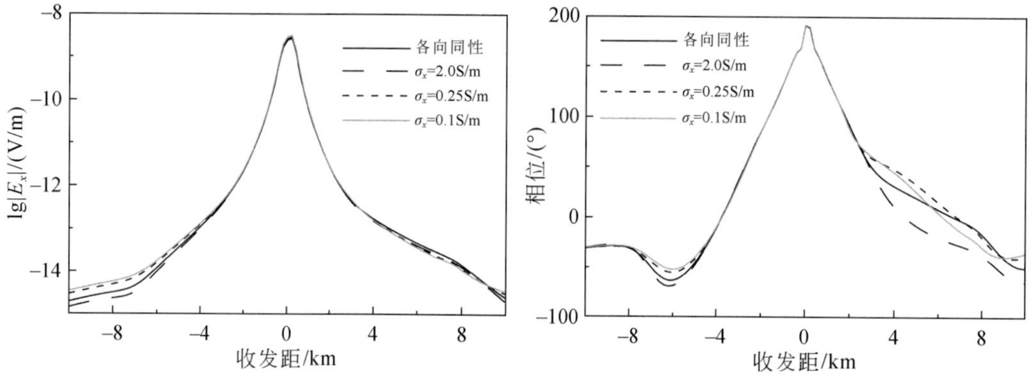

图 3.19　海底围岩介质 x 方向主轴电导率变化对 E_x 分量振幅和相位的影响

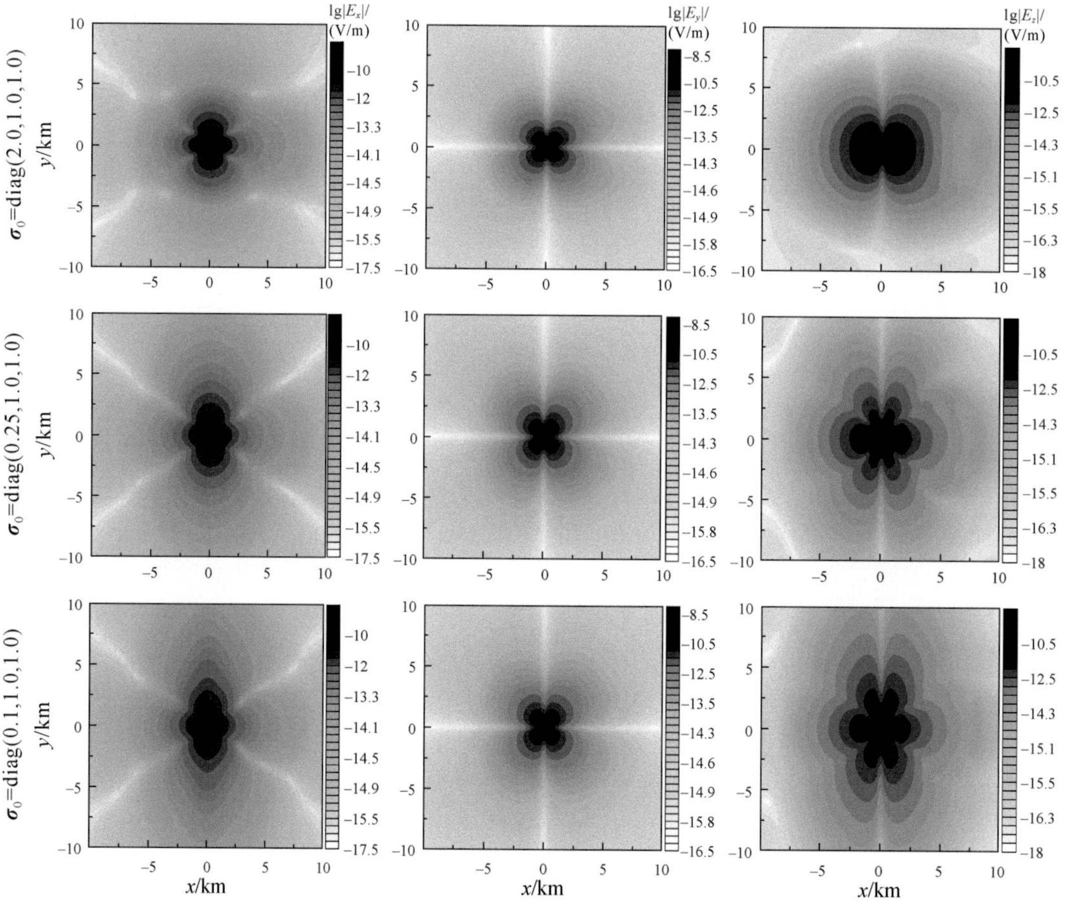

图 3.20　海底围岩介质 x 方向主轴电导率变化对电场分布的影响

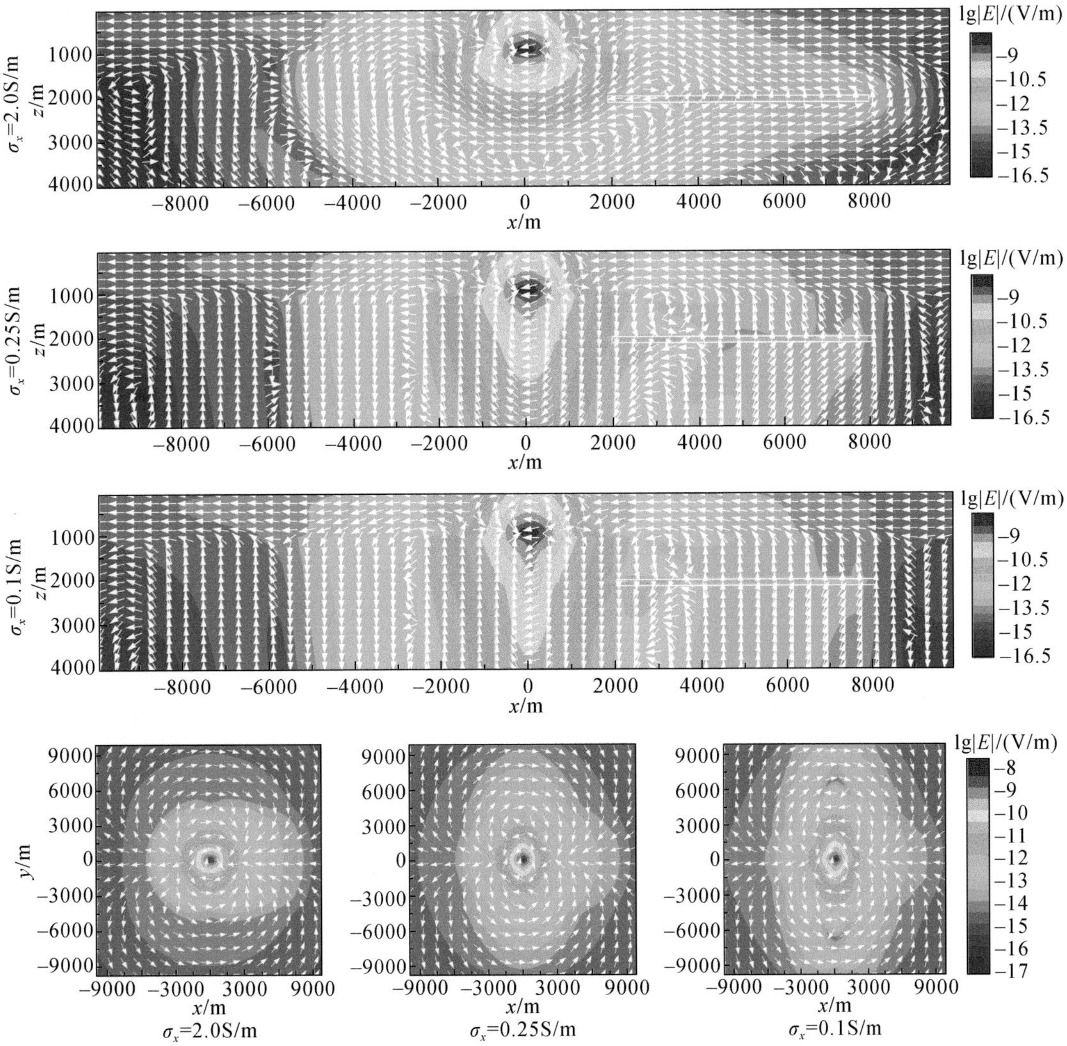

图 3.21　海底围岩介质 x 方向主轴电导率变化对电场及电流分布的影响

4. 海底围岩介质电导率绕 y 轴旋转 45°时电场和电流分布特征

当海底围岩介质主轴电导率绕 y 轴旋转时，电场三个分量均发生剧烈变化。图 3.22 和图 3.23 给出上述 4 种不同主轴电导率绕 y 轴旋转 45°的计算结果。由图 3.22 和图 3.23 可以看出，同线 E_x 分量左右支变化规律一致。当海底围岩介质为良导时电磁响应弱，反之当海底围岩介质为高阻时则电磁响应强。同时，海底围岩介质电导率张量旋转导致电场各分量的平面分布特征发生变化。从图 3.24 中的电场和电流分布可以看出：当主轴电导率绕 y 轴旋转时，xz 切面内电流方向发生明显变化。当 x 方向主轴电导率比 z 方向小时，绕 y 轴旋转后的电场和电流分布向右侧偏，说明此时电磁能量主要向右侧良导方向集中，而高阻储层正好位于模型右侧，因此最终在海底测点位置的电场响应增大。当 x 方向主轴电

导率比 z 方向电导率大时，绕 y 轴旋转后的电流方向与电场分布偏向远离高阻储层的左侧方向，造成海底观测点处的电磁响应变小。从图 3.24 也可以看出与图 3.21 类似的特征，即当 x 方向的电导率较大时，电流基本绕过高阻异常体。随着 x 方向电导率减小，电流穿过由电导率旋转形成的倾斜电流通道后垂直进入高阻体，并继续向下传播到深部海底。

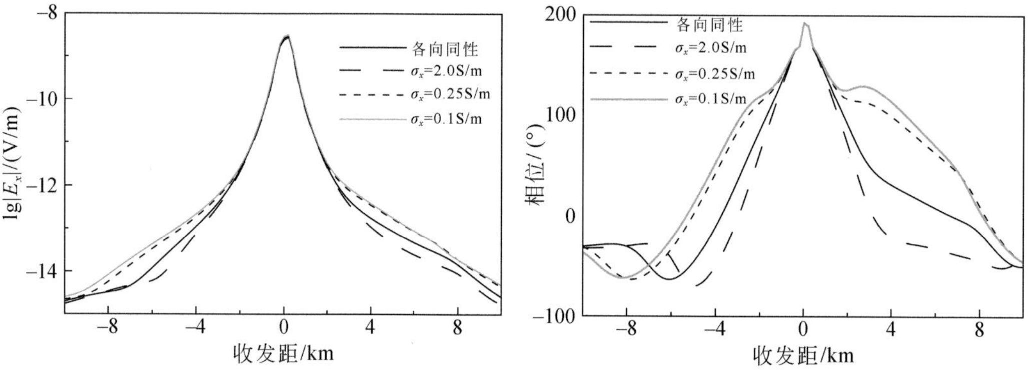

图 3.22　海底围岩介质主轴电导率绕 y 轴旋转 45°时同线 E_x 分量振幅和相位曲线

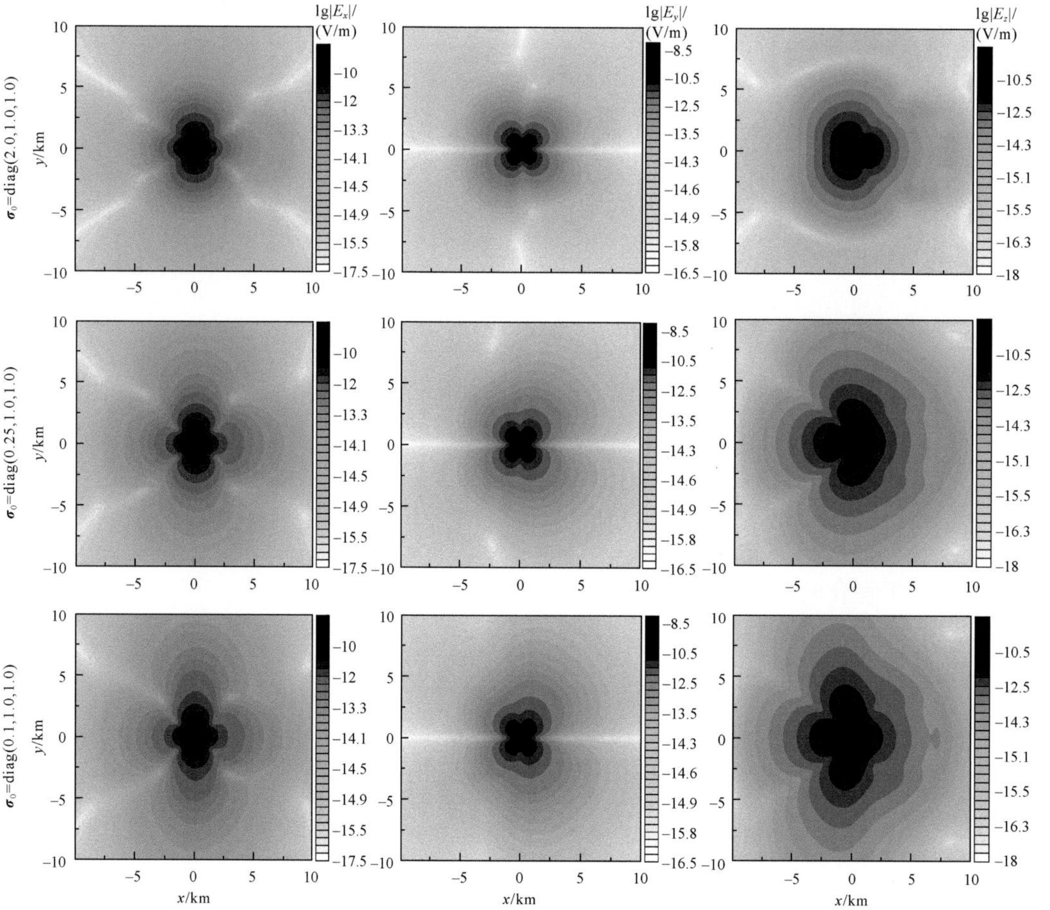

图 3.23　海底围岩介质主轴电导率绕 y 轴旋转 45°时电场分布

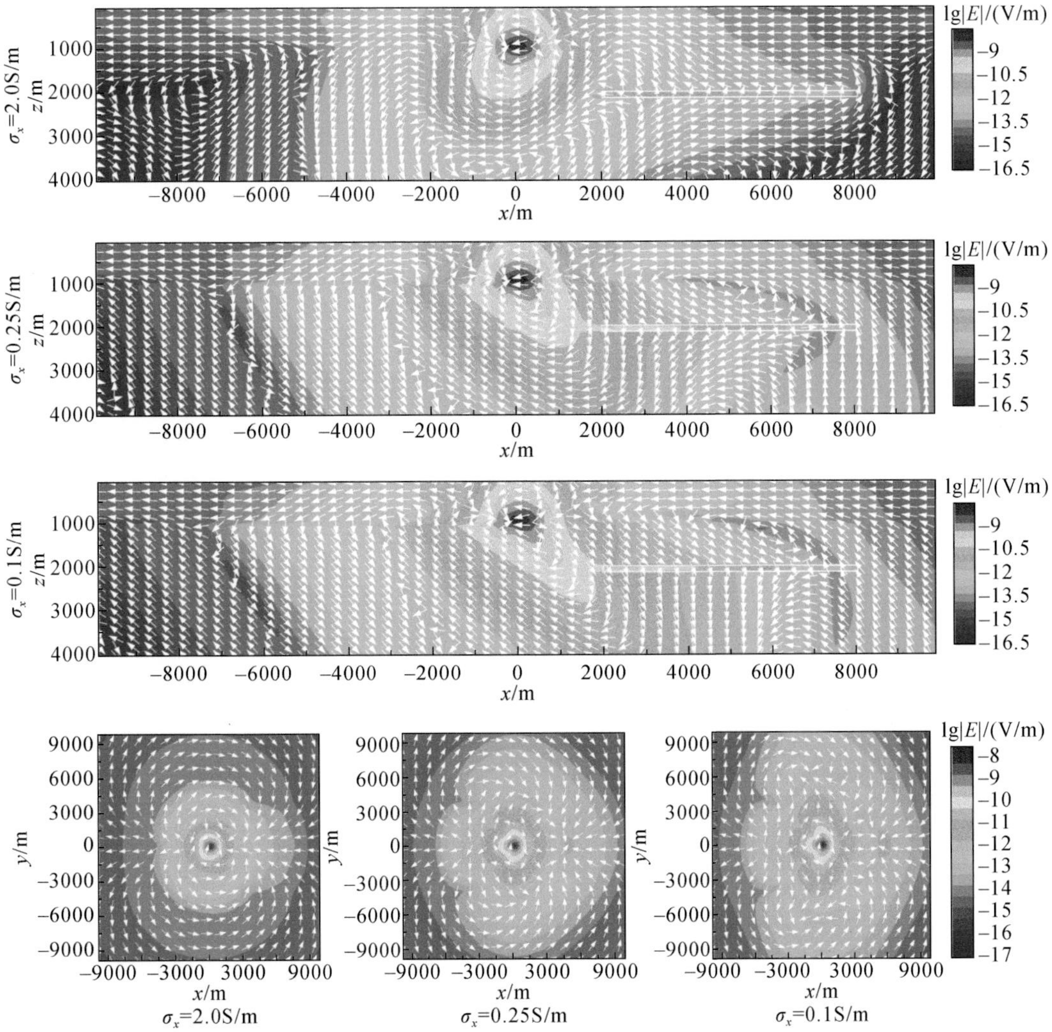

图 3.24　海底围岩介质主轴电导率绕 y 轴旋转 45°时电场和电流分布

5. 海底围岩介质电导率绕 z 轴旋转 45°时电场和电流分布特征

当海底围岩介质主轴电导率绕 z 轴旋转时，电磁能量传播特征的变化主要发生在 xy 平面。较之于电导率张量没有发生旋转的情况(图 3.20)，三个电场分量的平面分布均呈现绕 z 轴旋转的明显特征。由此，可以很容易识别海底介质的各向异性特征。由于旋转后 x 方向电导率差异变小，四种各向异性情况下同线 E_x 分量振幅和相位曲线左支差异相应变小。对于振幅与相位曲线右支，由于高阻储层的存在，四种各向异性情况的电磁响应特征差异仍然比较明显(图 3.25)。图 3.26 和图 3.27 分别给出海底介质主轴电导率发生旋转时电场和电流密度的分布特征。可以看出，电场分布与海底介质的各向异性特征存在明显的对应关系，这有助于对海底各向异性特征进行有效识别。对比图 3.21 可以进一步看出，相对于没有发生旋转时电流随 x 方向电导率的减小由环绕到直接穿透高阻体的情况，当海底围岩介质电导率张量绕 z 轴旋转时，垂直切面内高阻储层上下电流均沿倾斜方向流动，倾斜穿过高阻层。

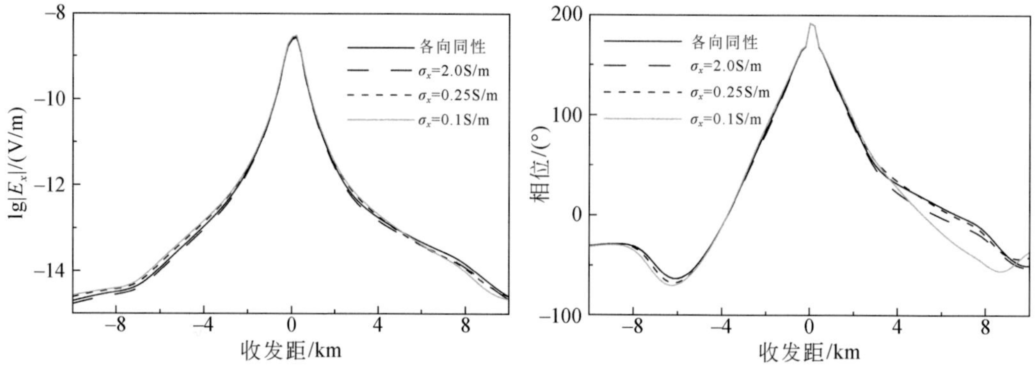

图 3.25　海底围岩介质主轴电导率绕 z 轴旋转 45°时同线 E_x 分量振幅和相位曲线

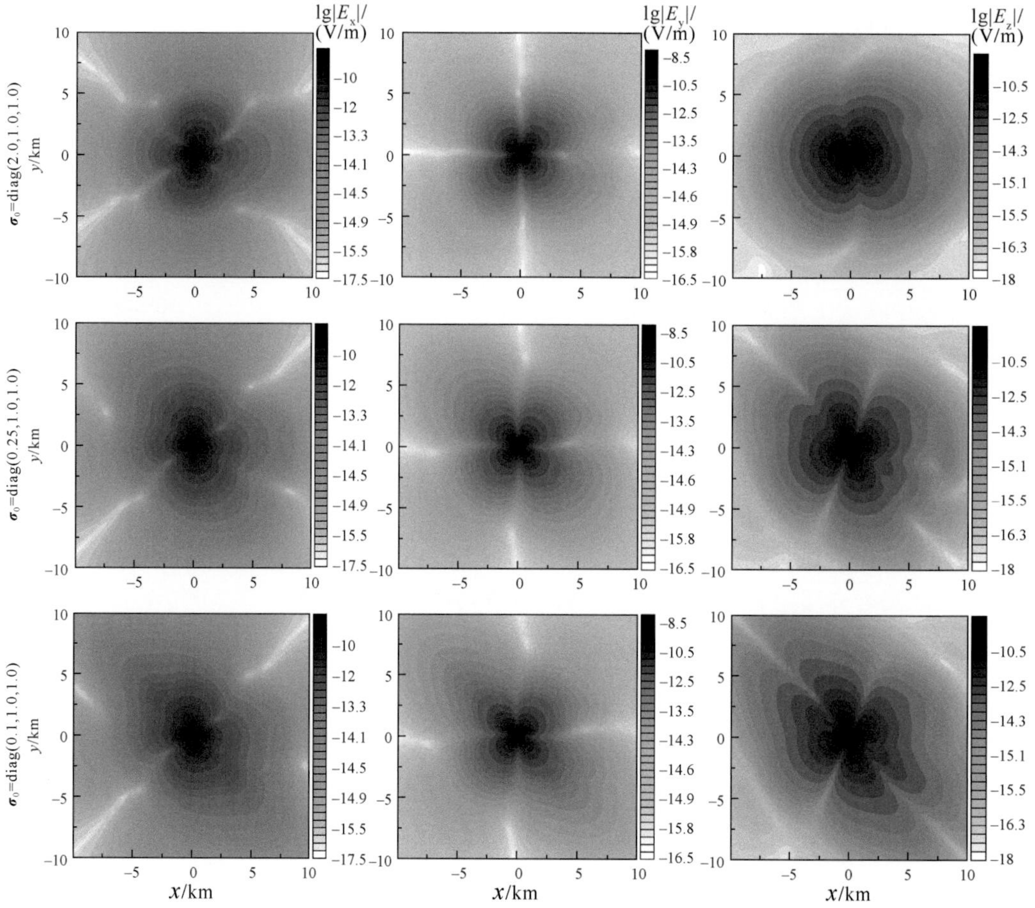

图 3.26　海底围岩介质主轴电导率绕 z 轴旋转 45°时电场分布

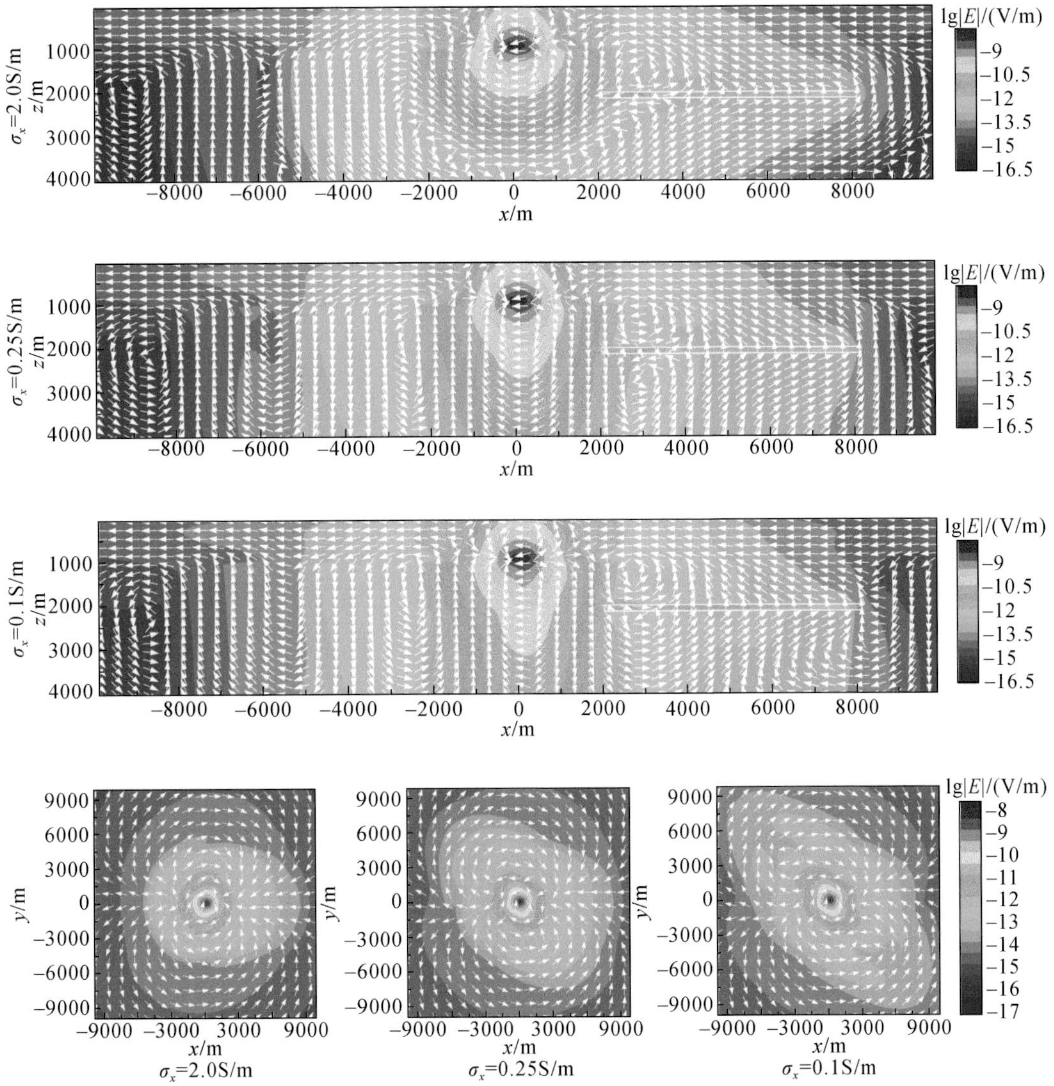

图 3.27　海底围岩介质主轴电导率绕 z 轴旋转 45°时电场和电流分布

3.4.3　时域有限差分法在瞬变电磁法模拟中的应用

为了验证采用 CFS-PML 吸收边界条件的时域有限差分法的有效性，将分别加载 CFS-PML 吸收边界条件与狄利克雷边界条件(Dirichlet boundary condition，DBC)的电磁响应进行对比。假设垂直磁偶极发射源位于(0，0，-120m)，接收点位于(130m，0，-60m)处。发射电流为下阶跃波，发射磁矩为单位磁矩。将计算区域剖分为 101×101×50 个网格单元，最小网格步长为 10m，最大网格步长为 120m，在数值模拟中采用变时间步长进行迭代。图 3.28 展示了针对不同电导率的半空间模型两种方法计算结果与一维半解析解的对比情况。由图 3. 28 可见，当地下介质电导率较大时，电磁波传播速度较慢，在图 3. 28 中给出的计算时间段内电磁波尚未传播到边界，因此反射误差较小。此时，采用两种边界条件均给出了很好的计算结果。当半空间电导率较小时，早期时间道两种方法计算结果与一维半解析解吻合较好。然而，随着时间推移，晚期时间道电磁波传播到达边界，反射误差加大，导致加载狄利克雷边界条件的计算结果明显偏离一维半解析解，但加载 CFS-PML 吸收边界条件的计算结果与一维半解析解吻合较好。这说明加载 CFS-PML 吸收边界条件的计算方法在精度上具有明显的优势。

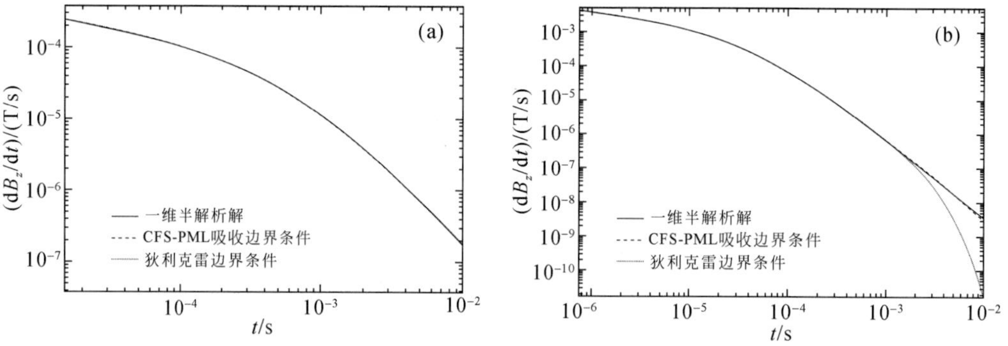

图 3. 28　均匀半空间模型加载不同边界条件时域有限差分计算结果与一维半解析解对比

半空间电导率(a)0. 1S/m；(b)0. 005S/m

下文针对均匀半空间的情况，讨论电磁场随时间呈现的“烟圈”扩散特征。采用与图 3. 28 相同的系统参数和网格剖分。图 3. 29 展示了半空间电导率为 0. 01S/m 时，不同时刻由时域有限差分加载不同边界条件计算的电磁响应平面分布(z=−60m)。由图 3. 29 可以看出，在早期 t=1ms，两种边界条件计算的电磁响应均呈对称的圆形“烟圈”形状。这是由于早期电磁波尚未传播到边界，此时反射没有发生，边界的影响很小。然而，在晚期 t=4. 5ms 和 10ms，电磁波已传播到达边界，此时利用传统的狄利克雷边界条件计算的电磁响应发生了明显的畸变，而利用 CFS-PML 吸收边界条件计算的电磁响应依然呈现良好的环状分布特征。这表明 CFS-PML 能吸收晚期低频电磁波，有效地发挥吸收边界的作用。因此，可以得出结论：CFS-PML 吸收边界条件对晚期电磁反射具有较强的抑制能力，保证了晚期时间道电磁响应的计算精度。

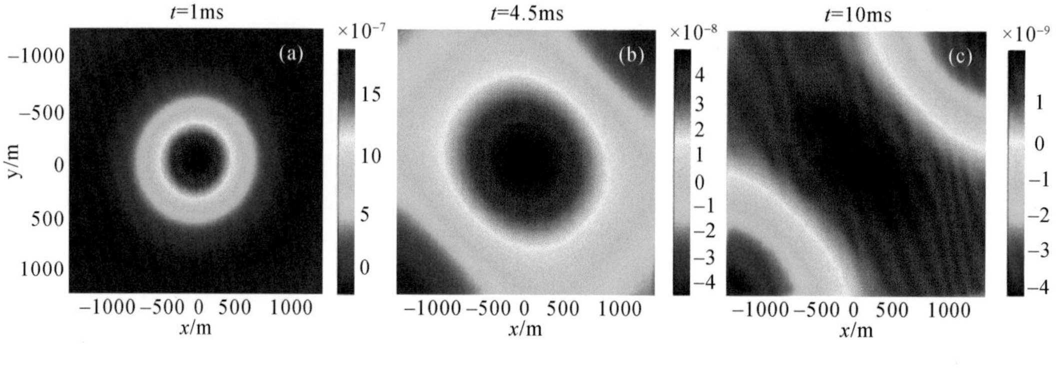

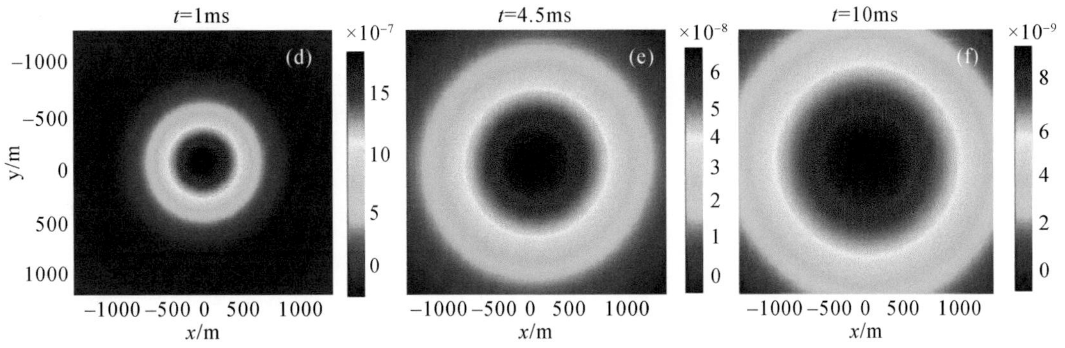

图 3.29　均匀半空间模型加载不同边界条件时域有限差分计算的垂直磁感应响应 dB_z/dt 及电磁扩散效应

(a)～(c)加载狄利克雷边界条件；(d)～(f)加载 CFS-PML 吸收边界条件

为验证前文介绍的时域有限差分模拟三维异常体的有效性，计算了图 3.30 所示模型的时域航空电磁响应。航空电磁系统参数同前，网格剖分单元数为 141×141×70，发射波形为下阶跃波，发射磁矩为单位磁矩。图 3.31 展示了穿过异常体中心的主剖面上垂直磁感应 dBz/dt 响应。分析电磁响应特征发现，早期时间道电磁响应强，晚期时间道电磁响应随时间逐渐衰减，良导体上方出现异常极大值，但由于异常体倾斜，响应曲线不再对称、异常极值向异常体反倾斜方向发生偏移。

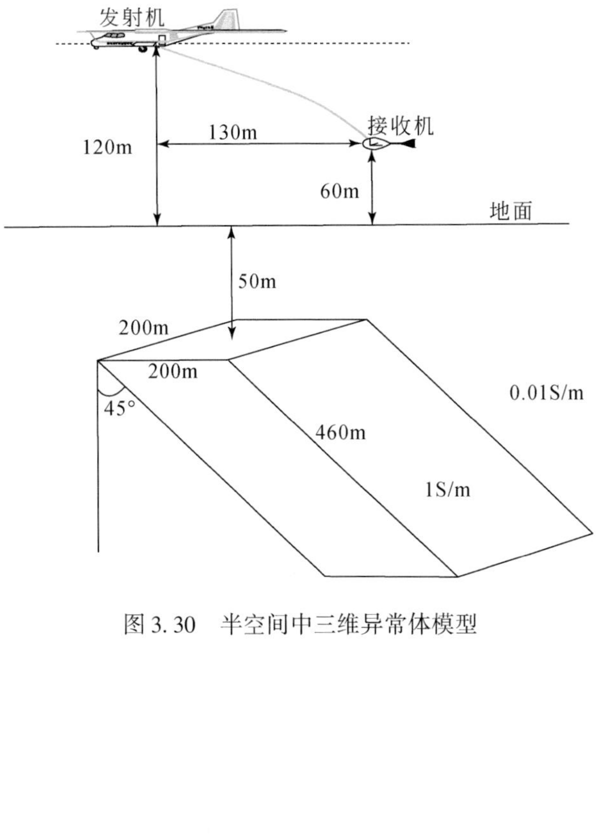

图 3.30　半空间中三维异常体模型

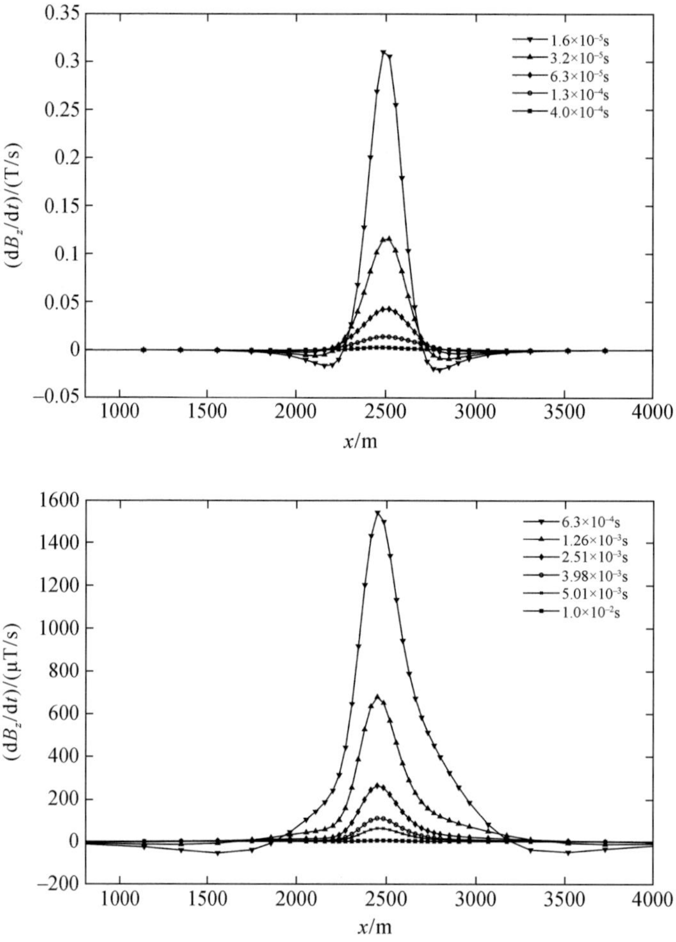

图 3.31　半空间中三维异常体模型不同时间道航空电磁响应
异常体顶界面中心位于($x=2495$m，$y=0$m，$z=50$m)

3.5　小　　结

有限差分是一种将微分方程转化为代数方程的近似数值求解方法。它不仅适用于频域麦克斯韦方程求解，同样适用于时域麦克斯韦方程求解。差分的空间离散形式一般包括向前差分、向后差分和中心差分等，而时间离散方式通常包括显式、隐式、显隐交替式等。为了提高求解精度，可自适应地在不同的时间采用不同阶数的差分。选用合适的吸收边界条件、代数方程的快速求解算法以及基于 MPI、GPU、OpenMP 的并行计算方法，可以大大改善计算效率。然而，由于有限差分法是利用差分近似代替微分，因此相比于有限元法、谱元法等数值解法，该方法虽具有简单、易并行等技术优势，但计算精度相对较低。时域有限差分的时间步长直接影响迭代过程中解的稳定性，因此选择满足柯朗稳定性条件的时间步长至关重要。另外，时域有限差分法的计算精度受到网格大小、时间步长、空间和时间差分格式和阶数、边界条件和初始场等诸多因素影响，需要依据电磁模拟问题的特点进行合理选择。选择合适的 PML 可以有效吸收电磁波、降低界面反射，进而通过减小模拟域以改善计算效率。然而，匹配层厚度和电导率分布需要合理选择。

需要指出的是，由于本团队近年没有深入从事有限差分法的研究，本章仅侧重于时域和频域有限差分基本原理和常规算法介绍，旨在为从事该研究方向的人员提供一些基础性知识。可能对于该算法的最新研究现状评价得不够准确，给出的算法和结果也较为简单。另外，关于带地形的 FDTD 模拟、供电期间电磁模拟过程中如何有效加载发射源项、如何实现时间步长不受限制的 ADI-FDTD 算法以及 CPML 中非等时间步长电磁场递推等问题，本章也没有作详细讨论，请广大读者查阅相关理论和算法的最新文献。

参考文献

李貅 . 2002. 瞬变电磁测深的理论与应用 . 西安：陕西科学技术出版社 .

李展辉，黄清华 . 2014. 复频率参数完全匹配层吸收边界在瞬变电磁法正演中的应用 . 地球物理学报，57(4)：1292-1299.

柳尚斌，李雪峰，蓝日彦，等 . 2022. 瞬变电磁低频近似 Maxwell 方程的 CPML 吸收边界及施加方法 . 地球物理学报，65(4)：1472-1481.

邱稚鹏，李展辉，李墩柱，等 . 2013. 基于非正交网格的带地形三维瞬变电磁场模拟 . 地球物理学报，56(12)：4245-4255.

孙怀凤，李貅，李术才，等 . 2013. 考虑关断时间的回线源激发 TEM 三维时域有限差分正演 . 地球物理学报，56(3)：1049-1064.

孙怀凤，程铭，吴启龙，等 . 2018. 瞬变电磁三维 FDTD 正演多分辨网格方法 . 地球物理学报，61(12)：5096-5104.

殷长春 . 2018. 航空电磁理论与勘查技术 . 北京：科学出版社 .

殷长春，刘云鹤，翁爱华，等 . 2012. 海洋可控源电磁法空气波研究现状及展望，吉林大学学报(地学版)，42(5)：1506-1520.

余翔 . 2017. 时域瞬变电磁三维有限差分正演及广义逆矩阵反演研究 . 成都：成都理工大学 .

Adhidjaja J I, Hohmann G W. 1989. A finite-difference algorithm for the transient electromagnetic response of a three-dimensional body. Geophysical Journal International, 98(2): 233-242.

Alumbaugh D L, Newman G A, Prevost L, et al. 1996. Three-dimensional wide band electromagnetic modeling on massively parallel computers. Radio Science, 31(1): 1-23.

Berenger J P. 1994. A perfectly matched layer for the absorption of electromagnetic waves. Journal of Computational Physics, 114(2): 185-200.

Berenger J P. 1996. Three-dimensional perfectly matched layer for the absorption of electromagnetic waves. Journal of Computational Physics, 127(2): 363-379.

Chen Y H, Chew W C, Oristaglio M L. 1997. Application of perfectly matched layers to the transient modeling of subsurface EM problems. Geophysics, 62(6): 1730-1736.

Chew W C, Weedon W H. 1994. A 3-D perfectly matched medium for modified Maxwell's Equations with stretched coordinates. Microwave & Optical Technology Letters, 7(13): 599-604.

Commer M, Newman G A. 2004. A parallel finite-difference approach for 3D transient electromagnetic modeling with galvanic sources. Geophysics, 69(5): 1192-1202.

Commer M, Newman G A. 2006. An accelerated time domain finite difference simulation scheme for three-dimensional transient electromagnetic modeling using geometric multigrid concepts. Radio Science, 41(3): 1-15.

Commer M, Hoversten G M, Um E S. 2015. Transient-electromagnetic finite-difference time-domain earth modeling over steel infrastructure. Geophysics, 80(2): E147-E162.

Commer M, Petrov P V, Newman G A. 2017. FDTD modelling of induced polarization phenomena in transient electromagnetics. Geophysical Journal International, 209(1): 387-405.

Du Fort EG, Frankel E G. 1953. Stability conditions in the numerical treatment on parabolic differential equations. Mathematical Tables and Other Aids to Computation, 17(43): 135-152.

Elsherbeni A Z , Demir V. 2009. The Finite-Difference Time-Domain Method for Electromagnetics with MATLAB Simulations. Raleigh: SciTech Publishing Inc.

Gansen A, Hachemi M, Belouettar S, et al. 2021. A 3D unstructured mesh FDTD scheme for EM modelling. Archives of Computational Methods in Engineering, 28: 181-213.

Gao J Y, Smirnov M, Smirnova M, et al. 2021. 3-D time-domain electromagnetic modeling based on multi-resolution grid with application to geomagnetically induced currents. Physics of the Earth and Planetary Interiors, 312: 106651.

Ji Y, Zhao X, Gu J, et al. 2018. Reduction of electromagnetic reflections in 3D airborne transient electromagnetic modeling: Application of the CFS-PML in source-free media. International Journal of Antennas and Propagation, 1846427: 1-14.

Kong F N. 2007. Hankel transform filters for dipole antenna radiation in a conductive medium. Geophysical Prospecting, 55(1): 83-89.

Kuzuoglu M, Mittra R. 1996. Frequency dependence of the constitutive parameters of causal perfectly matched anisotropic absorbers. IEEE Microwave and Guided Wave Letters, 6(12): 447-449.

Liu S, Chen C, Sun H. 2022. Fast 3D transient electromagnetic forward modeling using BEDS-FDTD algorithm and GPU parallelization. Geophysics, 87(5): E359-E375.

Løseth L O , Ursin B. 2007. Electromagnetic fields in planarly layered anisotropic media. Geophysical Journal International, 170(1): 44-80.

Mackie R L, Madden TR, Wannamaker P E. 1993. 3-D magnetotelluric modeling using difference equations-Theory and comparisons to integral equation solutions. Geophysics, 58(2): 215-226.

Mackie R L, Smith J T, Madden T R. 1994. 3-D electromagnetic modeling using difference equations, the magnetotelluric example. Radio Science, 29(4): 923-935.

Macnae J. 1984. Survey design for multicomponent electromagnetic systems. Geophysics, 49(3): 265-273.

Newman G A, Alumbaugh D L. 1995. Frequency-domain modelling of airborne electromagnetic responses using staggered finite differences. Geophysical Prospecting, 43(8): 1021-1042.

Newman G A, Alumbaugh D L. 1997. Three-dimensional massively parallel electromagnetic inversion-I, Theory. Geophysical Journal International, 128(2): 345-354.

Oristaglio M L, Hohmann G W. 1984. Diffusion of electromagnetic fields into a two-dimensional earth: A finite-difference approach. Geophysics, 49(7): 870-894.

Roden J A , Gedney S D. 2000. Convolution PML(CPML): An efficient FDTD implementation of the CFS-PML for arbitrary media. Microwave and Optical Technology Letters, 27(5): 334-339.

Schneider J B. 2021. Understanding the finite-difference time-domain method (Lecture Notes). https://eecs.wsu.edu/~schneidj/ufdtd/index.php[2023-4-15].

Siripunvaraporn W, Egbert G. 2000. An efficient data-subspace inversion method for 2-D magnetotelluric data. Geophysics, 65(3): 791-803.

Siripunvaraporn W, Egbert G, Lenbury Y. 2002. Numerical accuracy of magnetotelluric modeling: A comparison of finite difference approximations. Earth, Planets and Space, 54(6): 721-725.

Smith J T. 1996a. Conservative modeling of 3-D electromagnetic fields, Part I, properties and error analysis. Geophysics, 61(5): 1308-1318.

Smith J T. 1996b. Conservative Modeling of 3-D electromagnetic fields, Part II, biconjugate gradient solution and an accelerator. Geophysics, 61(5): 1319-1324.

Taflove A, Hagness S C. 2005. Computational Electrodynamics: The Finite-Difference Time-Domain Method. Third Edition. Boston: Artech House.

Wang T, Hohmann G W. 1993. A finite-difference time-domain solution for three-dimensional electromagnetic modeling. Geophysics, 58(6): 797-809.

Weidelt P. 1999. 3D conductivity models: Implications of electrical anisotropy. In: Oristaglio M, Spies B(eds). Three-dimensional Electromagnetics. SEG, 119-137.

Weiss C J. 2010. Triangulated finite difference methods for global-scale electromagnetic induction simulations of whole mantle electrical heterogeneity. Geochemistry Geophysics Geosystems, 11(11): 1-15.

Weiss C J, Constable S. 2006. Mapping thin resistors and hydrocarbons with marine EM methods, Part II—Modeling and analysis in 3D. Geophysics, 71(6): G321-G332.

Weiss C J, Newman G A. 2002. Electromagnetic induction in a fully 3D anisotropic earth. Geophysics, 67(4): 1104-1114.

Weiss C J, Newman G A. 2003. Electromagnetic induction in a generalized 3D anisotropic earth. Part 2: The LIN preconditioner. Geophysics, 68(3): 922-930.

Yee K. 1966. Numerical solution of initial boundary value problems involving Maxwell's equations in isotropic media. IEEE Transactions on Antennas and Propagation, 14(3): 302-307.

Yin C. 2000. Geoelectrical inversion for a one-dimensional anisotropic model and inherent nonuniqueness. Geophysical Journal International, 140(1): 11-23.

Zheng F, Chen Z, Zhang J. 1999. A finite-difference time-domain method without the Courant stability conditions. IEEE Microwave and Guided Wave Letters, 9(11): 441-443.

Zivanovic S S, Yee K S, Mei K K. 1991. A subgridding method for the time-domain finite-difference method to solve MAXWELL's equation. IEEE Transaction on Microwave Theory and Techniques, 39(3): 471-479.

第4章 有限体积法正演理论及应用

4.1 引 言

有限体积法起源于20世纪60~70年代，主要用于解决流体和传热问题，而后逐渐发展到地球物理等多个领域的数值模拟中。有限体积法将计算区域划分为一系列控制体积，通过对控制体积内参数进行积分实现数值模拟。在流体力学中，控制体积方程满足流体从各面流入和流出的量、体积内的量以及由外部源引入的量之间通量守恒，因此有限体积法满足控制体积内通量守恒条件，方程中的每一项物理意义明确。同时，该方法还兼顾有限差分和有限元法的优点：①线性方程组表达形式简单；②能够采用非结构化网格剖分，适合处理带任意地形的复杂模型。近年来在电磁场三维正演模拟中得到了广泛应用。

基于规则六面体网格的有限体积法，网格剖分简单易实现，在地面、海洋及航空电磁等领域的数值模拟中取得了很好的应用效果(Madsen and Ziolkowski，1990；Haber et al.，2000；Oldenburg et al.，2013；Yang and Oldenburg，2016；Ren et al.，2018)。1990年，Madsen和Ziolkowski基于有限体积法对三维时域麦克斯韦方程进行求解，指出其可在规则Yee氏交错网格、四面体网格及形变六面体网格上灵活应用。Haber等(2000)利用规则六面体网格有限体积法求解耦合势方程实现了电磁三维正演，随后又对考虑磁导率的电场方程进行求解(Haber and Ascher，2000)。陈辉等(2016)基于有限体积法求解Lorenz耦合势对称方程，实现不同类型场源的地面频域三维电磁正演。彭荣华等(2016)采用拟态有限体积法计算了CSAMT三维频域电磁响应。为提高数值模拟计算精度，在网格剖分时通常需要进行局部加密，而规则六面体网格局部加密只能通过对一行或一列所有网格同时加密来实现，导致计算量快速增加。为解决该问题，Haber和Heldmann(2006)提出八叉树网格和多重网格技术，通过将需要加密处的规则六面体网格划分为多个小六面体进行局部加密，实现了复杂介质模型的三维有限体积快速正演，并在2011年进一步开展了二阶精度离散的八叉树网格三维电磁正演研究，取得了很好的效果(Haber and Schwarzbach，2014)。此外，Haber和Ruthotto(2014)还提出了多尺度网格有限体积算法，通过在粗网格上进行方程求解，并映射到细网格上，从而实现带复杂地形的三维电磁正演。然而，该方法在粗网格边界附近存在局部不均匀体时，计算结果不够准确。Caudillo-Mata等(2017)提出过采样局部加密技术解决此问题，实现频域快速、高精度有限体积三维电磁正演。在大尺度模型三维正反演计算方面，Oldenburg等(2013)利用有限体积法和后推欧拉格式对麦克斯韦方程分别进行空间和时间离散，结合直接求解器实现了移动源时域航空电磁三维正演响应模拟。Yang等(2014)提出局部网格(Local mesh)有限体积法，在中心区域进行精细剖分，在远处进行粗网格剖分，大大减少网格数量，并在此基础上建立了航空电磁及地面回线源瞬变电磁反演策略，通过随机欠采样并行算法以及交叉验证的方式，实现了大尺度模型三维快速反演(Yang and Oldenburg，2016)。Ren 等(2017，2018)提出在二次场有效影响范围内利用有限体积法进行数值计算，并结合局部网格和直接求解器，实现时域航空电磁三维快速正反演，取得了良好的应用效果。此外，众多学者基于有限体积法开展不同环境下各向异性正演问题研究，如 Novo 等(2007)、张烨等(2012)利用有限体积法求解耦合势方程实现各向异性介质的电磁感应测井三维正演。周建美等(2014)利用有限体积法求解库仑耦合势方程实现了各向异性介质中海洋电磁三维正演。

非结构网格有限体积法最先由工程电磁领域的研究者提出，用于频域和时域电磁数值模拟(Hermeline，1993；Hano and Itoh，1996)。虽然采用 Yee 氏网格的时域有限差分法在工程电磁领域获得了广泛的应用，但是研究人员很早就意识到该方法只能使用结构化正交网格(Jurgens et al.，1992)。这一局限性促使人们将目光投向可以使用非结构网格的有限元法以求解复杂异常体的电磁响应(Lee and Sacks，1995)。然而，使用有限元法意味着在时域对电磁场进行迭代求解时必须在每一时间步求解线性方程组，导致计算耗时太多(Sazonov et al.，2008)。为了避免在时域迭代过程中对线性方程组的求解，但仍可以使用非结构网格对计算区域进行剖分，人们开发出可用于 Delaunay-Voronoi 正交网格的有限体积法(Hermeline，1993；Hano and Itoh，1996；Sazonov et al.，2008)。Delaunay 网格是非结构四面体网格，Voronoi 网格是 Delaunay 网格的副网格，可通过将所有的四面体重心连接起来得到。这种方法可以看作是对传统的 Yee 氏网格向非结构网格的扩展，可直接对麦克斯韦方程中的安培环路定理和法拉第电磁感应定律这两个一阶方程进行离散，从而推导出与传统的时域有限差分类似的显式迭代方程。相比于同样使用非结构化网格的有限单元法，有限体积法不用在每一次迭代时求解线性方程组，计算速度具有明显优势(Sazonov et al.，2008)。然而，采用 Delaunay-Voronoi 交错网格的显式有限体积法对于网格质量要求很高。这是由于生成 Delaunay 网格时容易出现 Delaunay 网格退化(degeneracy)，也就是存在两个或者多个四面体共享一个外接圆的情况(Babuska et al.，1995)。当网格发生退化时，这些四面体所对应的 Voronoi 边消失，因此必须要对其进行特殊处理(Hano and Itoh，1996)。为解决该问题，学者们近年开展了众多以生成高质量 Voronoi 网格为目标的研究(Sazonov et al.，2006，2007；Xie et al.，2011)，但目前进展仍然有限。Jahandari 和 Farquharson(2013)将使用非结构化网格的有限体积法应用于重力场正演模拟中，取得了与一阶有限元相近的计算精度和效率。此后，Jahandari 和 Farquharson(2014)又将这一方法应用于频域电磁正演模拟中，求解电场双旋度方程。Jahandari 等(2017)将有限体积法与同样使用非结构化网格的有限元法进行对比发现，虽然有限元法具有更高的计算精度但同时也需要更长的计算时间。Jahandari 和 Farquharson(2015)还研究了使用有限体积法求解标量势和矢量势麦克斯韦方程组。相比于直接求解电场双旋度方程，对势方程的数值离散得到的线性方程组可以使用迭代法求解，从而降低在求解过程中的内存占用。Lu 和 Farquharson(2020)将使用非结构网格的有限体积法从频域扩展到时域，探讨了在时域直接对电场双旋度方程以及势方程利用隐式后推欧拉方法进行迭代求解。这种隐式时间迭代方法无条件稳定(Ascher and Petzold，1998)，避免了显式迭代时需要处理的 Delaunay 网格退化问题。Lu 等(2021)对复杂的薄板状石墨断层模型使用非结构化网格进行离散，并利用时域有限体积法求解了石墨断层模型的电磁响应。通过将计算得到的响应与实际数据作对比并对模型迭代更新，最终获得了一个能够产生与实际数据非常相近的电磁响应的石墨断层模型，很好地实现了对实测数据的地质解释。

本章将介绍如何利用规则网格和非结构网格有限体积法实现时域电磁三维正演模拟，主要从控制方程建立、离散方法、方程求解以及响应特征分析等方面进行讨论。

4.2 规则网格有限体积法

4.2.1 场分离法控制方程

在频域航空电磁法中，通常将接收机处的电磁场分解为自由空间的一次场和大地感应的二次场，因此可以利用一次场/二次场分离方法计算频域航空电磁响应。时域也可以采用类似的方式进行场求解。本章采用一次场/二次场(背景场/异常场)分离技术，即将大地分解为均匀半空间或层状介质与剩余的异常体，将异常体产生的电磁场称为异常场，半空间或层状介质作为围岩，其产生的电磁场称为背景场。

将时域电磁场分解为背景场和地下异常体产生的异常场，即电场和磁场分别用背景场 $\boldsymbol{E}_p$ 和 $\boldsymbol{H}_p$ 以及异常场 $\boldsymbol{E}_s$ 和 $\boldsymbol{H}_s$ 表示，则有

$$\boldsymbol{E} = \boldsymbol{E}_p + \boldsymbol{E}_s \tag{4.1}$$

$$\boldsymbol{H} = \boldsymbol{H}_p + \boldsymbol{H}_s \tag{4.2}$$

将背景场 $\boldsymbol{E}_p$ 和 $\boldsymbol{H}_p$ 代入第 2 章中式(2.4)的第 1 和第 2 式，可得

$$\nabla\times \boldsymbol{E}_p(\boldsymbol{r},\ t) + \mu \frac{\partial \boldsymbol{H}_p(\boldsymbol{r},\ t)}{\partial t} = 0 \tag{4.3}$$

$$\nabla\times \boldsymbol{H}_p(\boldsymbol{r},\ t) - \sigma_p \boldsymbol{E}_p(\boldsymbol{r},\ t) - \varepsilon \frac{\partial \boldsymbol{E}_p(\boldsymbol{r},\ t)}{\partial t} = \boldsymbol{J}_i(\boldsymbol{r},\ t) \tag{4.4}$$

式中，σ_p 为背景电导率；$\boldsymbol{J}_i$ 为源电流密度。利用式(2.4)的前两式分别对式(4.3)和式(4.4)作差，得到如下方程：

$$\nabla\times \boldsymbol{E}_s(\boldsymbol{r},\ t) + \mu \frac{\partial \boldsymbol{H}_s(\boldsymbol{r},\ t)}{\partial t} = 0 \tag{4.5}$$

$$\nabla\times \boldsymbol{H}_s(\boldsymbol{r},\ t) - \sigma \boldsymbol{E}_s(\boldsymbol{r},\ t) - (\sigma - \sigma_p)\boldsymbol{E}_p(\boldsymbol{r},\ t) - \varepsilon \frac{\partial \boldsymbol{E}_s(\boldsymbol{r},\ t)}{\partial t} = 0 \tag{4.6}$$

对式(4.5)两端同时取旋度得到

$$\nabla\times\nabla\times \boldsymbol{E}_s(\boldsymbol{r},\ t) + \mu\nabla\times \frac{\partial \boldsymbol{H}_s(\boldsymbol{r},\ t)}{\partial t} = 0 \tag{4.7}$$

进而将式(4.6)代入式(4.7)中，有

$$\nabla\times\nabla\times \boldsymbol{E}_s(\boldsymbol{r},\ t) + \mu\sigma \frac{\partial \boldsymbol{E}_s(\boldsymbol{r},\ t)}{\partial t} + \mu(\sigma - \sigma_p) \frac{\partial \boldsymbol{E}_p(\boldsymbol{r},\ t)}{\partial t} + \mu\varepsilon \frac{\partial^2 \boldsymbol{E}_s(\boldsymbol{r},\ t)}{\partial t^2} = 0 \tag{4.8}$$

式(4.8)中，时间二阶导数项是位移电流项。Yin 和 Hodge(2005)指出，在航空电磁法中，对于良导大地，由于位移电流远小于传导电流从而可以忽略其影响。因此，式(4.8)

中的双旋度电场方程退化为扩散方程，即

$$\nabla\times\nabla\times\boldsymbol{E}_s(\boldsymbol{r},\ t)+\mu\sigma\frac{\partial\boldsymbol{E}_s(\boldsymbol{r},\ t)}{\partial t}+\mu(\sigma-\sigma_p)\frac{\partial\boldsymbol{E}_p(\boldsymbol{r},\ t)}{\partial t}=0 \tag{4.9}$$

式(4.9)即为异常体产生的二次电场满足的双旋度方程，利用有限体积法和后推欧拉隐式方法对方程进行离散可实现数值求解。

4.2.2　空间离散

有限体积法将计算区域划分为一系列控制体积，围绕在每个计算点周围，并将待求解的微分方程在每一个控制体积内进行积分。本节采用 Yee 氏交错网格(Yee，1996)进行空间离散。如图 4.1 所示，以任意一点 E_y分量为例，对有限体积法中的控制体积进行说明。

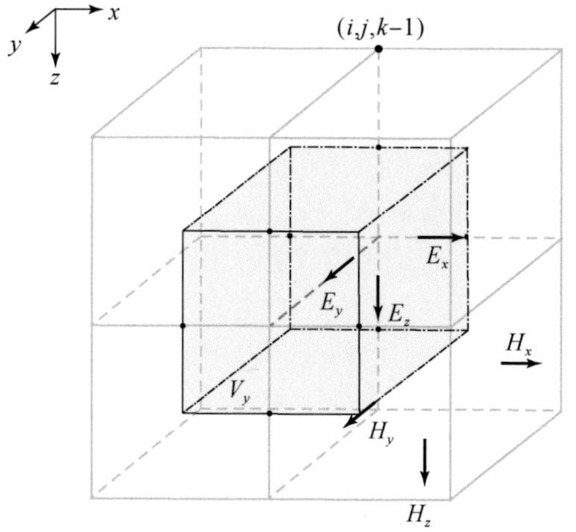

图 4.1　Yee 氏网格中计算点 E_y对应的控制体积(Ren et al.，2017)

图 4.1 采用的是 Yee 氏交错网格，电场位于网格棱边，磁场位于网格面中心，电磁场自动满足右手螺旋法则。图中的深色区域是以 E_y 为中心的控制体积 V_y，控制体积内的任意一点(x，y，z)满足

$$(x_{i-1}+x_i)/2\leqslant x\leqslant(x_i+x_{i+1})/2 \tag{4.10}$$

$$y_j\leqslant y\leqslant y_{j+1} \tag{4.11}$$

$$(z_{k-1}+z_k)/2\leqslant z\leqslant(z_k+z_{k+1})/2 \tag{4.12}$$

式中，i、j、k 分别为沿 x、y、z 方向的节点。同理，对于 E_x的控制体积满足

$$x_i\leqslant x\leqslant x_{i+1} \tag{4.13}$$

$$(y_{j-1}+y_j)/2\leqslant y\leqslant(y_j+y_{j+1})/2 \tag{4.14}$$

$$(z_{k-1}+z_k)/2\leqslant z\leqslant(z_k+z_{k+1})/2 \tag{4.15}$$

对于 E_z的控制体积有

$$(x_{i-1}+x_i)/2\leqslant x\leqslant(x_i+x_{i+1})/2 \tag{4.16}$$

$$(y_{j-1}+y_j)/2\leqslant y\leqslant(y_j+y_{j+1})/2 \tag{4.17}$$

$$z_k \leqslant z \leqslant z_{k+1} \tag{4.18}$$

使用有限体积法时需要对每个变量在其控制体积内进行积分。对于任意一个计算点，将异常场扩散方程对控制体积 V 进行积分，可得

$$\iiint_V \nabla\times\nabla\times \boldsymbol{E}_s(\boldsymbol{r},\ t)\mathrm{d}v + \iiint_V \mu\sigma \frac{\partial \boldsymbol{E}_s}{\partial t}\mathrm{d}v + \iiint_V \mu(\sigma-\sigma_p)\frac{\partial \boldsymbol{E}_p}{\partial t}\mathrm{d}v = 0 \tag{4.19}$$

如果用 S 表示 V 的表面，对于任意向量场 $\boldsymbol{F}$ 满足如下高斯散度定理：

$$\iiint_V \nabla\times \boldsymbol{F}\mathrm{d}v = \oint_S \hat{\boldsymbol{n}}\times \boldsymbol{F}\mathrm{d}s \tag{4.20}$$

式中，$\boldsymbol{n}$ 为表面 S 的外法向单位向量。由此，式(4.19)中的双旋度体积分可以转化为由二次电场的旋度与界面外法向量叉乘的面积分，即

$$\iiint_V \nabla\times\nabla\times \boldsymbol{E}_s(\boldsymbol{r},\ t)\mathrm{d}v = \oint_S \hat{\boldsymbol{n}}\times(\nabla\times \boldsymbol{E}_s)\mathrm{d}s \tag{4.21}$$

进而式(4.19)可以变换为

$$\oint_S \hat{\boldsymbol{n}}\times(\nabla\times \boldsymbol{E}_s)\mathrm{d}s + \iiint_V \mu\sigma \frac{\partial \boldsymbol{E}_s}{\partial t}\mathrm{d}v = -\iiint_V \mu(\sigma-\sigma_p)\frac{\partial \boldsymbol{E}_p}{\partial t}\mathrm{d}v \tag{4.22}$$

式(4.22)即为三维时域航空电磁有限体积法的控制方程，由三维地质体产生的二次电场为未知数，方程左端项由体积分和面积分组成，方程右端项由背景电场的体积分构成。该方程无法表示为解析或半解析形式，必须采用数值方法进行空间和时间离散来实现计算。

下文对有限体积法形成的电磁积分方程式(4.22)进行离散，网格采用图 4.1 所示的规则六面体交错网格。为更加清晰地阐述离散过程，需要对网格节点和与网格尺寸相关的变量进行定义。如图 4.2 所示，用 i、j、k 分别表示沿 x、y、z 方向的节点，用 Δx、Δy 和 Δz 表示三个方向的网格单元尺寸，并用 $\Delta\tilde{x}$、$\Delta\tilde{y}$ 和 $\Delta\tilde{z}$ 表示三个方向相邻网格中心点间的距离。因此，对于任意一个网格节点(i, j, k)，对应的各网格参量可表示为

$$\Delta x_i = x_{i+1} - x_i \tag{4.23}$$

$$\Delta y_j = y_{j+1} - y_j \tag{4.24}$$

$$\Delta z_k = z_{k+1} - z_k \tag{4.25}$$

$$\Delta\tilde{x}_i = (\Delta x_{i+1} + \Delta x_i)/2 \tag{4.26}$$

$$\Delta\tilde{y}_j = (\Delta y_{j+1} + \Delta y_j)/2 \tag{4.27}$$

$$\Delta\tilde{z}_k = (\Delta z_{k+1} + \Delta z_k)/2 \tag{4.28}$$

图 4.2(b)给出以 E_y 为中心所涉及的各个场分量。为方便展示各分量位置，用 u、v、w 分别表示沿 x、y、z 方向网格棱边的电场值。

控制方程式(4.22)中左端包含一个面积分项和一个体积分项，下文首先对面积分项进行处理。根据矢量场旋度公式有

$$\nabla\times \boldsymbol{E}_s = \left(\frac{\partial E_z^s}{\partial y} - \frac{\partial E_y^s}{\partial z}\right)\hat{\boldsymbol{x}} + \left(\frac{\partial E_x^s}{\partial z} - \frac{\partial E_z^s}{\partial x}\right)\hat{\boldsymbol{y}} + \left(\frac{\partial E_y^s}{\partial x} - \frac{\partial E_x^s}{\partial y}\right)\hat{\boldsymbol{z}} \tag{4.29}$$

令

$$P = \frac{\partial E_z^s}{\partial y} - \frac{\partial E_y^s}{\partial z},\quad Q = \frac{\partial E_x^s}{\partial z} - \frac{\partial E_z^s}{\partial x},\quad L = \frac{\partial E_y^s}{\partial x} - \frac{\partial E_x^s}{\partial y} \tag{4.30}$$

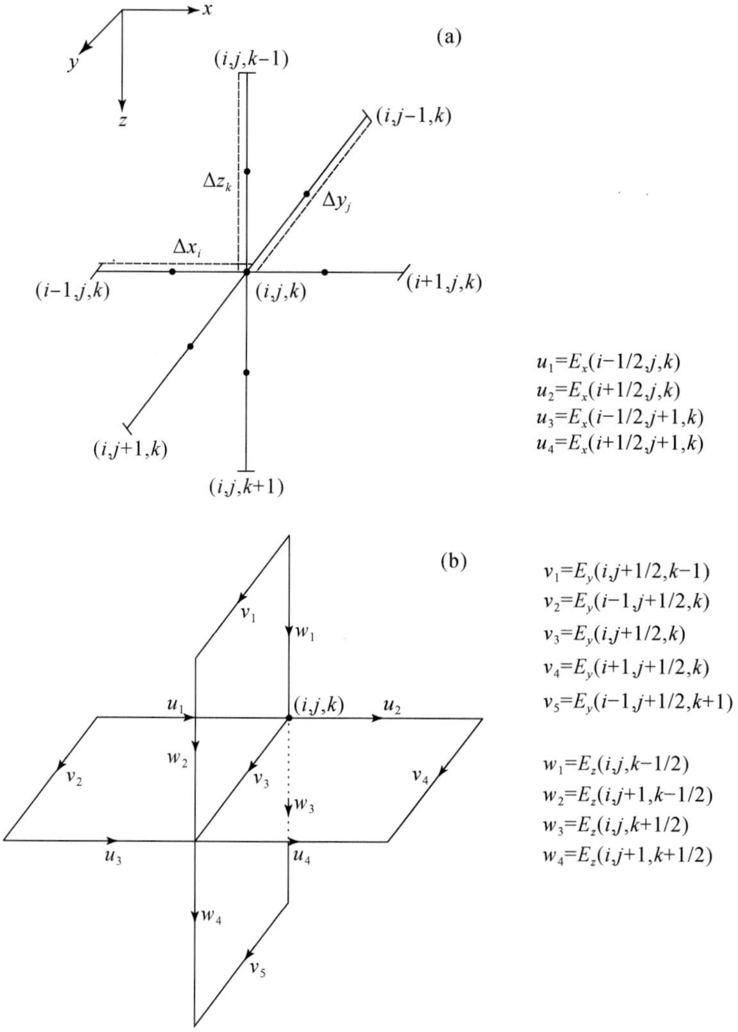

图 4.2　网格剖分和电场分布示意图

(a)网格剖分及参数；(b)电场分布

则控制方程面积分项对应的核函数为

$$\hat{\boldsymbol{n}} \times (\nabla\times \boldsymbol{E}_s) = \hat{\boldsymbol{n}} \times (P\hat{\boldsymbol{x}} + Q\hat{\boldsymbol{y}} + L\hat{\boldsymbol{z}}) \tag{4.31}$$

由图 4.1 和图 4.2 可知控制体积为六面体，因此可以将面积分项展开并在 6 个面上独立运算。为此，根据 E_y 所在棱边将这些面分别定义为顶面(E_y 棱边上方)、底面(E_y 棱边下方)、左面(E_y 棱边左方)、右面(E_y 棱边右方)、前面(E_y 棱边直接接触的前侧)和后面(E_y 棱边直接接触的后侧)，则对于顶面有

$$\begin{aligned}\hat{\boldsymbol{n}} \times (\nabla\times \boldsymbol{E}_s) &= -\hat{\boldsymbol{z}} \times (P\hat{\boldsymbol{x}} + Q\hat{\boldsymbol{y}} + L\hat{\boldsymbol{z}})\\ &= -P\hat{\boldsymbol{y}} + Q\hat{\boldsymbol{x}}\end{aligned}$$

$$= -\left(\frac{\partial E_z^s}{\partial y}-\frac{\partial E_y^s}{\partial z}\right)\hat{\boldsymbol{y}}+\left(\frac{\partial E_x^s}{\partial z}-\frac{\partial E_z^s}{\partial x}\right)\hat{\boldsymbol{x}} \tag{4.32}$$

对于底面有

$$\begin{aligned}\hat{\boldsymbol{n}}\times(\nabla\times\boldsymbol{E}_s)&=\hat{\boldsymbol{z}}\times(P\hat{\boldsymbol{x}}+Q\hat{\boldsymbol{y}}+L\hat{\boldsymbol{z}})\\&=P\hat{\boldsymbol{y}}-Q\hat{\boldsymbol{x}}\\&=\left(\frac{\partial E_z^s}{\partial y}-\frac{\partial E_y^s}{\partial z}\right)\hat{\boldsymbol{y}}-\left(\frac{\partial E_x^s}{\partial z}-\frac{\partial E_z^s}{\partial x}\right)\hat{\boldsymbol{x}}\end{aligned} \tag{4.33}$$

对于左面有

$$\begin{aligned}\hat{\boldsymbol{n}}\times(\nabla\times\boldsymbol{E}_s)&=-\hat{\boldsymbol{x}}\times(P\hat{\boldsymbol{x}}+Q\hat{\boldsymbol{y}}+L\hat{\boldsymbol{z}})\\&=-Q\hat{\boldsymbol{z}}+L\hat{\boldsymbol{y}}\\&=-\left(\frac{\partial E_x^s}{\partial z}-\frac{\partial E_z^s}{\partial x}\right)\hat{\boldsymbol{z}}+\left(\frac{\partial E_y^s}{\partial x}-\frac{\partial E_x^s}{\partial y}\right)\hat{\boldsymbol{y}}\end{aligned} \tag{4.34}$$

对于右面有

$$\begin{aligned}\hat{\boldsymbol{n}}\times(\nabla\times\boldsymbol{E}_s)&=\hat{\boldsymbol{x}}\times(P\hat{\boldsymbol{x}}+Q\hat{\boldsymbol{y}}+L\hat{\boldsymbol{z}})\\&=Q\hat{\boldsymbol{z}}-L\hat{\boldsymbol{y}}\\&=\left(\frac{\partial E_x^s}{\partial z}-\frac{\partial E_z^s}{\partial x}\right)\hat{\boldsymbol{z}}-\left(\frac{\partial E_y^s}{\partial x}-\frac{\partial E_x^s}{\partial y}\right)\hat{\boldsymbol{y}}\end{aligned} \tag{4.35}$$

对于前面有

$$\begin{aligned}\hat{\boldsymbol{n}}\times(\nabla\times\boldsymbol{E}_s)&=\hat{\boldsymbol{y}}\times(P\hat{\boldsymbol{x}}+Q\hat{\boldsymbol{y}}+L\hat{\boldsymbol{z}})\\&=-P\hat{\boldsymbol{z}}+L\hat{\boldsymbol{x}}\\&=-\left(\frac{\partial E_z^s}{\partial y}-\frac{\partial E_y^s}{\partial z}\right)\hat{\boldsymbol{z}}+\left(\frac{\partial E_y^s}{\partial x}-\frac{\partial E_x^s}{\partial y}\right)\hat{\boldsymbol{x}}\end{aligned} \tag{4.36}$$

对于后面有

$$\begin{aligned}\hat{\boldsymbol{n}}\times(\nabla\times\boldsymbol{E}_s)&=-\hat{\boldsymbol{y}}\times(P\hat{\boldsymbol{x}}+Q\hat{\boldsymbol{y}}+L\hat{\boldsymbol{z}})\\&=P\hat{\boldsymbol{z}}-L\hat{\boldsymbol{x}}\\&=\left(\frac{\partial E_z^s}{\partial y}-\frac{\partial E_y^s}{\partial z}\right)\hat{\boldsymbol{z}}-\left(\frac{\partial E_y^s}{\partial x}-\frac{\partial E_x^s}{\partial y}\right)\hat{\boldsymbol{x}}\end{aligned} \tag{4.37}$$

以 P_u、Q_u、L_u，P_d、Q_d、L_d，P_l、Q_l、L_l，P_r、Q_r、L_r，P_f、Q_f、L_f和 P_b、Q_b、L_b分别表示控制体积的上、下、左、右、前、后各个面参数，则式(4.22)中沿 y 方向的面积分可离散为(以 E_y^s 为例)

$$\begin{aligned}\hat{\boldsymbol{y}}\cdot\iint_S\hat{\boldsymbol{n}}\times(\nabla\times\boldsymbol{E}_s)\,\mathrm{d}s&=S_u\cdot(-P_u)+S_dP_d+S_lL_l+S_r\cdot(-L_r)\\&=\Delta\tilde{x}_i\Delta y_j\left(-\frac{\partial E_z^s}{\partial y}+\frac{\partial E_y^s}{\partial z}\right)_u+\Delta\tilde{x}_i\Delta y_j\left(\frac{\partial E_z^s}{\partial y}-\frac{\partial E_y^s}{\partial z}\right)_d\\&\quad+\Delta\tilde{z}_k\Delta y_j\left(\frac{\partial E_y^s}{\partial x}-\frac{\partial E_x^s}{\partial y}\right)_l+\Delta\tilde{z}_k\Delta y_j\left(-\frac{\partial E_y^s}{\partial x}+\frac{\partial E_x^s}{\partial y}\right)_r\end{aligned}$$

$$= \Delta\tilde{x}_i \Delta y_j \left[-\frac{E_z^s(i,\ j+1,\ k-1/2) - E_z^s(i,\ j,\ k-1/2)}{\Delta y_j} + \frac{E_y^s(i,\ j+1/2,\ k) - E_y^s(i,\ j+1/2,\ k-1)}{\Delta z_{k-1}} \right]$$

$$+ \Delta\tilde{x}_i \Delta y_j \left[\frac{E_z^s(i,\ j+1,\ k+1/2) - E_z^s(i,\ j,\ k+1/2)}{\Delta y_j} - \frac{E_y^s(i,\ j+1/2,\ k+1) - E_y^s(i,\ j+1/2,\ k)}{\Delta z_k} \right]$$

$$+ \Delta\tilde{z}_k \Delta y_j \left[\frac{E_y^s(i,\ j+1/2,\ k) - E_y^s(i-1,\ j+1/2,\ k)}{\Delta x_{i-1}} - \frac{E_x^s(i-1/2,\ j+1,\ k) - E_x^s(i-1/2,\ j,\ k)}{\Delta y_j} \right]$$

$$+ \Delta\tilde{z}_k \Delta y_j \left[-\frac{E_y^s(i+1,\ j+1/2,\ k) - E_y^s(i,\ j+1/2,\ k)}{\Delta x_i} + \frac{E_x^s(i+1/2,\ j+1,\ k) - E_x^s(i+1/2,\ j,\ k)}{\Delta y_j} \right] \tag{4.38}$$

同理，x 和 z 方向的面积分离散形式可表示为

$$\hat{\boldsymbol{x}} \cdot \iint_S \hat{\boldsymbol{n}} \times (\nabla \times \boldsymbol{E}_s) \mathrm{d}s = S_u Q_u + S_d \cdot (-Q_d) + S_f L_f + S_b \cdot (-L_b)$$

$$= \Delta x_i \Delta\tilde{y}_j \left(\frac{\partial E_x^s}{\partial x} - \frac{\partial E_z^s}{\partial x} \right)_u + \Delta x_i \Delta\tilde{y}_j \left(-\frac{\partial E_x^s}{\partial z} + \frac{\partial E_z^s}{\partial x} \right)_d$$

$$+ \Delta x_i \Delta\tilde{z}_k \left(\frac{\partial E_y^s}{\partial x} - \frac{\partial E_x^s}{\partial y} \right)_f + \Delta x_i \Delta\tilde{z}_k \left(-\frac{\partial E_y^s}{\partial x} + \frac{\partial E_x^s}{\partial y} \right)_b$$

$$= \Delta x_i \Delta\tilde{y}_j \left[\frac{E_x^s(i+1/2,\ j,\ k) - E_x^s(i+1/2,\ j,\ k-1)}{\Delta z_{k-1}} - \frac{E_z^s(i+1,\ j,\ k-1/2) - E_z^s(i,\ j,\ k-1/2)}{\Delta x_i} \right]$$

$$+ \Delta x_i \Delta\tilde{y}_j \left[-\frac{E_x^s(i+1/2,\ j,\ k+1) - E_x^s(i+1/2,\ j,\ k)}{\Delta z_k} + \frac{E_z^s(i+1,\ j,\ k+1/2) - E_z^s(i,\ j,\ k+1/2)}{\Delta x_i} \right]$$

$$+ \Delta x_i \Delta\tilde{z}_k \left[\frac{E_y^s(i+1,\ j+1/2,\ k) - E_y^s(i,\ j+1/2,\ k)}{\Delta x_i} - \frac{E_x^s(i+1/2,\ j+1,\ k) - E_x^s(i+1/2,\ j,\ k)}{\Delta y_j} \right]$$

$$+ \Delta x_i \Delta\tilde{z}_k \left[-\frac{E_y^s(i+1,\ j-1/2,\ k) - E_y^s(i,\ j-1/2,\ k)}{\Delta x_i} \right.$$

$$+\frac{E_x^s(i+1/2,\ j,\ k)-E_x^s(i+1/2,\ j-1,\ k)}{\Delta y_{j-1}}\Bigg] \tag{4.39}$$

$$\begin{aligned}
\hat{\boldsymbol{z}}\cdot\iint_S \hat{\boldsymbol{n}}\times(\nabla\times\boldsymbol{E}_s)\mathrm{d}s &= S_l\cdot(-Q_l)+S_rQ_r+S_f\cdot(-P_f)+S_bP_b\\
&=\Delta\tilde{y}_j\Delta z_k\left(-\frac{\partial E_x^s}{\partial z}+\frac{\partial E_z^s}{\partial x}\right)_l+\Delta\tilde{y}_j\Delta z_k\left(\frac{\partial E_x^s}{\partial z}-\frac{\partial E_z^s}{\partial x}\right)_r\\
&\quad+\Delta\tilde{x}_i\Delta z_k\left(-\frac{\partial E_z^s}{\partial y}+\frac{\partial E_y^s}{\partial z}\right)_f+\Delta\tilde{x}_i\Delta z_k\left(\frac{\partial E_z^s}{\partial y}-\frac{\partial E_y^s}{\partial z}\right)_b\\
&=\Delta\tilde{y}_j\Delta z_k\Bigg[-\frac{E_x^s(i-1/2,\ j,\ k+1)-E_x^s(i-1/2,\ j,\ k)}{\Delta z_k}\\
&\quad+\frac{E_z^s(i,\ j,\ k+1/2)-E_z^s(i-1,\ j,\ k+1/2)}{\Delta x_{i-1}}\Bigg]\\
&\quad+\Delta\tilde{y}_j\Delta z_k\Bigg[\frac{E_x^s(i+1/2,\ j,\ k+1)-E_x^s(i+1/2,\ j,\ k)}{\Delta z_k}\\
&\quad-\frac{E_z^s(i+1,\ j,\ k+1/2)-E_z^s(i,\ j,\ k+1/2)}{\Delta x_i}\Bigg]\\
&\quad+\Delta\tilde{x}_i\Delta z_k\Bigg[-\frac{E_z^s(i,\ j+1,\ k+1/2)-E_z^s(i,\ j,\ k+1/2)}{\Delta y_j}\\
&\quad+\frac{E_y^s(i,\ j+1/2,\ k+1)-E_y^s(i,\ j+1/2,\ k)}{\Delta z_k}\Bigg]\\
&\quad+\Delta\tilde{x}_i\Delta z_k\Bigg[\frac{E_z^s(i,\ j,\ k+1/2)-E_z^s(i,\ j-1,\ k+1/2)}{\Delta y_{j-1}}\\
&\quad-\frac{E_y^s(i,\ j-1/2,\ k+1)-E_y^s(i,\ j-1/2,\ k)}{\Delta z_k}\Bigg]
\end{aligned} \tag{4.40}$$

对于控制方程中的体积分项，通常假设在控制体积中电场是均匀的，且从图 4.1 中可以看出，每个棱边是由控制体积的四个部分共同占有，因此体积分项可表示为

$$\iiint_V \mu\sigma\frac{\partial\boldsymbol{E}_s}{\partial t}\mathrm{d}v=\mu\frac{\partial\boldsymbol{E}_s}{\partial t}\sum_{m=1}^{n}\sigma_mV_m=\mu\frac{\partial\boldsymbol{E}_s}{\partial t}S_V \tag{4.41}$$

$$-\iiint_V \mu(\sigma-\sigma_p)\frac{\partial\boldsymbol{E}_p}{\partial t}\mathrm{d}v=-\mu\frac{\partial\boldsymbol{E}_p}{\partial t}\sum_{m=1}^{n}(\sigma_m-\sigma_{pm})V_m=-\mu\frac{\partial\boldsymbol{E}_p}{\partial t}S_{Vp} \tag{4.42}$$

式中，n 为每个棱边电导率周围的网格数量；S_V和 S_{Vp}分别为电导率和异常电导率的体积分。通过上述讨论，即可实现对式(4.22)的有限体积离散。参见图 4.2，可以给出以 v_3为控制体积中心的离散方程(y 方向)，即

$$\begin{aligned}
&\Delta\tilde{x}_i[-E_z^s(i,\ j+1,\ k-1/2)+E_z^s(i,\ j,\ k-1/2)\\
&\quad+E_z^s(i,\ j+1,\ k+1/2)-E_z^s(i,\ j,\ k+1/2)]\\
&+\Delta\tilde{z}_k[-E_x^s(i-1/2,\ j+1,\ k)+E_x^s(i-1/2,\ j,\ k)\\
&\quad+E_x^s(i+1/2,\ j+1,\ k)-E_x^s(i+1/2,\ j,\ k)]
\end{aligned}$$

$$
\begin{aligned}
&+\Delta\tilde{x}_i\Delta y_j\left[\frac{E_y^s(i,\ j+1/2,\ k)-E_y^s(i,\ j+1/2,\ k-1)}{\Delta z_{k-1}}\right.\\
&\left.\quad-\frac{E_y^s(i,\ j+1/2,\ k+1)-E_y^s(i,\ j+1/2,\ k)}{\Delta z_k}\right]\\
&+\Delta\tilde{z}_k\Delta y_j\left[\frac{E_y^s(i,\ j+1/2,\ k)-E_y^s(i-1,\ j+1/2,\ k)}{\Delta x_{i-1}}\right.\\
&\left.\quad-\frac{E_y^s(i+1,\ j+1/2,\ k)-E_y^s(i,\ j+1/2,\ k)}{\Delta x_i}\right]\\
&+\mu\frac{\partial E_y^s(i,\ j+1/2,\ k)}{\partial t}S_V=-\mu\frac{\partial E_y^p(i,\ j+1/2,\ k)}{\partial t}S_{Vp}
\end{aligned}\tag{4.43}
$$

同理，可以给出 x 和 z 方向方程的离散形式为

$$
\begin{aligned}
&\Delta\tilde{y}_j[-E_z^s(i+1,\ j,\ k-1/2)+E_z^s(i,\ j,\ k-1/2)\\
&\quad+E_z^s(i+1,\ j,\ k+1/2)-E_z^s(i,\ j,\ k+1/2)]\\
&+\Delta\tilde{z}_k[-E_y^s(i+1,\ j-1/2,\ k)+E_y^s(i,\ j-1/2,\ k)\\
&\quad+E_y^s(i+1,\ j+1/2,\ k)-E_y^s(i,\ j+1/2,\ k)]\\
&+\Delta x_i\Delta\tilde{y}_j\left[\frac{E_x^s(i+1/2,\ j,\ k)-E_x^s(i+1/2,\ j,\ k-1)}{\Delta z_{k-1}}\right.\\
&\left.\quad-\frac{E_x^s(i+1/2,\ j,\ k+1)-E_x^s(i+1/2,\ j,\ k)}{\Delta z_k}\right]\\
&+\Delta x_i\Delta\tilde{z}_k\left[\frac{E_x^s(i+1/2,\ j,\ k)-E_x^s(i+1/2,\ j-1,\ k)}{\Delta y_{j-1}}\right.\\
&\left.\quad-\frac{E_x^s(i+1/2,\ j+1,\ k)-E_x^s(i+1/2,\ j,\ k)}{\Delta y_j}\right]\\
&+\mu\frac{\partial E_x^s(i+1/2,\ j,\ k)}{\partial t}S_V=-\mu\frac{\partial E_x^p(i+1/2,\ j,\ k)}{\partial t}S_{Vp}
\end{aligned}\tag{4.44}
$$

$$
\begin{aligned}
&\Delta\tilde{y}_j[-E_x^s(i-1/2,\ j,\ k+1)+E_x^s(i-1/2,\ j,\ k)\\
&\quad+E_x^s(i+1/2,\ j,\ k+1)-E_x^s(i+1/2,\ j,\ k)]\\
&+\Delta\tilde{x}_i[-E_y^s(i,\ j-1/2,\ k+1)+E_y^s(i,\ j-1/2,\ k)\\
&\quad+E_y^s(i,\ j+1/2,\ k+1)-E_y^s(i,\ j+1/2,\ k)]\\
&+\Delta\tilde{y}_j\Delta z_k\left[\frac{E_z^s(i,\ j,\ k+1/2)-E_z^s(i-1,\ j,\ k+1/2)}{\Delta x_{i-1}}\right.\\
&\left.\quad-\frac{E_z^s(i+1,\ j,\ k+1/2)-E_z^s(i,\ j,\ k+1/2)}{\Delta x_i}\right]\\
&+\Delta\tilde{x}_i\Delta z_k\left[\frac{E_z^s(i,\ j,\ k+1/2)-E_z^s(i,\ j-1,\ k+1/2)}{\Delta y_{j-1}}\right.\\
&\left.\quad-\frac{E_z^s(i,\ j+1,\ k+1/2)-E_z^s(i,\ j,\ k+1/2)}{\Delta y_j}\right]\\
&+\mu\frac{\partial E_z^s(i,\ j,\ k+1/2)}{\partial t}S_V=-\mu\frac{\partial E_z^p(i,\ j,\ k+1/2)}{\partial t}S_{Vp}
\end{aligned}\tag{4.45}
$$

为便于下文讨论，将各分量空间离散方程统一写成如下形式，即

$$\boldsymbol{G}^{V}\frac{\partial \boldsymbol{E}_{s}(t)}{\partial t}+\boldsymbol{G}^{S}\boldsymbol{E}_{s}(t)=-\boldsymbol{G}^{Vr}\frac{\partial \boldsymbol{E}_{p}(t)}{\partial t} \tag{4.46}$$

式中，$\boldsymbol{G}^{V}$ 和 $\boldsymbol{G}^{S}$ 分别为对含有电导率参数的二次电场进行体积分和面积分的离散算子；$\boldsymbol{G}^{Vr}$是对含有电导率及背景电场进行体积分的离散算子。三者均由式(4.43)～式(4.45)中与网格尺寸相关的系数矩阵组合而成。

4.2.3　时间离散

时域电磁法常用的时间离散格式有显式、中心和隐式(后推)欧拉格式。其中，显式和隐式欧拉法都是单步格式，具有一阶代数精度。对于某一函数$f(t)$，其对应的导数可以用一个已知函数 g 表示为

$$f'(t)=g(t,\ f(t)) \tag{4.47}$$

显式欧拉格式采用下一时刻和当前时刻数据的差商代替导数。假设步长为 Δt，则$f(t)$的导数可表示为

$$f'(t)=\frac{f(t+\Delta t)-f(t)}{\Delta t} \tag{4.48}$$

将式(4.47)代入式(4.48)中，则有

$$\frac{f(t+\Delta t)-f(t)}{\Delta t}=g(t,\ f(t)) \tag{4.49}$$

则函数f在 $t+\Delta t$ 时刻可以表示为

$$f(t+\Delta t)=f(t)+\Delta t\cdot g(t,\ f(t)) \tag{4.50}$$

由式(4.50)可知，显式欧拉格式是通过当前时刻(t 时刻)信息获得下一时刻($t+\Delta t$)的场值，即从初始值出发，通过每一时刻与前一时刻间的迭代关系进行递推获得当前时刻响应。时域有限差分法通常采用显式欧拉格式。然而，该方法要求时间步长和空间步长之间满足严格的柯朗稳定性条件，导致大尺度问题计算效率低。

隐式欧拉法也称为后推欧拉法，是一种利用当前时刻和前一时刻响应的差商来代替导数的方法。其一般形式为

$$f'(t)=\frac{f(t)-f(t-\Delta t)}{\Delta t} \tag{4.51}$$

化简后可得

$$f(t)=f(t-\Delta t)+\Delta t\cdot g(t,\ f(t)) \tag{4.52}$$

由式(4.52)可知，当前时刻 t 的解不仅需要前一时刻 $t-\Delta t$ 的信息，还需要当前时刻导数信息，因此隐式欧拉法只能通过求解方程获得最终解。不同于显式欧拉格式，隐式欧拉法是一种无条件稳定的时间离散方法，这意味着粗糙的网格剖分只会导致计算精度损失而不会导致计算结果发散。隐式欧拉法可以克服由网格粗糙引起的时域响应的早期振荡，并可精确地计算晚期衰减缓慢的电磁响应(Ascher and Petzold，1998；Oldenburg et al.，2013；齐彦福等，2017)。

中心差分格式也称欧拉两步格式，是用前一时刻和后一时刻两项的差商代替导数。其

一般形式为

$$f'(t)=\frac{f(t+\Delta t)-f(t-\Delta t)}{2\Delta t} \tag{4.53}$$

通过简单变换，可得

$$f(t+\Delta t)=f(t-\Delta t)+2\Delta t\cdot g(t,\ f(t)) \tag{4.54}$$

由式(4.54)可知，中心差分格式使用前两个时刻响应来推算当前时刻响应，具有二阶代数精度。实际应用时，为利用式(4.54)显式地计算场值 $f(t+\Delta t)$，除了初值 $f(t-\Delta t)$ 外，还需要借助上文介绍的一步法再提供一个初始值 $f(t)$，这就增加了计算成本和复杂性。同时，由于其具备有条件稳定特征，选取较大的时间步长会导致计算结果发散、产生震荡，因此该算法具有一定局限性(Haber，2014)。

本章采用无条件稳定的隐式欧拉格式进行电磁方程时间离散。对于控制方程式(4.46)中的导数项，依据式(4.51)可离散为

$$\frac{\partial \boldsymbol{E}_s(t)}{\partial t}=\frac{1}{\Delta t}(\boldsymbol{E}_s^n-\boldsymbol{E}_s^{n-1}) \tag{4.55}$$

式中，n 和 $n-1$ 分别为当前时刻和前一时刻。由此，对经过空间离散后的式(4.43)～式(4.45)进一步施加时间离散，可得最终的 x、y、z 三个方向的离散方程为

$$\begin{aligned}
&\Delta\tilde{z}_k[E_{yn}^s(i+1,\ j+1/2,\ k)-E_{yn}^s(i,\ j+1/2,\ k)\\
&-E_{yn}^s(i+1,\ j-1/2,\ k)+E_{yn}^s(i,\ j-1/2,\ k)]\\
&+\Delta\tilde{y}_j[E_{zn}^s(i+1,\ j,\ k+1/2)-E_{zn}^s(i,\ j,\ k+1/2)\\
&-E_{zn}^s(i+1,\ j,\ k-1/2)+E_{zn}^s(i,\ j,\ k-1/2)]\\
&+\frac{\Delta x_i\Delta\tilde{z}_k}{\Delta y_{j-1}}[E_{xn}^s(i+1/2,\ j,\ k)-E_{xn}^s(i+1/2,\ j-1,\ k)]\\
&+\frac{\Delta x_i\Delta\tilde{z}_k}{\Delta y_j}[E_{xn}^s(i+1/2,\ j,\ k)-E_{xn}^s(i+1/2,\ j+1,\ k)]\\
&+\frac{\Delta x_i\Delta\tilde{y}_j}{\Delta z_{k-1}}[E_{xn}^s(i+1/2,\ j,\ k)-E_{xn}^s(i+1/2,\ j,\ k-1)]\\
&+\frac{\Delta x_i\Delta\tilde{y}_j}{\Delta z_k}[E_{xn}^s(i+1/2,\ j,\ k)-E_{xn}^s(i+1/2,\ j,\ k+1)]\\
&+\frac{\mu S_V}{\Delta t_n}[E_{xn}^s(i+1/2,\ j,\ k)-E_{x,\ n-1}^s(i+1/2,\ j,\ k)]\\
&=-\frac{\mu S_{Vp}}{\Delta t_n}[E_{xn}^p(i+1/2,\ j,\ k)-E_{x,\ n-1}^p(i+1/2,\ j,\ k)]
\end{aligned} \tag{4.56}$$

$$\begin{aligned}
&\Delta\tilde{x}_i[E_{zn}^s(i,\ j,\ k-1/2)-E_{zn}^s(i,\ j+1,\ k-1/2)\\
&-E_{zn}^s(i,\ j,\ k+1/2)+E_{zn}^s(i,\ j+1,\ k+1/2)]\\
&+\Delta\tilde{z}_k[E_{xn}^s(i-1/2,\ j,\ k)-E_{xn}^s(i+1/2,\ j,\ k)\\
&-E_{xn}^s(i-1/2,\ j+1,\ k)+E_{xn}^s(i+1/2,\ j+1,\ k)]\\
&+\frac{\Delta\tilde{x}_i\Delta y_j}{\Delta z_{k-1}}[E_{yn}^s(i,\ j+1/2,\ k)-E_{yn}^s(i,\ j+1/2,\ k-1)]
\end{aligned}$$

$$
\begin{aligned}
&+\frac{\Delta\tilde{x}_i\Delta y_j}{\Delta z_k}[E_{yn}^s(i,\ j+1/2,\ k)-E_{yn}^s(i,\ j+1/2,\ k+1)]\\
&+\frac{\Delta\tilde{z}_k\Delta y_j}{\Delta x_{i-1}}[E_{yn}^s(i,\ j+1/2,\ k)-E_{yn}^s(i-1,\ j+1/2,\ k)]\\
&+\frac{\Delta\tilde{z}_k\Delta y_j}{\Delta x_i}[E_{yn}^s(i,\ j+1/2,\ k)-E_{yn}^s(i+1,\ j+1/2,\ k)]\\
&+\frac{\mu S_V}{\Delta t_n}[E_{yn}^s(i,\ j+1/2,\ k)-E_{y,\ n-1}^s(i,\ j+1/2,\ k)]\\
&=-\frac{\mu S_{Vp}}{\Delta t_n}[E_{yn}^p(i,\ j+1/2,\ k)-E_{y,\ n-1}^p(i,\ j+1/2,\ k)]
\end{aligned}
\tag{4.57}
$$

$$
\begin{aligned}
&\Delta\tilde{y}_j[E_{xn}^s(i+1/2,\ j,\ k+1)-E_{xn}^s(i+1/2,\ j,\ k)\\
&-E_{xn}^s(i-1/2,\ j,\ k+1)+E_{xn}^s(i-1/2,\ j,\ k)]\\
&+\Delta\tilde{x}_i[E_{yn}^s(i,\ j+1/2,\ k+1)-E_{yn}^s(i,\ j+1/2,\ k)\\
&-E_{yn}^s(i,\ j-1/2,\ k+1)+E_{yn}^s(i,\ j-1/2,\ k)]\\
&+\frac{\Delta\tilde{y}_j\Delta z_k}{\Delta x_{i-1}}[E_{zn}^s(i,\ j,\ k+1/2)-E_{zn}^s(i-1,\ j,\ k+1/2)]\\
&+\frac{\Delta\tilde{y}_j\Delta z_k}{\Delta x_i}[E_{zn}^s(i,\ j,\ k+1/2)-E_{zn}^s(i+1,\ j,\ k+1/2)]\\
&+\frac{\Delta\tilde{x}_i\Delta z_k}{\Delta y_{j-1}}[E_{zn}^s(i,\ j,\ k+1/2)-E_{zn}^s(i,\ j-1,\ k+1/2)]\\
&+\frac{\Delta\tilde{x}_i\Delta z_k}{\Delta y_j}[E_{zn}^s(i,\ j,\ k+1/2)-E_{zn}^s(i,\ j+1,\ k+1/2)]\\
&+\frac{\mu S_V}{\Delta t_n}[E_{zn}^s(i,\ j,\ k+1/2)-E_{z,\ n-1}^s(i,\ j,\ k+1/2)]\\
&=-\frac{\mu S_{Vp}}{\Delta t_n}[E_{zn}^p(i,\ j,\ k+1/2)-E_{z,\ n-1}^p(i,\ j,\ k+1/2)]
\end{aligned}
\tag{4.58}
$$

为便于下文讨论，按照式(4.46)将空间和时间离散后的方程统一整理为矩阵形式，即

$$\left(\frac{1}{\Delta t_n}\boldsymbol{G}^V+\boldsymbol{G}^S\right)\boldsymbol{E}_s^n-\frac{1}{\Delta t_n}\boldsymbol{G}^V\boldsymbol{E}_s^{n-1}=-\frac{1}{\Delta t_n}\boldsymbol{G}^{Vr}(\boldsymbol{E}_p^n-\boldsymbol{E}_p^{n-1}) \tag{4.59}$$

式(4.59)可进一步简化为

$$\boldsymbol{C}\boldsymbol{E}_s^n+\boldsymbol{D}\boldsymbol{E}_s^{n-1}=\boldsymbol{R}(\boldsymbol{E}_p^n-\boldsymbol{E}_p^{n-1}) \tag{4.60}$$

式中，$\boldsymbol{C}$ 和 $\boldsymbol{D}$ 为不同时刻空间任意一点二次电场系数矩阵，均为稀疏对称矩阵；$\boldsymbol{R}$ 为由背景电导率等相关参数构成的稀疏对称矩阵，分别具有如下形式：

$$\boldsymbol{C}=\begin{bmatrix}\boldsymbol{C}_1\\ \vdots\\ \boldsymbol{C}_M\end{bmatrix},\quad \boldsymbol{D}=\begin{bmatrix}\boldsymbol{D}_1\\ \vdots\\ \boldsymbol{D}_M\end{bmatrix},\quad \boldsymbol{R}=\begin{bmatrix}\boldsymbol{R}_1\\ \vdots\\ \boldsymbol{R}_M\end{bmatrix} \tag{4.61}$$

式中，M 为待求解未知数个数。仍以 E_y 分量为例，当求解第 q 个未知参数时，对应的系数矩阵行向量 $\boldsymbol{C}_q$、$\boldsymbol{D}_q$ 和 $\boldsymbol{R}_q$ 分别为

$$
\boldsymbol{C}_q = \begin{bmatrix}
\vdots \\
\Delta \tilde{z}_k \\
-\Delta \tilde{z}_k \\
\vdots \\
-\Delta \tilde{z}_k \\
\Delta \tilde{z}_k \\
\vdots \\
-\dfrac{\Delta \tilde{x}_i \Delta y_j}{\Delta z_{k-1}} \\
\vdots \\
-\dfrac{\Delta \tilde{z}_k \Delta y_j}{\Delta x_{i-1}} \\
\dfrac{\Delta \tilde{x}_i \Delta y_j}{\Delta z_{k-1}} + \dfrac{\Delta \tilde{z}_k \Delta y_j}{\Delta x_{i-1}} + \dfrac{\Delta \tilde{z}_k \Delta y_j}{\Delta x_i} + \dfrac{\Delta \tilde{x}_i \Delta y_j}{\Delta z_k} + \dfrac{\mu S_V}{\Delta t_n} \\
-\dfrac{\Delta \tilde{z}_k \Delta y_j}{\Delta x_i} \\
\vdots \\
-\dfrac{\Delta \tilde{x}_i \Delta y_j}{\Delta z_k} \\
\vdots \\
\Delta \tilde{x}_i \\
\vdots \\
-\Delta \tilde{x}_i \\
\vdots \\
-\Delta \tilde{x}_i \\
\vdots \\
\Delta \tilde{x}_i \\
\vdots
\end{bmatrix}^{\mathrm{T}} \tag{4.62}
$$

$$\boldsymbol{D}_q=\begin{bmatrix}\vdots\\0\\0\\\vdots\\0\\0\\\vdots\\0\\\vdots\\0\\\dfrac{\mu S_V}{\Delta t_n}\\0\\\vdots\\0\\\vdots\\0\\\vdots\\0\\\vdots\\0\\\vdots\\0\\\vdots\end{bmatrix}^{\mathrm{T}},\qquad \boldsymbol{R}_q=\begin{bmatrix}\vdots\\0\\0\\\vdots\\0\\0\\\vdots\\0\\\vdots\\0\\\dfrac{\mu S_{Vp}}{\Delta t_n}\\0\\\vdots\\0\\\vdots\\0\\\vdots\\0\\\vdots\\0\\\vdots\\0\\\vdots\end{bmatrix}^{\mathrm{T}} \tag{4.63}$$

式中，q 代表 $E_y(i,\ j+1/2,\ k)$ 在总体待求解场向量中所处的位置，对应式(4.62)中的五项元素之和的项以及式(4.63)的 $\boldsymbol{D}_q$ 和 $\boldsymbol{R}_q$ 中非零元素的位置。由式(4.62)和式(4.63)可知，对于每一个时刻的控制方程，$\boldsymbol{D}$ 是一个 $M\times M$ 的对角矩阵，$\boldsymbol{C}$ 每一行(除边界附近)包含 13 个非零元素，形成以含时间元素项为对角元素的 $M\times M$ 的对称矩阵，因此 $\boldsymbol{C}$ 和 $\boldsymbol{D}$ 均为稀疏对称矩阵。

4.2.4 异常场影响范围与局部网格

电磁系统影响范围(volume of influence，VoI)是考虑在一定体积范围内产生的电磁响应能够达到总的电磁响应一定比例，这个比例通常取决于实际应用需求。然而，能够达到这一要求的体积形状并不唯一。图 4.3 分别给出半球法和影响层法定义的时域航空电磁系统 VoI。其中，图 4.3(a)可以通过不断改变球的半径并计算电磁响应和半空间总电磁响应的比值来寻找 VoI，而图 4.3(b)利用不断改变层厚寻找 VoI。当飞行参数和地电结构一定时，两种计算方法均能获得确定的电磁系统 VoI。

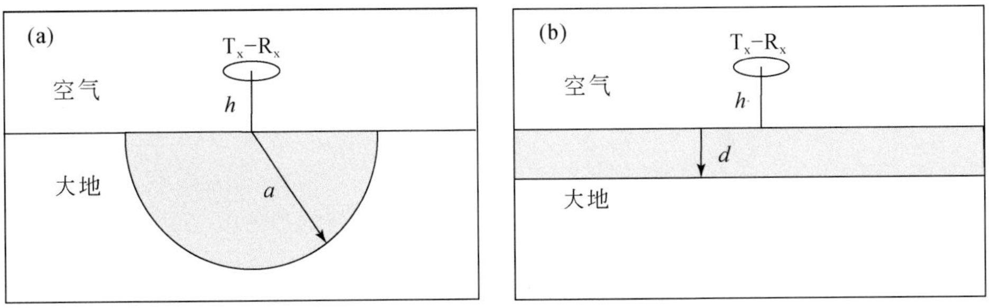

图 4.3　航空电磁系统影响范围 VoI
(a)半球法；(b)影响层法(Druyts et al.，2010)

本节讨论时域航空电磁系统异常场对应的 VoI。以均匀半空间或层状大地作为背景介质，以发射源在背景介质中产生的电场(包含发射源和背景介质)作为背景场，而地下异常体作为二次激励源产生异常场，当有限范围内的二次激励源在接收机处产生的异常场达到整个计算区域总异常场的某一百分比时，则该有限范围称为时域异常场 VoI。异常场 VoI 除了受航空电磁系统参数影响外，还受异常体形态、大小、埋深、电阻率等影响。一般情况下，三维矿体呈现倾斜、扁平等有限长度脉状体或紧凑结构体，因此异常场 VoI 通常远小于系统 VoI。图 4.4 展示了系统 VoI 和异常场 VoI 示意图，其中系统 VoI 是参考 Yin 等(2014)的定义方法(等值面法)确定的，而本节以三维空间地质体为研究目标，且主要使用规则六面体网格，因此为方便计算，后续实际使用的 VoI 都是在收发装置下方呈长方体形状的区域，且满足精度要求的最小体积。

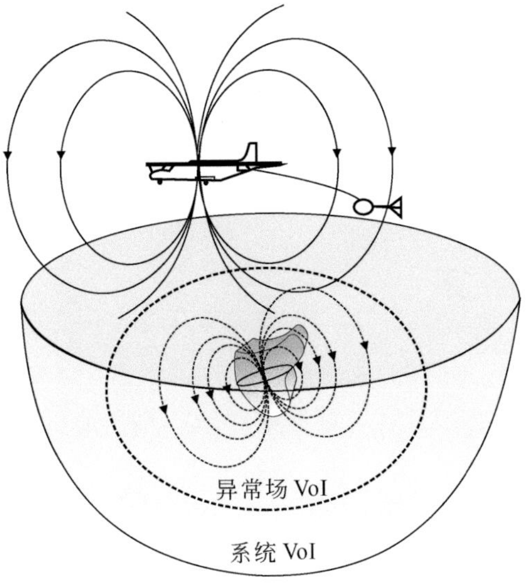

图 4.4　时域航空电磁系统 VoI 和异常场 VoI

传统数值模拟是对整个计算区域进行网格剖分，称为全局网格。全局网格适用于所有测点，即利用一套网格模拟所有测点的电磁响应。然而，航空电磁勘查通常会超过几百测线千米，产生超过几十万个测点，数据量庞大。每个测点都需要进行一次正演计算，如果使用全局网格进行计算耗时巨大。由于需要多次进行电磁场和雅克比矩阵计算，严重影响计算效率，因此也无法应用于电磁数据三维反演。根据上文航空电磁系统 VoI 和异常场 VoI，每个测点响应的计算不需要对整个区域进行剖分，只需在对应影响范围内采用局部网格(local mesh)进行计算。局部网格一般在中心区域进行精细剖分，在远处进行粗略剖分，可大大减少网格数量和计算工作量。图 4.5 展示了全局网格和局部网格剖分示意图。图 4.5(a)中的大区域剖分称为全局网格，即对整体计算区域进行细致剖分，网格数量多，而图 4.5(b)和图 4.5(c)中两个小区域为对应每个收发系统的局部网格。由图 4.5 可以看出，局部网格数量远小于全局网格数量，因而可以大幅提升三维正演计算效率。

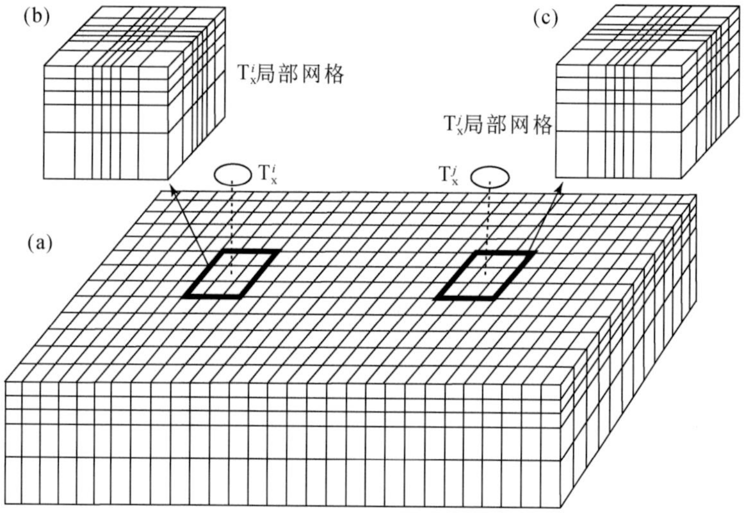

图 4.5　全局网格和局部网格

(a)全局网格；(b)和(c)局部网格

4.2.5　时域背景场计算

经过空间和时间离散后，得到控制方程式(4.60)。其中，系数矩阵可通过设计的网格和设定的时间步长计算，而右端背景场可通过频域一维半解析解经频-时转换得到。本小节重点介绍时域背景场计算问题。

1. 频域电磁响应计算

航空电磁发射源通常为固定在飞机顶部或吊挂在直升机下方的水平线圈，因此背景场通常利用垂直磁偶极子进行模拟。根据刘云鹤(2013)，考虑如图 4.6 所示的全空间层状大地模型，其中延伸无限远处的空气层作为第一层，发射源埋藏在层状介质的第 ls 层中。直角坐标系原点位于发射源在地表投影处，z 轴垂直向下。为了便于获得电磁场表达式，我

们在过源处 $z=z_{ls}$ 建立一个平行层界面的虚拟界面(图 4.6 中虚线)(Goldman, 1990; Da, 1995)。因此，在统计层数时，发射源以下层序号要加 1，这里假设介质介电常数 ε 和磁导率 μ 均与空气中的介电常数和磁导率相等。

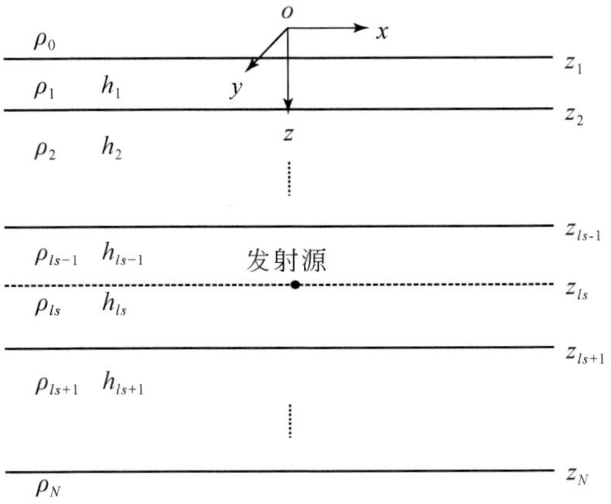

图 4.6　全空间层状大地模型示意图

刘云鹤(2013)给出了不同偶极子源在含有层状大地的全空间中任意一点产生的电磁场表达式。对于垂直磁偶极发射源，空间任意一点电场可表示为

$$E_{px}^{j}=\frac{m}{2\pi}\frac{y}{r}\int_{0}^{\infty}(F_{j}^{+}\mathrm{e}^{-u_j(z-z_j)}+F_{j}^{-}\mathrm{e}^{-u_j(z_{j+1}-z)})\lambda^{2}J_{1}(\lambda r)\mathrm{d}\lambda \tag{4.64}$$

$$E_{py}^{j}=-\frac{m}{2\pi}\frac{x}{r}\int_{0}^{\infty}(F_{j}^{+}\mathrm{e}^{-u_j(z-z_j)}+F_{j}^{-}\mathrm{e}^{-u_j(z_{j+1}-z)})\lambda^{2}J_{1}(\lambda r)\mathrm{d}\lambda \tag{4.65}$$

式中，m 为发射源磁矩；r 为发射与接收线圈的距离；F_j^+ 和 F_j^- 分别为电磁波在第 j 层介质中向下和向上传播的振幅；u_j 为与第 j 层波数相关的参数；z_j 和 z_{j+1} 分别为第 j 层介质上下界面的深度；J_1 为一阶贝塞尔函数。两式中含贝塞尔函数的积分可通过快速汉克尔变换计算(殷长春，2018)，因此频域磁偶极子在全空间产生的电场具有半解析解，可实现精确计算。

2. 时域电磁响应计算

时域电磁法通常使用下阶跃波作为激励源，即

$$I(t)=\begin{cases}I_0, & t\leqslant 0\\ 0, & t>0\end{cases} \tag{4.66}$$

式中，I_0 为阶跃波幅值，阶跃函数的傅里叶变换为 $I_0/(-i\omega)$。将频域结果转换到时域可利用如下反傅里叶变换，即

$$f(t)=\frac{1}{2\pi}\int_{-\infty}^{\infty}F(\omega)\mathrm{e}^{i\omega t}\mathrm{d}\omega \tag{4.67}$$

式中，$F(\omega)$ 为频域场值；ω 为角频率。利用余弦变换(殷长春，2018)，时域电磁场值可表示为

$$f(t) = -f_{\mathrm{DC}} - \frac{2}{\pi}\int_0^{\infty} \frac{\mathrm{Im}F(\omega)}{\omega}\cos\omega t\mathrm{d}\omega \tag{4.68}$$

式中，f_{DC}为直流场值。由此，通过将频域背景场式(4.64)和式(4.65)代入式(4.68)中，可获得时域下阶跃波的背景场为

$$\boldsymbol{E}_p^{\mathrm{step}}(\boldsymbol{r},\ t) = -\boldsymbol{E}_p^{\mathrm{DC}} - \frac{2}{\pi}\int_0^{\infty} \frac{\mathrm{Im}\boldsymbol{E}_p(\boldsymbol{r},\ \omega)}{\omega}\cos\omega t\mathrm{d}\omega \tag{4.69}$$

航空电磁勘查系统通常发射电流较为复杂，如半正弦波、梯形波、三角波、阶梯形波等，根据殷长春(2018)推导的阶跃波和任意发射波形响应间存在的卷积关系，可得(Ren et al., 2017)

$$\boldsymbol{E}_p = -\frac{\mathrm{d}I(t)}{\mathrm{d}t} * \boldsymbol{E}_p^{\mathrm{step}} \tag{4.70}$$

式中，$I(t)$为任意发射电流波形；$\boldsymbol{E}_p^{\mathrm{step}}$为由式(4.69)计算的阶跃响应。式(4.70)中的卷积可以通过高斯积分计算(殷长春等，2013)，即

$$\int_a^b f(x)\mathrm{d}x = \frac{b-a}{2}\sum_{i=1}^{N} w_i f\left(\frac{b-a}{2}x_i + \frac{a+b}{2}\right) \tag{4.71}$$

式中，x_i和w_i分别为高斯抽样点坐标及对应的加权系数。殷长春等(2013)对频-时转换和任意波形响应进行了详细的推导，本节不作赘述。

4.3 非结构网格有限体积法

4.3.1 控制方程

在准静态条件下，将时间域麦克斯韦方程重写如下：

$$\nabla\times \boldsymbol{E}(\boldsymbol{r},\ t) + \mu\frac{\partial \boldsymbol{H}(\boldsymbol{r},\ t)}{\partial t} = 0 \tag{4.72}$$

$$\nabla\times \boldsymbol{H}(\boldsymbol{r},\ t) - \sigma\boldsymbol{E}(\boldsymbol{r},\ t) = \boldsymbol{J}_i(\boldsymbol{r},\ t) \tag{4.73}$$

式中，$\boldsymbol{E}(\boldsymbol{r},\ t)$为电场强度；$\boldsymbol{H}(\boldsymbol{r},\ t)$为磁场强度；$\boldsymbol{J}_i(\boldsymbol{r},\ t)$为源电流密度；$\boldsymbol{r}$和$t$分别为位置矢量和时间；$\sigma$和$\mu$分别为电导率和磁导率。本节假设地下介质磁导率为空气磁导率$\mu_0=4\pi\times10^{-7}$ H/m。通过在控制体积的网格单元上对控制方程式(4.72)和式(4.73)左右两边进行积分，并利用斯托克斯定理，可得到控制体积边界上的环量积分形式，即将面积分转换为控制体积边界上的环量线积分形式，最后通过对环量线积分进行离散得到相应的离散方程，从而实现三维数值模拟。

4.3.2 非结构网格空间离散

除了可以使用前节介绍的正交规则 Yee 氏网格进行空间离散外，有限体积法同样可以使用非结构化的正交网格进行离散，即 Delaunay-Voronoi 网格。Delaunay 网格是非结构化的四面体网格，而 Voronoi 网格是 Delaunay 网格的副网格，可以通过将所有的四面体重心

连接起来获得。如图 4.7 所示，Voronoi 网格的任意一条边与 Delaunay 网格中相应的面垂直，同样 Delaunay 网格的任意一条边也与 Voronoi 网格中相应的面垂直。这一套正交网格可以看作是 Yee 氏网格的延伸，主网格和副网格的正交性质意味着可以采用与规则网格类似的原理对麦克斯韦方程组进行空间离散。如图 4.7 所示，电场和磁场分别定义在 Delaunay 和 Voronoi 网格的边上，因此离散的电场与磁场正交。模型中的物性参数(电导率、磁导率)在每一个四面体网格内部相等，但对于不同四面体可以赋予不同的物性参数。

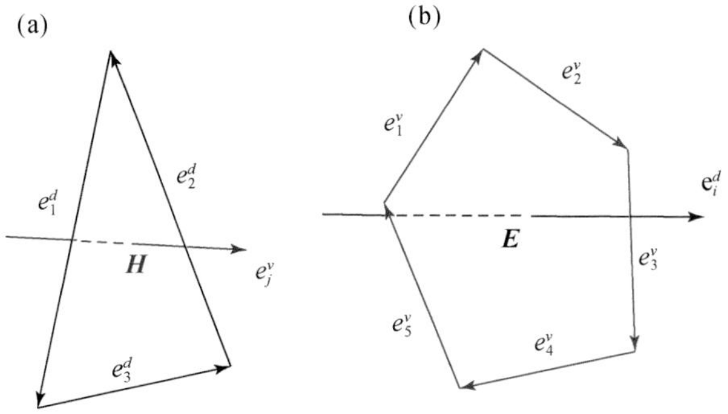

图 4.7 Delaunay-Voronoi 正交网格示意图(参考 Jahandari and Farquharson，2014)

(a)黑色为 Delaunay 网格；(b)红色为 Voronoi 网格。e_i^d 代表 Delaunay 网格的第 i 条棱边，而 e_j^v 代表 Voronoi 网格的第 j 条棱边

在对 Delaunay-Voronoi 网格进行描述时，用 n、e、f、c 分别表示网格中的点、边、面及单元，上角标 d 和 v 分别表示 Delaunay 和 Voronoi 网格，下角标 i 和 j 分别表示 Delaunay 和 Voronoi 网格的序号，l、s、ξ 分别表示边的长度、面的面积和单元体积。当与不同的上角标和下角标进行组合后，N 可以用来表示网格中的点、边和单元个数。

基于斯托克斯定理，对电场旋度沿着 Delaunay 网格中的任意一个面[图 4.7(a)]的面积分可以转换为如下线积分，即

$$\int_{f_i^d} \nabla\times \boldsymbol{E}\cdot \mathrm{d}\boldsymbol{s} = \oint_{\partial f_i^d} \boldsymbol{E}\cdot \mathrm{d}\boldsymbol{l} \tag{4.74}$$

式中，∂f_i^d 为面 f_i^d 的边界。式(4.74)中右端线积分可以用如下近似公式计算，即

$$\oint_{\partial f_i^d} \boldsymbol{E}\cdot \mathrm{d}\boldsymbol{l} \approx E_1 l_1^d + E_2 l_2^d + E_3 l_3^d \tag{4.75}$$

式中，E_1、E_2、E_3分别对应f_i^d 三条边上的离散电场值。将 Delaunay 网格中所有面对应的式(4.75)两端同时除以所对应面的面积，则 Delaunay 网格的离散旋度算子的矩阵形式可表示为

$$\mathbf{curl}_d = \boldsymbol{S}_d^{-1}\boldsymbol{C}\boldsymbol{L}_d \tag{4.76}$$

式中，$\boldsymbol{S}_d=\mathrm{diag}\{s_i^d\}$，这里 s_i^d 表示整体 Delaunay 网格中第 i 个面的面积；$\boldsymbol{C}$ 为一个 $N_f^d\times N_e^d$ 的矩阵，它仅在组成 ∂f_i^d 的边所对应的位置有±1 值；$\boldsymbol{L}_d=\mathrm{diag}\{l_k^d\}$，$l_k^d$ 为 Delaunay 网格中第 k 个棱边的长度。N_f^d 和 N_e^d 分别为 Delaunay 网格的面和棱边数。同样，对磁场旋度沿着 Voronoi 网格中任意一个面的面积分可以转换为如下线积分，即

$$\int_{f_j^v} \nabla\times \boldsymbol{H} \cdot \mathrm{d}\boldsymbol{s} = \oint_{\partial f_j^v} \boldsymbol{H} \cdot \mathrm{d}\boldsymbol{l} \tag{4.77}$$

式中，∂f_j^v为面f_j^v的边界。式(4.77)中右端线积分可以通过如下近似公式计算，即

$$\oint_{\partial f_j^v} \boldsymbol{H} \cdot \mathrm{d}\boldsymbol{l} \approx H_1 l_1^v + H_2 l_2^v + H_3 l_3^v + H_4 l_4^v + H_5 l_5^v \tag{4.78}$$

类似于推导式(4.76)的方法，Voronoi 网格所对应的旋度算子的矩阵形式可表示为

$$\mathbf{curl}_v = \boldsymbol{S}_v^{-1}\boldsymbol{K}\boldsymbol{L}_v \tag{4.79}$$

式中，$\boldsymbol{S}_v = \mathrm{diag}\{s_j^v\}$，这里 s_j^v 表示整体 Voronoi 网格中第 j 个面的面积；$\boldsymbol{K}$ 为一个 $N_f^v \times N_e^v$ 的矩阵，它仅在组成 ∂f_j^v的边所对应的位置上有±1 的值；$\boldsymbol{L}_v = \mathrm{diag}\{l_k^v\}$，$l_k^v$ 为 Voronoi 网格中第 k 个棱边的长度。N_f^v 和 N_e^v 分别为 Voronoi 网格的面和棱边数。

至此，已推导出对应 Delaunay-Voronoi 正交网格的两个旋度算子的矩阵形式。其中，$\mathbf{curl}_d$ 将定义在 e^d 上的函数映射到 e^v 上，而 $\mathbf{curl}_v$ 则将定义在 e^v 上的函数映射到 e^d 上。双旋度算子∇×∇×在 Delaunay-Voronoi 网格上的离散形式可以表示为

$$\nabla\times\nabla\times \approx \mathbf{curl}_v \mathbf{curl}_d = \boldsymbol{S}_v^{-1}\boldsymbol{K}\boldsymbol{L}_v \boldsymbol{S}_d^{-1}\boldsymbol{C}\boldsymbol{L}_d \tag{4.80}$$

值得注意的是，$\mathbf{curl}_d$ 的大小为 $N_f^d \times N_e^d$，而 $\mathbf{curl}_v$ 的大小为 $N_f^v \times N_e^v$。同时，在 Delaunay-Voronoi 正交网格中 $N_e^v = N_f^d$，$N_f^v = N_e^d$，因此矩阵 $\mathbf{curl}_v \mathbf{curl}_d$ 的大小为 $N_e^d \times N_e^d$。

在使用上述有限体积法推导出的离散算子对电场双旋度方程进行离散前，还需要对电导率进行离散。如图 4.8 所示，在 Delaunay-Voronoi 网格中电导率在四面体内部保持不变，而使用有限体积法对电场双旋度方程离散时电导率与四面体网格的边相对应。因此，需要通过变换将四面体单元内的电导率映射到四面体棱边上。有两种方法可以完成该映射，即面积加权平均和体积加权平均。

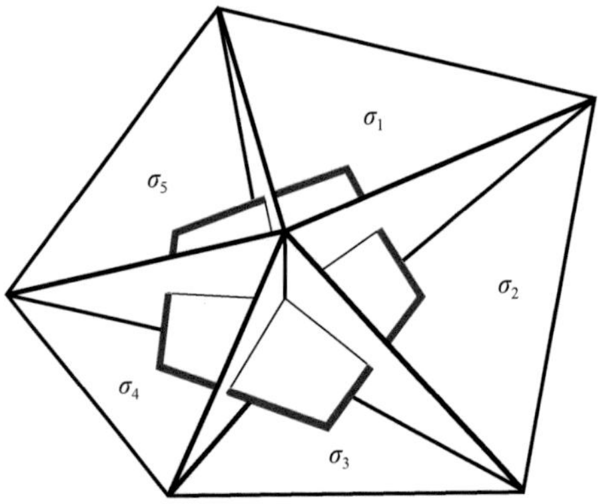

图 4.8　Delaunay-Voronoi 网格中电导率在四面体内部保持不变，但在不同四面体中可有不同的值

假设 $\boldsymbol{W}$ 表示一个 $N_e^d \times N_c^d$ 的权重矩阵，在面积加权平均法中其元素可用下式计算得到，即

$$w_{mn} = \frac{\hat{a}_n^v}{a_m^v} \tag{4.81}$$

式中，m 和 n 为 $\boldsymbol{W}$ 的行号和列号；$\hat{a}_n^v$ 为第 n 个四面体与第 m 个 Voronoi 面相交的面积；a_m^v 为第 m 个Voronoi 面的面积。值得注意的是，n 和 m 对应的是 Delaunay- Voronoi 网格中 Delaunay 单元和 Voronoi 面的全局编号。

对于体积加权平均法，$\boldsymbol{W}$ 可以通过如下公式计算，即

$$w_{mn}=\frac{\hat{v}_n^d}{v_m^d} \tag{4.82}$$

式中，$\hat{v}_n^d$ 为第 n 个四面体的体积；v_m^d 为所有与第 m 个 Voronoi 面相交的四面体体积之和(图4.8)。

在基于非结构网格的有限体积法中，面积加权平均[式(4.81)]通常是首选方法。图4.8 和图4.9 中展示的 Delaunay-Voronoi 网格中的四面体形状规则且接近正四面体(网格质量较高)。然而，这仅是非常理想的网格，实际应用中经常会遇见极不规则的四面体，这种情况会导致其重心并不处于四面体网格之中，甚至会出现两个相邻四面体的重心重合的情形。此时，面积加权平均计算会变得很困难。这是由于此时找到 Delaunay 网格的面与 Voronoi 网格的面之间的交点(图4.9 中的蓝色点)变得相当困难，从而导致与某一特定的四面体相关的面积难以计算。实际使用面积加权平均时，仅当所有四面体的面与对应的 Voronoi 边的交点均在这条 Voronoi 边的两个端点之间时，才考虑使用面积加权法求取平均电导率，否则使用体积加权平均法。数值实验表明，这两种方法对响应计算结果影响较小，特别是对时间域电磁响应的影响基本可以忽略。

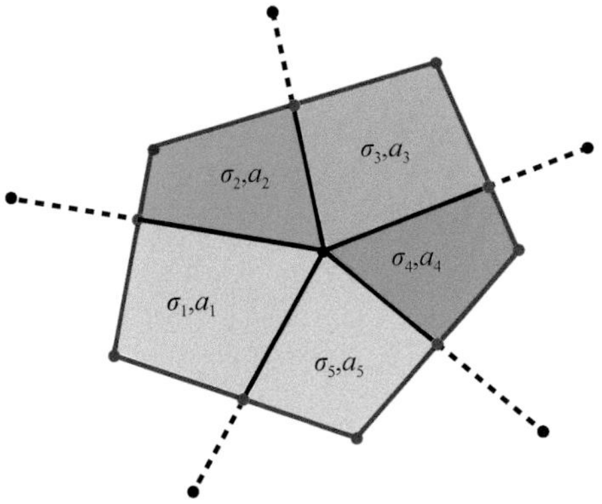

图4.9　Voronoi 网格的一个面被分为不同部分(不同颜色所示区域)

黑色实线代表 Delaunay 网格中所有四面体和当前 Voronoi 面的交线，黑色虚线表示这些交线的延长线(终止于这些四面体的边界处)。每个四面体相邻的两个面包裹的 Voronoi 面的面积用不同颜色标记。不同四面体所对应的电导率和面积不同，分别用$\sigma_1\sim\sigma_5$和$a_1\sim a_5$表示

综上所述，利用上述离散算子对电场双旋度方程进行空间离散后，可得

$$\mathbf{curl}_v\mathbf{curl}_d\boldsymbol{E}+\mu_0\boldsymbol{Q}\frac{\partial\boldsymbol{E}}{\partial t}=-\mu_0\frac{\partial\boldsymbol{J}_i}{\partial t} \tag{4.83}$$

式中，$\boldsymbol{Q}=\mathrm{diag}\{\boldsymbol{W\sigma}\}$；$\boldsymbol{\sigma}$ 为一个长度为 N_c^d 的向量，其元素为所有四面体的电导率值；$\boldsymbol{W}$ 为前文引入的对电导率进行加权平均的矩阵。

使用一阶后推欧拉差分方法对式(4.83)进行时间离散，可得电场双旋度方程的离散形式为

$$(\Delta t_n \mathbf{curl}_v \mathbf{curl}_d + \mu_0 \boldsymbol{Q})\boldsymbol{E}^n = \mu_0 \boldsymbol{Q}\boldsymbol{E}^{n-1} - \mu_0 \boldsymbol{J}_i^n + \mu_0 \boldsymbol{J}_i^{n-1} \tag{4.84}$$

式中，n 为时间迭代步数；Δt_n 为相应的时间步长。

4.4 方程求解

4.4.1 初始条件与边界条件

初始条件和边界条件是求解电磁方程的关键因素。初始条件作为电磁扩散方程解的初始值，其准确程度对后期扩散场的计算精度产生重要影响。使用回线源激发并采用下阶跃波作为发射波形时，在断电之前电流恒定，空间中仅存在稳定磁场。由法拉第电磁感应定律可以推断空间中不存在电场。因此，断电时($t=0$)电磁场的初始条件为

$$\boldsymbol{H}(\boldsymbol{r},\ 0) = \boldsymbol{H}_0 \tag{4.85}$$

$$\boldsymbol{E}(\boldsymbol{r},\ 0) = \boldsymbol{0} \tag{4.86}$$

采用场分离方法时，由于背景磁场恒定，所以在异常体中没有二次电场，因此可得背景场和异常场满足如下初始条件：

$$\boldsymbol{H}_p(\boldsymbol{r},\ 0) = \boldsymbol{H}_0 \tag{4.87}$$

$$\boldsymbol{E}_p(\boldsymbol{r},\ 0) = \boldsymbol{0} \tag{4.88}$$

$$\boldsymbol{E}_s(\boldsymbol{r},\ 0) = \boldsymbol{0} \tag{4.89}$$

$$\boldsymbol{H}_s(\boldsymbol{r},\ 0) = \boldsymbol{0} \tag{4.90}$$

当使用诸如半正弦波、梯形波等作为发射波形时，发射电流随时间变化，然而 $t=0$ 时刻之前不存在发射电流，因此这类发射波形产生的电磁场满足如下初始条件：

$$\boldsymbol{H}(\boldsymbol{r},\ 0) = \boldsymbol{0} \tag{4.91}$$

$$\boldsymbol{E}(\boldsymbol{r},\ 0) = \boldsymbol{0} \tag{4.92}$$

$$\boldsymbol{H}_p(\boldsymbol{r},\ 0) = \boldsymbol{0} \tag{4.93}$$

$$\boldsymbol{E}_p(\boldsymbol{r},\ 0) = \boldsymbol{0} \tag{4.94}$$

$$\boldsymbol{E}_s(\boldsymbol{r},\ 0) = \boldsymbol{0} \tag{4.95}$$

$$\boldsymbol{H}_s(\boldsymbol{r},\ 0) = \boldsymbol{0} \tag{4.96}$$

本章所有正演模拟均采用狄利克雷边界条件，假设电场切向分量在计算区域的外边界处为零，即

$$(\boldsymbol{n} \times \boldsymbol{E})\big|_{\Gamma} = \boldsymbol{0} \tag{4.97}$$

式中，Γ 为计算区域的外边界。当采用背景场/异常场分离算法时，二次电场切向分量在边界处也为零，即

$$(\boldsymbol{n} \times \boldsymbol{E}_s)\big|_{\Gamma} = \boldsymbol{0} \tag{4.98}$$

4.4.2　正演方程求解

由上文的讨论可知，针对所有发射源、场分量和时间道，无论使用结构化网格及场分离技术得到的离散方程式(4.60)，还是使用非结构化网格及总场法得到的离散方程式(4.84)，均可整理成统一的线性方程组，即

$$\boldsymbol{K}\hat{\boldsymbol{E}} = \boldsymbol{S} \tag{4.99}$$

式中，$\hat{\boldsymbol{E}}$ 为位于主网格棱边上待求解的电场或者二次电场向量；$\boldsymbol{S}$ 为与激发源有关的右端项；$\boldsymbol{K}$ 为由对应每个激发源(共有 N_{st} 个发射源)的系数矩阵组成的大型稀疏矩阵，即

$$\boldsymbol{K} = \begin{bmatrix} \boldsymbol{K}_1 & & & \\ & \boldsymbol{K}_2 & & \\ & & \ddots & \\ & & & \boldsymbol{K}_{Nst} \end{bmatrix} \tag{4.100}$$

使用结构化网格以及场分离法进行求解时，有

$$\boldsymbol{K}_j = \begin{bmatrix} \boldsymbol{C}_j^1 & & & & \\ \boldsymbol{D}_j^1 & \boldsymbol{C}_j^2 & & & \\ & \ddots & \ddots & & \\ & & \boldsymbol{D}_j^{n-2} & \boldsymbol{C}_j^{n-1} & \\ & & & \boldsymbol{D}_j^{n-1} & \boldsymbol{C}_j^n \end{bmatrix} \tag{4.101}$$

式中，n 为程序内部计算使用的时间道数；$\boldsymbol{C}$ 和 $\boldsymbol{D}$ 由式(4.61)～式(4.63)给出，两者均为稀疏对称矩阵。

当使用非结构化网格时，有

$$\boldsymbol{K} = \Delta t_n \mathbf{curl}_v \mathbf{curl}_d + \mu_0 \boldsymbol{Q} \tag{4.102}$$

目前大型线性方程组的求解主要有直接求解法和迭代法。迭代法主要基于 Krylov 子空间法，包括共轭梯度法、最小残差法等。其特点是占用内存小、对计算机硬件要求较低。然而，迭代法中求解精度和迭代次数受方程系数矩阵条件数影响较大，通常为了提高收敛速度，需要对求解方程采用预处理技术以降低条件数。直接求解法一般通过对系数矩阵进行分解实现方程组求解。相对于迭代求解，直接求解法对系数矩阵的条件数不敏感但是内存占用大。对于小尺度模型，直接求解法速度很快，近年得到了广泛应用(Oldenburg et al., 2013; Li et al., 2018; Lu and Farquharson, 2020)。目前获得广泛应用的直接求解器主要有并行直接求解器 Pardiso(Alappat et al., 2020)和多波前直接求解器 MUMPS(Amestoy et al., 2001)。由于计算机性能不断提升，目前应用这些方法可在计算机上实现百万阶矩阵求解。

直接求解法一般具有固定的求解步骤，这些步骤依赖于系数矩阵的非零元个数和数值(Schwarzbach, 2009)。以 MUMPS 直接求解器为例，该求解器是基于 BLAS、BLACS、ScaLAPACK 等多个软件包及 MPI 和 OpenMP，并利用多波前技术实现快速分解。此外，MUMPS 还提供了 Fortran、Matlab、C 等多种编程语言接口，使用灵活、适用性强。

MUMPS 求解器处理大型线性方程组时通常包含分析、分解和求解三个步骤。分析阶段主要分析矩阵结构，并进行预处理，进而设计分解步骤；分解阶段主要对大型稀疏系数矩阵进行分解，并将分解后的结果存于内存中或硬盘上；求解阶段主要完成方程组求解。

MUMPS 求解器在电磁问题处理中应用效果良好，尤其在解决航空电磁多发射源、多时间道问题时具有明显优势。针对不同发射源位置和相同时间步长的情况，系数矩阵保持不变，因此只需进行一次分解，然后通过不断替换右端项即可实现多发射源、不同时间道航空电磁响应的模拟计算。有关直接求解器问题将在第 8 章中详细介绍。

时间域航空电磁法通常接收的信号是 $\mathrm{d}\boldsymbol{B}/\mathrm{d}t$，因此在数值模拟计算出电场后，还需要利用法拉第电磁感应定律[式(2.1)]，通过插值并叠加半空间或层状介质的半解析解即可获得接收机处 $\mathrm{d}\boldsymbol{B}/\mathrm{d}t$。进而，根据裴易峰等(2014)，可以通过对 $\mathrm{d}\boldsymbol{B}/\mathrm{d}t$ 数值积分获得磁感应强度，即

$$\boldsymbol{B} = \int_0^t \frac{\mathrm{d}\boldsymbol{B}}{\mathrm{d}t}\mathrm{d}t + \boldsymbol{B}(0) = -\int_t^{\infty} \frac{\mathrm{d}\boldsymbol{B}}{\mathrm{d}t}\mathrm{d}t \tag{4.103}$$

式中，$\boldsymbol{B}(0)$ 为 $t=0$ 时刻的磁感应强度。本节采用式(4.103)的第二式计算磁感应 $\boldsymbol{B}$。

4.5 应用及电磁响应特征分析

4.5.1 水平板状体电磁响应

图 4.10 给出水平板状良导体模型，其中三维地质体尺寸为 200m×200m×40m，埋深 60m，电阻率 1Ω · m，背景半空间电阻率为 100Ω · m。飞行系统采用直升机吊舱共中心装置，发射线圈直径 26m，飞行高度为 30m，采用下阶跃波(电流幅值 10A)进行计算。

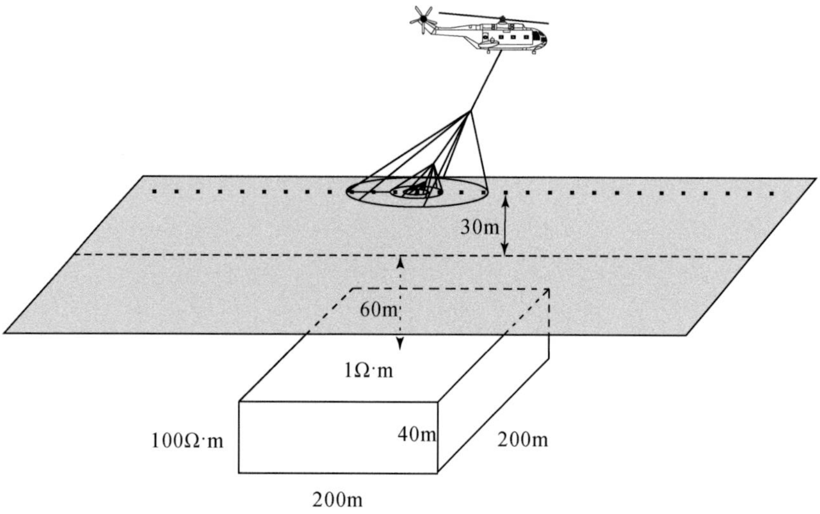

图 4.10　均匀半空间中水平板状体模型

基于理论分析，设定每个发射源对应的异常场影响范围 VoI 为 760m×760m×1200m。时间道从 10^{-6}到 0.1s 对数等间隔采样，形成 500 个计算时间道。在使用 MUMPS 求解器时，每个测点正演计算时将进行 5 次分解，500 次求解。图 4.11 为发射线圈位于异常体正上方时，在接收机处获得的 dB_z/dt 和 B_z 响应随时间衰减曲线。其中，实线是 Yin 等(2016)基于全局网格的有限元数值模拟结果，而十字符号是本节场分离有限体积法的计算结果。由图 4.11 可以看出两种方法获得的电磁响应结果非常一致。图 4.11(b)和图 4.11(d)给出其间的相对误差。由图 4.11 可见，时间步长改变时相对误差较大，但整体误差小于 5%。

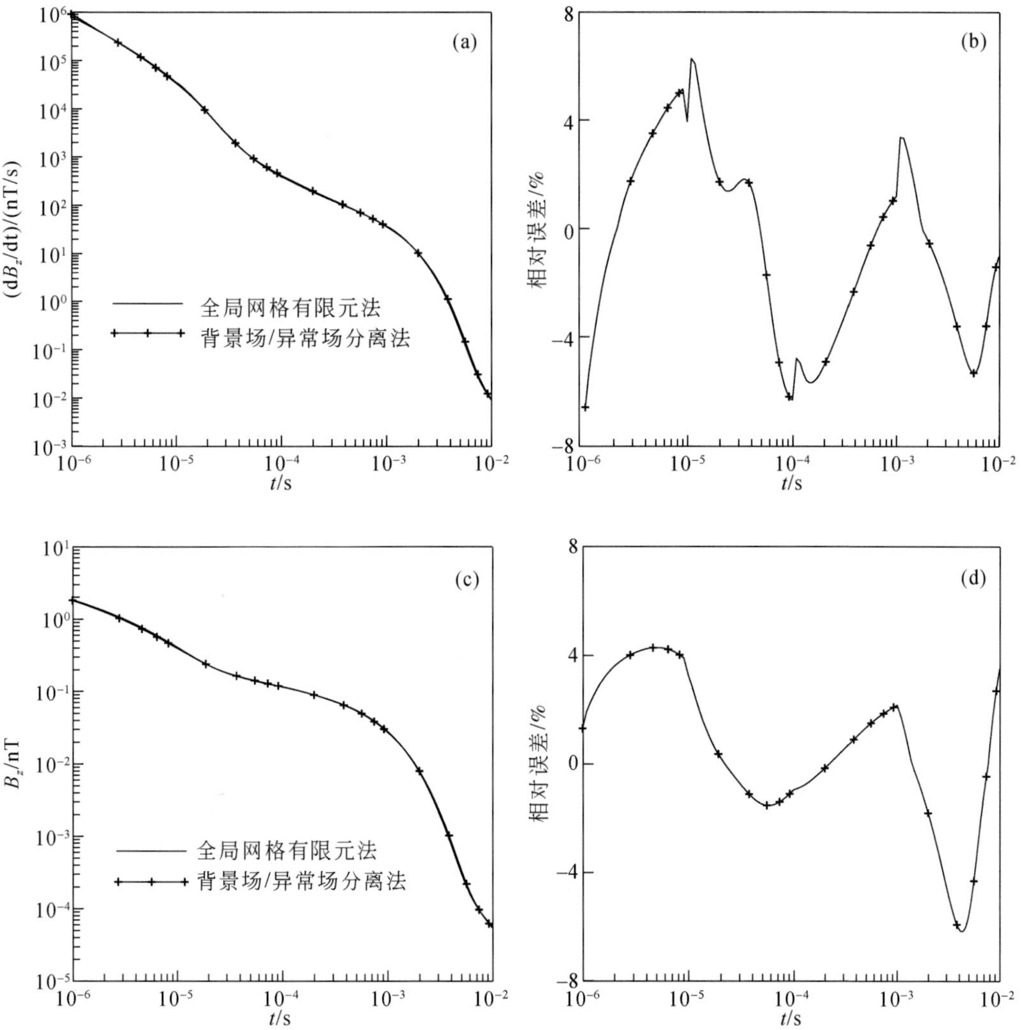

图 4.11　阶跃波航空电磁响应(实线为基于全局网格有限元计算结果，十字符号为场分离有限体积法计算结果)

(a)和(b)分别为 dB_z/dt 响应和相对误差曲线；(c)和(d)分别为 B_z 响应和相对误差曲线

图 4. 12 给出飞行系统沿测线飞行观测时电磁响应剖面曲线。由图 4. 12 可以看出，对于 dB_z/dt，剖面响应随着时间的推移，幅值逐渐减小，异常在早期表现不明显。这是由于早期时间道数据主要与浅层电性有关，对深部目标体没有反映。在 $t=0.0243$ms 时，剖面中间出现低于两侧半空间响应的负异常，并随时间推移负异常变得明显，再逐渐消失。而后，在 0. 126ms 时形成了高于半空间响应的正异常，该相对异常先逐渐增大再减小直至晚期时间道消失。对于 B_z，相对异常早期几乎不可见，随着时间推移先逐渐正向增大到最大值，再减小，直至晚期时间道消失。

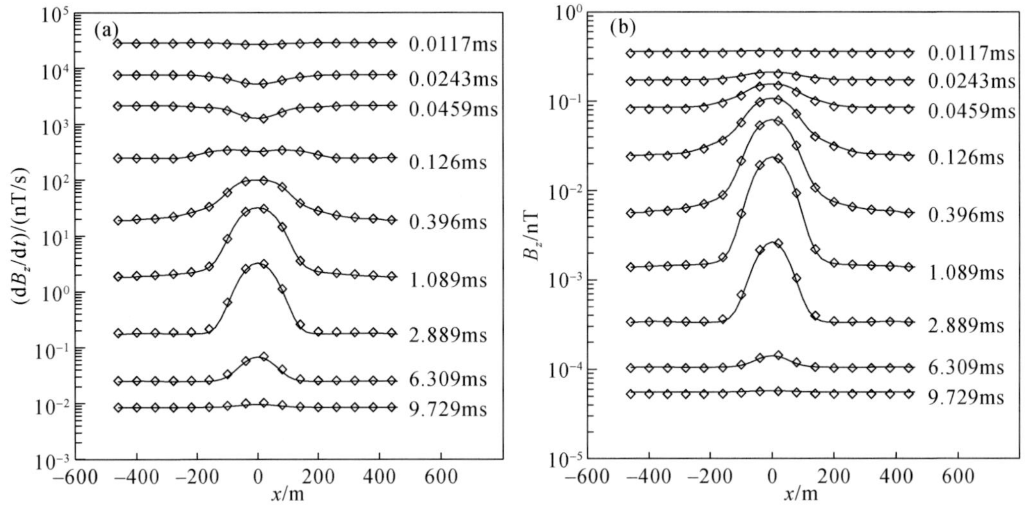

图 4. 12 阶跃波航空电磁响应剖面曲线(模型见图 4. 10)

4. 5. 2 均匀半空间中的块状良导体

下文针对埋藏于均匀半空间中的低阻块状异常体，给出利用上述非结构有限体积法的瞬变电磁响应计算结果。模型如图 4. 13 所示，低阻异常体的电阻率为 0. 5Ω · m，埋藏在电阻率为 10Ω · m 的均匀半空间中。发射源为 100m×100m 的回线，中心位于坐标原点处，发射电流为单位下阶跃波。低阻异常体的顶面距离地面 30m，且其中心在地面的投影位于回线源右侧。低阻异常体尺寸为 100m×30m×40m。该模型最早由 Newman 等(1986)提出，用于验证开发的积分方程数值解。为了获得高质量的四面体网格，在观测点附近加入了两个边长为 5m 的正四面体网格。为满足应用狄利克雷边界条件的假设，将计算区域设置为 10km×10km×10km。使用网格剖分开源软件 TetGen(Si，2006)生成总计约 13 万个四面体单元和 15 万条棱边。将初始时间迭代步长设为10^{-7}s，并强制使发射源在一次迭代之内关断，之后时间步长每迭代两百次后加倍。自发射源关断开始，计算 50ms 时间段瞬变电磁阶跃响应共需 2245 次迭代。其中，时间步长增大 12 次。由此，在使用直接求解器 MUMPS 计算时需要进行 12 次 LU 分解。

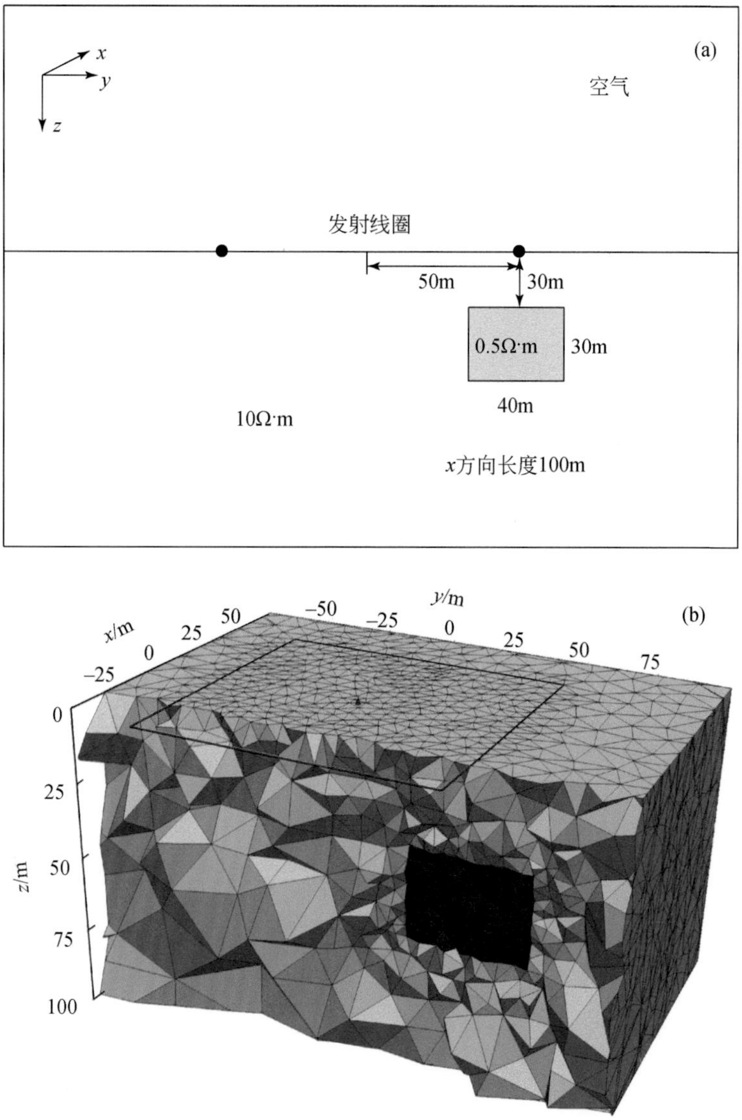

图 4.13　均匀半空间中的三维低阻异常体模型

(a)模型垂直剖面；(b)非结构化四面体网格

图 4.14 展示了应用不同方法计算的发射线圈中心处瞬变电磁响应及不同有限体积法和有限单元法之间的相对误差。由图 4.14 可以看出，不同的正演方法计算得到的衰减曲线几乎完全重合。其中，有限单元法和有限体积法之间的相对误差在大部分时间段内均在 1%以内。从计算效率来分析，在一台安装两个 Intel Xeon E5 2650 v4 处理器(主频 2.2GHz，每个处理器具备 12 个核)、256GB 内存的 Linux 工作站上，有限体积法计算时间为 482s，而有限元法需要 566s。必须指出，相对于有限元法，有限体积法需要使用更多的内存以完成计算。这是由于使用非结构网格的有限体积法最终形成的线性方程组的系数矩阵不对称，而使用非结构化网格的有限元法产生的系数矩阵是对称的。因此，在计算图

4. 13 中的模型时，有限体积法需要消耗 1369MB 内存，而有限元法仅需要 887MB 内存。需要注意的是，不同方法的计算时间取决于多种因素，如 MUMPS 版本、时间步长调整策略等，因此对于同一模型并且在使用相同网格的前提下，有限体积法的计算时间并不总是小于有限元法，但有限体积法的内存使用量却总是大于有限元法。

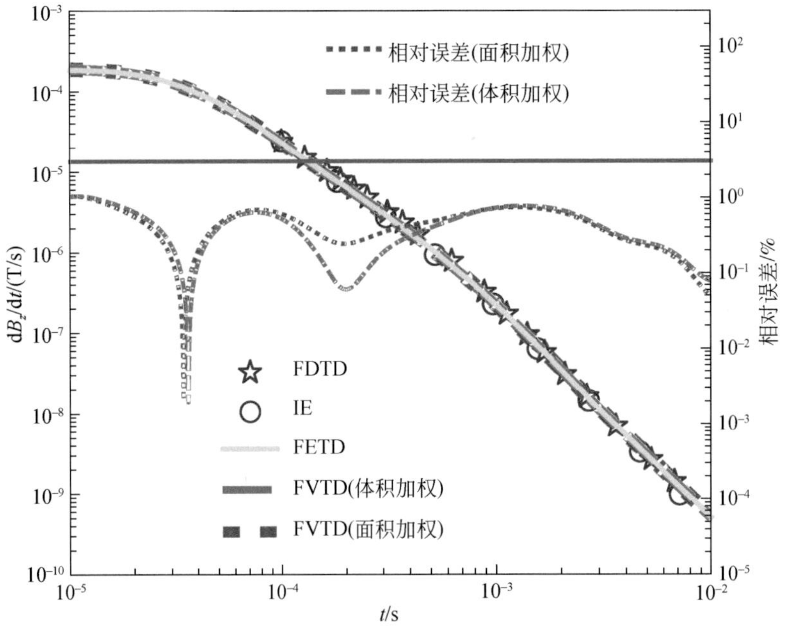

图 4. 14　非结构网格有限体积法与其他数值方法的计算结果对比
时域有限元法(FETD)和时域有限体积法(FVTD)均使用同一套四面体网格。
FVTD 法使用两种不同的电导率加权平均方案进行计算

4. 5. 3　多地质体航空电磁响应

图 4. 15 给出了地下含多个不同尺寸和电阻率异常体的地电模型。该模型共包含 4 个异常体，其中浅层的两个异常体尺寸均为 200m×200m×40m，埋深为 50m，两个异常体的水平间距为 120m，电阻率分别为 2000Ω · m 和 10Ω · m。在浅层异常体的正下方存在另外两个异常体，尺寸均为 200m×200m×100m，距地面深度为 150m，水平间距为 120m，电阻率分别为 1Ω · m 和 5000Ω · m。采用的飞行系统和其他相关参数与图 4. 10 相同。

基于场分离法对图 4. 15 中的模型进行正演计算。图 4. 16 展示了不同时刻 dB_z/dt 响应平面等值线图，其中的幅值是接收机处电磁响应利用均匀半空间响应归一化的结果。从图 4. 16中可以看出，$x=0$ 处的两侧明显呈现两个极值中心，因此为更清晰地描述场的变化规律，对图中左右两侧的变化分别进行分析。从图 4. 16 左侧可以看到，在早期 $t=0.00837$ms 时，产生幅值比大于 1 的等值线，说明 dB_z/dt 从更早期响应比近似为 1 到 $t=0.00837$ms 时幅值是一个增加的过程，而从 $t=0.00837$ms 到 $t=0.0189$ms 是衰减的，因此左侧这部分变化代表浅部高阻体的影响。从 $t=0.0189$ms 到 $t=0.0783$ms，电磁异常信号增加，表征浅部高阻体和深部低阻体共同作用的结果。从 $t=0.0783$ms 到 $t=14.49$ms，信号增加到最大再衰减直至消失殆尽，这主要反映深部良导体的响应。因此，图 4.16 左侧很好地体现了浅部高阻和深部低阻的异常特征。从右侧变化可以看到，由于浅部良导体的存在，响应比值在 $t=0.00837$ms 时小于 1，因此从更早期比值接近 1 到 $t=0.00837$ms 是一个信号减小的过程，而信号从 $t=0.00837$ms 到 $t=0.0189$ms 是增加的，然后继续增加到最大值($t=0.45$ms 处)，再衰减直至晚期消失，这主要体现了低阻异常体的响应特征，因此图 4.16 右侧浅部低阻异常体响应特征表现非常明显，且基本屏蔽了深部高阻体的响应。

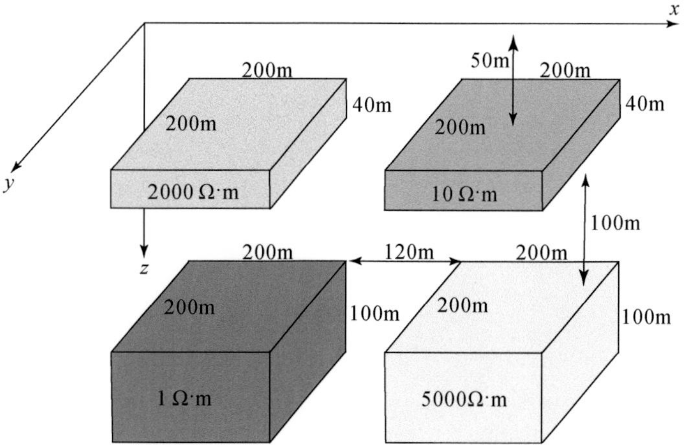

图 4.15　多个异常体模型示意图

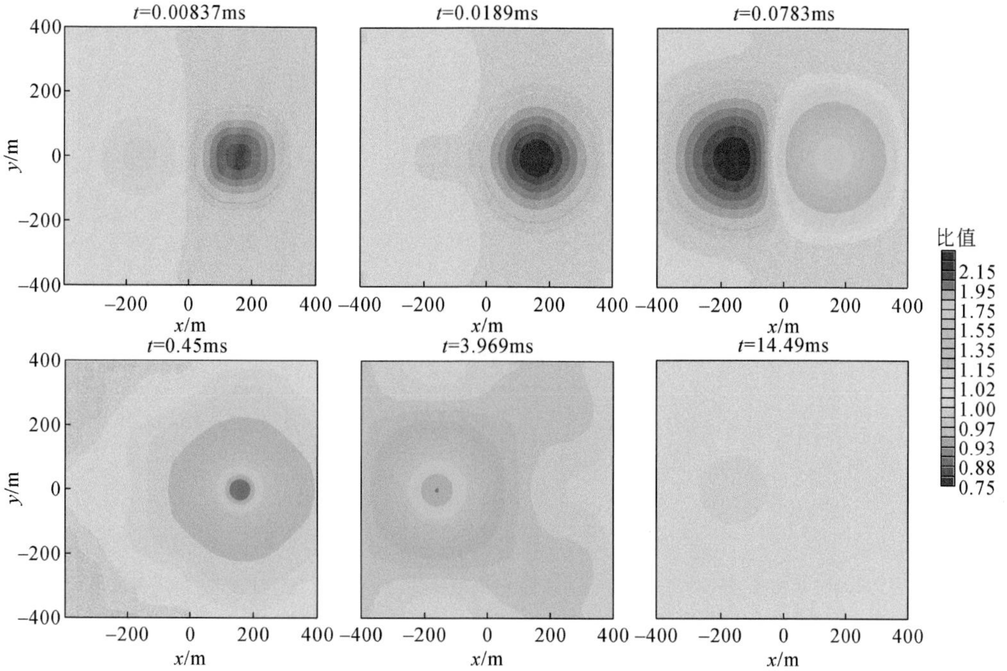

图 4.16　时间域航空电磁不同时间道 dB_z/dt 响应平面等值线图(模型参见图 4.15)

类似地，在图 4.17 中展示了利用半空间电磁响应归一化后的 B_z 平面分布特征。$t=0.00837$ms 时磁场比值略小于 1，因此从更早期到 0.00837ms 是一个响应比值减小的过程，而从 $t=0.00837$ms 到 $t=0.0783$ms 响应比值进一步减小，表征浅部高阻体的存在。之后，随时间比值不断增加(大于 1)，达到最大值后衰减直至异常消失(约为 1)，反映了深部良导体的响应特征。因此，可得出与图 4.16 相似的结论，B_z 场也能将浅部高阻和深部低阻地质体的响应特征有效显现出来。对于图 4.17 右侧，从更早期比值约为 1 到 $t=0.00837$ms 时响应比值大于 1，异常逐渐增大。然而，由图 4.17 可以明显看出，从 $t=0.00837$ms 开始，磁场响应比值随时间进一步增加后再发生衰减直至减小到 1。在整个过程中比值保持大于或等于 1，因此完全符合浅部低阻异常体的响应特征，同样深部高阻异常体的响应被屏蔽。

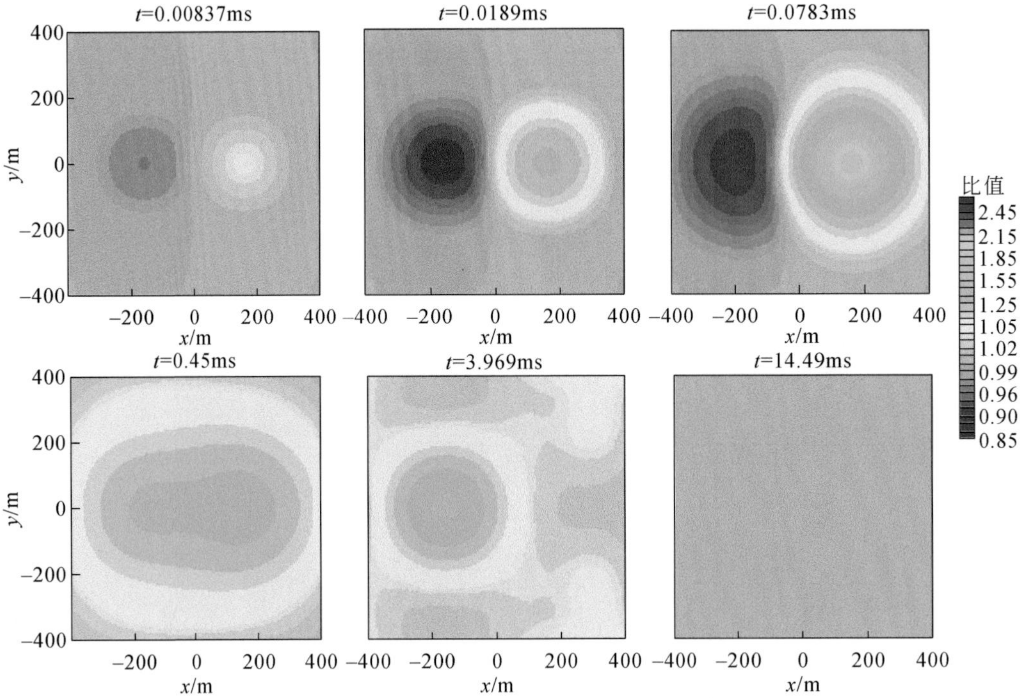

图 4.17　航空电磁不同时间道 B_z 响应平面图(模型参见图 4.15)

4.5.4　含水断层构造响应特征

航空电磁在工程、地下水和地热资源勘查等领域获得了广泛应用。在这些应用领域寻找和识别断层破碎带具有重要意义。本节设计了如图 4.18 所示的高阻围岩中覆盖层下方存在含水断层的模型。地表存在 20m 厚的第四纪覆盖层，电阻率 100Ω · m，断层破碎带沿水平方向宽度为 40m，整体延伸长度为 180m，向地下垂直延深为 100m，电阻率为 10Ω · m，围岩电阻率为 1500Ω · m。图 4.19 为覆盖层和断层等区域局部网格剖分示意图，在主要区域采用平面上横向为 20m、纵向为 10m 的网格单元，在其他区域采用尺寸较为粗糙的网格，以便在保证计算精度的前提下提高计算速度。系统参数见图 4.10。

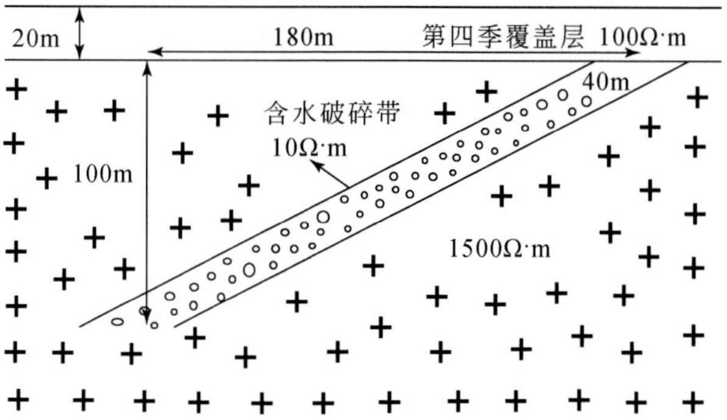

图 4.18　含水断层模型示意图

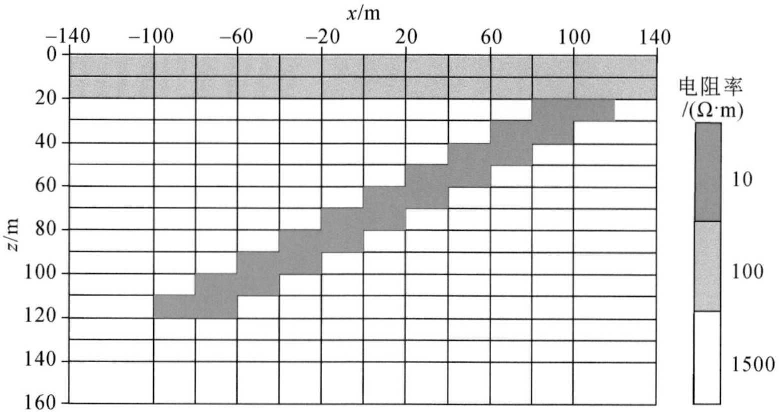

图 4.19　含水断层模型网格剖分示意图

图 4.20 给出 dB_z/dt 和 B_z 的剖面响应计算结果。由图 4.20 可以看出，电磁响应曲线呈现了与存在单一良导地质体时(图 4.12)电磁响应相似的规律。早期 dB_z/dt 异常相对于背景半空间并不明显，随着时间推移，产生负向异常(小于半空间场值)，再由负向异常增加到背景场水平后，继续向正向增大到最大值，最后衰减消失。相对背景半空间响应，早期 B_z 异常微弱，随时间推移异常正向增加(大于半空间场值)，并进一步随时间由正向相对异常不断增加到最大值，继而减小直至在晚期消失。另外，从图 4.20 中还可以明显看出，不同时刻的剖面曲线异常形态呈现非对称特征，与断层倾向保持一致，这是由断层面倾斜造成的。随时间推移，电磁信号穿透深度增加，整个异常曲线峰值向断层倾向方向移动，因此有效识别了断层面随深度的变化特征。

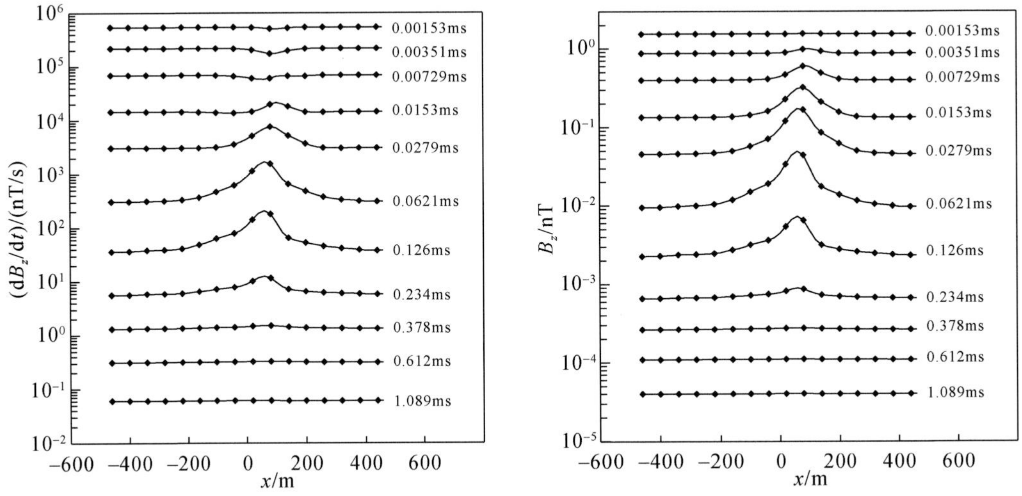

图 4.20　含水断层不同时间道电磁响应剖面曲线

4.5.5　任意发射波形电磁响应

前文给出的模型计算结果均以阶跃波为例，然而时间域航空电磁勘查系统发射源可采用多种波形，如半正弦波、梯形波、三角波等。为展示上文介绍的算法的普适性，本节以半正弦发射波形为例分析异常响应特征。图 4.21 为基频 25Hz 半正弦波形示意图，其中供电时间(on-time)为 4ms，断电时间(off-time)为 16ms。为方便对比，仍以图 4.10 给出的水平厚板模型为例，发射电流峰值 10A，其他系统参数见图 4.10。

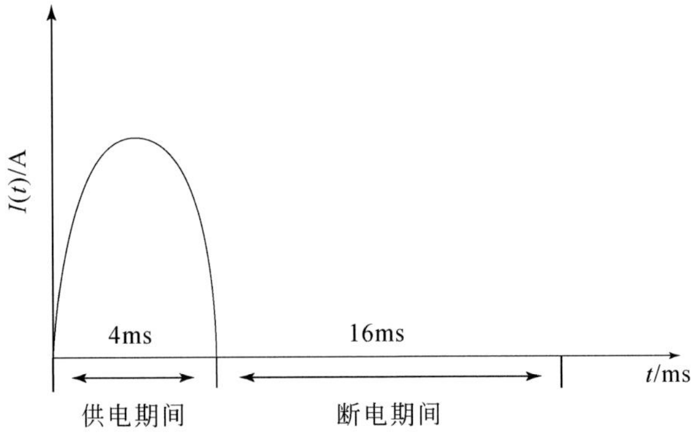

图 4.21　基频 25Hz 的半正弦发射波形

图 4.22 为异常体正上方航空电磁全时响应曲线(on-time 和 off-time)。由图 4.22 可以看出，供电期间电磁响应曲线并不是简单随时间衰减，对于 dB_z/dt，初始时刻是一个由无

到有的过程，磁场随时间骤变产生很大的 dB_z/dt，进而随着电流不断增加，接收机处的 dB_z/dt 逐渐减小到零值，继续向负向减小达到最小值，之后响应重新增加直至供电时间结束。在脉冲关断瞬间，电磁场发生上阶跃，之后随时间衰减到零。对于 B_z 响应，由于电流缓慢增加，磁场初始时刻逐渐由零增加、呈现正向磁场，并不断增大到最大值后，再逐渐减小通过零值点，继而继续减小(呈现负值)至供电时间结束。然而，在断电阶段，响应幅值呈现随时间不断衰减的特征。同时，在整个时间段 dB_z/dt 和 B_z 满足微分-积分关系。

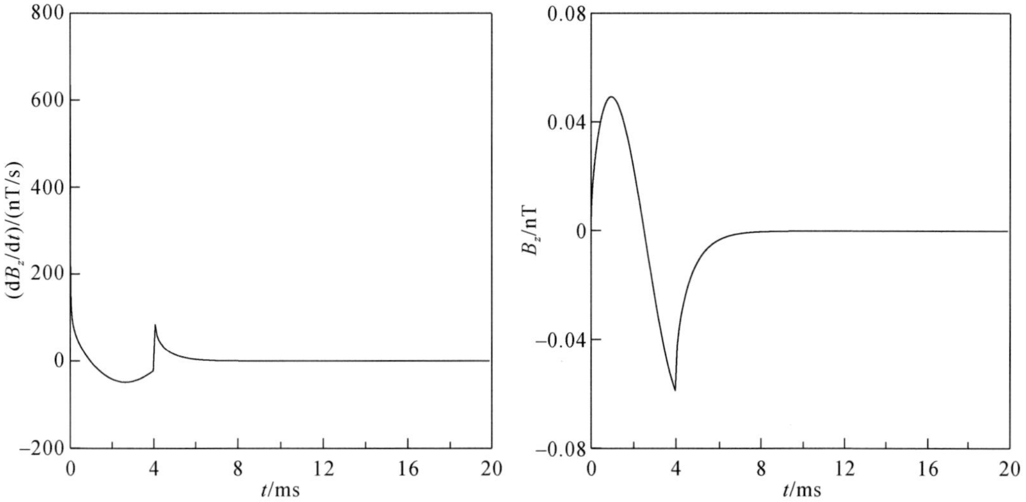

图 4.22　水平厚板良导体半正弦波发射电磁响应曲线(模型参见图 4.10)

图 4.23 和图 4.24 展示了相同模型的电磁响应剖面曲线。其中，实线表示正值，虚线表示负值。当不存在水平良导厚板时，电磁响应剖面曲线均呈现水平直线。可以看出，断电期间电磁响应曲线变化比较简单，所有断电期间信号在异常体正上方均呈现高于半空间响应的异常，且随时间推移响应幅值不断衰减直至消失。对于供电期间信号，dB_z/dt 异常信号在早期微弱，随时间增加到 $t=0.0423$ms 时已经产生较大的正向异常(大于半空间响应)，到 $t=0.783$ms 时异常两侧的半空间背景响应已经变号为负值，而剖面中心异常区域仍为正值，这是由于地下异常体感应的二次响应仍为正值，且幅值大于半空间的响应，因此剖面曲线呈现中间为正、两侧为负的情况。随时间进一步推移，异常体二次响应逐渐减小，直至其幅值小于半空间的负响应，因此在 $t=1.089$ms 时呈现了负向异常。当到达 $t=2.259$ms 时二次场响应与半空间响应符号一致，然后整体幅值随时间逐渐减小。对于 B_z，异常响应在早期时间道微弱，随时间推移不断向正向增大(大于两侧半空间响应)，从 $t=0.783$ms 到 $t=1.089$ms 逐渐减小；在 $t=2.259$ms 时异常两侧的半空间响应已表现为负值，而中间异常仍为正值，这一现象出现的原因与 dB_z/dt 类似，是地下良导体的存在使接收机处的响应仍保持正值，但随着时间推移，整体异常逐渐呈现负值，且幅值大于半空间响应直至供电时间结束。由此，可以看出，供电阶段的 dB_z/dt 和 B_z 响应除变号时刻异常较小外，其他时段异常信号均较强，且整体幅值要明显高于断电期间。然而，断电期间电磁响应规律较为简单，易于对异常体进行识别。

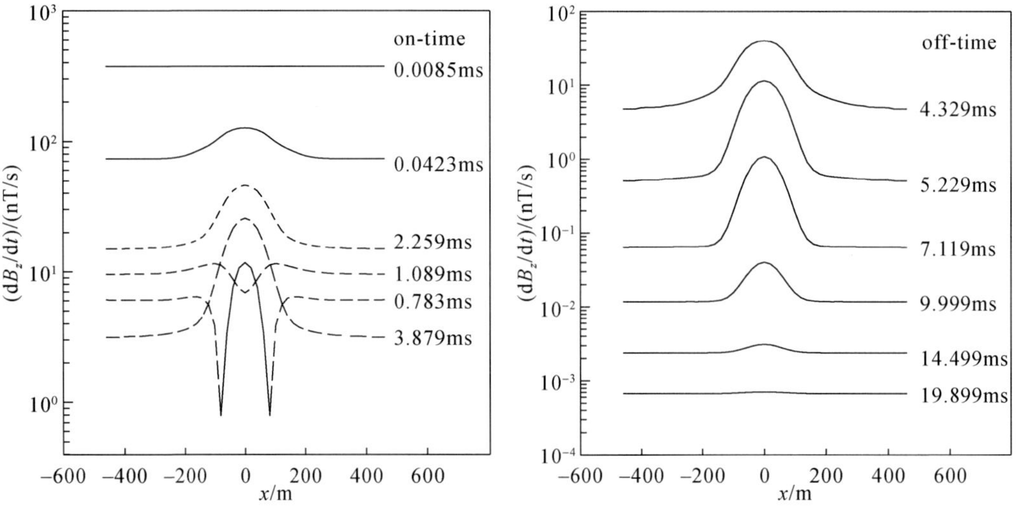

图 4.23　不同时间道 dB_z/dt 响应剖面曲线(虚线代表负响应)

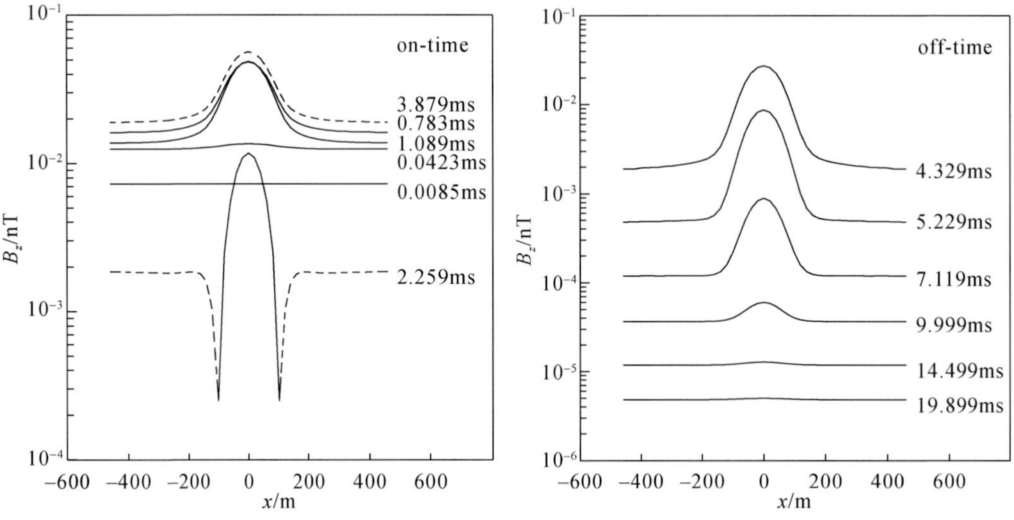

图 4.24　不同时间道 B_z 响应剖面曲线(虚线代表负响应)

通过以上分析可以看出，供电期间信号强，异常大且持续时间长，供电期间电磁响应可用于深部目标体探测。相比之下，断电期间电磁信号变化规律较为简单，易于识别异常体。在目前实际航空电磁勘查中，供电期间数据处理较为复杂，应用得还较少。随着解释手段的不断进步，可以期待，航空电磁供电期间和断电期间数据将共同服务于航空电磁反演解释。

4.5.6　大规模复杂硫化物矿电磁响应

非结构网格相对于结构化网格来说，可以更加灵活地完成对复杂地质体的剖分。通常来讲，非结构网格可以用较小数量的网格拟合复杂的几何形状，而结构化网格若要达到与非结构网格同等精细的剖分往往需要更多的网格。因此，近年来在对复杂地质模型进行三维正演时，非结构网格往往更受青睐。这里展示使用非结构网格有限体积法对具有复杂几何形态的大规模硫化物矿床的正演模拟结果。

选取位于加拿大拉布拉多的 Voisey's Bay 的 Ovoid Zone 大型硫化物矿。其长度和宽度分别为 400m 和 300m，最大厚度接近 120m。该矿体含有高纯度的镍(2.79%)、铜(1.65%)以及钴(0.14%)，估计储量近3000 万 t，是加拿大过去几十年中发现的最重要的矿床之一(Kelvin et al., 2011)。矿体的几何形状在经过大量的钻探之后已经查明。Jahandari 和 Farquharson(2014)及 Li 等(2018)对其进行了四面体网格剖分和正演模拟。

本节利用 Li 等(2017, 2018)给出的理论模型，展示如何利用非结构网格有限体积法对复杂地质模型进行正演模拟。首先，在忽略地形情况下假设矿体上方海拔 110m 处水平面为地面。在矿体正上方铺设一个 500m×500m 的方形回线源，并且在发射源内部和外部放置 121 个观测点[图 4.25(d)]。均匀背景半空间、矿体以及空气的电阻率分别设置为

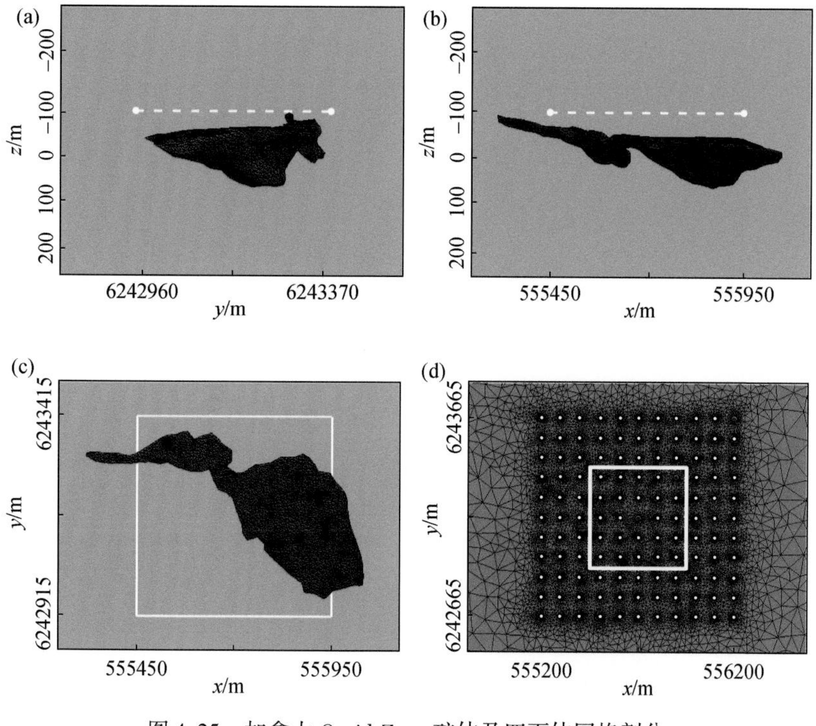

图 4.25　加拿大 Ovoid Zone 矿体及四面体网格剖分

(a)和(b)矿体分别在南—北、东—西平面上的投影；(c)矿体俯视图；(d)空气与地面交界面(海拔 110m)处网格分布平面图。图中白色的方框表示 500m×500m 回线源，白色以及红色的点表示观测点位置(Li et al., 2017)

1000 Ω · m、0.01 Ω · m 和 10^8Ω · m。为了满足使用狄利克雷边界条件的假设，将整个计算区域设置为 50km×50km×50km。使用 TetGen 对模型进行剖分，得到的四面体网格如图 4.25 所示，共计 122 万条棱边。使用前述 Linux 工作站进行计算，时域有限体积法计算耗时 2248s。图 4.26 给出了三个观测点[图 4.25(d)中红点]处通过 FETD 和 FVTD 方法计算得到的单位下阶跃波瞬变电磁垂直磁感应衰减曲线。

从图 4.26 中给出的电磁响应可以看出，FVTD 和 FETD 两种方法的计算结果吻合得很好，仅在场发生变号位置有较大的差别。位于回线源中心观测点处的衰减曲线没有出现变号现象，并且展示出较为典型的低阻异常响应，另外两个观测点处的衰减曲线均出现变号现象，其中位于回线框外的观测点甚至出现了两次变号。出现变号现象是因为在激发源关断之后矿体内部感应涡流从早期到晚期持续向外扩散的结果。Li 等(2017)对此现象给出了详细的分析。

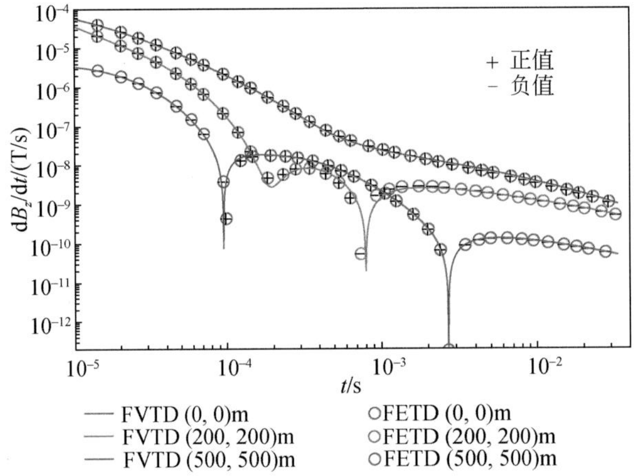

图 4.26　加拿大 Ovoid Zone 矿回线源激发不同观测点处 dB_z/dt 衰减曲线

实线对应 FVTD 计算结果，而圆圈对应 FETD 计算结果；圆圈内的加号表示响应为正值，减号表示响应为负值

4.6 小　　结

基于有限体积法进行电磁三维正演模拟可以在规则或非规则网格上实现。基于规则网格的有限体积法通过背景场和异常场分离建立控制方程，利用有限体积和隐式后推欧拉法分别对空间和时间进行离散，建立基于规则六面体网格的全离散方程。针对灵活的非结构四面体网格进行有限体积空间离散可推导对应的非结构有限体积控制方程。为实现三维正演方程快速求解，采用直接求解技术。针对板状体、多地质体、含水断层构造、复杂形状的大规模硫化物矿床等模型响应的模拟表明了有限体积法的有效性。数值试验表明，有限体积法可以有效完成不同地质条件和地电异常的三维电磁模拟计算，基于规则六面体网格的有限体积法对边界结构简单的异常体和接触带等三维模型能够实现快速正演，而基于非结构网格的有限体积法因其网格剖分灵活性，能够实现任意复杂地质模型的三维高精度正

演模拟，具有很好的应用前景。

参考文献

陈辉，殷长春，邓居智. 2016. 基于Lorenz规范条件下磁矢势和标式耦合方程的频率域电磁法三维正演. 地球物理学报，59(8)：3087-3097.

刘云鹤. 2013. 三维频率域航空电磁正反演研究. 长春：吉林大学博士后研究工作报告.

裴易峰，殷长春，刘云鹤，等. 2014. 时间域航空电磁场计算与应用. 地球物理学进展，29(5)：2191-2196.

彭荣华，胡祥云，韩波，等. 2016. 基于拟态有限体积法的频率域可控源三维正演计算. 地球物理学报，59(10)：3927-3939.

齐彦福，殷长春，刘云鹤，等. 2017. 基于瞬时电流脉冲的三维时间域航空电磁全波形正演模拟. 地球物理学报，60(1)：369-382.

殷长春，2018. 航空电磁理论与勘查技术. 北京：科学出版社.

殷长春，黄威，贲放. 2013. 时间域航空电磁系统瞬变全时响应正演模拟. 地球物理学报，56(9)：3153-3162.

张烨，汪宏年，陶宏根，等. 2012. 基于耦合标势与矢势的有限体积法模拟非均匀各向异性地层中多分量感应测井三维响应. 地球物理学报，55(6)：2141-2152.

周建美，张烨，汪宏年，等. 2014. 耦合势有限体积法高效模拟各向异性地层中海洋可控源的三维电磁响应. 物理学报，63(15)：159101.

Alappat C，Hager G，Schenk O，et al. 2020. A recursive algebraic coloring technique for hardware- efficient symmetric sparse matrix-vector multiplication. ACM Transactions on Parallel Computing，3(19)：1-37.

Amestoy P R，Duff I S，L'Excellent J Y，et al. 2001. A fully asynchronous multifrontal solver using distributed dynamic scheduling. SIAM Journal on Matrix Analysis and Applications，23(1)：15-41.

Ascher U M，Petzold L R. 1998. Computer methods for ordinary differential equations and differential- algebraic equations. https：//www. docin. com/mobile/detail. do? id=122304533[2023-4-15].

Babuska I，Flaherty J E，Henshaw W D，et al. 1995. Modeling，mesh generation，and adaptive numerical methods for partial differential equations. The IMA Volumes in Mathematics and Its Applications，Volume 75. Springer Science & Business Media.

Caudillo-Mata L A，Haber E，Schwarzbach C. 2017. An oversampling technique for the multiscale finite volume method to simulate electromagnetic responses in the frequency domain. Computational Geosciences，21：963-980.

Da U C. 1995. A Reformalism for Computing Frequency-and Time-domain EM Responses of A Buried，Finite-loop Source in a Layered Earth. Houston：SEG Annual Meeting Abstracts.

Druyts P，Craye C，Acheroy M. 2010. Volume of influence for magnetic coils and electromagnetic induction sensors. IEEE Transaction on Geoscience and Remote Sensing，48(10)：3686-3697.

Goldman M. 1990. Non-conventional Methods in Geoelectrical Prospecting. Chichester：Ellis Horwood Ltd.

Haber E. 2014. Computational Methods in Geophysical Electromagnetics. Philadelphia：SIAM.

Haber E，Ascher U M. 2000. Fast finite volume simulation of 3D electromagnetic problems with highly discontinuous coefficients. SIAM Journal on Scientific Computing，22(6)：1943-1961.

Haber E，Heldmann S. 2006. An octree multigrid method for quasi- static Maxwell's equations with highly discontinuous coefficients. Journal of Computational Physics，223(2)：783-796.

Haber E，Ruthotto L. 2014. A multiscale finite volume method for Maxwell's equations at low frequencies.

Geophysical Journal International, 199(2): 1268-1277.

Haber E, Schwarzbach C. 2014. Parallel inversion of large-scale airborne time-domain electromagnetic data with multiple Octree meshes. Inverse Problems, 30(5): 055011-055038.

Haber E, Ascher U M, Aruliah D A, et al. 2000. Fast simulation of 3D electromagnetic problems using potentials. Journal of Computational Physics, 163(1): 150-171.

Hano M, Itoh T. 1996. Three-dimensional time-domain method for solving Maxwell's equations based on circumcenters of elements. IEEE Transactions on Magnetics, 32(3): 946-949.

Hermeline F. 1993. Two coupled particle-finite volume methods using Delaunay-Voronoi meshes for the approximation of Vlasov-Poisson and Vlasov-Maxwell equations. Journal of Computational Physics, 106(1): 1-18.

Jahandari H, Ansari S M, Farquharson C G. 2017. Comparison between staggered grid finite-volume and edge-based finite-element modelling of geophysical electromagnetic data on unstructured grids. Journal of Applied Geophysics, 138: 185-197.

Jahandari H, Farquharson C G. 2013. Forward modeling of gravity data using finite-volume and finite-element methods on unstructured grids. Geophysics, 78(3): G69-G80.

Jahandari H, Farquharson C G. 2014. A finite-volume solution to the geophysical electromagnetic forward problem using unstructured grids. Geophysics, 79(6): E287-E302.

Jahandari H, Farquharson C G. 2015. Finite-volume modelling of geophysical electromagnetic data on unstructured grids using potentials. Geophysical Journal International, 202(3): 1859-1876.

Jurgens T, Taflove A, Umashankar K, et al. 1992. Finite-difference time-domain modeling of curved surfaces. IEEE Transactions on Antennas and Propagation, 40(4): 357-366.

Kelvin M, Sylvester P J, Cabri L J. 2011. Mineralogy of race occurrences of precious-metal-enriched massive sulfide in the voisey's bay Ni-Cu-Co ovoid deposit. The Canadian Mineralogist, 49(6): 1505-1522.

Lee J F, Sacks Z. 1995. Whitney elements time domain (WETD) methods. IEEE Transactions on Magnetics, 31(3): 1325-1929.

Li J, Farquharson C G, Hu X. 2017. 3D vector finite-element electromagnetic forward modeling for large loop sources using a total-field algorithm and unstructured tetrahedral grids. Geophysics, 82(1): E1-E16.

Li J, Lu X, Farquharson C G, et al. 2018. A finite-element time-domain forward solver for electromagnetic methods with complex-shaped loop sources. Geophysics, 83(3): E117-E132.

Lu X S, Farquharson C G. 2020. 3D finite-volume time-domain modeling of geophysical electromagnetic data on unstructured grids using potentials. Geophysics, 85(6): E221-E240.

Lu X S, Farquharson C G, Miehé J M. 2021. 3D electromagnetic modeling of graphitic faults in the Athabasca Basin using a finite-volume time-domain approach with unstructured grids. Geophysics, 86(6): B349-B367.

Madsen N K, Ziolkowski R W. 1990. A three-dimensional modified finite volume technique for Maxwell's equations. Electromagnetics, 10(1-2): 147-161.

Newman G A, Hohmann G W, Anderson W L. 1986. Transient electromagnetic response of a three-dimensional body in a layered earth. Geophysics, 51(8): 1608-1627.

Novo M S, Silva L C, Teixeira F L. 2007. Finite volume modeling of borehole electromagnetic logging in 3-D anisotropic formations using coupled scalar-vector potentials. IEEE Antennas and Wireless Propagation Letters, 6: 549-552.

Oldenburg D W, Haber E, Shekhtman R. 2013. Three dimensional inversion of multisource time domain electromagnetic data. Geophysics, 78(1): E47-E57.

Ren X, Yin C, Liu Y, et al. 2017. Efficient modeling of time-domain AEM using finite-volume method. Journal of Environmental and Engineering Geophysics, 22(3): 267-278.

Ren X, Yin C, Macnae J, et al. 2018. 3D time-domain airborne electromagnetic inversion based on secondary field finite-volume method. Geophysics, 83(4): E219-E228.

Sazonov I, Hassan O, Morgan K, et al. 2006. Smooth Delaunay-Voronoi Dual Meshes for Co-volume Integration Schemes. Berlin, Heidelberg: Proceedings of the 15th International Meshing Roundtable.

Sazonov I, Hassan O, Morgan K, et al. 2007. Generating the Voronoi-Delaunay Dual Diagram for Co-volume Integration Schemes. Glamorgan: 4th International Symposium on Voronoi Diagrams in Science and Engineering.

Sazonov I, Hassan O, Morgan K, et al. 2008. Comparison of Two Explicit Time Domain Unstructured Mesh Algorithms for Computational Electromagnetics. In: Glowinski R, Neittaanmäki P(eds). Partial Differential Equations. Berlin: Springer.

Schwarzbach C. 2009. Stability of Finite Element Solution to Maxwell's Equations in Frequency Domain. Freiberg: Technical University of Bergakademie Freiberg.

Si H. 2006. TetGen—A Quality Tetrahedral Mesh Generator and Three-Dimensional Delaunay Triangulator. https://wias-berlin.de/software/tetgen/files/tetgen-manual.pdf[2023-4-15].

Silva N V, Morgan J V, MacGregor L, et al. 2012. A finite element multifrontal method for 3D CSEM modeling in the frequency domain. Geophysics, 77(2): E101-E115.

Xie Z Q, Hassan O, Morgan K. 2011. Tailoring unstructured meshes for use with a 3D time domain co-volume algorithm for computational electromagnetics. International Journal for Numerical Methods in Engineering, 87(1-5): 48-65.

Yang D K, Oldenburg D W. 2016. Survey decomposition: A scalable framework for 3D controlled-source electromagnetic inversion. Geophysics, 81(2): E69-E87.

Yang D, Oldenburg D W, Haber E. 2014. 3-D inversion of airborne electromagnetic data parallelized and accelerated by local mesh and adaptive soundings. Geophysical Journal International, 196(3): 1492-1507.

Yee K. 1996. Numerical solution of initial boundary problem involving Maxwell's equations in isotropic media. IEEE Transactions on Antennas and Propagation, 14(3): 302-307.

Yin C C, Hodges G. 2005. Influence of displacement currents on the response of helicopter electromagnetic systems. Geophysics, 70(4): G95-G100.

Yin C, Huang X, Liu Y, et al. 2014. Footprint for frequency-domain airborne electromagnetic systems. Geophysics, 79(6): E243-E254.

Yin C C, Qi Y F, Liu Y H, et al. 2016. 3D time-domain airborne EM forward modeling with topography. Journal of Applied Geophysics, 134: 11-22.

第5章 有限元法正演理论及应用

5.1 引 言

有限单元法是数学上近似求解边值问题的一种最为常用的数值模拟技术。有限单元法发展至今已有80年的历史，被广泛应用于力学、热力学、电磁学等众多领域。有限单元法的基本思想为：①根据变分方法或最小加权残差法推导出边值问题的积分形式或弱形式；②对计算区域进行网格剖分，并将待求解量赋于网格的节点或棱边上；③利用插值函数对单元内的场进行插值近似，推导出每个单元对应的系数矩阵和右端向量；④将所有单元对应的刚度矩阵和向量组合在一起形成大型线性方程组；⑤求解大型线性方程组，得到边值问题的解。与有限差分、有限体积等数值模拟算法相比，有限单元法具有模型描述准确、计算精度高等优势。

有限元法兴起于20世纪50年代，最早被应用于结构力学领域数值模拟问题(Clough，1960)。Coggon(1971)首次将有限元法应用于地球物理领域，并成功对二维电磁问题进行了正演模拟，Kaikkonen(1979)将有限元法应用于甚低频电磁模拟，Pridmore等(1981)讨论了应用有限元法模拟三维直流和交流电磁响应问题，Wannamaker等(1986)利用三角网格对起伏地表大地电磁问题进行了模拟，Unsworth等(1993)基于二次场对电偶源2.5维起伏地表模型正演问题进行了研究，Mitsuhata(2000)利用等参单元，基于总场算法对带地形2.5维可控源问题进行了模拟，Key和Weiss(2006)将自适应网格剖分技术应用于有限元正演模拟中，并对二维大地电磁自适应正演方法进行了研究，Li和Key(2007)将自适应有限元应用于二维海洋可控源正演问题求解，王若等(2014)使用六面体网格对三维可控源电磁进行了正演模拟，而Ren和Tan(2010)、Ren等(2013)对三维直流和平面波电磁正演问题进行了研究。有限元法使用的网格可分为结构化和非结构化两种形式，按照形函数的类型可以分为棱边(矢量)有限元和节点(标量)有限元。基于结构化网格的有限元算法，单元与棱边及节点的关系清晰，实现起来较为容易，已经得到广泛应用(Sugeng，1998；Zyserman and Santos，2000；Mitsuhata and Uchida，2004；王若等，2014；苏晓波等，2015)。相比之下，基于非结构网格的有限元算法，由于单元与棱边及节点之间的关系较为复杂，实现起来相对较困难。然而，由于该算法能够很好地拟合不规则物性界面(如地形或地下复杂异常体)，已经得到国内外众多学者的广泛关注和深入研究(Franke et al.，2005，2007；Wang and Di，2016；Li et al.，2017)。Ren等(2013)研发了面向目标自适应有限元三维数值模拟算法并将其成功应用于大地电磁正演模拟问题，Yin等(2016a，2016b)基于非结构四面体网格对航空电磁带地形及各向异性三维正演算法进行了研究，Yin等(2016c)对起伏地表模型CSAMT系统响应进行了模拟，Zhang等(2018a)针对双船拖曳式海洋电磁系统研发了自适应正演模拟算法并分析了系统响应特征，Liu等(2019)对地面大回线源瞬变电磁响应进行了模拟，齐彦福等(2020)研究了时间域航空电磁各向异性模型有限元模拟问题，而 Wang 等(2021)基于非结构有限元对井中电磁响应进行了模拟。

本章基于徐世浙院士撰写的《地球物理中的有限元法》和金建铭教授撰写的《电磁场有限元方法》两本专著，结合国内外学者近年来在电磁数值模拟方面取得的成果，特别是本书作者所在团队的相关研究成果，重点介绍有限元法在地球物理电磁数值模拟中的应用。关于有限元算法的理论详见上述两本著作。

5.2　控制方程弱形式

对于大多数地电模型，电磁问题无法得到解析解，需要使用有限元等计算方法获得数值解。为获得有限元数值解，通常先推导出边值问题对应的积分形式，然后通过求解积分形式对应的离散方程得到有限元解。推导边值问题的积分形式有两种经典方法：里兹法和伽辽金法。里兹法的优点在于数学基础和理论完善，物理意义明确。然而，其缺点在于对某些特定问题不能推导出泛函方程，普适性不强。伽辽金法的优点在于方法简单，通用性强。两种方法虽然推导思路不同，但在满足特定条件时两者可得到相同的方程。本节基于伽辽金法，从时域和频域的电场双旋度方程出发，介绍电磁场数值模拟控制方程弱形式的推导过程。

由第 2 章给出的电磁场满足的麦克斯韦方程，可得如下电场双旋度方程：

$$\frac{1}{\mu}\nabla\times\nabla\times\boldsymbol{E}(\boldsymbol{r},\ t)+\sigma\frac{\partial\boldsymbol{E}(\boldsymbol{r},\ t)}{\partial t}+\frac{\partial\boldsymbol{J}_i(\boldsymbol{r},\ t)}{\partial t}=0 \tag{5.1}$$

式中，$\boldsymbol{E}$ 为电场；$\boldsymbol{r}$ 为位置向量；t 为时间；σ 为电导率；μ 为磁导率；$\boldsymbol{J}_i$ 为发射电流密度。这里已忽略位移电流。由式(5.1)可定义时域电场双旋度方程的残差为

$$\boldsymbol{p}(\boldsymbol{r},\ t)=\frac{1}{\mu}\nabla\times\nabla\times\boldsymbol{E}(\boldsymbol{r},\ t)+\sigma\frac{\partial\boldsymbol{E}(\boldsymbol{r},\ t)}{\partial t}+\frac{\partial\boldsymbol{J}_i(\boldsymbol{r},\ t)}{\partial t} \tag{5.2}$$

进行有限元模拟时，需要将计算区域剖分成一系列网格单元，对式(5.2)在每个子单元上对残差进行加权积分可得

$$R^e=\iiint_{V^e}\boldsymbol{W}(\boldsymbol{r})\cdot\left[\frac{1}{\mu}\nabla\times\nabla\times\boldsymbol{E}(\boldsymbol{r},\ t)+\sigma^e\frac{\partial\boldsymbol{E}(\boldsymbol{r},\ t)}{\partial t}+\frac{\partial\boldsymbol{J}_i(\boldsymbol{r},\ t)}{\partial t}\right]\mathrm{d}v \tag{5.3}$$

式中，R^e 为加权残差；$\boldsymbol{W}(\boldsymbol{r})$ 为加权函数或测试函数；V^e 为第 e 个单元；σ^e 为第 e 个单元的电导率。在对计算区域进行非结构四面体网格离散化之后，可以采用矢量插值基函数(Nédélec，1980)对各个网格单元内的待求场值进行近似，并将待求解场值放在棱边上，则单元内任意位置的电场可以表示为

$$\boldsymbol{E}(\boldsymbol{r},\ t)=\sum_{j=1}^{6}E_j^e(t)\boldsymbol{N}_j^e(\boldsymbol{r}) \tag{5.4}$$

式中，$E_j^e(t)$ 为该单元第 j 条棱边上的标量切向电场；$\boldsymbol{N}_j^e(\boldsymbol{r})$ 为第 j 条棱边上的矢量插值基函数(图 5.1)。根据伽辽金思想(金建铭，1998)，选取插值函数作为加权函数 $\boldsymbol{W}(\boldsymbol{r})$，并将式(5.4)代入式(5.3)中，可得

$$R_k^e=\iiint_{V^e}\boldsymbol{N}_k^e(\boldsymbol{r})\cdot\left[\frac{1}{\mu}\nabla\times\nabla\times\sum_{j=1}^{6}E_j^e(t)\boldsymbol{N}_j^e(\boldsymbol{r})+\sigma^e\sum_{j=1}^{6}\frac{\partial E_j^e(t)}{\partial t}\boldsymbol{N}_j^e(\boldsymbol{r})+\frac{\partial\boldsymbol{J}_i(\boldsymbol{r},\ t)}{\partial t}\right]\mathrm{d}v,$$

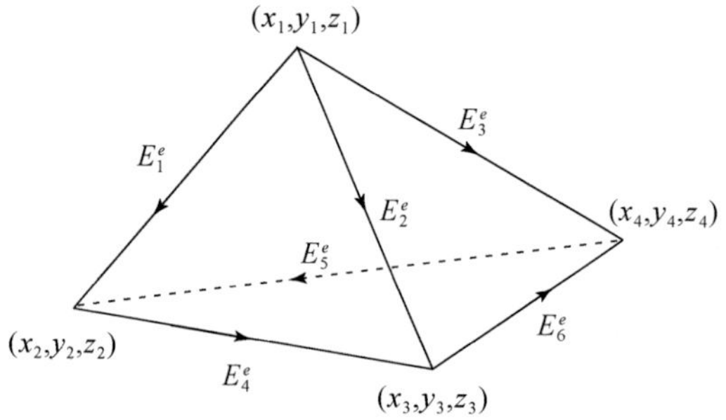

图 5.1　单元插值示意图

$$k = 1, 2, \cdots, 6 \tag{5.5}$$

式中，下角标 j 和 k 表示四面体棱边的编号。进一步整理上式可得

$$\begin{aligned} R_k^e = & \frac{1}{\mu}\sum_{j=1}^{6} E_j^e(t)\iiint_{V^e} \boldsymbol{N}_k^e(\boldsymbol{r}) \cdot \nabla\times\nabla\times \boldsymbol{N}_j^e(\boldsymbol{r})\,\mathrm{d}v \\ & + \sum_{j=1}^{6}\frac{\partial E_j^e(t)}{\partial t}\iiint_{V^e}\boldsymbol{N}_k^e(\boldsymbol{r}) \cdot \sigma^e \cdot \boldsymbol{N}_j^e(\boldsymbol{r})\,\mathrm{d}v \\ & + \iiint_{V^e}\boldsymbol{N}_k^e(\boldsymbol{r}) \cdot \frac{\partial \boldsymbol{J}_i(\boldsymbol{r}, t)}{\partial t}\mathrm{d}v, \quad k = 1, 2, \cdots, 6 \end{aligned} \tag{5.6}$$

利用如下恒等式：

$$\nabla\cdot(\boldsymbol{a}\times\boldsymbol{b}) = \boldsymbol{b}\cdot\nabla\times\boldsymbol{a} - \boldsymbol{a}\cdot\nabla\times\boldsymbol{b} \tag{5.7a}$$

$$\boldsymbol{a}\cdot(\boldsymbol{b}\times\boldsymbol{c}) = \boldsymbol{b}\cdot(\boldsymbol{c}\times\boldsymbol{a}) = \boldsymbol{c}\cdot(\boldsymbol{a}\times\boldsymbol{b}) \tag{5.7b}$$

和

$$\iiint_V \nabla\cdot\boldsymbol{c}\,\mathrm{d}v = \oint_S \boldsymbol{c}\cdot\hat{\boldsymbol{n}}\,\mathrm{d}s \tag{5.8}$$

则由式(5.6)可得

$$\begin{aligned} R_k^e = & \frac{1}{\mu}\sum_{j=1}^{6} E_j^e(t)\iiint_{V^e} \nabla\times\boldsymbol{N}_k^e(\boldsymbol{r}) \cdot \nabla\times\boldsymbol{N}_j^e(\boldsymbol{r})\,\mathrm{d}v + \frac{1}{\mu}\sum_{j=1}^{6} E_j^e(t)\oint_{S^e}\boldsymbol{N}_k^e(\boldsymbol{r}) \cdot [\boldsymbol{n}\times\nabla\times\boldsymbol{N}_j^e(\boldsymbol{r})]\,\mathrm{d}s \\ & + \sum_{j=1}^{6}\frac{\partial E_j^e(t)}{\partial t}\iiint_{V^e}\boldsymbol{N}_k^e(\boldsymbol{r}) \cdot \sigma^e \cdot \boldsymbol{N}_j^e(\boldsymbol{r})\,\mathrm{d}v + \iiint_{V^e}\boldsymbol{N}_k^e(\boldsymbol{r}) \cdot \frac{\partial \boldsymbol{J}_i(\boldsymbol{r}, t)}{\partial t}\mathrm{d}v \\ = & \frac{1}{\mu}\sum_{j=1}^{6} E_j^e(t)\iiint_{V^e} \nabla\times\boldsymbol{N}_k^e(\boldsymbol{r}) \cdot \nabla\times\boldsymbol{N}_j^e(\boldsymbol{r})\,\mathrm{d}v + \frac{1}{\mu}\sum_{j=1}^{6} E_j^e(t)\oint_{S^e}\nabla\times\boldsymbol{N}_j^e(\boldsymbol{r}) \cdot [\boldsymbol{N}_k^e(\boldsymbol{r})\times\boldsymbol{n}]\,\mathrm{d}s \\ & + \sum_{j=1}^{6}\frac{\partial E_j^e(t)}{\partial t}\iiint_{V^e}\boldsymbol{N}_k^e(\boldsymbol{r}) \cdot \sigma^e \cdot \boldsymbol{N}_j^e(\boldsymbol{r})\,\mathrm{d}v + \iiint_{V^e}\boldsymbol{N}_k^e(\boldsymbol{r}) \cdot \frac{\partial \boldsymbol{J}_i(\boldsymbol{r}, t)}{\partial t}\mathrm{d}v, \quad k = 1, 2, \cdots, 6 \end{aligned} \tag{5.9}$$

式(5.9)中右端两项是等价的，将其全部给出是为了后面讨论方便。频域正演模拟有限元控制方程的推导可采用与时域相似的过程。假设时间因子为 $\mathrm{e}^{i\omega t}$，其中，ω 为角频率，则频域电场双旋度控制方程的残差可定义为

$$p = \frac{1}{\mu}\nabla\times\nabla\times\boldsymbol{E} + i\omega\sigma\boldsymbol{E} + i\omega\boldsymbol{J}_i \tag{5.10}$$

同样，对上式进行加权积分，可得第 e 个四面体单元的残差加权积分为

$$R^e = \iiint_{V^e}\boldsymbol{W}\cdot\left(\frac{1}{\mu}\nabla\times\nabla\times\boldsymbol{E} + i\omega\sigma\boldsymbol{E} + i\omega\boldsymbol{J}_i\right)\mathrm{d}v \tag{5.11}$$

式中，$\boldsymbol{W}$ 为加权函数。采用矢量插值基函数对电场进行空间离散，并将单元内任意位置的电场利用式(5.4)表示。将其代入式(5.11)，采用插值基函数作为加权函数，可得到类似于式(5.9)第二式的残差加权积分，即

$$\begin{aligned}R_k^e =& \frac{1}{\mu}\sum_{j=1}^{6}E_j^e\iiint_{V^e}\nabla\times\boldsymbol{N}_k^e\cdot\nabla\times\boldsymbol{N}_j^e\mathrm{d}v + \frac{1}{\mu}\sum_{j=1}^{6}E_j^e\oint_{S^e}\nabla\times\boldsymbol{N}_j^e(\boldsymbol{r})\cdot[\boldsymbol{N}_k^e(\boldsymbol{r})\times\boldsymbol{n}]\mathrm{d}s\\&+ i\omega\sum_{j=1}^{6}E_j^e\iiint_{V^e}\boldsymbol{N}_k^e\cdot\boldsymbol{\sigma}^e\cdot\boldsymbol{N}_j^e\mathrm{d}v + i\omega\iiint_{V^e}\boldsymbol{N}_k^e\cdot\boldsymbol{J}_i\mathrm{d}v,\quad k=1,2,\cdots,6\end{aligned} \tag{5.12}$$

式中，为简单起见已省略位置矢量 $\boldsymbol{r}$。

对于大地电磁正演问题，场源为来自电离层电流或赤道附近雷电在观测区域产生的平面电磁波。由于场源位于计算区域之外、性质未知，数值模拟中通常采用的处理方法是忽略式(5.12)中的源项，同时通过在上部边界添加边界条件实现对源项的等效近似。该部分内容将在本章第5.4节中详细介绍。这里仅给出其正演问题对应的残差加权积分，即

$$\begin{aligned}R_k^e =& \frac{1}{\mu}\sum_{j=1}^{6}E_j^e\iiint_{V^e}\nabla\times\boldsymbol{N}_k^e\cdot\nabla\times\boldsymbol{N}_j^e\mathrm{d}v + \frac{1}{\mu}\sum_{j=1}^{6}E_j^e\oint_{S^e}\boldsymbol{N}_k^e(\boldsymbol{r})\cdot[\boldsymbol{n}\times\nabla\times\boldsymbol{N}_j^e(\boldsymbol{r})]\mathrm{d}s\\&+ i\omega\sum_{j=1}^{6}E_j^e\iiint_{V^e}\boldsymbol{N}_k^e\cdot\boldsymbol{\sigma}^e\cdot\boldsymbol{N}_j^e\mathrm{d}v,\quad k=1,2,\cdots,6\end{aligned} \tag{5.13}$$

以上频域和时域电磁正演模拟中推导出的控制方程均是针对总场的数值模拟问题。然而，由于电磁场在发射源附近变化剧烈，为得到高精度的数值模拟结果，必须对发射源附近的网格进行精细剖分，如此将消耗巨大的计算资源。背景场/异常场或者一次场/二次场分离技术通过事先计算出发射源产生的一次场，进而直接模拟目标体产生的二次场，以削弱发射源附近场剧烈变化带来的影响，可极大地降低数值模拟对发射源周围网格精细剖分的要求，在保证数值模拟精度的同时节省大量计算资源。目前，二次场分离算法已广泛应用于频域电磁数值模拟(Newman and Alumbaugh, 1995；张博等，2016)。本节以频域电磁法数值模拟为例，对二次场分离算法中电磁控制方程进行详细推导。

频域可控源二次电场双旋度方程的残差与总场双旋度方程残差略有不同，其形式为

$$p = \frac{1}{\mu}\nabla\times\nabla\times\boldsymbol{E}_s + i\omega\sigma\boldsymbol{E}_s + i\omega\sigma_s\boldsymbol{E}_p \tag{5.14}$$

式中，$\sigma_s=\sigma-\sigma_p$，σ_p 为背景电导率；$\boldsymbol{E}_s$ 为二次电场；$\boldsymbol{E}_p$ 为背景电场，用于等效发射源项的影响。对式(5.14)进行单元加权积分，可得残差加权积分为

$$R^e = \iiint_{V^e}\boldsymbol{W}\cdot\left(\frac{1}{\mu}\nabla\times\nabla\times\boldsymbol{E}_s + i\omega\boldsymbol{\sigma}^e\boldsymbol{E}_s + i\omega\boldsymbol{\sigma}_s^e\boldsymbol{E}_p\right)\mathrm{d}v \tag{5.15}$$

类似地，由式(5.4)可将单元内任意位置的二次电场用棱边上的场近似表示为

$$\boldsymbol{E}_s = \sum_{j=1}^{6} E_j^{se} \boldsymbol{N}_j^e \tag{5.16}$$

并选择插值基函数作为加权函数，可得残差加权积分为

$$\begin{aligned} R_k^e = & \frac{1}{\mu}\sum_{j=1}^{6} E_j^{se} \iiint_{V^e} \nabla\times\boldsymbol{N}_k^e \cdot \nabla\times\boldsymbol{N}_j^e \mathrm{d}v + \frac{1}{\mu}\sum_{j=1}^{6} E_j^{se} \oint_{S^e} \nabla\times\boldsymbol{N}_j^e(\boldsymbol{r}) \cdot [\boldsymbol{N}_k^e(\boldsymbol{r}) \times \boldsymbol{n}] \mathrm{d}s \\ & + i\omega \sum_{j=1}^{6} E_j^{se} \iiint_{V^e} \boldsymbol{N}_k^e \cdot \sigma^e \cdot \boldsymbol{N}_j^e \mathrm{d}v + i\omega \iiint_{V^e} \boldsymbol{N}_k^e \cdot \sigma_s^e \cdot \boldsymbol{E}_p \mathrm{d}v, \quad k=1, 2, \cdots, 6 \end{aligned} \tag{5.17}$$

考虑电各向异性在自然界中是普遍存在的，忽略各向异性有时会给电磁响应数值模拟带来误差，甚至产生错误结果。本节将上文讨论的电磁边值问题进一步推广到各向异性介质中。为此，将电导率从简单的标量 σ 拓展为 3×3 的电导率张量 $\boldsymbol{\sigma}$(Yin，2000)。对于各向异性大地，时间域正演模拟对应的残差加权积分式(5.9)，可改写为

$$\begin{aligned} R_k^e = & \frac{1}{\mu}\sum_{j=1}^{6} E_j^e(t) \iiint_{V^e} \nabla\times\boldsymbol{N}_k^e \cdot \nabla\times\boldsymbol{N}_j^e \mathrm{d}v + \frac{1}{\mu}\sum_{j=1}^{6} E_j^e(t) \oint_{S^e} \nabla\times\boldsymbol{N}_j^e(\boldsymbol{r}) \cdot [\boldsymbol{N}_k^e(\boldsymbol{r}) \times \boldsymbol{n}] \mathrm{d}s \\ & + \sum_{j=1}^{6} \frac{\partial E_j^e(t)}{\partial t} \iiint_{V^e} \boldsymbol{N}_k^e \cdot \boldsymbol{\sigma}^e \cdot \boldsymbol{N}_j^e \mathrm{d}v + \iiint_{V^e} \boldsymbol{N}_k^e \cdot \frac{\partial \boldsymbol{J}_i(t)}{\partial t} \mathrm{d}v, \quad k=1, 2, \cdots, 6 \end{aligned} \tag{5.18}$$

对于频率域总场正演模拟方程，由式(5.12)可得

$$\begin{aligned} R_k^e = & \frac{1}{\mu}\sum_{j=1}^{6} E_j^e \iiint_{V^e} \nabla\times\boldsymbol{N}_k^e \cdot \nabla\times\boldsymbol{N}_j^e \mathrm{d}v + \frac{1}{\mu}\sum_{j=1}^{6} E_j^e \oint_{S^e} \nabla\times\boldsymbol{N}_j^e(\boldsymbol{r}) \cdot [\boldsymbol{N}_k^e(\boldsymbol{r}) \times \boldsymbol{n}] \mathrm{d}s \\ & + i\omega \sum_{j=1}^{6} E_j^e \iiint_{V^e} \boldsymbol{N}_k^e \cdot \boldsymbol{\sigma}^e \cdot \boldsymbol{N}_j^e \mathrm{d}v + i\omega \iiint_{V^e} \boldsymbol{N}_k^e \cdot \boldsymbol{J}_i \mathrm{d}v, \quad k=1, 2, \cdots, 6 \end{aligned} \tag{5.19}$$

而对于二次场，由式(5.17)可得

$$\begin{aligned} R_k^e = & \frac{1}{\mu}\sum_{j=1}^{6} E_j^{se} \iiint_{V^e} \nabla\times\boldsymbol{N}_k^e \cdot \nabla\times\boldsymbol{N}_j^e \mathrm{d}v + \frac{1}{\mu}\sum_{j=1}^{6} E_j^{se} \oint_{S^e} \nabla\times\boldsymbol{N}_j^e(\boldsymbol{r}) \cdot [\boldsymbol{N}_k^e(\boldsymbol{r}) \times \boldsymbol{n}] \mathrm{d}s \\ & + i\omega \sum_{j=1}^{6} E_j^{se} \iiint_{V^e} \boldsymbol{N}_k^e \cdot \boldsymbol{\sigma}^e \cdot \boldsymbol{N}_j^e \mathrm{d}v + i\omega \iiint_{V^e} \boldsymbol{N}_k^e \cdot \boldsymbol{\sigma}_s^e \cdot \boldsymbol{E}_p \mathrm{d}v, \quad k=1, 2, \cdots, 6 \end{aligned} \tag{5.20}$$

式中，$\boldsymbol{\sigma}_s=\boldsymbol{\sigma}-\boldsymbol{\sigma}_p$，$\boldsymbol{\sigma}$ 和 $\boldsymbol{\sigma}_p$ 分别为单元和背景电导率张量。

5.3　有限元分析

本节有限元分析主要介绍从控制方程弱形式到正演模拟大型线性方程组的推导过程。其基本思想是首先对计算区域进行网格化离散，进而通过计算各个单元内控制方程的积分，得到各单元内小型矩阵方程，最后组装形成大型线性方程组并施加边界条件进行求解。网格剖分可采用六面体、四面体，或者三棱柱、扇形棱柱、多边形等多种单元。不同网格剖分所对应的控制方程离散过程基本相同，仅使用的单元插值函数和积分计算存在差异。本章采用非结构四面体网格进行单元剖分，并对有限元分析过程进行介绍。考虑时域电磁数值模拟有限元分析过程较频域电磁数值模拟问题更为复杂，且频域电磁方程有限元分析过程可包含于时域电磁方程有限元分析过程中，本节以时域电磁数值模拟为主线，对

电磁方程有限元分析过程进行详细介绍。对于频域电磁数值模拟，本节仅进行简要介绍，具体公式推导可参考时域电磁方程的有限元分析过程。

5.3.1　矢量插值基函数与单元分析

1. 矢量插值基函数

对于本章使用的非结构四面体网格，采用如下矢量插值基函数(Jin，2002)：

$$\boldsymbol{N}_j^e(\boldsymbol{r}) = (L_{j_1}^e \nabla L_{j_2}^e - L_{j_2}^e \nabla L_{j_1}^e) l_j^e \tag{5.21}$$

式中，l_j^e 为第 j 条棱边的长度；j_1 和 j_2 分别为第 j 条棱边两个端点的编号。表 5.1 给出棱边与节点的对应关系(参见图 5.1)。

表 5.1　四面体单元棱边与节点的对应关系

棱边 j	节点 j_1	节点 j_2
1	1	2
2	1	3
3	1	4
4	2	3
5	4	2
6	3	4

根据 Jin(2002)，式(5.21)中的 L_j^e 为单元中第 j 个节点对应的标量插值基函数，可表示为

$$L_j^e(x, y, z) = \frac{1}{6V^e}(a_j^e + b_j^e x + c_j^e y + d_j^e z) \tag{5.22}$$

式中，V^e 为单元的体积；a_j^e、b_j^e、c_j^e、d_j^e 为仅与四面体节点坐标有关的系数，由下列各式给出：

$$\frac{1}{6V^e}\begin{vmatrix} \boldsymbol{\Phi}_1^e & \boldsymbol{\Phi}_2^e & \boldsymbol{\Phi}_3^e & \boldsymbol{\Phi}_4^e \\ x_1^e & x_2^e & x_3^e & x_4^e \\ y_1^e & y_2^e & y_3^e & y_4^e \\ z_1^e & z_2^e & z_3^e & z_4^e \end{vmatrix} = \frac{1}{6V^e}(a_1^e \boldsymbol{\Phi}_1^e + a_2^e \boldsymbol{\Phi}_2^e + a_3^e \boldsymbol{\Phi}_3^e + a_4^e \boldsymbol{\Phi}_4^e) \tag{5.23}$$

$$\frac{1}{6V^e}\begin{vmatrix} 1 & 1 & 1 & 1 \\ \boldsymbol{\Phi}_1^e & \boldsymbol{\Phi}_2^e & \boldsymbol{\Phi}_3^e & \boldsymbol{\Phi}_4^e \\ y_1^e & y_2^e & y_3^e & y_4^e \\ z_1^e & z_2^e & z_3^e & z_4^e \end{vmatrix} = \frac{1}{6V^e}(b_1^e \boldsymbol{\Phi}_1^e + b_2^e \boldsymbol{\Phi}_2^e + b_3^e \boldsymbol{\Phi}_3^e + b_4^e \boldsymbol{\Phi}_4^e) \tag{5.24}$$

$$\frac{1}{6V^e}\begin{vmatrix} 1 & 1 & 1 & 1 \\ x_1^e & x_2^e & x_3^e & x_4^e \\ \boldsymbol{\Phi}_1^e & \boldsymbol{\Phi}_2^e & \boldsymbol{\Phi}_3^e & \boldsymbol{\Phi}_4^e \\ z_1^e & z_2^e & z_3^e & z_4^e \end{vmatrix} = \frac{1}{6V^e}(c_1^e\boldsymbol{\Phi}_1^e + c_2^e\boldsymbol{\Phi}_2^e + c_3^e\boldsymbol{\Phi}_3^e + c_4^e\boldsymbol{\Phi}_4^e) \tag{5.25}$$

$$\frac{1}{6V^e}\begin{vmatrix} 1 & 1 & 1 & 1 \\ x_1^e & x_2^e & x_3^e & x_4^e \\ y_1^e & y_2^e & y_3^e & y_4^e \\ \boldsymbol{\Phi}_1^e & \boldsymbol{\Phi}_2^e & \boldsymbol{\Phi}_3^e & \boldsymbol{\Phi}_4^e \end{vmatrix} = \frac{1}{6V^e}(d_1^e\boldsymbol{\Phi}_1^e + d_2^e\boldsymbol{\Phi}_2^e + d_3^e\boldsymbol{\Phi}_3^e + d_4^e\boldsymbol{\Phi}_4^e) \tag{5.26}$$

$$V^e = \frac{1}{6}\begin{vmatrix} 1 & 1 & 1 & 1 \\ x_1^e & x_2^e & x_3^e & x_4^e \\ y_1^e & y_2^e & y_3^e & y_4^e \\ z_1^e & z_2^e & z_3^e & z_4^e \end{vmatrix} \tag{5.27}$$

式中，(x_k^e, y_k^e, z_k^e)为第 k 个节点的坐标。由式(5.22)～式(5.27)可知 $L_j^e(x, y, z)$满足

$$L_j^e(x_k^e, y_k^e, z_k^e) = \delta_{jk} = \begin{cases} 1, & j = k \\ 0, & j \neq k \end{cases} \tag{5.28}$$

$$\sum_{j=1}^{4} L_j^e(x, y, z) = 1 \tag{5.29}$$

此外，对于节点 j 所对的面上任意一点(x, y, z)，有

$$L_j^e(x, y, z) = 0 \tag{5.30}$$

下文对矢量插值基函数 $\boldsymbol{N}^e(\boldsymbol{r})$的性质进行分析。根据恒等式

$$\nabla\cdot(a\boldsymbol{b}) = a\,\nabla\cdot\boldsymbol{b} + \boldsymbol{b}\cdot\nabla a \tag{5.31}$$

则对式(5.21)取散度，并考虑 $L_k^e(x, y, z)$是空间坐标(x, y, z)的线性函数，可以得到

$$\nabla\cdot\boldsymbol{N}_j^e(\boldsymbol{r}) = 0 \tag{5.32}$$

即矢量插值函数自动满足散度为0，这一性质满足了空间电场的无散条件。定义 $\boldsymbol{q}_j$ 为沿第 j 条棱边的单位矢量，由节点 j_1 指向 j_2。由于 $L_{j_1}^e$ 和 $L_{j_2}^e$ 为线性函数，从节点 j_1 到 j_2，$L_{j_1}^e$ 的值从 1 变化为 0，而 $L_{j_2}^e$ 的值从 0 变化为 1，则有

$$\boldsymbol{q}_j\cdot\nabla L_{j_1}^e = -1/l_j^e \tag{5.33}$$

$$\boldsymbol{q}_j\cdot\nabla L_{j_2}^e = 1/l_j^e \tag{5.34}$$

式中，l_j^e 为第 j 条棱边的边长。因此，对于第 j 条棱边上任意一点 $\boldsymbol{r}$，有

$$\boldsymbol{q}_j\cdot\boldsymbol{N}_j^e(\boldsymbol{r}) = L_{j_1}^e + L_{j_2}^e = 1 \tag{5.35}$$

这表示 $\boldsymbol{N}_j^e(\boldsymbol{r})$沿第 j 条棱边上有一个常切向分量。除此之外，由于 $L_{j_1}^e$ 沿 j_1 节点对面棱边上的值均为 0，$L_{j_2}^e$ 沿 j_2 节点对面棱边上的值也为 0，所以 $\boldsymbol{N}_j^e(\boldsymbol{r})$沿其他棱边没有切向分量，且在不包含棱边 j 的平面上也没有切向分量。沿棱边方向矢量插值函数 $\boldsymbol{N}_j^e(\boldsymbol{r})$的切向分量为常数，这一性质保证了切向电场的连续性条件。图 5.2 展示了四面体一个面上的矢量插值函数分布。从图 5.2 中可以看出，$\boldsymbol{N}_j^e(\boldsymbol{r})$的法向分量沿棱边发生变化，而且在其他棱边上也存在法向分量，这表示第 j 条棱边上的法向分量不仅受到自身插值函数的影响还

受到其他棱边插值函数的影响，从而造成法向分量的不连续性，这符合电场的分布特征。因此，在单元界面上，矢量插值基函数保证了切向电场的连续性，同时也容纳法向电场的不连续性。

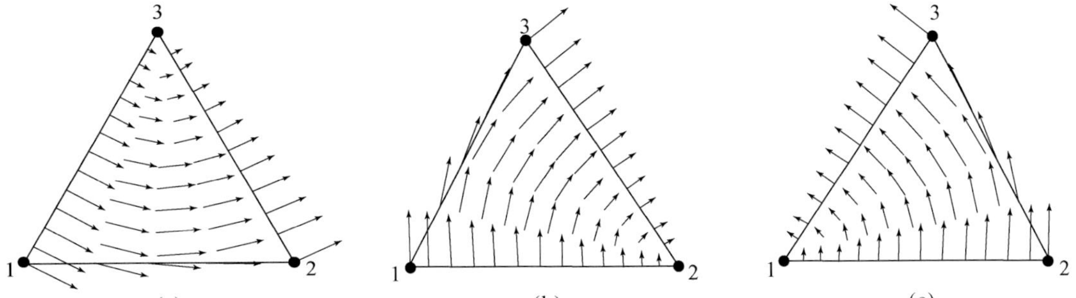

图 5.2　插值函数分布图
(a) $\boldsymbol{N}_1(\boldsymbol{r})$；(b) $\boldsymbol{N}_2(\boldsymbol{r})$；(c) $\boldsymbol{N}_4(\boldsymbol{r})$

2. 单元分析

根据金建铭(1998)，如果选取前述定义的矢量插值基函数为加权函数，并考虑磁场法线分量的连续性，则式(5.9)~式(5.20)中所有内部单元的面积分项相互抵消。如果假设电磁场在外边界上满足狄利克雷边界条件，则当外边界扩边足够大时，式(5.9)~式(5.20)中的外边界积分项也为零。然而，由于大地电磁正演模拟中通过在上部边界施加边界条件实现对场源的描述，因此式(5.13)中的面积分必须单独计算。下文首先讨论常规的人工源电磁问题求解，关于大地电磁正演模拟将在5.4.2节中给出详细推导。

如果式(5.9)~式(5.12)及式(5.14)~式(5.20)中的面积分项不存在，则正演方程推导过程中只需计算如下单元矩阵内部的矢量插值基函数的体积分，即

$$S_{kj}^e = \frac{1}{\mu}\iiint_{V^e} \nabla\times\boldsymbol{N}_k^e(\boldsymbol{r})\cdot\nabla\times\boldsymbol{N}_j^e(\boldsymbol{r})\,\mathrm{d}v \tag{5.36}$$

$$F_{kj}^e = \iiint_{V^e} \boldsymbol{N}_k^e(\boldsymbol{r})\cdot\boldsymbol{N}_j^e(\boldsymbol{r})\,\mathrm{d}v \tag{5.37}$$

根据恒等式：

$$\nabla\times(a\boldsymbol{b}) = a\,\nabla\times\boldsymbol{b} - \boldsymbol{b}\times\nabla a \tag{5.38}$$

对矢量插值基函数式(5.21)取旋度可得

$$\nabla\times\boldsymbol{N}_j^e(\boldsymbol{r}) = 2l_j^e\,\nabla L_{j_1}^e\times\nabla L_{j_2}^e \tag{5.39}$$

式中，j_1、j_2为第j条棱边两个端点的编号。将标量插值基函数代入式(5.39)可得

$$\nabla\times\boldsymbol{N}_j^e(\boldsymbol{r}) = \frac{2l_j^e}{(6V^e)^2}[(c_{j_1}^e d_{j_2}^e - d_{j_1}^e c_{j_2}^e)\hat{\boldsymbol{x}} + (d_{j_1}^e b_{j_2}^e - b_{j_1}^e d_{j_2}^e)\hat{\boldsymbol{y}} + (b_{j_1}^e c_{j_2}^e - c_{j_1}^e b_{j_2}^e)\hat{\boldsymbol{z}}] \tag{5.40}$$

式中，b_j^e、c_j^e、d_j^e 由式(5.23)~式(5.27)给出。将式(5.40)代入式(5.36)，经化简可得

$$S_{kj}^e = \frac{1}{\mu}\frac{4l_k^e l_j^e V^e}{(6V^e)^4}[(c_{k_1}^e d_{k_2}^e - d_{k_1}^e c_{k_2}^e)(c_{j_1}^e d_{j_2}^e - d_{j_1}^e c_{j_2}^e)$$

$$+(d_{k_1}^e b_{k_2}^e - b_{k_1}^e d_{k_2}^e)(d_{j_1}^e b_{j_2}^e - b_{j_1}^e d_{j_2}^e) + (b_{k_1}^e c_{k_2}^e - c_{k_1}^e b_{k_2}^e)(b_{j_1}^e c_{j_2}^e - c_{j_1}^e b_{j_2}^e)] \tag{5.41}$$

同理，根据矢量和标量插值基函数可得

$$\boldsymbol{N}_k^e(\boldsymbol{r}) \cdot \boldsymbol{N}_j^e(\boldsymbol{r}) = \frac{l_k^e l_j^e}{(6V^e)^2}[L_{k_1}^e L_{j_1}^e f_{k_2j_2} - L_{k_1}^e L_{j_2}^e f_{k_2j_1} - L_{k_2}^e L_{j_1}^e f_{k_1j_2} + L_{k_2}^e L_{j_2}^e f_{k_1j_1}] \tag{5.42}$$

式中，j_1、j_2、k_1、k_2分别为第j和k条棱边两个端点的编号，而

$$f_{kj} = b_k^e b_j^e + c_k^e c_j^e + d_k^e d_j^e \tag{5.43}$$

将式(5.42)代入式(5.37)中，并利用公式(Zienkiewicz and Taylor，1989)：

$$\iiint_{V^e} (L_1^e)^k (L_2^e)^l (L_3^e)^m (L_4^e)^n \mathrm{d}v = \frac{k!\ l!\ m!\ n!}{(k+l+m+n+3)!} 6V^e \tag{5.44}$$

即可得到F_{kj}^e的表达式。考虑$\boldsymbol{F}^e = [F_{kj}^e]$是对称矩阵，本节仅给出其上三角各元素表达式(金建铭，1998)：

$$F_{11}^e = \frac{(l_1^e)^2}{360V^e}(f_{22} - f_{12} + f_{11}) \tag{5.45}$$

$$F_{12}^e = \frac{l_1^e l_2^e}{720V^e}(2f_{23} - f_{21} - f_{13} + f_{11}) \tag{5.46}$$

$$F_{13}^e = \frac{l_1^e l_3^e}{720V^e}(2f_{24} - f_{21} - f_{14} + f_{11}) \tag{5.47}$$

$$F_{14}^e = \frac{l_1^e l_4^e}{720V^e}(f_{23} - f_{22} - 2f_{13} + f_{12}) \tag{5.48}$$

$$F_{15}^e = \frac{l_1^e l_5^e}{720V^e}(f_{22} - f_{24} - f_{12} + 2f_{14}) \tag{5.49}$$

$$F_{16}^e = \frac{l_1^e l_6^e}{720V^e}(f_{24} - f_{23} - f_{14} + f_{13}) \tag{5.50}$$

$$F_{22}^e = \frac{(l_2^e)^2}{360V^e}(f_{33} - f_{13} + f_{11}) \tag{5.51}$$

$$F_{23}^e = \frac{l_2^e l_3^e}{720V^e}(2f_{34} - f_{13} - f_{14} + f_{11}) \tag{5.52}$$

$$F_{24}^e = \frac{l_2^e l_4^e}{720V^e}(f_{33} - f_{23} - f_{13} + 2f_{12}) \tag{5.53}$$

$$F_{25}^e = \frac{l_2^e l_5^e}{720V^e}(f_{23} - f_{34} - f_{12} + f_{14}) \tag{5.54}$$

$$F_{26}^e = \frac{l_2^e l_6^e}{720V^e}(f_{13} - f_{33} - 2f_{14} + f_{34}) \tag{5.55}$$

$$F_{33}^e = \frac{(l_3^e)^2}{360V^e}(f_{44} - f_{14} + f_{11}) \tag{5.56}$$

$$F_{34}^e = \frac{l_3^e l_4^e}{720V^e}(f_{34} - f_{24} - f_{13} + f_{12}) \tag{5.57}$$

$$F_{35}^{e}=\frac{l_3^e l_5^e}{720V^e}(f_{24}-f_{44}-2f_{12}+f_{14}) \tag{5.58}$$

$$F_{36}^{e}=\frac{l_3^e l_6^e}{720V^e}(f_{44}-f_{34}-f_{14}+2f_{13}) \tag{5.59}$$

$$F_{44}^{e}=\frac{(l_4^e)^2}{360V^e}(f_{33}-f_{23}+f_{22}) \tag{5.60}$$

$$F_{45}^{e}=\frac{l_4^e l_5^e}{720V^e}(f_{23}-2f_{34}-f_{22}+f_{24}) \tag{5.61}$$

$$F_{46}^{e}=\frac{l_4^e l_6^e}{720V^e}(f_{34}-f_{33}-2f_{24}+f_{23}) \tag{5.62}$$

$$F_{55}^{e}=\frac{(l_5^e)^2}{360V^e}(f_{22}-f_{24}+f_{44}) \tag{5.63}$$

$$F_{56}^{e}=\frac{l_5^e l_6^e}{720V^e}(f_{24}-2f_{23}-f_{44}+f_{34}) \tag{5.64}$$

$$F_{66}^{e}=\frac{(l_6^e)^2}{360V^e}(f_{44}-f_{34}+f_{33}) \tag{5.65}$$

必须指出，上文各式中 F^e 的下标为单元内棱边编号，而 f 的下标为单元内节点编号。对于各向异性电磁模拟问题，单元矩阵内矢量插值基函数体积分可写成

$$S_{kj}^{e}=\frac{1}{\mu}\iiint_{V^e}\nabla\times\boldsymbol{N}_k^e(\boldsymbol{r})\cdot\nabla\times\boldsymbol{N}_j^e(\boldsymbol{r})\,\mathrm{d}v \tag{5.66}$$

$$G_{kj}^{e}=\iiint_{V^e}\boldsymbol{N}_k^e(\boldsymbol{r})\boldsymbol{\sigma}^e\,[\boldsymbol{N}_j^e(\boldsymbol{r})]^{\mathrm{T}}\mathrm{d}v \tag{5.67}$$

将电导率张量 $\boldsymbol{\sigma}^e$ 展开成矩阵形式，可得

$$G_{kj}^{e}=\iiint_{V^e}\boldsymbol{N}_k^e(\boldsymbol{r})\begin{bmatrix}\sigma_{xx}^e & \sigma_{xy}^e & \sigma_{xz}^e\\ \sigma_{xy}^e & \sigma_{yy}^e & \sigma_{yz}^e\\ \sigma_{xz}^e & \sigma_{yz}^e & \sigma_{zz}^e\end{bmatrix}[\boldsymbol{N}_j^e(\boldsymbol{r})]^{\mathrm{T}}\mathrm{d}v \tag{5.68}$$

进而将 $\boldsymbol{N}_k^e(\boldsymbol{r})$ 和 $\boldsymbol{N}_j^e(\boldsymbol{r})$ 写成 x、y、z 分量形式，即

$$\boldsymbol{N}_k^e(\boldsymbol{r})=[N_{kx}^e(\boldsymbol{r}),\ N_{ky}^e(\boldsymbol{r}),\ N_{kz}^e(\boldsymbol{r})],\quad \boldsymbol{N}_j^e(\boldsymbol{r})=[N_{jx}^e(\boldsymbol{r}),\ N_{jy}^e(\boldsymbol{r}),\ N_{jz}^e(\boldsymbol{r})] \tag{5.69}$$

并将其代入式(5.68)中，可得

$$G_{kj}^{e}=\iiint_{V^e}[N_{kx}^e(\boldsymbol{r}),\ N_{ky}^e(\boldsymbol{r}),\ N_{kz}^e(\boldsymbol{r})]\begin{bmatrix}\sigma_{xx}^e & \sigma_{xy}^e & \sigma_{xz}^e\\ \sigma_{xy}^e & \sigma_{yy}^e & \sigma_{yz}^e\\ \sigma_{xz}^e & \sigma_{yz}^e & \sigma_{zz}^e\end{bmatrix}\begin{bmatrix}N_{jx}^e(\boldsymbol{r})\\ N_{jy}^e(\boldsymbol{r})\\ N_{jz}^e(\boldsymbol{r})\end{bmatrix}\mathrm{d}v \tag{5.70}$$

对上式进行展开，并定义

$$g_{kj}=b_kb_j\sigma_{xx}+b_kc_j\sigma_{xy}+b_kd_j\sigma_{xz}+c_kb_j\sigma_{xy}+c_kc_j\sigma_{yy}+c_kd_j\sigma_{yz}+d_kb_j\sigma_{xz}+d_kc_j\sigma_{yz}+d_kd_j\sigma_{zz} \tag{5.71}$$

可得

$$G_{11}^{e}=\frac{(l_1^e)^2}{360V^e}(g_{22}-g_{12}+g_{11}) \tag{5.72}$$

$$G_{12}^{e}=\frac{l_{1}^{e}l_{2}^{e}}{720V^{e}}(2g_{23}-g_{21}-g_{13}+g_{11}) \tag{5.73}$$

$$G_{13}^{e}=\frac{l_{1}^{e}l_{3}^{e}}{720V^{e}}(2g_{24}-g_{21}-g_{14}+g_{11}) \tag{5.74}$$

$$G_{14}^{e}=\frac{l_{1}^{e}l_{4}^{e}}{720V^{e}}(g_{23}-g_{22}-2g_{13}+g_{12}) \tag{5.75}$$

$$G_{15}^{e}=\frac{l_{1}^{e}l_{5}^{e}}{720V^{e}}(g_{22}-g_{24}-g_{12}+2g_{14}) \tag{5.76}$$

$$G_{16}^{e}=\frac{l_{1}^{e}l_{6}^{e}}{720V^{e}}(g_{24}-g_{23}-g_{14}+g_{13}) \tag{5.77}$$

$$G_{22}^{e}=\frac{(l_{2}^{e})^{2}}{360V^{e}}(g_{33}-g_{13}+g_{11}) \tag{5.78}$$

$$G_{23}^{e}=\frac{l_{2}^{e}l_{3}^{e}}{720V^{e}}(2g_{34}-g_{13}-g_{14}+g_{11}) \tag{5.79}$$

$$G_{24}^{e}=\frac{l_{2}^{e}l_{4}^{e}}{720V^{e}}(g_{33}-g_{23}-g_{13}+2g_{12}) \tag{5.80}$$

$$G_{25}^{e}=\frac{l_{2}^{e}l_{5}^{e}}{720V^{e}}(g_{23}-g_{34}-g_{12}+g_{14}) \tag{5.81}$$

$$G_{26}^{e}=\frac{l_{2}^{e}l_{6}^{e}}{720V^{e}}(g_{13}-g_{33}-2g_{14}+g_{34}) \tag{5.82}$$

$$G_{33}^{e}=\frac{(l_{3}^{e})^{2}}{360V^{e}}(g_{44}-g_{14}+g_{11}) \tag{5.83}$$

$$G_{34}^{e}=\frac{l_{3}^{e}l_{4}^{e}}{720V^{e}}(g_{34}-g_{24}-g_{13}+g_{12}) \tag{5.84}$$

$$G_{35}^{e}=\frac{l_{3}^{e}l_{5}^{e}}{720V^{e}}(g_{24}-g_{44}-2g_{12}+g_{14}) \tag{5.85}$$

$$G_{36}^{e}=\frac{l_{3}^{e}l_{6}^{e}}{720V^{e}}(g_{44}-g_{34}-g_{14}+2g_{13}) \tag{5.86}$$

$$G_{44}^{e}=\frac{(l_{4}^{e})^{2}}{360V^{e}}(g_{33}-g_{23}+g_{22}) \tag{5.87}$$

$$G_{45}^{e}=\frac{l_{4}^{e}l_{5}^{e}}{720V^{e}}(g_{23}-2g_{34}-g_{22}+g_{24}) \tag{5.88}$$

$$G_{46}^{e}=\frac{l_{4}^{e}l_{6}^{e}}{720V^{e}}(g_{34}-g_{33}-2g_{24}+g_{23}) \tag{5.89}$$

$$G_{55}^{e}=\frac{(l_{5}^{e})^{2}}{360V^{e}}(g_{22}-g_{24}+g_{44}) \tag{5.90}$$

$$G_{56}^{e}=\frac{l_{5}^{e}l_{6}^{e}}{720V^{e}}(g_{24}-2g_{23}-g_{44}+g_{34}) \tag{5.91}$$

$$G_{66}^e = \frac{(l_6^e)^2}{360V^e}(g_{44} - g_{34} + g_{33}) \tag{5.92}$$

需要注意的是，上述各式中存在如下对称关系 $G_{jk} = G_{kj}$。由于本节使用的一阶矢量插值函数 $\boldsymbol{N}^e(\boldsymbol{r})$ 为线性函数，因此上述公式均可以获得解析表达式。若使用高阶插值基函数，则需使用高斯积分等数值方法进行计算。

5.3.2　控制方程离散

如前所述，对于常规电磁正演模拟问题，可以忽略式(5.9)～式(5.20)中的面积分项。此时，可以将式(5.9)给出的加权残差表示为矩阵形式，即

$$\boldsymbol{R}^e = \boldsymbol{M}^e \frac{\mathrm{d}\boldsymbol{E}^e(t)}{\mathrm{d}t} + \boldsymbol{S}^e\boldsymbol{E}^e(t) + \boldsymbol{J}^e \tag{5.93}$$

而对于频域问题，则由式(5.12)可得

$$\boldsymbol{R}^e = (\boldsymbol{S}^e + i\omega\boldsymbol{M}^e)\boldsymbol{E}^e + \boldsymbol{J}^e \tag{5.94}$$

式中，$\boldsymbol{E}^e$ 为各个单元棱边上的时域或频域电场，而质量矩阵 $\boldsymbol{M}^e$ 及刚度矩阵 $\boldsymbol{S}^e$ 和源项 $\boldsymbol{J}^e$ 可表示为

$$S_{kj}^e = \frac{1}{\mu}\iiint_{V^e} \nabla\times \boldsymbol{N}_k^e(\boldsymbol{r}) \cdot \nabla\times \boldsymbol{N}_j^e(\boldsymbol{r})\mathrm{d}v,\quad k,\ j = 1,\ 2,\ \cdots,\ 6 \tag{5.95}$$

各向同性：
$$M_{kj}^e = F_{kj}^e = \sigma^e\iiint_{V^e}\boldsymbol{N}_k^e(\boldsymbol{r}) \cdot \boldsymbol{N}_j^e(\boldsymbol{r})\mathrm{d}v,\quad k,\ j = 1,\ 2,\ \cdots,\ 6 \tag{5.96}$$

各向异性：
$$M_{kj}^e = G_{kj}^e = \iiint_{V^e}\boldsymbol{N}_k^e(\boldsymbol{r})\ \boldsymbol{\sigma}^e\ [\boldsymbol{N}_j^e(\boldsymbol{r})]^{\mathrm{T}}\mathrm{d}v,\quad k,\ j = 1,\ 2,\ \cdots,\ 6 \tag{5.97}$$

时域：
$$J_k^e = \iiint_{V^e}\boldsymbol{N}_k^e(\boldsymbol{r}) \cdot \frac{\partial \boldsymbol{J}_i(\boldsymbol{r},\ t)}{\partial t}\mathrm{d}v,\quad k = 1,\ 2,\ \cdots,\ 6 \tag{5.98}$$

频域：
$$J_k^e = i\omega\iiint_{V^e}\boldsymbol{N}_k^e(\boldsymbol{r}) \cdot \boldsymbol{J}_i\mathrm{d}v,\quad k = 1,\ 2,\ \cdots,\ 6 \tag{5.99}$$

对于一次场/二次场分离算法，由式(5.16)和式(5.19)可得

各向同性：
$$J_k^e = i\omega\sigma_s^e\iiint_{V^e}\boldsymbol{N}_k^e \cdot \boldsymbol{E}_p\mathrm{d}v,\quad k = 1,\ 2,\ \cdots,\ 6 \tag{5.100}$$

各向异性：
$$J_k^e = i\omega\iiint_{V^e}\boldsymbol{N}_k^e\boldsymbol{\sigma}_s^e[\boldsymbol{E}_p]^{\mathrm{T}}\mathrm{d}v,\quad k = 1,\ 2,\ \cdots,\ 6 \tag{5.101}$$

利用局部单元和全局单元之间的关系，对式(5.93)和式(5.94)按照全局编码进行求和，并令残差之和 $\boldsymbol{R} = \sum_{e=1}^{N_e}\boldsymbol{R}^e$ 为零(N_e 为单元个数)，即可得到频域和时域电磁数值模拟对应的控制方程的弱形式为

$$\boldsymbol{M}\frac{\mathrm{d}\boldsymbol{E}(t)}{\mathrm{d}t} + \boldsymbol{S}\boldsymbol{E}(t) + \boldsymbol{J} = 0 \tag{5.102}$$

和

$$(\boldsymbol{S} + i\omega\boldsymbol{M})\boldsymbol{E} + \boldsymbol{J} = 0 \tag{5.103}$$

式中，$\boldsymbol{E}$ 为时域或频域电场解向量；$\boldsymbol{M}$ 和 $\boldsymbol{S}$ 为总体质量矩阵和刚度矩阵；$\boldsymbol{J}$ 为源项。

由式(5.102)可以看出，时域电磁正演模拟对应的矩阵方程包含场值对时间的导数项。为求解任意时刻的电磁响应，必须对其进行时间离散。常见的离散格式分为向前差分、向后差分和中心差分三种(Haber，2014)。其中，一阶向前差分格式可写成

$$\frac{\mathrm{d}f(t)}{\mathrm{d}t}=\frac{1}{\Delta t}[f(t+\Delta t)-f(t)] \tag{5.104}$$

式中，t 为时间；$f(t)$ 为电磁响应函数；Δt 为时间步长。向前差分是一种显式差分格式，利用其对偏微分方程进行离散，可以得到稳定条件下的显式递推方程。基于递推方程即可由当前时刻的解，显式地计算下一时刻电磁场的解。向前差分格式主要应用于 FDTD。显式差分的缺点在于，计算过程中必须严格遵循稳定性条件，进而导致时间步长的选取受到限制，晚期时间道电磁响应计算效率低。

向后差分格式也称为后推欧拉格式。参见式(4.51)，其一阶形式为

$$\frac{\mathrm{d}f(t)}{\mathrm{d}t}=\frac{1}{\Delta t}[f(t)-f(t-\Delta t)] \tag{5.105}$$

后推欧拉是一种隐式差分格式。该方法的主要优点是递推求解过程无条件稳定，对时间步长的选择较为宽松，因此在晚期时间道可以选取较大的时间步长递推求解，加快电磁响应的计算速度。

一阶中心差分格式可以写成

$$\frac{\mathrm{d}f(t)}{\mathrm{d}t}=\frac{1}{2\Delta t}[f(t+\Delta t)-f(t-\Delta t)] \tag{5.106}$$

如前所述，这种差分格式具有二阶代数精度。如果采用隐式方式进行求解，理论上也是无条件稳定的。然而，由于计算机数值精度有限，当选取的时间步长较大时，计算结果会出现震荡。因此，时间步长同样受到严格限制(齐彦福，2017)。

本章使用隐式后推欧拉格式对上述控制方程中电磁场的时间导数项进行离散。当发射波形为较为简单的阶跃波时，可以使用一阶后推欧拉离散式(5.104)对方程进行近似，此时式(5.102)变为

$$(\boldsymbol{M}+\Delta t\boldsymbol{S})\boldsymbol{E}^{j+1}(t)=\boldsymbol{M}\boldsymbol{E}^{j}(t)-\Delta t\boldsymbol{J}^{j+1} \tag{5.107}$$

而对于较为复杂的半正弦波、梯形波、三角波等发射波形，可以使用计算精度更高的二阶后推欧拉格式对控制方程进行离散。二阶后推欧拉格式可写成

$$\frac{\mathrm{d}f(t)}{\mathrm{d}t}=\frac{1}{2\Delta t}[3f(t)-4f(t-\Delta t)+f(t-2\Delta t)] \tag{5.108}$$

将其代入式(5.102)中，可得二阶时间离散的控制方程为

$$(3\boldsymbol{M}+2\Delta t\boldsymbol{S})\boldsymbol{E}^{j+2}(t)=\boldsymbol{M}[4\boldsymbol{E}^{j+1}(t)-\boldsymbol{E}^{j}(t)]-2\Delta t\boldsymbol{J}^{j+2} \tag{5.109}$$

由式(5.98)和式(5.109)可见，当前时刻的电场由前两个时刻的电场和当前时刻的电流时间导数共同确定。与式(5.107)相比，二阶离散公式可更准确地描述电磁场随时间复杂的扩散特征。本章所有算例均基于二阶后推欧拉进行时间离散。

需要指出的是，式(5.108)中的二阶后推欧拉时间离散只适用于等时间步长的情况，当处理变时间步长正演问题时，在时间步长发生变化的交接点上，需要将式(5.108)中右端第三项用关于交接点对称位置上的早期道场值替代。因此，当交接点步长变化为整数倍

时，只需要按一定倍数从交接点后延即可。当时间步长变化为非整数倍时，还需要使用插值方法获得关于交接点对称位置的电磁场值，因此取决于时间步长增加的倍数，需要存储相应的早期时间道电磁场值。惠哲剑(2021)给出任意时间步长后推欧拉时间离散，简单介绍如下。

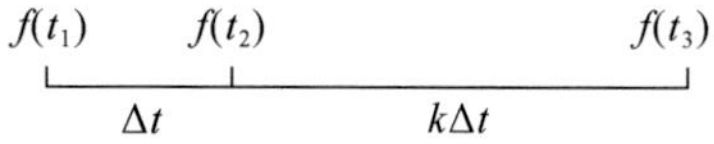

图 5.3　变步长后推欧拉时间离散

如图 5.3 所示，二维坐标系中存在三个时间点 t_1、t_2、t_3，对应的场值分别为 $f(t_1)$、$f(t_2)$、$f(t_3)$，假设 $t_3-t_2=k(t_2-t_1)=k\Delta t$，则将 $f(t_1)$ 和 $f(t_2)$ 关于 t_3 进行泰勒展开，可得

$$f(t_2)=f(t_3)-f'(t_3)k\Delta t+\frac{1}{2}f''(t_3)(k\Delta t)^2+\cdots \tag{5.110}$$

$$f(t_1)=f(t_3)-f'(t_3)(k+1)\Delta t+\frac{1}{2}f''(t_3)(k+1)^2\Delta t^2+\cdots \tag{5.111}$$

将式(5.110)乘以 $(k+1)^2$ 减去(5.111)乘以 k^2，可得

$$(k+1)^2f(t_2)-k^2f(t_1)=(2k+1)f(t_3)-f'(t_3)(k+1)k\Delta t \tag{5.112}$$

由此，对于任意整数 k，有

$$f'(t_3)=\frac{1}{(k+1)k\Delta t}[(2k+1)f(t_3)-(k+1)^2f(t_2)+k^2f(t_1)] \tag{5.113}$$

当 $k=1$ 时，式(5.113)可简化为式(5.108)。将式(5.113)代入式(5.102)可得

$$\begin{aligned}&[(2k+1)\boldsymbol{M}+k(k+1)\Delta t\boldsymbol{S}]\boldsymbol{E}^{j+2}(t_3)\\&=\boldsymbol{M}[(k+1)^2\boldsymbol{E}^{j+1}(t_2)-k^2\boldsymbol{E}^{j}(t_1)]-k(k+1)\Delta t\boldsymbol{J}^{j+2}(t_3)\end{aligned} \tag{5.114}$$

必须指出的是，当式(5.113)中的 k 为整数时，如果采用关于交接点对称采样，则利用式(5.109)进行时间迭代时，系数矩阵和右端项仅在时间步长 Δt 发生变化时需要更新。然而，如果时间步长连续可变，则需采用式(5.113)进行时间离散，此时需要使用式(5.114)进行场值迭代。为后续讨论方便，将式(5.103)、式(5.107)、式(5.109)和式(5.114)统一简写为

$$\boldsymbol{AE}=\boldsymbol{b} \tag{5.115}$$

式中，$\boldsymbol{A}$ 为系数矩阵；$\boldsymbol{E}$ 为模型剖分单元各棱边上待求电场值；$\boldsymbol{b}$ 为右端源项。式(5.115)可利用直接求解器或者迭代方法进行求解。这将在第 8 章详细讨论。

5.3.3　大型线性方程组合成

在计算出单元系数矩阵和源项后，可以根据棱边对应关系将所有单元矩阵组合起来，构成总体质量矩阵、刚度矩阵和源项，进而得到如下总体合成矩阵：$\boldsymbol{A}=\sum_{e=1}^{N_e}\boldsymbol{A}^e$，$\boldsymbol{b}=\sum_{e=1}^{N_e}\boldsymbol{b}^e$，其中，$N_e$ 为单元总数。为简单起见，下面我们以二维三角网格为例介绍整体矩阵合成的过程(参考 Um，2011)。

如图 5.4 所示，蓝色数字表示单元编号，绿色数字表示结点编号，红色数字表示棱边的全局编号，黑色数字表示棱边的局部编号，其间对应关系见表 5.2。我们首先建立一个空的系数矩阵及其增广矩阵：

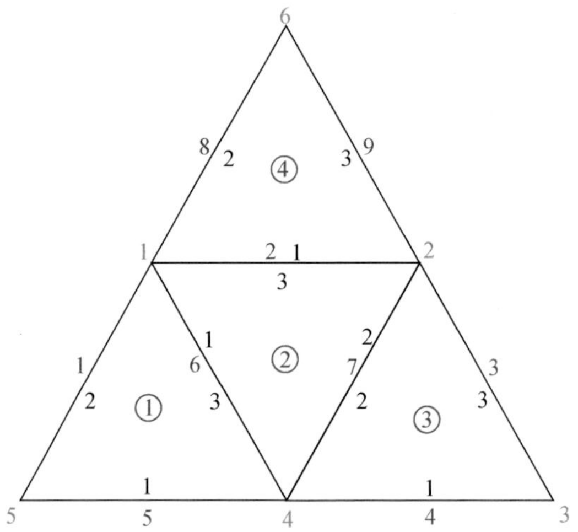

图 5.4　求解二维问题的三角网格(参考 Um，2011)

表 5.2　单元棱边局部编号与全局编号对应关系

棱边局部编号 / 棱边全局编号 / 单元编号	1	2	3
①	5	1	6
②	6	7	2
③	4	7	3
④	2	8	9

$$(\boldsymbol{A} \mid \boldsymbol{b}) = \left[\begin{array}{ccccccccc|c} 0 & 0 & 0 & 0 & 0 & 0 & 0 & 0 & 0 & 0 \\ 0 & 0 & 0 & 0 & 0 & 0 & 0 & 0 & 0 & 0 \\ 0 & 0 & 0 & 0 & 0 & 0 & 0 & 0 & 0 & 0 \\ 0 & 0 & 0 & 0 & 0 & 0 & 0 & 0 & 0 & 0 \\ 0 & 0 & 0 & 0 & 0 & 0 & 0 & 0 & 0 & 0 \\ 0 & 0 & 0 & 0 & 0 & 0 & 0 & 0 & 0 & 0 \\ 0 & 0 & 0 & 0 & 0 & 0 & 0 & 0 & 0 & 0 \\ 0 & 0 & 0 & 0 & 0 & 0 & 0 & 0 & 0 & 0 \\ 0 & 0 & 0 & 0 & 0 & 0 & 0 & 0 & 0 & 0 \end{array}\right] \tag{5.116}$$

设第 e 个单元的系数矩阵 $\boldsymbol{A}^e$ 和右端项 $\boldsymbol{b}^e$ 为

$$(\boldsymbol{A}^e \mid \boldsymbol{b}^e) = \left[\begin{array}{ccc|c} a_{11}^e & a_{12}^e & a_{13}^e & b_1^e \\ a_{21}^e & a_{22}^e & a_{23}^e & b_2^e \\ a_{31}^e & a_{32}^e & a_{33}^e & b_3^e \end{array}\right] \tag{5.117}$$

式中，a_{kj}^e 是单元矩阵 $\boldsymbol{A}^e$ 第 k 行、第 j 列的元素，b_k^e 是右端项 $\boldsymbol{b}^e$ 第 k 行的元素。根据表 5.2 的对应关系，可将第 1 个单元矩阵加入式(5.116)中，即

$$(\boldsymbol{A} \mid \boldsymbol{b}) = \left[\begin{array}{ccccccccc|c} a_{22}^1 & 0 & 0 & 0 & a_{21}^1 & a_{23}^1 & 0 & 0 & 0 & b_2^1 \\ 0 & 0 & 0 & 0 & 0 & 0 & 0 & 0 & 0 & 0 \\ 0 & 0 & 0 & 0 & 0 & 0 & 0 & 0 & 0 & 0 \\ 0 & 0 & 0 & 0 & 0 & 0 & 0 & 0 & 0 & 0 \\ a_{12}^1 & 0 & 0 & 0 & a_{11}^1 & a_{13}^1 & 0 & 0 & 0 & b_1^1 \\ a_{32}^1 & 0 & 0 & 0 & a_{31}^1 & a_{33}^1 & 0 & 0 & 0 & b_3^1 \\ 0 & 0 & 0 & 0 & 0 & 0 & 0 & 0 & 0 & 0 \\ 0 & 0 & 0 & 0 & 0 & 0 & 0 & 0 & 0 & 0 \\ 0 & 0 & 0 & 0 & 0 & 0 & 0 & 0 & 0 & 0 \end{array}\right] \tag{5.118}$$

根据同样的对应关系，将第 2 个单元矩阵加入到式(5.118)中，可得

$$(\boldsymbol{A} \mid \boldsymbol{b}) = \left[\begin{array}{ccccccccc|c} a_{22}^1 & 0 & 0 & 0 & a_{21}^1 & a_{23}^1 & 0 & 0 & 0 & b_2^1 \\ 0 & a_{33}^2 & 0 & 0 & 0 & a_{31}^2 & a_{32}^2 & 0 & 0 & b_3^2 \\ 0 & 0 & 0 & 0 & 0 & 0 & 0 & 0 & 0 & 0 \\ 0 & 0 & 0 & 0 & 0 & 0 & 0 & 0 & 0 & 0 \\ a_{12}^1 & 0 & 0 & 0 & a_{11}^1 & a_{13}^1 & 0 & 0 & 0 & b_1^1 \\ a_{32}^1 & a_{13}^2 & 0 & 0 & a_{31}^1 & a_{33}^1 + a_{11}^2 & a_{12}^2 & 0 & 0 & b_3^1 + b_1^2 \\ 0 & a_{23}^2 & 0 & 0 & 0 & a_{21}^2 & a_{22}^2 & 0 & 0 & b_2^2 \\ 0 & 0 & 0 & 0 & 0 & 0 & 0 & 0 & 0 & 0 \\ 0 & 0 & 0 & 0 & 0 & 0 & 0 & 0 & 0 & 0 \end{array}\right] \tag{5.119}$$

进而，将第 3 个单元的系数矩阵加入式(5.119)中，可得

$$(\boldsymbol{A} \mid \boldsymbol{b}) = \left[\begin{array}{ccccccccc|c} a_{22}^1 & 0 & 0 & 0 & a_{21}^1 & a_{23}^1 & 0 & 0 & 0 & b_2^1 \\ 0 & a_{33}^2 & 0 & 0 & 0 & a_{31}^2 & a_{32}^2 & 0 & 0 & b_3^2 \\ 0 & 0 & a_{33}^3 & a_{31}^3 & 0 & 0 & a_{32}^3 & 0 & 0 & b_3^3 \\ 0 & 0 & a_{13}^3 & a_{11}^3 & 0 & 0 & a_{12}^3 & 0 & 0 & b_1^3 \\ a_{12}^1 & 0 & 0 & 0 & a_{11}^1 & a_{13}^1 & 0 & 0 & 0 & b_1^1 \\ a_{32}^1 & a_{13}^2 & 0 & 0 & a_{31}^1 & a_{33}^1 + a_{11}^2 & a_{12}^2 & 0 & 0 & b_3^1 + b_1^2 \\ 0 & a_{23}^2 & a_{23}^3 & a_{21}^3 & 0 & a_{21}^2 & a_{22}^2 + a_{22}^3 & 0 & 0 & b_2^2 + b_2^3 \\ 0 & 0 & 0 & 0 & 0 & 0 & 0 & 0 & 0 & 0 \\ 0 & 0 & 0 & 0 & 0 & 0 & 0 & 0 & 0 & 0 \end{array}\right] \tag{5.120}$$

最后，将第 4 个单元的系数矩阵加入式(5.120)中，可得

$$
(\boldsymbol{A} \mid \boldsymbol{b})=\left[\begin{array}{ccccccccc|c}
a_{22}^{1} & 0 & 0 & 0 & a_{21}^{1} & a_{23}^{1} & 0 & 0 & 0 & b_{2}^{1} \\
0 & a_{33}^{2}+a_{11}^{4} & 0 & 0 & 0 & a_{31}^{2} & a_{32}^{2} & a_{12}^{4} & a_{13}^{4} & b_{3}^{2}+b_{1}^{4} \\
0 & 0 & a_{33}^{3} & a_{31}^{3} & 0 & 0 & a_{32}^{3} & 0 & 0 & b_{3}^{3} \\
0 & 0 & a_{13}^{3} & a_{11}^{3} & 0 & 0 & a_{12}^{3} & 0 & 0 & b_{1}^{3} \\
a_{12}^{1} & 0 & 0 & 0 & a_{11}^{1} & a_{13}^{1} & 0 & 0 & 0 & b_{1}^{1} \\
a_{32}^{1} & a_{13}^{2} & 0 & 0 & a_{31}^{1} & a_{33}^{1}+a_{11}^{2} & a_{12}^{2} & 0 & 0 & b_{3}^{1}+b_{1}^{2} \\
0 & a_{23}^{2} & a_{23}^{3} & a_{21}^{3} & 0 & a_{21}^{2} & a_{22}^{2}+a_{22}^{3} & 0 & 0 & b_{2}^{2}+b_{2}^{3} \\
0 & a_{21}^{4} & 0 & 0 & 0 & 0 & 0 & a_{22}^{4} & a_{23}^{4} & b_{2}^{4} \\
0 & a_{31}^{4} & 0 & 0 & 0 & 0 & 0 & a_{32}^{4} & a_{33}^{4} & b_{3}^{4}
\end{array}\right] \tag{5.121}
$$

对上述过程进行归纳，可以发现单元矩阵元素在总体矩阵中的位置遵循如下规律：第 e 个单元的系数矩阵 $\boldsymbol{A}^e$ 的第 k 行和第 j 列元素 a_{kj}^e 加到总体矩阵中 $a_{\ell(k,\ e),\ \ell(j,\ e)}$ 上，右端项 $\boldsymbol{b}^e$ 的第 k 行元素 b_k^e 加到总体右端项 $b_{\ell(k,\ e)}$ 上，其中 $\ell(k,\ e)$ 为第 e 个单元第 k 条棱边的全局编号。

由上面的例子可以看出，对于存在几十万到上百万棱边的模型，总体系数矩阵是一个大型稀疏矩阵。由于计算机内存有限，难以对所有矩阵元素进行存储。为解决这一问题，通常采用压缩存储方法，只将非零元素的位置和数值储存到三个一维数组中，减小内存需求。下面以式(5.121)为例给出压缩存储的具体过程。首先，设置三个一维数组 row、col 和 val。其中，row 存储每行第一个非零元素的总体编号，数组长度为矩阵行数加 1，col 存储非零元素的列号，数组长度等于非零元素个数，val 存储非零元素的值，数组长度为非零元素个数。该矩阵存储方式也可称为 Compressed Sparse Row(CSR)存储，其具体形式如表 5.3 所示。

表 5.3　系数矩阵按行压缩格式存储

row	1	4	9	12	15	18	23	28	31	34
col	1	5	6	2	6…2	8	9	2	8	9
val	a_{22}^1	a_{21}^1	a_{23}^1	$a_{33}^2+a_{11}^4$	$a_{31}^2\cdots a_{21}^4$	a_{22}^4	a_{23}^4	a_{31}^4	a_{32}^4	a_{33}^4

5.4　源项处理及边界条件和初始条件

本节我们依据主动源和被动源电磁法的特征，分别讨论发射源处理及边界条件和初始条件加载问题。

5.4.1　可控源电磁法

1. 源项处理

可控源电磁法通常采用磁性或电性发射源，可以使用基于偶极子离散的场源处理技术模拟发射源。如图5.5所示，任意人工场源均可分割成一系列短导线，其中每段短导线与四面体单元相交的部分均可看作一个电偶极子。

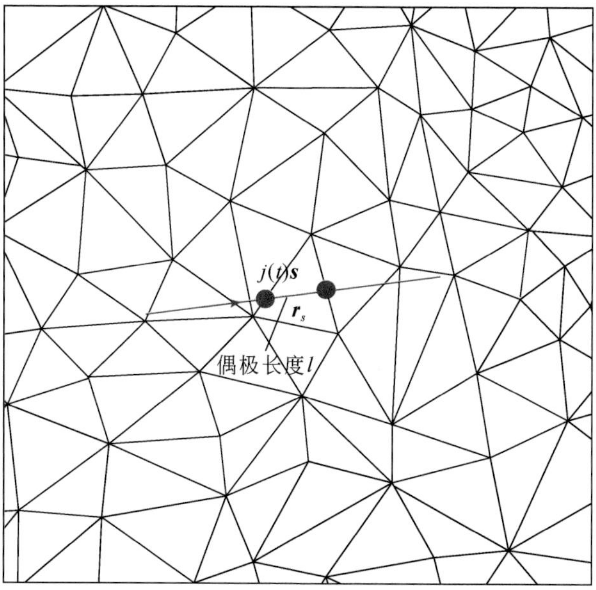

图5.5　发射源离散示意图

在包含电偶极子的各单元内，电流密度可表示为(Yin et al.，2016a，2016b)

$$\boldsymbol{J}_i = j(t)\delta(\boldsymbol{r}-\boldsymbol{r}_s)\boldsymbol{s} \tag{5.122}$$

式中，$\boldsymbol{r}_s$为偶极子空间位置坐标，$\boldsymbol{s}$是电流方向向量，$j(t)$是电流密度，δ为脉冲函数。根据纳比吉安(1992)，$j(t)$可表示为

$$j(t) = I(t)\,\mathrm{d}l \tag{5.123}$$

式中，$I(t)$是电流强度(对于频率域问题电流强度$I(t)=I_0e^{i\omega t}$；对于时间域问题电流强度由发射波形记录)，$\mathrm{d}l$是偶极子长度。将上式代入式(5.122)可得

$$\boldsymbol{J}_i = I(t)\,\mathrm{d}l\,\delta(\boldsymbol{r}-\boldsymbol{r}_s)\boldsymbol{s} \tag{5.124}$$

将式(5.124)代入单元电流源项(5.98)式，可得

$$J_k^e = \iiint_{V^e} \boldsymbol{N}_k^e(\boldsymbol{r}) \cdot \frac{\partial \boldsymbol{J}_i}{\partial t} dv = \boldsymbol{N}_k^e(\boldsymbol{r}_s) \cdot \frac{\mathrm{d}I(t)}{\mathrm{d}t} l\boldsymbol{s} \tag{5.125}$$

式中，$\boldsymbol{N}_k^e(\boldsymbol{r}_s)$是偶极子中心位置的插值基函数值，$l$是穿过该单元的导线长度，$\mathrm{d}I(t)/\mathrm{d}t$为电流时间导数的瞬时值。对于频率域，则$\mathrm{d}I(t)/\mathrm{d}t=i\omega I(t)$。

对于复杂地形或者航空电磁激发源位于空气中的情况，发射源姿态和形状十分复杂，与网格棱边无法完全叠合，此时发射线圈可能穿过四面体单元，也可能落到四面体单元的棱边上或面上。式(5.125)仅适用于电流源穿过四面体的情况，而对于电流源落到四面体单元的棱边或面上的情况，可依据并联电路欧姆定律，将电流按照一定比例分配到相邻单元中。如图5.6所示，对于发射源落在单元分界面上的情况，参考齐彦福(2017)，可将源电流按如下比例分配到两个单元中，即

$$r_e = \frac{\sigma^e V^e}{\sigma^1 V^1 + \sigma^2 V^2}, \quad e = 1, 2 \tag{5.126}$$

式中，σ^e 和 V^e 分别是含该分界面的第 e 个单元电导率和体积，r_e 是第 e 个单元中分配到总电流的比例。对于发射源落在单元棱边上的情况，源电流按照下式分配到共用该棱边的多个单元中，即

$$r_e = \frac{\sigma^e V^e}{\sum_{e=1}^{K} \sigma^e V^e}, \quad e = 1, 2, \cdots, K \tag{5.127}$$

式中，K 是共用该棱边的单元总数。

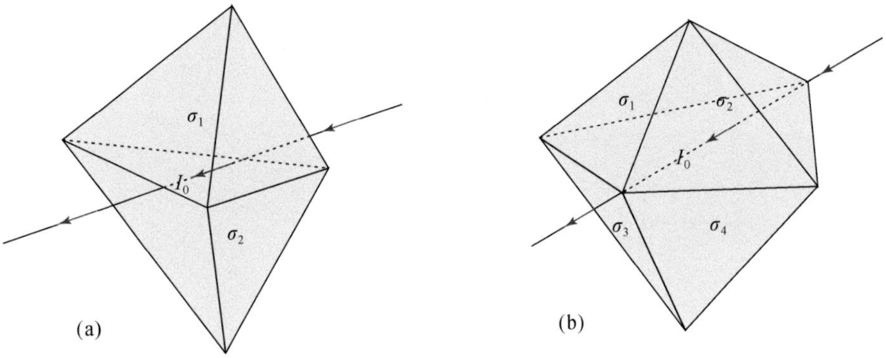

图 5.6 发射源与单元面和棱边交叉关系

(a)电流沿交界面流动；(b)电流沿棱边流动

对于可控源电磁正演问题的二次场求解方法，其源项可利用式(5.100)和式(5.101)通过计算背景场和加权函数乘积的体积分获得。该方法通常假设简单的全空间或一维层状模型作为背景模型，并使用解析或半解析形式的背景响应快速求取背景模型响应，进而利用背景模型响应构造正演模拟问题的源项。此时，式(5.100)和式(5.101)中的右端源项计算方法如下：①用棱边上计算出的一次场切向分量对单元内一次场进行插值；②对于各向同性的情况，将单元内任意位置的一次场和基函数作点积后乘以电导率；对于各向异性的情况，由式(5.101)可知必须将电导率张量考虑进来，此时需要计算插值函数与电导率张量及一次场的点积；③最后对计算出的点积进行体积分。

2. 边界条件和初始条件

在建立有限元方程式(5.115)之后，为了保证解的唯一性及合理性，需要给出针对电磁扩散问题的边界条件和初始条件。可控源电磁数值模拟通常使用狄利克雷边界条件对解空间进行约束。假设计算区域外边界切向电场分量为全空间或一维模型的已知解向量 $\boldsymbol{g}$，即

$$(\hat{\boldsymbol{n}} \times \boldsymbol{E})|_{\Gamma} = \boldsymbol{g} \tag{5.128}$$

式中，$\hat{\boldsymbol{n}}$ 表示计算区域外边界 Γ 的外法向方向。狄利克雷边界条件是一种简单而有效的边界条件。由式(5.128)可知，当计算区域外边界扩展至足够远时，可近似认为 $\boldsymbol{g}$ 为零。然而，为了确保外边界上电磁场衰减殆尽，在使用狄利克雷边界条件时，必须在计算中心区

域外进行扩边。由电磁场扩散规律可知，随着电磁场传播距离的增加，高频成分迅速衰减，波长较长的低频成分则占据主导地位。此时，在扩边区域可以采用较为稀疏的网格剖分。从图 5.7 中可以看出，扩边区域网格剖分十分稀疏，仅包含少量棱边，因此网格扩边不会极大地增加正演求解方程的规模。

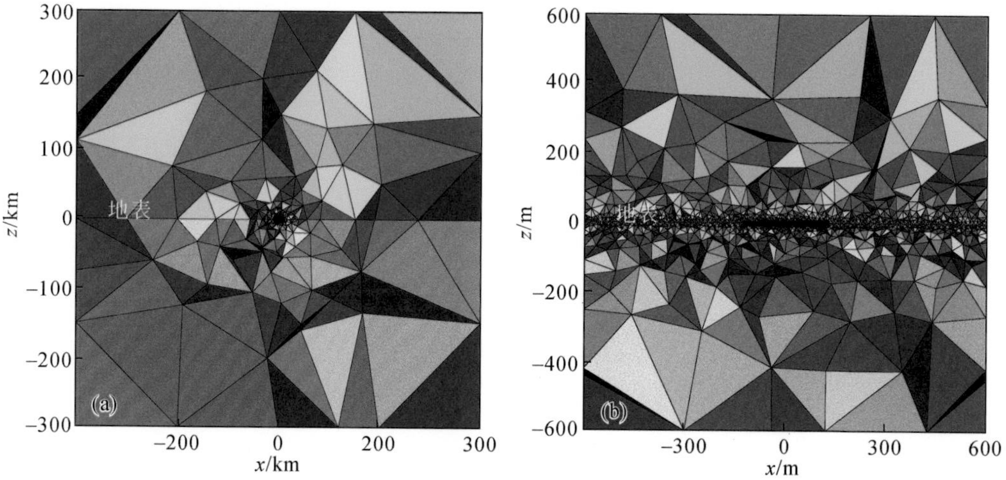

图 5.7　四面体网格 xz 剖面

(a) 总体网格剖分；(b) 中心区域网格剖分

根据 Jin(2002)，有限元正演模拟中的边界条件添加可以采用置大数法、赋 01 法和消去法等。下面我们仍然以图 5.4 中的二维三角形网格为例，对上述三种方法的具体实现过程进行说明。

置大数法是将系数矩阵中与边界棱边编号相对应的系数矩阵中的对角元素乘以一个很大的数，同时对右端项中相应位置的元素也乘以这个大数。置大数法的主要优点在于方法简单，易于实现。对于图 5.4 中的二维问题，由于边界上的棱边共有 6 条，其编号为 1，3，4，5，8，9，所以利用置大数法在(5.121)式加入边界条件后，可得

$$
(\boldsymbol{A}\mid\boldsymbol{b})=\left[\begin{array}{ccccccccc|c}
10^{70}a_{22}^{1} & 0 & 0 & 0 & a_{21}^{1} & a_{23}^{1} & 0 & 0 & 0 & 0\\
0 & a_{33}^{2}+a_{11}^{4} & 0 & 0 & 0 & a_{31}^{2} & a_{32}^{2} & a_{12}^{4} & a_{13}^{4} & b_{3}^{2}+b_{1}^{4}\\
0 & 0 & 10^{70}a_{33}^{3} & a_{31}^{3} & 0 & 0 & a_{32}^{3} & 0 & 0 & 0\\
0 & 0 & a_{13}^{3} & 10^{70}a_{11}^{3} & 0 & 0 & a_{12}^{3} & 0 & 0 & 0\\
a_{12}^{1} & 0 & 0 & 0 & 10^{70}a_{11}^{1} & a_{13}^{1} & 0 & 0 & 0 & 0\\
a_{32}^{1} & a_{13}^{2} & 0 & 0 & a_{31}^{1} & a_{33}^{1}+a_{11}^{2} & a_{12}^{2} & 0 & 0 & b_{3}^{1}+b_{1}^{2}\\
0 & a_{23}^{2} & a_{23}^{3} & a_{21}^{3} & 0 & a_{21}^{2} & a_{22}^{2}+a_{22}^{3} & 0 & 0 & b_{2}^{2}+b_{2}^{3}\\
0 & a_{21}^{4} & 0 & 0 & 0 & 0 & 0 & 10^{70}a_{22}^{4} & a_{23}^{4} & 0\\
0 & a_{31}^{4} & 0 & 0 & 0 & 0 & 0 & a_{32}^{4} & 10^{70}a_{33}^{4} & 0
\end{array}\right]
\tag{5.129}
$$

需要指出的是，式(5.129)中，我们假设了齐次边界条件，因此源向量中相关元素乘以大数后仍然为零。对于其他形式边界条件，请参见 Jin(2002)。

赋 01 法是将系数矩阵中与边界棱边编号相对应的对角元素赋为 1，该元素所对应的行和列其他元素均赋为 0，对应的右端项设为边界条件。与置大数法相比，该方法实现稍显复杂。利用赋 01 法对式(5.121)中施加齐次边界条件，可得

$$(\boldsymbol{A}\mid\boldsymbol{b})=\left[\begin{array}{ccccccccc|c}1&0&0&0&0&0&0&0&0&0\\0&a_{33}^2+a_{11}^4&0&0&0&a_{31}^2&a_{32}^2&0&0&b_3^2+b_1^4\\0&0&1&0&0&0&0&0&0&0\\0&0&0&1&0&0&0&0&0&0\\0&0&0&0&1&0&0&0&0&0\\0&a_{13}^2&0&0&0&a_{33}^1+a_{11}^2&a_{12}^2&0&0&b_3^1+b_1^2\\0&a_{23}^2&0&0&0&a_{21}^2&a_{22}^2+a_{22}^3&0&0&b_2^2+b_2^3\\0&0&0&0&0&0&0&1&0&0\\0&0&0&0&0&0&0&0&1&0\end{array}\right] \tag{5.130}$$

消去法是利用矩阵的初等变换法则，将系数矩阵中与边界棱边编号相对应的行和列消去，对应的右端项也进行相应的消去处理。该方法较前两种方法复杂很多，但系数矩阵规模将在添加边界条件后减小，矩阵方程维数将从网格棱边条数减小到网格棱边条数减去边界棱边条数。利用该方法对式(5.121)施加齐次边界条件，可得

$$\left[\begin{array}{ccc|c}a_{33}^2+a_{11}^4&a_{31}^2&a_{32}^2&b_3^2+b_1^4\\a_{13}^2&a_{33}^1+a_{11}^2&a_{12}^2&b_3^1+b_1^2\\a_{23}^2&a_{21}^2&a_{22}^2+a_{22}^3&b_2^2+b_2^3\end{array}\right] \tag{5.131}$$

对于时间域电磁问题，我们还需要考虑初始条件。此时，初始场作为激励源的一部分，其精确与否严重影响后续时间扩散场的数值精度，因此给出准确的初始条件非常重要。下面针对不同发射波形对初始条件进行讨论。针对下阶跃波，如果采用回线或磁偶极子作为发射源，在 $t=0$ 时刻之前线圈中存在的恒定电流在全空间产生稳定磁场，则根据楞次定律可知空间中任意位置的电场均为 0，即

$$\boldsymbol{E}(\boldsymbol{r},\ 0)=\boldsymbol{0} \tag{5.132}$$

所以电场的初始条件为 0。如果发射源是接地导线(电性源)，则初始条件是稳定电流产生的直流场，即

$$\boldsymbol{E}(\boldsymbol{r},\ 0)=\boldsymbol{E}_{\mathrm{DC}} \tag{5.133}$$

式中，直流场 $\boldsymbol{E}_{\mathrm{DC}}$ 可利用节点有限元法求解直流问题满足的泊松方程得到(殷长春等，2019)。对于上阶跃波形、半正弦波、梯形波等发射波形，由于在 $t=0$ 时刻之前供电电流为零，因此无论是电性源还是磁性源，其初始电磁场均为 0。由此，我们有

$$\boldsymbol{E}(\boldsymbol{r},\ 0)=\boldsymbol{0} \tag{5.134}$$

5. 4. 2　大地电磁数值模拟中的边界条件和边界积分

大地电磁法利用电离层电流或赤道附近雷电作为激发场源，由其产生的电磁场，当传播很远距离到达接收点位置时，可以认为是垂直向下入射的水平极化平面波。然而，由于无法对大地电磁场源特征进行描述，因此无法直接添加源项。通常利用在边界上施加特殊边界条件对其进行刻画。本节主要基于中南大学任政勇教授的系列研究成果，讨论大地电磁数值模拟时应用的边界条件及边界积分计算问题。

推导大地电磁三维正演问题边界条件需要考虑场的特征。求解区域内的大地电磁场同样可分解为背景场和散射场。背景场为平面波入射条件下背景模型(如一维层状介质)产生的一次场，而散射场为由异常体内的感应电流和异常体界面积累电荷产生的二次场。由于电磁波传播过程中能量发生衰减，在足够远的边界上，相对于背景场，散射场可以忽略不计，因此可以选取简单背景模型上大地电磁背景场作为边界条件。然而，其成立的条件是地形起伏不大和地下异常体的体积较小且位于求解区域中心，这在实际应用中很容易得到满足。

1. 层状大地背景场

在推导层状介质模型大地电磁背景场的表达式之前，需要对大地电磁场源、平面波垂直入射等关键因素进行讨论。

(1)场源随机性。大地电磁法的场源来自地球电离层或者赤道附近的雷电，前者主要产生低频电磁信号，而后者产生的高频信号成分较多。电离层中带电离子沿着温度梯度变化方向移动，从而产生电流。温度梯度依赖于太阳光的辐射强度，其分布非常复杂，导致场源电流的空间分布具有非规则性，电流流动方向具有高度随机性。赤道附近的雷电产生的电磁场随机性更强。

(2)平面波假设。电离层一般位于地表 100～500km 高度范围内，而赤道通常离观测区更远。相对于电离层来说，大地电磁的勘探区域较小，水平勘探区域和探测深度范围一般均为几十至几百千米。对比分析电离层的高度范围或赤道到测区的传播距离和典型勘探区大小，可以将雷电或电离层中非规则电流产生的一次电磁场在地表的传播近似为平面波。

(3)垂直入射条件。如图 5. 8 所示，假设在地表场源平面波倾斜入射，与地表法向量存在一个入射角 $\theta_0<90°$。假设空气层波数为 k_0，地下介质波数为 k_1，则根据斯内尔(Snell)定律，入射角 θ_0 和折射角 θ_1 满足如下关系：$k_0\sin\theta_0=k_1\sin\theta_1$。空气层电导率近似为零，因此可以得到 $\sin\theta_1=k_0/k_1\sin\theta_0=0$。换句话说，无论入射角多大，折射角 $\theta_1=0$。需要指出的是，零度折射角的结论是基于空层波数 k_0 非常小的条件获得的。特殊情况下，如射电频率大地电磁法中，当频率为几十万赫兹的时候，空气层中位移电流占主导，空气层波数 k_0 不满足取零值的要求，此时由斯内尔定律可知折射角不为零，即 $\theta_1\neq0$。幸运的是，大地电磁频率范围较低，折射角 $\theta_1=0$ 均能得到满足。另外，大地电磁野外数据采集时，电极埋藏于地下一侧观测电场，而磁棒通常紧贴地表或埋于地下，观测的电磁场数据

为地下一侧的电磁场信号。因此，在大地电磁观测频率范围内，地表观测信号地下一侧完全可以仅考虑垂直入射平面电磁波的情况。

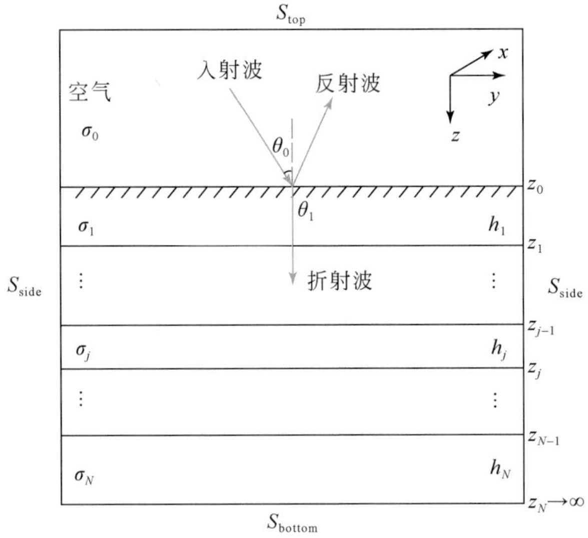

图 5.8　一维层状大地模型

σ_j为地层电导率，$h_j=z_j-z_{j-1}(j=1, 2, \cdots, N)$为层厚度，$z_j(j=0, 1, 2, \cdots, N-1)$为层界面埋深，地表垂直坐标为 z_0。S_{top}为求解区域的顶面，S_{bottom}为底面，而 S_{side}为侧面。大地电磁的场源位于求解区域之外，场源入射平面波与地表法向量存在一个小于90°的入射角 θ_0，在大地电磁的频率范围内折射角 $\theta_1=0$

基于垂直入射平面波的假设，当地下介质为水平层状时，可以推断地下电磁场沿水平方向不发生变化，即 $\partial/\partial x=\partial/\partial y=0$。大地电磁场满足如下麦克斯韦方程组：

$$\nabla\times \boldsymbol{E} = -\xi \boldsymbol{H} \tag{5.135}$$

$$\nabla\times \boldsymbol{H} = \sigma \boldsymbol{E} \tag{5.136}$$

式中，$\xi=i\omega\mu$。对于一维大地电磁问题，电磁场只沿垂直方向变化，则在图 5.8 所示的直角坐标系中，有

对于 TE 模式：

$$\begin{cases}\dfrac{\partial H_y}{\partial z} = -\sigma E_x \\ \dfrac{\partial E_x}{\partial z} = -\xi H_y\end{cases} \tag{5.137}$$

对于 TM 模式：

$$\begin{cases}\dfrac{\partial E_y}{\partial z} = \xi H_x \\ \dfrac{\partial H_x}{\partial z} = \sigma E_y\end{cases} \tag{5.138}$$

两种极化模式的电磁场垂直分量均为 0。对上式进一步简化，可得如下亥姆霍兹方程：

$$\frac{\partial^2 E_x}{\partial z^2} - k^2 E_x = 0 \tag{5.139}$$

$$\frac{\partial^2 H_x}{\partial z^2} - k^2 H_x = 0 \tag{5.140}$$

式中，$k=\sqrt{i\omega\sigma\mu}$，为地下介质波数，空气波数为 $k_0=\sqrt{\omega^2\varepsilon\mu}$。式(5.139)和式(5.140)确定了大地电磁场在地下满足的亥姆霍兹方程，同时在电性分界面上还需满足相应的连续性条件。下文讨论不同极化模式的情况。

首先是 TE 模式。此时电场只有沿 x 方向的分量，磁场只有沿 y 方向的分量，两者均沿 z 方向传播。式(5.139)的通解为 $E_x=A\mathrm{e}^{-kz}+B\mathrm{e}^{kz}$，将波数写成 $k=\sqrt{i\omega\sigma\mu}=\alpha+i\beta$，其中 $\alpha=\beta=\sqrt{\frac{\omega\mu\sigma}{2}}>0$，$A$ 和 B 为待定系数。由式(5.137)可知，y 方向磁场分量的解为 $H_y=\frac{k}{\xi}(A\mathrm{e}^{-kz}-B\mathrm{e}^{kz})$。如图 5.8 所示，对于设定的坐标系，$z$ 轴垂直向下，平面波分量 e^{kz} 可分解为 $\mathrm{e}^{kz}=\mathrm{e}^{\alpha z}\cdot\mathrm{e}^{-i\beta z}$，当平面波向上传播时，$z$ 坐标逐渐变小，$\mathrm{e}^{\alpha z}$ 逐渐衰减，因此分量 e^{kz} 代表向上传播的上行波。相反，e^{-kz} 代表向下传播的下行波(图 5.9)。为避免数值计算溢出问题，将第 j 层中的电磁场分量改写为

$$E_x^j = A_j\mathrm{e}^{-k_j(z-z_{j-1})} + B_j\mathrm{e}^{k_j(z-z_{j-1})} \tag{5.141}$$

$$H_y^j = \frac{k_j}{\xi_j}\left[A_j\mathrm{e}^{-k_j(z-z_{j-1})} - B_j\mathrm{e}^{k_j(z-z_{j-1})}\right] \tag{5.142}$$

式中，A_j、B_j 分别代表下行波和上行波的振幅；z_{j-1} 为第 j 层上顶面的深度。

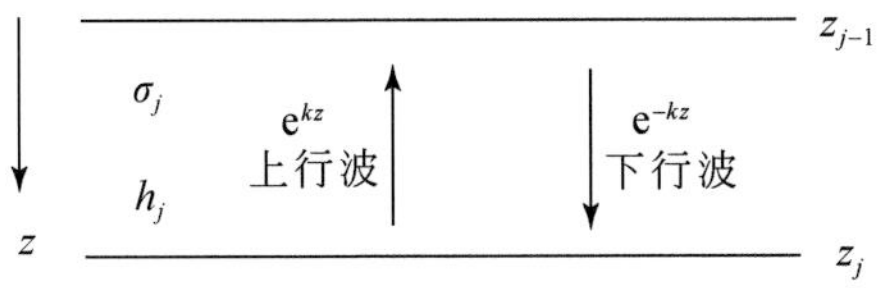

图 5.9　第 j 层内的电磁场分解为向下和向上传播的平面波

对于给定的模型，地下 N 层介质加上空气层共计 $N+1$ 层，内边界总数为 N，内边界对应的垂直坐标为 z_0，z_1，…，z_{N-1}。每一层中均有 2 个待定系数，总待定系数为 $2N+2$。

下面我们考虑第 j 层边界面 $z=z_j$ 的情况。取真空磁导率，由于 z_j 上没有外加电流，则由电磁场连续性条件可得

$$\begin{bmatrix} E_x^j \\ H_y^j \end{bmatrix}_{z=z_j} = \begin{bmatrix} E_x^{j+1} \\ H_y^{j+1} \end{bmatrix}_{z=z_j} \tag{5.143}$$

结合式(5.141)和式(5.142)可得

$$\begin{bmatrix} \mathrm{e}^{-k_jh_j} & \mathrm{e}^{k_jh_j} \\ \frac{k_j}{\xi_j}\mathrm{e}^{-k_jh_j} & -\frac{k_j}{\xi_j}\mathrm{e}^{k_jh_j} \end{bmatrix}\begin{bmatrix} A_j \\ B_j \end{bmatrix} = \begin{bmatrix} 1 & 1 \\ \frac{k_{j+1}}{\xi_{j+1}} & -\frac{k_{j+1}}{\xi_{j+1}} \end{bmatrix}\begin{bmatrix} A_{j+1} \\ B_{j+1} \end{bmatrix} \tag{5.144}$$

则第 j 层待定系数与第 $j+1$ 层待定系数满足如下递推关系：

$$\begin{bmatrix} A_j \\ B_j \end{bmatrix} = \begin{bmatrix} e^{-k_jh_j} & e^{k_jh_j} \\ \frac{k_j}{\xi_j}e^{-k_jh_j} & -\frac{k_j}{\xi_j}e^{k_jh_j} \end{bmatrix}^{-1} \begin{bmatrix} 1 & 1 \\ \frac{k_{j+1}}{\xi_{j+1}} & -\frac{k_{j+1}}{\xi_{j+1}} \end{bmatrix} \begin{bmatrix} A_{j+1} \\ B_{j+1} \end{bmatrix} = \boldsymbol{T}_{j,\ j+1} \begin{bmatrix} A_{j+1} \\ B_{j+1} \end{bmatrix} \tag{5.145}$$

式中，$j=0$，1，…，$N-1$；$\boldsymbol{T}_{j,j+1}$为第$j+1$层到第j层的转换矩阵。如果假设各层的磁导率均为真空磁导率($\xi_j=\xi_{j+1}$)，则第$j+1$层到第j层的递推矩阵可展开为

$$\boldsymbol{T}_{j,\ j+1} = \begin{bmatrix} e^{-k_jh_j} & e^{k_jh_j} \\ \frac{k_j}{\xi_j}e^{-k_jh_j} & -\frac{k_j}{\xi_j}e^{k_jh_j} \end{bmatrix}^{-1} \begin{bmatrix} 1 & 1 \\ \frac{k_{j+1}}{\xi_{j+1}} & -\frac{k_{j+1}}{\xi_{j+1}} \end{bmatrix} = \frac{\xi_j}{2k_j} \begin{bmatrix} \frac{k_j}{\xi_j}e^{k_jh_j} & e^{k_jh_j} \\ \frac{k_j}{\xi_j}e^{-k_jh_j} & -e^{-k_jh_j} \end{bmatrix} \begin{bmatrix} 1 & 1 \\ \frac{k_{j+1}}{\xi_{j+1}} & -\frac{k_{j+1}}{\xi_{j+1}} \end{bmatrix}$$

$$= \frac{1}{2} \begin{bmatrix} \left(1+\frac{k_{j+1}}{k_j}\right)e^{k_jh_j} & \left(1-\frac{k_{j+1}}{k_j}\right)e^{k_jh_j} \\ \left(1-\frac{k_{j+1}}{k_j}\right)e^{-k_jh_j} & \left(1+\frac{k_{j+1}}{k_j}\right)e^{-k_jh_j} \end{bmatrix} \tag{5.146}$$

由于第N层边界面z_N趋于无穷远，其中不存在向上传播的反射波，因此$B_N=0$。利用递推式(5.145)，可以建立第0层(空气层)内的系数A_0和B_0与第N层内的A_N之间的关系式，即

$$\begin{bmatrix} A_0 \\ B_0 \end{bmatrix} = \boldsymbol{T}_{01}\boldsymbol{T}_{12}\boldsymbol{T}_{23}\cdots\boldsymbol{T}_{(N-2),\ (N-1)}\boldsymbol{T}_{(N-1),\ N} \begin{bmatrix} A_N \\ 0 \end{bmatrix} = \boldsymbol{T} \begin{bmatrix} A_N \\ 0 \end{bmatrix} \tag{5.147}$$

式中，$\boldsymbol{T}$为2×2的总转换矩阵。式(5.147)包含两个线性方程，无法求解三个未知数。空气层中的下行波A_0代表了场源的影响，系数A_0一般来说为时间的随机变量，取值非常复杂。然而，对于大地电磁问题，人们感兴趣的是电场与磁场比值。因此，可以设定$A_0=1$或者任意常数来计算相应的电磁场，进而获得阻抗或视电阻率等转换函数。

取空气层中的$A_0=1$，利用式(5.147)可以求解出空气层中的上行波振幅B_0和第N层的下行波振幅A_N。利用递推式(5.145)，可以求解地下任意层中的下行波振幅A_j和上行波振幅B_j，$j=1$，2，…，$N-1$。求解了所有待定系数后，便可由式(5.141)和式(5.142)计算区域内任意一点的电场E_x和磁场H_y分量。采用相似的推导过程，可以求得TM模式下区域内任意一点沿y方向的电场和x方向的磁场。

2. 边界场源积分表达式

大地电磁场源处于求解域之外，场源的贡献主要通过在求解区域的边界S_{top}、S_{bottom}、S_{side}上施加等效的边界条件实现。本节采用如图5.10所示的立方体来表征大地电磁的求解区域。需要指出的是，还可以采用其他形状(如球体或圆柱体)进行表征，只要这些形体的外部边界足够大，它们之间是等效的。

为了展示如何施加大地电磁的边界条件，采用均匀半空间模型，并以TE模式为例进行讨论。对于TE模式，式(5.146)中只涉及一个转换函数。总转换函数$\boldsymbol{T}=\boldsymbol{T}_{01}$，即

$$\begin{bmatrix} A_0 \\ B_0 \end{bmatrix} = \begin{bmatrix} T_{11} & T_{12} \\ T_{21} & T_{22} \end{bmatrix} \begin{bmatrix} A_1 \\ B_1 \end{bmatrix} \tag{5.148}$$

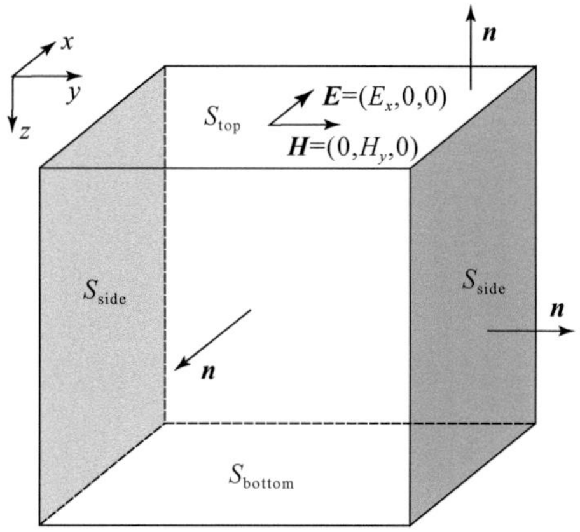

图5.10　大地电磁有限元正演模拟边界积分

考虑到式(5.148)中 $B_1=0$，求解其余待定系数可得

$$A_1 = T_{11}^{-1}A_0, \quad B_0 = T_{21}T_{11}^{-1}A_0 \tag{5.149}$$

式中，B_0为空气层中的上行波振幅；A_1为地下半空间中下行波振幅；A_0为空气层中的入射波振幅，通常携带了场源信息。设定 $A_0=1$，则空气中的上行波和半空间中的下行波振幅可表示为

$$A_1 = T_{11}^{-1}, \quad B_0 = T_{21}T_{11}^{-1} \tag{5.150}$$

而空气层中的电磁场为

$$E_x^0 = A_0 e^{-k_0(z-z_{-1})} + B_0 e^{k_0(z-z_{-1})} = e^{-k_0(z-z_{-1})} + T_{21}T_{11}^{-1}e^{k_0(z-z_{-1})} \tag{5.151}$$

$$H_y^0 = \frac{k_0}{i\omega\mu}[e^{-k_0(z-z_{-1})} - T_{21}T_{11}^{-1}e^{k_0(z-z_{-1})}] \tag{5.152}$$

式中，z_{-1}为空气层上顶面的垂直坐标。由图5.8可知，$z_{-1}=-h_0$，$h_0>0$ 为空气层高度。地下半空间中的电磁场分量为

$$E_x^1 = A_1 e^{-k_1(z-z_0)} = T_{11}^{-1}e^{-k_1(z-z_0)} \tag{5.153}$$

$$H_y^1 = \frac{k_1}{i\omega\mu}T_{11}^{-1}e^{-k_1(z-z_0)} \tag{5.154}$$

式中，$z_0=0$ 为地空分界面位置。

利用有限元求解大地电磁中电场双旋度方程对应的弱形式，需要计算如下边界积分，即

$$I_k = \iint_S \boldsymbol{N}_k \cdot (\boldsymbol{n} \times \boldsymbol{H})\,ds \tag{5.155}$$

式中，$S=S_{top}+S_{bottom}+S_{sides}$，为立方体的6个外边界面。如图5.10所示，$S_{top}$为求解区域的上部边界，$S_{bottom}$为下部边界，$S_{sides}$为4个垂直侧面；$\boldsymbol{n}$ 为外部边界 S 上的单位外法向量；$\boldsymbol{N}_k$ 为外边界上第 k 个边对应的矢量插值基函数。

下文讨论特殊面上的电磁场分量。S_{top}上所有点的 z 坐标值为 $z=z_{-1}$，则电场和磁场分量为

$$E_x^0 = 1 + T_{21}T_{11}^{-1}, \quad H_y^0 = \frac{k_0}{i\omega\mu}(1 - T_{21}T_{11}^{-1}) \tag{5.156}$$

在地空分界面上，由于电磁场水平分量连续，可以利用地下空间电场与磁场计算公式进行计算。考虑地空分界面上 $z=z_0=0$，可得

$$E_x^1 = T_{11}^{-1}, \quad H_y^1 = \frac{k_1}{i\omega\mu}T_{11}^{-1} \tag{5.157}$$

由式(5.156)和式(5.157)可知，由于空气层中电磁场衰减较小，上部边界 S_{top}上的电场数值趋近于1，而磁场分量趋近$\frac{k_0}{i\omega\mu}$。由于下部界面通常选择远离异常体，因此，下底面 S_{bottom}上的电磁场分量均趋近0。侧面上的电磁场分量随 z 坐标变化。这一结论与大地电磁场源波从空气传入地下时能量衰减的物理现象吻合。需要指出的是，本节给出的上部边界上边界条件与目前常用的大地电磁边界条件有所不同，提供的边界条件式(5.156)包含具有清晰物理意义的上行波，而常用的大地电磁边界条件仅考虑下行的入射波。这一点对于大地电磁模拟是十分重要的。

结合边界积分式(5.155)，上部界面 S_{top}上的磁场沿 y 方向 $\boldsymbol{H}=(0, H_y, 0)$，外法向 $\boldsymbol{n}$ 与磁场垂直，$\boldsymbol{n}\times\boldsymbol{H}$ 不等于0，因此上述边界积分不为0。此时，可将常数 H_y 代入式(5.155)中进行积分。在下部边界 S_{bottom}上，磁场 $\boldsymbol{H}$ 沿 y 方向，与外法向 $\boldsymbol{n}$ 垂直，边界积分也不为0。然而，当下部边界选得足够远时，由前述讨论可知，可以假设下部边界上的电磁场为0，因此下部边界上的积分可以忽略。在沿 y 方向上两个侧面上(图5.9中阴影面)，由于沿 y 方向的磁场与外法向 $\boldsymbol{n}$ 平行，因此边界积分恒等于0；然而，在沿 x 方向的两个侧面上，外法向 $\boldsymbol{n}$ 与磁场垂直，$\boldsymbol{n}\times\boldsymbol{H}$ 不等于0，因此边界积分不为0。此时，可以依据积分单元所在的位置，将其划分为空气和大地，进而分别利用式(5.151)和式(5.152)或者式(5.153)和式(5.154)计算出电磁场分量，然后将其代入式(5.155)进行积分。

类似地，也可以分析TM模式下大地电磁有限元正演模拟方程中的边界积分，这里不再赘述。如此，就通过施加边界条件完成对大地电磁源项的刻画，实现天然源大地电磁响应正演模拟。

5.5　方程求解和磁场计算

在完成上述单元分析、矩阵组装、压缩存储及源项、边界条件和初始条件加载之后，即得到电磁三维数值模拟对应的方程组。目前求解大型线性方程组的方法主要有迭代法和直接法两种，其中迭代法主要基于 Krylov 子空间，有最小残差法(QMR)、共轭梯度法(CG)等方法。此类方法占用内存小，但是为了提高收敛速度，需要对待求解方程进行预处理，改善方程的条件数，每次求解方程组都需要从头开始迭代。相比之下，直接法首先对系数矩阵进行LU分解，然后通过回带右端项实现方程组的快速求解，主要有MUMPS、Pardiso等求解器。该类方法受方程条件数影响较小，适用性较强，但是耗费内存较大。由于非结构有限元方程的条件数较大，采用迭代法求解不容易收敛，因此本章采用MUMPS或Pardiso直接求解器对有限元方程进行求解。关于方程组求解的算法将在第8章详细介绍。

需要指出的是，在对时间域问题进行模拟时，针对相同的时间步长 Δt 系数矩阵不发生变化，因此只需要一次分解，然后通过不断回带右端项即可实现不同时间道航空电磁响应模拟。另外，为提高时域电磁数值模拟的计算效率，还研究了最优初始时间步长选择及自适应时间步长策略，详细介绍如下。读者也可参考齐彦福(2017)的博士论文。

研究表明，在时域航空电磁三维正演模拟中，时间步长选取至关重要，它直接决定正演模拟的精度和速度。初始时间步长可根据发射波形的频谱分析结果进行选取。通过大量数值实验发现，初始时间步长比起始观测时间小两个数量级即可满足精度要求。由于初始时间步长较小，如果在整个观测时间范围内(如10μs～10ms)保持时间步长不变，则会导致时间迭代次数过多。为此，本章基于后推欧拉离散的无条件稳定性，采用自适应时间步长加倍策略，实现时域航空电磁大尺度时间范围的快速求解。在保持当前时间步长不变的前提下，迭代到预定的时间步数(图5.11第一部分)，然后将时间步长增加一定倍数，并利用新旧两个时间步长分别进行正演，获得观测点处的电磁响应(图5.11第二部分)。如果两次结果之差较小，则接受新时间步长，并利用新步长进行后续时间迭代(图5.11第三部分)。如果两次结果的误差较大，则仍然使用原有时间步长继续迭代预定步数，并不断尝试，最终在保证数值模拟精度的前提下，实现时间步长更新。这种自适应时间步长选取方法被证实可大大加快正演速度，有效地解决了多源和多时间道航空电磁正演模拟的难题，同时也为时域航空电磁海量数据快速反演打下基础。需要注意的是，时间步长变化时应采用式(5.114)进行跨时间步长迭代。

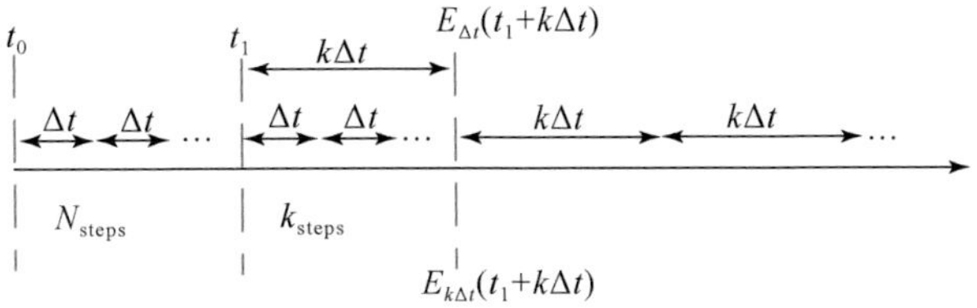

图5.11　自适应时间步长更新策略

三个区间分别代表小步长、交叉步长验证和大步长区域

在得到整个计算区所有棱边上的电场值后，可以根据法拉第电磁感应定律计算接收机处的 $\mathrm{d}\boldsymbol{B}/\mathrm{d}t$。为此，首先确定接收点所在的单元，然后由式(2.1)和式(5.4)可得

$$\mathrm{d}\boldsymbol{B}/\mathrm{d}t=-\sum_{j=1}^{6}E_j^{\mathrm{obs}}(t)\ \nabla\times\boldsymbol{N}_j^{\mathrm{obs}}(\boldsymbol{r}_{\mathrm{obs}})\tag{5.158}$$

式中，obs为观测点所在单元的编号；$\boldsymbol{r}_{\mathrm{obs}}$ 为接收点的坐标；E_j^{obs} 为单元obs棱边电场。由式(5.158)可以看出，接收点处的场值由所在单元棱边上的场值决定，而且由于所使用的是一阶插值函数，因此式(5.158)是线性插值过程。为了获得较高的计算精度，需要在接收点处使用较高质量的网格。在获得 $\mathrm{d}\boldsymbol{B}/\mathrm{d}t$ 之后，可以进一步计算磁感应 $\boldsymbol{B}$(裴易峰等，2014)，即

$$\boldsymbol{B}(t)=\int_0^t\mathrm{d}\boldsymbol{B}/\mathrm{d}t+\boldsymbol{B}(0)\tag{5.159}$$

式中，$\boldsymbol{B}(0)$ 为 $t=0$ 时刻的磁场值。式(5.159)可以通过简单的矩形积分进行计算。

5.6 有限元自适应网格加密技术

有限元数值模拟精度受网格剖分影响严重，不同物性分布对网格剖分有不同的要求。合理的网格剖分可以使用较少的网格得到精确的计算结果。通常传统有限元法需要程序使用者自行剖分生成模型网格。然而，人工剖分三维模型对程序使用者的经验要求较高，有时无法得到最优网格，浪费计算资源。使用自适应网格加密技术可根据数值计算误差对有限元正演网格进行评估和加密，在减少人为因素的同时能够保证模型剖分的合理性，获得高精度计算结果。本节参考中南大学任政勇教授研究成果(Ren et al., 2013)，并结合本书作者团队和国内外其他学者的研究工作(Yin et al., 2016a, 2016b; Zhang et al., 2018a, 2018b; Qi et al., 2019; 齐彦福等, 2020)，对有限元自适应网格加密技术进行介绍。

有限元自适应网格加密的总体思想是首先使用初始网格对电磁响应进行数值模拟，并依据数值模拟结果估计当前网格数值模拟后验误差；进而对后验误差较大的单元进行加密优化；最后对加密前后网格数值模拟的精度进行比较，当精度不再随着网格加密而提升时，即可认为得到了最优网格剖分。目前，较为常用的后验误差估计算法包括基于势场梯度的超收敛性和基于电磁场或电流密度连续性两种。本节将基于电磁场或电流密度连续性对后验误差进行估计。

5.6.1 后验误差估计

依据 Ren 等(2013)，利用矢量有限元算法模拟电磁响应的误差源主要包含网格不适定(计算域选得过小、网格尺寸太大、网格质量不高、网格对复杂模型的拟合度差)和方程组求解误差，另外，微分方程的弱形式求解(积分形式)以及单元间电流密度法向分量和磁场切线分量连续性无法得到保证也会导致计算误差。这种微分方程的弱形式求解产生的误差无法通过散度校正或者直接求解技术完全解决，需要引入附加约束条件加以改善。

网格加密技术是改善电磁场求解精度的有效方法，可分为全局网格加密和自适应网格加密。全局网格加密是在计算精度不满足要求时对整体网格进行加密。其缺陷在于当网格加密到一定程度时，继续进行网格加密对改善精度效果不明显，但消耗计算资源巨大。相比之下，自适应网格加密是考虑单元界面上电流和磁场的连续性条件，通过引入影响函数对后验误差进行加权，根据加权后验误差仅对电磁场变化剧烈的位置(如发射源、电性分界面、接收点)进行局部网格加密，减小数值计算误差。面向目标自适应网格优化技术在有效提高计算精度的同时减少网格使用量，提高计算效率。为此，下文首先引入电流密度法线分量和磁场切线分量的连续性条件构建后验误差。

(1)法向电流密度不连续产生的误差 η_J。在相邻单元分界面 S 上，网格不合理和数值精度有限会造成法向电流密度不连续产生剩余电荷，从而造成计算误差。η_J 可定义为

$$\eta_J = [\hat{\boldsymbol{n}} \cdot \boldsymbol{J}]_S = \sqrt{\iint_S |\hat{\boldsymbol{n}} \cdot (\boldsymbol{J}_- - \boldsymbol{J}_+)|^2 \mathrm{d}s} = \sqrt{\iint_S |\hat{\boldsymbol{n}} \cdot (\sigma_- \boldsymbol{E}_- - \sigma_+ \boldsymbol{E}_+)|^2 \mathrm{d}s} \quad (5.160)$$

式中，$\hat{\boldsymbol{n}}$ 为单元分界面 S 的单位法向量；$\boldsymbol{J}_-$ 和 $\boldsymbol{J}_+$ 以及 $\boldsymbol{E}_-$ 和 $\boldsymbol{E}_+$ 分别为分界面两侧的电流密度和电场；σ_- 和 σ_+ 分别为界面两侧单元的电导率；$[\ ]_S$ 为分界面上的 L_2 范数。这种法向电流密度不连续性等价于单元表面存在残余面电荷。

(2) 切向磁场不连续产生的误差 η_H 可定义为

$$\eta_H = [\hat{\boldsymbol{n}} \times \boldsymbol{H}]_S = \sqrt{\iint_S |\hat{\boldsymbol{n}} \times (\boldsymbol{H}_- - \boldsymbol{H}_+)|^2 \mathrm{d}s} \quad \Leftrightarrow \quad \sqrt{\frac{1}{\mu}\iint_S |\hat{\boldsymbol{n}} \times (\nabla\times \boldsymbol{E}_- - \nabla\times \boldsymbol{E}_+)|^2 \mathrm{d}s} \tag{5.161}$$

式中，$\boldsymbol{H}_-$ 和 $\boldsymbol{H}_+$ 是分界面两侧的磁场。这种切向磁场的不连续性等价于单元表面残余面电流。根据 Ren 等(2013)，有限元正演求解过程的不精确性也可导致计算误差，这种误差等价于贯穿整个单元的残余体电流。虽然后验误差主要是由上述三部分引起的，但相比于场求解不精确及磁场连续性条件得不到满足产生的误差，地球电磁学正演模拟中单元界面上电流密度不连续产生的误差影响更大，因此本节只利用 η_J 进行后验误差估计。为此，将式(5.160)写成离散形式，可得

$$\eta_J^k = \sqrt{\sum_{j=1}^{4} \iint_{S_j^k} |\hat{\boldsymbol{n}} \cdot (\sigma_- \boldsymbol{E}_- - \sigma_+ \boldsymbol{E}_+)|^2 \mathrm{d}s} \tag{5.162}$$

式中，η_J^k 为第 k 个单元由于法向电流密度不连续产生的误差；S_j^k 为第 k 个单元的第 j 个面。式(5.162)中的面积分可以采用二维高斯积分进行计算。对于各向异性的情况，式(5.162)中的电导率相应地用张量电导率代替(齐彦福等，2020)。需要指出的是，式(5.162)等价于四面体单元流入和流出电流的差值。

5.6.2　影响函数

上文的讨论中仅考虑了由于单元界面上电流密度不连续性而产生的误差。然而，实际数值模拟中，我们感兴趣的是仅对观测数据点影响较大的单元。因此，还需要引入网格单元加权因子或影响函数，找出后验误差较大并对观测点信号影响较大的单元进行局部网格细化，以便在改善计算精度的同时节省计算资源。本节以频域电磁总场模拟为例进行详细说明。

参考 Ren 等(2013)，首先将频域电磁问题满足的麦克斯韦方程重写如下：

$$\nabla\times \boldsymbol{E} = -i\omega \boldsymbol{B} \tag{5.163}$$

$$\nabla\times \boldsymbol{H} = \sigma \boldsymbol{E} + \boldsymbol{J}_i \tag{5.164}$$

式中，$\boldsymbol{B}=\mu \boldsymbol{H}$，$\boldsymbol{J}_i$ 为外加电流，则有

$$\frac{1}{\xi}\nabla\times\nabla\times \boldsymbol{E} + \sigma \boldsymbol{E} + \boldsymbol{J}_i = 0 \tag{5.165}$$

式中，位移电流已忽略，$\xi=i\omega\mu$。在外边界上，施加如下狄利克雷边界条件：

$$(\hat{\boldsymbol{n}} \times \boldsymbol{E})|_\Gamma = 0 \tag{5.166}$$

将式(5.165)和一个希尔伯特空间的矢量加权函数 $\boldsymbol{W} \in H(\mathbf{curl}, V)$ 进行点乘积，并应用格林恒等式和分部积分公式，可得式(5.165)和式(5.166)对应的弱形式为：求解 $\boldsymbol{E} \in$

$H(\mathbf{curl},V)$，$H(\mathbf{curl},V)=\{\boldsymbol{W}\in\boldsymbol{L}_2(V),\ \nabla\times\boldsymbol{W}\in\boldsymbol{L}_2(V)\}$，满足

$$B(\boldsymbol{E},\ \boldsymbol{W})=D(\boldsymbol{W}) \tag{5.167}$$

式中，V 代表计算域；$\boldsymbol{L}_2$代表平方可积希尔伯特函数空间，其中的内积可定义为

$$\|\boldsymbol{W}\|_{L_2,\ V}=\iiint_V|\boldsymbol{W}|^2\mathrm{d}v,\quad V\subset\mathbb{R}^3 \tag{5.168}$$

$$\|\boldsymbol{W}\|_{L_2,\ S}=\iint_S|\boldsymbol{W}|^2\mathrm{d}s,\quad S\subset\partial V\subset\mathbb{R}^2 \tag{5.169}$$

式(5.167)中的$B(\ ,)$是一个自伴对称双线性形式，而 D 是与源相关的积分项。当采用插值函数 $\boldsymbol{N}$ 作为加权函数 $\boldsymbol{W}$ 时，可得

$$B(\boldsymbol{E},\ \boldsymbol{N})=\iiint_V\frac{1}{\xi}(\nabla\times\boldsymbol{E}\cdot\nabla\times\boldsymbol{N}+k^2\boldsymbol{E}\cdot\boldsymbol{N})\mathrm{d}v \tag{5.170}$$

$$D(\boldsymbol{N})=-\iiint_V\boldsymbol{N}\cdot\boldsymbol{J}_i\mathrm{d}v \tag{5.171}$$

式中，$k=\sqrt{i\omega\mu\sigma}$为波数。

将模型区域 V 剖分成 N_e 个四面体单元，并采用前述一阶 Nédélec 矢量插值基函数，即可获得近似解 $\boldsymbol{E}_h$。由前述讨论可知，由于数值求解精度问题导致的残余体电流及边界上电磁场不连续性导致的残余面电荷和面电流，$\boldsymbol{E}_h$可能存在误差。换言之，根据这些单元边界上场的连续性，可以评价有限元模拟精度，进而识别出相应的网格并进行精细剖分和优化。

在地球物理探测中，观测点可能位于地面（地面电磁法）、空中（航空电磁法）、水下（海洋电磁法）或井中（井中电磁法），人们特别关注的是这些观测点附近电磁场的模拟精度。由经典有限元理论可知，一旦全局网格达到一定精细度，有限元解的精度主要受局部网格精细程度影响。此时全球网格细化不仅大大增加计算量，而且对精度改善效果不佳。此时，不再尝试减少全局电磁场模拟误差，而仅尝试减少感兴趣的局部电场的线性泛函$L(\boldsymbol{E})$，$\boldsymbol{E}\in H(\mathbf{curl},\ V)$，这里 $\boldsymbol{E}$ 为电场的精确解。为此，构建式(5.167)的对偶方程，即

$$B^*(\boldsymbol{U},\ \boldsymbol{W})=L(\boldsymbol{W}),\quad \boldsymbol{W}\in H(\mathbf{curl},\ V) \tag{5.172}$$

式中，$B^*(\ ,)$为$B(\ ,)$的伴随算子。由于$B(\ ,)$为自伴算子，因此有$B^*(\ ,)=B(\ ,)$。弱形式方程(5.172)变为

$$B(\boldsymbol{U},\ \boldsymbol{W})=L(\boldsymbol{W}) \tag{5.173}$$

其解 $\boldsymbol{U}$ 称为影响函数（Oden and Prudhomme，2001；Ren et al.，2013）。采用类似于式(5.170)和式(5.171)的方法，可以获得有限元近似解 $\boldsymbol{U}_h$。

下文分析数值误差 $L(\boldsymbol{E})$。为此，首先定义 $\boldsymbol{e}$ 为电场的数值误差，即

$$L(\boldsymbol{e})=L(\boldsymbol{E}-\boldsymbol{E}_h),\quad \boldsymbol{e}\in H(\mathbf{curl},\ V) \tag{5.174}$$

则由式(5.173)，可得

$$L(\boldsymbol{e})=B(\boldsymbol{U},\ \boldsymbol{e})=B(\boldsymbol{U}_h+\boldsymbol{u},\ \boldsymbol{e})=B(\boldsymbol{U}_h,\ \boldsymbol{e})+B(\boldsymbol{u},\ \boldsymbol{e})=B(\boldsymbol{u},\ \boldsymbol{e}) \tag{5.175}$$

式中，$\boldsymbol{u}$ 为 $\boldsymbol{U}$ 的误差。这里已考虑到 $\boldsymbol{U}_h$和 $\boldsymbol{e}$ 的伽辽金正交性 $B(\boldsymbol{U}_h,\ \boldsymbol{e})=0$。由式(5.175)可以计算误差 $L(\boldsymbol{e})$，利用 Cauchy-Schwartz 不等式（Oden and Prudhomme，2001；Brenner and Scott，2008）可得

$$
\begin{aligned}
|L(\boldsymbol{e})| = |B(\boldsymbol{U}, \boldsymbol{e})| = |B(\boldsymbol{u}, \boldsymbol{e})| \leqslant \sum_{k=1}^{N_e} |B_k(\boldsymbol{u}, \boldsymbol{e})| \leqslant \sum_{k=1}^{N_e} \|\boldsymbol{e}\|_{e,k} \|\boldsymbol{u}\|_{e,k} \\
\cong \sum_{n=1}^{N_e} C_k \|\boldsymbol{e}\|_{L_2,k} \|\boldsymbol{u}\|_{L_2,k}
\end{aligned} \tag{5.176}
$$

式中，N_e 为单元个数；C_k 为与第 k 个单元网格尺寸和介质物性相关的正常数，能量计算项可表示为 $\|\cdot\|_{e,k} = \sqrt{|B(\ ,\ )|}$，这里为简化计算，已将其利用 L_2 范数代替。在式(5.176)中，由于电磁响应的准确值 $\boldsymbol{E}$ 无法获得，误差 $\boldsymbol{e}$ 无法直接计算。然而，由 $\|\boldsymbol{e}\|_{L_2,k}$ 的物理意义可知，它反映了使用有限维插值函数代替无限维插值函数而带来的数值计算误差，而由式(5.162)计算出的误差恰好反映了这一物理量，因此利用 η_J^k 代替 $\|\boldsymbol{e}\|_{L_2,k}$，则总体加权后验误差可写成

$$
\eta_L = \sum_{k=1}^{N_e} \eta_L^k = \sum_{k=1}^{N_e} \eta_J^k \eta_u^k \tag{5.177}
$$

式中，$\eta_u^k = \|\boldsymbol{u}\|_{L_2,k}$ 为影响函数的单元误差估计值；$\eta_L^k = \eta_J^k \eta_u^k$ 为第 k 个单元的加权后验误差。对于诸如航空和海洋电磁法等多源和多频/多时间道问题，为了使得网格剖分充分满足所有接收点及所有发射频率/时间道的正演精度要求，将单元加权后验误差扩充为

$$
\eta_L^k = \sum_{j=1}^{N_{ft}} \sum_{\ell=1}^{N_s} \eta_{J,j,\ell}^k \times \eta_{u,j,\ell}^k \tag{5.178}
$$

式中，N_{ft} 表示发射频率个数或时间道数；N_s 为不满足收敛准则的观测点数。与式(5.177)相比，式(5.178)是针对所有发射频率/时间道和所有不满足收敛准则的测点计算出每个单元的加权函数和后验误差，并对它们进行求和。因此，式(5.178)计算的加权后验误差能够兼顾所有频率/时间道信号的自适应网格剖分。

需要注意的是，在利用自适应算法进行网格加密时，我们感兴趣的是对各单元后验误差进行加权。为了计算影响函数的单元误差估计值，我们只对影响函数的空间变化感兴趣，对影响函数的绝对分布不感兴趣。

下文讨论影响函数 $\boldsymbol{U}$ 的求解问题。在式(5.173)中，$L(\boldsymbol{N})$ 为 $\boldsymbol{N}$ 的线性泛函。考虑在电磁数值模拟中，仅对测点附近电场的计算精度感兴趣，因此定义如下线性函数：

$$
L(\boldsymbol{E}) = \sum_{j=1}^{N_t} \frac{1}{V_j} \iiint_{V_j} \boldsymbol{E} \cdot \boldsymbol{I} \mathrm{d}v \tag{5.179}
$$

式中，N_t 为观测区域包含的子域个数；$\boldsymbol{I} = (1,\ 1,\ 1)^{\mathrm{T}}$，则由式(5.173)，影响函数 $\boldsymbol{U}$ 可利用如下微分方程和边界条件求解，即

$$
\begin{cases}
\dfrac{1}{\xi} \nabla \times \nabla \times \boldsymbol{U} + \sigma \boldsymbol{U} + \displaystyle\sum_{j=1}^{N_t} \frac{\boldsymbol{I}}{V_j} = 0 \\
(\hat{\boldsymbol{n}} \times \boldsymbol{U})|_{\Gamma} = 0
\end{cases} \tag{5.180}
$$

对比式(5.180)和式(5.165)可见，除了源项不同以外，求解 $\boldsymbol{U}$ 边值问题与求解电磁场问题相同，因此可以采用求解式(5.165)和式(5.166)的有限元法获得影响函数。此时，两者有限元系数矩阵完全相同，仅需替换右端项即可获得影响函数的解。最后，将前述计算的各单元电场后验误差与影响函数的后验误差相乘，并对所有频率或时间道进行求和，

即可得到各单元的加权后验误差。

需要指出的是，由式(5.180)可以发现，$\boldsymbol{U}$ 描述的是测点附近虚拟电流产生的电场，而估计的后验误差与电流密度相对应，因此在本章的正演模拟算例中，利用 $\sigma\boldsymbol{U}$ 代替影响函数计算后验误差。数值实验表明，如此局部网格细化效果更好。根据互换原理，式(5.180)等价于各单元注入单元矢量电流时在接收点产生的响应，因此代表了各单元对接收点电磁响应的贡献。不难理解，根据上述基于加权后验误差的自适应算法可有效识别待加密网格，进而集中优化误差较大且对接收机响应影响较大的网格单元，从而实现面向目标的自适应网格加密算法。

5.6.3 面向目标的自适应网格加密策略

依据式(5.173)计算加权后验误差，可以识别出需要加密的网格并进行局部细化。本节网格自适应加密使用的是迭代策略，其判别标准是基于各测点正演模拟结果的收敛性。比较本次正演结果与之前正演结果之间的差距，若两者相差很小，则认为该测点模拟结果已经具有较高精度，满足收敛条件，无须对该测点对应的网格进行自适应加密；否则，认为该测点模拟精度没有达到要求，对应的网格需要继续加密。下文针对多源和多频/多时间道航空电磁法面向目标自适应加密流程进行介绍。

(1)设定面向目标自适应正演网格加密的最大迭代次数和网格包含的最大棱边数；

(2)若棱边数小于最大棱边数且迭代次数小于最大迭代次数，则执行步骤(3)，否则执行步骤(6)；

(3)对每个单元计算相对加权后验误差 $\beta_k=\eta_L^k/\eta_{L,\max}^k$，选取一定比例 β_k 较大的单元作为待加密网格单元，并将其中最小的 β_n 定义为网格加密的阈值 β_t。为保证程序稳定收敛，此处对所有单元添加了最小体积约束 $V_{\min}$。若一个单元同时满足 $\beta_k>\beta_t$ 和 $V_k>V_{\min}$，则对该单元进行加密；

(4)使用优化后的网格重新进行正演模拟；

(5)比较本次正演结果与前次正演结果之间的差异，若某测点加密前后相对变化小于设定的阈值，则将其记录为收敛测点，并从式(5.178)中的 Ns 中剔除，否则记录为目标测点。若所有测点均为收敛测点，则执行步骤(6)，否则执行步骤(2)；

(6)结束循环。

上述步骤(3)中定义了最小体积约束和相对加权误差阈值。其中，相对加权误差阈值定义旨在使一定百分比的 β_k 满足 $\beta_k>\beta_t$ 要求，而 $V_{\min}$ 则根据经验定义为能够在最极端条件下满足正演模拟精度的最小网格体积。对于网格优化条件，这里在重新剖分网格时对加权后验误差较大的单元添加了体积不大于原有体积 1/2 的约束条件。由于本章正演算法编程均基于 Fortran 语言，而网格剖分程序 TetGen(Si，2006)基于 C++语言，在实际编程时，可以将 TetGen 生成库以实现不同计算机语言间函数的相互调用。在每次得到加权后验误差后，将需要优化的单元体积输出，并在优化网格时使用该体积的 1/2 作为约束条件对网格进行剖分。图 5.12 给出了面向目标自适应网格剖分的流程。

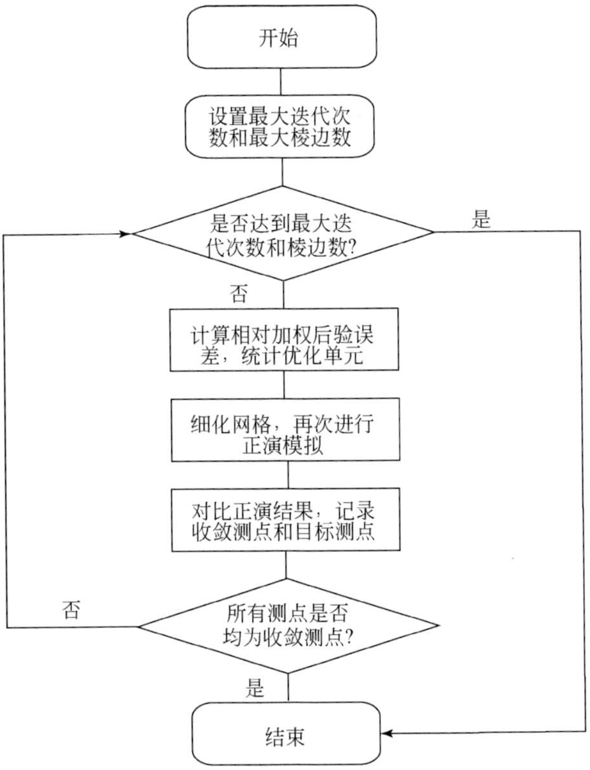

图 5.12　面向目标自适应网格剖分流程图

5.7　区域分解技术

5.7.1　边值问题及有限元求解

对于有限元法，为获得精确解，需要对计算区域进行精细剖分。由此，当模型尺度较大时(如海洋电磁法)，正演计算过程中需要剖分的四面体单元棱边数或待求解的未知数个数很多(几百万甚至上千万)，此时需要求解超大型线性方程组，这使得正演问题求解或灵敏度信息计算时消耗巨大内存。为解决这一问题，本节讨论可有效节省内存的区域分解算法。

以时间域海洋电磁为例介绍基于有限单元分解内联(Dual-Primal Finite-Element Tearing and Interconnecting Technique，FETI-DP)方法的区域分解技术。该方法将计算区域分为若干个非重叠的子域，在每个子域内独立构建有限元方程，通过在交界面使用纽曼边界条件并引入拉格朗日乘子，将每个子域耦合起来构建交界面方程。对于交界面方程采用广义最小残差法(GMRES)进行迭代求解。进而，通过求解的拉格朗日乘子可得到每个子区域内所有棱边上的电场。为详细介绍基于区域分解的电磁模拟方法，重写时域电磁场满足的双旋度方程如下：

$$\nabla\times\left[\frac{1}{\mu}\nabla\times\boldsymbol{E}(\boldsymbol{r},\ t)\right]+\sigma\frac{\partial\boldsymbol{E}(\boldsymbol{r},\ t)}{\partial t}+\frac{\partial\boldsymbol{J}_i(\boldsymbol{r},\ t)}{\partial t}=0 \tag{5.181}$$

为引入区域分解法，将计算区域 V 划分为 N_s 个不重叠的子域 $V_\ell(\ell=1,\ 2,\ \cdots,\ N_s)$，则对于第 ℓ 个子域，电场满足狄利克雷边界条件和纽曼类未知边界条件，即

$$\boldsymbol{n}\times\boldsymbol{E}\mid_\Gamma=\boldsymbol{0} \tag{5.182}$$

$$\boldsymbol{n}\times\frac{1}{\mu}(\nabla\times\boldsymbol{E})\mid_{\Gamma_\ell}=\boldsymbol{\Lambda}^\ell \tag{5.183}$$

式中，Γ 为外部边界；Γ_ℓ 为第 ℓ 个子域与其他子域交界面边界；$\boldsymbol{n}$ 为边界外法向；而未知向量 $\boldsymbol{\Lambda}$ 表示切向磁场。

对模型进行非结构网格剖分并利用式(5.4)进行插值，则对第 k 个单元，有

$$\boldsymbol{E}(\boldsymbol{r},\ t)=\sum_{j=1}^{6}E_j^k(t)\boldsymbol{N}_j^k(\boldsymbol{r}) \tag{5.184}$$

式中，$E_j^k(t)$ 为第 k 个单元、第 j 个棱边的电场；$\boldsymbol{N}_j^k(\boldsymbol{r})$ 为第 k 个单元的矢量插值基函数(Jin，2014)。将式(5.184)代入式(5.181)中，并应用伽辽金方法及未知纽曼边界条件对每个子域独立构建有限元方程，则对第 ℓ 个子域，有

$$\frac{1}{\mu}\iiint_{V_\ell}(\nabla\times\boldsymbol{N})\cdot(\nabla\times\boldsymbol{E}^\ell)\mathrm{d}v+\iint_{\Gamma_\ell}\boldsymbol{N}\cdot\boldsymbol{\Lambda}^\ell\mathrm{d}s+\iiint_{V_\ell}\boldsymbol{N}\cdot\sigma\frac{\partial\boldsymbol{E}^\ell}{\partial t}\mathrm{d}v+\iiint_{V_\ell}\boldsymbol{N}\cdot\frac{\partial\boldsymbol{J}_i^\ell}{\partial t}\mathrm{d}v=0 \tag{5.185}$$

或者

$$\boldsymbol{M}^\ell\frac{\mathrm{d}\boldsymbol{E}^\ell(t)}{\mathrm{d}t}+\boldsymbol{S}^\ell\boldsymbol{E}^\ell(t)+\boldsymbol{J}^\ell+\boldsymbol{\lambda}_0^\ell=0 \tag{5.186}$$

式中，$\boldsymbol{M}^\ell$、$\boldsymbol{S}^\ell$ 和 $\boldsymbol{J}^\ell$ 分别表示第 ℓ 个子域的质量矩阵、刚度矩阵和源项；而 $\boldsymbol{\lambda}_0^\ell$ 与第 ℓ 个子域边界上未知纽曼边界条件有关，称为拉格朗日乘子(Farhat and Roux，2001)。对于第 k 个单元，有

$$\boldsymbol{M}_k^\ell[n,\ m]=\iiint_{V^k}\sigma^k\boldsymbol{N}_n^k(\boldsymbol{r})\cdot\boldsymbol{N}_m^k(\boldsymbol{r})\mathrm{d}v \tag{5.187}$$

$$\boldsymbol{S}_k^\ell[n,\ m]=\frac{1}{\mu}\iiint_{V^k}\nabla\times\boldsymbol{N}_n^k(\boldsymbol{r})\cdot\nabla\times\boldsymbol{N}_m^k(\boldsymbol{r})\mathrm{d}v \tag{5.188}$$

$$\boldsymbol{J}_k^\ell[n]=\iiint_{V^k}\boldsymbol{N}_n^k(\boldsymbol{r})\cdot\frac{\partial\boldsymbol{J}_i^k(\boldsymbol{r},\ t)}{\partial t}\mathrm{d}v \tag{5.189}$$

$$\boldsymbol{\lambda}_{k0}^\ell[n]=\iint_{\Gamma_\ell^k}\boldsymbol{N}_n^k(\boldsymbol{r})\cdot\boldsymbol{\Lambda}^\ell\mathrm{d}s \tag{5.190}$$

进而，利用式(5.108)对式(5.186)进行二阶后推欧拉时间离散(考虑对称采样点)，可得

$$\boldsymbol{D}^\ell\boldsymbol{E}^\ell(t_{i+2})=\boldsymbol{f}^\ell-2\Delta t\boldsymbol{\lambda}_0^\ell(t_{i+2})=\boldsymbol{f}^\ell-\boldsymbol{\lambda}^\ell(t_{i+2}) \tag{5.191}$$

式中，$\boldsymbol{D}^\ell=(3\boldsymbol{M}^\ell+2\Delta t\boldsymbol{S}^\ell)$，$\boldsymbol{f}^\ell=\boldsymbol{M}^\ell[4\boldsymbol{E}^\ell(t_{i+1})-\boldsymbol{E}^\ell(t_i)]-2\Delta t\boldsymbol{J}^\ell(t_{i+2})$。

5.7.2　网格分区

下文的讨论中，针对整体网格和棱边的编号称为整体编号，而针对各子域的网格及棱

边编号称为子域局部编号。在每个子域中，棱边被划分为内部边(在子域内只被一个子域拥有，标记为 I)、交界面边(在交界面上被两个子域共有，标记为 f)。内部边和交界面边统称为剩余边，标记为 r。最后，由三个或多个子域共享的边称为角边，标记为 c。利用这些标记，式(5.191)可写成

$$\begin{bmatrix} \boldsymbol{D}_{\mathrm{rr}}^{\ell} & \boldsymbol{D}_{\mathrm{rc}}^{\ell} \\ (\boldsymbol{D}_{\mathrm{rc}}^{\ell})^{\mathrm{T}} & \boldsymbol{D}_{\mathrm{cc}}^{\ell} \end{bmatrix} \begin{bmatrix} \boldsymbol{E}_{\mathrm{r}}^{\ell} \\ \boldsymbol{E}_{\mathrm{c}}^{\ell} \end{bmatrix} = \begin{bmatrix} \boldsymbol{f}_{\mathrm{r}}^{\ell} \\ \boldsymbol{f}_{\mathrm{c}}^{\ell} \end{bmatrix} - \begin{bmatrix} \boldsymbol{\lambda}_{\mathrm{r}}^{\ell} \\ \boldsymbol{\lambda}_{\mathrm{c}}^{\ell} \end{bmatrix} \tag{5.192}$$

由式(5.192)可以看出，每个子域方程组都是独立的，各子域之间通过拉格朗日乘子建立联系。定义一个带符号的布尔矩阵(Boolean matrix)$\boldsymbol{B}_{\mathrm{r}}^{\ell}$ 和一个无符号的布尔矩阵$\boldsymbol{B}_{\mathrm{c}}^{\ell}$，并利用$\boldsymbol{B}_{\mathrm{r}}^{\ell}$ 从全局交界面变量中提取子域 ℓ 中的局部交界面变量，并将其映射到该子域剩余边局部编号位置，即 $\boldsymbol{\lambda}_{\mathrm{r}}^{\ell}=\boldsymbol{B}_{\mathrm{r}}^{\ell}\boldsymbol{\lambda}_{\mathrm{f}}$，其中 $\boldsymbol{\lambda}_{\mathrm{f}}$ 为全局交界面拉格朗日乘子。类似地，利用$\boldsymbol{B}_{\mathrm{c}}^{\ell}$ 从全局角边变量中提取子域 ℓ 中的局部角边变量，即 $\boldsymbol{E}_{\mathrm{c}}^{\ell}=\boldsymbol{B}_{\mathrm{c}}^{\ell}\boldsymbol{E}_{\mathrm{c}}$，其中，$\boldsymbol{E}_{\mathrm{c}}$ 为全局角边上的电场。利用$\boldsymbol{B}_{r}^{\ell}$ 和$\boldsymbol{B}_{c}^{\ell}$，式(5.187)可写成

$$(\boldsymbol{B}_{\mathrm{r}}^{\ell})^{\mathrm{T}}\boldsymbol{E}_{\mathrm{r}}^{\ell} = (\boldsymbol{B}_{\mathrm{r}}^{\ell})^{\mathrm{T}}(\boldsymbol{D}_{\mathrm{rr}}^{\ell})^{-1}(\boldsymbol{f}_{\mathrm{r}}^{\ell} - \boldsymbol{B}_{\mathrm{r}}^{\ell}\boldsymbol{\lambda}_{\mathrm{f}} - \boldsymbol{D}_{\mathrm{rc}}^{\ell}\boldsymbol{B}_{\mathrm{c}}^{\ell}\boldsymbol{E}_{\mathrm{c}}) \tag{5.193}$$

$$\boldsymbol{B}_{\mathrm{c}}^{\ell}\boldsymbol{E}_{\mathrm{c}} = (\boldsymbol{D}_{\mathrm{cc}}^{\ell})^{-1}[\boldsymbol{f}_{\mathrm{c}}^{\ell} - \boldsymbol{\lambda}_{\mathrm{c}}^{\ell} - (\boldsymbol{D}_{\mathrm{rc}}^{\ell})^{\mathrm{T}}\boldsymbol{E}_{\mathrm{r}}^{\ell}] \tag{5.194}$$

将式(5.193)代入式(5.194)并消去 $\boldsymbol{E}_{\mathrm{r}}^{\ell}$，可得

$$[\boldsymbol{D}_{\mathrm{cc}}^{\ell} - (\boldsymbol{D}_{\mathrm{rc}}^{\ell})^{\mathrm{T}}(\boldsymbol{D}_{\mathrm{rr}}^{\ell})^{-1}\boldsymbol{D}_{\mathrm{rc}}^{\ell}]\boldsymbol{B}_{\mathrm{c}}^{\ell}\boldsymbol{E}_{\mathrm{c}} = \boldsymbol{f}_{\mathrm{c}}^{\ell} - \boldsymbol{\lambda}_{c}^{\ell} - (\boldsymbol{D}_{\mathrm{rc}}^{\ell})^{\mathrm{T}}(\boldsymbol{D}_{\mathrm{rr}}^{\ell})^{-1}\boldsymbol{f}_{\mathrm{r}}^{\ell} + (\boldsymbol{D}_{\mathrm{rc}}^{\ell})^{\mathrm{T}}(\boldsymbol{D}_{\mathrm{rr}}^{\ell})^{-1}\boldsymbol{B}_{\mathrm{r}}^{\ell}\boldsymbol{\lambda}_{\mathrm{f}} \tag{5.195}$$

将式(5.195)对全体子域进行组装，并考虑 $\sum_{\ell=1}^{Ns}(\boldsymbol{B}_{\mathrm{c}}^{\ell})^{\mathrm{T}}\boldsymbol{\lambda}_{\mathrm{c}}^{\ell}=0$(Li and Jin, 2006)，可得

$$\tilde{\boldsymbol{K}}_{\mathrm{cc}}\boldsymbol{E}_{\mathrm{c}} = \sum_{\ell=1}^{N_s}(\boldsymbol{B}_{\mathrm{c}}^{\ell})^{\mathrm{T}}[\boldsymbol{f}_{\mathrm{c}}^{\ell} - (\boldsymbol{D}_{\mathrm{rc}}^{\ell})^{\mathrm{T}}(\boldsymbol{D}_{\mathrm{rr}}^{\ell})^{-1}\boldsymbol{f}_{\mathrm{r}}^{\ell} + (\boldsymbol{D}_{\mathrm{rc}}^{\ell})^{\mathrm{T}}(\boldsymbol{D}_{\mathrm{rr}}^{\ell})^{-1}\boldsymbol{B}_{\mathrm{r}}^{\ell}\boldsymbol{\lambda}_{\mathrm{f}}] \tag{5.196}$$

其中，

$$\tilde{\boldsymbol{K}}_{\mathrm{cc}} = \sum_{\ell=1}^{N_s}(\boldsymbol{B}_{\mathrm{c}}^{\ell})^{\mathrm{T}}[\boldsymbol{D}_{\mathrm{cc}}^{\ell} - (\boldsymbol{D}_{\mathrm{rc}}^{\ell})^{\mathrm{T}}(\boldsymbol{D}_{\mathrm{rr}}^{\ell})^{-1}\boldsymbol{D}_{\mathrm{rc}}^{\ell}]\boldsymbol{B}_{\mathrm{c}}^{\ell} \tag{5.197}$$

进而，对所有子域将式(5.193)进行组装，并施加切向电场连续性条件，可得

$$\sum_{\ell=1}^{N_s}(\boldsymbol{B}_{\mathrm{r}}^{\ell})^{\mathrm{T}}\boldsymbol{E}_{\mathrm{r}}^{\ell} = \sum_{\ell=1}^{Ns}(\boldsymbol{B}_{\mathrm{r}}^{\ell})^{\mathrm{T}}(\boldsymbol{D}_{\mathrm{rr}}^{\ell})^{-1}(\boldsymbol{f}_{\mathrm{r}}^{\ell} - \boldsymbol{B}_{\mathrm{r}}^{\ell}\boldsymbol{\lambda}_{\mathrm{f}} - \boldsymbol{D}_{\mathrm{rc}}^{\ell}\boldsymbol{B}_{\mathrm{c}}^{\ell}\boldsymbol{E}_{\mathrm{c}}) = 0 \tag{5.198}$$

从式(5.196)和式(5.198)中删除 $\boldsymbol{E}_{\mathrm{c}}$，可得如下全局交界面拉格朗日乘子 $\boldsymbol{\lambda}_{\mathrm{f}}$，即

$$(\boldsymbol{F}_{\mathrm{rr}} + \boldsymbol{F}_{\mathrm{rc}}\tilde{\boldsymbol{K}}_{\mathrm{cc}}^{-1}\boldsymbol{F}_{\mathrm{rc}}^{\mathrm{T}})\boldsymbol{\lambda}_{\mathrm{f}} = \tilde{\boldsymbol{f}}_{\mathrm{r}} - \boldsymbol{F}_{\mathrm{rc}}\tilde{\boldsymbol{K}}_{\mathrm{cc}}^{-1}\tilde{\boldsymbol{f}}_{\mathrm{c}} \text{ 或者 } \boldsymbol{F}\boldsymbol{\lambda}_{\mathrm{f}} = \boldsymbol{b} \tag{5.199}$$

其中，

$$\boldsymbol{F}_{\mathrm{rr}} = \sum_{\ell=1}^{N_s}(\boldsymbol{B}_{\mathrm{r}}^{\ell})^{\mathrm{T}}(\boldsymbol{D}_{\mathrm{rr}}^{\ell})^{-1}\boldsymbol{B}_{\mathrm{r}}^{\ell} \tag{5.200}$$

$$\boldsymbol{F}_{\mathrm{rc}} = \sum_{\ell=1}^{N_s}(\boldsymbol{B}_{\mathrm{r}}^{\ell})^{\mathrm{T}}(\boldsymbol{D}_{\mathrm{rr}}^{\ell})^{-1}\boldsymbol{D}_{\mathrm{rc}}^{\ell}\boldsymbol{B}_{\mathrm{c}}^{\ell} \tag{5.201}$$

$$\tilde{\boldsymbol{f}}_{\mathrm{r}} = \sum_{\ell=1}^{N_s}(\boldsymbol{B}_{\mathrm{r}}^{\ell})^{\mathrm{T}}(\boldsymbol{D}_{\mathrm{rr}}^{\ell})^{-1}\boldsymbol{f}_{\mathrm{r}}^{\ell} \tag{5.202}$$

$$\tilde{\boldsymbol{f}}_{\mathrm{c}} = \sum_{\ell=1}^{N_s}(\boldsymbol{B}_{\mathrm{c}}^{\ell})^{\mathrm{T}}[\boldsymbol{f}_{\mathrm{c}}^{\ell} - (\boldsymbol{D}_{\mathrm{rc}}^{\ell})^{\mathrm{T}}(\boldsymbol{D}_{\mathrm{rr}}^{\ell})^{-1}\boldsymbol{f}_{\mathrm{r}}^{\ell}] \tag{5.203}$$

求解式(5.199)可以得到 $\boldsymbol{\lambda}_{\mathrm{f}}$，将其代入式(5.196)即可得到全局角边上的 $\boldsymbol{E}_{\mathrm{c}}$。进而，由 $\boldsymbol{\lambda}_{\mathrm{f}}$和 $\boldsymbol{E}_{\mathrm{c}}$，通过式(5.193)可以计算所有子域剩余边上的电场 $\boldsymbol{E}_{\mathrm{r}}^{\ell}$。

5.7.3　方程组求解

根据式(5.199)～式(5.203)可知，在计算关于 $\boldsymbol{\lambda}_{\mathrm{f}}$ 的交界面方程时需要获得$\tilde{\boldsymbol{K}}_{\mathrm{cc}}^{-1}$和$(\boldsymbol{D}_{\mathrm{rr}}^{\ell})^{-1}$，但计算逆矩阵是非常困难的。为了避免此问题，采用伴随正演方式计算矩阵的逆与向量的乘积。$\tilde{\boldsymbol{K}}_{\mathrm{cc}}$和$\boldsymbol{D}_{\mathrm{rr}}^{\ell}$分别为 $N_{\mathrm{c}}\times N_{\mathrm{c}}$ 和 $N_{\mathrm{r}}^{\ell}\times N_{\mathrm{r}}^{\ell}$ 维的矩阵，N_{c} 为全局角边数量，N_{r}^{ℓ} 为子域 ℓ 的剩余边数量。由于 N_{c} 和 N_{r}^{ℓ} 均较小，该伴随正演可采用直接求解器 MUMPS 求解。

关于$\boldsymbol{\lambda}_{\mathrm{f}}$ 的交界面方程的系数矩阵是一个 $N_{\mathrm{f}}\times N_{\mathrm{f}}$的密实矩阵($N_{\mathrm{f}}$为所有子域交界面上的棱边数)，采用直接求解法需要存储该密实矩阵，将消耗大量内存。进而，应用直接求解法构建系数矩阵时，需要计算$\boldsymbol{F}_{\mathrm{rr}}$和$\boldsymbol{F}_{\mathrm{rc}}$，该过程需要求解大量系数矩阵为$\boldsymbol{D}_{\mathrm{rr}}^{\ell}$的方程组。在计算$\boldsymbol{F}_{\mathrm{rc}}\tilde{\boldsymbol{K}}_{\mathrm{cc}}^{-1}\boldsymbol{F}_{\mathrm{rc}}^{\mathrm{T}}$时，需要求解大量系数矩阵为$\tilde{\boldsymbol{K}}_{\mathrm{cc}}$的方程组和密实矩阵乘积，计算量巨大。迭代求解方法每次计算系数矩阵$(\boldsymbol{F}_{\mathrm{rr}}+\boldsymbol{F}_{\mathrm{rc}}\tilde{\boldsymbol{K}}_{\mathrm{cc}}^{-1}\boldsymbol{F}_{\mathrm{rc}}^{\mathrm{T}})$与一个向量的乘积，无须存储系数矩阵，且在每一步伴随正演过程中的计算次数仅为一次，因此选用广义最小残差 GMRES 法(Saad，2003)对交界面方程式(5.199)进行迭代求解，同时为了加速收敛，还采用如下狄利克雷预条件子(Li and Jin，2006)，即

$$\boldsymbol{P}^{-1}=\sum_{\ell=1}^{N_s}(\boldsymbol{B}_{\mathrm{r}}^{\ell})^{\mathrm{T}}\begin{bmatrix}0 & 0\\ 0 & \boldsymbol{Q}_{\mathrm{ff}}^{\ell}\end{bmatrix}\boldsymbol{B}_{\mathrm{r}}^{\ell} \tag{5.204}$$

其中，

$$\boldsymbol{Q}_{\mathrm{ff}}^{\ell}=\boldsymbol{D}_{\mathrm{ff}}^{\ell}-(\boldsymbol{D}_{\mathrm{If}}^{\ell})^{\mathrm{T}}\boldsymbol{D}_{\mathrm{II}}^{\ell}\boldsymbol{D}_{\mathrm{If}}^{\ell} \tag{5.205}$$

式中，$\boldsymbol{D}_{ij}^{\ell}$ 由式(5.191)给出。在实际迭代求解过程中，当预条件残差范数 $\|\boldsymbol{P}^{-1}(\boldsymbol{F}\boldsymbol{\lambda}_{\mathrm{f}}-\boldsymbol{b})\|/\|\boldsymbol{P}^{-1}\boldsymbol{b}\|<10^{-6}$时，终止迭代。有关 GMRES 迭代方法将在第 8 章详细介绍。

5.7.4　初始电场计算

由式(5.133)可知，为求解电性源脉冲发射时的电磁响应，需要计算初始电场。本节讨论电性源电位满足的边值问题，并采用基于节点有限元的 FETI-DP 方法对其进行求解。为此，建立如下直流电数值模拟边值问题，即

$$\nabla\cdot(\sigma\nabla\varphi)=-I\delta(\boldsymbol{r}-\boldsymbol{r}_0) \tag{5.206}$$

$$\varphi|_{\Gamma}=0 \tag{5.207}$$

式中，I 为源电流强度；$\boldsymbol{r}_0$ 为电源的空间位置。为求解上述电位满足的边值问题，采用基于四面体网格的节点有限元法。首先将第 k 个四面体单元内的电位表示为

$$\varphi(\boldsymbol{r})=\sum_{j=1}^{4}\varphi_j^k L_j^k(\boldsymbol{r}) \tag{5.208}$$

式中，φ_j^k 为第j 个节点上的电位；$L_j^k(\boldsymbol{r})$为第j 个节点标量插值基函数。定义如下标量残差：

$$R = \nabla \cdot (\sigma \nabla \varphi) + I\delta(\boldsymbol{r} - \boldsymbol{r}_0) \tag{5.209}$$

则利用伽辽金方法，并将插值函数作为加权函数，可得

$$\iiint_V LR \mathrm{d}v = 0 \tag{5.210}$$

将式(5.209)代入式(5.210)并运用格林第一公式，可得

$$\iiint_V (\nabla L) \cdot (\sigma \nabla \varphi) \mathrm{d}v - \iint_\Gamma L\sigma \nabla \varphi \cdot \boldsymbol{n} \mathrm{d}s - \iiint_V IL\delta(\boldsymbol{r} - \boldsymbol{r}_0) \mathrm{d}v = 0 \tag{5.211}$$

如果采用传统节点有限元法，当模拟域足够大时式(5.211)第二项代表的外边界积分可以忽略，因此仅需对其余项进行单元分析，得到各节点电位满足的线性方程组，求解后再通过梯度计算得到电场。然而，本节讨论区域分解技术用于大尺度模型海洋电磁正演，式(5.206)和式(5.207)给出的边值问题解将作为时域电磁场的初始场。当模拟域很大时，采用前文的区域分解技术进行求解将节省内存需求。为此，首先讨论直流问题网格分区及有限元分析。

直流问题网格分区可采用类似于前文介绍的方法，即参照棱边方法将节点分为内部节点(在子域内只被一个子域所拥有的节点)、交界面节点(在交界面上被两个子域共用的节点)和角节点(被三个或三个以上的子域共用的节点)，分别用符号 I、f 和 c 标注。将子域的点按照内部节点 I、交界面节点 f 和角节点 c 的顺序进行重新排序和编号，则棱边上的电位可表示为$[\varphi_{\mathrm{I}}^{\ell}, \varphi_{\mathrm{f}}^{\ell}, \varphi_{\mathrm{c}}^{\ell}]$，将内部节点 I 和交界面节点 f 统称为剩余节点，用符号 r 表示，则节点上的电位可表示为$[\varphi_{\mathrm{r}}^{\ell}, \varphi_{\mathrm{c}}^{\ell}]$。

对于计算区域的外边界仍然采用第一类边界条件，而对于子域的交界面边界采用未知的第二类边界条件，即

$$-\boldsymbol{n} \cdot (\sigma \nabla \varphi^{\ell}) \big|_{\Gamma_\ell} = \Lambda_{\mathrm{DC}}^{\ell} \tag{5.212}$$

式中，φ^{ℓ} 为第 ℓ 个子域中的电位；$\Lambda_{\mathrm{DC}}^{\ell}$为未知的法向电流密度。

针对每个子域独立构建有限元方程，则对于第 ℓ 个子域，根据边界条件并考虑内部边界积分相互抵消，式(5.211)可写成

$$\iiint_{V_\ell} (\nabla L) \cdot (\sigma \nabla \varphi^{\ell}) \mathrm{d}v + \iint_{\Gamma_\ell} L\Lambda_{\mathrm{DC}}^{\ell} \mathrm{d}s - \iiint_{V_\ell} I^{\ell} L\delta(\boldsymbol{r} - \boldsymbol{r}_0) \mathrm{d}v = 0 \tag{5.213}$$

对于第 ℓ 个子域的第 k 个四面体单元，将式(5.208)代入式(5.213)，可得

$$\boldsymbol{K}_k^{\ell} \boldsymbol{\varphi}^{\ell} = \boldsymbol{q}_k^{\ell} - \boldsymbol{\lambda}_k^{\ell} \tag{5.214}$$

其中，

$$\boldsymbol{K}_k^{\ell}(n, m) = \sigma \iiint_{V^k} (\nabla L_n^k) \cdot (\nabla L_m^k) \mathrm{d}v \tag{5.215}$$

$$\boldsymbol{q}_k^{\ell}(n) = \iiint_{V^k} L_n^k I\delta(\boldsymbol{r} - \boldsymbol{r}_0) \mathrm{d}v \tag{5.216}$$

而 $\boldsymbol{\lambda}_k^{\ell}$ 为直流问题的拉格朗日乘子，可表示为

$$\boldsymbol{\lambda}_k^{\ell}(n) = \iint_{\Gamma_\ell^k} L_n^k \Lambda_{k\,\mathrm{DC}}^{\ell} \mathrm{d}s \tag{5.217}$$

将子域 ℓ 内所有四面体单元满足的式(5.214)按子域节点编号进行组装，可得

$$\begin{bmatrix} \boldsymbol{K}_{\mathrm{rr}}^{\ell} & \boldsymbol{K}_{\mathrm{rc}}^{\ell} \\ (\boldsymbol{K}_{\mathrm{rc}}^{\ell})^{\mathrm{T}} & \boldsymbol{K}_{\mathrm{cc}}^{\ell} \end{bmatrix} \begin{bmatrix} \boldsymbol{\varphi}_{\mathrm{r}}^{\ell} \\ \boldsymbol{\varphi}_{\mathrm{c}}^{\ell} \end{bmatrix} = \begin{bmatrix} \boldsymbol{q}_{\mathrm{r}}^{\ell} \\ \boldsymbol{q}_{\mathrm{c}}^{\ell} \end{bmatrix} - \begin{bmatrix} \boldsymbol{\lambda}_{\mathrm{r}}^{\ell} \\ \boldsymbol{\lambda}_{\mathrm{c}}^{\ell} \end{bmatrix} \tag{5.218}$$

由式(5.218)可知，每个子域有限元方程是相对独立的，通过直流拉格朗日乘子 $\boldsymbol{\lambda}$ 可以在每个子域间建立联系。类似于前文的讨论，定义一个带符号的布尔矩阵$\boldsymbol{B}_{\mathrm{r}}^{\ell}$，用来从全局交界面变量中提取子域中局部交界面变量，并将其映射到子域剩余节点局部编号位置，即

$$\boldsymbol{\lambda}_{\mathrm{r}}^{\ell} = \boldsymbol{B}_{\mathrm{r}}^{\ell}\boldsymbol{\lambda}_{\mathrm{f}} \tag{5.219}$$

同时定义一个无符号的布尔矩阵$\boldsymbol{B}_{\mathrm{c}}^{\ell}$，用来从全局角节点变量中提取子域 ℓ 中的局部角节点变量，即

$$\boldsymbol{\varphi}_{\mathrm{c}}^{\ell} = \boldsymbol{B}_{\mathrm{c}}^{\ell}\boldsymbol{\varphi}_{\mathrm{c}} \tag{5.220}$$

类似于前文的讨论，利用$\boldsymbol{B}_{\mathrm{r}}^{\ell}$ 和$\boldsymbol{B}_{\mathrm{c}}^{\ell}$ 重写式(5.218)，并施加法向电流连续性条件，可得如下关于 $\boldsymbol{\lambda}_{\mathrm{f}}$ 的交界面方程，即

$$\boldsymbol{F}\boldsymbol{\lambda}_{\mathrm{f}} = \boldsymbol{b} \tag{5.221}$$

其中，

$$\boldsymbol{F} = \boldsymbol{F}_{\mathrm{rc}}\tilde{\boldsymbol{K}}_{\mathrm{cc}}^{-1}\boldsymbol{F}_{\mathrm{rc}}^{\mathrm{T}} + \boldsymbol{F}_{\mathrm{rr}} \tag{5.222}$$

$$\tilde{\boldsymbol{K}}_{\mathrm{cc}} = \sum_{\ell=1}^{N_s} (\boldsymbol{B}_{\mathrm{c}}^{\ell})^{\mathrm{T}}[\boldsymbol{K}_{\mathrm{cc}}^{\ell} - (\boldsymbol{K}_{\mathrm{rc}}^{\ell})^{\mathrm{T}}(\boldsymbol{K}_{\mathrm{rr}}^{\ell})^{-1}\boldsymbol{K}_{\mathrm{rc}}^{\ell}]\boldsymbol{B}_{\mathrm{c}}^{\ell} \tag{5.223}$$

$$\boldsymbol{F}_{\mathrm{rr}} = \sum_{\ell=1}^{N_s} (\boldsymbol{B}_{\mathrm{r}}^{\ell})^{\mathrm{T}}(\boldsymbol{K}_{\mathrm{rr}}^{\ell})^{-1}\boldsymbol{B}_{\mathrm{r}}^{\ell} \tag{5.224}$$

$$\boldsymbol{F}_{\mathrm{rc}} = \sum_{\ell=1}^{N_s} (\boldsymbol{B}_{\mathrm{r}}^{\ell})^{\mathrm{T}}(\boldsymbol{K}_{\mathrm{rr}}^{\ell})^{-1}\boldsymbol{K}_{\mathrm{rc}}^{\ell}\boldsymbol{B}_{\mathrm{c}}^{\ell} \tag{5.225}$$

$$\boldsymbol{b} = \tilde{\boldsymbol{f}}_{\mathrm{r}} - \boldsymbol{F}_{\mathrm{rc}}\tilde{\boldsymbol{K}}_{\mathrm{cc}}^{-1}\tilde{\boldsymbol{f}}_{\mathrm{c}} \tag{5.226}$$

$$\tilde{\boldsymbol{f}}_{\mathrm{r}} = \sum_{\ell=1}^{N_s} (\boldsymbol{B}_{\mathrm{r}}^{\ell})^{\mathrm{T}}(\boldsymbol{K}_{\mathrm{rr}}^{\ell})^{-1}\boldsymbol{q}_{\mathrm{r}}^{\ell} \tag{5.227}$$

$$\tilde{\boldsymbol{f}}_{\mathrm{c}} = \sum_{\ell=1}^{N_s} (\boldsymbol{B}_{\mathrm{c}}^{\ell})^{\mathrm{T}}[\boldsymbol{q}_{\mathrm{c}}^{\ell} - (\boldsymbol{K}_{\mathrm{rc}}^{\ell})^{\mathrm{T}}(\boldsymbol{K}_{\mathrm{rr}}^{\ell})^{-1}\boldsymbol{q}_{\mathrm{r}}^{\ell}] \tag{5.228}$$

对于 $\boldsymbol{\lambda}_{\mathrm{f}}$ 的交界面方程，依然采用直接求解和 GMRES 迭代求解相结合的方法。为了改善 GMRES 迭代求解的收敛性，使用狄利克雷预条件子$\boldsymbol{P}_{\mathrm{DC}}^{-1}$(Jin，2014)，其表达式为

$$\boldsymbol{P}_{\mathrm{DC}}^{-1} = \sum_{\ell=1}^{N_s} (\boldsymbol{B}_{\mathrm{r}}^{\ell})^{\mathrm{T}}\begin{bmatrix} 0 & 0 \\ 0 & \boldsymbol{Q}_{\mathrm{ff}}^{\ell} \end{bmatrix}\boldsymbol{B}_{\mathrm{r}}^{\ell} \tag{5.229}$$

其中，

$$\boldsymbol{Q}_{\mathrm{ff}}^{\ell} = \boldsymbol{K}_{\mathrm{ff}}^{\ell} - (\boldsymbol{K}_{\mathrm{If}}^{\ell})^{\mathrm{T}}\boldsymbol{K}_{\mathrm{II}}^{\ell}\boldsymbol{K}_{\mathrm{If}}^{\ell} \tag{5.230}$$

同样，在迭代过程中当预条件的残差范数满足$\|\boldsymbol{P}_{\mathrm{DC}}^{-1}(\boldsymbol{F}\boldsymbol{\lambda}_{\mathrm{f}}-\boldsymbol{b})\|/\|\boldsymbol{P}_{\mathrm{DC}}^{-1}\boldsymbol{b}\|<10^{-6}$时，终止迭代。综上，基于区域分解的时域电磁数值模拟流程已完成。图 5.13 给出了计算流程图。

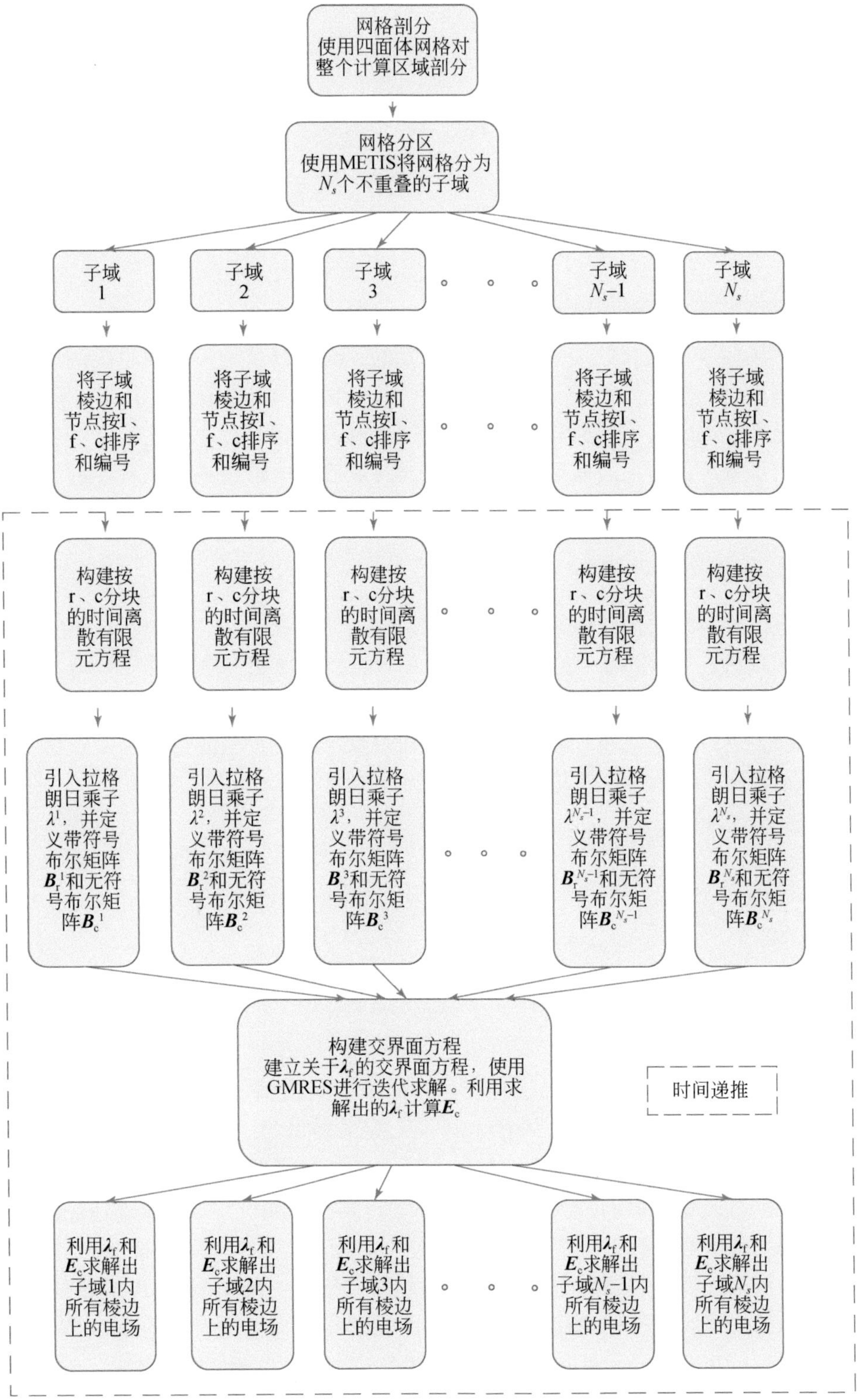

图 5.13　区域分解时域电磁数值模拟流程图

5.8　应用及电磁响应特征分析

目前，有限元法已被广泛应用于电磁数值模拟的各个领域。本节将对有限单元法在航空、海洋、地面及井中电磁数值模拟中的应用进行介绍。

5.8.1　航空电磁有限元数值模拟

航空电磁法由飞机搭载发射和接收装置进行飞行勘查作业。实际观测时，发射线圈在空中激发一次场信号，接收机接收发射线圈激发的一次场以及地下介质感应的二次场信号实现地球物理勘查。考虑到航空电磁系统一次场不含地下介质信息，且强度远大于二次场，通常频域航空电磁法仅对去除一次场的二次场进行分析解释，因此本章针对频域航空电磁仅对二次场响应进行正演模拟。相比之下，时域航空电磁法通常测量发射源断电后的电磁响应，因此可直接对总场进行模拟。

1. 频域航空电磁正演模拟及响应特征分析

频域航空电磁系统通常采用直立共轴(VCX)或水平共面(HCP)线圈装置，如图 5.14 所示。发射频率通常在 100Hz～200kHz。针对频域航空电磁法，本节首先对均匀半空间模型进行模拟，以检验算法精度，进而对典型山峰和山谷模型，以及起伏地表下埋有异常体等复杂地电模型进行模拟，并对上述三种模型的频域航空电磁响应特征进行分析。本节所有算例中航空电磁系统飞行高度均为 30m，收发距为 10m。

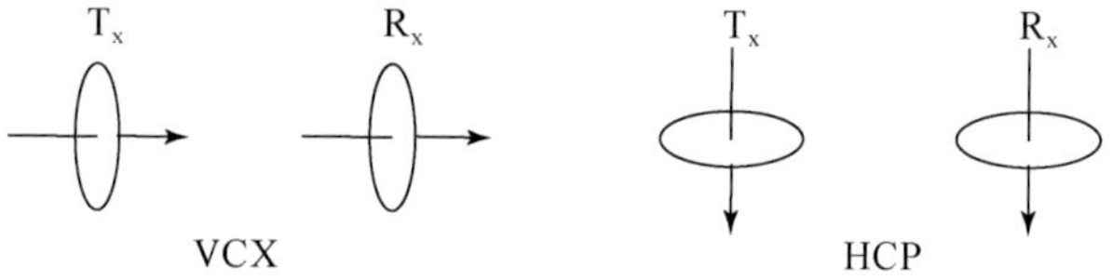

图 5.14　频域航空电磁系统

图 5.15 展示了使用三维有限元法计算的均匀半空间模型的电磁响应与一维半解析解的对比结果。均匀半空间电阻率为 100Ω · m。从图 5.15 中可以看出，本章介绍的有限元三维正演模拟结果与一维半解析解吻合很好，最大相对误差小于 3%。

地形对航空电磁响应影响较大。对于起伏地表模型，航空电磁响应幅值随地形而变化，曲线形态与地形起伏具有一定对应关系。本节通过模拟山峰和山谷地形的频域航空电磁响应，对起伏地表模型频域航空电磁响应特征进行分析。图 5.16 给出了典型山峰和山谷模型，山峰的高度和山谷的深度均为 20m，而顶部和底部宽度分别为 60m 和 220m，地下介质电阻率为 100Ω · m。图 5.17 给出了航空电磁 HCP 和 VCX 两种装置 5 个频率(380Hz、1600Hz、6300Hz、25kHz、120kHz)穿过模型中心剖面的电磁响应。其中，图 5.17(a)为山峰模型 HCP 响应，图 5.17(b)为山谷模型 HCP 响应，图 5.17(c)为山峰模型

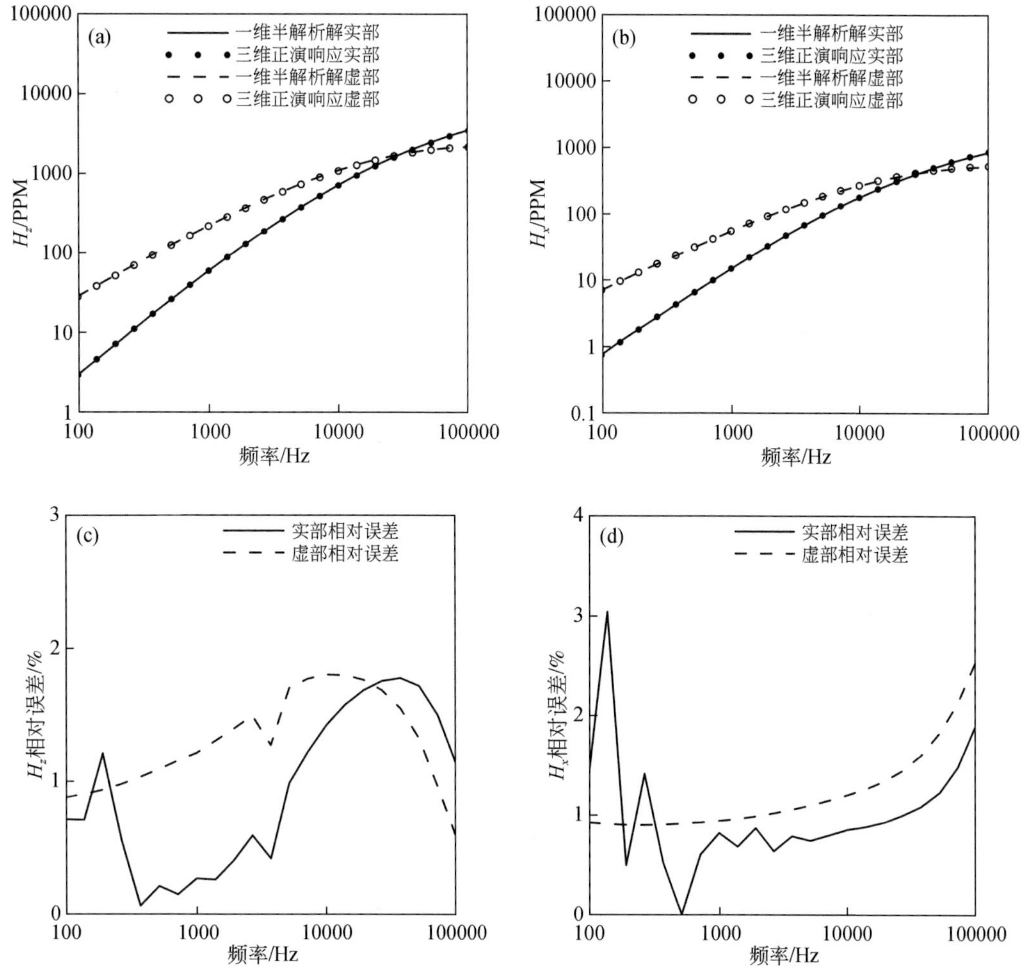

图 5.15　均匀半空间模型航空电磁一维/三维模拟结果对比

(a) HCP 系统响应；(b) VCX 系统响应；(c) HCP 响应相对误差；(d) VCX 响应相对误差。PPM 表示归一化航空电磁响应，下同(殷长春，2018)

VCX 响应，图 5.17(d)为山谷模型 VCX 响应。分析各种装置的航空电磁响应可得出如下结论：①频域航空电磁系统响应受起伏地形影响较大，航空电磁数据解释时应对地形效应高度重视；②发射频率越高，航空电磁响应受地形影响越大。这是由于高频段电磁信号穿透较浅，包含的信息主要来自浅部地表，而低频段电磁信号穿透较深，包含的信息主要来自地下深处。因此，地形对高频段电磁响应影响较大，而对低频段电磁响应影响相对较小；③航空电磁响应的曲线形态与起伏地表之间存在一定的镜像关系。在地形的突变位置，电磁响应变化剧烈。

为分析起伏地表对地下异常体响应的影响特征，本节还模拟了山峰和山谷地形下埋有异常体模型的航空电磁响应。图 5.18 给出了山峰和山谷下埋有异常体模型的剖面图。异常体规模为 40m×40m×30m，电阻率为 1Ω · m，埋深为距离地表 30m。异常体中心位于山

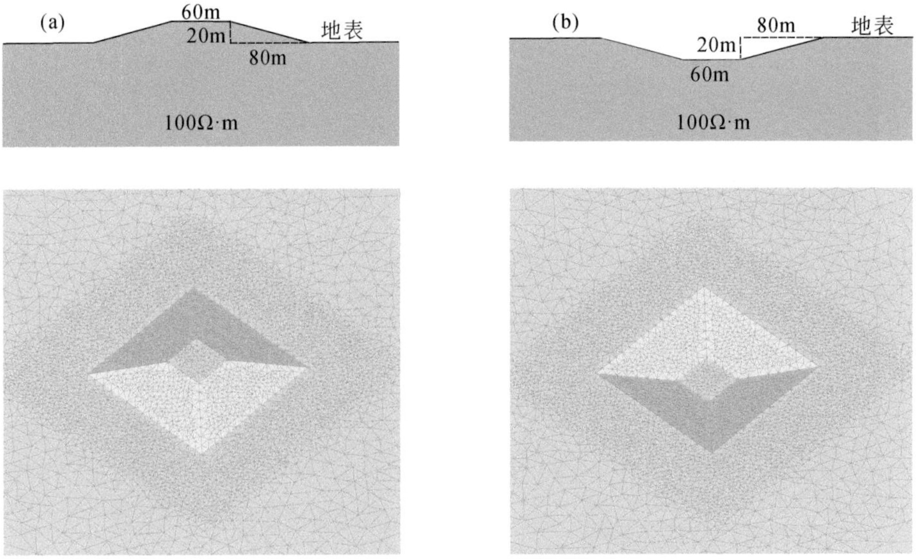

图 5.16　三维航空电磁起伏地表模型及网格剖分

(a)山峰模型；(b)山谷模型

峰或山谷中心正下方。围岩电阻率为 100Ω · m。图 5.19 给出山峰和山谷模型沿中心剖面航空电磁响应。分析图中给出的正演响应曲线可以发现：在高频段起伏地表下埋藏异常体模型的电磁响应曲线与纯地形模型的响应曲线相近；随着频率降低，两者的差异越来越明显，异常体响应逐渐显现出来。从物理角度上这种现象很容易解释。高频段电磁信号穿透深度浅，主要反映浅部地表和地形信息，包含的异常体信息很少；随着频率降低，电磁信号穿透介质能力增强，浅部地表和地形信息逐渐减少，而异常体信息增多。因此，可以得出与前述类似的结论：地形的影响主要体现在电磁信号的高频段，而有一定埋深异常体的电磁响应主要体现在电磁信号的中低频段(具体频段取决于异常体导电性和埋深)。

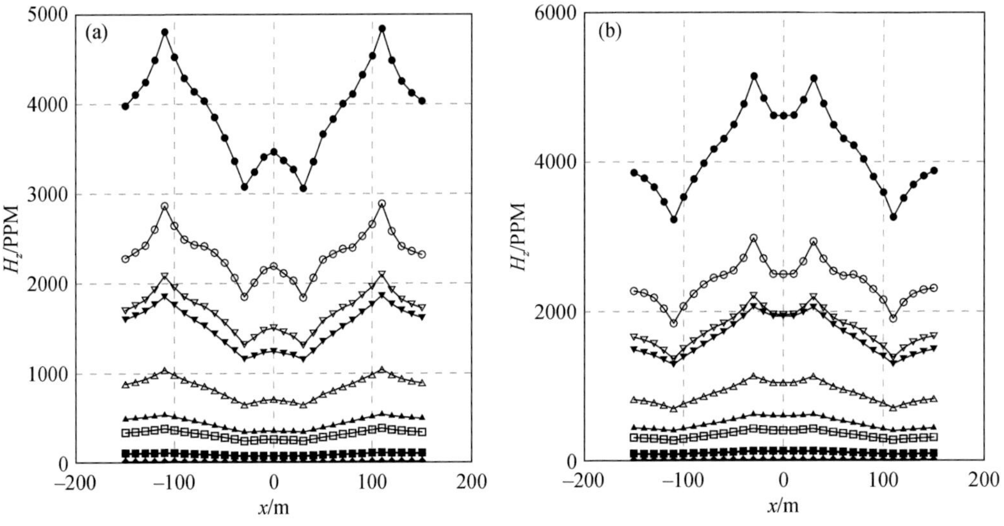

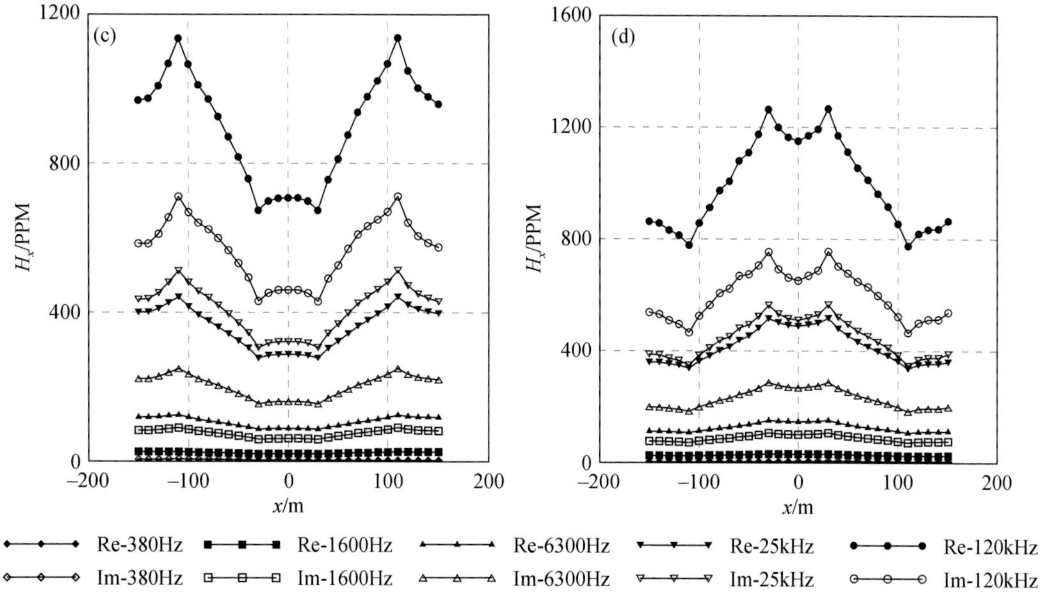

图 5.17　起伏地表模型频域航空电磁响应

(a) 山峰模型 HCP 响应；(b) 山谷模型 HCP 响应；(c) 山峰模型 VCX 响应；(d) 山谷模型 VCX 响应

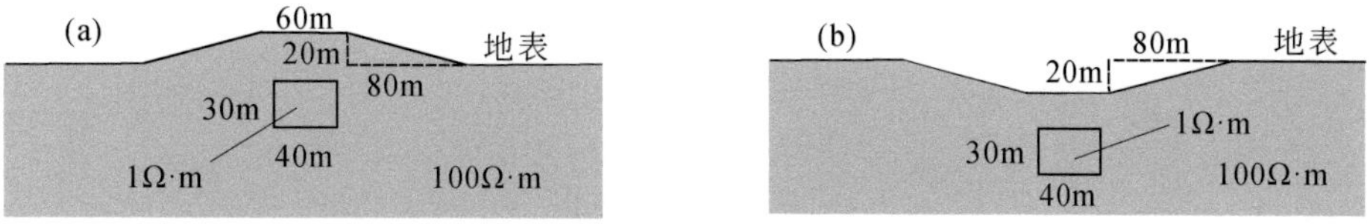

图 5.18　起伏地表下埋有异常体模型

(a) 山峰模型；(b) 山谷模型

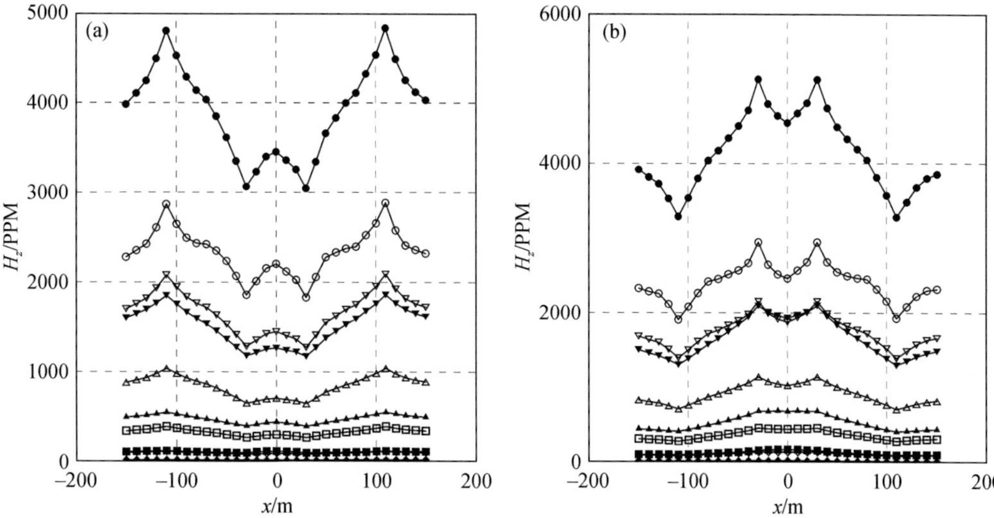

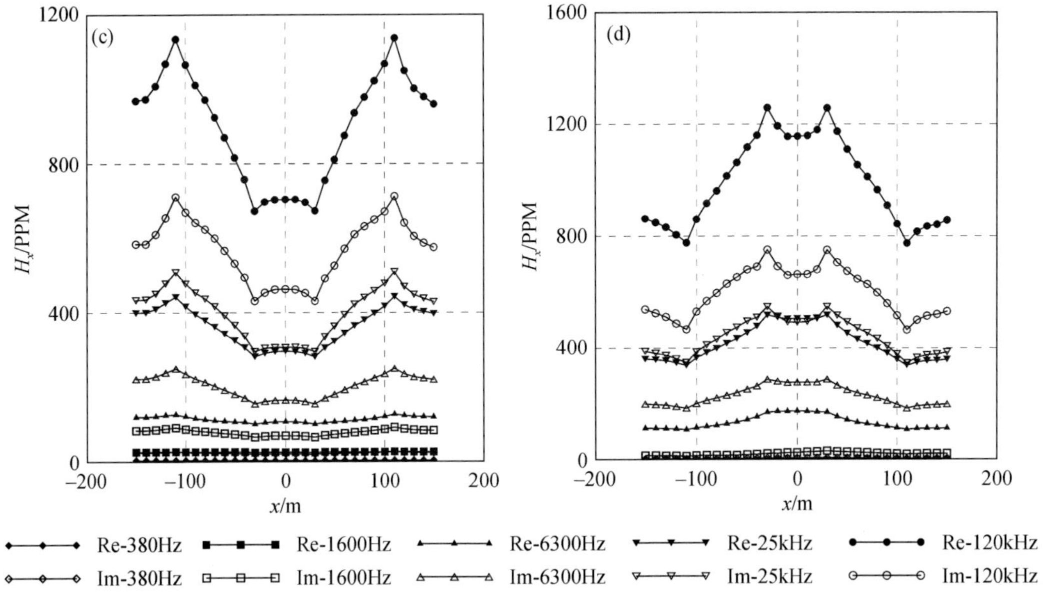

图 5.19　起伏地表下埋有异常体模型频域航空电磁响应

(a)山峰模型 HCP 响应；(b)山谷模型 HCP 响应；(c)山峰模型 VCX 响应；(d)山谷模型 VCX 响应

2. 时域航空电磁正演模拟及响应特征分析

如图 5.20 所示，时域航空电磁系统通常采用飞机平台拖曳发射机和接收机。发射波

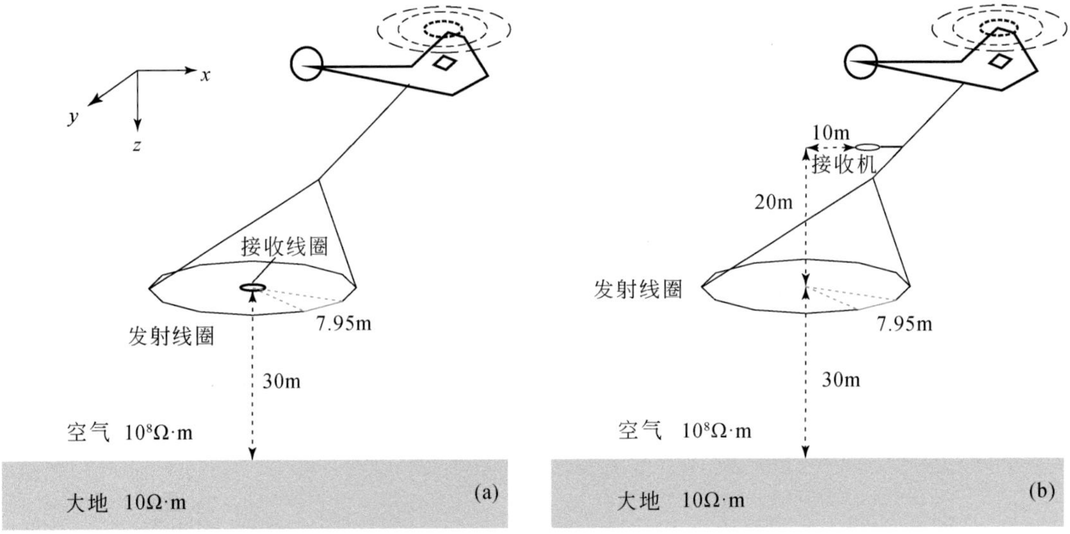

图 5.20　时间域航空电磁系统

(a)中心回线装置；(b)分离装置

形包括阶跃波、矩形波、梯形波、三角波、半正弦波和多脉冲及复杂的阶梯形等(图 5.21)。采集信号通常在几微秒至几十毫秒之间，按照断电前后可以分为供电时间和断电时间两种。为总结时域航空电磁系统响应特征，本节重点模拟半空间模型、起伏地表模型以及地下典型异常体模型的航空电磁响应，并对其特征进行分析。

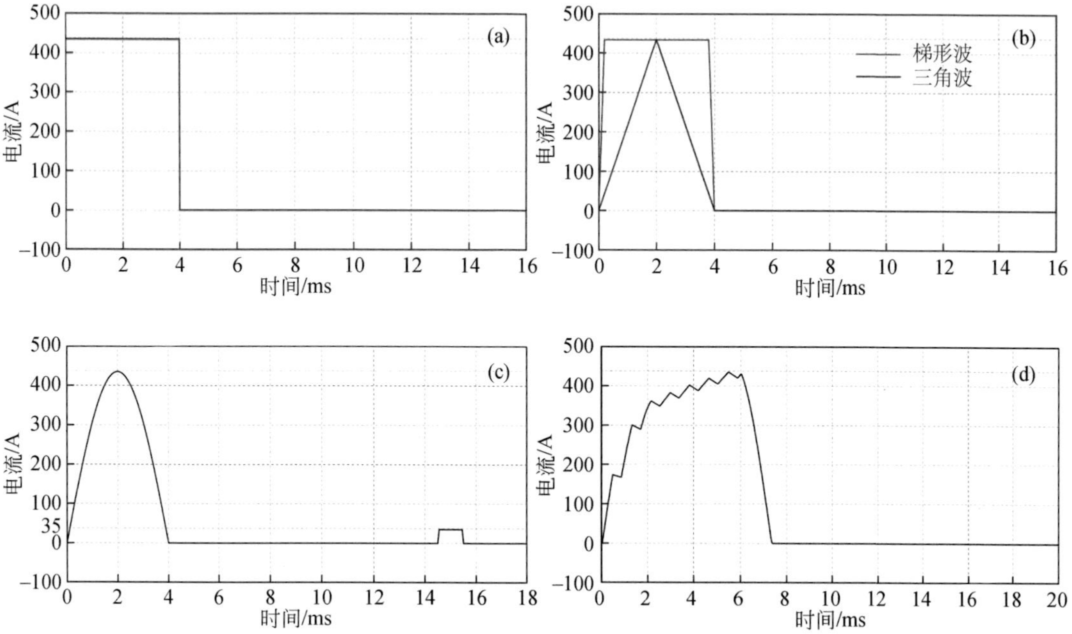

图 5.21　时域航空电磁发射波形
(a)矩形波；(b)三角波和梯形波；(c)半正弦和多脉冲；(d)阶梯形波

图 5.22 展示了针对不同发射波形和均匀半空间模型的三维有限元计算结果与一维半解析解对比。均匀半空间电阻率为 10Ω · m，空气电阻率设为 10^8Ω · m。假设发射线圈为边长 7.95m 的正十二边形，线圈匝数为 2 匝，峰值发射磁距为 615000Am^2，发射线圈和接收线圈距地表高度均为 30m。分别模拟阶跃波、半正弦波、梯形波和三角波的航空电磁响应。半正弦波、梯形波和三角波形的波形宽度均为 4ms，峰值电流为 435A。梯形波上升沿和下降沿宽度均为 0.2ms，平稳供电时间为 3.6ms。三角波的上升沿和下降沿均为 2ms。采用非结构四面体网格对计算区域进行剖分。从图 5.22 给出的结果可以看出，针对不同发射波形，本章算法结果与半解析解获得的 dB_z/dt 和 B_z响应吻合很好，B_z与 dB_z/dt 响应之间存在良好的积分和微分关系。误差分析结果显示除了在电流变化剧烈或电磁响应发生变号位置以外，其余时间道的相对百分误差均小于 5% 。从 dB_z/dt 的误差曲线可以看到规律性的突跳，这是由时间步长变化造成的，但是在每次突跳过后误差又逐渐减小。相比之下 B_z响应的误差曲线较为光滑，且相对于 dB_z/dt 的误差较小。上述结果表明利用本章算法可以获得准确的时域航空电磁响应。

图 5.23 给出均匀半空间中存在三维柱状体的模型，异常体与半空间的电阻率分别为 1Ω · m 和 100Ω · m，分别利用褶积算法(利用阶跃响应和电流一阶或二阶导数褶积)和本

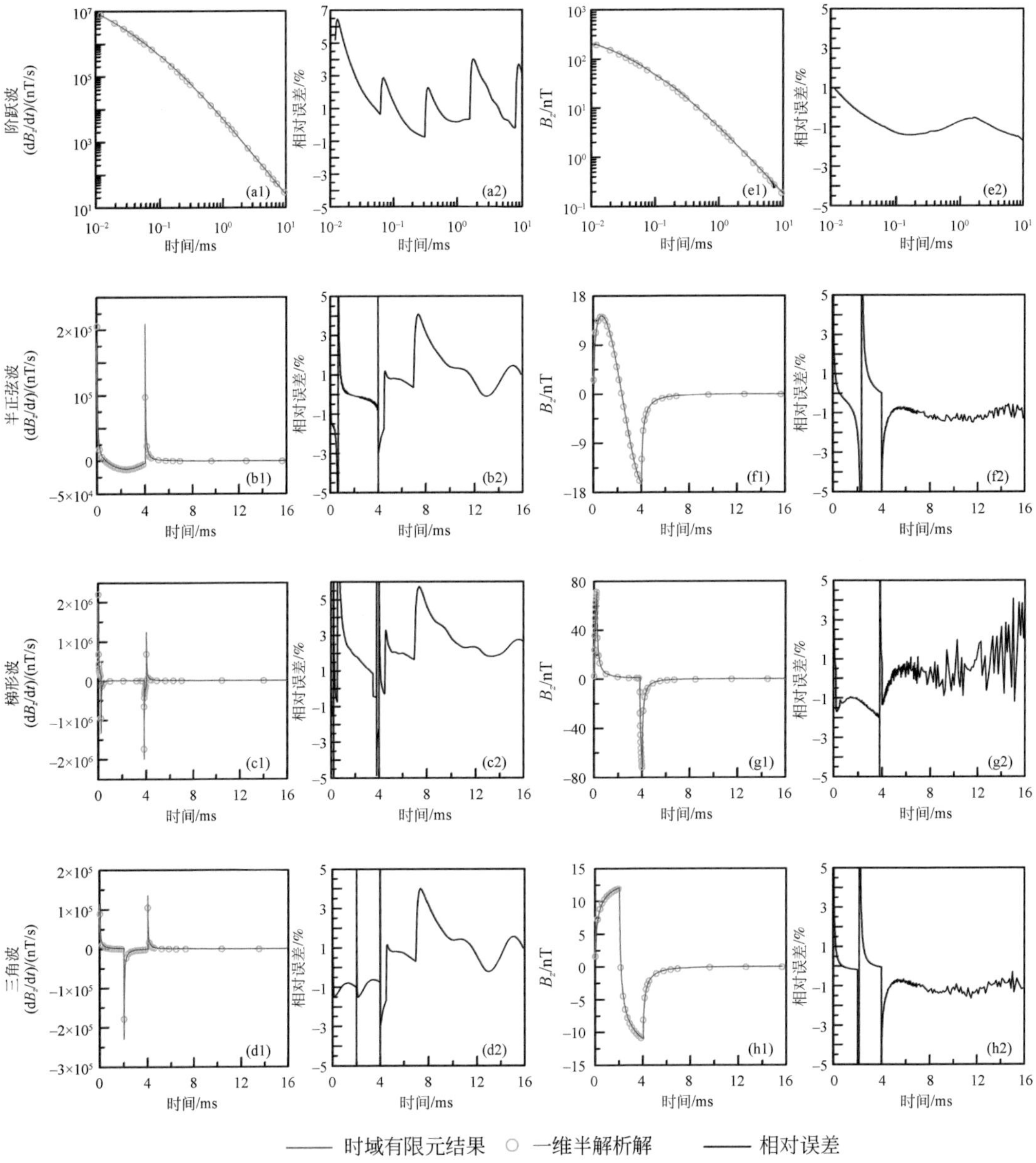

图 5.22　不同发射波形中心回线装置时域航空电磁响应对比

(a1)~(d1)分别为阶跃波、半正弦波、梯形波和三角波 dB_z/dt 响应；(e1)~(h1)为 B_z 响应；(a2)~(h2)为与一维半解析解的相对误差

章介绍的有限元法模拟 MULTIPULSE 系统和中心回线 VTEM 系统的航空电磁响应。MULTIPULSE 系统与中心回线系统十分相似，但其接收机位置并不在发射线圈的中心，而是固定在中心正上方 0.5m 处。发射线圈边长为 7.95m 的正十二边形，线圈匝数为 2 匝，保持距地表高度 30m，发射波形采用多脉冲[图 5.21(c)]，即系统在完成宽度为 4ms 的半

正弦波发射后，又在 10.5ms 处发射一个宽度为 1ms 的梯形波。VTEM 系统采用如图 5.21(d)所示的复杂阶梯波形。两种波形对应的峰值发射磁距均为 615000Am^2。图 5.24 和图 5.25 分别给出柱状体模型多波发射和阶梯波形的航空电磁响应。可以看出，由于不能精确计算电流对时间的二阶导数，利用褶积方法计算的 dB_z/dt 响应很不稳定，出现了剧烈震荡。相比之下，本章提出的时域有限元法计算结果稳定，可以获得光滑的响应曲线。这有力地证明了利用本章的时域有限元法模拟复杂发射波形航空电磁响应具有很好的稳定性。与 dB_z/dt 响应不同，利用两种方法获得的 B_z 响应均比较稳定、曲线光滑，两组结果吻合度也非常高。这是由于在利用褶积方法计算 B 场响应过程中只需要用到电流对时间的一阶导数，误差较小，计算精度较高。

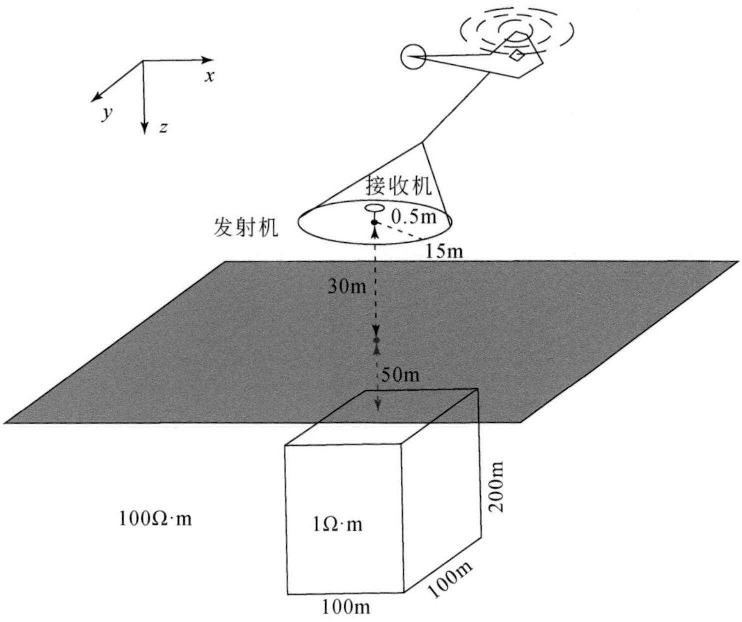

图 5.23　半空间中三维柱状体模型

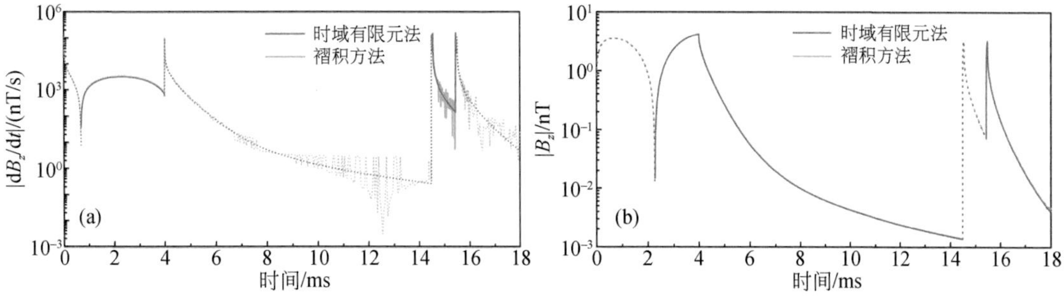

图 5.24　航空电磁 MULTIPULSE 系统三维柱状体模型多脉冲响应

(a) dB_z/dt；(b) B_z。实、虚线分别表示正负响应值

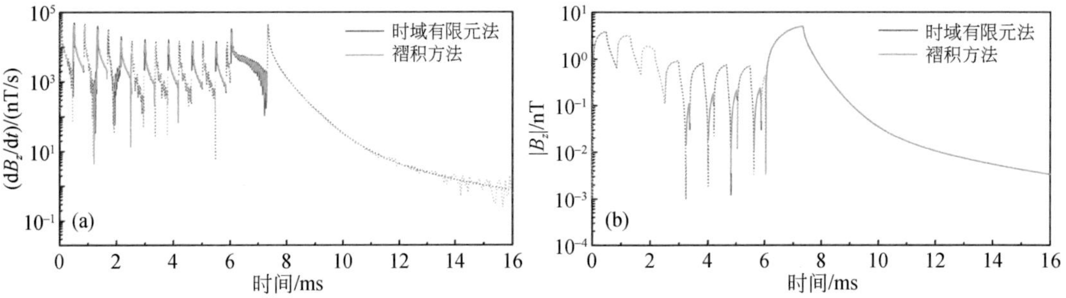

图 5.25　航空电磁 VTEM 系统阶梯波形三维柱状体模型响应

(a) dB_z/dt；(b) B_z。实、虚线分别表示正负响应值

航空电磁系统对低阻异常体十分敏感。图 5.26 展示了低阻直立双板状体模型。两个电阻率均为 1Ω · m 的直立良导板状体平行放置于 100Ω · m 的均匀大地中，其尺寸均为 20m×100m×100m，顶面埋深为 20m，两板之间的距离为 100m。采用图 5.20 所示的分离装置，发射波形如图 5.21(b) 和 5.21(c) 所示。图 5.27 展示了异常体正上方 $y=0$ 测线上梯形波 dB_z/dt 和 B_z 全波电磁响应。由图 5.27 可以看出，不论是供电时间还是断电时间电磁响应均对地下目标体有较好的反映能力。早期电磁波刚传播到异常体顶部，因为两个异常体距离较近，因此无法将两个板状体区分开。由于叠加效应，在两个板状体中间出现了单峰异常，随着电磁波向下传播，两个良导板状体产生的异常逐渐凸显，而叠加效应产生的异常逐渐减弱，对异常体的分辨能力逐步增强。随着电磁波穿过异常体，良导板状体产生的异常逐渐减小，最后消失。图 5.28 展示了半正弦波的航空电磁响应。其中，供电时间和断电时间电磁响应同样对异常体具有较好的反映能力。然而，与梯形波不同的是，供电时间响应发生了变号，导致观测响应随时间变化规律十分复杂，给异常识别和数据解释工

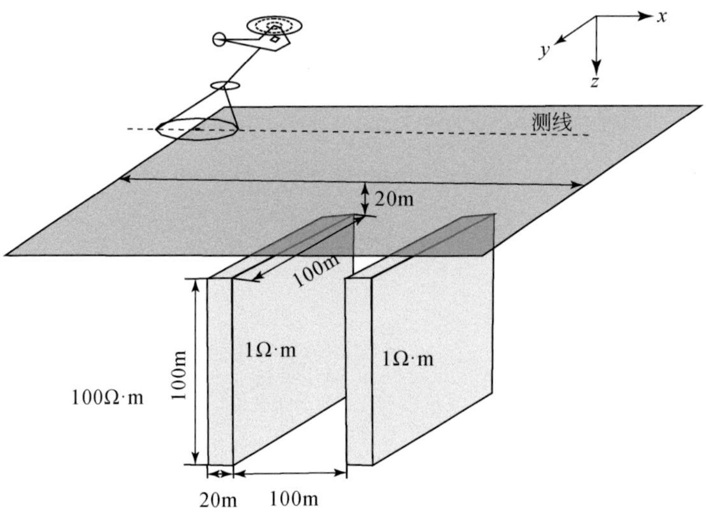

图 5.26　双直立板状体模型

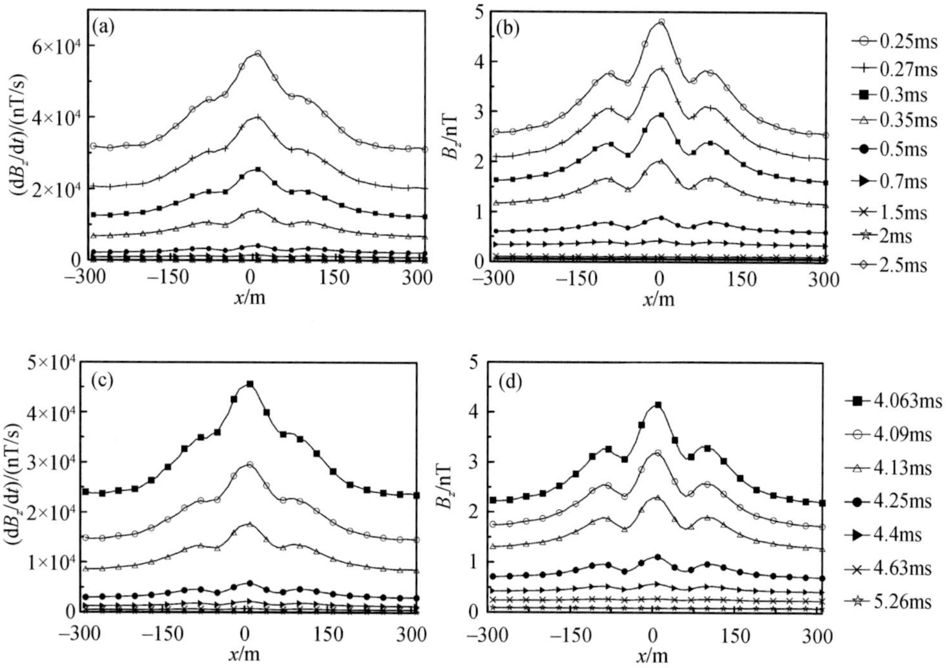

图 5.27　双板状体模型梯形波航空电磁响应

(a)和(b)分别是 dB_z/dt 和 B_z 的供电时间响应；(c)和(d)分别是 dB_z/dt 和 B_z 的断电时间响应

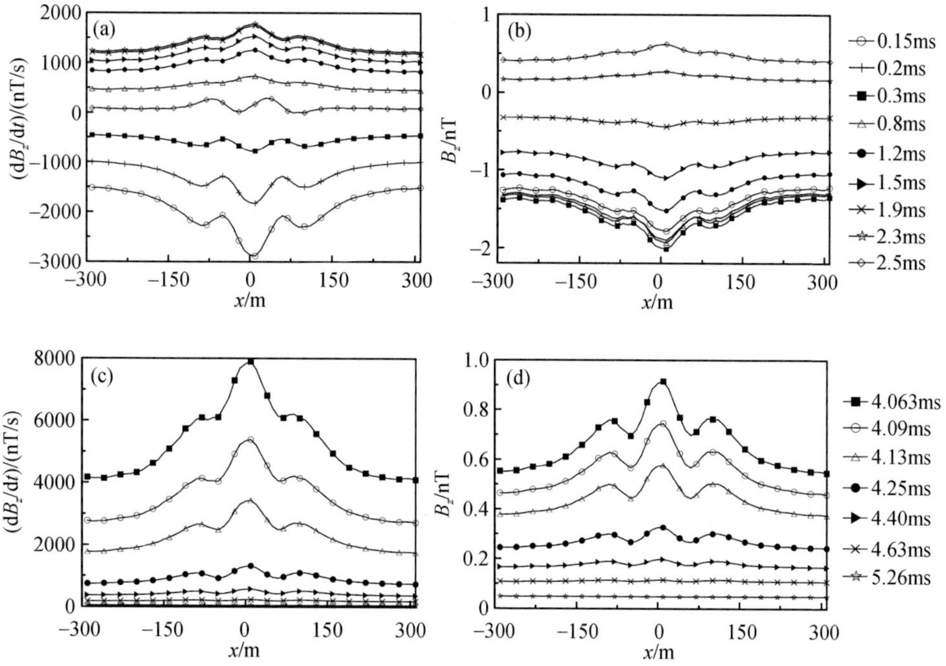

图 5.28　双板状体模型半正弦波航空电磁响应

(a)和(b)分别是 dB_z/dt 和 B_z 的供电时间响应；(c)和(d)分别是 dB_z/dt 和 B_z 的断电时间响应

作造成困难。最后，无论是梯形波还是半正弦波，其断电时间电磁响应的符号始终保持不变，异常形态较为简单，对异常体具有很好的反映能力。

起伏地形对时域航空电磁响应同样具有较大的影响，本节分别模拟山峰和山谷地电模型的时域航空电磁响应，并分析地形对电磁响应的影响特征。图 5.29 给出了山峰和山谷半空间模型。山峰高度和山谷深度均为 30m，地下电阻率设为 100Ω · m。观测系统采用如图 5.20 所示的中心回线装置，飞行高度保持距地表 30m，测线沿 x 轴方向，且经过山顶和谷底正上方。图 5.30 给出起伏地表模型中心回线装置时域航空电磁响应。由图可见，响应曲线的形态与起伏地表大致成镜像关系。山峰模型的 dB_z/dt 和 B_z 响应均出现了明显的负异常，且异常极值对应山顶位置；而山谷模型的电磁响应出现了明显的正异常，异常极值对应谷底位置。此外，地形产生的影响主要集中在早期时间道，并随时间逐渐减弱。

5.8.2　地面电磁法有限元数值模拟

主动源地面电磁法通常采用长导线或回线作为发射源，同时使用一个或多个地面接收装置进行勘探。采集信号通常为总电磁场信号。主动源地面电磁法种类繁多，本节针对最常用的可控源音频大地电磁法和回线源瞬变电磁法的三维数值模拟进行介绍，并对其响应特征进行分析。

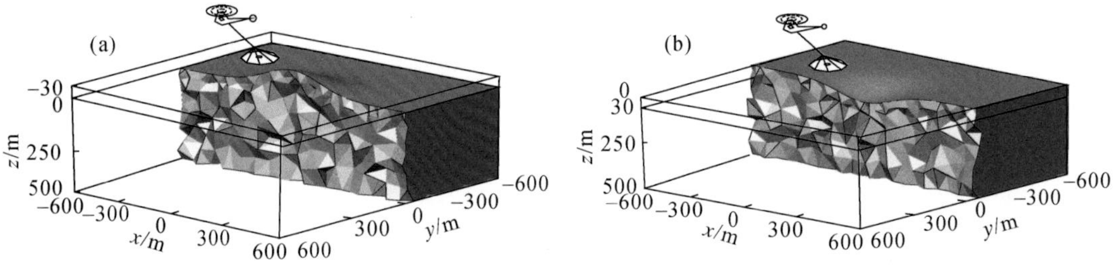

图 5.29　起伏地表模型

(a)山峰模型；(b)山谷模型

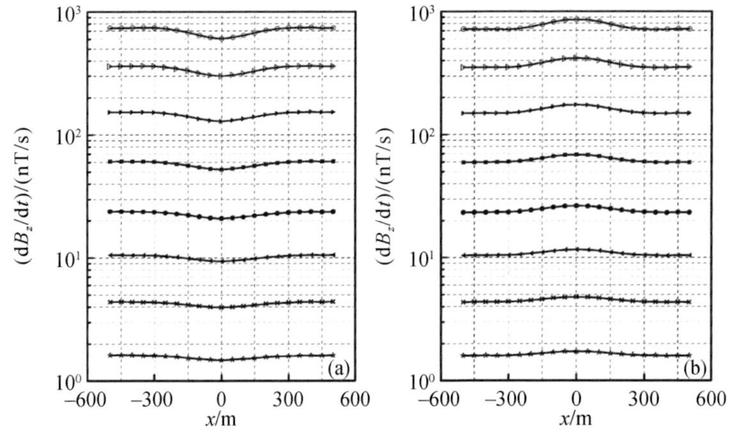

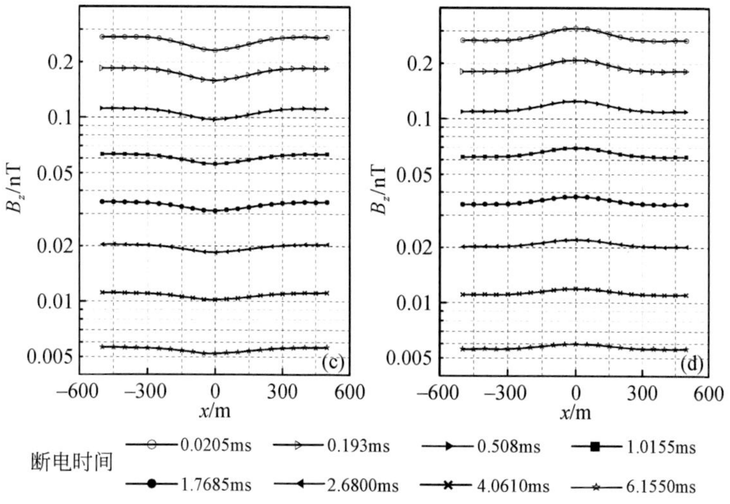

图 5.30　起伏地形时域航空电磁响应

(a)和(c)分别为山峰模型 dB_z/dt 和 B_z 响应；(b)和(d)分别为山谷模型 dB_z/dt 和 B_z 响应

1. 频域地面电磁正演模拟及响应特征分析

可控源音频大地电磁测深(CSAMT)法采用长导线作为发射源，并利用布设于地表的电极和磁棒观测电磁场。其主要优势在于信号强，勘探深度大，可有效克服天然场信号弱、噪声大的缺点。本节首先对简单均匀半空间模型的可控源电磁响应进行模拟，验证有限元三维正演模拟方法的有效性，进而通过模拟半空间中存在低阻异常体模型的电磁响应，分析地下异常体对 CSAMT 响应的影响特征。

设计如图 5.31 所示的模型。均匀半空间电阻率为 100Ω · m，空气电阻率取 10^8Ω · m。发射源沿 x 方向布设，长度为 1200m，发射电流 1A。三条测线分别位于 y=8000m、8250m 和 8500m 处，测点间距为 50m，每条测线包含 25 个测点。图 5.32 给出了三条测线一维半解析解(Key，2009)和本章三维有限元计算的电磁响应对比结果。由图 5.32 可以看出，三维模拟计算的电场 E_x 和磁场 H_y 实虚分量与半解析解均吻合很好，电场相对误差小于 3%，磁场相对误差小于 1%。

为分析复杂异常体对 CSAMT 电磁响应的影响特征，本节设计了地下半空间中埋藏球形异常体模型。图 5.33 给出了模型的剖分网格。发射源长度为 100m，中心位于坐标原点，发射电流为 1A。低阻球体半径为 150m，中心位于(800m，0m，300m)。均匀半空间电阻率为 100Ω · m，空气电阻率为 10^8Ω · m，低阻球体电阻率为 1Ω · m。测点间距为 20m，均匀排列在 x=100 ~ 1500m，共 71 个测点。图 5.34 给出发射频率分别为 0.1Hz 和 1Hz 时球形异常体上方电场响应曲线。从图 5.34 中可以看出，受低阻球体影响，CSAMT 响应曲线的实部和虚部均在球体位置呈现下凹形态。此种异常可作为识别地下低阻体的标志。

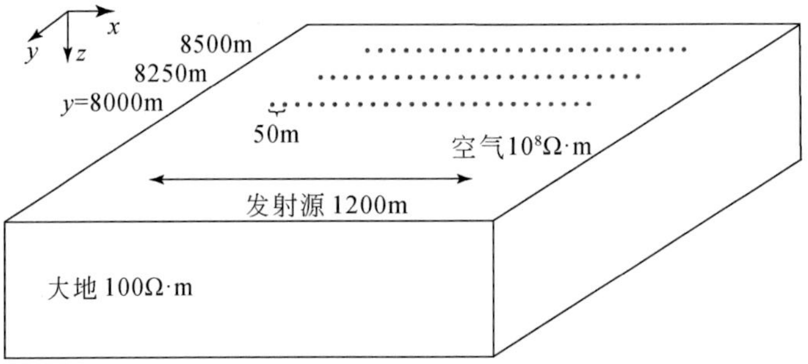

图 5.31　CSATM 装置布置示意图

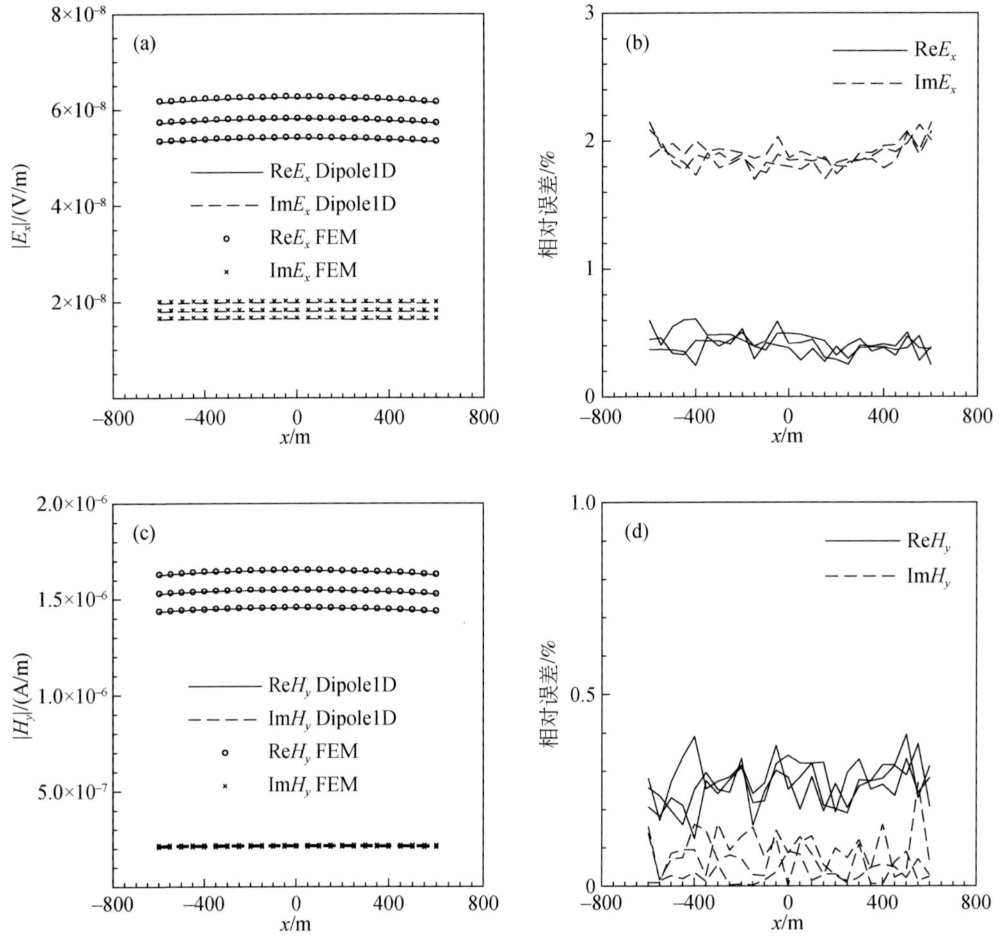

图 5.32　均匀半空间模型 CSAMT 测线响应与一维半解析解对比

(a) E_x 响应；(b) E_x 相对误差；(c) H_y 响应；(d) H_y 相对误差。图中曲线分别对应三条测线

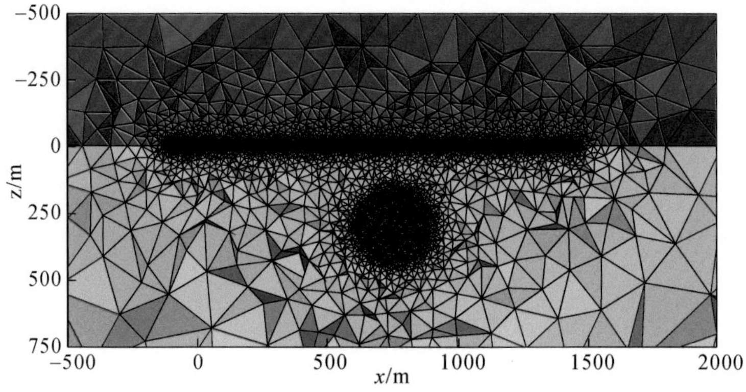

图 5.33　球体模型四面体网格剖分

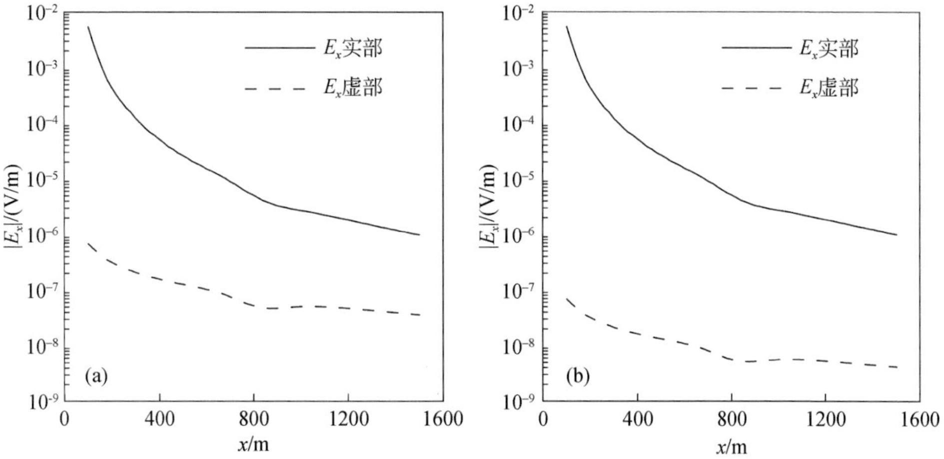

图 5.34　球体模型 CSAMT 三维正演结果

(a) 1Hz 电场 E_x 分量；(b) 0.1Hz 电场 E_x 分量

2. 时域地面电磁正演模拟及响应特征分析

回线源是时域地面电磁法最为常用的发射装置，其技术优势在于探测深度大，对低阻异常体敏感，无须远距离布设接收装置等。本节首先模拟均匀半空间模型的回线源瞬变电磁响应，验证有限元三维正演模拟的正确性，进而通过模拟均匀半空间模型中埋有低阻异常体的电磁响应分析地下异常体对回线源瞬变电磁响应的影响特征。

如图 5.35 所示，均匀半空间电阻率为 100Ω · m，空气电阻率为 10^8Ω · m。发射源为边长 100m 的方形线框，发射电流 1A。总计 49 个测点分布在线框附近，间距为 20m。图 5.36 给出第 25 号测点一维半解析解和三维有限元法计算的电磁响应对比。由图 5.36 可以看出，两者的相对误差小于 2.5%，说明本章提出的三维有限元正演模拟算法的准确性。

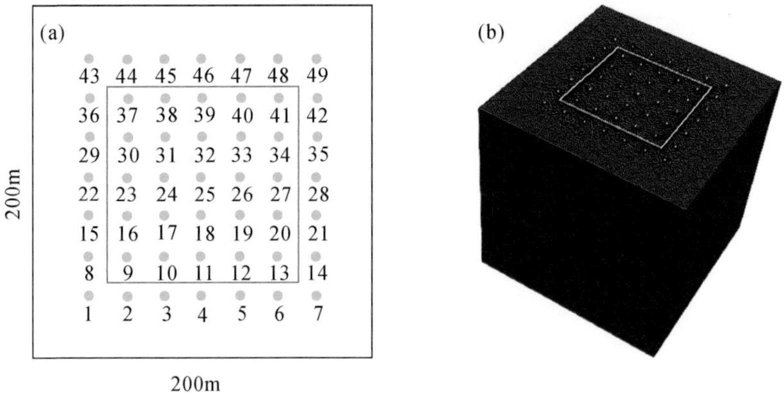

图 5.35　瞬变电磁装置布置及网格剖分

(a)发射(黄色线框)与接收装置(蓝色点)分布；(b)正演模拟网格

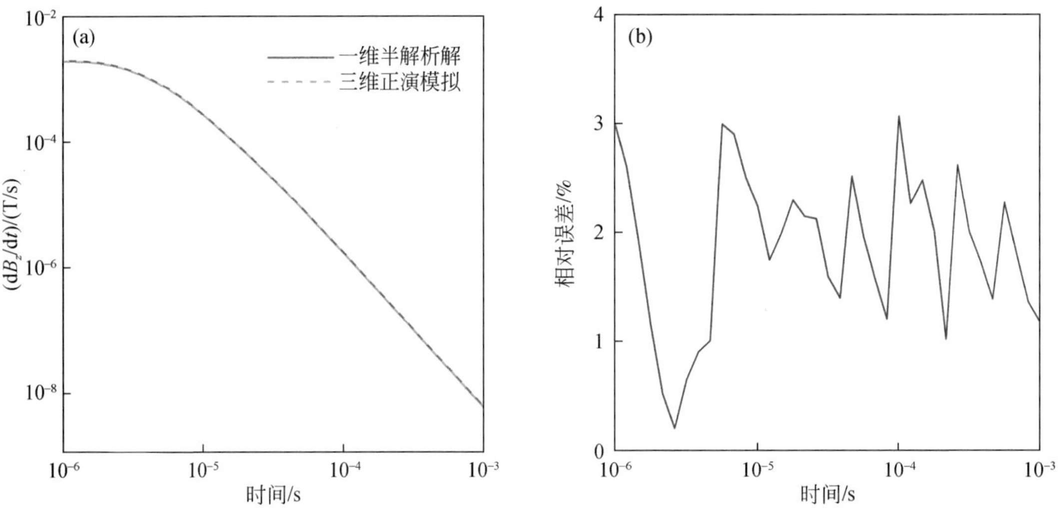

图 5.36　均匀半空间模型瞬变电磁响应与一维半解析解对比

(a)响应曲线；(b)相对误差

为讨论异常体对瞬变电磁响应的影响特征，设计了如图 5.37 所示的地下半空间中埋藏立方体模型。半空间电阻率为 100Ω · m，异常体电阻率为 1Ω · m，尺寸为 50m×50m×50m，异常体顶部埋深为 50m。方形线框边长为 100m，发射电流 1A，接收点位于发射线框中心。图 5.38 给出立方体模型中心正上方的瞬变电磁响应及相对异常。从图 5.37 中可以看出，由于低阻异常体的存在，电磁响应曲线形态发生了明显的变化，中晚期电磁响应曲线出现了向上突起的趋势。这为瞬变电磁法探测地下良导体打下了良好的物理基础。

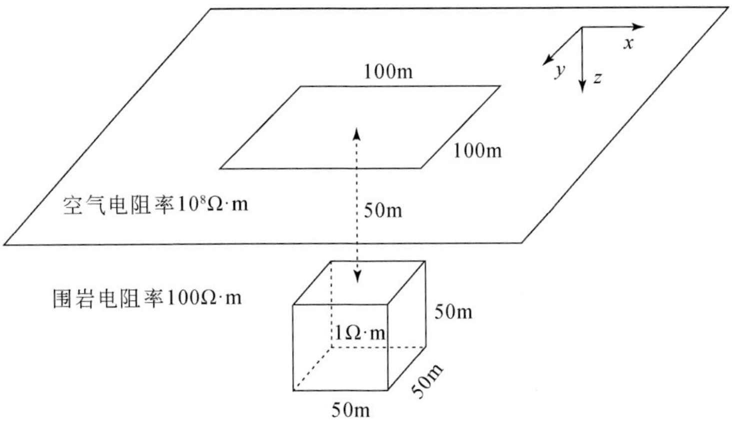

图 5.37　半空间中埋有低阻异常体模型

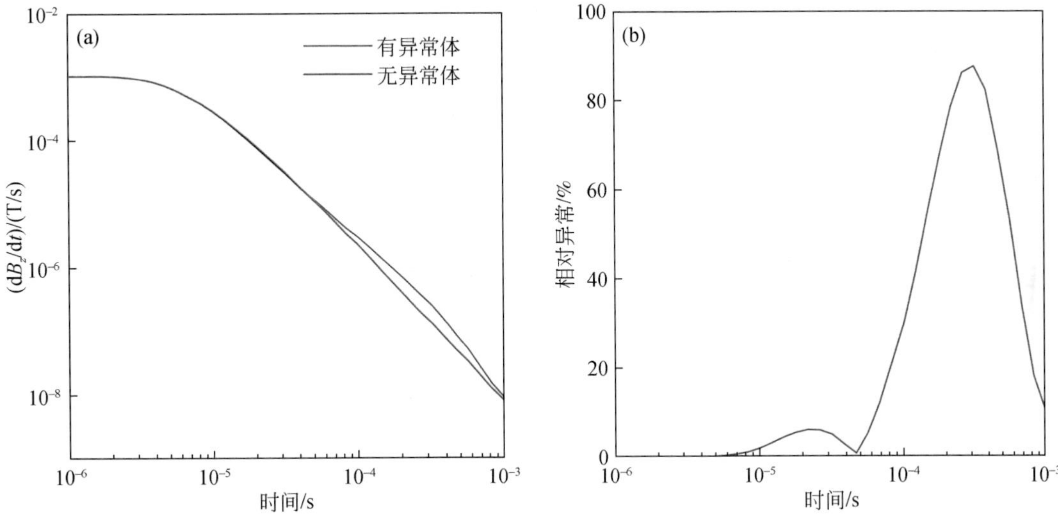

图 5.38　半空间中埋有低阻异常体模型瞬变电磁响应曲线及相对异常

5.8.3　海洋电磁有限元正演模拟

海洋电磁法是利用一艘船拖曳长导线作为发射源，同时将接收机投放于海底或者利用另一艘船拖曳接收机的电磁勘探方法。近年来，我国研发的双船全拖曳式海洋电磁系统将发射机与接收机利用两艘船拖曳进行勘探作业，获得了成功应用。海洋电磁法能够有效地识别海底的高阻储层，和海洋地震联合应用可极大地减少海洋油气勘探的干井率和勘探成本。本节分别针对频域和时域海洋电磁法，介绍有限元模拟技术的应用，并对典型模型的海洋电磁响应进行分析。

1. 频域海洋电磁正演模拟及响应特征分析

为分析均匀海底模型海洋电磁系统响应，设计了如图 5.39 所示的三层模型，并针对双船拖曳式海洋电磁系统进行正演模拟。发射源沿 x 方向，长度为 300m，位于海底上方 50m，发射电流 1A，发射频率 0.25Hz。接收机由另一艘船拖曳，位于海底上方 30m。假设海水电阻率为 0.3Ω · m，海底半空间电阻率为 1Ω · m，水深 1000m。

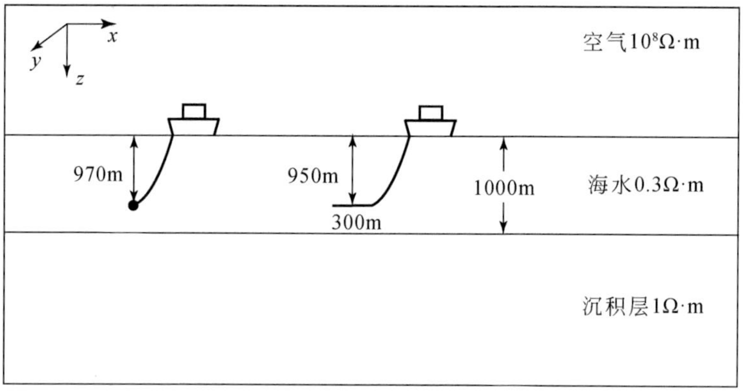

图 5.39　双船拖曳海洋电磁探测装置及模型示意图

图 5.40 展示了初始网格和经自适应加密后的细化网格。从图 5.40 中可以看出，靠近发射源的网格细化得较好，而在其他区域，随着网格与发射机或接收机距离的增加，网格体积变大，网格逐渐变粗。这是因为在发射源的两个端点附近的电场梯度很大，因此需要对该区域的网格进行细化。此外，由于靠近接收机的网格对海洋电磁响应也有很大的影响，因此也得到了很好的细化。图 5.41 分别给出了利用初始网格和自适应加密网格计算的海洋电磁同线电场响应及与一维半解析解的相对误差。由图 5.41 中可以看出，稀疏网

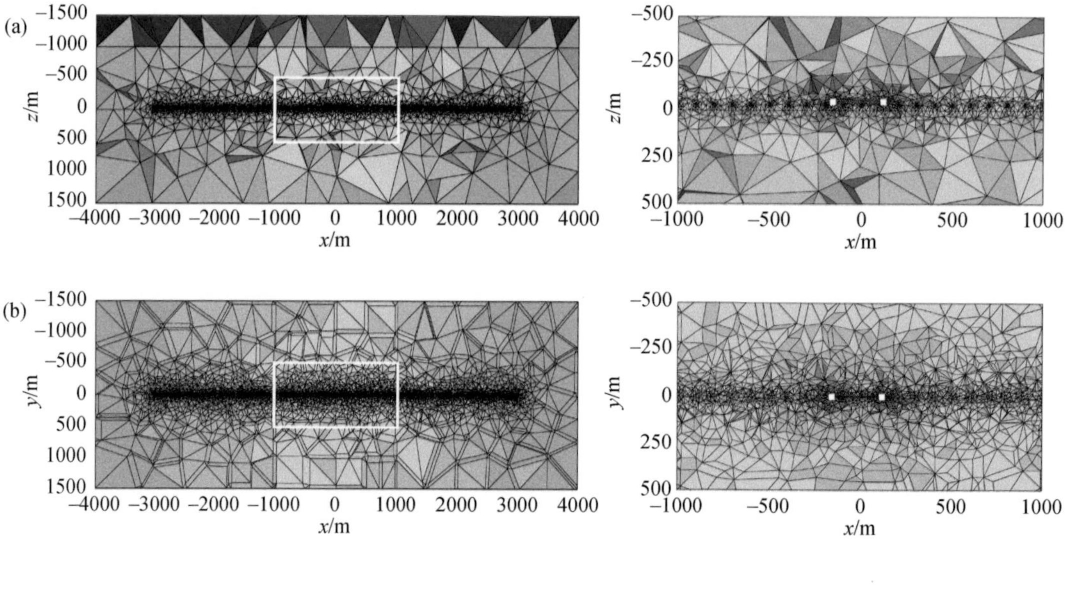

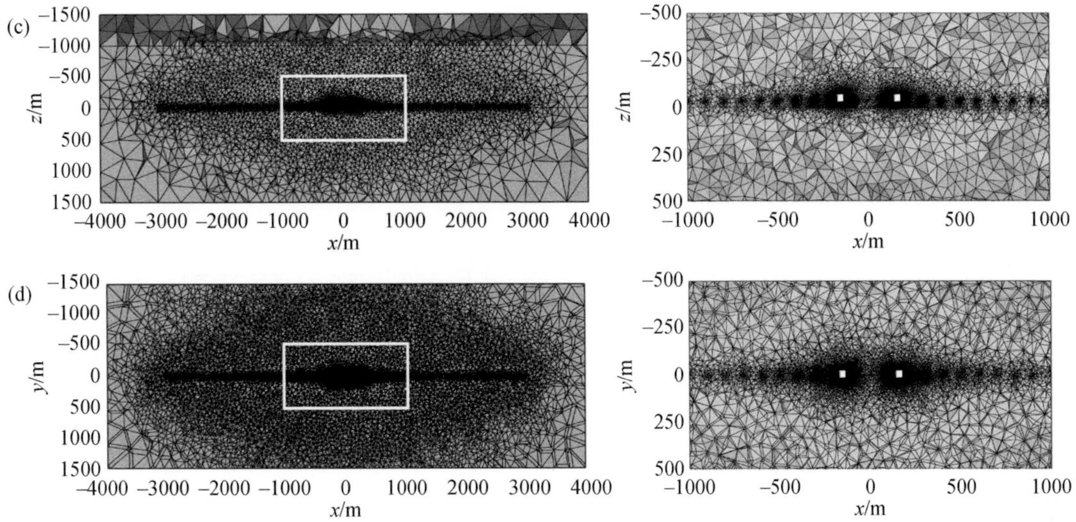

图 5.40　海洋电磁均匀半空间模型及三维正演网格

左侧显示整体网格，右侧显示由白色线框标记的网格局部视图，其中的白点标记发射机的端点位置

(a) xz 平面初始网格；(b) xy 平面初始网格；(c) xz 平面细化网格；(d) xy 平面细化网格

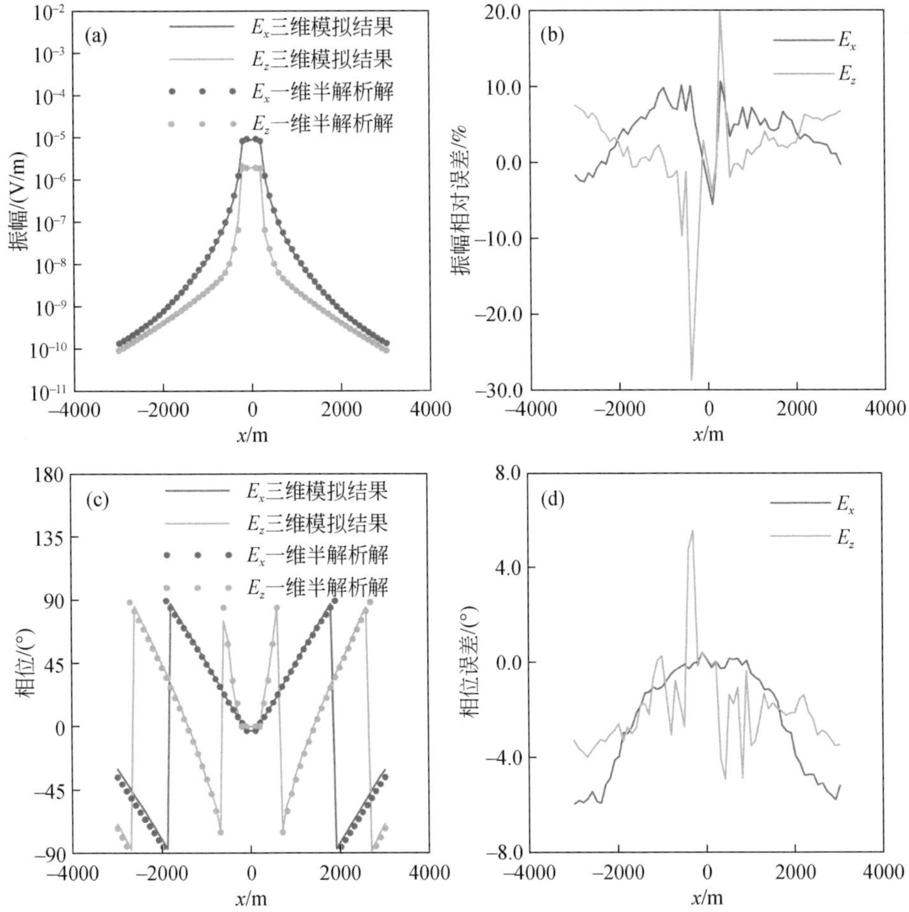

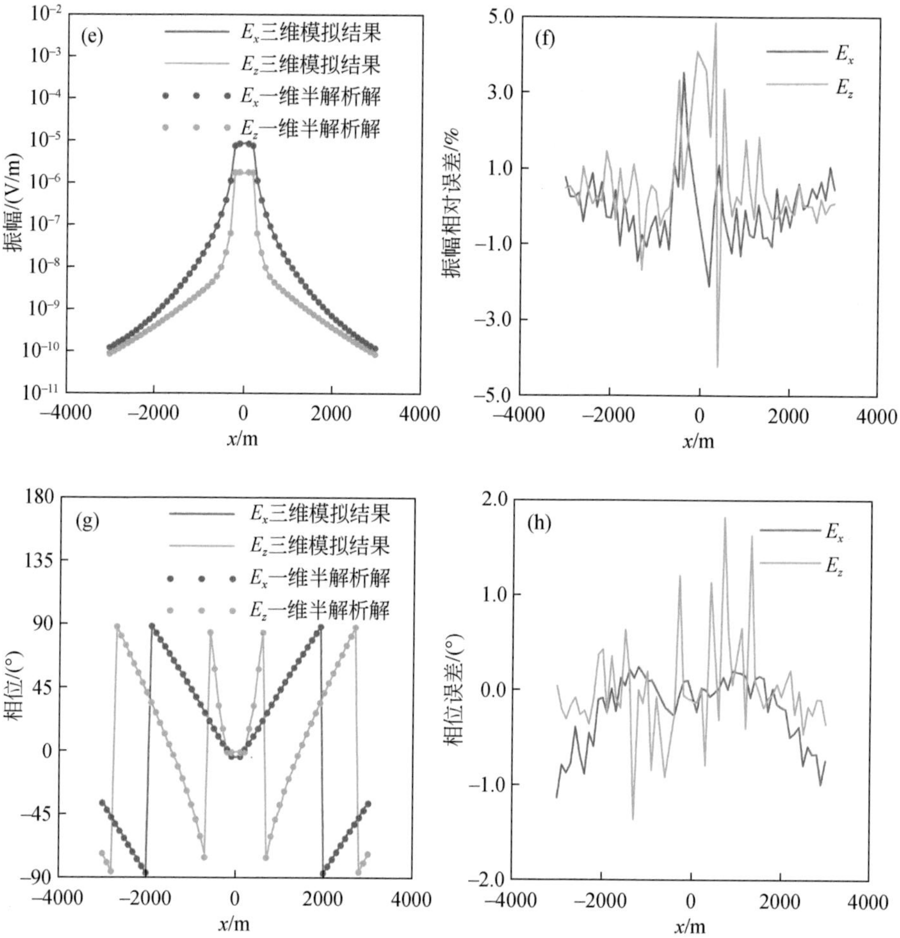

图 5.41　自适应有限元法与一维半解析电磁响应对比

(a)初始网格计算的电场振幅；(b)初始网格电场振幅相对误差；(c)初始网格计算的电场相位；(d)初始网格电场相位误差；(e)细化网格计算的电场振幅；(f)细化网格电场振幅相对误差；(g)细化网格计算的电场相位；(h)细化网格电场相位误差

格计算的电场及相位存在较大误差。然而，利用自适应加密后的网格进行计算，电磁场最大相对误差减小到5%以内，而最大相位误差小于2°。由此得出结论，网格剖分对海洋电磁响应计算精度影响很大，自适应网格加密策略可有效地改善计算精度。

为了进一步验证本章非结构有限元法的正确性，还模拟了海底埋有三维异常体模型的半拖曳式海洋电磁响应，并将其与殷长春等(2014)的计算结果进行对比。图 5.42 展示了海洋三维模型，发射机参数同前，接收机位于海底。图 5.43 给出海洋电磁响应计算结果对比。由图 5.43 可以看出，本章有限元方法计算结果与前人结果吻合得很好。

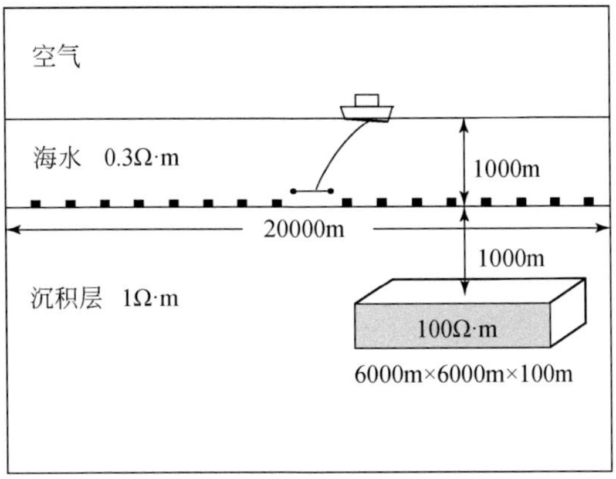

图 5.42　三维海洋模型(参考殷长春等，2014)

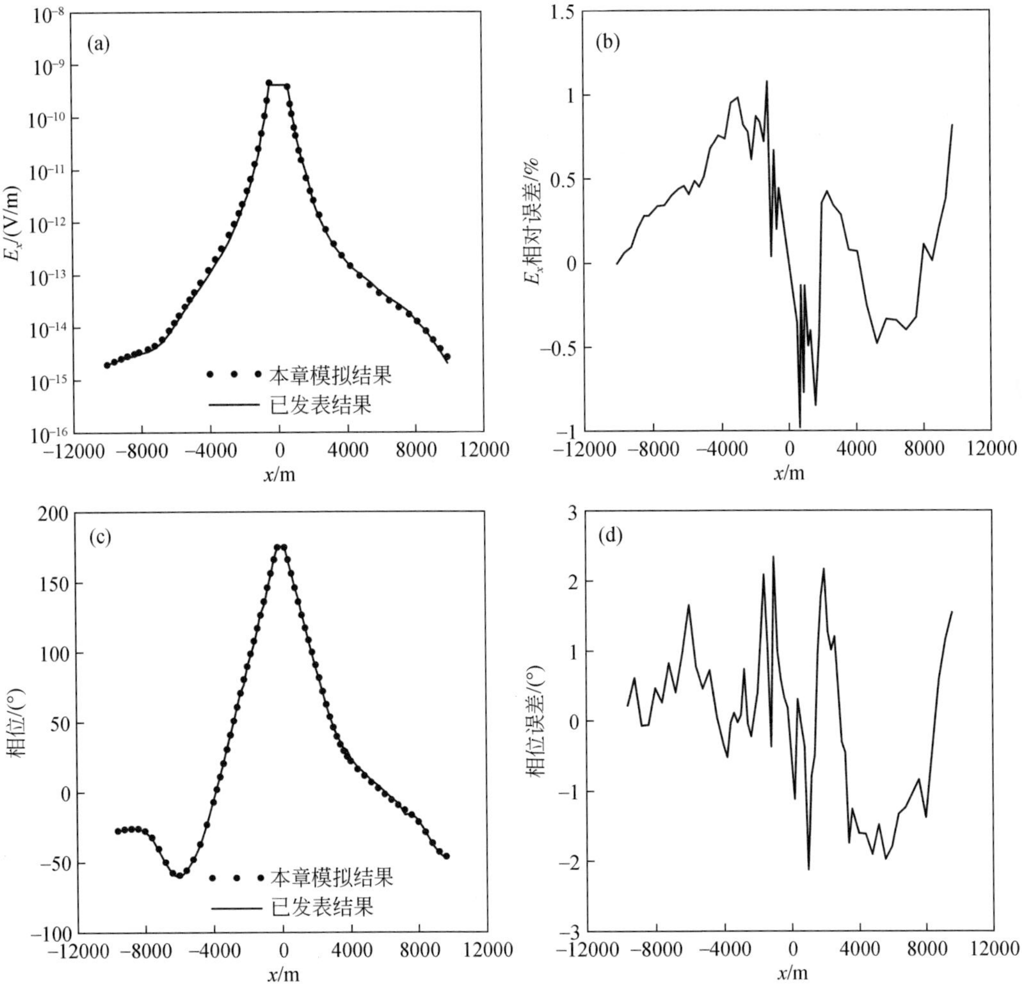

图 5.43　有限元法与殷长春等(2014)计算的海洋电磁响应对比

(a)电场振幅；(b)振幅相对误差；(c)电场相位；(d)相位误差

为分析海底地形对海洋电磁响应的影响特征，设计了如图 5.44 所示的海底地形下埋有两个异常体的三维海洋电磁模型，并模拟了双船拖曳式海洋电磁系统响应。发射和接收机参数见图 5.39。选用同线和旁线两种装置，收发距均为 6000m，记录点位于接收机位置。图 5.44 中坐标原点选在斜坡的左上角，x 轴沿测线方向。对于同线装置，发射机位于接收机左侧，整个发射和接收装置从右向左同步移动，运动轨迹均经过异常体中心。对于旁线装置，分别模拟了发射机和接收机中点穿过异常体中心以及发射机、接收机分别穿过异常体中心三种情况。为了方便对比，还模拟了水平海底埋有相同异常体和相同海底地形但未埋藏任何异常体的海洋电磁响应。

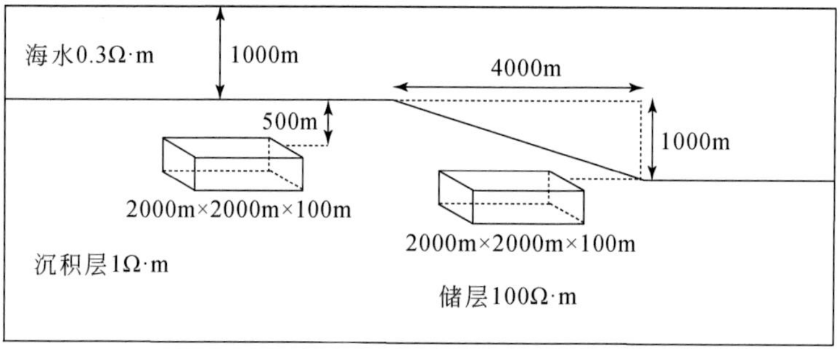

图 5.44　带海底地形和两个异常体的三维模型

图 5.45 给出了不同模型对应的海洋电磁响应。由图 5.45 可以看出，起伏海底同线装置异常响应非常复杂，电场曲线形态变化主要发生在三个方面：①曲线整体形状发生变化。x<0m 的电场振幅明显大于 x>4000m 时的电场振幅；②电磁场在 0 ~ 4000m 表现出从右向左快速上升趋势。这表明当发射机位于海底地形的水平部分时，海洋电磁响应的形状与接收机的运动轨迹相似。随着接收机与海水表面距离的减少，响应逐渐增大。在接收端存在海底地形起伏会对海洋电磁响应产生严重影响。对比−6000 ~ 0m 和 4000 ~ 12000m 的响应曲线，发现−6000 ~ 0m 的响应曲线较为水平，而 4000 ~ 12000m 的曲线为凹形。这是由于−6000 ~ 0m 对应的发射机和接收机均位于水平海底，而 4000 ~ 12000m 段则对应接收机位于水平海底而发射机跨越海底地形斜坡时的情形，因此在 4000 ~ 12000m，电磁响应

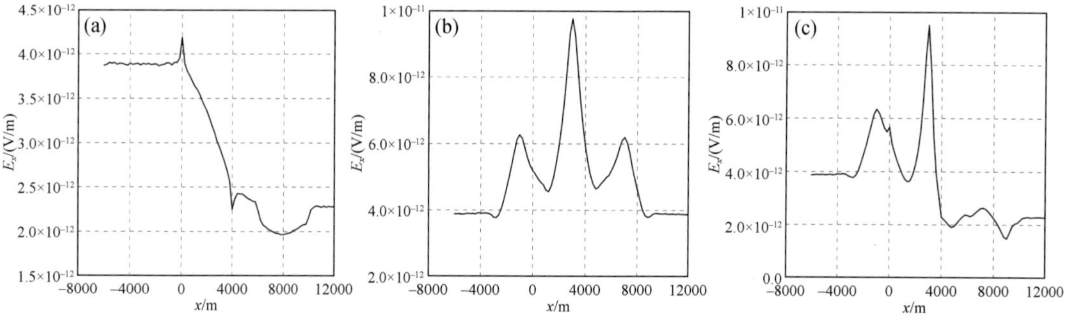

图 5.45　三维模型同线装置海洋电磁响应

(a) 无异常体的海底地形响应；(b) 水平海底高阻异常体响应；(c) 起伏海底高阻异常体响应

与水平海底响应曲线的差异反映了发射机位于起伏海底时的电磁场畸变；③在 $x=0$、4000m、6000m 和 10000m 四个测点(分别对应接收机和发射机通过地形突变点)，海洋电磁响应出现突跳。当接收机通过地形转折点时，电磁响应曲线的突跳比发射机通过相同点时更加明显。这是由于接收点附近地形直接影响接收机信号，而发射点附近地形对电磁信号的影响在电磁场由发射到接收的传播过程中被平均化。基于这些讨论可以得出以下结论：①对于双船拖曳海洋电磁系统，当发射机或接收机均位于起伏海底时，电磁响应受到很大影响；②当发射机位于水平海底时，海底地形的电磁响应与接收机的运动轨迹相似；③当发射机或接收机通过地形拐点时，海洋电磁响应急剧跳跃，且接收机通过拐点时的跳跃比发射机通过拐点时的跳跃更加明显。图 5.45(b)给出了含两个高阻异常体的水平海底地形模型的电磁响应。从图 5.45(b)中可以清楚地看到两个异常体产生三个电磁响应峰值。对于同线装置，每个异常体都会产生双峰异常。当两个异常体很近时，相邻的两个峰叠加在一起，形成一个中间大、两边小的三峰异常。图 5.45(c)给出了起伏海底地形下存在异常体的电磁响应。从图 5.45(c)中可以看出，由于海底起伏和异常体的存在，海洋电磁响应变得非常复杂，但总体响应是地形效应和高阻异常体响应的叠加结果。在 $x<0$m 范围内，响应曲线为异常体响应加地形引起的小突跳，在 0 ~ 4000m，由于接收机位于海底斜坡处，电磁响应曲线受到地形影响。除了两个电性异常体响应叠加外，还存在来自地形的影响导致振幅减小。因此，与图 5.45(b)中的异常响应不同，图 5.45(c)中叠加的异常响应表现为左侧振幅大于右侧振幅的不对称性。在 $x>$ 4000m 范围内，发射机跨越海底斜坡，受海底地形影响，异常体和地形的综合效应使得该区段电磁响应异常复杂。

图 5.46 展示了图 5.44 中给出的三维模型旁线装置海洋电磁响应。由图 5.46 可见，海底地形对旁线装置海洋电磁响应的影响也非常严重。当发射机和接收机通过地形拐点时，电磁响应发生急剧跳跃。随着发射-接收系统离海水表面距离减小，响应幅值增大，与海底地形呈正相关关系。从图 5.46(b)中可以看出，水平海底下存在异常体的响应曲线非常平坦。对比图 5.46(a)和 5.46(c)可以看出，有无异常体的海洋电磁响应曲线非常相似。这说明旁线装置对发射-接收系统中部存在异常体的探测能力较差。为进一步分析旁线装置对高阻异常体的探测能力，还计算了异常体位于发射机或接收机下方的电磁响应。图 5.46(d)和图 5.46(e)分别给出水平和起伏海底条件下，高阻异常体埋在接收机下方时的海洋电磁响应，图 5.46(f)和图 5.46(g)分别给出同一模型，但异常体埋在发射机下方时的海洋电磁响应。与图 5.46(b)相比，图 5.46(d)和图 5.46(f)中曲线形态变化更为剧烈，表征了异常体的存在。图 5.46(e)和图 5.46(g)中异常体的电磁响应也比图 5.46(c)中更加明显。这些结果表明，当发射机或接收机位于异常体上方时，海洋电磁对目标体的分辨率将大大提高。对比图 5.45 和图 5.46 可得出结论：双船拖曳海洋电磁系统的同线装置比旁线装置对海底异常体的探测能力更强。

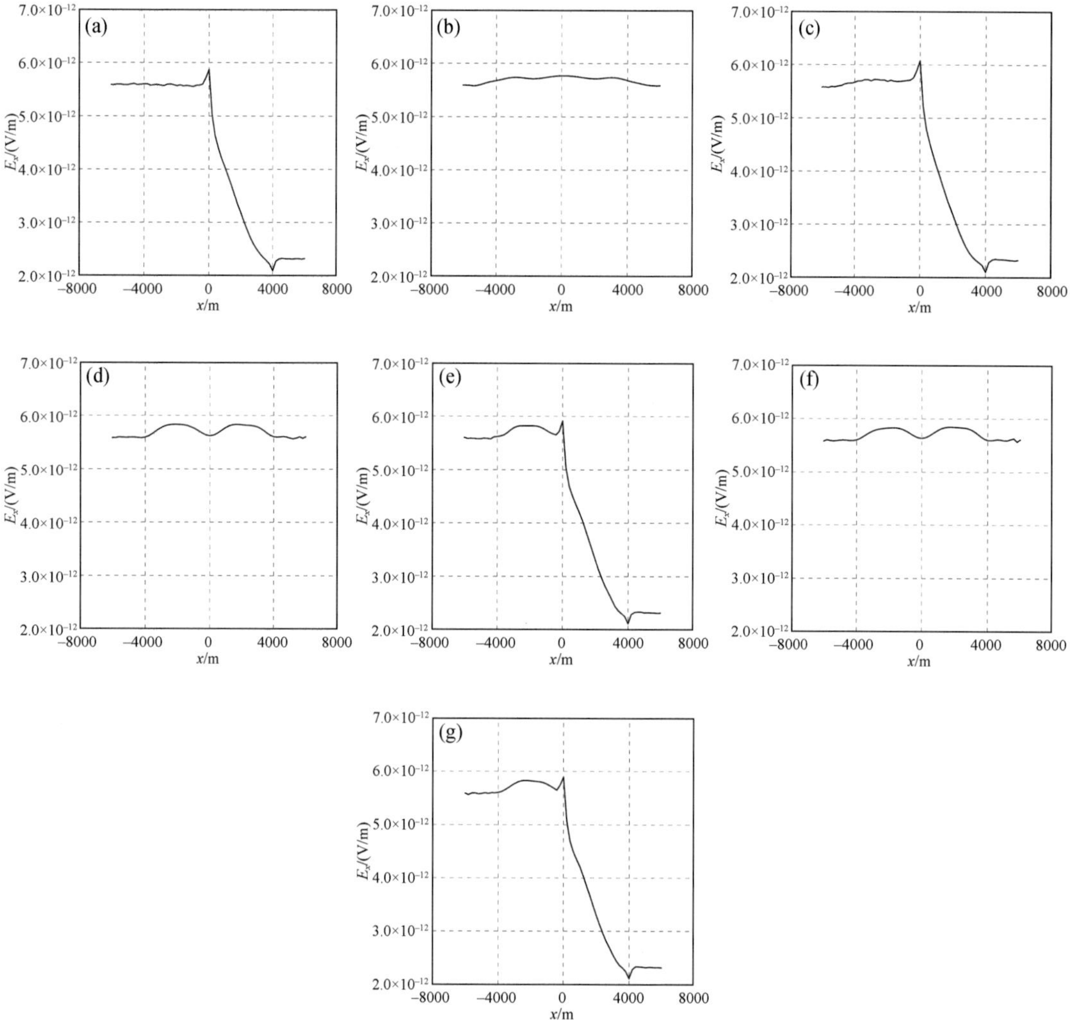

图 5.46　三维地电模型旁线装置海洋电磁系统响应

(a)无异常体起伏海底电场响应；(b)水平海底下存在异常体(位于发射机与接收机中间)的电场响应；(c)起伏海底下存在异常体(位于发射机与接收机中间)的电场响应；(d)水平海底下存在异常体(位于接收机下方)的电场响应；(e)起伏海底下存在异常体(位于接收机下方)的电场响应；(f)水平海底下存在异常体(位于发射机下方)的电场响应；(g)起伏海底下存在异常体(位于发射机下方)的电场响应

2. 时域海洋电磁正演模拟及响应特征分析

与频域海洋电磁相似，首先将有限元正演结果与海底半空间模型的一维半解析解进行对比，以验证时域海洋电磁数值模拟的精度。模型及装置分布情况如图 5.47 所示。海水深度为 400m，电阻率为 0.3Ω · m；海底半空间电阻率为 1Ω · m。发射源为沿 x 方向、长度为 300m 的电偶源，发射电流为 1A，发射波形为下阶跃波。发射源位于距海底 50m 的海水中，接收点位于距海底 30m 的海水中，16 个接收点的坐标为：同线 $x=1000\sim8000$m，

$y=0$m；旁线 $x=0$m，$y=-8000\sim-1000$m，接收点距均为 2000m。图 5.48 给出了自适应有限元计算结果与一维半解析解的对比，其中(a)和(b)、(c)和(d)及(e)和(f)分别给出同线 E_x、同线 E_z和旁线 E_x场值对比及相对误差曲线。从图 5.48 中可以看出，同线 E_x最大相对误差小于 1.5%，同线 E_z最大相对误差小于 3.5%，而旁线 E_x除了场值变号处，其他测点相对误差均小于 5%，说明本章有限元法具有较高的计算精度。另外，从图 5.48 中给出的结果可以看出，对于旁线装置，观测点位于发射偶极的赤道方向，电磁场随时间推移在衰减过程中发生变号现象。

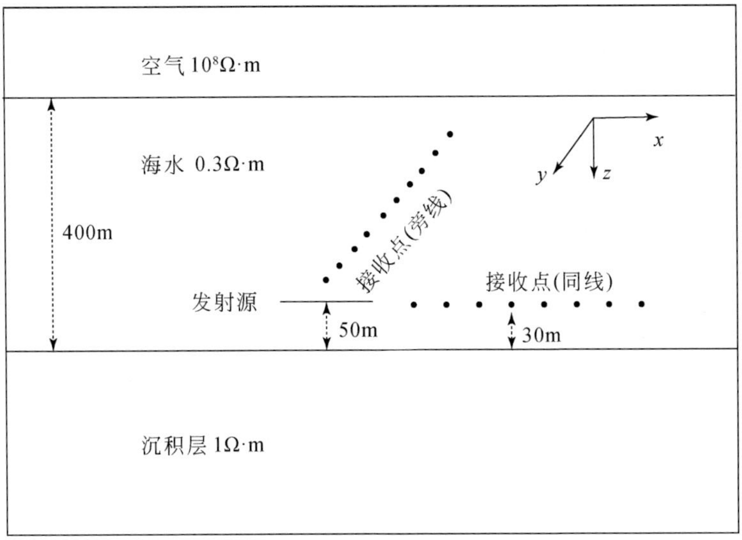

图 5.47　海底均匀半空间模型

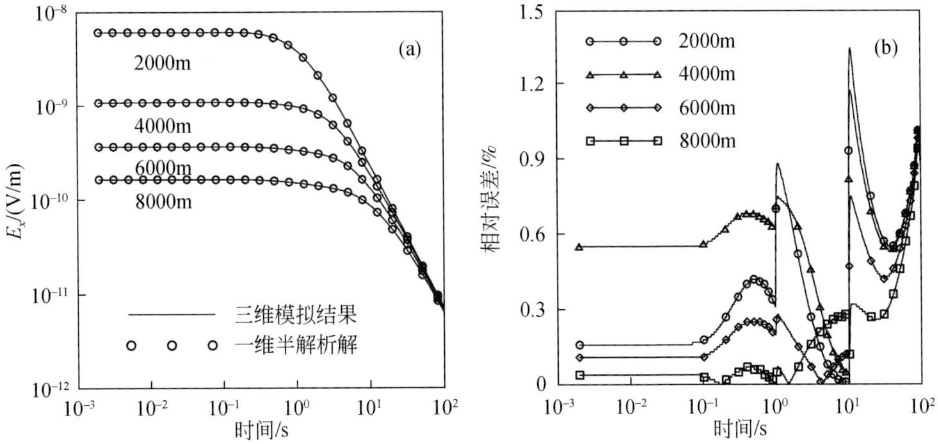

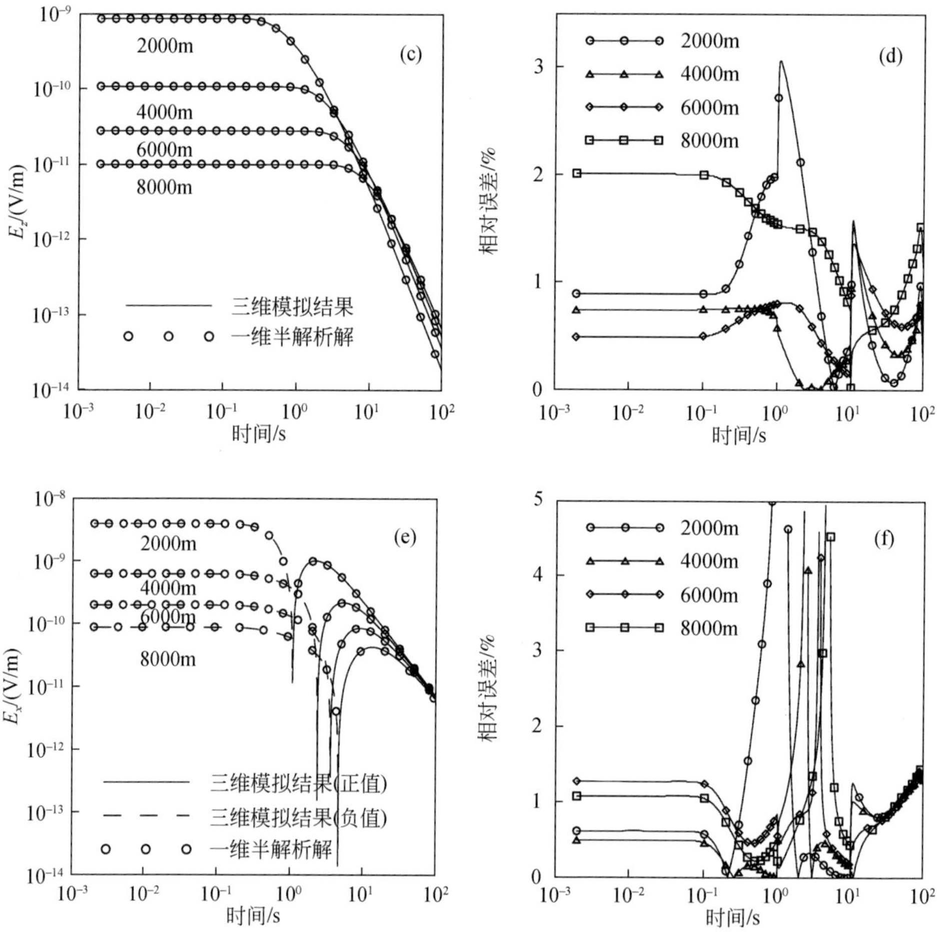

图 5.48　均匀半空间模型有限元计算结果和一维半解析解对比

(a)(b)同线 E_x 及相对误差；(c)(d)同线 E_z 及相对误差；(e)(f)旁线 E_x 及相对误差(虚线表示负场值，数字表示收发距)

为了研究海底地形对高阻异常体电磁响应的影响特征，设计了如图 5.49 所示的隆起和凹陷海底地形。该隆起和凹陷的高度均为 200m，x 方向长 2000m，y 方向长 1000m。假设在隆起和凹陷地形下存在一个高阻异常体(图中白色区域)。高阻异常体大小为 3000m×3000m×200m，顶部埋深为 1000m，中心坐标为(4000m，0m，1500m)、电阻率为 100Ω · m。发射系统参数同图 5.47。对于隆起和凹陷地形，将接收机到海底表面的距离始终保持为 30m。图 5.50 给出了隆起和凹陷海底地形下存在和不存在高阻异常体时电场响应及相对百分异常。其中，图 5.50(a) 和图 5.50(b) 分别为隆起和凹陷纯地形电场响应，而图 5.50(c) 和图 5.50(d) 分别为隆起和凹陷地形下埋有高阻异常体的电场响应，图 5.50(e) 和图 5.50(f) 分别为隆起和凹陷地形下埋有高阻异常体时电场相对百分异常。由图 5.50(a) 和图 5.50(b) 可以看出，当海底地形存在起伏时，电场曲线形态与地形一致。对比图 5.50(a) 和图 5.50(c)，两者的差异不是十分明显。将电场响应转换成相对百分异常时发现异常最大值可达 20%，且百分异常极值点位置与远离发射源的异常体边界相对应。在近源的异常体边界处，出现负异常最大值。因此，在海底存在起伏地形的情况下，通过计算相对百分异常并根据最大正负异常的位置可确定高阻异常体几何位置，这与前述水平海底的结论一致，说明地形的存在不会影响高阻异常体的特征识别。同样，通过对比图 5.50(b)、图 5.50(d) 和图 5.50(f) 也可得出类似的结论。

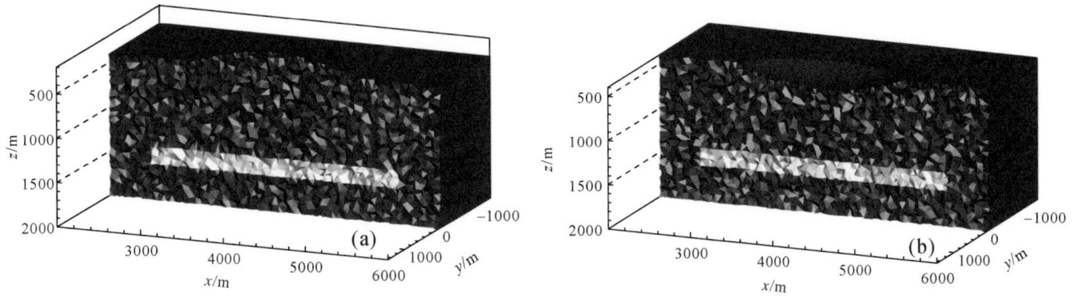

图 5.49　隆起和凹陷海底地形下埋藏高阻异常体

(a) 海底隆起；(b) 海底凹陷

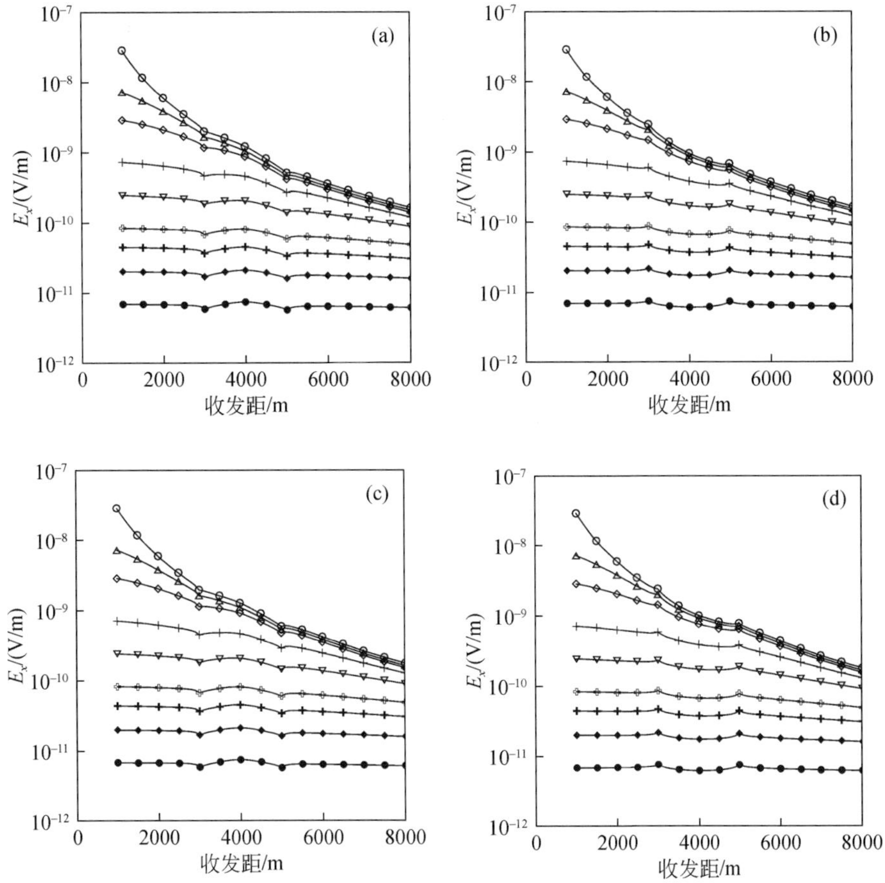

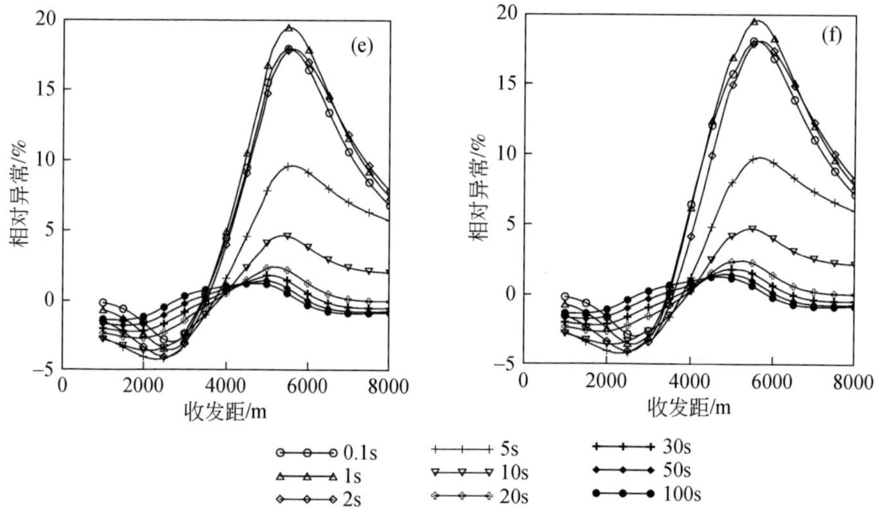

图 5.50　起伏海底地形下存在高阻异常体时电场响应

(a)和(b)分别为隆起和凹陷地形的纯地形响应；(c)和(d)分别为隆起和凹陷地形下埋有高阻异常体的响应；(e)和(f)分别为隆起和凹陷地形下埋有高阻异常体的相对百分异常

为了进一步对时域海洋电磁法进行研究，设计了如图 5.51 所示的双船拖曳式海洋电磁测量装置，并对图 5.49 给出的模型进行正演模拟。发射和接收系统参数同前。同线和旁线观测装置收发距均为 6000m，测量过程中双船保持同步移动，观测点距为 200m。其中，同线装置测线设定为$y=0$m，发射源从 $x=-8000\sim9000$m 变化，相应地，接收机范围为 $x=-2000\sim15000$m。对于旁线装置，发射源位于 $y=0$m 处，接收机设定位于 $y=6000$m 处，发射源和接收机变化范围为 $x=-1000\sim9000$m。图 5.52 和图 5.53 分别给出同线和旁线装置的模拟结果。其中，(a)、(c)、(e)和(g)针对隆起海底地形，而(b)、(d)、(f)和(h)针对凹陷海底地形。首先，从纯地形响应图 5.52(a)和图 5.52(b)和带地形异常体响应图 5.52(c)和图 5.52(d)可以看出，无论是对于隆起还是凹陷地形，同线装置海洋电磁响应与地形之间均存在一定的对应关系，异常极值点对应地形拐点。然而，由于地形效应比异常体响应强很多，异常体响应被掩盖。相比之下，由图 5.52(e)～图 5.52(h)给出的电场响应和相对异常可以清晰地看出异常响应和异常体之间的位置对应关系。另外，虽然地形对场本身影响较大，但同线装置异常响应及百分异常特征基本不受地形影响。这为双船拖曳海洋电磁勘探海底高阻体提供物理前提。图 5.53 给出双船拖曳式海洋电磁旁线观测电磁响应，可以看出与图 5.52 相似的特征：海底地形导致响应变得复杂，异常体响应被掩盖。另外，电磁信号从某一时间道开始发生变号，导致电场响应曲线与地形起伏的对应关系变得模糊。然而，由图 5.53(e)～图 5.53(h)给出的异常响应和相对异常可以看出，异常体的边部响应幅值较大，异常体的中部异常幅值相对较小，两个负向异常峰值分别对应高阻体的左右边界。高阻体异常受地形影响，中部区域实质上为地形与异常体响应的叠加。这种特征从百分异常表现更为明显，特别是在场值发生变号的时间道，相对百分异常与无地形时区别很大。对于隆起地形，相对异常在地形中心呈现极大值，而对于凹陷地形，相对异常在地形中心呈现负向极大值。因此，在进行全拖曳式海洋电磁勘探时，同线装置较之于旁线装置异常形态简单、异常幅值大，对地下高阻体识别能力强。

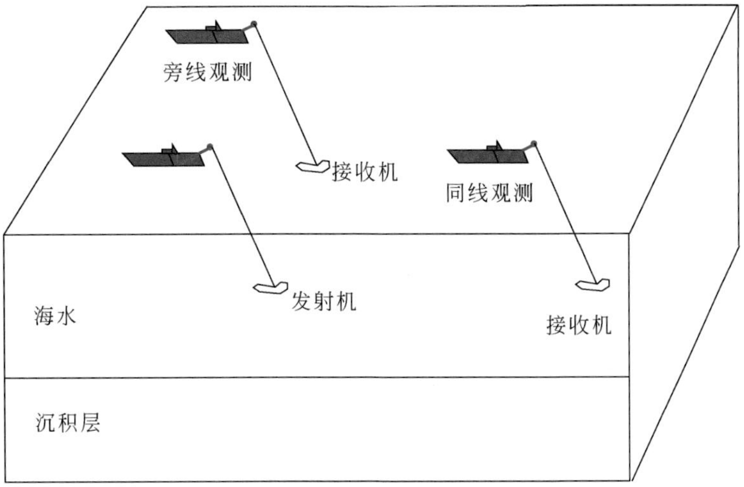

图 5.51　双船拖曳式海洋电磁观测示意图

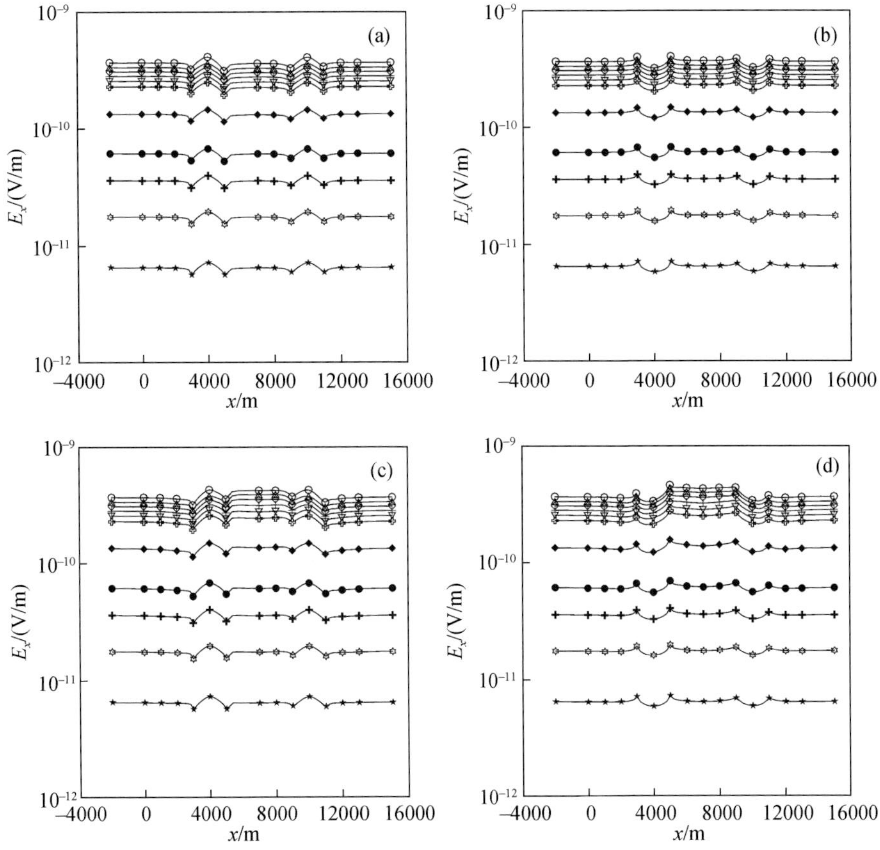

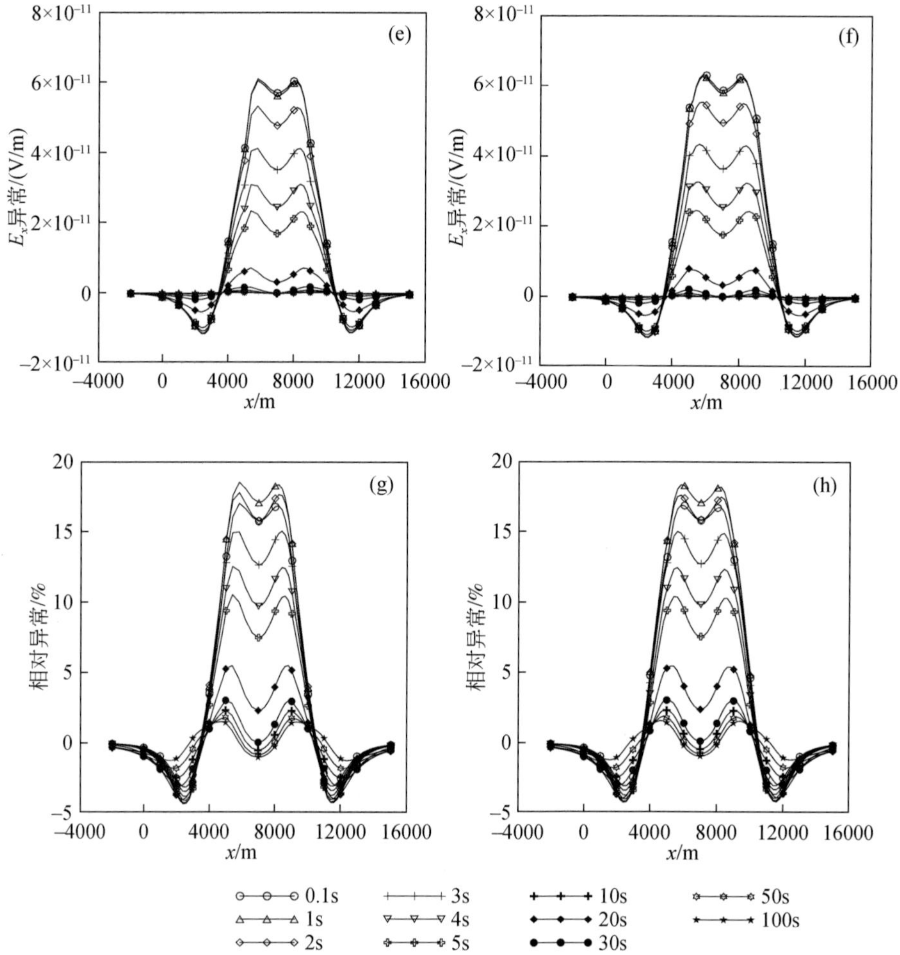

图 5.52　双船拖曳式海洋电磁同线观测电场响应

(a)和(b)为平坦海底异常体响应；(c)和(d)为起伏海底异常体响应；(e)～(h)与半空间一维半解析解之间的相对异常。左侧隆起海底，右侧凹陷海底

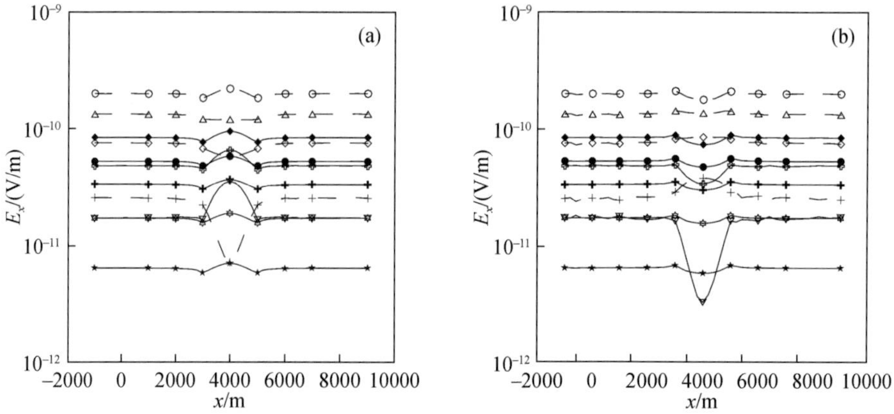

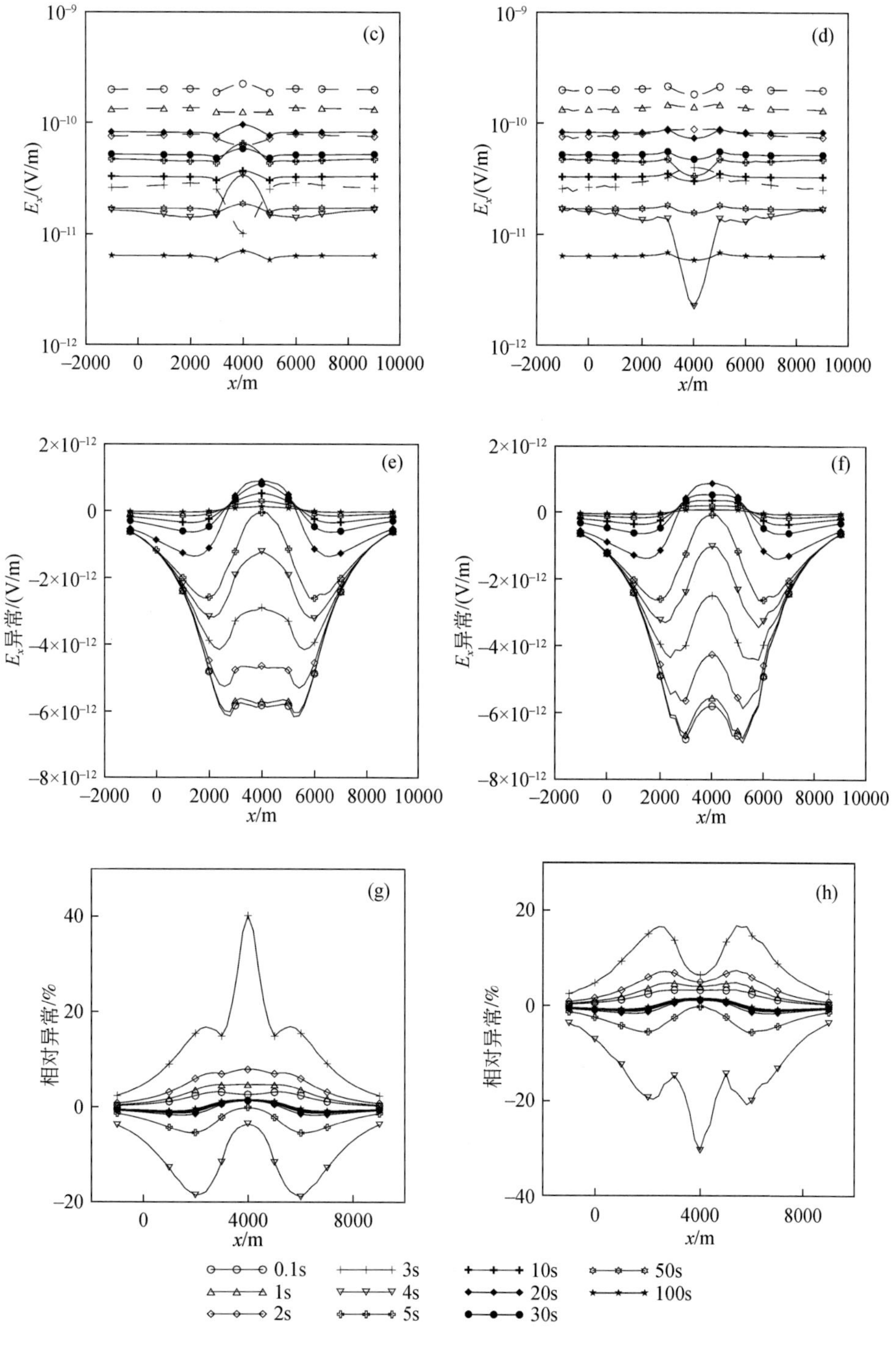

图 5.53　双船拖曳式海洋电磁旁线观测电场响应(虚线表示场值为负)

(a)和(b)为平坦海底异常体响应；(c)和(d)为起伏海底异常体响应；(e)～(h)与半空间一维半解析解之间的相对异常。左侧隆起海底，右侧凹陷海底

5.8.4 井中瞬变电磁法有限元数值模拟

传统瞬变电磁法(TEM)的发射和接收都放置在地表，对深部目标的探测能力较低。相比之下，地-井瞬变电磁法通过将接收机放置于钻孔中极大地提高了探测精度。本节使用有限元法对地井瞬变电磁系统响应进行模拟。

为了检验有限元数值模拟算法的精度，设计如图 5.54 所示的半空间模型进行正演模拟，并将计算结果与一维半解析解进行对比。模型参数如下：偶极子源沿 x 方向，长度为 2000m，中心坐标为(0，0，0)，发射电流 1A，空气电阻率取为 $10^8\Omega\cdot$m，半空间电阻率为 $100\Omega\cdot$m。选取位于(3000m，0m，1500m)测点处的 E_x 和 E_z 以及位于(0m，3000m，1500m)处的 dB_y/dt 和 dB_z/dt 结果验证本章有限元法的计算精度。图 5.55 给出了验证结果。由图 5.55 可以看出，E_x、E_z 和 dB_z/dt 分量与均匀半空间一维半解析解的相对误差均小于 5%，dB_y/dt 的相对误差在大部分时间道小于 5%，而在 0.3～0.5s 误差较大，这是由于在该时间范围内 dB_y/dt 出现变号，从而计算精度降低。

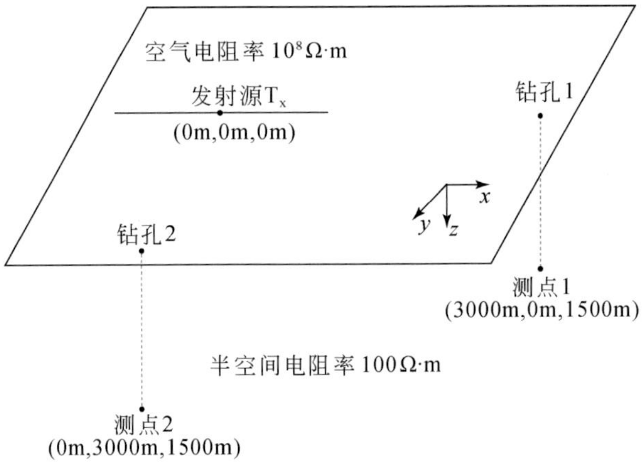

图 5.54 均匀半空间模型

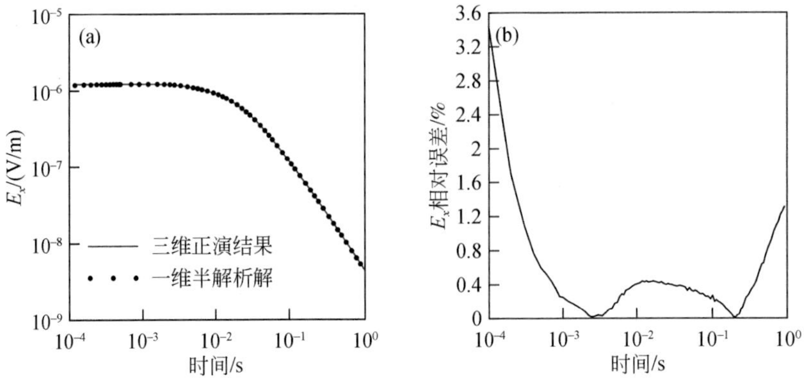

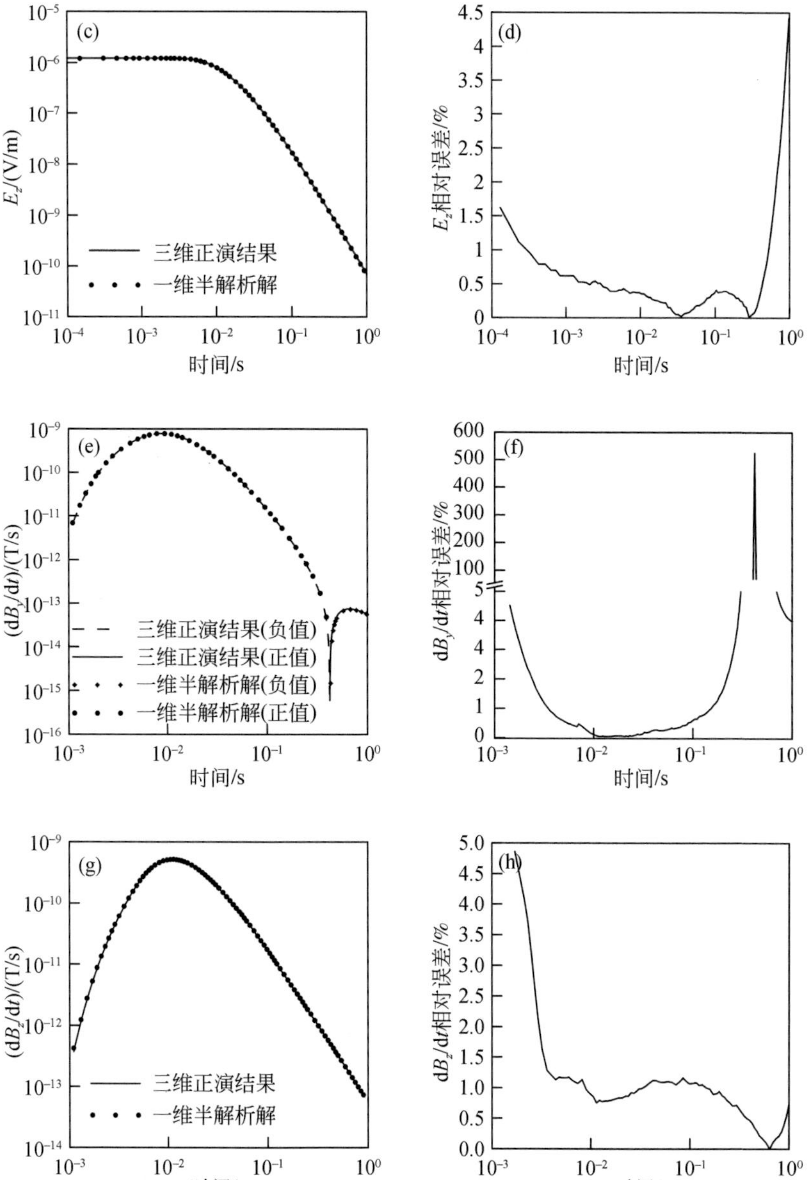

图 5.55　井中瞬变电磁有限元法计算结果与一维半解析解对比

(a) E_x 响应；(b) E_x 相对误差；(c) E_z 响应；(d) E_z 相对误差；(e) dB_y/dt 响应；(f) dB_y/dt 相对误差；(g) dB_z/dt 响应；(h) dB_z/dt 相对误差。(a)～(d)为测点 1 的电磁响应，(e)～(h)为测点 2 的电磁响应。虚线代表负响应

下文讨论地下存在复杂异常体时井中电磁观测异常响应特征。为此，设计了如图 5.56 所示的地电模型。长导线源沿 x 方向，长度为 2000m，中心坐标为(1500m，0m，0m)，发射电流 1A，空气电阻率取 $10^8\Omega\cdot m$。地下背景电阻率为 $100\Omega\cdot m$。低阻脉状体电阻率为 $2\Omega\cdot m$，顶部埋深分别为 1140m 和 2240m，倾角分别为 56°和 29°。图 5.57 展示了主剖面

(y=0)上 E_z和 $\mathrm{d}B_y/\mathrm{d}t$ 不同时间道电磁响应。由图 5.57 可以看出，地下电磁异常与脉状体存在明显的对应关系，矿脉轮廓被清晰地反映出来。因此，利用井中电磁可以有效探测深部良导体。图 5.58 给出井中三分量电磁响应曲线。由图 5.58 可见，穿过异常体的钻孔电磁响应曲线均有明显的异常显示，距离异常体 200m 的钻孔也可以观察到电磁异常，但随距离增加，相对异常逐渐变小直至消失。

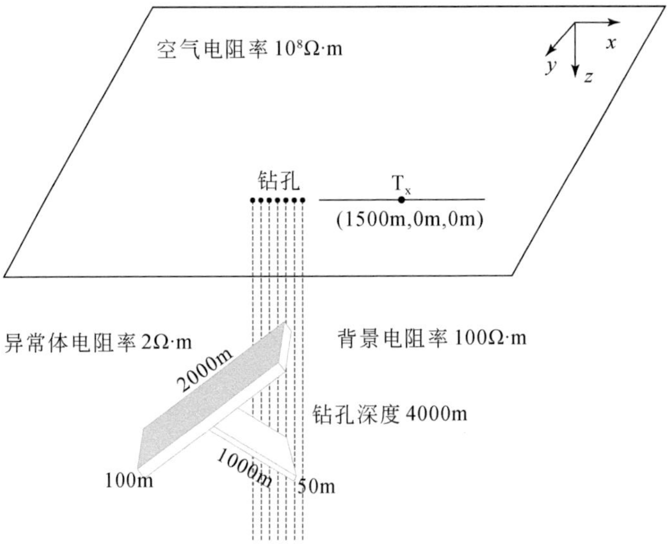

图 5.56　均匀半空间中低阻矿脉模型

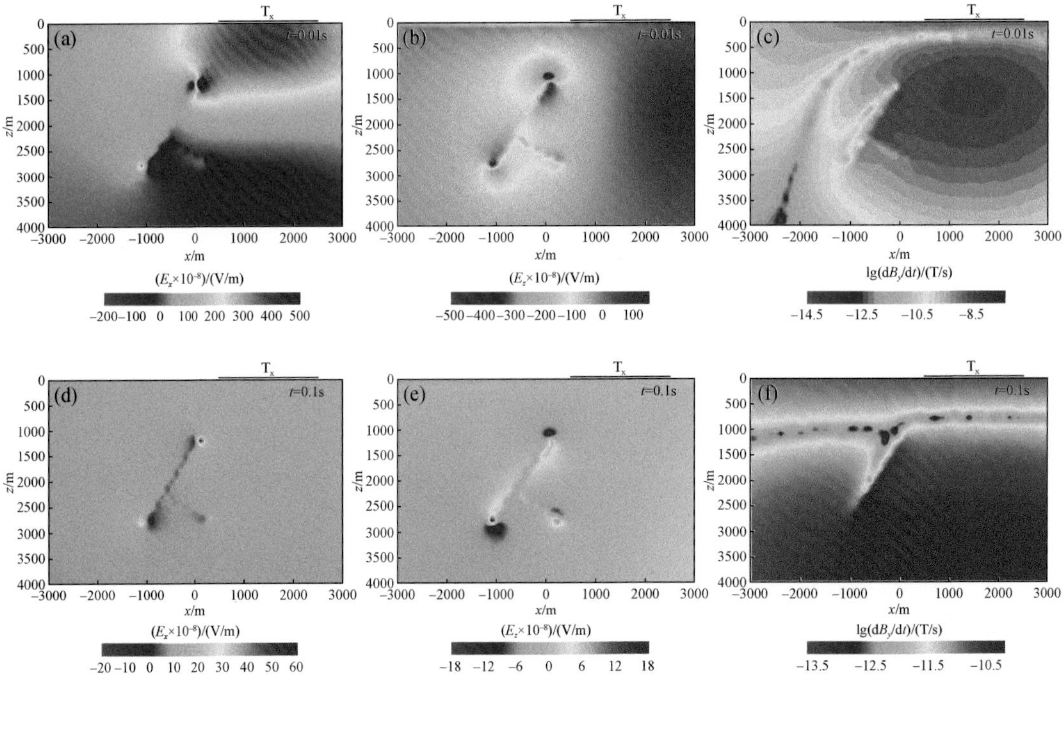

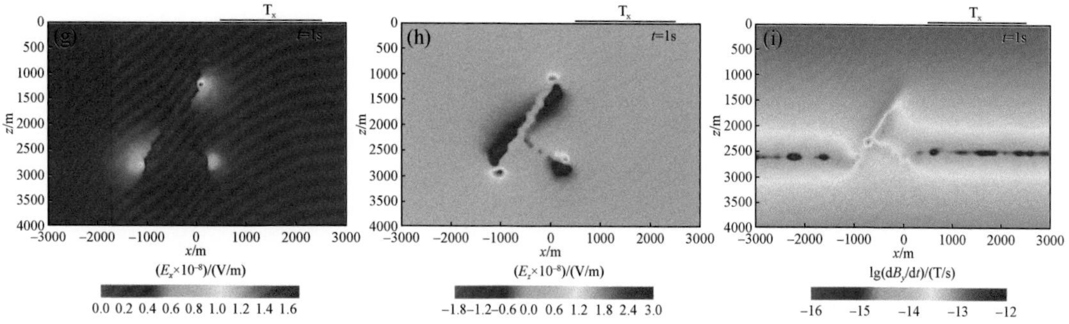

图 5.57　半空间中低阻矿脉模型井中瞬变电磁响应断面图

(a)～(c)$t=0.01\mathrm{s}$ 时刻 E_x、E_z 和 $\mathrm{d}B_y/\mathrm{d}t$；(d)～(f)$t=0.1\mathrm{s}$ 时刻 E_x、E_z 和 $\mathrm{d}B_y/\mathrm{d}t$；(g)～(i)$t=1\mathrm{s}$ 时刻 E_x、E_z 和 $\mathrm{d}B_y/\mathrm{d}t$

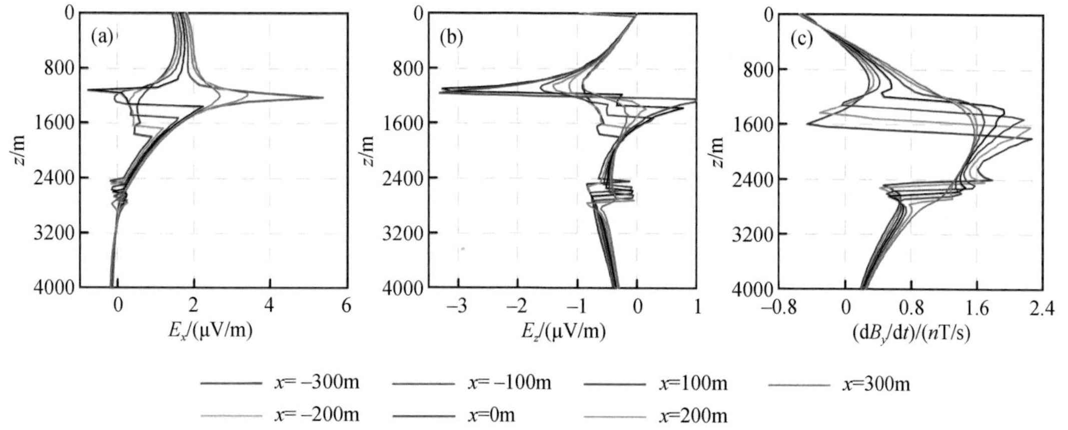

图 5.58　半空间中低阻矿脉模型井中瞬变电磁响应曲线($t=0.015\mathrm{s}$)

(a)E_x；(b)E_z；(c)$\mathrm{d}B_y/\mathrm{d}t$

5.8.5　大地电磁法有限元正演模拟

大地电磁法利用天然场源，通过观测地表随时间变化的正交电磁场分量以探测地下几十米到几百千米范围内的电性构造，具有数据采集方便、勘探深度大等优点。目前该方法已经被广泛应用于地质普查、油气勘探、地壳和上地幔电性结构研究等领域。大地电磁正演模拟作为数据反演解释的基础，已经得到了国内外众多学者的重视。

为了验证应用有限元法进行大地电磁三维数值模拟的精度，对 Nam 等(2007)给出的大地电磁模型进行了非结构有限元正演模拟。图 5.59(a)和图 5.59(b)给出了模型图，图 5.59(c)～图 5.59(f)分别给出了视电阻率和相位曲线及与 Nam 等(2007)结果的对比；而图 5.59(g)和图 5.59(h)给出了正演模拟使用的剖分网格。由图 5.59(c)～图 5.59(f)可

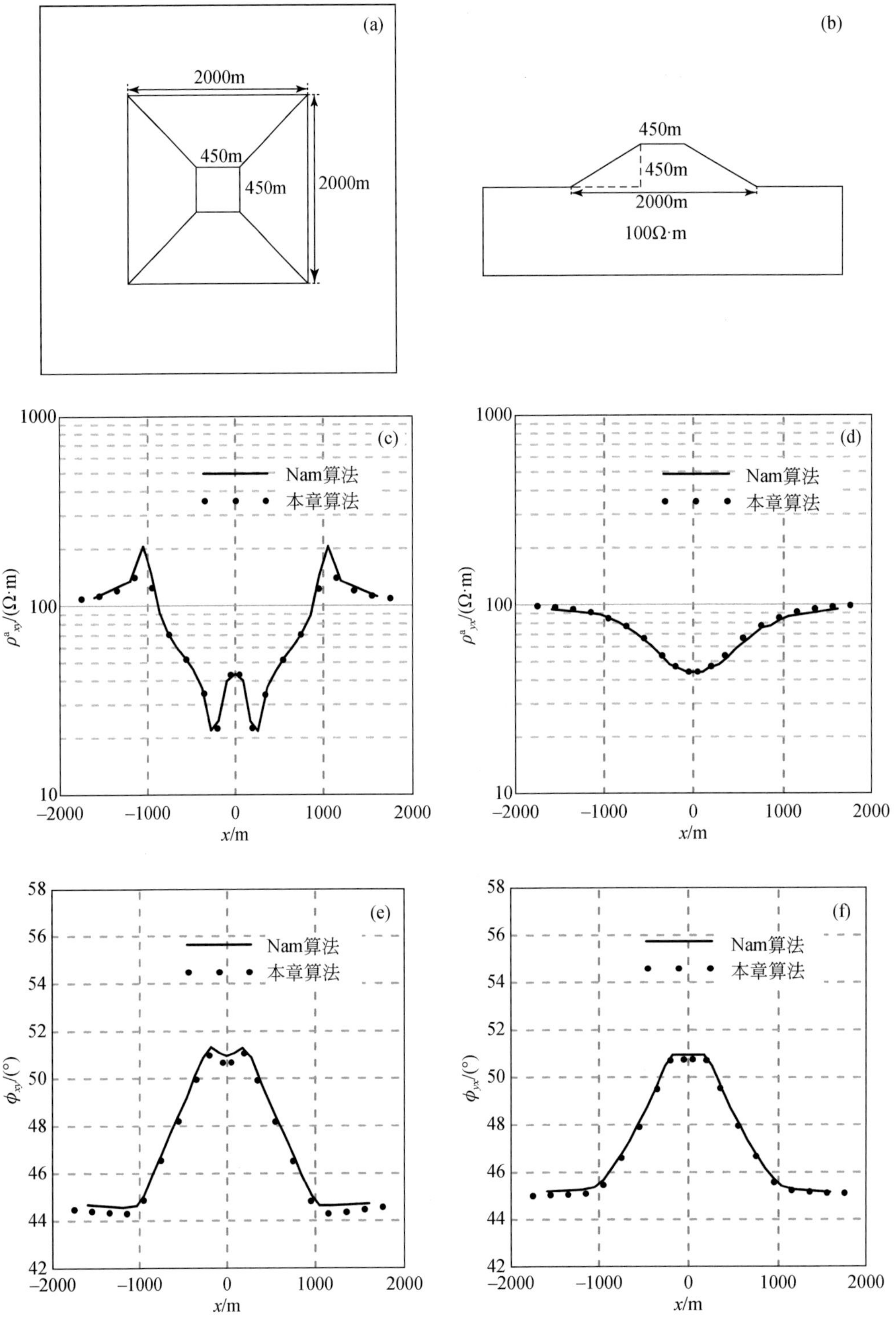
(a)
2000m
450m
450m
2000m
(b)
450m
450m
2000m
100Ω·m
(c)
Nam算法
本章算法
ρ^a_{xy}/(Ω·m)
x/m
(d)
Nam算法
本章算法
ρ^a_{yx}/(Ω·m)
x/m
(e)
Nam算法
本章算法
ϕ_{xy}/(°)
x/m
(f)
Nam算法
本章算法
ϕ_{yx}/(°)
x/m

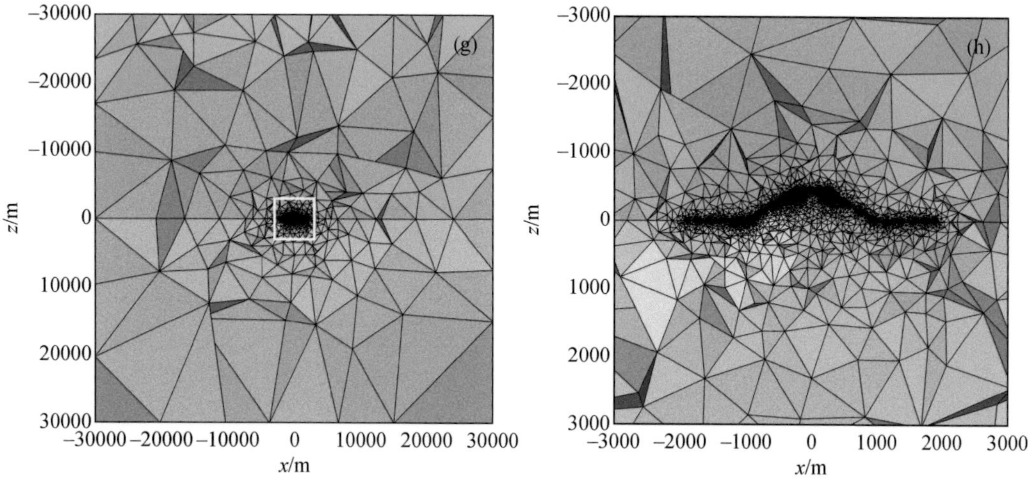

图 5.59　有限元计算结果与 Nam 等(2007)模拟结果对比

(a)模型俯视图；(b)模型切面图；(c)和(d)视电阻率对比；(e)和(f)相位对比；(g)自适应算法网格剖分；(h)图(g)中白框所示的区域网格剖分细节

以看出，有限元模拟结果与 Nam 等(2007)的模拟结果吻合较好，从而证明本章有限元法模拟起伏地表模型大地电磁响应具有较高的精度。从图 5.59(g)和图 5.59(h)可以进一步看出，为得到较高的数值模拟精度，需要对接收点附近的起伏地表进行很好的网格加密。随着介质远离观测点和地表物性分界面，网格剖分可逐渐变得稀疏。通过这种方式剖分网格，能够在满足计算精度的同时，降低网格包含的棱边数，提高计算效率。

5.8.6　多源和多频/多时间道自适应网格加密策略及应用

如前所述，对于多源或多频/多时间道航空电磁探测，通过将不同测点、不同频率/时间道的单元后验误差结合，对非结构网格剖分质量进行评估，从而建立适用于多源、多频/时间道的航空电磁正演模拟网格。本节以频域航空电磁为例，对自适应网格加密算法在有限元数值模拟中的应用进行详细介绍，分析自适应算法生成网格的合理性。首先通过对均匀半空间模型进行正演，验证自适应网格加密算法的有效性，进而通过分析不同模型的自适应网格剖分，总结航空电磁三维模型网格剖分的基本原则。以频域航空电磁 HCP 装置为例对两个频率 1600Hz 和 25kHz 进行模拟。

假设航空电磁系统飞行高度为 30m，收发距为 10m，半空间电阻率为 100Ω · m。图 5.60 给出了面向目标自适应正演模拟响应与一维半解析解的相对误差及最终网格剖分。其中，图 5.60(c)和图 5.60(d)给出了 1600Hz 对应的自适应网格，图 5.60(e)和图 5.60(f)给出了 25kHz 对应的自适应网格，而图 5.60(g)和图 5.60(h)给出了利用双频进行自适应网格加密的结果。可以看出，当使用单频进行自适应网格加密时，低频对应的网格加密范围很大，而高频网格加密范围仅限于地表附近，利用双频进行网格自适应加密获得了优良的网格。进一步对比图 5.60(c) ~ 图 5.60(h)可以发现：①频率 1600Hz 对应的网格与

25kHz 对应的网格相比具有更大的网格优化范围，而 25kHz 与 1600Hz 相比对网格进行了更加细致的加密。②利用双频 1600Hz 和 25kHz 对网格进行加密兼顾了高频信号要求网格体积小和低频信号要求网格加密范围大的特点。③地下良导体的剖分网格与空气中的网格相比具有更小的体积。这些网格剖分特征与电磁传播特征相符。事实上，低频电磁信号波长较长、衰减较慢，可以传播到地下深部，因此需要网格优化范围大，但对网格优化的精细程度要求不高。相比之下，高频电磁信号波长短、衰减速度快，只能传播到地下较浅的位置，因此对网格优化精细程度要求较高，但需要的优化范围却较小。④面向目标多频自适应网格优化算法同时兼顾了多个频率的电磁信号特性，因此可以获得最优的计算网格。图 5.60(a)和图 5.60(b)给出了单频和多频自适应网格对应的模拟结果。由图 5.60 可见两者计算精度均较高。然而，使用多频自适应方法，可以一次性获得优化网格用于多频电磁响应计算，极大地提高计算效率。类似地，也可以将其应用于时域航空电磁，解决多时间道正演模拟问题。

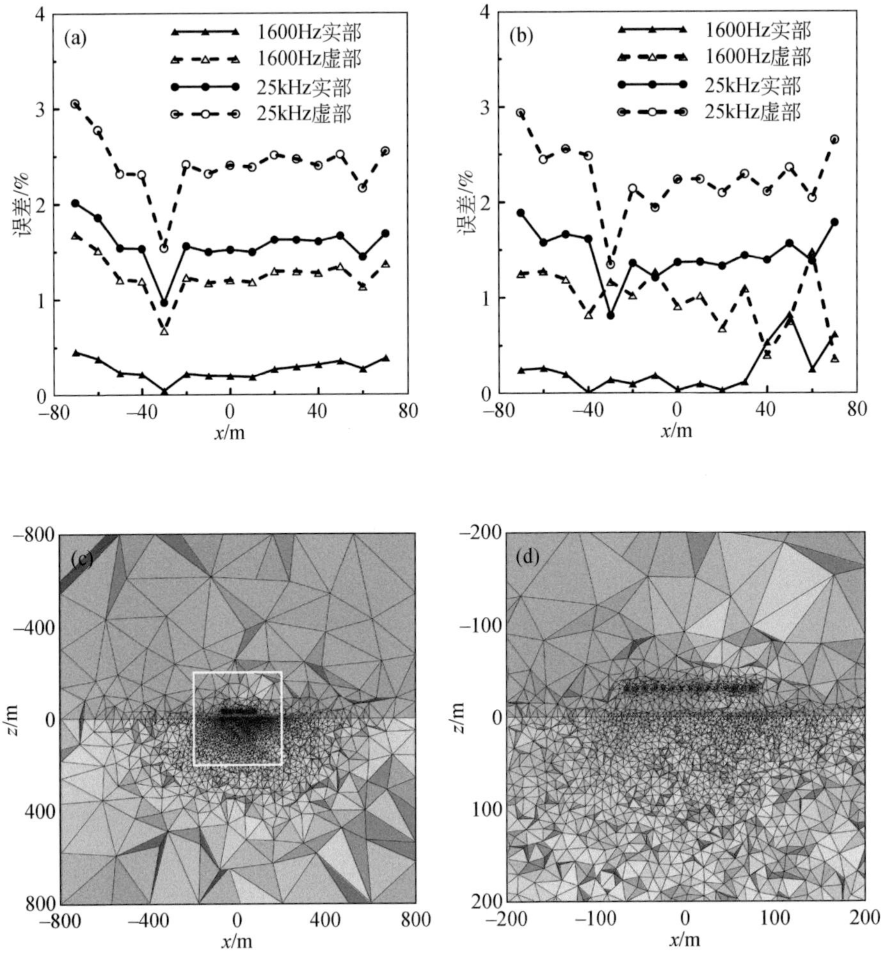

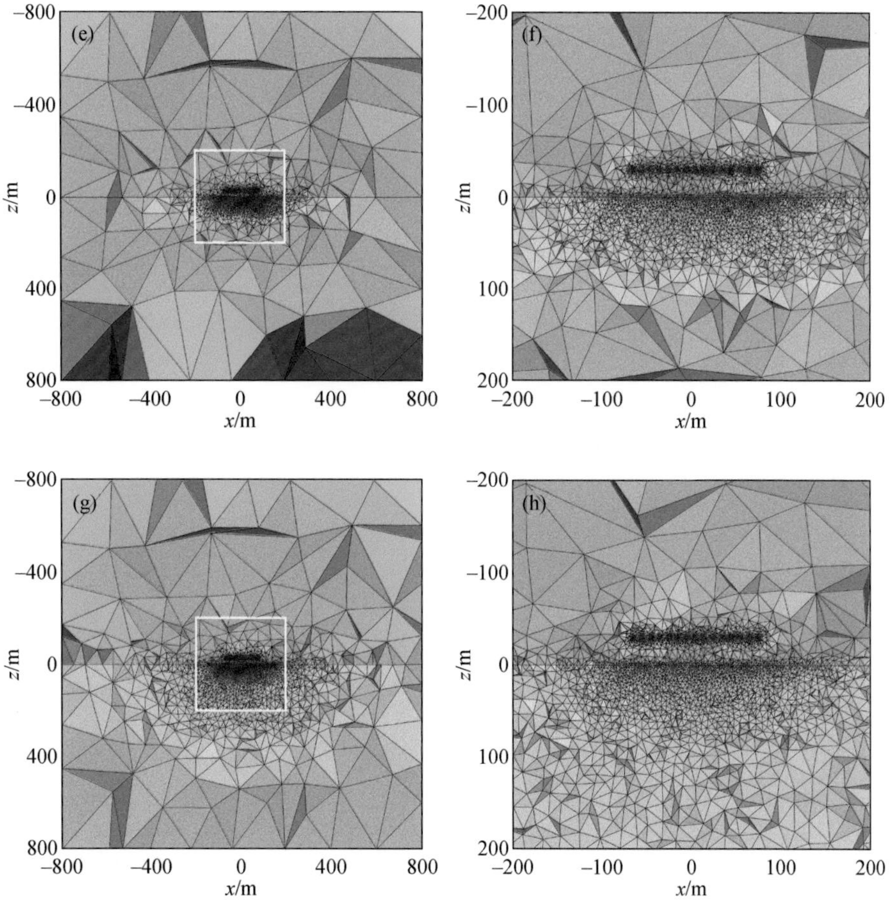

图 5.60　均匀半空间模型多频航空电磁自适应网格剖分及正演精度

(a)单频自适应网格计算的电磁响应及与一维半解析解的相对误差；(b)多频自适应网格计算的电磁响应及与一维半解析解的相对误差；(c)、(e)和(g)分别给出 1600Hz、25kHz 和双频(1600Hz+25kHz)自适应网格剖分；(d)、(f)和(h)展示(c)、(e)和(g)中白框内网格剖分细节

上述均匀半空间模型航空电磁算例表明，本章介绍的自适应网格加密算法能够得到合理的网格剖分用于有限元数值模拟，生成的网格能够获得较高的计算精度。为进一步验证该自适应算法对复杂模型的有效性，本节模拟山峰下埋有低阻异常体模型的航空电磁响应，并讨论网格生成的合理性。如图 5.61 所示，梯形山峰高 20m，顶部和底部的宽度分别为 60m 和 220m，围岩的电阻率为 100Ω · m，异常体大小为 80m×80m×60m，电阻率为 10Ω · m。系统参数同前，使用 1600Hz 和 25kHz 两个发射频率。图 5.61(c) ~ 图 5.61(f)分别给出了低阻异常体模型单频自适应网格剖分结果，而图 5.61(g)和图 5.61(h)给出了双频自适应网格剖分结果。由图 5.61 可以看出：①尽管模型中地表及异常体附近两个物性分界面电阻率差异较大(地表分界面处电阻率比为 10000，而异常体与围岩之间的电阻率比为 0.1)，本章介绍的自适应算法仍能够在地表及异常体附近对网格进行加密；②地下半空间的网格比低阻异常体中的网格大，但比空气中的网格小。这与其中的电磁波波长

相对应；③对于 1600Hz 电磁信号，整个异常体均被加密，而对于 25kHz 电磁信号，仅异常体上半部分被加密。这是由于对于 25kHz 信号，电磁波仅传播到异常体的上半部分，传播到异常体下半部分的信号较少，因此自适应网格加密也没有顾及该区域；④同时考虑两个频率的网格剖分兼顾了高频和低频信号对网格剖分的需求，获得了高质量的网格。这些结论与上面给出的物理解释完全吻合。由图 5.61 给出的利用单频和多频网格计算的结果可以看出，利用多频自适应网格可以获得与单频自适应网格相同的计算精度。这再次证明本章提出的多源及多频/多时间道自适应网格加密算法的有效性。

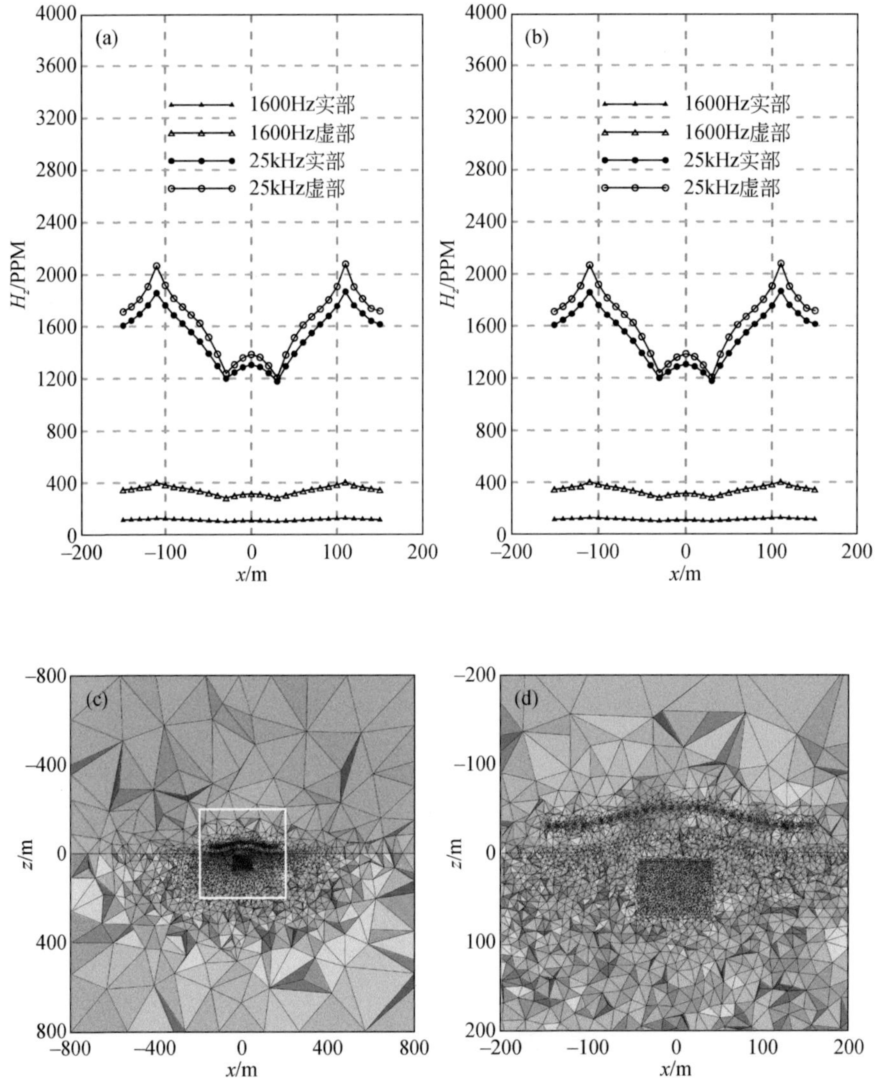

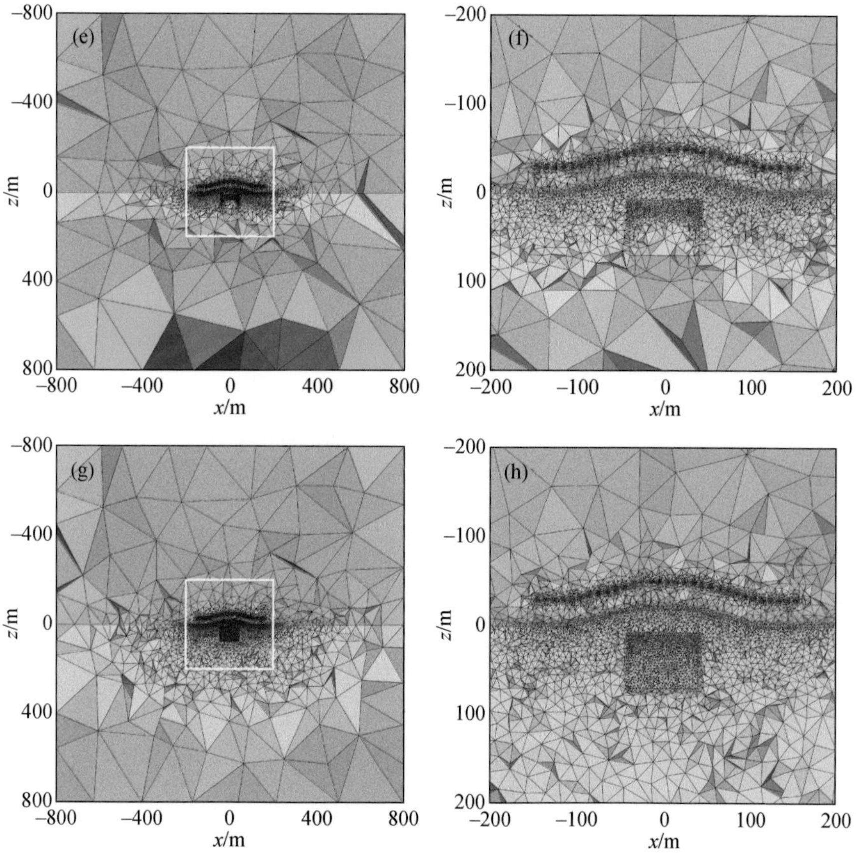

图 5.61　山峰下低阻异常体模型多频航空电磁自适应网格剖分及模型响应

(a)单频自适应网格计算的电磁响应；(b)多频自适应网格计算的电磁响应；(c)、(e)和(g)分别给出 1600Hz、25kHz 和双频(1600Hz+25kHz)自适应网格剖分；(d)、(f)和(h)展示(c)、(e)和(g)中白框内网格剖分细节

5.8.7　区域分解在时域海洋电磁正演模拟中的应用

1. 精度验证

为验证本章时域区域分解算法(domain decomposition in time-domain，DDTD)的计算精度，设计一个如图 5.62 所示的均匀海底半空间模型。海水深度 400m，电阻率 0.3Ω · m，海底沉积层和空气层电阻率分别为 0.7Ω · m 和 10^8 Ω · m。发射源沿 x 方向，长度为 250m，距离海底 50m，中心点沿 x、y 方向坐标为(0m，0m)。发射波形为单位下阶跃波。接收点置于海底 $y=0$m 测线上，x 方向坐标范围为 1000～8000m，间距为 1000m。

图 5.63 为正演网格和分区结果。首先将模型剖分为 362556 个四面体单元，棱边数为 426315 条。进而，将整个模型分为 36 个子域，整体交界面上未知量 $\boldsymbol{\lambda}_f$ 的个数为 28156 个。

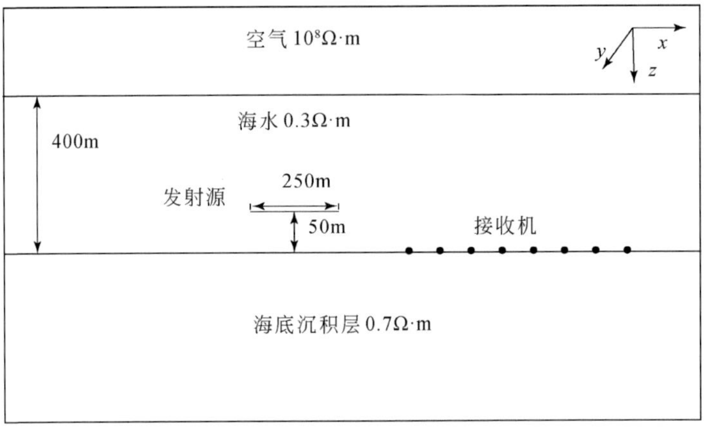

图 5.62　海底均匀半空间模型

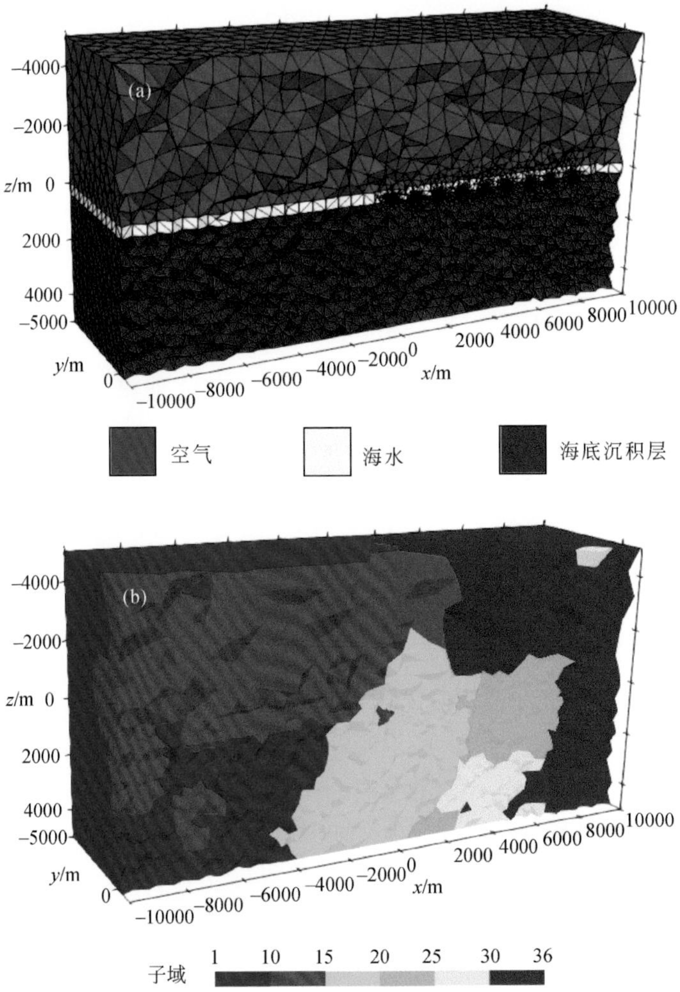

图 5.63　海底均匀半空间模型网格剖分与分区结果

(a)网格剖分；(b)网格分区

图 5. 64 给出了时域海洋电磁区域分解法计算结果与一维半解析解的对比。从图 5. 64 可以看出，区域分解法计算结果与一维半解析解对比最大相对误差小于 5%，验证前文介绍的区域分解算法的准确性。

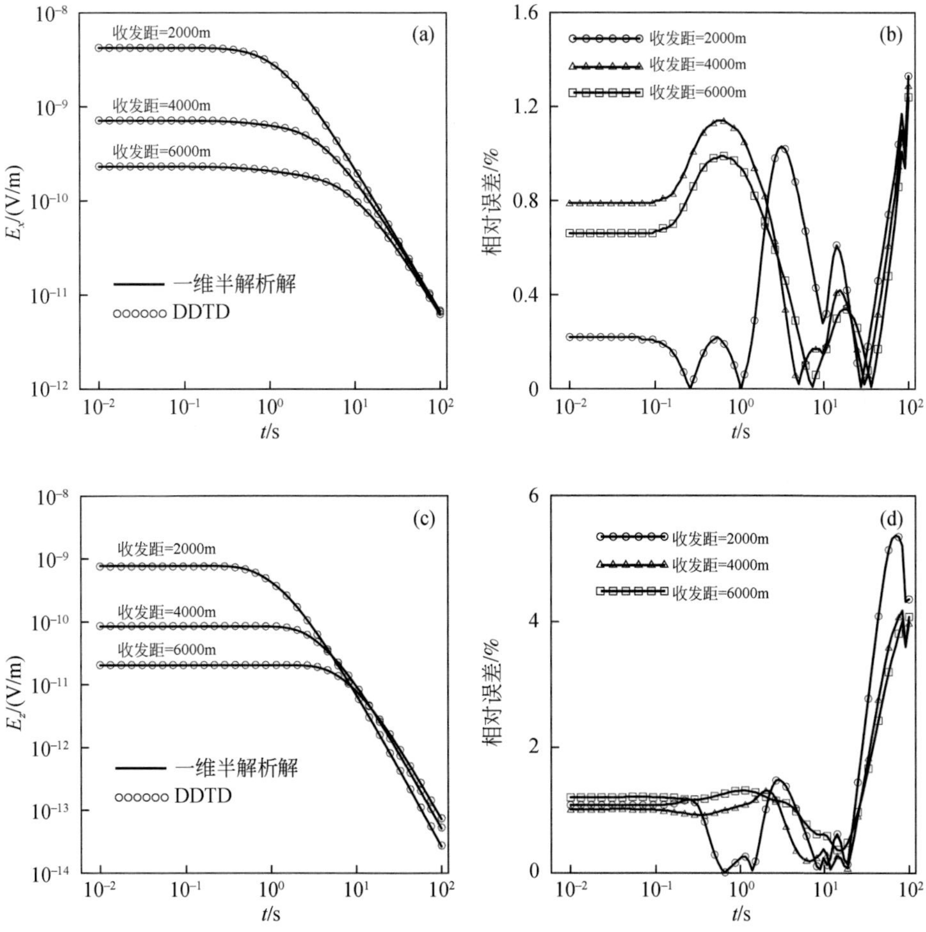

图 5. 64　区域分解法精度验证

(a)(c)海底半空间模型区域分解法计算的时域电场与一维半解析解对比；(b)(d)相对误差

2. 海底多层复杂介质模型

为了进一步验证本章算法在内存需求方面的优越性，设计了一个如图 5. 65 所示的多层海底介质模型。空气层、海水、海底沉积层 1、海底沉积层 2、基底和高阻油气藏电阻率分别为 $10^8\Omega \cdot m$、$0.3\Omega \cdot m$、$0.7\Omega \cdot m$、$3\Omega \cdot m$、$10^3\Omega \cdot m$ 和 $100\Omega \cdot m$。发射源沿 x 方向，长度为 250m，中点坐标为(−8000m，−2500m，536m)。发射波形为单位下阶跃波。设计 151 个接收点，置于海底 $y=-2500$m 测线上，沿 x 方向分布范围为−7000～8000m，间距为 100m。

图 5. 66 给出模型网格剖分和分区结果。将模型剖分成 2538234 个四面体单元，棱边

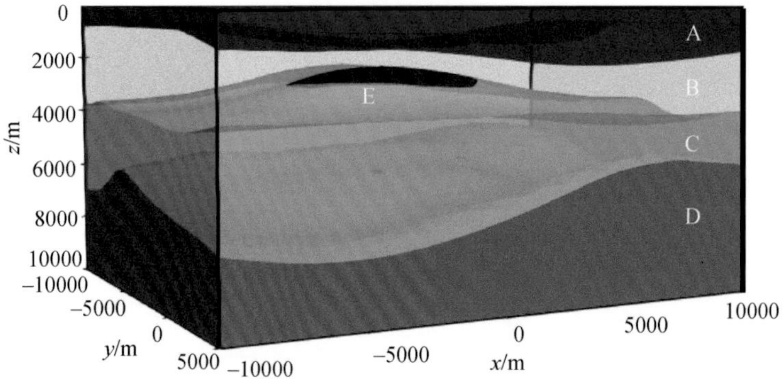

图 5.65　海底多层介质模型

A. 海水层；B. 沉积层 1；C. 沉积层 2；D. 基底；E. 高阻油气藏

数为 2973374 条，进而将整个模型分为 250 个子域，整体交界面上未知量 $\boldsymbol{\lambda}_f$ 的个数为 213887 个。图 5.67 给出了区域分解计算结果与传统时域有限元(未分区)计算结果的对比。从图 5.67 中可以看出，区域分解法计算结果与传统时域有限元方法计算结果吻合很好，验证了前述区域分解算法对多层介质模型正演模拟的有效性。对于传统时域有限元法采用 MUMPS 直接求解器进行求解，计算过程中需消耗内存 30.5GB，而对于区域分解方法，每个子域单独计算时消耗内存仅 64.8MB，而使用 GMRES 方法迭代求解交界面方程时，消耗内存约 500.0MB。由此可以得出结论：使用本章介绍的区域分解算法在保证精度的前提下可有效节省内存需求。若使用多节点服务器，区域分解算法可通过并行进行快速计算，此时每个节点上的内存消耗很少。因此，区域分解算法非常适合诸如海洋电磁等超大规模问题的高效求解。

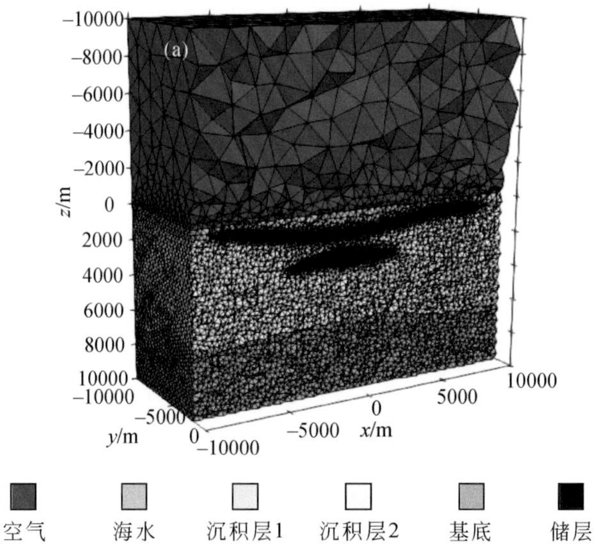

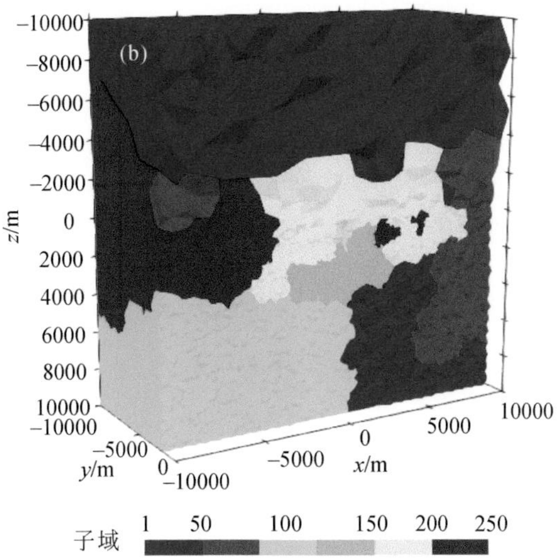

图5.66　海底多层介质模型网格剖分与分区结果
(a)网格剖分；(b)网格分区

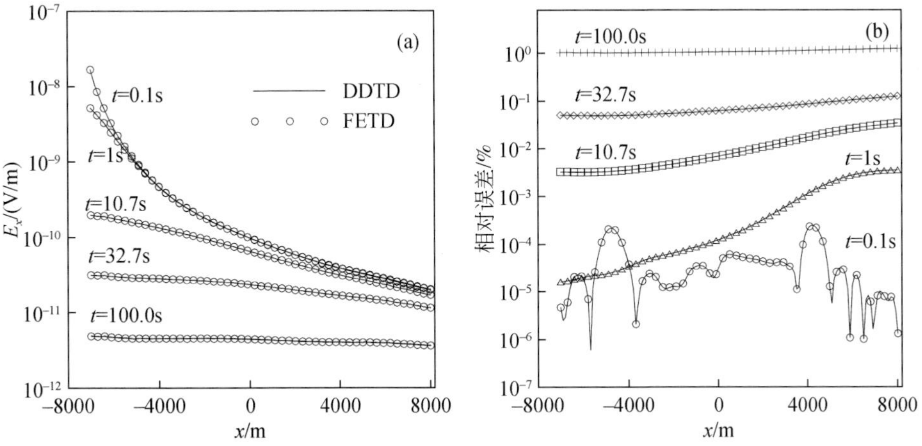

图5.67　海底多层介质模型区域分解计算结果与时域有限元结果对比(模型参见图5.65和图5.66)
(a)电场响应；(b)相对误差

5.9　小　　结

非结构有限元法较传统的基于结构网格的有限元法具有明显的技术优势。采用非结构四面体网格，可以很容易模拟地形及地下复杂异常体。较之于传统基于结构网格的有限元法，采用非结构网格无须增加太多单元即可模拟复杂构造，因此可以在保证精度的前提下提高计算效率。然而，有限元正演模拟精度受网格剖分质量影响较大，高质量的网格剖分是获得高精度计算结果的前提和保证。如何获得高质量网格是有限元正演模拟的关键所在。网格加密可以很好地解决这些问题。全局网格加密能在一定程度上改善计算精度，但当网格加密到一定程度时，再次加密网格计算精度改善有限，而资源消耗却大量增加。自适应网格加密策略通过对诸如电流密度法线分量连续性等特征量的提取并利用影响函数进行加权，可有效识别出需要加密的网格，在计算资源增加有限的情况下有效改善计算精度。对于多源和多频/多时间道正演模拟问题，本章提出的自适应加密策略能获得适用于所有频率/时间道的高质量优化网格，从而保证多源和多频/多时间道正演模拟精度。对于诸如大地电磁等被动源正演模拟，场源特征未知导致无法直接通过加载源项实现正演模拟，此时通过在边界上添加等效边界条件可以实现被动源电磁问题正演模拟。由于时域电磁法涉及时间导数，可以使用本章提出的无条件稳定后推欧拉进行离散，进而通过时间递推实现各时间道电磁响应的正演模拟。考虑晚期时间道电磁信号变化缓慢，可以使用较大的时间步长，因此本章提出的自适应步长策略将在提高计算效率方面发挥积极作用。针对各向异性模型的正演模拟问题，在单元分析和矩阵元素计算时需要考虑电导率张量的影响，同时在自适应网格加密过程中需要先计算电导率张量和电场的乘积得到总电流，再投影到单元法线方向计算相邻单元电流密度法向分量的差值以构建后验误差(齐彦福等，2020)。当电磁模拟中时间步长均匀或分段均匀时，利用式(5.108)进行后推欧拉时间离散并采用式(5.109)进行场的迭代较为方便；反之，如果时间步长持续变化，则采用式(5.113)和式(5.114)进行后推欧拉时间离散和场的迭代更为方便。考虑本书时域电磁模拟均采用分段等时间步长，因此采用式(5.108)进行二阶后推欧拉时间离散。目前本团队在区域分解算法方面仍处于早期研究阶段，因此给出的模型结果较为简单。未来通过引入并行计算，可望在计算大尺度模型时有效节省内存的同时提高计算效率。期待本章介绍的自适应非结构有限元法对推动电磁三维数值模拟起积极作用。

参考文献

惠哲剑. 2021. 基于非结构有限元的时间域海洋电磁三维正反演研究. 长春：吉林大学.

金建铭. 1998. 电磁场有限元方法. 西安：西安电子科技大学出版社.

李袁傲，任政勇，汤井田，等. 2022. 基于空气地球分离策略的大地电磁三维正演. 地球物理学报，65(7)：2741-2755.

纳比吉安·米萨克. 1992. 勘探地球物理电磁法. 北京：地质出版社.

裴易峰，殷长春，刘云鹤，等. 2014. 时间域航空电磁磁场计算与应用. 地球物理学进展，29(15)：2191-2196.

齐彦福. 2017. 复杂介质中时间域航空电磁数据仿真技术研究. 长春：吉林大学.

齐彦福，李貅，殷长春，等. 2020. 时间域航空电磁各向异性大地三维自适应有限元正演研究. 地球物理学报，63(6)：2434-2448.

苏晓波，李桐林，朱成，等. 2015. 大地电磁三维矢量有限元正演研究. 地球物理学进展，30(4)：1772-1778.

王若，王妙月，底青云，等. 2014. CSAMT 三维单分量有限元正演. 地球物理学进展，29(2)：839-845.

徐世浙 . 1994. 地球物理中的有限单元法 . 北京：科学出版社 .

殷长春 . 2018. 航空电磁理论与勘查技术 . 北京：科学出版社 .

殷长春，贲放，刘云鹤，等 . 2014. 三维任意各向异性介质中海洋可控源电磁法正演研究 . 地球物理学报，57(12)：4110-4122.

殷长春，惠哲剑，张博，等 . 2019. 起伏海底地形时间域海洋电磁三维自适应正演模拟 . 地球物理学报，62(5)：1942-1953.

张博，殷长春，刘云鹤，等 . 2016. 起伏地表频域/时域航空电磁系统三维正演模拟研究 . 地球物理学报，59(4)：1506-1520.

Brenner S C, Scott L R. 2008. The mathematical theory of finite element methods. https://www.docin.com/p-1464138596.html[2023-4-15].

Clough R W. 1960. The Finite Element Method in Plane Stress Analysis. Reston: American Society of Civil Engineers.

Coggon J. 1971. Electromagnetic and electric modeling by the finite element method. Geophysics, 36(1): 132-155.

Farhat C, Roux F X. 1991. A method of finite element tearing and interconnecting and its parallel solution algorithm. International Journal for Numerical Methods in Engineering, 32(6): 1205-1227.

Franke A, Boerner R U, Spitzer K. 2005. 2D Finite Element Modelling of Plane-wave Diffusive Time-harmonic Electromagnetic Fields Using Adaptive Unstructured Grids. Holle: Kolloquium Elektromagnetische Tiefenforschung.

Franke A, Borner R U, Spitzer K. 2007. 3D Finite Element Simulation of Magnetotelluric Fields Using Unstructured Grids. Freiberg: 4th International Symposium on Three-Dimensional Electromagnetics.

Haber E. 2014. Computational Methods in Geophysical Electromagnetics. Philadelphia: SIAM.

Jin J M. 2002. The Finite-Element Method in Electromagnetics (Second edition). New York: John Wiley & Sons, Inc.

Jin J M. 2014. The Finite Element Method in Electromagnetics (Third edition). New York: John Wiley & Sons, Inc.

Kaikkonen P. 1979. Numercial VLF modeling. Geophysical Prospecting, 27(4): 815-834.

Key K. 2009. 1D inversion of multicomponent, multifrequency marine CSEM data: Methodology and synthetic studies for resolving thin resistive layers. Geophysics, 74(2): F9-F20.

Key K, Weiss C. 2006. Adaptive finite-element modeling using unstructured grids: The 2D magnetotelluric example. Geophysics, 71(6): G291-G299.

Li J, Farquharson C G, Hu X. 2017. 3D vector finite-element electromagnetic forward modeling for large loop sources using a total-field algorithm and unstructured tetrahedral grids. Geophysics, 82(1): E1-E16.

Li Y, Jin J M. 2006. A vector dual-primal finite element tearing and interconnecting method for solving 3-D large-scale electromagnetic problems. IEEE Transactions on Antennas and Propagation, 54(10): 3000-3009.

Li Y, Key K. 2007. 2D marine controlled-source electromagnetic modeling: Part 1 —An adaptive finite-element algorithm. Geophysics, 72(2): WA51-WA62.

Liu Y, Yin C, Qiu C, et al. 2019. 3D inversion of transient EM data with topography using unstructured tetrahedral grids. Geophysical Journal International, 217(1): 301-318.

Mitsuhata Y. 2000. 2-D electromagnetic modeling by finite-element method with a dipole source and topography. Geophysics, 65(2): 465-475.

Mitsuhata Y, Uchida T. 2004. 3D magnetotelluric modeling using the T-Omega finite-element method.

Geophysics, 69(1): 108-119.

Nam M J, Kim H J, Song Y, et al. 2007. 3D magnetotelluric modeling including surface topography. Geophysical Prospecting, 55(2): 277-287.

Newman G A, Alumbaugh D L. 1995. Frequency-domain modelling of airborne electromagnetic responses using staggered finite differences. Geophysical Prospecting, 43(8): 1021-1042.

Nédélec J C. 1980. Mixed finite elements in R3. Numerische Mathematik, 35: 315-341.

Oden J T, Prudhomme S. 2001. Goal-oriented error estimation and adaptivity for the finite element method. Computers & Mathematics with Applications, 41(5-6): 735-756.

Pridmore D F, Hohmann G W, Ward S H, et al. 1981. An investigation of finite-element modeling for electrical and electromagnetic data in three dimensions. Geophysics, 46(7): 1009-1024.

Qi Y, Li X, Yin C, et al. 2019. Weighted goal-oriented adaptive finite-element for 3D transient EM modeling. Journal of Environmental and Engineering Geophysics, 24(2): 249-264.

Ren Z Y, Tan J T. 2010. 3D direct current resistivity modeling with unstructured mesh by adaptive finite-element method. Geophysics, 75(1): H7-H17.

Ren Z Y, Kalscheuer T, Greenhalgh S, et al. 2013. A goal-oriented adaptive finite-element approach for plane wave 3-D electromagnetic modeling. Geophysical Journal International, 194(2): 700-718.

Ren Z, Kalscheuer T, Greenhalgh S, et al. 2014a. A finite-element-based domain decomposition approach for plane wave 3D electromagnetic modeling. Geophysics, 79(6): E255-E268.

Ren Z, Kalscheuer T, Greenhalgh S, et al. 2014b. A hybrid boundary element-finite element approach to modeling plane wave 3D electromagnetic induction responses in the Earth. Journal of Computational Physics, 258: 705-717.

Saad Y. 2003. Iterative methods for sparse linear system(Second edition). Philadelphia: SIAM.

Si H. 2006. TetGen—A Quality Tetrahedral Mesh Generator and Three-Dimensional Delaunay Triangulator. https://wias-berlin.de/software/tetgen/files/tetgen-manual.pdf[2023-4-15].

Sugeng F. 1998. Modelling the 3D TDEM response using the 3D full-domain finite-element method based on the hexahedral edge-element technique. Exploration Geophysics, 29(3-4): 615-619.

Um E S. 2011. Three-dimensional Finite-element Time-domain Modeling of the Marine Controlled-source Electromagnetic Method. Palo Alto: Stanford University.

Unsworth M J, Travis B J, Chave A D. 1993. Electromagnetic induction by a finite electric dipole source over a 2-D Earth. Geophysics, 58(2): 198-214.

Wang F, Ren Z, Zhao L. 2022. A goal-oriented adaptive finite element approach for 3-D marine controlled-source electromagnetic problems with general electrical anisotropy. Geophysical Journal International, 229(1): 439-458.

Wang L, Yin C, Liu Y, et al. 2021. 3D forward modeling for surface-to-borehole TEM using unstructured finite-element method. Applied Geophysics, 18(1): 101-116.

Wang Y, Di Q. 2016. 3-D Controlled Source Electromagnetic Modelling based on Unstructured Mesh Using Finite Element Method. ICEEG Proceedings. Zhengzhou: Atlantis Press.

Wannamaker P E, Stodt J A, Rijo L. 1986. Two-dimensional topographic responses in magnetorellurics modeled using finite elements. Geophysics, 51(11): 2131-2144.

Yao H, Ren Z, Chen H, et al. 2021. Two-dimensional magnetotelluric finite element modeling by a hybrid Helmholtz-curl formulae system. Journal of Computational Physics, 443: 110533.

Yin C. 2000. Geoelectrical inversion for a one-dimensional anisotropic model and inherent non-uniqueness.

Geophysical Journal International, 140(1): 11-23.

Yin C, Qi Y, Liu Y. 2016a. 3D time-domain airborne EM modeling for an arbitrarily anisotropic earth. Journal of Applied Geophysics, 131: 163-178.

Yin C, Qi Y, Liu Y, et al. 2016b. 3D time-domain airborne EM forward modeling with topography. Journal of Applied Geophysics, 134: 11-22.

Yin C, Zhang B, Liu Y, et al. 2016c. 3D CSAMT Modeling with Topography. Vienna: 78th EAGE Conference &. Exhibition.

Zhang B, Yin C, Liu Y, et al. 2018a. 3D forward modeling and response analysis for marine CSEMs towed by two ships. Applied Geophysics, 15(1): 11-25.

Zhang B, Yin C, Ren X, et al. 2018b. Adaptive finite-element for 3D time-domain airborne EM modeling based on hybrid posterior error estimation. Geophysics, 83(2): WB71-WB79.

Zhang B, Engebretsen K W, Fiandaca G, et al. 2021. 3D inversion of time-domain electromagnetic data using finite elements and a triple mesh formulation. Geophysics, 86(3): E257-E267.

Zienkiewicz O C, Taylor R L. 1989. The Finite Element Method. Fourth Edition. New York: McGraw Hill.

Zyserman F I, Santos J E. 2000. Parallel finite element algorithm with domain decomposition for three-dimensional magnetotelluric modeling. Journal of Applied Geophysics, 44(4): 337-351.

第6章 积分方程法正演理论及应用

6.1 引 言

积分方程法是求解三维电磁散射问题的重要方法之一。较之于前几章讨论的有限元、有限差分和有限体积等微分方程法，积分方程法有其自身优势，但也存在局限性。应用微分方程法在求解过程中，通常需要对整个求解空间进行剖分，生成的系数矩阵较大，在计算和存储方面造成不便。相比之下，积分方程法在求解过程中只需对异常体进行剖分，所形成的系数矩阵在规模上比微分方程法小得多，因此极大地降低了计算和存储需求。在针对小型异常体的数值模拟中，其计算速度和精度明显优于微分方程法(肖科，2011)。然而，必须指出，积分方程法建立在格林函数的基础上，目前格林函数的显示表达式仅限于层状介质，这就使得积分方程法的应用限制在层状介质中三维异常体的模拟。同时，由于积分方程离散后得到的矩阵为稠密阵，因此对大规模问题，传统积分方程法的矩阵存储和方程求解受到很大的限制。近年，一系列快速算法的提出在很大程度上解决了这些问题。下文先介绍积分方程法在电磁勘探和计算电磁领域中的研究现状。

6.1.1 积分方程在电磁勘探领域的研究进展

根据Zhdanov(2009)，最早在电磁勘探中引入积分方程法的是苏联科学家Dmitriev(1969)，然而由于相关文献是俄文，未受到西方地球物理学者的广泛关注。三位国际知名学者A. Raiche、G. W. Hohmann和P. Weidelt在积分方程领域的研究被学界认为是地球物理领域中三维电磁模拟的奠基性工作。Raiche(1974)给出了三维异常体所满足的积分方程，利用数值积分给出积分方程的离散形式，并推导了两层大地的格林函数。Hohmann(1975)推导了与Raiche形式一致的方程，但其根据Harrington提出的矩量法给出方程的离散形式，并将研究重点放在离散形式格林函数体积分求解上。Weidelt(1975)在详细推导体积分方程的基础上，给出了任意层状介质中张量格林函数的表达式，并讨论了直接求逆法和迭代法的优缺点。在此基础上，积分方程的应用范围进一步拓展。Ting和Hohmann(1981)利用积分方程法模拟了半空间中三维异常体的大地电磁响应，Newman等(1986)将积分方程法应用到层状介质三维地质体的时域电磁响应模拟中，Xiong等(1986)讨论了两层各向异性介质中存在三维异常体的积分方程法，Avdeev等(1998)将积分方程法应用到频域航空电磁三维正演模拟中，并于2002年又将其应用于电磁感应测井领域，Ueda和Zhdanov(2006)将积分方程法应用于海洋可控源电磁数值模拟中。然而，这些应用均因积分方程法的某些固有缺陷而受到限制。

常规积分方程法是对异常体区域进行剖分，通过求解线性方程组来获得每个剖分单元内部的总场，然后再求解散射场。这个过程所得到的线性方程组系数矩阵是稠密的。对于大规模异常体，存储矩阵需要巨大的内存，求解方程组也非常耗时。另外，系数矩阵的每个元素都是格林函数的体积分，求解烦琐。为了克服这些局限性，学者们提出了各种解决方案。首先，为快速获得格林函数及格林函数体积分，提高系数矩阵元素的计算效率，Wannamaker等(1984)在推导出任意层中格林函数表达式的基础上，利用部分计算的格林函数进行插值，快速求解出所有需要的格林函数值，提高了矩阵元素的计算速度，Zhang等(2006)利用离散复镜像法快速获得了并矢格林函数，并利用稳定双共轭梯度快速傅里叶变换方法加速方程组求解。其次，合理地利用异常体及格林函数的对称性，可加快系数矩阵的生成速度，减少系数矩阵存储需求。Ting和Hohmann(1981)针对具有对称性质的异常体和对称性质的入射场求解问题，提出了优化矩阵生成效率、减少矩阵内存需求的方法，而Xiong和Tripp(1993)利用空间的水平均匀性和格林函数的对称性对矩阵的生成效率进行了改进。Tripp和Hohmann(1984)应用群论对任意入射场下满足一定对称条件的地质体进行分析，将原始的稠密矩阵化简为块对角阵，极大地减少矩阵存储需求，同时也提高了线性方程组的求解效率。Xiong(1992b)提出求解积分方程的块迭代思想，同样可减少计算内存需求、提高计算效率。Hursán和Zhdanov(2002)等引入压缩积分方程思想，利用Krylov子空间迭代算法并结合系数矩阵预处理，将近似方法获得的解作为迭代初值，极大地提升了线性方程组的求解速度。

然而，上述直接解法中方程组求解耗费的计算时间较多。为避免求解大规模的线性方程组，学者们提出了近似解法。玻恩(Born)近似最早被用于求解电磁散射问题。由于将异常体内部的总场直接认为是背景场，其计算速度很快。然而，该方法仅适用于电阻率差异不大、规模不大、频率较低的电磁模拟问题，这显然不符合地球物理中的应用条件。为解决这些问题，Habashy等(1993)提出了一种扩展玻恩近似方法，认为异常体内部总场与背景场之间存在某种对应关系，并利用一组诺依曼级数描述这种关系，由此可避免玻恩近似带来的局限性。在此基础上，Torres-Verdin和Habashy(1994)以及Pankratov等(1995)又对上述算法提出进一步改进。Singer(1995)提出了求解非均匀介质中麦克斯韦方程组的迭代耗散法，Zhdanov和Fang(1996)提出拟线性近似方法，通过引入电反射系数矩阵，避免了直接求解大型矩阵方程。Gao等(2004)以及Ueda和Zhdanov(2006)提出基于多重网格技术的拟线性近似方法，在粗网格下获得电反射系数后，通过插值求得精细网格下的电反射系数，进而求得精细网格内的异常场值。针对航空电磁等多发射源模拟问题，Zhdanov和Tartaras(2002)提出了局部拟线性近似方法，使电反射系数张量的求解与源的位置无关，改进了多源电磁问题积分方程求解的计算效率。除近似方法外，求解矩阵方程时使用迭代算法(通常是Krylov子空间迭代法)并通过快速傅里叶变换(fast fourier transform，FFT)加速矩阵向量乘积，也是常用的提高计算效率方法(Avdeev et al.，2002，Avdeev，2005；Hursán and Zhdanov，2002；Fang et al.，2006)。近年还有学者提出使用高阶基函数提高计算效率的方法(Kruglyakov and Kuvshinov，2018)。

上述这些技术能一定程度地解决积分方程法对内存需求和计算速度的局限性。然而，目前并矢格林函数仅在层状介质中可以方便获得，在处理复杂地质模型时，积分方程法仍存在技术瓶颈。将复杂模型转化为多异常体问题进行求解是一种有效途径。传统的处理方法是将多个异常体包裹在一个大异常体内，但当这些异常体相距很远时，计算规模很大导致求解困难。为此，Zhdanov 等(2006)引入了不均匀背景电导率(inhomogeneous background conductivity，IBC)的概念，即在包含多个异常体的空间中仅将其中一个作为异常部分，其余作为背景进行处理，最后利用耦合迭代方法确定每个异常体内的总场。这种思路应用到大型异常体问题求解中取得了明显的效果(Endo et al.，2008，2009)。此外，Wang 等(2020)使用区域分解，并结合不同区域特点使用三维和二维 FFT，有效地处理了复杂地质体的三维电磁模拟问题。然而，这种方法要求不同地质体的网格划分在水平方向上均匀且尺寸相同，从而限制了其应用范围。为克服这一难题，Chen 等(2021)提出了嵌套积分方程方法，即对大规模异常体使用稀疏网格，但在处理大异常体和小异常体的互耦时，在大异常体中局部使用稠密网格，由此即可在局部范围内使用 FFT，从而有效地规避大异常体使用细网格所造成的计算效率问题。在各向异性方面，由于层状格林函数的计算受限，早期积分方程应用主要集中于异常体各向异性(Fang et al.，2006)和水平层状各向同性介质中各向异性异常体的三维模拟(Xiong et al.，1986；Xiong，1992a，1992b，Xiong and Tripp，1997；Chen et al.，2020)。Hu 等(2018，2019)推导了任意各向异性层状介质中的格林函数，并将积分方程推广应用到任意各向异性层状介质中存在任意各向异性异常体的三维电磁模拟问题中。

上述方法多是基于规则网格，为了更准确地模拟任意形状的异常体，研究者提出了基于四面体网格的数值方法。Nie 等(2010，2013)使用四面体网格模拟了三维随钻电磁感应测井问题。Yang 和 Yilmaz(2013)使用四面体网格对层状介质中存在不规则异常体问题进行了模拟，而 Yang 等(2015，2016)对井中水力压裂缝隙进行了模拟，并对不同缝隙形态及多缝隙组合的电磁响应进行了详细讨论。

除了直接积分方程法，将微分方程和积分方程相结合的混合解法也取得一定进展。Lee 等(1981)、Best 等(1985)、Gupta 等(1987)讨论了积分方程与有限元法相结合求解三维问题的思路，而 Zaslavsky 等(2011)和 Yoon 等(2016)讨论了有限差分和积分方程相结合求解三维正演问题。

国内在积分方程领域积极跟踪国外研究步伐。熊宗厚(1985)探讨了两层各向异性大地中三维异常体的激电与电磁模拟方法，陈久平(1990)利用积分方程法对层状介质三维大地电磁进行正演模拟，殷长春和刘斌(1994a)、殷长春和朴化荣(1994b)分别讨论了利用积分方程法进行频域和时域电磁测深三维数值模拟问题，而鲍光淑等(1999)利用积分方程法讨论了均匀半空间下频域三维电磁散射问题。进入 21 世纪，国内在积分方程方面的研究和应用日渐增多。徐利明和聂在平(2005)讨论了地下目标体的电磁散射快速正演问题，魏宝君和 Liu(2007a，2007b)讨论了层状介质中求解体积分方程的弱化稳定型双共轭梯度快速傅里叶变换(bi-conjugate gradient stabilized fast Fourier transform，BCGS-FFT)算法，并提出了基于对角张量近似(diagonal tensor approximation，DTA)的三维电磁波散射快速模拟算法。陈桂波等(2009)利用积分方程法对各向异性海洋可控源电磁响应进行了三维正演模拟，并给出了基于传输线理论推导的并矢格林函数。潘显军等(2003a)结合拟线性近似和玻恩近似对电磁散射问题进行求解，潘显军等(2003b)结合拟线性近似和玻恩近似进行了电导率散射成像研究。鲁来玉等(2003)利用积分方程法模拟了电阻率随位置线性变化时的三维大地电磁响应，夏训银等(2004)将积分方程法应用于三维激电效应模拟中，王志刚等(2007a，2007b)利用准解析近似对井地电磁数据进行了三维反演研究，并将并行算法技术引入积分方程正演中。王若等(2009)利用压缩积分方程法研究了源与勘探区之间的三维地质体对 CSAMT 观测数据的影响特征，王勇和曹俊兴(2007)利用混合积分方程和有限元法对三维非均匀介质中电磁场进行数值模拟，而付长民等(2012)利用积分方程法研究了电离层影响下不同类型激发源的电磁场特征。王德智(2015)在前人工作的基础上实现了在迭代解法中用快速傅里叶变换加速矩阵向量乘积的积分方程快速算法，并探讨了其在航空电磁中的应用，卢永超(2018)在此基础上进一步探讨了基于近似理论求解积分方程的快速算法。刘永亮(2016)利用积分方程近似理论研究了电磁勘探中复电阻率的正反演问题，吴玉玲(2018)讨论了积分方程法在海洋可控源电磁法正演中的应用，任政勇等(2017)提出采用四面体单元及解析并矢格林函数奇异积分模拟地下复杂异常体的大地电磁响应，而汤井田等(2018)将类似方法应用到复杂地下异常体的可控源电磁法正演中。

总体而言，积分方程法在电磁勘探中已发展相当成熟，目前已建立一套完整的正反演理论体系，并取得了显著的应用效果。与此同时，计算电磁学也对积分方程法有全面而深入的研究。

6.1.2　积分方程在计算电磁学中的研究进展

由于研究目标之间的差异，计算电磁学中积分方程法研究更加复杂多样。除了基于分层介质格林函数建立的积分方程外，计算电磁学中常用的积分方程还包括基于表面等效原理和唯一性原理的面积分方程[surface integral equation，SIE，又称边界积分方程(boundary integral equation，BIE)或边界单元法(boundary element method，BEM)]、基于体等效原理的体积分方程(volume integral equation，VIE)及解决金属介质混合问题的体面结合积分方程(volume-surface integral equation，VSIE)。Yla-Oijala 等(2014)的综述文章对体积分方程和面积分方程的发展历史和基本理论做了全面总结，其中大量篇幅讨论了不同数值方法的准确性、稳定性和计算效率。国内国防科技大学肖科(2011)在其博士论文的绪论部分也对积分方程法在电磁模拟领域中的发展和数值求解做了系统的介绍。在此，仅概略性介绍一些代表性进展，更多的细节读者可以参阅上述文献。

求解积分方程的主流思路都是基于 20 世纪 60 年代提出并经 Harrington(1967)等系统阐述的矩量法。与电磁勘探中遇到的问题一样，矩量法在计算电磁学中也遭遇了求解矩阵方程需要耗费大量时间和内存的技术瓶颈。为解决这些问题，学者们研究了系列算法。针对规则六面体网格，Sarkar(1984)和 Liu 等(2001)将快速傅里叶变换引入共轭梯度(conjugate gradient，CG)迭代算法的矩阵向量乘积中(CG-FFT)，大大节省计算时间和内存需求。Gan 和 Chew(1995)采用双共轭梯度(bi-conjugate gradient，BCG)代替共轭梯度求解线性方程组，发展出 BCG-FFT 技术，并模拟了三维不均匀体的电磁散射问题。Rao 等(1982)提出了一种适用于三角网格的基函数(Rao-Wilton-Glisson，RWG Basis)，用于求解面积分方程问题，Schaubert 等(1984)基于四面体网格将 RWG 基函数推广到三维介电体，形成了一类适合求解体积分方程的新基函数(Schaubert-Wilton-Glisson，SWG Basis)。此后，一系列基于不规则网格的快速算法迅速发展起来，如快速多极子方法(fast multipole method，FMM)、自适应积分法(adaptive integral method，AIM)和预修正快速傅里叶变换法(pre-corrected FFT method，PFFT)(Bleszynski et al.，1996；胡俊，2000；Zhang and Liu，2001；陈忠宽，2009；Nie et al.，2010，2013；肖科，2011)等。

上述这些方法均是针对全空间散射问题。对于层状介质中的电磁散射问题，需要对这些方法进行相应的修正。Cui 和 Chew(1999)使用屋顶基函数和 CG-FFT 技术研发了一种求解三维大尺度地下介电体电磁散射问题的快速算法，Millard 和 Liu(2003)结合弱形式离散，引入稳定性双共轭梯度方法求解线性方程组，并利用 FFT 技术加速矩阵向量乘积，开发出 BCGS-FFT 技术，解决水平层状介质中大型不均匀体的体积分方程模拟问题，Zhang 等(2006)结合离散复镜像法，用改进的弱形式 BCGS-FFT 技术探究了水平层状介质中三维异常体的电磁散射问题。在不规则网格方面，Okhmatovski 等(2009)将 PFFT 技术应用于层状介质中混合势(mixed-potential)的积分方程求解，Yang 和 Yilmaz(2012，2013)利用 AIM 技术解决了层状介质中存在三维异常体的散射问题，而 Liu 等(2020)将该方法应用到层状电路板封装的模拟中。

近年来，区域分解法(domain decomposition method，DDM)和低秩近似法(low-rank approximation method)也在积分方程快速求解中得到广泛应用。区域分解法的主要思路是将形态复杂的散射体拆解成相对简单的独立散射体，然后分别对各独立散射体进行分析，最后利用它们之间的相互耦合把拆分后的散射体联系起来。该方法对形态复杂的异常体有着较好的模拟效果(Li et al.，2008；Lu et al.，2008；Peng et al.，2015；Li et al.，2016；Chen et al.，2017；Wang et al.，2020)。由于系数矩阵的局部可压缩性，低秩近似方法逐渐被用于系数矩阵压缩。这种方法将原来的稠密矩阵用有限个低秩向量表示，如此既可以节省系数矩阵存储需求，又可提高迭代计算中矩阵向量乘积的效率(Zhao et al.，2005；Chai and Jiao，2013；Brick and Yilmaz，2016；Rong et al.，2019；Qian and Yucel，2021)。长期以来，受矩阵方程稠密性的限制，上述这些方法大多基于迭代法(主要是 Krylov 子空间迭代法)求解线性方程组。然而，最近也提出一些使用直接方法求解稠密线性方程组的思路(Adams et al.，2008；Shaeffer，2008；Chai and Jiao，2009，2011；Wei et al.，2012；Brick and Yilmaz，2016；Omar and Jiao，2015；Guo et al.，2017；Rong et al.，2019)。随着深度学习(deep learning)技术的蓬勃发展，也有学者尝试使用深度学习对积分方程进行求解(Guo et al.，2021)，但该领域还处于初步探索阶段。

由以上综述可以看出，随着计算机能力的不断提高及新技术和新方法的不断涌现，无论是在计算电磁学还是电磁勘探领域，积分方程法研究仍有很大的发展空间。

6.2 积分方程建立

6.2.1 基础理论

如图 6.1 所示，假设水平均匀各向同性介质的电导率为 σ_b，各层的磁导率均为真空磁

导率 μ_0。忽略位移电流，时谐因子取 $e^{i\omega t}$。激励场源是时谐电流 $\boldsymbol{J}_i(\boldsymbol{r})$ 和磁流 $\boldsymbol{M}_i(\boldsymbol{r})$。层状介质中埋有电导率为 $\boldsymbol{\sigma}_a$ 的三维异常体。利用积分方程法求解电磁响应。

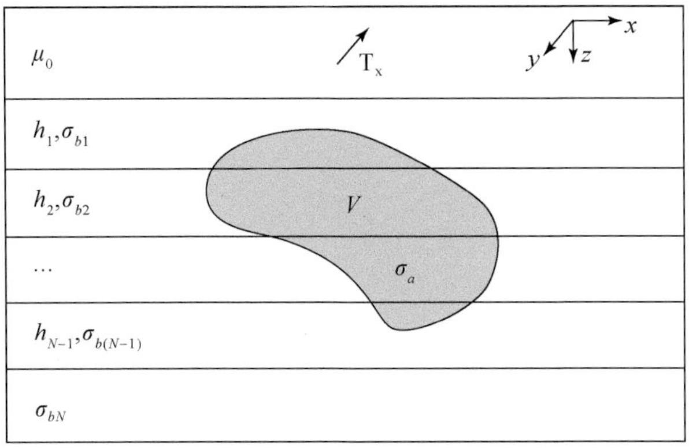

图 6.1　三维模型示意图

在求解之前，需要将电磁场分解为：①没有异常体存在的背景场（或称一次场）$\boldsymbol{E}_b$（或 $\boldsymbol{H}_b$）；②由于异常体存在而产生的异常场（或二次场、散射场）$\boldsymbol{E}_a$（或 $\boldsymbol{H}_a$），即

$$\boldsymbol{E}(\boldsymbol{r}) = \boldsymbol{E}_b(\boldsymbol{r}) + \boldsymbol{E}_a(\boldsymbol{r}) \tag{6.1}$$

$$\boldsymbol{H}(\boldsymbol{r}) = \boldsymbol{H}_b(\boldsymbol{r}) + \boldsymbol{H}_a(\boldsymbol{r}) \tag{6.2}$$

考虑到总场满足如下麦克斯韦方程组：

$$\nabla\times \boldsymbol{E}(\boldsymbol{r}) = -i\omega\mu_0\boldsymbol{H}(\boldsymbol{r}) - \boldsymbol{M}_i(\boldsymbol{r}) \tag{6.3}$$

$$\nabla\times \boldsymbol{H}(\boldsymbol{r}) = \sigma_a\boldsymbol{E}(\boldsymbol{r}) + \boldsymbol{J}_i(\boldsymbol{r}) \tag{6.4}$$

则代入式(6.1)，可将上述方程转化为两部分，其中背景场满足

$$\nabla\times \boldsymbol{E}_b(\boldsymbol{r}) = -i\omega\mu_0\boldsymbol{H}_b(\boldsymbol{r}) - \boldsymbol{M}_i(\boldsymbol{r}) \tag{6.5}$$

$$\nabla\times \boldsymbol{H}_b(\boldsymbol{r}) = \sigma_b\boldsymbol{E}_b(\boldsymbol{r}) + \boldsymbol{J}_i(\boldsymbol{r}) \tag{6.6}$$

而异常场满足

$$\nabla\times \boldsymbol{E}_a(\boldsymbol{r}) = -i\omega\mu_0\boldsymbol{H}_a(\boldsymbol{r}) \tag{6.7}$$

$$\nabla\times \boldsymbol{H}_a(\boldsymbol{r}) = \sigma_b\boldsymbol{E}_a(\boldsymbol{r}) + \boldsymbol{J}_s(\boldsymbol{r}) \tag{6.8}$$

式中，$\boldsymbol{J}_s(\boldsymbol{r})$ 为异常体内产生的散射电流，可写为

$$\boldsymbol{J}_s(\boldsymbol{r}) = \begin{cases} \Delta\sigma_a\boldsymbol{E}(\boldsymbol{r}), & \boldsymbol{r}\in V \\ 0, & \boldsymbol{r}\notin V \end{cases} \tag{6.9}$$

式中，V 为异常体空间；$\Delta\sigma_a=\sigma_a-\sigma_b$ 为异常体与围岩背景电导率的差值。

由式(6.5)和式(6.6)可得背景场满足如下亥姆霍兹方程，即

$$\nabla\times\nabla\times \boldsymbol{E}_b(\boldsymbol{r}) + k^2\boldsymbol{E}_b(\boldsymbol{r}) = -i\omega\mu_0\boldsymbol{J}_i(\boldsymbol{r}) - \nabla\times\boldsymbol{M}_i(\boldsymbol{r}) \tag{6.10}$$

式中，$k^2=i\omega\mu_0\sigma_b$。类似地，异常场满足如下方程：

$$\nabla\times\nabla\times \boldsymbol{E}_a(\boldsymbol{r}) + k_a^2\boldsymbol{E}_a(\boldsymbol{r}) = -i\omega\mu_0\boldsymbol{J}_s(\boldsymbol{r}) \tag{6.11}$$

式中，$k_a^2=i\omega\mu_0\sigma_a$。在某些特殊介质（如层状介质）中，背景场可以通过解析方法求得。然而，对于异常场，则需要通过建立积分方程进行求解。下文推导异常场满足的积分方程。

参考 Tai(1971)，引入满足如下方程的电并矢格林函数$\hat{\boldsymbol{G}}^E(\boldsymbol{r},\ \boldsymbol{r}')$，即

$$\nabla\times\nabla\times\hat{\boldsymbol{G}}^E(\boldsymbol{r},\ \boldsymbol{r}')+k_a^2\hat{\boldsymbol{G}}^E(\boldsymbol{r},\ \boldsymbol{r}')=-i\omega\mu_0\hat{\boldsymbol{I}}\delta(\boldsymbol{r}-\boldsymbol{r}') \tag{6.12}$$

则由矢量格林定理

$$\iiint_V(\boldsymbol{P}\cdot\nabla\times\nabla\times\boldsymbol{Q}-\boldsymbol{Q}\cdot\nabla\times\nabla\times\boldsymbol{P})\mathrm{d}v=\oint_S(\boldsymbol{Q}\times\nabla\times\boldsymbol{P}-\boldsymbol{P}\times\nabla\times\boldsymbol{Q})\cdot\boldsymbol{n}\mathrm{d}s \tag{6.13}$$

并假设

$$\boldsymbol{P}=\boldsymbol{E}_a(\boldsymbol{r}),\qquad \boldsymbol{Q}=\hat{\boldsymbol{G}}^E(\boldsymbol{r},\ \boldsymbol{r}')\cdot\boldsymbol{a} \tag{6.14}$$

式中，$\boldsymbol{a}$ 为任意常矢量，则有

$$\begin{aligned}&\iiint_V\{\boldsymbol{E}_a\cdot\nabla\times\nabla\times\hat{\boldsymbol{G}}^E(\boldsymbol{r},\ \boldsymbol{r}')\cdot\boldsymbol{a}-(\nabla\times\nabla\times\boldsymbol{E}_a)\cdot\hat{\boldsymbol{G}}^E(\boldsymbol{r},\ \boldsymbol{r}')\cdot\boldsymbol{a}\}\mathrm{d}v\\&=-\oint_S\{[\nabla\times\boldsymbol{E}_a(\boldsymbol{r})]\times\hat{\boldsymbol{G}}^E(\boldsymbol{r},\ \boldsymbol{r}')\cdot\boldsymbol{a}+\boldsymbol{E}_a(\boldsymbol{r})\times\nabla\times\hat{\boldsymbol{G}}^E(\boldsymbol{r},\ \boldsymbol{r}')\cdot\boldsymbol{a}\}\cdot\boldsymbol{n}\mathrm{d}s\\&=-\oint_S\{[\boldsymbol{n}\times\nabla\times\boldsymbol{E}_a(\boldsymbol{r})]\cdot\hat{\boldsymbol{G}}^E(\boldsymbol{r},\ \boldsymbol{r}')\cdot\boldsymbol{a}+[\boldsymbol{n}\times\boldsymbol{E}_a(\boldsymbol{r})]\cdot\nabla\times\hat{\boldsymbol{G}}^E(\boldsymbol{r},\ \boldsymbol{r}')\cdot\boldsymbol{a}\}\mathrm{d}s\end{aligned} \tag{6.15}$$

式中，$\boldsymbol{n}$ 为 S 的外法向向量。将式(6.11)右点乘 $\boldsymbol{Q}$，同时将式(6.12)左点乘 $\boldsymbol{E}_a$之后再右点乘常矢量 $\boldsymbol{a}$，并将两式相减后对体积 V 进行积分，则代入式(6.15)并考虑 δ 函数的性质，可得

$$\begin{aligned}i\omega\mu_0\boldsymbol{E}_a(\boldsymbol{r}')\cdot\boldsymbol{a}&=i\omega\mu_0\iiint_V\boldsymbol{J}_s(\boldsymbol{r})\cdot\hat{\boldsymbol{G}}^E(\boldsymbol{r},\ \boldsymbol{r}')\cdot\boldsymbol{a}\mathrm{d}v\\&+\oint_S\{[\boldsymbol{n}\times\nabla\times\boldsymbol{E}_a(r)]\cdot\hat{\boldsymbol{G}}^E(\boldsymbol{r},\ \boldsymbol{r}')\cdot\boldsymbol{a}+[\boldsymbol{n}\times\boldsymbol{E}_a(\boldsymbol{r})]\cdot\nabla\times\hat{\boldsymbol{G}}^E(\boldsymbol{r},\ \boldsymbol{r}')\cdot\boldsymbol{a}\}\mathrm{d}s\end{aligned} \tag{6.16}$$

考虑 $\boldsymbol{a}$ 为任意常矢量，则可消除式中的($\cdot\boldsymbol{a}$)项。将式(6.16)中的带撇号和不带撇号的变量进行互换，可得

$$\begin{aligned}i\omega\mu_0\boldsymbol{E}_a(\boldsymbol{r})&=i\omega\mu_0\iiint_V\boldsymbol{J}_S(\boldsymbol{r}')\cdot\hat{\boldsymbol{G}}^E(\boldsymbol{r}',\ \boldsymbol{r})\mathrm{d}v'\\&+\oint_S\{\boldsymbol{n}\times\nabla\times\boldsymbol{E}_a(\boldsymbol{r}')\cdot\hat{\boldsymbol{G}}^E(\boldsymbol{r}',\ \boldsymbol{r})+[\boldsymbol{n}\times\boldsymbol{E}_a(\boldsymbol{r}')]\cdot\nabla'\times\hat{\boldsymbol{G}}^E(\boldsymbol{r}',\ \boldsymbol{r})\}\mathrm{d}s'\end{aligned} \tag{6.17}$$

式中，$\nabla'\times$为对带撇号变量计算旋度。考虑积分体积趋于无穷大时，外表面也趋于无穷大，则利用电场及格林函数的辐射条件(Tai，1971)：

$$\lim_{r\to\infty}r[\nabla\times\boldsymbol{E}_a(\boldsymbol{r})-ik\boldsymbol{n}\times\boldsymbol{E}_a(\boldsymbol{r})]=\boldsymbol{0} \tag{6.18}$$

$$\lim_{r\to\infty}r[\nabla\times\hat{\boldsymbol{G}}^E(\boldsymbol{r},\ \boldsymbol{r}')-ik\boldsymbol{n}\times\hat{\boldsymbol{G}}^E(\boldsymbol{r},\ \boldsymbol{r}')]=\boldsymbol{0} \tag{6.19}$$

可知式(6.17)中的面积分可以消去，则有

$$\boldsymbol{E}_a(\boldsymbol{r})=\iiint_V\boldsymbol{J}_S(\boldsymbol{r}')\cdot\hat{\boldsymbol{G}}^E(\boldsymbol{r}',\ \boldsymbol{r})\mathrm{d}v' \tag{6.20}$$

利用互易定理，上式可进一步写成

$$\boldsymbol{E}_a(\boldsymbol{r}) = \iiint_V \hat{\boldsymbol{G}}^E(\boldsymbol{r}, \boldsymbol{r}') \cdot \boldsymbol{J}_S(\boldsymbol{r}')\mathrm{d}v' = \boldsymbol{G}^E(\Delta\sigma_a \boldsymbol{E}) \tag{6.21}$$

类似地，如果引入磁并矢格林函数，则磁异常场满足

$$\boldsymbol{H}_a(\boldsymbol{r}) = \iiint_V \hat{\boldsymbol{G}}^H(\boldsymbol{r}, \boldsymbol{r}') \cdot \boldsymbol{J}_S(\boldsymbol{r}')\mathrm{d}v' = \boldsymbol{G}^H(\Delta\sigma_a \boldsymbol{E}) \tag{6.22}$$

式中，$\boldsymbol{G}^E$和$\boldsymbol{G}^H$分别表示电和磁格林函数算子。将式(6.21)代入式(6.1)，可得总电场为

$$\boldsymbol{E}(\boldsymbol{r}) = \boldsymbol{E}_b(\boldsymbol{r}) + \iiint_V \hat{\boldsymbol{G}}^E(\boldsymbol{r}, \boldsymbol{r}') \cdot \boldsymbol{J}_S(\boldsymbol{r}')\mathrm{d}v' \tag{6.23}$$

取

$$\boldsymbol{E}(\boldsymbol{r}) = \theta \boldsymbol{J}_S(\boldsymbol{r}) \tag{6.24}$$

其中，

$$\theta = \frac{1}{\sigma_a - \sigma_b} \tag{6.25}$$

则代入式(6.23)，有

$$\theta \boldsymbol{J}_S(\boldsymbol{r}) - \iiint_V \hat{\boldsymbol{G}}^E(\boldsymbol{r}, \boldsymbol{r}') \cdot \boldsymbol{J}_S(\boldsymbol{r}')\mathrm{d}v' = \boldsymbol{E}_b(\boldsymbol{r}) \tag{6.26}$$

实际计算时，先通过求解上述积分方程获得异常体内的散射电流，进而利用式(6.21)和式(6.22)计算由异常体产生的散射电场和磁场，再由式(6.23)得到总电磁场。

6.2.2　多异常体模型的积分方程理论

由以上推导可知，利用积分方程法求解三维问题时，并矢格林函数是关键因素。截至目前，并矢格林函数仅能在层状介质中比较方便地获得，而对于其他复杂模型，目前还没有可直接用于积分方程法的并矢格林函数。这就意味着积分方程技术在实际应用中仅局限于一些简单模型。然而，实际地质结构非常复杂。对于这些复杂问题，如多异常体、不规则异常体和地形起伏等情况，可以通过多异常体模型进行模拟。本节对多异常体情况下的积分方程理论进行讨论。目前处理多异常体的方法主要有两种。①将多个异常体包含在一个大的异常区域内，再利用适用于单个异常体的常规积分方程法求解，称为集成法；②依次对每个异常体应用常规积分方程法，然后通过考虑异常体之间的耦合效应进行迭代求解，典型的算法有 Zhdanov 等(2006)提出的不均匀背景电导率算法。

1. 集成法

如图6.2所示，在均匀背景中存在 N 个异常体 V_1、V_2、…、V_N。背景电导率为 σ_b，异常体的电导率分别为 σ_1、σ_2、…、σ_N。为方便处理，将所有异常体包含在一个大区域内(图中黑色虚线框)，并将其当作单个异常体，再用单个异常体的积分方程方法进行求解。为此，将式(6.23)写成

$$\boldsymbol{E}(\boldsymbol{r}) = \boldsymbol{E}_b(\boldsymbol{r}) + \iiint_V \hat{\boldsymbol{G}}^E(\boldsymbol{r}, \boldsymbol{r}') \cdot \boldsymbol{J}_S(\boldsymbol{r}')\mathrm{d}v'$$

由于背景部分的散射电流为0，上式可改写成

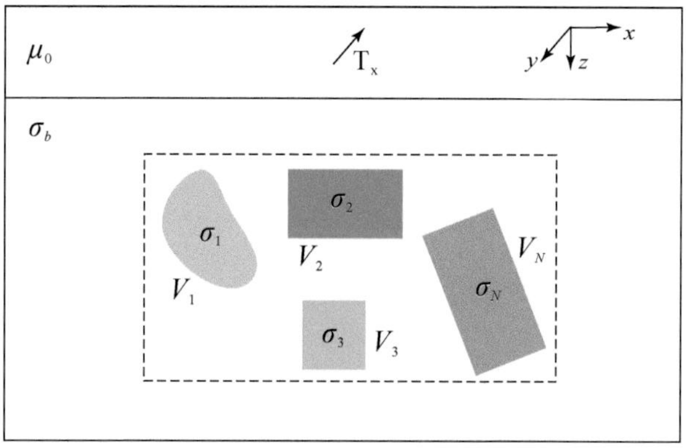

图 6.2　集成法模型示意图

$$\boldsymbol{E}(\boldsymbol{r})=\boldsymbol{E}_b(\boldsymbol{r})+\iiint_{V_1}\hat{\boldsymbol{G}}^E(\boldsymbol{r},\boldsymbol{r}')\cdot\boldsymbol{J}_{S_1}(\boldsymbol{r}')\mathrm{d}v_1'+\iiint_{V_2}\hat{\boldsymbol{G}}^E(\boldsymbol{r},\boldsymbol{r}')\cdot\boldsymbol{J}_{S_2}(\boldsymbol{r}')\mathrm{d}v_2'$$
$$+\cdots+\iiint_{V_N}\hat{\boldsymbol{G}}^E(\boldsymbol{r},\boldsymbol{r}')\cdot\boldsymbol{J}_{S_N}(\boldsymbol{r}')\mathrm{d}v_N'=\boldsymbol{E}_b(\boldsymbol{r})+\sum_{\ell=1}^{N}\iiint_{V_\ell}\hat{\boldsymbol{G}}^E(\boldsymbol{r},\boldsymbol{r}')\cdot\boldsymbol{J}_{S_\ell}(\boldsymbol{r}')\mathrm{d}v_\ell' \tag{6.27}$$

其中，

$$\boldsymbol{J}_{S_\ell}(\boldsymbol{r})=\begin{cases}\Delta\sigma_\ell\boldsymbol{E}(\boldsymbol{r}), & \boldsymbol{r}\in V_\ell\\ 0, & \boldsymbol{r}\notin V_\ell\end{cases},\quad \ell=1,2,\cdots,N \tag{6.28}$$

式中，$\Delta\sigma_\ell=\sigma_\ell-\sigma_b$ 为各异常体与背景电导率之差。

2. 不均匀背景电导率法

以两个异常体的模型来说明不均匀背景电导率法的基本思想。如图 6.3 所示，在电导率为 σ_b 的均匀介质中包含电导率为 σ_1 和 σ_2 的两个异常体 V_1 和 V_2，$\Delta\sigma_1$ 和 $\Delta\sigma_2$ 分别为异常体 V_1 和 V_2 与背景电导率之差。将模型划分为背景部分和异常部分，其中背景部分由层状介质和异常体 V_1 组成，异常部分仅包含异常体 V_2。不均匀背景电导率方法的基本思路为：①不考虑异常部分，用常规积分方程法求解异常体 V_1 内的总电场，然后计算异常体 V_1 在 V_2 中产生的耦合电场 $\boldsymbol{E}_{a1}$，与原始背景场 $\boldsymbol{E}_b$ 共同构成 V_2 内的背景场；②同时考虑背景部分和异常部分，并认为空间中只存在异常体 V_2，则可以继续使用常规积分方程法求解出异常体 V_2 内部的总场，继而计算异常体 V_2 在 V_1 中产生的耦合电场 $\boldsymbol{E}_{a2}$；③重新回到第①步，这时异常体 V_1 内的背景场为原始内部总场与耦合场 $\boldsymbol{E}_{a2}$ 之和，当耦合场与异常体内部总场的比值足够小时，则认为耦合结束，否则继续上述迭代过程；④根据耦合结束时异常体内部总场 $\boldsymbol{E}_1$ 和 $\boldsymbol{E}_2$，利用式(6.27)求解接收机处的电磁场。

总场 $\boldsymbol{E}$(或 $\boldsymbol{H}$)可分解为：①外部源在不含任何异常体时产生的原始背景场 $\boldsymbol{E}_b$(或 $\boldsymbol{H}_b$)；②异常体 V_1 产生的散射场 $\boldsymbol{E}_{a1}$；③异常体 V_2 产生的散射场 $\boldsymbol{E}_{a2}$，即

$$\boldsymbol{E}=\boldsymbol{E}_b+\boldsymbol{E}_{a1}+\boldsymbol{E}_{a2}=\boldsymbol{E}_n+\boldsymbol{E}_{a2} \tag{6.29}$$
$$\boldsymbol{H}=\boldsymbol{H}_b+\boldsymbol{H}_{a1}+\boldsymbol{H}_{a2}=\boldsymbol{H}_n+\boldsymbol{H}_{a2} \tag{6.30}$$

式中，$\boldsymbol{E}_n$（或 $\boldsymbol{H}_n$）为背景部分（原始介质和异常体 V_1）所产生的背景场。

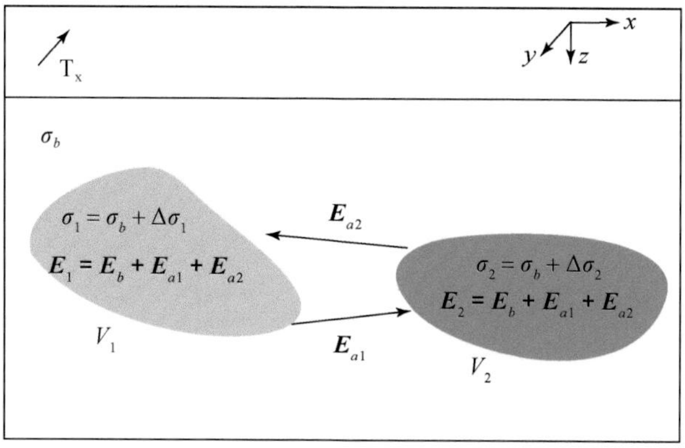

图 6.3　不均匀背景电导率法（IBC）示意图

假设空间中只存在电性源 $\boldsymbol{J}_i$，则总场满足如下麦克斯韦方程：

$$\nabla\times\boldsymbol{E}=-i\omega\mu_0\boldsymbol{H} \tag{6.31}$$

$$\nabla\times\boldsymbol{H}=\sigma_b\boldsymbol{E}+\boldsymbol{J}=\sigma_b\boldsymbol{E}+\boldsymbol{J}_i+\boldsymbol{J}_{S_1}+\boldsymbol{J}_{S_2} \tag{6.32}$$

式中，$\boldsymbol{J}_i$ 为外部电流源；$\boldsymbol{J}_{S_\ell}(\boldsymbol{r})=\begin{cases}\Delta\sigma_\ell\boldsymbol{E}(\boldsymbol{r}),\boldsymbol{r}\in V_\ell\\0,\quad\quad\boldsymbol{r}\notin V_\ell\end{cases}(\ell=1,2)$，为 V_ℓ 中的散射电流。各分解场也满足如下麦克斯韦方程组：

$$\nabla\times\boldsymbol{E}_b=-i\omega\mu_0\boldsymbol{H}_b \tag{6.33}$$

$$\nabla\times\boldsymbol{H}_b=\sigma_b\boldsymbol{E}_b+\boldsymbol{J}_i \tag{6.34}$$

$$\nabla\times\boldsymbol{E}_{a1}=-i\omega\mu_0\boldsymbol{H}_{a1} \tag{6.35}$$

$$\nabla\times\boldsymbol{H}_{a1}=\sigma_b\boldsymbol{E}_{a1}+\boldsymbol{J}_{S_1} \tag{6.36}$$

$$\nabla\times\boldsymbol{E}_{a2}=-i\omega\mu_0\boldsymbol{H}_{a2} \tag{6.37}$$

$$\nabla\times\boldsymbol{H}_{a2}=\sigma_b\boldsymbol{E}_{a2}+\boldsymbol{J}_{S_2} \tag{6.38}$$

利用与6.2.1节中类似的推导，可以得到 $\boldsymbol{E}_{a1}(\boldsymbol{H}_{a1})$ 和 $\boldsymbol{E}_{a2}(\boldsymbol{H}_{a2})$ 的积分方程表达式为

$$\boldsymbol{E}_{a1}(\boldsymbol{r})=\iiint_{V_1}\hat{\boldsymbol{G}}^E(\boldsymbol{r},\boldsymbol{r}')\cdot\boldsymbol{J}_{S_1}(\boldsymbol{r}')\mathrm{d}v'=\boldsymbol{G}^E(\Delta\sigma_1\boldsymbol{E}) \tag{6.39}$$

$$\boldsymbol{H}_{a1}(\boldsymbol{r})=\iiint_{V_1}\hat{\boldsymbol{G}}^H(\boldsymbol{r},\boldsymbol{r}')\cdot\boldsymbol{J}_{S_1}(\boldsymbol{r}')\mathrm{d}v'=\boldsymbol{G}^H(\Delta\sigma_1\boldsymbol{E}) \tag{6.40}$$

$$\boldsymbol{E}_{a2}(\boldsymbol{r})=\iiint_{V_2}\hat{\boldsymbol{G}}^E(\boldsymbol{r},\boldsymbol{r}')\cdot\boldsymbol{J}_{S_2}(\boldsymbol{r}')\mathrm{d}v'=\boldsymbol{G}^E(\Delta\sigma_2\boldsymbol{E}) \tag{6.41}$$

$$\boldsymbol{H}_{a2}(\boldsymbol{r})=\iiint_{V_2}\hat{\boldsymbol{G}}^H(\boldsymbol{r},\boldsymbol{r}')\cdot\boldsymbol{J}_{S_2}(\boldsymbol{r}')\mathrm{d}v'=\boldsymbol{G}^H(\Delta\sigma_2\boldsymbol{E}) \tag{6.42}$$

根据前述思路，首先忽略异常体 V_2 的影响，利用常规积分方程法求出背景部分中异常体 V_1 产生的散射场，将其记为 $\boldsymbol{E}_{a1(1)}(\boldsymbol{r})$ 和 $\boldsymbol{H}_{a1(1)}(\boldsymbol{r})$，则有

$$\boldsymbol{E}_{a1(1)}(\boldsymbol{r})=\boldsymbol{G}^E[\Delta\sigma_1(\boldsymbol{E}_{b1(1)}+\boldsymbol{E}_{a1(1)})],\quad \boldsymbol{H}_{a1}(\boldsymbol{r})=\boldsymbol{G}^H[\Delta\sigma_1(\boldsymbol{E}_{b1(1)}+\boldsymbol{E}_{a1(1)})]$$

式中，$\boldsymbol{E}_{b1(1)}$为 V_1 处的背景场，由于忽略了 V_2 的影响，因此 $\boldsymbol{E}_{b1(1)}=\boldsymbol{E}_b$。

进而，将其与原始背景场之和作为异常体 V_2 处的背景场，记作 $\boldsymbol{E}_{b2(1)}(\boldsymbol{r})$ 和 $\boldsymbol{H}_{b2(1)}(\boldsymbol{r})$，即

$$\boldsymbol{E}_{b2(1)}(\boldsymbol{r})=\boldsymbol{E}_b(\boldsymbol{r})+\boldsymbol{E}_{a1(1)}(\boldsymbol{r})=\boldsymbol{E}_b(\boldsymbol{r})+\boldsymbol{G}^E[\Delta\sigma_1(\boldsymbol{E}_b+\boldsymbol{E}_{a1(1)})] \tag{6.43}$$

$$\boldsymbol{H}_{b2(1)}(\boldsymbol{r})=\boldsymbol{H}_b(\boldsymbol{r})+\boldsymbol{H}_{a1(1)}(\boldsymbol{r})=\boldsymbol{H}_b(\boldsymbol{r})+\boldsymbol{G}^H[\Delta\sigma_1(\boldsymbol{E}_b+\boldsymbol{E}_{a1(1)})] \tag{6.44}$$

下文以 $\boldsymbol{E}_{b2(1)}(\boldsymbol{r})$和 $\boldsymbol{H}_{b2(1)}(\boldsymbol{r})$作为背景场来求解异常体 V_2 所产生的散射场，即

$$\boldsymbol{E}_{a2(1)}(\boldsymbol{r})=\boldsymbol{G}^E[\Delta\sigma_2(\boldsymbol{E}_{b2(1)}+\boldsymbol{E}_{a2(1)})] \tag{6.45}$$

$$\boldsymbol{H}_{a2(1)}(\boldsymbol{r})=\boldsymbol{G}^H[\Delta\sigma_2(\boldsymbol{E}_{b2(1)}+\boldsymbol{E}_{a2(1)})] \tag{6.46}$$

将式(6.45)和式(6.46)求得的散射场以耦合的方式加入 V_1 处的原始背景场中，可以获得 V_1 处考虑 V_2 影响的新背景场，记作 $\boldsymbol{E}_{b1(2)}(\boldsymbol{r})$和 $\boldsymbol{H}_{b1(2)}(\boldsymbol{r})$，则有

$$\boldsymbol{E}_{b1(2)}(\boldsymbol{r})=\boldsymbol{E}_b(\boldsymbol{r})+\boldsymbol{G}^E[\Delta\sigma_2(\boldsymbol{E}_{b2(1)}+\boldsymbol{E}_{a2(1)})] \tag{6.47}$$

$$\boldsymbol{H}_{b1(2)}(\boldsymbol{r})=\boldsymbol{H}_b(\boldsymbol{r})+\boldsymbol{G}^H[\Delta\sigma_2(\boldsymbol{E}_{b2(1)}+\boldsymbol{E}_{a2(1)})] \tag{6.48}$$

第二次迭代计算异常体 V_1 处的异常场，即

$$\boldsymbol{E}_{a1(2)}(\boldsymbol{r})=\boldsymbol{G}^E[\Delta\sigma_1(\boldsymbol{E}_{b1(2)}+\boldsymbol{E}_{a1(2)})] \tag{6.49}$$

$$\boldsymbol{H}_{a1(2)}(\boldsymbol{r})=\boldsymbol{G}^H[\Delta\sigma_1(\boldsymbol{E}_{b1(2)}+\boldsymbol{E}_{a1(2)})] \tag{6.50}$$

则第二次迭代计算异常体 V_2 处的背景场，可得

$$\boldsymbol{E}_{b2(2)}(\boldsymbol{r})=\boldsymbol{E}_b(\boldsymbol{r})+\boldsymbol{G}^E[\Delta\sigma_1(\boldsymbol{E}_{b1(2)}+\boldsymbol{E}_{a1(2)})] \tag{6.51}$$

$$\boldsymbol{H}_{b2(2)}(\boldsymbol{r})=\boldsymbol{H}_b(\boldsymbol{r})+\boldsymbol{G}^H[\Delta\sigma_1(\boldsymbol{E}_{b1(2)}+\boldsymbol{E}_{a1(2)})] \tag{6.52}$$

而第二次迭代计算异常体 V_2 处的异常场为

$$\boldsymbol{E}_{a2(2)}(\boldsymbol{r})=\boldsymbol{G}^E[\Delta\sigma_2(\boldsymbol{E}_{b2(2)}+\boldsymbol{E}_{a2(2)})] \tag{6.53}$$

$$\boldsymbol{H}_{a2(2)}(\boldsymbol{r})=\boldsymbol{G}^H[\Delta\sigma_2(\boldsymbol{E}_{b2(2)}+\boldsymbol{E}_{a2(2)})] \tag{6.54}$$

如果取

$$\|\boldsymbol{E}_{a1(2)}(\boldsymbol{r})-\boldsymbol{E}_{a1(1)}(\boldsymbol{r})\|_{L_2}/\|\boldsymbol{E}_{a1(2)}(\boldsymbol{r})\|_{L_2}=\varepsilon_a^1 \tag{6.55}$$

$$\|\boldsymbol{E}_{a2(2)}(\boldsymbol{r})-\boldsymbol{E}_{a2(1)}(\boldsymbol{r})\|_{L_2}/\|\boldsymbol{E}_{a2(2)}(\boldsymbol{r})\|_{L_2}=\varepsilon_a^2 \tag{6.56}$$

则当 ε_a^1 和 ε_a^2 均小于某一阈值时，可认为 $\boldsymbol{E}_{a1}(\boldsymbol{r})$及 $\boldsymbol{E}_{a2}(\boldsymbol{r})$即为求解的异常场值，此时可以利用式(6.29)和式(6.30)计算出总场；否则，如果不符合条件，则回到式(6.47)继续进行下一次迭代，直到场值满足上述终止条件为止。

6.3　层状介质中的并矢格林函数

并矢格林函数在积分方程法中起着十分重要的作用。Tai(1971)系统阐述了电磁理论中并矢格林函数的性质，并推导出典型模型的并矢格林函数。在电磁法勘探方面，Raiche(1974)在其讨论积分方程的论文中推导了两层介质的格林函数，Weidelt(1975)也推导了相关表达式。Wannamaker 等(1984)用谢昆诺夫势系统地推导了层状介质中电偶极子的张量格林函数。在各向异性方面，Loseth 和 Ursin(2007)基于传播矩阵思想推导了相关表达式。陈桂波(2009)用传输线理论推导了水平层状各向异性介质中频域并矢格林函数的解析表达式和空间域并矢格林函数的索菲积分表达式。刘云鹤(2011)推导了全空间层状各向异

性介质中格林函数表达式。

为使下文讨论具有普适性，本章参考 Xiong(1989)推导层状各向异性介质中并矢格林函数，将其简化为各向同性的情况。假设层状介质的电导率为 σ，定义磁矢量势

$$\boldsymbol{H}=\nabla\times\boldsymbol{A} \tag{6.57}$$

则电场可表示为

$$\boldsymbol{E}=-i\omega\mu_0\boldsymbol{A}-\nabla\varphi \tag{6.58}$$

式中，φ 为标量势，满足如下洛伦兹条件：

$$\nabla\cdot\boldsymbol{A}+\sigma\varphi=0 \tag{6.59}$$

6.3.1　全空间中电偶极子电磁场

根据 Xiong(1989)可知，对于各向同性介质，沿 x 方向电偶极子产生的矢量势为

$$A_x^x=\frac{I_x}{4\pi}\int_0^\infty\frac{\lambda}{u}\mathrm{e}^{-u|z-z'|}J_0(\lambda\rho)\mathrm{d}\lambda \tag{6.60}$$

而沿 z 方向的电偶极子产生的矢量势为

$$A_z^z=\frac{I_z}{4\pi}\int_0^\infty\frac{\lambda}{u}\mathrm{e}^{-u|z-z'|}J_0(\lambda\rho)\mathrm{d}\lambda \tag{6.61}$$

式中，A 的上标为源的布设方向，下标为场分量；I_x 和 I_z 分别为沿 x 和 z 方向的电偶极矩；$u=\sqrt{\lambda^2+k^2}$，$k^2=i\omega\mu_0\sigma$；$\rho=\sqrt{(x-x')^2+(y-y')^2}$，其中$(x',\ y',\ z')$为偶极中心位置，而$(x,\ y,\ z)$为测点位置。式(6.60)和式(6.61)可转化为如下解析形式，即

$$A_x^x=\frac{I_x\mathrm{e}^{-kr}}{4\pi r} \tag{6.62}$$

$$A_z^z=\frac{I_z\mathrm{e}^{-kr}}{4\pi r} \tag{6.63}$$

式中，$r=\sqrt{\rho^2+(z-z')^2}$。将矢量势代入式(6.57)和式(6.58)中，即可得到全空间水平和垂直电偶极子的电磁场。

6.3.2　层状介质中电偶极子的电磁场

图6.4给出层状介质模型中各层的电导率、层厚及层界面位置。假设各层的磁导率均为真空磁导率 μ_0，电偶极子源位于 $\ell=0$ 区域。下文分别考虑水平和垂直电偶极子两种情况。本节公式推倒主要参考 Xiong(1989)，相关变量和函数的详细含义请参考该文章。

1. 水平电偶极子

以 x 方向的单位水平电偶极子为例，其矢量势各分量可表示为

$$A_{x\ell}^{x\pm}=\frac{1}{4\pi}\int_0^\infty F_\ell^\pm(\lambda,\ z)J_0(\lambda\rho)\mathrm{d}\lambda \tag{6.64}$$

$$A_{z\ell}^{x\pm}=\frac{1}{4\pi}\frac{\partial}{\partial x}\int_0^\infty G_\ell^\pm(\lambda,\ z)J_0(\lambda\rho)\mathrm{d}\lambda \tag{6.65}$$

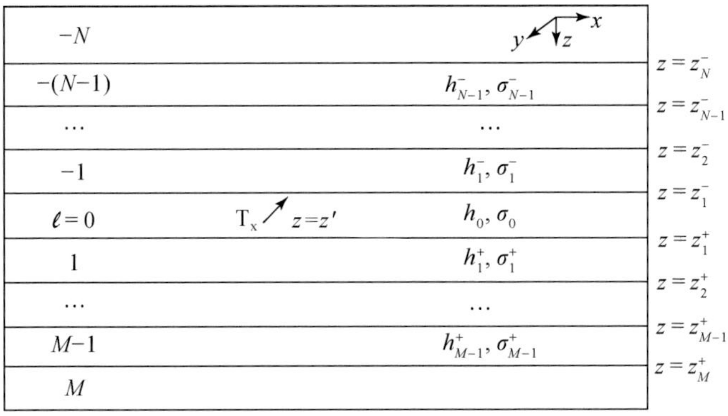

图 6.4　层状介质模型

其中，

$$F_\ell^\pm(\lambda,\ z) = a_\ell^\pm \mathrm{e}^{u_\ell^\pm z} + b_\ell^\pm \mathrm{e}^{-u_\ell^\pm z} \tag{6.66}$$

$$G_\ell^\pm(\lambda,\ z) = c_\ell^\pm \mathrm{e}^{u_\ell^\pm z} + d_\ell^\pm \mathrm{e}^{-u_\ell^\pm z} - \frac{u_\ell^\pm}{\lambda^2} a_\ell^\pm \mathrm{e}^{u_\ell^\pm z} + \frac{u_\ell^\pm}{\lambda^2} b_\ell^\pm \mathrm{e}^{-u_\ell^\pm z} \tag{6.67}$$

$$u_\ell^\pm = \sqrt{\lambda^2 + k_\ell^{\pm 2}} \tag{6.68}$$

$$k_\ell^{\pm 2} = i\omega\mu_0\sigma_\ell^\pm \tag{6.69}$$

式中，$\ell=0$，1，2，…，M 及$\ell=-1$，-2，…，$-N$ 分别对应源下方($z>z'$)和源上方($z<z'$)的情况。在最顶层和最底层，由于不存在反射波，因此，a_M^+、、b_N^-、c_M^+ 和 d_N^- 均为 0。

发射源所在的电性层($\ell=0$)中存在一次场。对于同一层来说，+和−所对应的系数应该是一致的。因此，由式(6.66)和式(6.67)有

$$F_0^\pm(\lambda,\ z) = \frac{\lambda}{u_0}\mathrm{e}^{-u_0|z-z'|} + a_0 \mathrm{e}^{u_0 z} + b_0 \mathrm{e}^{-u_0 z} \tag{6.70}$$

$$G_0^\pm(\lambda,\ z) = c_0 \mathrm{e}^{u_0 z} + d_0 \mathrm{e}^{-u_0 z} - \frac{u_0}{\lambda^2} a_0 \mathrm{e}^{u_0 z} + \frac{u_0}{\lambda^2} b_0 \mathrm{e}^{-u_0 z} \tag{6.71}$$

对比式(6.66)和式(6.70)及式(6.67)和式(6.71)，可得

$$a_0^+ = a_0 \tag{6.72}$$

$$b_0^+ = b_0 + \frac{\lambda}{u_0}\mathrm{e}^{u_0 z'} \tag{6.73}$$

$$a_0^- = a_0 + \frac{\lambda}{u_0}\mathrm{e}^{-u_0 z'} \tag{6.74}$$

$$b_0^- = b_0 \tag{6.75}$$

$$c_0^+ = c_0 \tag{6.76}$$

$$d_0^+ = d_0 - \frac{1}{\lambda}\mathrm{e}^{u_0 z'} \tag{6.77}$$

$$c_0^- = c_0 + \frac{1}{\lambda}\mathrm{e}^{-u_0 z'} \tag{6.78}$$

$$d_0^- = d_0 \tag{6.79}$$

如果定义 $Z_\ell^\pm = -F_\ell^\pm/(\partial F_\ell^\pm/\partial z)$，则由边界条件可以得到 $Z_\ell^\pm$ 满足如下递推关系：

$$Z_\ell^\pm = v_\ell^\pm \frac{Z_{\ell+1}^\pm \pm v_\ell^\pm \tanh u_\ell^\pm h_\ell^\pm}{v_\ell^\pm \pm Z_{\ell+1}^\pm \tanh u_\ell^\pm h_\ell^\pm} \tag{6.80}$$

其中，

$$v_\ell^\pm = 1/u_\ell^\pm \tag{6.81}$$

$$Z_{M(N)}^\pm = \pm v_{M(N)}^\pm \tag{6.82}$$

由递推关系和式(6.72)～式(6.75)可得

$$a_0 = \frac{\lambda}{u_0} \frac{e^{u_0(z'-2z_1^+)} + R^- e^{-u_0(z'+2h_0)}}{R^+ - R^- e^{-2u_0h_0}} \tag{6.83}$$

$$b_0 = \frac{\lambda}{u_0} R^- \frac{e^{u_0(z'-2h_0)} + R^+ e^{-u_0(z'-2z_1^-)}}{R^+ - R^- e^{-2u_0h_0}} \tag{6.84}$$

其中，

$$R^\pm = \frac{Z_1^\pm + v_0}{Z_1^\pm - v_0} \tag{6.85}$$

进一步，利用边界条件可得任意层的振幅系数，即

$$a_\ell^\pm = a_0^\pm \prod_{j=1}^{\ell} \frac{Z_j^\pm - v_j^\pm}{Z_j^\pm - v_{j-1}^\pm} \exp\left[\sum_{m=1}^{\ell}(u_{m-1}^\pm - u_m^\pm) z_m^\pm\right] \tag{6.86}$$

$$b_\ell^\pm = b_0^\pm \prod_{j=1}^{\ell} \frac{Z_j^\pm - v_j^\pm}{Z_j^\pm - v_{j-1}^\pm} \exp\left[\sum_{m=1}^{\ell}(u_m^\pm - u_{m-1}^\pm) z_m^\pm\right] \tag{6.87}$$

根据类似的推导，可以得到

$$c_0 = \frac{1}{\lambda} \frac{X^- e^{-u_0(z'+2h_0)} - e^{u_0(z'-2z_1^+)}}{X^+ - X^- e^{-2u_0h_0}} \tag{6.88}$$

$$d_0 = \frac{X^-}{\lambda} \frac{X^+ e^{-u_0(z'-2z_1^-)} - e^{u_0(z'-2h_0)}}{X^+ - X^- e^{-2u_0h_0}} \tag{6.89}$$

$$X^\pm = \frac{Y_1^\pm + \gamma_0}{Y_1^\pm - \gamma_0} \tag{6.90}$$

$$Y_\ell^\pm = \gamma_\ell^\pm \frac{Y_{\ell+1}^\pm \pm \gamma_\ell^\pm \tanh u_\ell^\pm h_\ell^\pm}{\gamma_\ell^\pm \pm Y_{\ell+1}^\pm \tanh u_\ell^\pm h_\ell^\pm} \tag{6.91}$$

$$Y_{M(N)}^\pm = \pm \gamma_{M(N)}^\pm \tag{6.92}$$

$$\gamma_\ell^\pm = k_\ell^{\pm 2}/u_\ell^\pm \tag{6.93}$$

同样有

$$c_\ell^\pm = c_0^\pm \prod_{j=1}^{\ell} \frac{Y_j^\pm - \gamma_j^\pm}{Y_j^\pm - \gamma_{j-1}^\pm} \exp\left[\sum_{m=1}^{\ell}(u_{m-1}^\pm - u_m^\pm) z_m^\pm\right] \tag{6.94}$$

$$d_\ell^\pm = d_0^\pm \prod_{j=1}^{\ell} \frac{Y_j^\pm - \gamma_j^\pm}{Y_j^\pm - \gamma_{j-1}^\pm} \exp\left[\sum_{m=1}^{\ell}(u_m^\pm - u_{m-1}^\pm) z_m^\pm\right] \tag{6.95}$$

2. 垂直电偶极子

垂直方向单位电偶极子的矢量势为

$$A_{z\ell}^{z\pm}=\frac{1}{4\pi}\int_0^\infty H_\ell^\pm(\lambda,\ z)J_0(\lambda\rho)\mathrm{d}\lambda \tag{6.96}$$

其中，

$$H_\ell^\pm(\lambda,\ z)=p_\ell^\pm \mathrm{e}^{u_\ell^\pm z}+q_\ell^\pm \mathrm{e}^{-u_\ell^\pm z} \tag{6.97}$$

由类似的推导可以得到

$$H_0^\pm(\lambda,\ z)=\frac{\lambda}{u_0}\mathrm{e}^{-u_0|z-z'|}+p_0\mathrm{e}^{u_0z}+q_0\mathrm{e}^{-u_0z} \tag{6.98}$$

$$p_0^+=p_0 \tag{6.99}$$

$$q_0^+=q_0+\frac{\lambda}{u_0}\mathrm{e}^{u_0z'} \tag{6.100}$$

$$p_0^-=p_0+\frac{\lambda}{u_0}\mathrm{e}^{-u_0z'} \tag{6.101}$$

$$q_0^-=q_0 \tag{6.102}$$

$$p_0=\frac{\lambda}{u_0}\frac{\mathrm{e}^{u_0(z'-2z_1^+)}+X^-\mathrm{e}^{-u_0(z'+2h_0)}}{X^+-X^-\mathrm{e}^{-2u_0h_0}} \tag{6.103}$$

$$q_0=\frac{\lambda}{u_0}X^-\frac{\mathrm{e}^{u_0(z'-2h_0)}+X^+\mathrm{e}^{-u_0(z'-2z_1^-)}}{X^+-X^-\mathrm{e}^{-2u_0h_0}} \tag{6.104}$$

$$p_\ell^\pm=p_0^\pm\prod_{j=1}^{\ell}\frac{Y_j^\pm-\gamma_j^\pm}{Y_j^\pm-\gamma_{j-1}^\pm}\exp\left[\sum_{m=1}^{\ell}(u_{m-1}^\pm-u_m^\pm)z_m^\pm\right] \tag{6.105}$$

$$q_\ell^\pm=q_0^\pm\prod_{j=1}^{\ell}\frac{Y_j^\pm-\gamma_j^\pm}{Y_j^\pm-\gamma_{j-1}^\pm}\exp\left[\sum_{m=1}^{\ell}(u_m^\pm-u_{m-1}^\pm)z_m^\pm\right] \tag{6.106}$$

式中各参数的物理意义与水平电偶极子情况相同。

6.4　线性近似理论

Born(1926)首次提出了异常场的近似解法，随后 Berdichevsky 和 Zhdanov(1984)开发了适合计算大地电磁响应的玻恩近似解，同时众多学者对近似解法的高效性进行了深入研究，并对其应用条件进行细致的探索。

6.4.1　玻恩近似法

将式(6.21)改写成求解异常场的形式，可得

$$\boldsymbol{E}_a(\boldsymbol{r})=\iiint_V \hat{\boldsymbol{G}}^E(\boldsymbol{r},\ \boldsymbol{r}')\cdot[\Delta\sigma(\boldsymbol{r}')(\boldsymbol{E}_a(\boldsymbol{r}')+\boldsymbol{E}_b(\boldsymbol{r}'))]\mathrm{d}v' \tag{6.107}$$

在异常区域内，如果异常场与背景场相比可以忽略不计，则式(6.107)可写成异常场的玻恩近似形式，即

$$\boldsymbol{E}_a^B(\boldsymbol{r})\approx\iiint_V \hat{\boldsymbol{G}}^E(\boldsymbol{r},\ \boldsymbol{r}')\cdot[\Delta\sigma(\boldsymbol{r}')\boldsymbol{E}_b(\boldsymbol{r}')]\mathrm{d}v' \tag{6.108}$$

由玻恩近似的假设条件可知，式(6.107)仅适用于异常区域与背景的电导率差异小、

异常区域小或低频的情况(Zhdanov, 2009)。

6.4.2 准线性近似法

准线性(quasi-linear)近似法假设在异常区域内异常场与背景场之间存在线性关系(Zhdanov and Fang, 1996), 即

$$\boldsymbol{E}_a(\boldsymbol{r}) \approx \hat{\boldsymbol{\lambda}}(\boldsymbol{r}) \cdot \boldsymbol{E}_b(\boldsymbol{r}) \tag{6.109}$$

式中, $\hat{\boldsymbol{\lambda}}$ 为电反射系数。联合式(6.107)和式(6.109), 并用格林函数算子$\boldsymbol{G}^E$ 代替电场格林函数积分, 可得异常场的准线性近似为

$$\boldsymbol{E}_a^{QL}(\boldsymbol{r}) = \boldsymbol{G}^E\{\Delta\sigma[\hat{\boldsymbol{I}} + \hat{\boldsymbol{\lambda}}(\boldsymbol{r}')] \cdot \boldsymbol{E}_b(\boldsymbol{r}')\} \tag{6.110}$$

式中, $\hat{\boldsymbol{I}}$ 为恒等张量。对式(6.110)作代数变换, 可得

$$\hat{\boldsymbol{\lambda}}(\boldsymbol{r}) \cdot \boldsymbol{E}_b(\boldsymbol{r}) = \boldsymbol{G}^E[\Delta\sigma\hat{\boldsymbol{\lambda}}(\boldsymbol{r}') \cdot \boldsymbol{E}_b(\boldsymbol{r}')] + \boldsymbol{E}_a^B(\boldsymbol{r}) \tag{6.111}$$

式中, $\boldsymbol{E}_a^B$ 为式(6.108)中由玻恩近似获得的场值; $\boldsymbol{G}^E[\Delta\sigma\hat{\boldsymbol{\lambda}}(\boldsymbol{r}') \cdot \boldsymbol{E}_b(\boldsymbol{r}')]$为关于电反射系数 $\hat{\boldsymbol{\lambda}}$ 的线性算子, 满足

$$\boldsymbol{G}^E[\Delta\sigma\hat{\boldsymbol{\lambda}}(\boldsymbol{r}') \cdot \boldsymbol{E}_b(\boldsymbol{r}')] = \iiint_V \hat{\boldsymbol{G}}^E(\boldsymbol{r}, \boldsymbol{r}') \cdot [\Delta\sigma\hat{\boldsymbol{\lambda}}(\boldsymbol{r}') \cdot \boldsymbol{E}_b(\boldsymbol{r}')]\mathrm{d}v' \tag{6.112}$$

求解如式(6.113)的最小值问题, 即可以获得电反射系数 $\hat{\boldsymbol{\lambda}}$, 进而获得近似的异常场, 即

$$\| \hat{\boldsymbol{\lambda}}(\boldsymbol{r}) \cdot \boldsymbol{E}_b(\boldsymbol{r}) - \boldsymbol{G}^E[\Delta\sigma\hat{\boldsymbol{\lambda}}(\boldsymbol{r}') \cdot \boldsymbol{E}_b(\boldsymbol{r}')] - \boldsymbol{E}_a^B(\boldsymbol{r}) \|_{L_2} = \min \tag{6.113}$$

上述近似方法的优势在于可以在一个剖分相对较粗的网格上, 通过求解最小值的方式获取电反射系数。准线性近似法的求解精度依赖于离散化电反射系数 $\hat{\boldsymbol{\lambda}}$。值得注意的是, 准线性近似法需要求解最小值问题, 即由式(6.113)得出的大型线性方程组。

6.4.3 准解析近似法

按照 Zhdanov 等(2000), 准解析(quasi-analytical)近似法可分别从标量电反射系数和张量电反射系数进行分析。

1. 标量电反射系数

在准线性近似法的基础上, 假设电反射系数是标量形式, 即 $\hat{\boldsymbol{\lambda}}=[\lambda]$, 则式(6.111)中的积分方程可以写成如下标量形式

$$\lambda(\boldsymbol{r})\boldsymbol{E}_b(\boldsymbol{r}) = \boldsymbol{G}^E[\Delta\sigma\lambda(\boldsymbol{r}')\boldsymbol{E}_b(\boldsymbol{r}')] + \boldsymbol{E}_a^B(\boldsymbol{r}) \tag{6.114}$$

依据上述公式对玻恩近似进行改进, 利用并矢格林函数 $\hat{\boldsymbol{G}}(\boldsymbol{r}, \boldsymbol{r}')$在 $\boldsymbol{r}=\boldsymbol{r}'$处的奇异特征, 可以认为式(6.114)中对积分算子 $\boldsymbol{G}^E[\Delta\sigma\lambda(\boldsymbol{r}')\boldsymbol{E}_b(\boldsymbol{r}')]$的贡献主要来自$\boldsymbol{r}=\boldsymbol{r}'$的邻域。因此, 若电反射系数 λ 在异常区域 V 内缓慢变化, 可以得到

$$\lambda(\boldsymbol{r})\boldsymbol{E}_b(\boldsymbol{r}) \approx \lambda(\boldsymbol{r})\boldsymbol{G}^E[\Delta\sigma\boldsymbol{E}_b(\boldsymbol{r})] + \boldsymbol{E}_a^B(\boldsymbol{r}) = \lambda(\boldsymbol{r})\boldsymbol{E}_a^B(\boldsymbol{r}) + \boldsymbol{E}_a^B(\boldsymbol{r}) \tag{6.115}$$

为了求解标量电反射系数，对式(6.115)作代数变换，对其两边关于入射场作点积，可得如下标量方程：

$$\lambda(\boldsymbol{r})\boldsymbol{E}_b(\boldsymbol{r})\cdot\boldsymbol{E}_b(\boldsymbol{r})=\lambda(\boldsymbol{r})\boldsymbol{E}_a^B(\boldsymbol{r})\cdot\boldsymbol{E}_b(\boldsymbol{r})+\boldsymbol{E}_a^B(\boldsymbol{r})\cdot\boldsymbol{E}_b(\boldsymbol{r}) \tag{6.116}$$

对上式两边做除法运算并假设

$$\boldsymbol{E}_b(\boldsymbol{r})\cdot\boldsymbol{E}_b(\boldsymbol{r})\neq 0 \tag{6.117}$$

则有

$$\lambda(\boldsymbol{r})=\frac{g(\boldsymbol{r})}{1-g(\boldsymbol{r})} \tag{6.118}$$

式中，

$$g(\boldsymbol{r})=\frac{\boldsymbol{E}_a^B(\boldsymbol{r})\cdot\boldsymbol{E}_b(\boldsymbol{r})}{\boldsymbol{E}_b(\boldsymbol{r})\cdot\boldsymbol{E}_b(\boldsymbol{r})} \tag{6.119}$$

将式(6.118)代入式(6.1)中，可得

$$\boldsymbol{E}(\boldsymbol{r})=\boldsymbol{E}_a(\boldsymbol{r})+\boldsymbol{E}_b(\boldsymbol{r})\approx[\lambda(\boldsymbol{r})+1]\boldsymbol{E}_b(\boldsymbol{r})=\frac{1}{1-g(\boldsymbol{r})}\boldsymbol{E}_b(\boldsymbol{r}) \tag{6.120}$$

由此，可以获得异常场的准解析近似解为

$$\boldsymbol{E}_a^{QA}(\boldsymbol{r})=\boldsymbol{G}^E\left[\frac{\Delta\sigma(\boldsymbol{r}')}{1-g(\boldsymbol{r}')}\boldsymbol{E}_b(\boldsymbol{r}')\right] \tag{6.121}$$

$$\boldsymbol{H}_a^{QA}(\boldsymbol{r})=\boldsymbol{G}^H\left[\frac{\Delta\sigma(\boldsymbol{r}')}{1-g(\boldsymbol{r}')}\boldsymbol{E}_b(\boldsymbol{r}')\right] \tag{6.122}$$

对比玻恩近似法与准解析近似法发现，两者之间的差别在于标量函数 $1/[1-g(\boldsymbol{r}')]$ 表达形式不同。因此，两种近似方法的计算耗时相近，而经过验证准解析近似法的计算精度高于玻恩近似(Zhdanov et al.，2000)。

2. 张量电反射系数

假设电反射系数是标量，实际上是缩小了准解析近似法的适用范围，因为这是假设了散射场沿异常区域内入射场的方向极化。对比实际情况发现，散射场不仅沿入射场方向极化，还有可能沿其他方向极化，因此采用标量反射系数会导致准解析近似解的精度降低。为了提高求解精度，本节讨论张量准解析近似法。

假设张量反射系数与背景场的点积随坐标变化非常小，那么可以将异常区域 V 内的电反射系数放置到积分号外，此时，由式(6.111)可得

$$\begin{aligned}\hat{\boldsymbol{\lambda}}(\boldsymbol{r})\cdot\boldsymbol{E}_b(\boldsymbol{r})&\approx\boldsymbol{G}^E[\Delta\sigma\hat{\boldsymbol{I}}]\cdot[\hat{\boldsymbol{\lambda}}(\boldsymbol{r})\cdot\boldsymbol{E}_b(\boldsymbol{r})]+\boldsymbol{E}_a^B(\boldsymbol{r})\\&=\hat{\boldsymbol{g}}(\boldsymbol{r})\cdot[\hat{\boldsymbol{\lambda}}(\boldsymbol{r})\cdot\boldsymbol{E}_b(\boldsymbol{r})]+\boldsymbol{E}_a^B(\boldsymbol{r})\end{aligned} \tag{6.123}$$

或者写成

$$[\hat{\boldsymbol{I}}-\hat{\boldsymbol{g}}(\boldsymbol{r})]\cdot[\hat{\boldsymbol{\lambda}}(\boldsymbol{r})\cdot\boldsymbol{E}_b(\boldsymbol{r})]=\boldsymbol{E}_a^B(\boldsymbol{r}) \tag{6.124}$$

式中，

$$\hat{\boldsymbol{g}}(\boldsymbol{r})=\boldsymbol{G}^E[\Delta\sigma\hat{\boldsymbol{I}}]=\iiint\limits_V\hat{\boldsymbol{G}}^E(\boldsymbol{r},\boldsymbol{r}')\cdot[\Delta\sigma\hat{\boldsymbol{I}}]\mathrm{d}v' \tag{6.125}$$

由前述格林函数算子的定义可知，当算子作用于一个矢量时可以产生一个矢量场，而

当其作用于一个张量时可以产生一个张量场(Zhdanov, 2009)。对式(6.124)作变换，可得

$$\hat{\boldsymbol{\lambda}}(\boldsymbol{r})\cdot\boldsymbol{E}_b(\boldsymbol{r})=[\hat{\boldsymbol{I}}-\hat{\boldsymbol{g}}(\boldsymbol{r})]^{-1}\cdot\boldsymbol{E}_a^B(\boldsymbol{r}) \tag{6.126}$$

联合式(6.1)和式(6.126)，可得

$$\begin{aligned}\boldsymbol{E}(\boldsymbol{r})&=\boldsymbol{E}_a(\boldsymbol{r})+\boldsymbol{E}_b(\boldsymbol{r})\approx\hat{\boldsymbol{\lambda}}(\boldsymbol{r})\cdot\boldsymbol{E}_b(\boldsymbol{r})+\boldsymbol{E}_b(\boldsymbol{r})\\&=[\hat{\boldsymbol{I}}-\hat{\boldsymbol{g}}(\boldsymbol{r})]^{-1}\cdot\boldsymbol{E}_a^B(\boldsymbol{r})+\boldsymbol{E}_b(\boldsymbol{r})\end{aligned} \tag{6.127}$$

因此，最终异常场的准解析近似解可以表示为

$$\boldsymbol{E}_a^{TQA}(\boldsymbol{r})=\boldsymbol{G}^E\{\Delta\sigma(\boldsymbol{r}')\cdot\{[\hat{\boldsymbol{I}}-\hat{\boldsymbol{g}}(\boldsymbol{r}')]^{-1}\cdot\boldsymbol{E}_a^B(\boldsymbol{r}')+\boldsymbol{E}_b(\boldsymbol{r}')\}\} \tag{6.128}$$

$$\boldsymbol{H}_a^{TQA}(\boldsymbol{r})=\boldsymbol{G}^H\{\Delta\sigma(\boldsymbol{r}')\cdot\{[\hat{\boldsymbol{I}}-\hat{\boldsymbol{g}}(\boldsymbol{r}')]^{-1}\cdot\boldsymbol{E}_a^B(\boldsymbol{r}')+\boldsymbol{E}_b(\boldsymbol{r}')\}\} \tag{6.129}$$

数值实验将证明式(6.128)和式(6.129)中的张量近似表达式比式(6.121)和式(6.122)具有更高的计算精度，但张量因子$[\hat{\boldsymbol{I}}-\hat{\boldsymbol{g}}(\boldsymbol{r}')]^{-1}$比标量系数$1/[1-g(\boldsymbol{r}')]$计算速度慢。

6.4.4　局部准线性近似法

参见式(6.109)和式(6.110)，如果假设格林算子积分项的主要贡献来自$\boldsymbol{r}=\boldsymbol{r}'$点邻域，且认为$\boldsymbol{E}_b(\boldsymbol{r})$在异常导电区域$V$内变换比较缓慢，则可以把式(6.110)改写为

$$\boldsymbol{E}_a^{QL}(\boldsymbol{r})\approx\boldsymbol{G}^E\{\Delta\sigma[\hat{\boldsymbol{I}}+\hat{\boldsymbol{\lambda}}(\boldsymbol{r}')]\}\cdot\boldsymbol{E}_b(\boldsymbol{r}) \tag{6.130}$$

进一步，分析式(6.109)和式(6.130)发现

$$\hat{\boldsymbol{\lambda}}(\boldsymbol{r})\cdot\boldsymbol{E}_b(\boldsymbol{r})\approx\boldsymbol{G}^E\{\Delta\sigma[\hat{\boldsymbol{I}}+\hat{\boldsymbol{\lambda}}(\boldsymbol{r}')]\}\cdot\boldsymbol{E}_b(\boldsymbol{r}) \tag{6.131}$$

利用极小值求解方法，式(6.131)可以写成

$$\|\hat{\boldsymbol{\lambda}}(\boldsymbol{r})\cdot\boldsymbol{E}_b(\boldsymbol{r})-\boldsymbol{G}^E\{\Delta\sigma[\hat{\boldsymbol{I}}+\hat{\boldsymbol{\lambda}}(\boldsymbol{r}')]\}\cdot\boldsymbol{E}_b(\boldsymbol{r})\|_{L_2(V)}=\min \tag{6.132}$$

式中，V为局部异常体区域。考虑如下不等式

$$\begin{aligned}&\|\hat{\boldsymbol{\lambda}}(\boldsymbol{r})\cdot\boldsymbol{E}_b(\boldsymbol{r})-\boldsymbol{G}^E\{\Delta\sigma[\hat{\boldsymbol{I}}+\hat{\boldsymbol{\lambda}}(\boldsymbol{r}')]\}\cdot\boldsymbol{E}_b(\boldsymbol{r})\|_{L_2(V)}\\&\leqslant\|\hat{\boldsymbol{\lambda}}(\boldsymbol{r})-\boldsymbol{G}^E\{\Delta\sigma[\hat{\boldsymbol{I}}+\hat{\boldsymbol{\lambda}}(\boldsymbol{r}')]\}\|_{L_2(V)}\cdot\|\boldsymbol{E}_b(\boldsymbol{r})\|_{L_2(V)}\end{aligned} \tag{6.133}$$

因此，式(6.133)可转变为求解如下极小值问题：

$$\|\hat{\boldsymbol{\lambda}}(\boldsymbol{r})-\boldsymbol{G}^E\{\Delta\sigma(\hat{\boldsymbol{I}}+\hat{\boldsymbol{\lambda}}(\boldsymbol{r}')]\}\|_{L_2(V)}=\min \tag{6.134}$$

求解式(6.134)可得局部电反射张量$\hat{\boldsymbol{\lambda}}_L$，且不受源的影响。根据局部电反射张量，可获得异常场的局部准线性(local quasi-linear)近似法公式(Zhdanov, 2002)，即

$$\boldsymbol{E}_a^{LQL}(\boldsymbol{r})\approx\boldsymbol{G}^E\{\Delta\sigma[\hat{\boldsymbol{I}}+\hat{\boldsymbol{\lambda}}_L(\boldsymbol{r}')]\}\cdot\boldsymbol{E}_b(\boldsymbol{r}') \tag{6.135}$$

$$\boldsymbol{H}_a^{LQL}(\boldsymbol{r})\approx\boldsymbol{G}^H\{\Delta\sigma[\hat{\boldsymbol{I}}+\hat{\boldsymbol{\lambda}}_L(\boldsymbol{r}')]\}\cdot\boldsymbol{E}_b(\boldsymbol{r}') \tag{6.136}$$

6.5　积分方程快速数值算法

6.5.1　矩量法与积分方程离散

1. 矩量法

早在 20 世纪 70 年代初，Harrington 就在其专著中系统阐述了矩量法用于积分方程求解的思路。Hohmann(1983)也在其综述文章中对该方法进行了详细的介绍。本章将参考他们的叙述(Hohmann，1983；Harrington，1993)，介绍矩量法的求解过程。

对于电磁学问题，通常可以用如下形式的方程来描述待求解的问题：

$$L f = s \tag{6.137}$$

式中，L 为微分或积分算子，通常表示空间中场和源之间的映射关系；s 为源项；f 为待求的未知场。该方程可以用矩量法求解。为此，定义一组函数 f_1，f_2，…，f_N，用其线性组合 $\tilde{f}$ 来近似 f，可表示如下

$$\tilde{f} = \sum_{n=1}^{N} a_n f_n \tag{6.138}$$

式中，f_n 为基函数。将式(6.138)代入式(6.137)可得

$$\sum_{n=1}^{N} a_n L f_n + \varepsilon = s \tag{6.139}$$

式中，a_n 为未知系数；ε 为近似误差。

定义一组权函数 w_1，w_2，…，w_N，将其与上式作内积，可得

$$\sum_{n=1}^{N} a_n \langle L f_n, w_m \rangle + \langle \varepsilon, w_m \rangle = \langle s, w_m \rangle, \quad m = 1, 2, \cdots, N \tag{6.140}$$

令 $\langle \varepsilon, w_m \rangle = 0$，$m=1, 2, \cdots, N$，则式(6.140)可转化为

$$\sum_{n=1}^{N} a_n \langle L f_n, w_m \rangle = \langle s, w_m \rangle, \quad m = 1, 2, \cdots, N \tag{6.141}$$

式(6.141)中，如果采用基函数 f_n 作为权函数 w_m，则该方法即为伽辽金法。将式(6.141)写成矩阵形式，可得

$$\begin{bmatrix} \langle Lf_1, w_1 \rangle & \langle Lf_2, w_1 \rangle & \cdots & \langle Lf_N, w_1 \rangle \\ \langle Lf_1, w_2 \rangle & \langle Lf_2, w_2 \rangle & \cdots & \langle Lf_N, w_2 \rangle \\ \vdots & \vdots & \ddots & \vdots \\ \langle Lf_1, w_N \rangle & \langle Lf_2, w_N \rangle & \cdots & \langle Lf_N, w_N \rangle \end{bmatrix} \begin{bmatrix} a_1 \\ a_2 \\ \vdots \\ a_N \end{bmatrix} = \begin{bmatrix} \langle s, w_1 \rangle \\ \langle s, w_2 \rangle \\ \vdots \\ \langle s, w_N \rangle \end{bmatrix} \tag{6.142}$$

令 $Z_{mn} = \langle Lf_n, w_m \rangle$，$s_m = \langle s, w_m \rangle$，$m, n=1, 2, \cdots, N$，则上式可写成

$$[Z_{mn}][a_n] = [s_m] \tag{6.143}$$

求解此方程组即得到未知系数 $a_n(n=1, 2, \cdots, N)$，进而由式(6.138)得到场的近似解。

2. 积分方程离散

按照 Hohmann(1975)的思路，选择采用脉冲基函数-点配置法(即同时采用脉冲函数作为基函数和权函数)，实现对积分方程的离散。为此，重写式(6.26)为

$$\theta(\boldsymbol{r})\boldsymbol{J}_S(\boldsymbol{r}) - \iiint_V \hat{\boldsymbol{G}}^E(\boldsymbol{r}, \boldsymbol{r}') \cdot \boldsymbol{J}_S(\boldsymbol{r}')\mathrm{d}v' = \boldsymbol{E}_b(\boldsymbol{r}) \tag{6.144}$$

利用脉冲函数作为基函数表示 $\boldsymbol{J}_S(\boldsymbol{r})$，即

$$\boldsymbol{J}_S(\boldsymbol{r}) = \sum_{n=1}^{N} \boldsymbol{J}_S(\boldsymbol{r}_n)\delta(\boldsymbol{r} - \boldsymbol{r}_n) \tag{6.145}$$

并取脉冲函数作为权函数，与式(6.144)各项作内积，可得

$$\langle \hat{\theta}(\boldsymbol{r})\boldsymbol{J}_S(\boldsymbol{r}), \delta(\boldsymbol{r} - \boldsymbol{r}_m) \rangle - \langle \iiint_V \hat{\boldsymbol{G}}^E(\boldsymbol{r}, \boldsymbol{r}') \cdot \boldsymbol{J}_S(\boldsymbol{r}')\mathrm{d}v', \delta(\boldsymbol{r} - \boldsymbol{r}_m) \rangle = \langle \boldsymbol{E}_b(\boldsymbol{r}), \delta(\boldsymbol{r} - \boldsymbol{r}_m) \rangle \tag{6.146}$$

即

$$\theta(\boldsymbol{r}_m)\boldsymbol{J}_S(\boldsymbol{r}_m) - \iiint_V \hat{\boldsymbol{G}}^E(\boldsymbol{r}_m, \boldsymbol{r}') \cdot \boldsymbol{J}_S(\boldsymbol{r}')\mathrm{d}v' = \boldsymbol{E}_b(\boldsymbol{r}_m) \tag{6.147}$$

将式(6.145)代入式(6.147)，得到

$$\theta(\boldsymbol{r}_m)\boldsymbol{J}_S(\boldsymbol{r}_m) - \sum_{n=1}^{N} \iiint_{V_n} \hat{\boldsymbol{G}}^E(\boldsymbol{r}_m, \boldsymbol{r}_n) \cdot \boldsymbol{J}_S(\boldsymbol{r}_n)\mathrm{d}v_n = \boldsymbol{E}_b(\boldsymbol{r}_m) \tag{6.148}$$

经过化简，可得

$$\sum_{n=1}^{N} \hat{\boldsymbol{\Gamma}}(\boldsymbol{r}_m, \boldsymbol{r}_n) \cdot \boldsymbol{J}_S(\boldsymbol{r}_n) = \boldsymbol{E}_b(\boldsymbol{r}_m) \tag{6.149}$$

其中，

$$\hat{\boldsymbol{\Gamma}}(\boldsymbol{r}_m, \boldsymbol{r}_n) = \hat{\boldsymbol{\Theta}}_{mn} - \iiint_{V_n} \hat{\boldsymbol{G}}^E(\boldsymbol{r}_m, \boldsymbol{r}_n)\mathrm{d}v_n \tag{6.150}$$

表示并矢格林函数的体积分，而$\hat{\boldsymbol{\Theta}}_{mn} = \begin{cases} \theta(\boldsymbol{r}_m), & m=n \\ 0, & m \neq n \end{cases}$。为简洁起见，后文的讨论中省略括号中的 $\boldsymbol{r}$，直接将序号写成下标的形式，即 $\hat{\boldsymbol{\Gamma}}(\boldsymbol{r}_m, \boldsymbol{r}_n) = \hat{\boldsymbol{\Gamma}}_{mn}$。

6.5.2　并矢格林函数体积分计算

与二次场不同，一次场在源点附近会出现奇异性。因此，需要分别对一次场和二次场体积分进行计算，即

$$\hat{\boldsymbol{\Gamma}}_{mn} = \hat{\boldsymbol{\Gamma}}_{mn}^P + \hat{\boldsymbol{\Gamma}}_{mn}^S \tag{6.151}$$

对于一次场积分项，有

$$\hat{\boldsymbol{\Gamma}}_{mn}^P = -i\omega\mu_0 \iiint_{V_n} \left(\hat{\boldsymbol{I}} - \frac{1}{k^2} \nabla\nabla \right) G_0(\boldsymbol{r}_m, \boldsymbol{r}_n)\mathrm{d}v_n \tag{6.152}$$

式中，$\hat{\boldsymbol{I}}$ 为单位张量；$G_0(\boldsymbol{r}_m, \boldsymbol{r}_n)$为自由空间格林函数。由式(6.62)和式(6.63)可知

$$G_0(\boldsymbol{r}_m, \boldsymbol{r}_n) = \frac{e^{-k|\boldsymbol{r}_m-\boldsymbol{r}_n|}}{4\pi|\boldsymbol{r}_m - \boldsymbol{r}_n|} \tag{6.153}$$

式(6.152)中，第一项显然是由空间中的体电流产生的，称为电流项，可表示为

$$\hat{\boldsymbol{\Gamma}}_{Amn}^{P} = \frac{-i\omega\mu_0\hat{\boldsymbol{I}}}{4\pi}\iiint_{V_n}\frac{e^{-k|\boldsymbol{r}_m-\boldsymbol{r}_n|}}{|\boldsymbol{r}_m - \boldsymbol{r}_n|}dv_n \tag{6.154}$$

而第二项是由空间中自由电荷产生的，称为电荷项，可表示为

$$\hat{\boldsymbol{\Gamma}}_{\phi mn}^{P} = \frac{1}{\sigma}\iiint_{V_n}\nabla\nabla G_0(\boldsymbol{r}_m, \boldsymbol{r}_n)dv_n \tag{6.155}$$

对于电流项，积分区域的形状对体积分无关紧要，因此可用一个等体积球代替立方体(Hohmann，1975)，以便解析地计算奇异点处的积分，即

$$\hat{\boldsymbol{\Gamma}}_{Amn}^{P} = \frac{\hat{\boldsymbol{I}}}{\sigma}[(1+ka)e^{-ka} - 1], \quad m = n \tag{6.156}$$

式中，a 为等体积球的半径。

对于电荷项，Hohmann(1975)通过近似得到一组典型的对角元素和非对角元素，最终也通过解析法计算出体积分。另外，Hohmann(1983)还给出了用差分代替标量势中导数的算法，可以更方便地求出电荷项的积分。

由于二次场不存在奇异性，因此体积分可以直接用单元中心点处的场值乘以单元体积获得(Wannamaker et al.，1984)，即

$$\hat{\boldsymbol{\Gamma}}_{mn}^{S} = \Delta^3\hat{\boldsymbol{G}}_{mn}^{S} \tag{6.157}$$

由于格林函数对 z 的积分是解析的，因此，一种更准确的求解二次场体积分方法是先利用解析方法求得 z 方向上的积分，然后与单元 xy 平面上的面积相乘。

为了使这种近似计算更加准确，有时需要对单元进行二次剖分(Wannamaker et al.，1984)。如图6.5所示，将单元 V_n 剖分成一系列子单元，则一次单元内的格林函数体积分可以表示为

$$\hat{\boldsymbol{\Gamma}}_{Amn}^{P} = \sum_{i=1}^{M_{xn}}\sum_{j=1}^{M_{yn}}\sum_{k=1}^{M_{zn}}\hat{\boldsymbol{\Gamma}}_{A}^{P}(\boldsymbol{r}_m, \boldsymbol{r}_{n(i,j,k)}) \tag{6.158}$$

$$\hat{\boldsymbol{\Gamma}}_{\phi mn}^{P} = \sum_{i=1}^{M_{xn}}\sum_{j=1}^{M_{yn}}\sum_{k=1}^{M_{zn}}\hat{\boldsymbol{\Gamma}}_{\phi}^{P}(\boldsymbol{r}_m, \boldsymbol{r}_{n(i,j,k)}) \tag{6.159}$$

$$\hat{\boldsymbol{\Gamma}}_{mn}^{S} = \sum_{i=1}^{M_{xn}}\sum_{j=1}^{M_{yn}}\sum_{k=1}^{M_{zn}}\hat{\boldsymbol{\Gamma}}^{S}(\boldsymbol{r}_m, \boldsymbol{r}_{n(i,j,k)}) \tag{6.160}$$

式中，M_{xn}、M_{yn}、M_{zn} 分别为各方向上二次单元剖分的单元数。二次剖分单元中心点的位置矢量可表示为

$$\boldsymbol{r}_{n(i,j,k)} = \left[x_n + \Delta_n\left(\frac{M_{xn}+1}{2} - i\right)\right]\hat{\boldsymbol{x}} + \left[y_n + \Delta_n\left(\frac{M_{yn}+1}{2} - j\right)\right]\hat{\boldsymbol{y}} + \left[z_n + \Delta_n\left(\frac{M_{zn}+1}{2} - k\right)\right]\hat{\boldsymbol{z}} \tag{6.161}$$

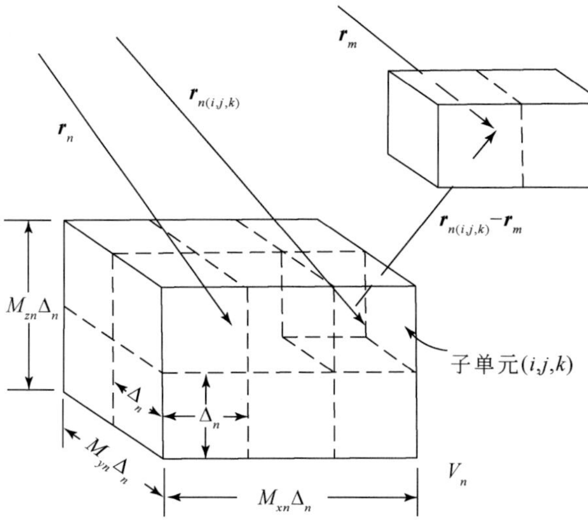

图6.5　二次单元剖分示意图(参考 Wannamaker et al.，1984)
图中 $\boldsymbol{r}_n$ 表示第 n 个单元的中心坐标，而 $\boldsymbol{r}_n(i,j,k)$ 表示其子单元中心坐标

6.5.3　系数矩阵的特普利茨性质及方程组快速求解

1. 系数矩阵的特普利茨性质

分析式(6.70)发现，当发射源和接收点位于同一层时，有

$$F_0^{\pm}(\lambda, z) = \frac{\lambda}{u_0}e^{-u_0|z-z'|} + a_0 e^{u_0 z} + b_0 e^{-u_0 z} \tag{6.162}$$

将 a_0 和 b_0 代入式(6.162)可得

$$F_0^{+} = \frac{\lambda}{u_0}e^{-u_0(z-z')} + \frac{\lambda}{u_0}R^{-}\frac{e^{u_0(z-z'-2h_0)} + e^{-u_0(z-z'+2h_0)}}{R^{+} - R^{-}e^{-2u_0h_0}} + \frac{\lambda}{u_0}\frac{e^{u_0(z+z'-2z_1^{+})} + R^{+}R^{-}e^{-u_0(z+z'-2z_1^{-})}}{R^{+} - R^{-}e^{-2u_0h_0}} \tag{6.163}$$

$$F_0^{-} = \frac{\lambda}{u_0}e^{u_0(z-z')} + \frac{\lambda}{u_0}R^{-}\frac{e^{u_0(z-z'-2h_0)} + e^{-u_0(z-z'+2h_0)}}{R^{+} - R^{-}e^{-2u_0h_0}} + \frac{\lambda}{u_0}\frac{e^{u_0(z+z'-2z_1^{+})} + R^{+}R^{-}e^{-u_0(z+z'-2z_1^{-})}}{R^{+} - R^{-}e^{-2u_0h_0}} \tag{6.164}$$

显然，式(6.163)和式(6.164)等号右侧第一项由全空间的直达波引起，它是 $(z-z')$ 的函数，第二项和第三项均由反射波引起，其中第二项是 $(z-z')$ 的函数，而第三项则是 $(z+z')$ 的函数。因此，$F_0^{\pm}$ 可进一步写成

$$F_0^{\pm} = F^{P}(z-z') + F^{S1}(z-z') + F^{S2}(z+z') \tag{6.165}$$

式中，F^P、F^{S1}、F^{S2} 分别为式(6.163)和式(6.164)中的三项。由此，6.3节讨论的电磁势 $A_{x0}^{x\pm}$ 也可以表示为三项之和，同时由于 $A_{x0}^{x\pm}$ 与 $\rho=\sqrt{(x-x')^2+(y-y')^2}$ 有关，因此

$$A_{x0}^{x\pm} = A_x^{P}(x-x', y-y', z-z') + A_x^{S1}(x-x', y-y', z-z') + A_x^{S2}(x-x', y-y', z+z') \tag{6.166}$$

式中，A_x^P、A_x^{S1}、A_x^{S2} 可由式(6.165)和分解式(6.64)～式(6.71)计算得到。

根据类似推导，也可以计算出 $A_{z0}^{x\pm}$ 和 $A_{z0}^{z\pm}$。将这些矢量势代入式(6.57)和式(6.58)中即可得到电磁并矢格林函数，再由 6.5.2 节给出的计算公式可得到格林函数的体积分，最后由式(6.149)和式(6.150)得到求解电磁场的线性方程组。由于矢量势可以表示为式(6.166)的形式，并矢格林函数的体积分也可表示为类似三项之和。在实际计算中，为了节省内存可将前两项合并。由于它们在 x、y、z 三个方向上均存在褶积关系，故称为完全褶积项。第三项在 x 和 y 方向上存在褶积关系，而在 z 方向上则是互相关关系，故称为褶积-互相关项。下文以 x 方向为例，分析系数矩阵的特普利茨(Toeplitz)性质。

将异常体在 x、y、z 三个方向分别剖分为 N_x、N_y、N_z 个单元，则对于 x 方向，系数矩阵可写成

$$\begin{bmatrix} \Gamma_{(1-1)} & \Gamma_{(1-2)} & \cdots & \Gamma_{(1-N_x)} \\ \Gamma_{(2-1)} & \Gamma_{(2-2)} & \ddots & \vdots \\ \vdots & \ddots & \ddots & \Gamma_{(N_x-1-N_x)} \\ \Gamma_{(N_x-1)} & \cdots & \Gamma_{(N_x-N_x+1)} & \Gamma_{(N_x-N_x)} \end{bmatrix} \tag{6.167}$$

式(6.167)括号中的数字为下标，显然式(6.167)满足特普利茨矩阵结构。对于完全褶积项，y 和 z 方向的系数矩阵有相同的结构，因此系数矩阵整体是三重特普利茨矩阵。对于褶积-互相关项，x、y 方向的系数矩阵也为特普利茨矩阵，但 z 方向的系数矩阵为汉克尔矩阵，即

$$\begin{bmatrix} \Gamma_{(1+1)} & \Gamma_{(1+2)} & \cdots & \Gamma_{(1+N_z)} \\ \Gamma_{(2+1)} & \Gamma_{(2+2)} & \cdots & \Gamma_{(2+N_z)} \\ \vdots & \vdots & & \vdots \\ \Gamma_{(N_z+1)} & \Gamma_{(N_z+2)} & \cdots & \Gamma_{(N_z+N_z)} \end{bmatrix} \tag{6.168}$$

因此，该项系数矩阵整体为汉克尔-二重特普利茨矩阵。

2. FFT 实现特普利茨矩阵向量乘积

对小规模问题的方程组求解，可以采用传统的直接解法，如 LU 分解、Cholesky 分解等。然而，对于大规模问题求解，这些传统解法不仅会消耗大量的计算资源，而且计算效率也会大幅降低。迭代算法，特别是 Krylov 子空间迭代法能很好地解决上述问题。Krylov 子空间迭代法不需要对完整矩阵进行存储，只需要计算矩阵向量乘积。这就可以充分利用系数矩阵的特普利茨性质，既节省存储空间，又可提升计算效率。

特普利茨与汉克尔矩阵可以通过一系列变换转化为循环矩阵，并可使用 FFT 来实现矩阵向量乘积。本节简要介绍如何利用 FFT 实现矩阵与向量的乘积，详细内容请参考周后型(2002)。首先，讨论一重 N 阶特普利茨矩阵：

$$\boldsymbol{T} = \begin{bmatrix} T_0 & T_{-1} & \cdots & T_{1-N} \\ T_1 & T_0 & \ddots & \vdots \\ \vdots & \ddots & \ddots & T_{-1} \\ T_{N-1} & \cdots & T_1 & T_0 \end{bmatrix} \tag{6.169}$$

定义如下结构的 N 阶循环矩阵

$$\boldsymbol{C}=\begin{bmatrix} C_0 & C_{N-1} & \cdots & C_1 \\ C_1 & C_0 & \ddots & \vdots \\ \vdots & \ddots & \ddots & C_{N-1} \\ C_{N-1} & \cdots & C_1 & C_0 \end{bmatrix} \tag{6.170}$$

则存在一个 N 阶傅里叶矩阵

$$\boldsymbol{F}=\frac{1}{\sqrt{N}}\begin{bmatrix} 1 & 1 & \cdots & 1 \\ 1 & e^{\frac{2\pi i}{N}} & \cdots & e^{\frac{2\pi i}{N}(N-1)} \\ \vdots & \vdots & & \vdots \\ 1 & e^{\frac{2\pi i}{N}(N-1)} & \cdots & e^{\frac{2\pi i}{N}(N-1)(N-1)} \end{bmatrix} \tag{6.171}$$

式中 i 为虚单位，可以将一个 N 阶循环矩阵对角化，即

$$\boldsymbol{C}=\boldsymbol{F}^{\mathrm{H}}\boldsymbol{\Lambda}\boldsymbol{F},\quad \boldsymbol{\Lambda}=\operatorname{diag}[\lambda_0,\ \lambda_1,\ \cdots,\ \lambda_{N-1}] \tag{6.172}$$

式中，H 为共轭转置；$\lambda_k=\lambda_k[\boldsymbol{C}]=\sum_{j=0}^{N-1}C_j e^{\frac{2\pi i}{N}jk}$，$(k=0,\ 1,\ \cdots,\ N-1)$，$\lambda_k$ 为矩阵 $\boldsymbol{C}$ 的特征值。由此，一个循环矩阵和向量的乘积可表示成

$$\boldsymbol{CX}=\boldsymbol{F}^{\mathrm{H}}\boldsymbol{\Lambda}\boldsymbol{FX}=\mathrm{IFFT}[\boldsymbol{\Lambda}\cdot\mathrm{FFT}(\boldsymbol{X})] \tag{6.173}$$

对于式(6.169)中的 N 阶一重特普利茨矩阵，首先将其嵌入一个 $2N$ 阶的循环矩阵 $\boldsymbol{C}$，可得

$$\boldsymbol{C}=\begin{bmatrix} \boldsymbol{T} & \Delta\boldsymbol{T} \\ \Delta\boldsymbol{T} & \boldsymbol{T} \end{bmatrix} \tag{6.174}$$

式中，

$$\Delta\boldsymbol{T}=\begin{bmatrix} 0 & T_{N-1} & \cdots & T_1 \\ T_{1-N} & 0 & \ddots & \vdots \\ \vdots & \ddots & \ddots & T_{N-1} \\ T_{-1} & \cdots & T_{1-N} & 0 \end{bmatrix} \tag{6.175}$$

同时，将 N 维列向量 $\boldsymbol{X}$ 嵌入一个长度为 $2N$ 的列向量中，即，$\boldsymbol{Y}=[\boldsymbol{X},\ \boldsymbol{0}]^{\mathrm{T}}$ 则有

$$\boldsymbol{CY}=\begin{bmatrix} \boldsymbol{T} & \Delta\boldsymbol{T} \\ \Delta\boldsymbol{T} & \boldsymbol{T} \end{bmatrix}\begin{bmatrix} \boldsymbol{X} \\ \boldsymbol{0} \end{bmatrix}=\begin{bmatrix} \boldsymbol{TX} \\ \Delta\boldsymbol{TX} \end{bmatrix} \tag{6.176}$$

由式(6.176)可知，利用 $2N$ 阶 FFT 计算矩阵向量乘积 $\boldsymbol{CY}$，即可间接计算矩阵向量乘积 $\boldsymbol{TX}$。理论研究表明，利用这种方式计算矩阵向量乘积的复杂度从 $O(n^3)$ 降低到 $O(n\cdot \lg n)$。针对本章涉及的三重特普利茨矩阵，可以逐级构造二重和一重特普利茨矩阵，进而利用 FFT 实现矩阵和向量乘积。以三重特普利茨矩阵为例进一步说明。考虑如下 $N=m\cdot p\cdot n$ 阶三重特普利茨矩阵

$$\boldsymbol{T}=\begin{bmatrix} \boldsymbol{T}_0 & \boldsymbol{T}_{-1} & \cdots & \boldsymbol{T}_{1-m} \\ \boldsymbol{T}_1 & \boldsymbol{T}_0 & \ddots & \vdots \\ \vdots & \ddots & \ddots & \boldsymbol{T}_{-1} \\ \boldsymbol{T}_{m-1} & \cdots & \boldsymbol{T}_1 & \boldsymbol{T}_0 \end{bmatrix},\quad \boldsymbol{T}_u=\begin{bmatrix} \boldsymbol{T}_{(u,\ 0)} & \cdots & \boldsymbol{T}_{(u,\ 1-p)} \\ \vdots & & \vdots \\ \boldsymbol{T}_{(u,\ p-1)} & \cdots & \boldsymbol{T}_{(u,\ 0)} \end{bmatrix},$$

$$\boldsymbol{T}_{(u,\ v)}=\begin{bmatrix} T_{(u,\ v,\ 0)} & \cdots & T_{(u,\ v,\ 1-n)} \\ \vdots & & \vdots \\ T_{(u,\ v,\ n-1)} & \cdots & T_{(u,\ v,\ 0)} \end{bmatrix} \tag{6.177}$$

假设 $\boldsymbol{X}$ 为一个 N 维列向量，且 $\boldsymbol{X}$ 具有与 $\boldsymbol{T}$ 相应的分块形式，即 $\boldsymbol{X}=[\boldsymbol{X}_0^{\mathrm{T}},\ \boldsymbol{X}_1^{\mathrm{T}},\ \cdots,\ \boldsymbol{X}_{m-1}^{\mathrm{T}}]^{\mathrm{T}}$，$\boldsymbol{X}_u=[\boldsymbol{X}_{(u,0)}^{\mathrm{T}},\ \boldsymbol{X}_{(u,1)}^{\mathrm{T}},\ \cdots,\ \boldsymbol{X}_{(u,p-1)}^{\mathrm{T}}]^{\mathrm{T}}$，$\boldsymbol{X}_{(u,v)}=[X_{(u,v,0)},\ X_{(u,v,1)},\ \cdots,\ X_{(u,v,n-1)}]^{\mathrm{T}}$。将 $\boldsymbol{T}$ 矩阵嵌入一个 $2N$ 阶的二重特普利茨矩阵 $\breve{\boldsymbol{T}}$，即

$$\breve{\boldsymbol{T}}=\begin{bmatrix} \boldsymbol{T}_0 & \boldsymbol{V}_0 & \boldsymbol{T}_{-1} & \cdots & \boldsymbol{V}_{1-m} \\ \boldsymbol{U}_0 & \boldsymbol{T}_0 & \ddots & \ddots & \vdots \\ \boldsymbol{T}_1 & \ddots & \ddots & \ddots & \boldsymbol{T}_{-1} \\ \vdots & \ddots & \ddots & \boldsymbol{T}_0 & \boldsymbol{V}_0 \\ \boldsymbol{U}_{m-1} & \cdots & \boldsymbol{T}_1 & \boldsymbol{U}_0 & \boldsymbol{T}_0 \end{bmatrix} \tag{6.178}$$

其中，

$$\boldsymbol{U}_j=\begin{bmatrix} \boldsymbol{0} & \boldsymbol{T}_{(j,\ p-1)} & \cdots & \boldsymbol{T}_{(j,\ 1)} \\ \boldsymbol{T}_{(j+1,\ 1-p)} & \boldsymbol{0} & \ddots & \vdots \\ \vdots & \ddots & \ddots & \boldsymbol{T}_{(j,\ p-1)} \\ \boldsymbol{T}_{(j+1,\ -1)} & \cdots & \boldsymbol{T}_{(j+1,\ 1-p)} & \boldsymbol{0} \end{bmatrix} \tag{6.179}$$

$$\boldsymbol{V}_{-j}=\begin{bmatrix} \boldsymbol{0} & \boldsymbol{T}_{(-(j+1),\ p-1)} & \cdots & \boldsymbol{T}_{(-(j+1),\ 1)} \\ \boldsymbol{T}_{(-j,\ 1-p)} & \boldsymbol{0} & \ddots & \vdots \\ \vdots & \ddots & \ddots & \boldsymbol{T}_{(-(j+1),\ p-1)} \\ \boldsymbol{T}_{(-j,\ -1)} & \cdots & \boldsymbol{T}_{(-j,\ 1-p)} & \boldsymbol{0} \end{bmatrix} \tag{6.180}$$

式中，$j=0,\ 1,\ \cdots,\ m-1$，而$\boldsymbol{T}_{(m,-k)}=\boldsymbol{0}$，$\boldsymbol{T}_{(-m,k)}=\boldsymbol{0}$，$k=1,\ 2,\ \cdots,\ p-1$。式(6.179)和式(6.180)中，$\boldsymbol{0}$ 表示对应行和列元素全为零的矩阵或向量。将 $\boldsymbol{X}$ 嵌入 $2N$ 维列向量，即

$$\breve{\boldsymbol{X}}=[\boldsymbol{X}_0^{\mathrm{T}},\ \boldsymbol{0},\ \boldsymbol{X}_1^{\mathrm{T}},\ \boldsymbol{0},\ \cdots,\ \boldsymbol{X}_{m-1}^{\mathrm{T}},\ \boldsymbol{0}]^{\mathrm{T}} \tag{6.181}$$

则矩阵向量乘积可写成

$$\breve{\boldsymbol{T}}\breve{\boldsymbol{X}}=[\boldsymbol{Y}_0^{\mathrm{T}},\ *,\ \boldsymbol{Y}_1^{\mathrm{T}},\ *,\ \cdots,\ \boldsymbol{Y}_{m-1}^{\mathrm{T}},\ *]^{\mathrm{T}} \tag{6.182}$$

而

$$\boldsymbol{TX}=[\boldsymbol{Y}_0^{\mathrm{T}},\ \boldsymbol{Y}_1^{\mathrm{T}},\ \cdots,\ \boldsymbol{Y}_{m-1}^{\mathrm{T}}]^{\mathrm{T}} \tag{6.183}$$

式中，$\boldsymbol{Y}_j$ 为 $\breve{\boldsymbol{T}}$ 的奇数行与 $\breve{\boldsymbol{X}}$ 的乘积；$*$ 为 $\breve{\boldsymbol{T}}$ 的偶数行与 $\breve{\boldsymbol{X}}$ 的乘积。由于后者的数值不影响最终所需的矩阵向量乘积，因此在算法中没有给出具体形式。二重特普利茨矩阵可以采用类似的方法转化为一重特普利茨矩阵，最终通过利用式(6.169)～式(6.176)给出的 FFT 算法实现矩阵向量乘积。在利用系数矩阵的特普利茨性质实现矩阵和向量的乘积后，可以对式(6.149)进行求解，进而利用式(6.21)和式(6.22)计算电磁响应。有关方程组求解方法将在第 8 章讨论。

6.6　应用及电磁响应特征分析

本节首先将验证前文提出的算法的准确性并讨论计算效率，然后通过典型模型正演模拟对三维航空电磁法的探测能力进行探讨。选用 Marcoair 算法的结果进行对比(Version 2.3.1)。该算法是澳大利亚 AMIRA 项目 P223D 的开源版本(2001)。该算法充分融合了早期积分方程的研究成果，利用格林函数的对称性、群对称约化理论和块迭代算法，对正演算法进行加速。应用该算法求解方程时采用两种解法：直接解法和块迭代算法。对小型异常体，直接解法有着绝对的优势，而对于大型异常体，直接解法无法实现矩阵求逆，可以用块迭代算法进行计算。在利用本章介绍的积分方程进行正演模拟时，利用 FFT 计算矩阵向量乘积，同时利用稳定双共轭梯度法(bi-conjugate gradient stabilized method，BiCGStab)进行方程组求解。

6.6.1　算法精度验证

1. 均匀半空间中单个异常体模型

模型如图 6.6 所示，电阻率为 100Ω·m 的均匀半空间中埋藏有 20m×200m×75m 的异常体。异常体顶部埋深为 50m，中心点在 x 方向的投影坐标为 335m，在 y 方向的投影坐标为 0m，电阻率为 1Ω·m。采用单位磁矩垂直磁偶极子作为发射源，测线沿 x 方向，通过 $y=0$m。接收线圈与发射线圈具有相同的高度 20m，收发距为 10m，发射频率为 900Hz。沿 x、y、z 三个方向分别将异常体剖分为 10m×20m×5m 的总计 300 个小单元。图 6.7 展示本节算法与 Marcoair 计算所得的散射磁场 x、z 分量实虚部的对比结果。从图 6.7 中可以看出，本节算法与 Marcoair 的计算结果吻合较好。

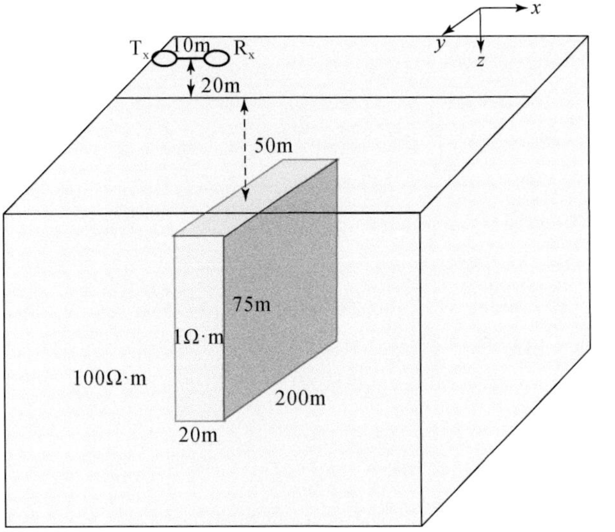

图 6.6　均匀半空间中存在单个异常体模型(参考 Newman and Alumbaugh，1995)

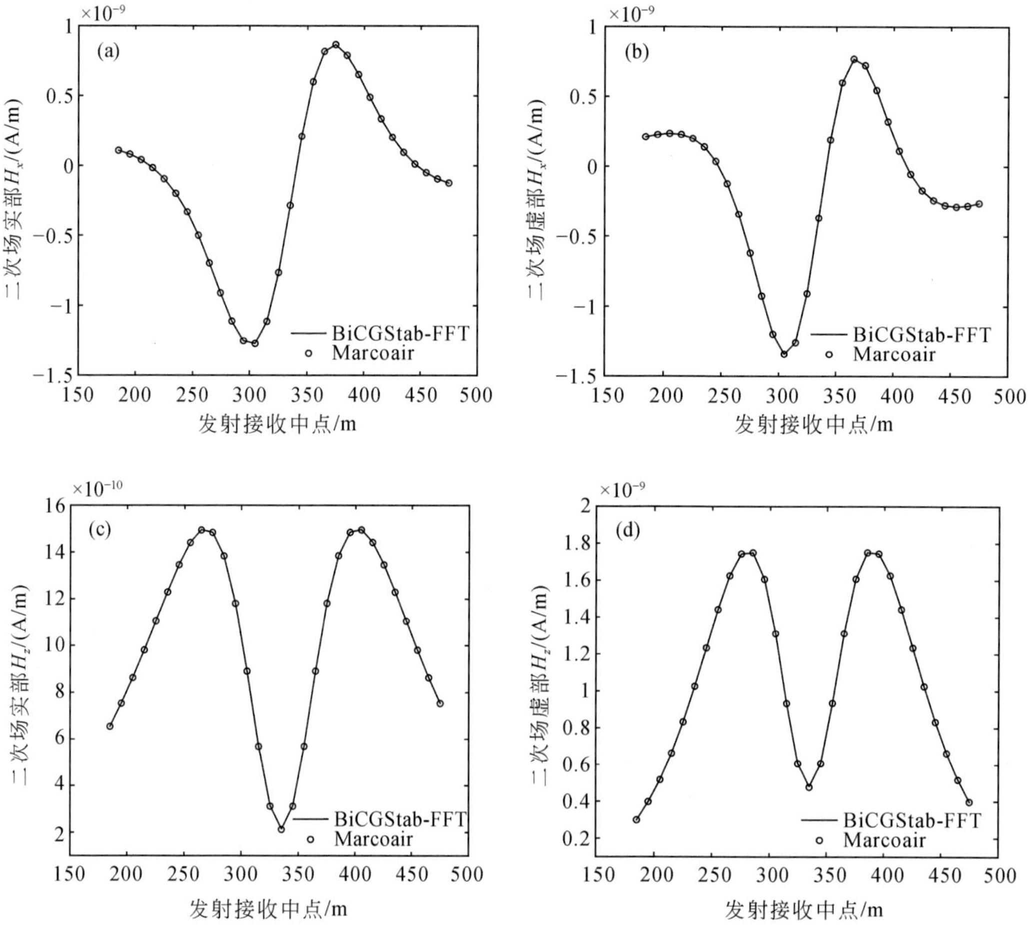

图 6.7　本章 BiCGStab-FFT 积分方程法与 Marcoair 计算的磁场响应对比

(a)磁场 x 分量实部；(b)磁场 x 分量虚部；(c)磁场 z 分量实部；(d)磁场 z 分量虚部

为验证本章提出的 BiCGStab-FFT 算法的计算效率，基于上述模型，通过改变异常体的剖分密度，测试不同剖分条件下 BiCGStab-FFT 与 Marcoair 两种算法的时间消耗。所有计算工作均在处理器为 Intel® Core™ i5-3470 CPU @ 3.20GHz、内存为 8.00GB、系统类型为 64 位操作系统的计算机上完成。

分别将异常体剖分为 5×5×5、10×10×10、20×20×20、30×30×30 和 50×50×50 个单元。如前所述，Marcoair 内嵌了两种算法：直接算法与块迭代算法。分别对比 Marcoair 的这两种算法与本章 BiCGStab-FFT 算法的计算效率。积分方程法计算散射场一般包含 4 个固定步骤：背景场计算、系数矩阵生成、线性方程求解和散射场求解。表 6.1 给出了 Marcoair 两种算法和 BiCGStab-FFT 算法各部分计算时间的统计结果。从表 6.1 中可以看出，对于网格稀疏的情况，Marcoair 中的直接解法具有较大的优势，但随着网格变密，直接解法需要计算和存储整体矩阵的弱点凸显出来。尽管 Marcoair 块迭代解法可以处理稠密网格，但计算效率很低。综合比较而言，本章提出的 BiCGStab-FFT 算法无论是在系数矩阵计算和存储，还是在线性方程组求解方面，对稠密网格和大规模异常体都有绝对的优势。

表 6.1　Marcoair 算法与 BiCGStab-FFT 各部分计算时间统计表

单元数	数值计算	Marcoair		BiCGStab-FFT
		直接解法	块迭代解法	
5×5×5	背景场计算	0.02	0.00	0.02
	系数矩阵生成	0.03	0.03	0.02
	方程求解	0.08	0.80	2.25
	散射场求解	0.02	0.03	0.11
10×10×10	背景场计算	0.11	0.12	0.20
	系数矩阵生成	0.58	0.56	0.09
	方程求解	6.71	156	37.5
	散射场求解	0.09	0.11	0.12
20×20×20	背景场计算	2.73	2.95	1.33
	系数矩阵生成	161.6	0.89	0.36
	方程求解	384.6	>>469	469
	散射场求解	0.44	—	0.48
30×30×30	背景场计算	—	906.29	3.31
	系数矩阵生成	—	7.5	0.82
	方程求解	—	>>2359	2359
	散射场求解	—	—	0.59

注：时间单位为 s，“—”表示不能进行该项计算或者计算时间过长，未予列出。

下文基于图 6.6 和图 6.7 中给出的模型参数设置，分析异常体电阻率和发射频率对 BiCGStab-FFT 算法计算效率的影响。

1) 异常体电阻率对计算效率的影响

选取异常体的电阻率分别为 $0.1\Omega\cdot m$、$1\Omega\cdot m$、$10\Omega\cdot m$、$50\Omega\cdot m$、$200\Omega\cdot m$、$10^3\Omega\cdot m$、$10^4\Omega\cdot m$、$10^5\Omega\cdot m$，异常体剖分为 $10\times10\times10$ 个单元。表 6.2 给出了 BiCGStab-FFT 算法的迭代参数统计。从表中可以看出，在不同的电阻率比值条件下，每次迭代所需时间相差不大，但迭代收敛次数差异较大。在相同的电阻率比值条件下，高阻异常体比低阻异常体更易收敛，特别是当电阻率比值差异较大时，这一现象更加明显。从数学角度分析，当地层为各向同性时，系数矩阵的对角元素可由式(6.150)给出，即

$$\hat{\boldsymbol{\Gamma}}_{mm}=\frac{1}{\sigma_a-\sigma_b}-\iiint_{V_m}\hat{\boldsymbol{G}}^E(\boldsymbol{r}_m,\ \boldsymbol{r}_m)\,\mathrm{d}v_m \tag{6.184}$$

式中，σ_a和σ_b分别为异常体和背景电导率。可以看到对于高阻异常体，矩阵的主对角优势得到加强，使矩阵条件数减小，而对于低阻异常体，矩阵的主对角优势减弱，使矩阵条件数增大，因此求解高阻异常体比低阻异常体更容易收敛。

表 6.2 不同电阻率比值时 BiCGStab-FFT 算法的迭代参数统计表

电阻率/(Ω·m)	计算点数/个	总迭代次数	单点平均迭代次数	总迭代时间/s	每次迭代时间/s
0.1	80	2136	26.7	84.19	0.039
1	80	1488	18.6	57.80	0.040
10	80	456	5.7	19.64	0.043
50	80	161	2.00	7.78	0.048
200	80	160	2.00	7.57	0.047
10^3	80	331	4.14	14.09	0.043
10^4	80	566	7.08	23.37	0.041
10^5	80	636	7.95	26.29	0.041

2)发射频率对计算效率的影响

选取工作频率分别为 0.3Hz、3Hz、30Hz、300Hz、3kHz、30kHz、300kHz 和 3MHz，异常体剖分为 20×20×20 个单元。表 6.3 给出了 BiCGStab-FFT 算法的迭代参数统计。从表 6.3 中可以看出，不同发射频率每次迭代时间相差不大，但平均迭代次数相差较大。低频时迭代次数较少；随频率增大，迭代次数逐渐增加。然而，当频率很高时，迭代次数急剧减少。

表 6.3 不同频率时 BiCGStab-FFT 算法的迭代参数统计表

频率/Hz	计算点数/个	总迭代次数	单点平均迭代次数	总迭代时间/s	每次迭代时间/s
0.3	40	1015	25.4	426.5	0.42
3	40	1092	27.3	469.1	0.43
30	40	1104	27.6	490.6	0.44
300	40	1361	28.4	514.0	0.45
3000	40	1303	32.6	578.7	0.44
30000	40	734	18.4	328.5	0.45
3×10^5	40	231	5.8	98.7	0.43
3×10^6	40	80	2	34.3	0.43

2. 均匀半空间中多异常体模型

如图 6.8 所示，背景电阻率为 100Ω·m 的均匀半空间中埋藏有两个形态和电性相同的异常体，大小为 40m×100m×80m，电阻率为 5Ω·m，顶部中心点在 x 方向的投影分别为 250m 和 550m，在 y 方向的投影均为 0m，顶面埋深均为 50m。发射和接收装置与图 6.6 中的模型相同，发射频率为 900Hz。根据前文提到的处理多异常体的两种方法(即集成法和不均匀背景电导率 IBC 法)分别对该模型进行计算。根据集成法的要求，将两个异常体包含在一个大异常体内，如图中橙线范围所示。此时，新异常体的规模为 340m×100m×80m，取剖分单元为 20m×20m×20m，共生成 340 个小单元。不均匀背景电导率法只需对异常体进行单独剖分，剖分单元也取 20m×20m×20m，共 40×2 个剖分单元。图 6.9 给出集成法、不均匀背景电导率法及 Marcoair 开源软件计算得到的磁场 x 和 z 分量实虚部响应曲线。从图 6.9 中可以看出，三种算法的结果吻合度很高，说明本章提出的多异常体积分方程算法具有很高的计算精度。

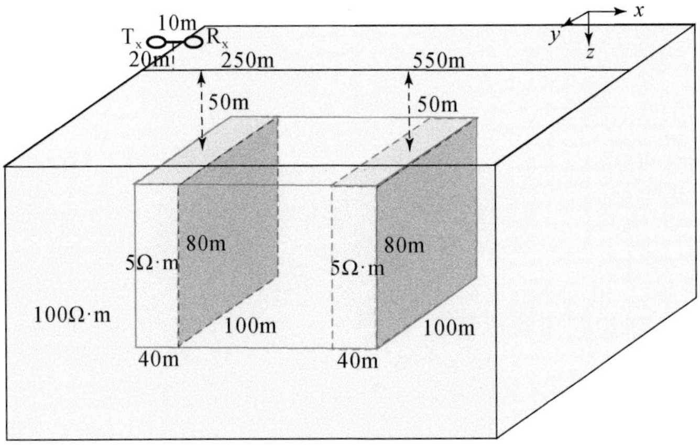

图 6.8　均匀半空间中存在两个异常体模型

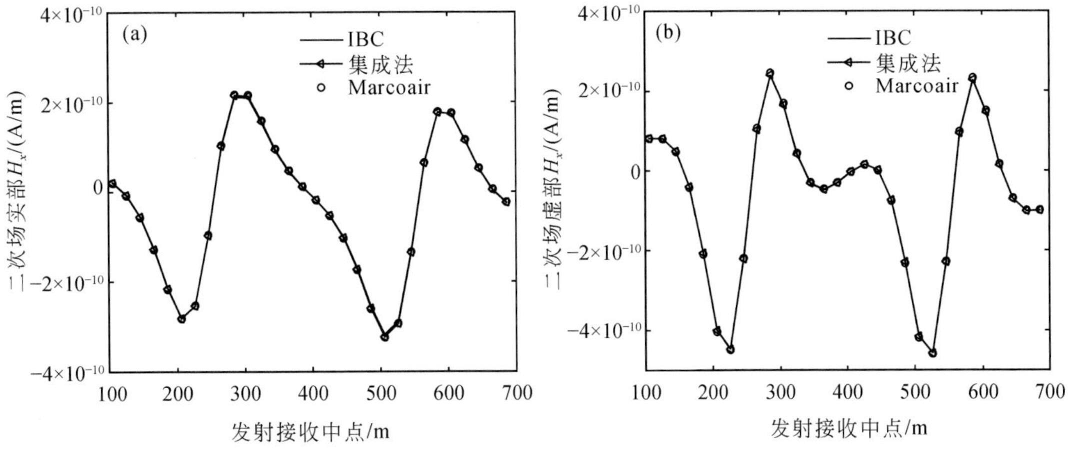

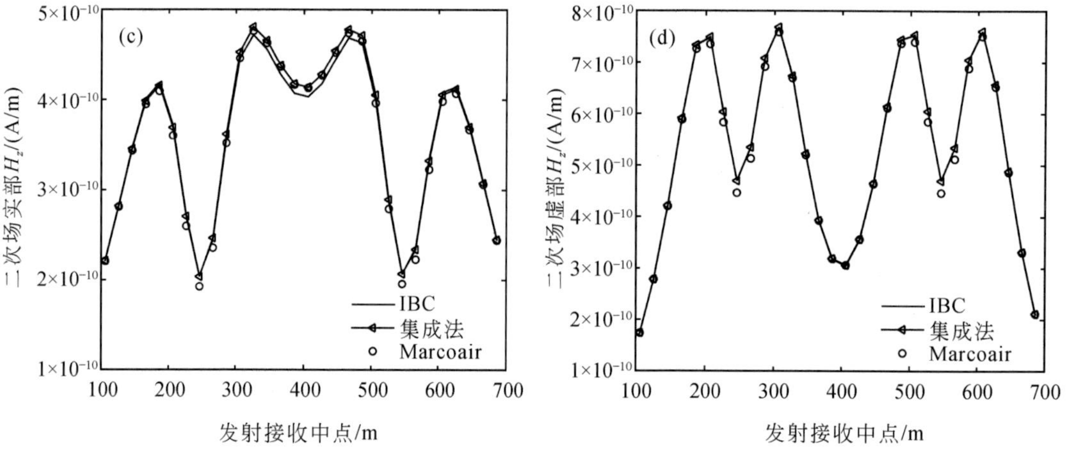

图 6.9　三种算法计算的磁场实虚部响应对比

(a)磁场 x 分量实部；(b)磁场 x 分量虚部；(c)磁场 z 分量实部；(d)磁场 z 分量虚部

3. 均匀半空间中不规则异常体模型

如图 6.10 所示，均匀半空间的电阻率为 100Ω · m，其中埋藏有如图 6.10 所示的不规则异常体。为描述方便，将异常体划分为底部、中间和顶部三个部分，每个部分又划分为若干小立方体，其中底部有 9 个，中心点在 x 方向的投影坐标为 335m，在 y 方向的投影坐标为 0m；中间有 4 个，中心点在 x 方向的投影坐标为 325m，在 y 方向的投影坐标为 10m；顶部有 1 个，中心点在 x 方向的投影坐标为 315m，在 y 方向的投影坐标为 20m，其顶面埋

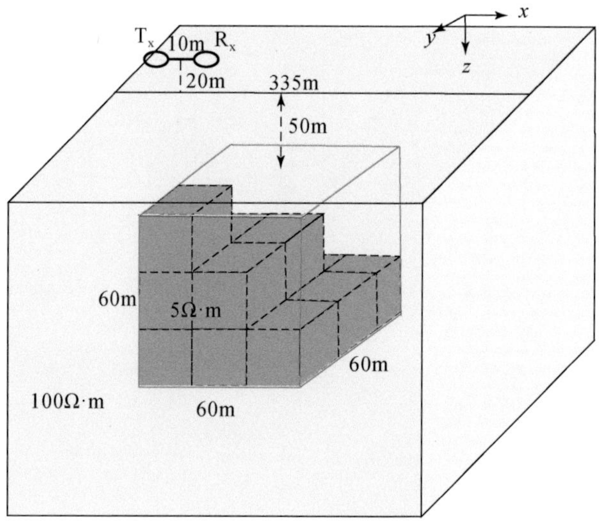

图 6.10　均匀半空间中不规则异常体模型

深为 50m。为了模拟方便，设定各小单元为相同的立方体，边长为 20m，电阻率为 5Ω · m。发射和接收装置参数与图 6.6 中给出的模型相同。图 6.11 给出了本章提出的算法与 Marcoair 算法计算结果对比。从图 6.11 中可以看出，两种算法的吻合度很高。

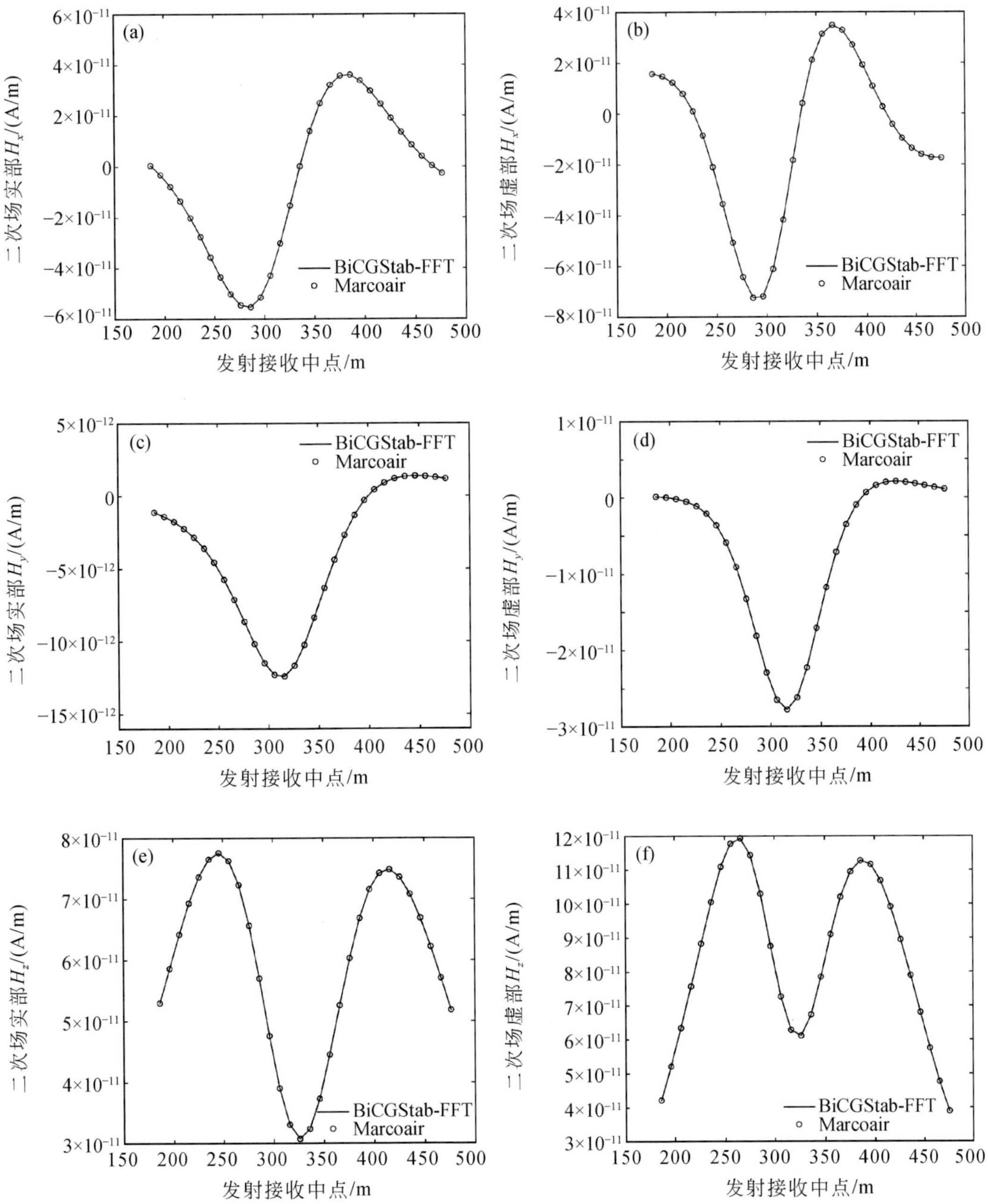

图 6.11　两种算法计算的磁场实虚部响应对比

(a) 磁场 x 分量实部；(b) 磁场 x 分量虚部；(c) 磁场 y 分量实部；(d) 磁场 y 分量虚部；(e) 磁场 z 分量实部；(f) 磁场 z 分量虚部

6.6.2　航空电磁探测能力分析

航空电磁法由于勘探效率高，覆盖范围广，适用于高山、沙漠、湖泊沼泽和森林覆盖等地面电磁法难以施工的复杂地区，近十年受到地球物理界的广泛关注。本节将利用前节提出的算法对航空电磁探测能力进行分析。

假设均匀半空间中埋藏有一个立方形异常体，通过改变飞行高度、异常体埋深、异常体大小和电阻率分析航空电磁法探测能力。根据 Newman 和 Alumbaugh(1995)，目前航空电磁系统可探测到的信号强度在 1PPM 以上(PPM 定义为二次场与一次场的比值再乘以 10^6)。因此，后文讨论中均以 1PPM 作为航空电磁探测能力的衡量标准。

1. 飞行高度对航空电磁探测能力的影响

取背景电阻率为 100Ω · m，异常体电阻率为 1Ω · m，埋深 100m，大小为 100m×100m×100m，均匀剖分为 10×10×10 个网格。工作频率为 900Hz。飞行高度依次取 20m、30m、50m、70m 和 100m。图 6. 12 给出了磁场 z 分量实虚部响应。由图 6. 12 可见，实分量比虚分量更容易探测到目标体。当飞行高度超过 100m 时，异常体响应即不在探测能力范围内。

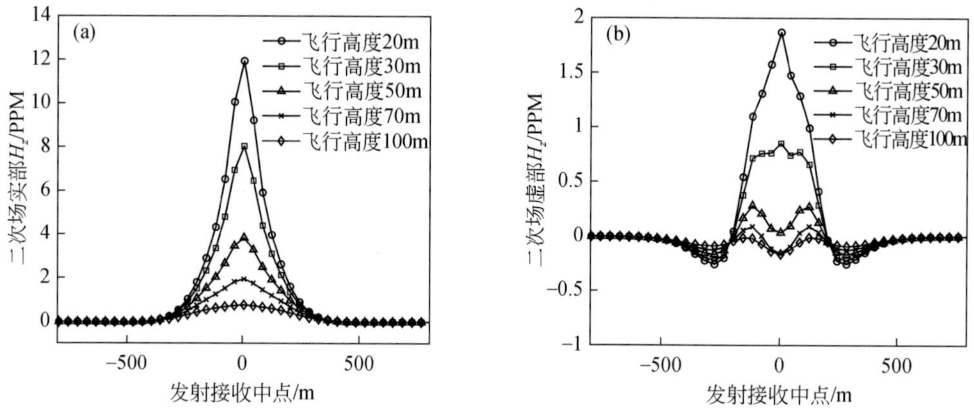

图 6. 12　不同飞行高度航空电磁垂直磁场实虚部响应

(a)实部响应；(b)虚部响应

2. 异常体大小对航空电磁探测能力的影响

取背景电阻率为 100Ω · m，异常体电阻率为 1Ω · m，埋深为 100m，工作频率为 900Hz，飞行高度为 20m。异常体大小依次为 25m×25m×25m、30m×30m×30m、35m×35m×35m、40m×40m×40m 和 45m×45m×45m，分别对应图 6. 13 中尺寸 25m、尺寸 30m、尺寸 35m、尺寸 40m 和尺寸 45m。全部异常体均匀剖分为 10×10×10 个网格。图 6. 13 给出了磁场 z 分量实虚部响应。针对本节设定的参数，当异常体规模小于 25m×25m×25m 时，其就不易被航空电磁系统发现。

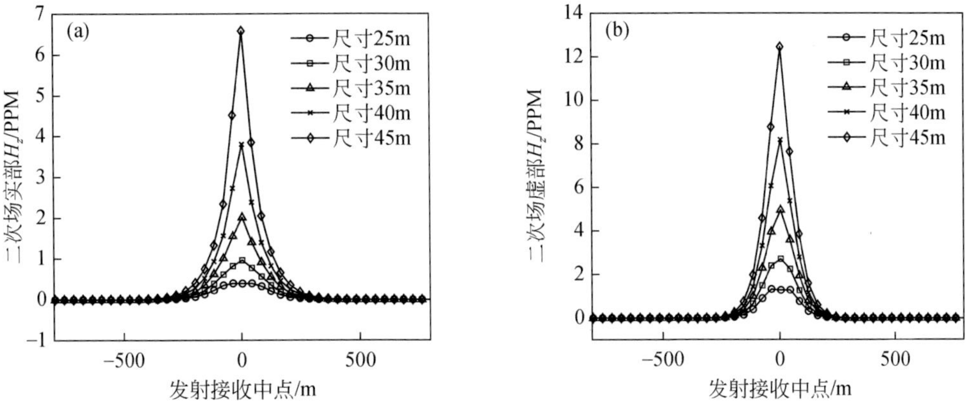

图 6.13　不同异常体大小航空电磁垂直磁场实虚部响应

(a)实部响应；(b)虚部响应

3. 异常体埋深对航空电磁探测能力的影响

取背景电阻率为 100Ω·m，异常体电阻率为 1Ω·m，大小为 100m×100m×100m，均匀剖分为 10×10×10 个网格。工作频率为 900Hz，飞行高度为 20m。异常体埋深依次取 120m、130m、140m、150m 和 160m。图 6.14 给出了磁场 z 分量实虚部响应。从图 6.14 中可见，针对设定的参数，当异常体埋深大于 160m 时，探测效果不明显。

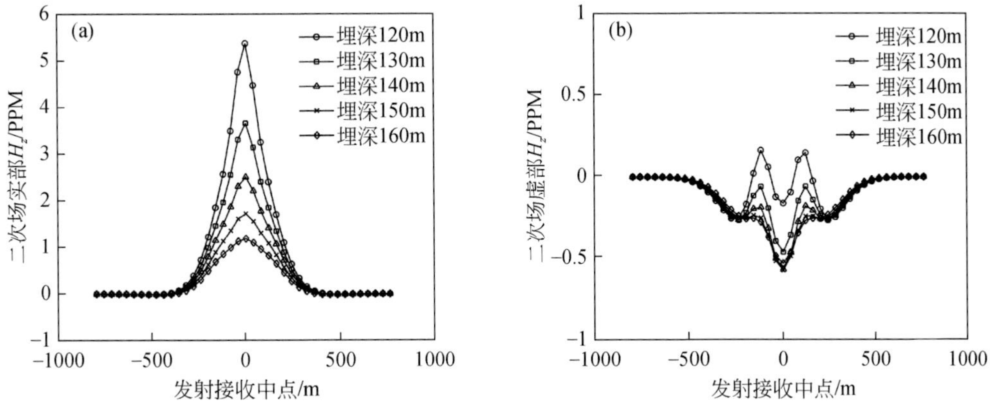

图 6.14　不同异常体埋深航空电磁垂直磁场实虚部响应

(a)实部响应；(b)虚部响应

4. 异常体电阻率对航空电磁探测能力的影响

取背景电阻率为 100Ω·m，异常体埋深为 100m，大小为 100m×100m×100m，均匀剖分为 10×10×10 个网格。工作频率为 900Hz，飞行高度为 20m。异常体电阻率依次取

1Ω · m、5Ω · m、10Ω · m、20Ω · m 和 50Ω · m。图 6.15 给出磁场 z 分量实虚部响应。由图 6.15 可见，在设定的参数条件下，当异常体电阻率大于背景电阻率的 1/5 时，异常体即难以被发现。

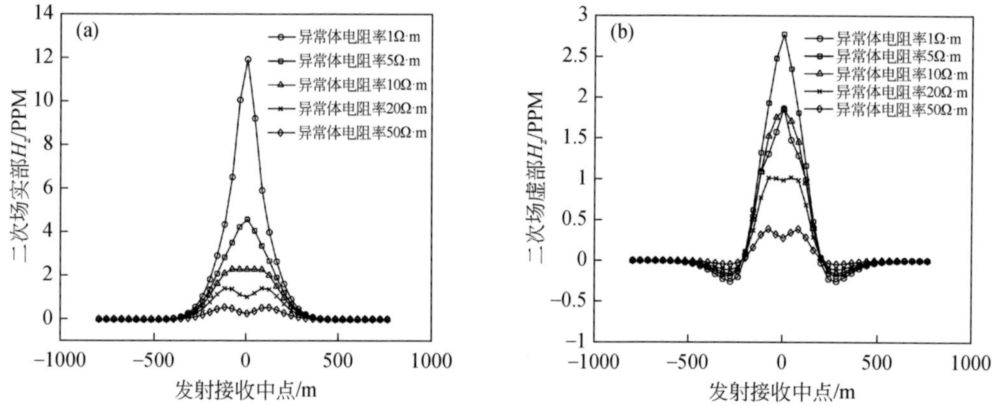

图 6.15　不同异常体电阻率航空电磁垂直分量实虚部响应

(a) 实部响应；(b) 虚部响应

6.7　小　　结

本章在总结前人积分方程法相关研究工作的基础上，通过利用系数矩阵的特普利茨性质，有效地解决了传统积分方程法中遇到的稠密矩阵存储和运算问题。同时，利用特普利茨矩阵的特殊性，用快速傅里叶变换实现迭代算法中的矩阵向量乘积，加速了传统积分方程法中矩阵向量乘积的求解过程。另外，本章还在考虑耦合的基础上，对存在多个异常体的电磁响应进行了模拟，并讨论了系列近似算法，如玻恩近似法、准线性近似法、准解析近似法和局部准线性近似法等。通过算例验证发现，本章研究的各种算法可以有效地克服传统积分方程解决大规模问题存在的内存耗费巨大、计算效率低的缺陷。

相对于其他数值模拟方法，积分方程法仅需对异常体进行网格剖分，因此当异常体规模较小时，该算法具有明显的技术优势，特别是通过采用各种近似算法及特殊的系数矩阵构建和方程组求解技术。然而，积分方程法形成的系数矩阵是密实矩阵，因此对于大尺度模型、异常体规模较大或较为分散的情况，积分方程构建系数矩阵和求解矩阵方程均具有较大的挑战性。地形效应是地球物理正演模拟中无法回避的问题，针对复杂地形及非理想背景电导率分布的格林函数求取及电磁场求解仍然是积分方程领域需要攻克的技术难题。

参 考 文 献

鲍光淑，张碧星，敬荣中，等. 1999. 三维电磁响应积分方程法数值模拟. 中南工业大学学报(自然科学版)，30(5)：472-474.

陈桂波. 2009. 各向异性地层中电磁场三维数值模拟的积分方程算法及其应用. 长春：吉林大学.

陈桂波，汪宏年，姚敬金，等. 2009. 各向异性海底地层海洋可控源电磁响应三维积分方程法数值模拟.

物理学报，58(6)：3848-3857.
陈久平．1990. 层状介质中三维大地电磁模拟．地球物理学报，33(4)：480-488.
陈忠宽．2009. 预修正快速傅立叶变换方法在电磁散射分析中的研究及应用．长沙：国防科学技术大学．
付长民，底青云，许诚，等．2012. 电离层影响下不同类型源激发的电磁场特征．地球物理学报，55(12)：3958-3968.
胡俊．2000. 复杂目标矢量电磁散射的高效方法——快速多极子方法及其应用．成都：电子科技大学．
刘永亮．2016. 基于拟线性积分方程法的三维复电阻率正反演研究．长春：吉林大学．
刘云鹤．2011. 三维可控源电磁法非线性共轭梯度反演研究．长春：吉林大学．
卢永超．2018. 航空电磁三维积分方程快速正演算法研究．长春：吉林大学．
鲁来玉，张碧星，鲍光淑．2003. 电阻率随位置线性变化时的三维大地电磁模拟．地球物理学报，46(4)：568-575.
潘显军，赵连锋，曹俊兴，等．2003a. QL-Born迭代法电磁散射计算．计算物理，20(2)：169-172.
潘显军，曹俊兴，赵连锋．2003b. 联合QL近似与迭代Born近似法电导率散射成像．成都理工大学学报(自然科学版)，30(3)：303-309.
任政勇，陈超健，汤井田，等．2017. 一种新的三维大地电磁积分方程正演方法．地球物理学报，60(11)：4506-4515.
汤井田，周峰，任政勇，等．2018. 复杂地下异常体的可控源电磁法积分方程正演．地球物理学报，61(4)：1549-1562.
王德智．2015. 基于积分方程技术的三维电磁法正演模拟研究．长春：吉林大学．
王若，底青云，王妙月，等．2009. 用积分方程法研究源与勘探区之间的三维体对CSAMT观测曲线的影响．地球物理学报，52(6)：1573-1582.
王勇，曹俊兴．2007. 混合法计算三维非均匀介质中的电磁场．物探化探计算技术，29(2)：99-103.
王志刚，何展翔，魏文博，等．2007a. 井地电法的准解析近似三维反演研究．石油地球物理勘探，42(2)：220-225.
王志刚，何展翔，魏文博．2007b. 积分方程法三维模拟井地电法并行算法研究．物探化探计算技术，29(5)：425-430.
魏宝君，Liu Q H. 2007a. 层状介质中计算体积分方程的弱化BCGS-FFT算法．中国石油大学学报(自然科学版)，31(1)：49-55.
魏宝君，Liu Q H. 2007b. 水平层状介质中基于DTA的三维电磁波逆散射快速模拟算法．地球物理学报，50(5)：1595-1605.
吴玉玲．2018. 海洋可控源电磁场积分方程法正演．桂林：桂林理工大学．
夏训银，张宪润，张碧星．2004. 均匀半空间三维体的三频激电相对相位法积分方程模拟．桂林工学院学报，24(4)：422-425.
肖科．2011. 体面结合积分方程及快速算法在复杂电磁问题中的分析与应用．长沙：国防科学技术大学．
熊宗厚．1985. 二层非各向同性大地中三维体的激电与电磁模拟及频谱激电的模拟原则．武汉：武汉地质学院．
徐利明，聂在平．2005. 埋地目标体矢量电磁散射的一种快速正演算法．地球物理学报，48(1)：209-215.
许诚，底青云，付长民，等．2012. 大功率长偶极与环状电流源电磁波响应特征对比．地球物理学报，55(6)：2097-2104.
殷长春，刘斌．1994a. 瞬变电磁法三维问题正演及激电效应特征研究．地球物理学报，37(S2)：486-492.
殷长春，朴化荣．1994b. 三维电磁模拟技术及其在频率测深法中应用．地球物理学报，37(6)：820-826.
周后型．2002. 大型电磁问题快速算法的研究．南京：东南大学．

Adams R J, Xu Y, Xu X, et al. 2008. Modular fast direct electromagnetic analysis using local-global solution modes. IEEE Transactions on Antennas and Propagation, 56(8): 2427-2441.

Avdeev D B. 2005. Three-dimensional electromagnetic modeling and inversion: From theory to application. Surveys in Geophysics, 26: 767-799.

Avdeev D B, Kuvshinov A V, Pankratov O V, et al. 1998. Three-dimensional frequency-domain modeling of airborne electromagnetic responses. Exploration Geophysics, 29(1-2): 111-119.

Avdeev D B, Kuvshinov A V, Pankratov O V, et al. 2002. Three-dimensional induction logging problems, Part I: An integral equation solution and model comparisons. Geophysics, 67(2): 413-426.

Berdichevsky M N, Zhdanov M S. 1984. Advanced theory of deep geomagnetic sounding. https://www.jstage.jst.go.jp/article/jgg1949/37/12/37_12_1165/_pdf[2023-4-15].

Best M E, Duncan P, Jacobs F J, et al. 1985. Numerical modeling of the electromagnetic response of three-dimensional conductors in a layered earth. Geophysics, 50(4): 665-676.

Bleszynski E, Bleszynski M, Jaroszewicz T. 1996. AIM: Adaptive integral method for solving large-scale electromagnetic scattering and radiation problems. Radio Science, 31(5): 1225-1250.

Born M. 1926. Zur Quantenmechanik der Stoßvorgänge. Zeitschrift für Physik. 37: 863-867.

Brick Y, Yilmaz A E 2016. Fast multilevel computation of low-rank representation of H-matrix blocks. IEEE Transactions on Antennas and Propagation, 64(12): 5326-5334.

Chai W, Jiao D. 2009. An $\mathscr{H}^2$-matrix-based integral-equation solver of reduced complexity and controlled accuracy for solving electrodynamic problems. IEEE Transactions on Antennas and Propagation, 57(10): 3147-3159.

Chai W, Jiao D. 2011. Dense matrix inversion of linear complexity for integral-equation-based large-scale 3-D capacitance extraction. IEEE Transactions on Microwave Theory and Techniques, 59(10): 2404-2421.

Chai W, Jiao D. 2013. Theoretical study on the rank of integral operators for broadband electromagnetic modeling from static to electrodynamic frequencies. IEEE Transactions on Components, Packaging and Manufacturing Technology, 3(12): 2113-2126.

Chen C, Kruglyakov M, Kuvshinov A. 2021. Advanced three-dimensional electromagnetic modelling using a nested integral equation approach. Geophysical Journal International, 226(1): 114-130.

Chen G B, Zhang Y, Lu J. 2020. Contraction integral equation for modeling of EM scattering by 3-D bodies buried in multilayered anisotropic medium. IEEE Transactions on Antennas and Propagation, 69(2): 962-970.

Chen S W, Zhou H X, Zheng K L, et al. 2017. VIE-ODDM-FFT method using nested uniform cartesian grid for the analysis of electrically large inhomogeneous dielectric objects. IEEE Transactions on Antennas and Propagation, 66(1): 293-303.

Chew W C, Tong M S, Hu B. 2009. Integral equation methods for electromagnetic and elastic waves. Kentfield: Morgan & Claypool Publishers.

Cui T J, Chew W C. 1999. Fast algorithm for electromagnetic scattering by buried 3-D dielectric objects of large size. IEEE Transactions on Geoscience and Remote Sensing, 37(5): 2597-2608.

Dmitriev V I. 1969. Electromagnetic Fields in Inhomogeneous Media(in Russian). Moscow: Proceedings of the Computational Center, Moscow State University.

Endo M, Čuma M, Zhdanov M S. 2008. A multigrid integral equation method for large-scale models with inhomogeneous backgrounds. Journal of Geophysics and Engineering, 5(4): 438-447.

Endo M, Čuma M, Zhdanov M S. 2009. Large-scale electromagnetic modeling for multiple inhomogeneous domains. Communication in Computational Physics, 6(2): 269-289.

Fang S, Gao G Z, Torres-Verdin C. 2006. Efficient 3D electromagnetic modelling in the presence of anisotropic conductive media, using integral equations. Exploration Geophysics, 37(3): 239-244.

Gan H, Chew W C. 1995. A discrete BCG-FFT algorithm for solving 3D inhomogeneous scatterer problems. Journal of Electromagnetic Waves and Applications, 9(10): 1339-1357.

Gao G, Torres-Verdin C, Fang S. 2004. Fast 3D modeling of borehole induction measurements in dipping and anisotropic formations using a novel approximation technique. Petrophysics, 45(4): 149-335.

Guo H, Liu Y, Hu J, et al. 2017. A butterfly-based direct integral-equation solver using hierarchical LU factorization for analyzing scattering from electrically large conducting objects. IEEE Transactions on Antennas and Propagation, 65(9): 4742-4750.

Guo R, Shan T, Song X, et al. 2021. Physics embedded deep neural network for solving volume integral equation: 2D case. IEEE Transactions on Antennas and Propagation, 70(8): 6135-6147.

Gupta P K, Bennett L A, Raiche A P. 1987. Hybrid calculations of the three-dimensional electromagnetic response of buried conductors. Geophysics, 52(3): 301-306.

Habashy T M, Groom R W, Spies B R. 1993. Beyond the Born and Rytov approximations: A nonlinear approach to electromagnetic scattering. Journal of Geophysical Research, 98(B2): 1759-1775.

Harrington R F. 1967. Matrix methods for field problems. Proceedings of the IEEE, 55(2): 136-149.

Harrington R F. 1993. Field computation by moment methods. New York: IEEE Press.

Hohmann G W. 1975. Three-dimesional induced polarization and electromagnetic modeling. Geophysics, 40(2): 309-324.

Hohmann G W. 1983. Three-dimensional EM Modeling. Geophysical Surveys, 6: 27-53.

Hu Y, Fang Y, Wang D, et al. 2018. Electromagnetic waves in multilayered generalized anisotropic media. IEEE Transactions on Geoscience and Remote Sensing, 56(10): 5758-5766.

Hu Y, Fang Y, Wang D, et al. 2019. The scattering of electromagnetic fields from anisotropic objects embedded in anisotropic multilayers. IEEE Transactions on Antennas and Propagation, 67(12): 7561-7568.

Hursán G, Zhdanov M S. 2002. Contraction integral equation method in three-dimensional electromagnetic modeling. Radio Science, 37(6): 1-13.

Kruglyakov M, Kuvshinov A. 2018. Using high-order polynomial basis in 3-D EM forward modeling based on volume integral equation method. Geophysical Journal International, 213(2): 1387-1401.

Lee K H, Pridmore D F, Morrison H F. 1981. A hybrid three-dimensional electromagnetic modeling scheme. Geophysics, 46(5): 796-805.

Li M, Su T, Chen R. 2016. Equivalence principle algorithm with body of revolution equivalence surface for the modeling of large multiscale structures. IEEE Transactions on Antennas and Propagation, 64(5): 1818-1828.

Li W D, Hong W, Zhou H X. 2008. An IE-ODDM-MLFMA scheme with DILU preconditioner for analysis of electromagnetic scattering from large complex objects. IEEE Transactions on Antennas and Propagation, 56(5): 1368-1380.

Liu C, Aygün K, Yilmaz A E. 2020. A parallel FFT-accelerated layered-medium integral-equation solver for electronic packages. International Journal of Numerical Modelling: Electronic Networks, Devices and Fields, 33(2): e2684.

Liu Q H, Zhang Z Q, Xu X M. 2001. The hybrid extended Born approximation and CG-FFT method for electromagnetic induction problems. IEEE Transactions on Geoscience and Remote Sensing, 39(2): 347-355.

Loseth L O, Ursin B. 2007. Electromagnetic fields in planarly layered anisotropic media. Geophysical Journal International, 170(1): 44-80.

Lu Z Q, An X, Hong W. 2008. A fast domain decomposition method for solving three-dimensional large-scale electromagnetic problems. IEEE Transactions on Antennas and Propagation, 56(8): 2200-2210.

Millard X, Liu Q L. 2003. A fast volume integral equation solver for electromagnetic scattering from large inhomogeneous objects inplanarly layered media. IEEE Transactions on Geoscience and Remote Sensing, 51(9): 2393-2401.

Newman G A, Alumbaugh D L. 1995. Frequency-domain modeling of airborne electromagnetic responses using staggered finite differences. Geophysical Prospecting, 43(8): 1021-1042.

Newman G A, Hohmann G W, Anderson W L. 1986. Transient electromagnetic response of a three-dimensional. body in a layered earth. Geophysics, 51(8): 1608-1627.

Nie X C, Yuan N, Liu C R. 2010. Simulation of LWD tool response using a fast integral equation method. IEEE Transactions on Geoscience and Remote Sensing, 48(1): 72-81.

Nie X C, Yuan N, Liu C R. 2013. A fast integral equation solver for 3D induction well logging in formations with large conductivity contrasts. Geophysical Prospecting, 61(3): 645-657.

Okhmatovski V, Yuan M, Jeffrey I, et al. 2009. A three-dimensional precorrected FFT algorithm for fast method of moments solutions of the mixed-potential integral equation in layered media. IEEE Transactions on Microwave Theory and Techniques, 57(12): 3505-3517.

Omar S, Jiao D. 2015. A linear complexity direct volume integral equation solver for full-wave 3-D circuit extraction in inhomogeneous materials. IEEE Transactions on Microwave Theory and Techniques, 63(3): 897-912.

Pankratov O V, Avdeev D B, Kuvshinov A V. 1995. Electromagnetic field scattering in a heterogeneous Earth: A solution to the forward problem. Physics of the Solid Earth, 31(3): 201-209.

Peng Z, Hiptmair R, Shao Y, et al. 2015. Domain decomposition preconditioning for surface integral equations in solving challenging electromagnetic scattering problems. IEEE Transactions on Antennas and Propagation, 64(1): 210-223.

Qian C, Yucel A C. 2021. On the compression of translation operator tensors in FMM-FFT-accelerated SIE simulators via tensor decompositions. IEEE Transactions on Antennas and Propagation, 69(6): 3359-3370.

Raiche A P. 1974. An integral equation approach to three-dimensional modelling. Geophysical Journal International, 36(2): 363-376.

Rao S, Wilton D, Glisson A. 1982. Electromagnetic scattering by surfaces of arbitrary shape. IEEE Transactions on Antennas and Propagation, 30(3): 409-418.

Rong Z, Jiang M, Chen Y, et al. 2019. Fast direct solution of integral equations with modified HODLR structure for analyzing electromagnetic scattering problems. IEEE Transactions on Antennas and Propagation, 67(5): 3288-3296.

Sarkar T K. 1984. The application of the conjugate gradient method for the solution of operator equations arising in electromagnetic scattering from wire antennas. Radio Science, 19(5): 1156-1172.

Schaubert D, Wilton D, Glisson A. 1984. A tetrahedral modeling method for electromagnetic scattering by arbitrarily shaped inhomogeneous dielectric bodies. IEEE Transactions on Antennas and Propagation, 32(1): 77-85.

Shaeffer J. 2008. Direct solve of electrically large integral equations for problem sizes to 1 M unknowns. IEEE Transactions on Antennas and Propagation, 56(8): 2306-2313.

Singer B S. 1995. Method for solution of Maxwell's equations in non-uniform media. Geophysical Journal International, 120(3): 590-598.

Tai C. 1971. Dyadic Green's Functions in Electromagnetic Theory. Intext Educational Publishers.

Ting S C, Hohmann G W. 1981. Integral equation modeling of three-dimensional magnetotelluric response. Geophysics, 46(2): 182-197.

Torres-Verdin C, Habashy T M. 1994. Rapid 2.5-dimensional forward modeling and inversion via a new nonlinear scattering approximation. Radio Science, 29(4): 1051-1079.

Tripp A C, Hohmann G W. 1984. Block diagonalization of the electromagnetic impedance matrix of a symmetric buried body using group theory. IEEE Transactions on Geoscience and Remote Sensing, 22(1): 62-69.

Ueda T, Zhdanov M S. 2006. Fast numerical modeling of multi-transmitter electromagnetic data using multigrid quasi-linear approximation. IEEE Transactions on Geoscience and Remote Sensing, 44(6): 1428-1434.

Wang D, Hu Y, Fang Y, et al. 2020. Fast 3-D volume integral equation domain decomposition method for electromagnetic scattering by complex inhomogeneous objects traversing multiple layers. IEEE Transactions on Antennas and Propagation, 68(2): 958-966.

Wannamaker P E, Hohmann G W, Sanfilippo W A. 1984. Electromagnetic modeling of three-dimensional using integral equations. Geophysics, 49(1): 60-74.

Wei J G, Peng Z, Lee J F. 2012. A fast direct matrix solver for surface integral equation methods for electromagnetic wave scattering from non-penetrable targets. Radio Science, 47(5): 1-9.

Weidelt P. 1975. Electromagnetic induction in three dimensional structures. Journal of Geophysics, 41: 85-109.

Xiong Z. 1989. Electromagnetic fields of electric dipoles embedded in a stratified anisotropic earth. Geophysics, 54(12): 1643-1646.

Xiong Z. 1992a. Symmetry properties of the scattering matrix in 3-D electromagnetic modeling using the integral equation method. Geophysics, 57(9): 1199-1202.

Xiong Z. 1992b. Electromagnetic modeling of 3-D structures by the method of system iteration using integral equations. Geophysics, 57(12): 1556-1561.

Xiong Z, Tripp A C. 1993. Scattering matrix evaluation using spatial symmetry in electromagnetic modelling. Geophysical Journal International, 114(3): 459-464.

Xiong Z, Tripp A C. 1997. 3-D electromagnetic modeling for near-surface targets using integral equations. Geophysics, 62(4): 1097-1106.

Xiong Z, Luo Y, Wang S, et al. 1986. Induced-polarization and electromagnetic modeling of a three-dimensional body buried in a two-layer anisotropic earth. Geophysics, 51(12): 2235-2246.

Yang K, Yilmaz A E. 2012. A three-dimensional adaptive integral method for scattering from structures embedded in layered media. IEEE Transactions on Geoscience and Remote Sensing, 50(4): 1130-1139.

Yang K, Yilmaz A E. 2013. FFT-accelerated analysis of scattering from complex dielectrics embedded in uniaxial layered media. IEEE Geoscience and Remote Sensing Letters, 10(4): 662-666.

Yang K, Torres-Verdin C, Yilmaz A E. 2015. Detection and quantification of three-dimensional hydraulic fractures with horizontal borehole resistivity measurements. IEEE Transactions on Geoscience and Remote Sensing, 53(8): 4605-4615.

Yang K, Torres-Verdín C, Yilmaz A E. 2016. Detection and quantification of 3D hydraulic fractures with vertical borehole induction resistivity measurements. Geophysics, 81(4): E259-E264.

Yla-Oijala P, Markkanen J, Jarvenpaa S, et al. 2014. Surface and volume integral equation methods for time-harmonic solutions of Maxwell's equations. Progress in Electromagnetics Research, 149: 15-44.

Yoon D, Zhdanov M S, Mattsson J, et al. 2016. A hybrid finite-difference and integral-equation method for modeling and inversion of marine controlled-source electromagnetic data. Geophysics, 81(5): E323-E336.

Zaslavsky M, Druskin V, Davydycheva S, et al. 2011. Hybrid finite-difference integral equation solver for 3D frequency domain anisotropic electromagnetic problems. Geophysics, 76(2): F123-F137.

Zhang Y H, Xiao B X, Zhu G Q. 2006. An improved weak-form BCGS-FFT combined with DCIM for analyzing electromagnetic scattering by 3-D objects in planarly layered media. IEEE Transactions on Geoscience and Remote Sensing, 44(12): 3540-3546.

Zhang Z Q, Liu Q H. 2001. Three-dimensional weak-form conjugate- andbiconjugate-gradient FFT methods for volume integral equations. Microwave and Optical Technology Letters, 29(5): 350-356.

Zhao K, Vouvakis M N, Lee J F. 2005. The adaptive cross approximation algorithm for accelerated method of moments computations of EMC problems. IEEE Transactions on Electromagnetic Compatibility, 47 (4): 763-773.

Zhdanov M S. 2002. Geophysical Inverse Theory and Regularization Problems. Amsterdam, London, New York: Elsevier Science Ltd.

Zhdanov M S. 2009. Geophysical Electromagnetic Theory and Method. Amsterdam, London, New York: Elsevier Science Ltd.

Zhdanov M S, Fang S. 1996. Quasi-linear approximation in 3-D electromagnetic modeling. Geophysics, 61(3): 646-665.

Zhdanov M S, Tartaras E. 2002. Three-dimensional inversion of multitransmitter electromagnetic data based on the localized quasi-linear approximation. Geophysical Journal International, 148(3): 506-519.

Zhdanov M S, Dmitriev V I, Fang S, et al. 2000. Quasi-analytical approximations and series in electromagnetic modeling. Geophysics, 65(6): 1746-1757.

Zhdanov M S, Lee S K, Yoshioka K. 2006. Integral equation method for 3D modeling of electromagnetic fields in complex structures with inhomogeneous background conductivity. Geophysics, 71(6): G333-G345.

第 7 章　谱元法正演理论及应用

7.1　引　言

谱元法是由谱方法和有限元法思想结合发展起来的一种高阶数值模拟算法。该方法采用有限元网格剖分方式将求解域划分为若干个子域，并在每个子域利用谱方法中正交高阶多项式作为基函数进行插值，因此该方法综合了有限元灵活模拟异常体和谱方法高精度与快速收敛的特性，同时避免了有限元法对网格剖分的依赖，可在保证计算精度的前提下获得最佳计算效率，实现计算速度和精度同步优化。谱元法基函数以 GLC 和 GLL 两种正交多项式为主。对于三维问题，谱元法通常采用六面体网格进行离散，在整个计算区域使用统一阶数基函数，通过调整物理网格剖分或改变基函数阶数两种方式获得高计算精度和高计算效率。

Patera(1984)最早提出了谱元法的概念，并将其用于流体力学方程的求解。由于谱元法具有良好的计算精度和收敛特性，多领域学者对其展开了应用研究，特别是在一些需要高精度求解的工程物理领域中谱元法得到广泛的应用，如湍流模拟、材料损伤检测等(Henderson and Karniadakis，1995；Kudela et al.，2007)。20 世纪 90 年代初，谱元法被引入计算地球物理领域，Seriani 和 Priolo(1991)率先将基于 GLC 基函数的谱元法引入二维地震波场模拟中并取得了很好的结果。随后，Komatitsch 和 Tromp(1999)将基于 GLL 基函数的谱元法引入三维地震波场模拟中，并证实对于介质物性存在很强不连续性的模型也能精确地模拟体波和面波的传播特性。随后，Komatitsch 和 Tromp(2002a，2002b)、Komatitsch 和 Martin(2007)、Komatitsch 等(2010)、Komatitsch(2011)在谱元模拟中逐步加入混合网格技术、最佳匹配层技术、区域分解技术、并行技术等，开发了开源软件 SPECFEM3D_Cartesian。另外，为进一步优化利用谱元法对波动场模拟的精度与效率，人们提出基于预条件下共轭梯度法的元到元技术(王秀明等，2007)、双物理网格(Seriani，2004)及多网格谱元法(林伟军等，2018)。此外，刘有山等(2014)和李琳等(2014)分别基于 Fekete 节点和 Cohen 节点实现了三角谱元法在地震正演模拟中的应用，Zhu 等(2020，2022)实现了基于四面体网格直流电法和频域航空电磁三维正演。

进入 21 世纪后，谱元法在计算电磁领域中的研究开始出现，逐渐用于微波和电路等仿真研究(Cohen，2002；Lee and Liu，2004；Lu and Li，2006)。Lee 等(2006)提出基于 GLL 基函数混合阶谱元法求解电磁波导问题，通过对特征值问题分析，并与矢量有限元法对比，证实谱元法在求解矢量场问题方面的优越性。Lee 等(2009)以间断伽辽金谱元法和四阶 Runge-Kutta 差分格式形成的时域谱元法求解麦克斯韦方程，研究了元器件时域电场初值和扩散问题。Huang 等(2010)将高精度集成并行计算策略应用到时域谱元法电磁问题求解。为压制有损各向同性和各向异性介质中的伪解现象，Ren 等(2015)对 Lee 等(2009)

算法进行改进，提出“Non-Spurious”间断 Galerkin 时域谱元法，改善了计算效率。针对多个物理体地电模型，Ren 等(2017)提出了一种谱积分、有限元法和谱元法的高阶混合算法求解电磁波导问题。近年，谱元法逐渐被用于地球物理电磁场的模拟中，Zhou 等(2016)尝试将区域分解法与谱元法相结合求解地下频域电磁场传播特征。随后，Yin 等(2017)利用基于 GLL 多项式插值基函数的谱元法实现了频域航空正演模拟，Huang 等(2017)在此基础上对各向异性模型进行正演模拟。此外，Huang 等(2019)将基于 GLL 基函数的空间离散与后推欧拉时间离散相结合实现了时域航空电磁三维正演，而 Yin 等(2019，2021)分别实现了基于 GLC 插值基函数谱元法的频域和时域航空电磁三维正演模拟。

本章将重点介绍谱元法在三维电磁模拟中的应用问题。考虑频域电磁法发射和接收谐变电磁信号，而时域方法发射脉冲信号、接收瞬变电磁信号，在正演计算中对应的边值问题存在差异，因此本章将分别对时域和频域正演问题进行讨论。将分别利用 GLL 和 GLC 多项式进行频域正演模拟，而对于时域，将结合谱元法和后推欧拉时间离散技术进行正演模拟。

7.2 谱元法基本理论

谱元法是一种基于高阶加权余量技术的偏微分方程数值求解方法。该方法从伽辽金加权余量法出发得到偏微分方程的弱形式，同时引入谱方法和有限元法的求解思想，即使用谱方法中具有谱收敛性的正交基作为基函数和测试函数，并采用有限元的数值离散方式，利用规则或不规则物理网格对数值计算区域进行剖分，在形成谱元基函数对应的系数矩阵后，通过求解大型线性方程组完成任意离散网格内场值计算。对于任意位置电磁场，可通过对所在单元的谱元基函数进行插值获得。本节将介绍谱元法的基本理论和思想，并给出谱元基函数的数学描述。

7.2.1 伽辽金加权余量法

数学物理问题可转化为由微分方程和边界条件构成的边值问题，即

$$\begin{cases} Fu - f = 0 & \text{in} \quad V \\ u = u_\Gamma & \text{on} \quad \Gamma \end{cases} \tag{7.1}$$

式中，F 为连续微分算子。下文讨论如何将电磁正演问题转化为对应的边值问题。考虑式(7.1)通常难以直接获得精确解，一般通过将微分形式的边值问题转为积分形式的边值问题以实现方程的近似求解，即将微分方程积分化。

加权余量法是微分方程积分化的常用方法。假设存在一组测试函数 $U=\{u \mid u \in H_2(V),\ u=u_\Gamma \text{ on } \Gamma\}$ 和一组权函数 $W=\{w \mid w \in L_2(V),\ w=0 \text{ on } \Gamma\}$，则存在 $u \in U$，使得式(7.1)满足

$$(Fu - f,\ w) = 0, \qquad \forall w \in W \tag{7.2}$$

式(7.2)保证了 $Fu-f$ 的映射在 W 域上为零。式(7.2)在 $L_2(V)$ 空间的内积可写成

$$\int_V (Fu - f) w \mathrm{d}v = 0, \quad \forall w \in W \tag{7.3}$$

若式(7.3)对任意的 w 均成立，则式(7.3)为式(7.1)的等效积分形式。

对于离散的有限维度子空间 $U^h \subset U$，当以测试函数 $\varphi_i(i=0, 1, 2, \cdots, N)$为基函数进行展开时，近似解 $u^h \in U^h$ 可表示为

$$u^h = \sum_{i=0}^{N} c_i \varphi_i \tag{7.4}$$

将式(7.4)代入式(7.1)中，在每个子域中可能会出现 $F^h u^h - f = r^h$，r^h 为方程在每个子域的余量。系数 c_i 为未知数，可通过$(r^h, w) = 0$，$\forall w \in W$ 进行求解。同样地，将权函数离散为有限的子域 $W^h \subset W$，引入 $\phi_j(j=0, 1, \cdots, N)$作为权函数的基，即 $w^h = \{\phi_j\}_{j=0}^{N}$，则离散加权余量式为

$$(r^h, w^h) = 0, \quad \forall w^h \in W^h \tag{7.5}$$

式(7.5)等价于

$$\sum_{i=0}^{N} c_i \int_V (F^h \varphi_i) \phi_j \mathrm{d}v = \int_V f \phi_j \mathrm{d}v, \quad j = 0, 1, \cdots, N \tag{7.6}$$

通过矩阵形式可以表示为

$$\boldsymbol{F}\boldsymbol{c} = \boldsymbol{f} \tag{7.7}$$

式中，系数矩阵 $\boldsymbol{F}$ 和右端项 $\boldsymbol{f}$ 的元素为 $F_{ij} = \int_V (F^h \varphi_i) \phi_j \mathrm{d}v$；$f_j = \int_V f \phi_j \mathrm{d}v$；$\boldsymbol{c} = [c_0, c_1, \cdots, c_N]^{\mathrm{T}}$；$\boldsymbol{f} = [f_0, f_1, \cdots, f_N]^{\mathrm{T}}$。利用式(7.7)可求解 $\boldsymbol{c}$，然后由式(7.4)计算 u^h。式(7.6)中 N 为未知数个数。

权函数 ϕ_j 的选取决定了加权余量的计算方式。常用的加权余量法包括配置点法(point collocation)、最小二乘法(least- square)、子域配置法(domain collocation)和伽辽金法。本章将从伽辽金加权余量法出发引出方程弱形式，进而推导电磁正演公式。对于简单边界的偏微分方程，如式(7.1)，将 u^h 对应的测试函数作为权函数的加权余量法称为伽辽金加权余量法。由式(7.6)则有

$$\sum_{i=0}^{N} c_i \int_V (F^h \varphi_i) \varphi_j \mathrm{d}v = \int_V f \varphi_j \mathrm{d}v, \quad j = 0, 1, \cdots, N \tag{7.8}$$

通过伽辽金加权余量法可将式(7.1)所示的偏微分方程边值问题转化为积分形式。为进一步求解式(7.8)，需要引入谱方法、有限元或谱元等数值方法，将式(7.7)中的 $\boldsymbol{F}$ 和 $\boldsymbol{f}$ 具体计算出来，形成关于待求解未知数 $\boldsymbol{c}$ 的线性方程组，即可获得边值问题的数值解。

7.2.2　谱元法的数学描述

谱元法从伽辽金加权余量法出发，利用 N_{el} 个有限单元离散非重叠子域 V_e(在有限元分析中“子域”常被称为单元)，采用谱方法进行计算，并通过有限元方式合成大型线性方程组，即可实现问题求解。在谱元法中，一组测试函数 U^h 可表示为

$$U^h = \{u \in U, \; u_{V^e} \in P_N(V^e)\} \tag{7.9}$$

式中，P_N 为某一子域 V^e 对应的小于(或等于)阶数 N 的多项式，同时也是谱元法基函数(测试函数)。当 $N_{el}=1$ 时，谱元法即谱方法；当 $N=1$ 或 2 时，谱元法等价于线性或二阶有限元法。由式(7.9)可以看出，谱元法求解的收敛性可通过提高多项式阶数或增加离散单元数量来实现。换句话说，谱元法既可通过提高基函数阶数又可通过加密空间离散的物理网格改善计算精度。参考 Yin 等(2017)，三维谱元法的基函数可由一组一维基函数构成，即

$$\Phi_{mnp}=\varphi_m\varphi_n\varphi_p,\quad m,\ n,\ p=0,\ 1,\ \cdots,\ N \tag{7.10}$$

不同的积分算法将采用不同的权系数 $w_m w_n w_p(m,\ n,\ p=0,\ 1,\ \cdots,\ N)$ 和积分节点 $(\xi_m,\ \eta_n,\ \zeta_p)(m,\ n,\ p=0,\ 1,\ \cdots,\ N)$。这些将在下文各节详细讨论。

需要指出的是，谱元法对应的物理域空间离散方式与有限元类似，二维空间可采用规则四边形、形变四边形和三角形网格进行离散，而三维空间可采用规则六面体、形变六面体和四面体网格进行离散。

7.2.3　谱元法基函数

谱元法基函数一般选取高阶拉格朗日型插值多项式。对某一单元(即子域 V^e)来说，基函数内部配置点可通过局部积分点确定。GLC 和 GLL 是两种高斯-洛巴托求积分方法，采用具有 $N+1$ 积分点和权重值的 N 阶高斯-洛巴托积分可以保证 $2N-1$ 阶多项式的数值精度(Canuto et al.，2012)。

一维情况下 N 阶数值积分形式介绍如下。参见 Canuto 等(2012)，GLC 积分对应的积分点和权重为

$$\xi_j=\cos\frac{j\pi}{N},\quad 0\leqslant j\leqslant N \tag{7.11}$$

$$w_0=\frac{\pi}{2N},\quad w_j=\frac{\pi}{N}(1\leqslant j\leqslant N-1),\quad w_N=\frac{\pi}{2N} \tag{7.12}$$

而 GLL 积分对应的积分点和权重为

$$\xi_0=-1,\quad \xi_j=\{\xi_j\,|\,L'_N(\xi_j)=0\}(1\leqslant j\leqslant N-1),\quad \xi_N=1 \tag{7.13}$$

$$w_j=\frac{2}{N(N+1)}\frac{1}{[L_N(\xi_j)]^2},\quad j=0,\ 1,\ \cdots,\ N \tag{7.14}$$

式中，$L_N(\xi)$ 和 $L'_N(\xi)$ 为 N 阶勒让德正交多项式及其一阶导数。

选取不同的高斯积分，结合不同的正交多项式，将形成不同的基函数形式。基于高斯-洛巴托数值积分方法并结合勒让德和切比雪夫正交系，可分别形成 GLC 和 GLL 正交多项式，这两种多项式是谱元法常用的基函数。GLC 和 GLL 正交多项式定义域为[-1，1]。

一维情况下 N 阶 GLC 基函数为

$$\varphi_j(\xi)=\frac{(-1)^{j+1}}{\alpha_j N^2}\frac{(1-\xi^2)}{\xi-\xi_j}T'_N(\xi) \tag{7.15}$$

式中，$\alpha_j=1(j=1,\ \cdots,\ N-1)$，$\alpha_0=\alpha_N=2$；$T'_N(\xi)$ 为 N 阶切比雪夫正交多项式的一阶导数；ξ_j 为 N 阶 GLC 积分节点，同时也是 GLC 基函数配置点和插值节点。

一维情况下 N 阶 GLL 基函数为

$$\varphi_j(\xi) = \frac{-1}{N(N+1)L_N(\xi_j)} \frac{(1-\xi^2)}{(\xi-\xi_j)} L'_N(\xi) \tag{7.16}$$

式中，ξ_j 为 N 阶 GLL 积分节点，同时也是 GLL 基函数配置点和插值节点。式(7.16)表明 GLL 多项式的配置点同时也是其奇异点，在配置点处多项式具有 δ 函数属性。在更复杂的二维和三维情况下，谱元基函数可通过一维基函数组合而成。

有限元法中把自由度放在离散网格节点上的方法称为标量(节点)有限元法，而把自由度放在离散网格棱边上的方法称为矢量(棱边)有限元法。与有限元法类似，谱元法也可分为基于节点的标量型和基于棱边的矢量型，矢量型谱元法也称为混合阶谱元法(Lee et al., 2006)。下文给出标准六面体单元{参考单元$(\xi, \eta, \zeta) \in \{[-1, 1]\times[-1, 1]\times[-1, 1]\}$}三维标量和矢量基函数的具体形式。在参考坐标系下，标量基函数可表示为(Lee and Liu, 2004)

$$\boldsymbol{\Phi}_{rst} = \varphi_r^{(N)}(\xi)\varphi_s^{(N)}(\eta)\varphi_t^{(N)}(\zeta) \tag{7.17}$$

而矢量基函数可表示为(Lee et al., 2006)

$$\boldsymbol{\Phi}(\xi, \eta, \zeta) = \begin{bmatrix} \boldsymbol{\Phi}_{rst}^{(\xi, N)} \\ \boldsymbol{\Phi}_{rst}^{(\eta, N)} \\ \boldsymbol{\Phi}_{rst}^{(\zeta, N)} \end{bmatrix} = \begin{bmatrix} \varphi_r^{(N-1)}(\xi)\varphi_s^{(N)}(\eta)\varphi_t^{(N)}(\zeta)\hat{\boldsymbol{\xi}} \\ \varphi_r^{(N)}(\xi)\varphi_s^{(N-1)}(\eta)\varphi_t^{(N)}(\zeta)\hat{\boldsymbol{\eta}} \\ \varphi_r^{(N)}(\xi)\varphi_s^{(N)}(\eta)\varphi_t^{(N-1)}(\zeta)\hat{\boldsymbol{\zeta}} \end{bmatrix} \tag{7.18}$$

式中，$\boldsymbol{\Phi}_{rst}^{(\xi,N)}$、$\boldsymbol{\Phi}_{rst}^{(\eta,N)}$ 和 $\boldsymbol{\Phi}_{rst}^{(\zeta,N)}$ 分别为沿参考坐标系 ξ、η 和 ζ 方向的 N 阶基函数；r、s、t 为 ξ、η 和 ζ 方向上插值基函数位置索引。考虑求解的是电磁场问题，类似于有限元法，标量谱元法不能够满足矢量电磁场物理边界条件，会使计算结果产生伪解。然而，矢量谱元法能够自动满足控制方程的内部边界条件，因此本章采用以式(7.18)作为基函数的矢量谱元法求解三维电磁正演问题。

7.3　基于规则六面体网格谱元法频域三维电磁正演

本节将从电磁场满足的矢量亥姆霍兹方程出发，推导频域三维电磁正演边值问题和谱元方程，并讨论谱元法用于三维电磁响应正演模拟的有效性。

7.3.1　频域正演边值问题

考虑准静态条件，则频域电场满足如下矢量亥姆霍兹方程：

$$\nabla\times\nabla\times\boldsymbol{E} + i\omega\mu\boldsymbol{\sigma}\cdot\boldsymbol{E} = -i\omega\mu\boldsymbol{J}_i \tag{7.19}$$

式中，$\boldsymbol{\sigma}$ 为电导率张量；$\boldsymbol{J}_i$ 为源电流密度；$\boldsymbol{E}$ 为包含一次电场 $\boldsymbol{E}_p$ 和二次电场 $\boldsymbol{E}_s$ 的总电场，即

$$\boldsymbol{E} = \boldsymbol{E}_p + \boldsymbol{E}_s \tag{7.20}$$

同理，磁场 $\boldsymbol{H}$ 可分解为一次磁场 $\boldsymbol{H}_p$ 和二次磁场 $\boldsymbol{H}_s$，即

$$\boldsymbol{H} = \boldsymbol{H}_p + \boldsymbol{H}_s \tag{7.21}$$

另外，一次电场 $\boldsymbol{E}_p$ 满足如下方程

$$\nabla\times\nabla\times\boldsymbol{E}_p+i\omega\mu\boldsymbol{\sigma}_p\cdot\boldsymbol{E}_p=-i\omega\mu\boldsymbol{J}_i \tag{7.22}$$

式中，$\boldsymbol{\sigma}_p$ 为背景电导率张量。将式(7.20)代入式(7.19)中，并联立式(7.22)，可得二次电场 $\boldsymbol{E}_s$ 满足的矢量亥姆霍兹方程为

$$\nabla\times\nabla\times\boldsymbol{E}_s+i\omega\mu\boldsymbol{\sigma}\cdot\boldsymbol{E}_s=-i\omega\mu(\boldsymbol{\sigma}-\boldsymbol{\sigma}_p)\cdot\boldsymbol{E}_p \tag{7.23}$$

求解频域正演既可以从总场方程也可以从二次场方程出发进行边值问题数学推导。然而，电磁场在外加电流源附近变化剧烈，特别是对于频域航空电磁收发距较小的情况下，很难通过数值方法获得接收点处电磁场的精确解。为避免发射源周围场剧烈变化导致式(7.19)在发射源附近解的强奇异性，通常从二次场方程出发进行电磁问题求解。

利用谱元法求解频域航空电磁正演时，一次场通常采用空气中的偶极场，包括垂直磁偶极子(vertical magnetic dipole，VMD)和水平磁偶极子(horizontal magnetic dipole，HMD)。参见李小康(2011)，电导率为 σ_p 的均匀各向同性全空间中单位磁矩垂直磁偶极子产生的一次场为

$$E_x^p=\frac{i\omega\mu}{4\pi}\frac{y\left(ir\sqrt{\omega^2\mu\varepsilon-i\omega\mu\sigma_p}+1\right)\mathrm{e}^{-ir\sqrt{\omega^2\mu\varepsilon-i\omega\mu\sigma_p}}}{r^3} \tag{7.24a}$$

$$E_y^p=-\frac{i\omega\mu}{4\pi}\frac{x\left(ir\sqrt{\omega^2\mu\varepsilon-i\omega\mu\sigma_p}+1\right)\mathrm{e}^{-ir\sqrt{\omega^2\mu\varepsilon-i\omega\mu\sigma_p}}}{r^3} \tag{7.24b}$$

$$E_z^p=0 \tag{7.24c}$$

而单位磁矩水平磁偶极子产生的一次场为

$$E_x^p=0 \tag{7.25a}$$

$$E_y^p=\frac{i\omega\mu}{4\pi}\frac{z\left(ir\sqrt{\omega^2\mu\varepsilon-i\omega\mu\sigma_p}+1\right)\mathrm{e}^{-ir\sqrt{\omega^2\mu\varepsilon-i\omega\mu\sigma_p}}}{r^3} \tag{7.25b}$$

$$E_z^p=-\frac{i\omega\mu}{4\pi}\frac{y\left(ir\sqrt{\omega^2\mu\varepsilon-i\omega\mu\sigma_p}+1\right)\mathrm{e}^{-ir\sqrt{\omega^2\mu\varepsilon-i\omega\mu\sigma_p}}}{r^3} \tag{7.25c}$$

式中，$r=\sqrt{x^2+y^2+z^2}$ 为收发距，而$(x,\ y,\ z)$为接收点与发射源之间的相对坐标。

为满足场求解的唯一性，需要在计算区域内部和外部边界处施加边界条件。在计算区域内，电场需要在不同介质分界面上满足切向分量的连续性，即

$$\begin{cases}\hat{\boldsymbol{n}}\times(\boldsymbol{E}_{p1}-\boldsymbol{E}_{p2})=\boldsymbol{0}\\ \hat{\boldsymbol{n}}\times(\boldsymbol{E}_{s1}-\boldsymbol{E}_{s2})=\boldsymbol{0}\end{cases} \tag{7.26}$$

式中，$\hat{\boldsymbol{n}}$ 为单位外法向向量；$\boldsymbol{E}_{p1}$、$\boldsymbol{E}_{p2}$、$\boldsymbol{E}_{s1}$ 和 $\boldsymbol{E}_{s2}$ 为界面两侧的一次和二次电场。

外部边界可采用狄利克雷边界条件，即(Newman and Alumbaugh，1995)

$$\begin{cases}\boldsymbol{E}_p|_\Gamma=\boldsymbol{0}\\ \boldsymbol{E}_s|_\Gamma=\boldsymbol{0}\end{cases} \tag{7.27}$$

7.3.2 频域控制方程离散

频域控制方程对应的余量形式为

$$\boldsymbol{R}^{freq} = \nabla\times\nabla\times\boldsymbol{E}_s + i\omega\mu\boldsymbol{\sigma}\cdot\boldsymbol{E}_s + i\omega\mu(\boldsymbol{\sigma}-\boldsymbol{\sigma}_p)\cdot\boldsymbol{E}_p \tag{7.28}$$

假设 $\boldsymbol{R}_e^{freq}$ 表示将物理域离散为一系列子域后离散区域 V^e 的余量，则根据伽辽金加权余量法有

$$\begin{aligned}&\int_{V^e}\boldsymbol{W}_e\cdot\boldsymbol{R}_e^{freq}\mathrm{d}v\\&=\int_{V^e}\boldsymbol{W}_e\cdot[\nabla\times\nabla\times\boldsymbol{E}_s + i\omega\mu\boldsymbol{\sigma}\cdot\boldsymbol{E}_s + i\omega\mu(\boldsymbol{\sigma}-\boldsymbol{\sigma}_p)\cdot\boldsymbol{E}_p]\mathrm{d}v = 0\end{aligned} \tag{7.29}$$

式中，$\boldsymbol{W}_e$ 为权函数，在谱元法正演中权函数通常取为基函数 $\tilde{\boldsymbol{\Phi}}$。结合并矢格林第一定理和边界条件，式(7.29)可改写为

$$\begin{aligned}&\int_{V^e}(\nabla\times\boldsymbol{W}_e)\cdot(\nabla\times\boldsymbol{E}_s)\mathrm{d}v + i\omega\mu\int_{V^e}\boldsymbol{W}_e\cdot\boldsymbol{\sigma}\cdot\boldsymbol{E}_s\mathrm{d}v\\&+ i\omega\mu\int_{V^e}\boldsymbol{W}_e\cdot(\boldsymbol{\sigma}-\boldsymbol{\sigma}_p)\cdot\boldsymbol{E}_p\mathrm{d}v = 0\end{aligned} \tag{7.30}$$

当地电模型电导率为各向同性时，式(7.30)可简写为

$$\begin{aligned}&\int_{V^e}(\nabla\times\boldsymbol{W}_e)\cdot(\nabla\times\boldsymbol{E}_s)\mathrm{d}v + i\omega\mu\int_{V^e}\sigma\boldsymbol{W}_e\cdot\boldsymbol{E}_s\mathrm{d}v\\&+ i\omega\mu\int_{V^e}(\sigma-\sigma_p)\boldsymbol{W}_e\cdot\boldsymbol{E}_p\mathrm{d}v = 0\end{aligned} \tag{7.31}$$

利用谱元法求解边值问题时，三维空间利用规则和不规则六面体单元进行网格离散，本节主要介绍基于规则六面体网格剖分条件下的频域航空电磁正演方法。基于规则六面体的网格离散可以按照一定关系沿着正交坐标系的三个轴方向拓扑生成。

在完成计算区域的离散后，在某一离散单元(子域 e)内，假设 $\tilde{\boldsymbol{\Phi}}(x, y, z)$ 为物理坐标系中的矢量基函数，由于离散单元为规则的正交六面体，仅存在沿 x、y 和 z 切向方向的基函数。假设沿 x、y 和 z 方向的基函数分别为 $\tilde{\boldsymbol{\Phi}}_j^x(x, y, z)$、$\tilde{\boldsymbol{\Phi}}_j^y(x, y, z)$ 和 $\tilde{\boldsymbol{\Phi}}_j^z(x, y, z)$，则在任意单元中电场可通过基函数插值表示为

$$\begin{aligned}\boldsymbol{E}_s = &\sum_{t=0}^{N_z}\sum_{s=0}^{N_y}\sum_{r=0}^{N_x-1}E_j^{sx}\tilde{\boldsymbol{\Phi}}_j^x(x, y, z) + \sum_{t=0}^{N_z}\sum_{s=0}^{N_y-1}\sum_{r=0}^{N_x}E_j^{sy}\tilde{\boldsymbol{\Phi}}_j^y(x, y, z)\\&+\sum_{t=0}^{N_z-1}\sum_{s=0}^{N_y}\sum_{r=0}^{N_x}E_j^{sz}\tilde{\boldsymbol{\Phi}}_j^z(x, y, z) = \sum_{j=1}^{M}E_j^s\tilde{\boldsymbol{\Phi}}_j(x, y, z)\end{aligned} \tag{7.32}$$

$$\begin{aligned}\boldsymbol{E}_p = &\sum_{t=0}^{N_z}\sum_{s=0}^{N_y}\sum_{r=0}^{N_x-1}E_j^{px}\tilde{\boldsymbol{\Phi}}_j^x(x, y, z) + \sum_{t=0}^{N_z}\sum_{s=0}^{N_y-1}\sum_{r=0}^{N_x}E_j^{py}\tilde{\boldsymbol{\Phi}}_j^y(x, y, z)\\&+\sum_{t=0}^{N_z-1}\sum_{s=0}^{N_y}\sum_{r=0}^{N_x}E_j^{pz}\tilde{\boldsymbol{\Phi}}_j^z(x, y, z) = \sum_{j=1}^{M}E_j^p\tilde{\boldsymbol{\Phi}}_j(x, y, z)\end{aligned} \tag{7.33}$$

式中，N_x、N_y、N_z分别为基函数在 x、y 和 z 三个方向的阶数；E_j^s 和 E_j^p 分别为频域二次电场和一次电场在单元索引为 j 基函数所在棱边上的切向电场分量；M 为某一单元中自由度的总数；$j=f(r, s, t)$，为某一单元内索引编号。单元索引编号定义如下：六面体网格的

局部单元标号、局部棱边标号、总体单元标号与总体棱边标号均按照先沿 x 方向，再沿 y 方向，最后沿 z 方向的顺序进行。对于三个棱边方向，按照先对 x，再对 y 和 z 方向的场分量或基函数进行编号。当 x、y 和 z 方向间隔数分别为 n_x、n_y 和 n_z 时，以 r、s 和 t 表示三个方向位置索引，由此可得 x 方向棱边位置索引为 $j=f(r,s,t)=r+(s-1)\times n_x+(t-1)\times n_x\times(n_y+1)$，$y$ 方向棱边位置索引为 $j=f(r,s,t)=r+(s-1)\times(n_x+1)+(t-1)\times(n_x+1)\times n_y+n_x\times(n_y+1)\times(n_z+1)$，$z$ 方向棱边位置索引为 $j=f(r,s,t)=r+(s-1)\times(n_x+1)+(t-1)\times(n_x+1)\times(n_y+1)+n_x\times(n_y+1)\times(n_z+1)+(n_x+1)\times n_y\times(n_z+1)$。本章所有的索引方式均参照以上约定进行设置。将式(7.32)、式(7.33)代入式(7.30)中，并利用基函数 $\tilde{\boldsymbol{\Phi}}$ 代替权函数 $\boldsymbol{W}_e$，则调整积分及求和顺序后可得

$$\begin{aligned}&\sum_{j=1}^{M}E_j^s\int_{V^e}(\nabla\times\tilde{\boldsymbol{\Phi}}_k)^{\mathrm{T}}\cdot(\nabla\times\tilde{\boldsymbol{\Phi}}_j)\mathrm{d}v+i\omega\mu\sum_{j=1}^{M}E_j^s\int_{V^e}\tilde{\boldsymbol{\Phi}}_k^{\mathrm{T}}\cdot\boldsymbol{\sigma}\cdot\tilde{\boldsymbol{\Phi}}_j\mathrm{d}v\\&+i\omega\mu\sum_{j=1}^{M}E_j^p\int_{V^e}\tilde{\boldsymbol{\Phi}}_k^{\mathrm{T}}\cdot(\boldsymbol{\sigma}-\boldsymbol{\sigma}_p)\cdot\tilde{\boldsymbol{\Phi}}_j\mathrm{d}v=0,\quad k=1,2,\cdots,M\end{aligned}\tag{7.34}$$

同理，各向同性条件下的式(7.31)可改写为

$$\begin{aligned}&\sum_{j=1}^{M}E_j^s\int_{V^e}(\nabla\times\tilde{\boldsymbol{\Phi}}_k)^{\mathrm{T}}\cdot(\nabla\times\tilde{\boldsymbol{\Phi}}_j)\mathrm{d}v+i\omega\mu\sigma\sum_{j=1}^{M}E_j^s\int_{V^e}\tilde{\boldsymbol{\Phi}}_k^{\mathrm{T}}\cdot\tilde{\boldsymbol{\Phi}}_j\mathrm{d}v\\&+i\omega\mu(\sigma-\sigma_p)\sum_{j=1}^{M}E_j^p\int_{V^e}\tilde{\boldsymbol{\Phi}}_k^{\mathrm{T}}\cdot\tilde{\boldsymbol{\Phi}}_j\mathrm{d}v=0,\quad k=1,2,\cdots,M\end{aligned}\tag{7.35}$$

式(7.34)、式(7.35)可改写为矩阵形式，即

$$(\boldsymbol{M}_{fa}^e+\boldsymbol{S}_{fa}^e)\boldsymbol{E}_s=-\boldsymbol{B}_{fa}^e\boldsymbol{E}_p\tag{7.36}$$

$$(\boldsymbol{M}_{fi}^e+\boldsymbol{S}_{fi}^e)\boldsymbol{E}_s=-\boldsymbol{B}_{fi}^e\boldsymbol{E}_p\tag{7.37}$$

式中，$\boldsymbol{M}^e$、$\boldsymbol{S}^e$ 和 $\boldsymbol{B}^e$ 分别为单元质量矩阵、刚度矩阵和右端项；$\boldsymbol{M}^e$ 和 $\boldsymbol{S}^e$ 共同组成了单元矩阵，下标 fa 和 fi 分别为频域各向异性和频域各向同性的情况；$\boldsymbol{E}_s$ 和 $\boldsymbol{E}_p$ 为频域待求解的二次电场和一次电场列向量。式(7.36)和式(7.37)对应的 $\boldsymbol{M}^e$、$\boldsymbol{S}^e$ 具体形式为

$$\boldsymbol{S}_{fa}^e[k,j]=\tilde{S}^e[k,j]=\int_{V^e}(\nabla\times\tilde{\boldsymbol{\Phi}}_k)^{\mathrm{T}}\cdot(\nabla\times\tilde{\boldsymbol{\Phi}}_j)\mathrm{d}v\tag{7.38}$$

$$\boldsymbol{S}_{fi}^e[k,j]=\tilde{S}^e[k,j]=\int_{V^e}(\nabla\times\tilde{\boldsymbol{\Phi}}_k)^{\mathrm{T}}\cdot(\nabla\times\tilde{\boldsymbol{\Phi}}_j)\mathrm{d}v\tag{7.39}$$

$$\boldsymbol{M}_{fa}^e[k,j]=i\omega\mu\boldsymbol{M1}^e[k,j]=i\omega\mu\int_{V^e}\tilde{\boldsymbol{\Phi}}_k^{\mathrm{T}}\cdot\boldsymbol{\sigma}\cdot\tilde{\boldsymbol{\Phi}}_j\mathrm{d}v\tag{7.40}$$

$$\boldsymbol{M}_{fi}^e[k,j]=i\omega\mu\sigma\boldsymbol{M2}^e[k,j]=i\omega\mu\sigma\int_{V^e}\tilde{\boldsymbol{\Phi}}_k^{\mathrm{T}}\cdot\tilde{\boldsymbol{\Phi}}_j\mathrm{d}v\tag{7.41}$$

$$\boldsymbol{B}_{fa}^e[k,j]=i\omega\mu\boldsymbol{B1}^e[k,j]=i\omega\mu\int_{V^e}\tilde{\boldsymbol{\Phi}}_k^{\mathrm{T}}\cdot(\boldsymbol{\sigma}-\boldsymbol{\sigma}_p)\cdot\tilde{\boldsymbol{\Phi}}_j\mathrm{d}v\tag{7.42}$$

$$\boldsymbol{B}_{fi}^e[k,j]=i\omega\mu(\sigma-\sigma_p)\boldsymbol{B2}^e[k,j]=i\omega\mu(\sigma-\sigma_p)\int_{V^e}\tilde{\boldsymbol{\Phi}}_k^{\mathrm{T}}\cdot\tilde{\boldsymbol{\Phi}}_j\mathrm{d}v\tag{7.43}$$

与有限元类似，在完成单元矩阵分析后可通过单元自由度索引与总体自由度索引之间的关系进行组装，获得总体系数矩阵。式(7.33)和式(7.36)对应的总体矩阵可表示为

$$(\boldsymbol{M}_{fa}+\boldsymbol{S}_{fa})\boldsymbol{E}_s=-\boldsymbol{B}_{fa}\boldsymbol{E}_p \tag{7.44}$$

$$(\boldsymbol{M}_{fi}+\boldsymbol{S}_{fi})\boldsymbol{E}_s=-\boldsymbol{B}_{fi}\boldsymbol{E}_p \tag{7.45}$$

进一步，可将上式简化为

$$\boldsymbol{AX}=\boldsymbol{D} \tag{7.46}$$

展开成线性方程组，可得

$$\begin{bmatrix} A_{1,1} & \cdots & A_{1,1n} & \cdots & A_{1,2n} & \cdots & A_{1,nn} \\ \vdots & & \vdots & & \vdots & & \vdots \\ A_{1n,1} & \cdots & A_{1n,1n} & \cdots & A_{1n,2n} & \cdots & A_{1n,nn} \\ \vdots & & \vdots & & \vdots & & \vdots \\ A_{2n,1} & \cdots & A_{2n,1n} & \cdots & A_{2n,2n} & \cdots & A_{2n,nn} \\ \vdots & & \vdots & & \vdots & & \vdots \\ A_{nn,1} & \cdots & A_{nn,1n} & \cdots & A_{nn,2n} & \cdots & A_{nn,nn} \end{bmatrix} \begin{bmatrix} X_1 \\ \vdots \\ X_{1n} \\ \vdots \\ X_{2n} \\ \vdots \\ X_{nn} \end{bmatrix} = \begin{bmatrix} D_1 \\ \vdots \\ D_{1n} \\ \vdots \\ D_{2n} \\ \vdots \\ D_{nn} \end{bmatrix} \tag{7.47}$$

为利用边界条件约束以保证线性方程组(7.47)解的唯一性，假设索引为 $1n$ 和 nn 自由度位于边界 Γ 上，参考徐世浙(1994)，则有

$$\begin{bmatrix} A_{1,1} & \cdots & 0 & \cdots & A_{1,2n} & \cdots & 0 \\ \vdots & & \vdots & & \vdots & & \vdots \\ 0 & \cdots & 1 & \cdots & 0 & \cdots & 0 \\ \vdots & & \vdots & & \vdots & & \vdots \\ A_{2n,1} & \cdots & 0 & \cdots & A_{2n,2n} & \cdots & 0 \\ \vdots & & \vdots & & \vdots & & \vdots \\ 0 & \cdots & 0 & \cdots & 0 & \cdots & 1 \end{bmatrix} \begin{bmatrix} X_1 \\ \vdots \\ X_{1n} \\ \vdots \\ X_{2n} \\ \vdots \\ X_{nn} \end{bmatrix} = \begin{bmatrix} D_1 \\ \vdots \\ 0 \\ \vdots \\ D_{2n} \\ \vdots \\ 0 \end{bmatrix} \tag{7.48}$$

方程组(7.48)的 **A** 矩阵是一个大型稀疏矩阵，当矩阵 **A** 的索引 k 和 j 分别位于同一体单元或不存在共用关系的两个单元时，可认为 k 和 j 不具有相关性，此时 $A_{kj}=0$。考虑到计算机的内存有限，当求解几十万甚至上百万自由度的大型线性方程组时，存储每一个 A_{kj} 可能会导致计算机内存溢出。为实现矩阵 **A** 的有效存储，可参考有限元法中使用的压缩存储方式以减小矩阵 **A** 的存储空间，为方程组求解提供必要条件。

7.3.3　谱元单元矩阵分析

基于 GLL 或 GLC 多项式的谱元基函数的定义域为[-1，1]×[-1，1]×[-1，1]，与物理网格的区域剖分不符。为实现单元矩阵计算，需要将物理域中的网格映射到参考域中进行求解。参考单元与物理单元之间的转换关系如图 7.1 所示。

假设参考域中基函数形式为 $\boldsymbol{\Phi}(\xi,\eta,\zeta)=[\boldsymbol{\Phi}^{\xi}(\xi,\eta,\zeta),\boldsymbol{\Phi}^{\eta}(\xi,\eta,\zeta),\boldsymbol{\Phi}^{\zeta}(\xi,\eta,\zeta)]$，则某一标准单元内频域电场可用参考域基函数表示为

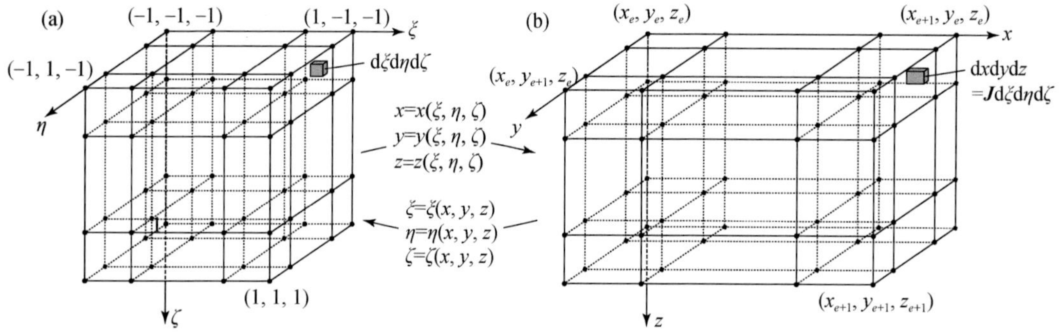

图 7.1　参考单元与物理单元转换关系

(a)参考单元；(b)物理单元

$$
\begin{aligned}
\boldsymbol{E}_s = & \sum_{t=0}^{N_\zeta}\sum_{s=0}^{N_\eta}\sum_{r=0}^{N_\xi-1} E_j^{s\xi}\boldsymbol{\Phi}_j^\xi(\xi,\ \eta,\ \zeta) + \sum_{t=0}^{N_\zeta}\sum_{s=0}^{N_\eta-1}\sum_{r=0}^{N_\xi} E_j^{s\eta}\boldsymbol{\Phi}_j^\eta(\xi,\ \eta,\ \zeta) \\
& + \sum_{t=0}^{N_\zeta-1}\sum_{s=0}^{N_\eta}\sum_{r=0}^{N_\xi} E_j^{s\zeta}\boldsymbol{\Phi}_j^\zeta(\xi,\ \eta,\ \zeta) = \sum_{j=1}^{M} E_j^s\boldsymbol{\Phi}_j(\xi,\ \eta,\ \zeta)
\end{aligned}
\tag{7.49}
$$

$$
\begin{aligned}
\boldsymbol{E}_p = & \sum_{t=0}^{N_\zeta}\sum_{s=0}^{N_\eta}\sum_{r=0}^{N_\xi-1} E_j^{p\xi}\boldsymbol{\Phi}_j^\xi(\xi,\ \eta,\ \zeta) + \sum_{t=0}^{N_\zeta}\sum_{s=0}^{N_\eta-1}\sum_{r=0}^{N_\xi} E_j^{p\eta}\boldsymbol{\Phi}_j^\eta(\xi,\ \eta,\ \zeta) \\
& + \sum_{t=0}^{N_\zeta-1}\sum_{s=0}^{N_\eta}\sum_{r=0}^{N_\xi} E_j^{p\zeta}\boldsymbol{\Phi}_j^\zeta(\xi,\ \eta,\ \zeta) = \sum_{j=1}^{M} E_j^p\boldsymbol{\Phi}_j(\xi,\ \eta,\ \zeta)
\end{aligned}
\tag{7.50}
$$

式中，N_ξ、N_η和 N_ζ 分别为基函数在 ξ、η 和 ζ 方向的阶数；$j=f(r,\ s,\ t)$为某一单元内索引编号，可参照前述物理域中编号设置规则。根据雅可比矩阵建立如下映射关系，即

$$
\begin{cases}
\tilde{\boldsymbol{\Phi}}(x,\ y,\ z) = \boldsymbol{J}^{-1}\cdot\boldsymbol{\Phi}(\xi,\ \eta,\ \zeta) \\
\nabla\times\tilde{\boldsymbol{\Phi}}(x,\ y,\ z) = \dfrac{1}{|\boldsymbol{J}|}\boldsymbol{J}^{\mathrm{T}}\cdot\nabla\times\boldsymbol{\Phi}(\xi,\ \eta,\ \zeta)
\end{cases}
\tag{7.51}
$$

其中，雅可比矩阵$\boldsymbol{J}=\begin{pmatrix}\dfrac{\partial x}{\partial \xi} & \dfrac{\partial y}{\partial \xi} & \dfrac{\partial z}{\partial \xi} \\ \dfrac{\partial x}{\partial \eta} & \dfrac{\partial y}{\partial \eta} & \dfrac{\partial z}{\partial \eta} \\ \dfrac{\partial x}{\partial \zeta} & \dfrac{\partial y}{\partial \zeta} & \dfrac{\partial z}{\partial \zeta}\end{pmatrix}$的具体形式与六面体网格相关。规则六面体网格与形变六面体网格的雅可比矩阵 $\boldsymbol{J}$ 形式不同。将式(7.34)、式(7.35)转换为参考域下积分形式，可得

$$
\begin{aligned}
&\sum_{j=1}^{M} E_j^s \int_{-1}^{1}\int_{-1}^{1}\int_{-1}^{1} (\nabla\times\boldsymbol{\Phi}_k)^{\mathrm{T}}\cdot\boldsymbol{J}\cdot\boldsymbol{J}^{\mathrm{T}}\cdot(\nabla\times\boldsymbol{\Phi}_j)\frac{1}{|\boldsymbol{J}|}\mathrm{d}\xi\mathrm{d}\eta\mathrm{d}\zeta \\
&+ i\omega\mu\sum_{j=1}^{M} E_j^s \int_{-1}^{1}\int_{-1}^{1}\int_{-1}^{1} \boldsymbol{\Phi}_k^{\mathrm{T}}\cdot\boldsymbol{J}^{-\mathrm{T}}\cdot\boldsymbol{\sigma}\cdot\boldsymbol{J}^{-1}\cdot\boldsymbol{\Phi}_j|\boldsymbol{J}|\mathrm{d}\xi\mathrm{d}\eta\mathrm{d}\zeta \\
&+ i\omega\mu\sum_{j=1}^{M} E_j^p \int_{-1}^{1}\int_{-1}^{1}\int_{-1}^{1} \boldsymbol{\Phi}_k^{\mathrm{T}}\cdot\boldsymbol{J}^{-\mathrm{T}}\cdot(\boldsymbol{\sigma}-\boldsymbol{\sigma}_p)\cdot\boldsymbol{J}^{-1}\cdot\boldsymbol{\Phi}_j|\boldsymbol{J}|\mathrm{d}\xi\mathrm{d}\eta\mathrm{d}\zeta = 0,\quad k=1,2,\cdots,M
\end{aligned}
\tag{7.52}
$$

$$
\begin{aligned}
&\sum_{j=1}^{M} E_j^s \int_{-1}^{1}\int_{-1}^{1}\int_{-1}^{1} (\nabla\times\boldsymbol{\Phi}_k)^{\mathrm{T}}\cdot\boldsymbol{J}\cdot\boldsymbol{J}^{\mathrm{T}}\cdot(\nabla\times\boldsymbol{\Phi}_j)\frac{1}{|\boldsymbol{J}|}\mathrm{d}\xi\mathrm{d}\eta\mathrm{d}\zeta \\
&+ i\omega\mu\sigma\sum_{j=1}^{M} E_j^s \int_{-1}^{1}\int_{-1}^{1}\int_{-1}^{1} \boldsymbol{\Phi}_k^{\mathrm{T}}\cdot\boldsymbol{J}^{-\mathrm{T}}\cdot\boldsymbol{J}^{-1}\cdot\boldsymbol{\Phi}_j|\boldsymbol{J}|\mathrm{d}\xi\mathrm{d}\eta\mathrm{d}\zeta \\
&+ i\omega\mu(\sigma-\sigma_p)\sum_{j=1}^{M} E_j^p \int_{-1}^{1}\int_{-1}^{1}\int_{-1}^{1} \boldsymbol{\Phi}_k^{\mathrm{T}}\cdot\boldsymbol{J}^{-\mathrm{T}}\cdot\boldsymbol{J}^{-1}\cdot\boldsymbol{\Phi}_j|\boldsymbol{J}|\mathrm{d}\xi\mathrm{d}\eta\mathrm{d}\zeta = 0,\quad k=1,2,\cdots,M
\end{aligned}
\tag{7.53}
$$

而式(7.36)和式(7.37)中的 $\boldsymbol{M}^e$、$\boldsymbol{S}^e$ 和 $\boldsymbol{B}^e$ 包含的积分 $\tilde{\boldsymbol{S}}^e[k,j]$、$\boldsymbol{M1}^e[k,j]$、$\boldsymbol{M2}^e[k,j]$、$\boldsymbol{B1}^e[k,j]$ 和 $\boldsymbol{B2}^e[k,j]$ 可通过映射关系改写为参考坐标系下的积分，即

$$
\tilde{\boldsymbol{S}}^e[k,j] = \int_{-1}^{1}\int_{-1}^{1}\int_{-1}^{1} (\nabla\times\boldsymbol{\Phi}_k)^{\mathrm{T}}\cdot\boldsymbol{J}\cdot\boldsymbol{J}^{\mathrm{T}}\cdot(\nabla\times\boldsymbol{\Phi}_j)\frac{1}{|\boldsymbol{J}|}\mathrm{d}\xi\mathrm{d}\eta\mathrm{d}\zeta \tag{7.54}
$$

$$
\boldsymbol{M1}^e[k,j] = \int_{-1}^{1}\int_{-1}^{1}\int_{-1}^{1} \boldsymbol{\Phi}_k^{\mathrm{T}}\cdot\boldsymbol{J}^{-\mathrm{T}}\cdot\boldsymbol{\sigma}\cdot\boldsymbol{J}^{-1}\cdot\boldsymbol{\Phi}_j|\boldsymbol{J}|\mathrm{d}\xi\mathrm{d}\eta\mathrm{d}\zeta \tag{7.55}
$$

$$
\boldsymbol{M2}^e[k,j] = \int_{-1}^{1}\int_{-1}^{1}\int_{-1}^{1} \boldsymbol{\Phi}_k^{\mathrm{T}}\cdot\boldsymbol{J}^{-\mathrm{T}}\cdot\boldsymbol{J}^{-1}\cdot\boldsymbol{\Phi}_j|\boldsymbol{J}|\mathrm{d}\xi\mathrm{d}\eta\mathrm{d}\zeta \tag{7.56}
$$

$$
\boldsymbol{B1}^e[k,j] = \int_{-1}^{1}\int_{-1}^{1}\int_{-1}^{1} \boldsymbol{\Phi}_k^{\mathrm{T}}\cdot\boldsymbol{J}^{-\mathrm{T}}\cdot(\boldsymbol{\sigma}-\boldsymbol{\sigma}_p)\cdot\boldsymbol{J}^{-1}\cdot\boldsymbol{\Phi}_j|\boldsymbol{J}|\mathrm{d}\xi\mathrm{d}\eta\mathrm{d}\zeta \tag{7.57}
$$

$$
\boldsymbol{B2}^e[k,j] = \int_{-1}^{1}\int_{-1}^{1}\int_{-1}^{1} \boldsymbol{\Phi}_k^{\mathrm{T}}\cdot\boldsymbol{J}^{-\mathrm{T}}\cdot\boldsymbol{J}^{-1}\cdot\boldsymbol{\Phi}_j|\boldsymbol{J}|\mathrm{d}\xi\mathrm{d}\eta\mathrm{d}\zeta \tag{7.58}
$$

由于物理域与参考域坐标系的三个坐标轴方向均互为正交，因此当物理域中的离散单元为规则六面体时，六面体内任意点坐标 x、y 和 z 分别只与 ξ、η 和 ζ 相关，即

$$
\begin{cases}
x = 0.5[x_0 + x_1 + (x_1 - x_0)\xi] \\
y = 0.5[y_0 + y_1 + (y_1 - y_0)\eta] \\
z = 0.5[z_0 + z_1 + (z_1 - z_0)\zeta]
\end{cases}
\tag{7.59}
$$

式中，x_0 和 x_1 分别为 x 方向棱边两端点的 x 坐标值；y_0 和 y_1 以及 z_0 和 z_1 分别为 y 方向和 z 方向棱边两端点的 y 和 z 坐标值。$\boldsymbol{J}$ 可简化为对角线非零的常量矩阵。假设物理域中定义域为 $[x_1, x_2]\times[y_1, y_2]\times[z_1, z_2]$ 的规则六面体单元，对应的雅可比矩阵可表示为

$$\boldsymbol{J}=\begin{pmatrix}\dfrac{x_2-x_1}{2} & 0 & 0\\ 0 & \dfrac{y_2-y_1}{2} & 0\\ 0 & 0 & \dfrac{z_2-z_1}{2}\end{pmatrix} \tag{7.60}$$

则有

$$[\tilde{\boldsymbol{\Phi}}_x,\ \tilde{\boldsymbol{\Phi}}_y,\ \tilde{\boldsymbol{\Phi}}_z]^{\mathrm{T}}=\left[\frac{2}{(x_2-x_1)}\boldsymbol{\Phi}_\xi,\ \frac{2}{(y_2-y_1)}\boldsymbol{\Phi}_\eta,\ \frac{2}{(z_2-z_1)}\boldsymbol{\Phi}_\zeta\right]^{\mathrm{T}} \tag{7.61}$$

由此，$\tilde{\boldsymbol{S}}^e[k,\ j]$、$\boldsymbol{M1}^e[k,\ j]$、$\boldsymbol{M2}^e[k,\ j]$、$\boldsymbol{B1}^e[k,\ j]$和$\boldsymbol{B2}^e[k,\ j]$可改写为

$$\tilde{\boldsymbol{S}}_{kj}^e=\begin{cases}\tilde{\boldsymbol{S}}_{kj}^{1e}, & k,\ j\text{ 为 }\xi,\ \xi\text{ 方向自由度索引}\\ \tilde{\boldsymbol{S}}_{kj}^{2e}, & k,\ j\text{ 为 }\xi,\ \eta\text{ 方向自由度索引}\\ \tilde{\boldsymbol{S}}_{kj}^{3e}, & k,\ j\text{ 为 }\xi,\ \zeta\text{ 方向自由度索引}\\ \tilde{\boldsymbol{S}}_{kj}^{4e}, & k,\ j\text{ 为 }\eta,\ \xi\text{ 方向自由度索引}\\ \tilde{\boldsymbol{S}}_{kj}^{5e}, & k,\ j\text{ 为 }\eta,\ \eta\text{ 方向自由度索引}\\ \tilde{\boldsymbol{S}}_{kj}^{6e}, & k,\ j\text{ 为 }\eta,\ \zeta\text{ 方向自由度索引}\\ \tilde{\boldsymbol{S}}_{kj}^{7e}, & k,\ j\text{ 为 }\zeta,\ \xi\text{ 方向自由度索引}\\ \tilde{\boldsymbol{S}}_{kj}^{8e}, & k,\ j\text{ 为 }\zeta,\ \eta\text{ 方向自由度索引}\\ \tilde{\boldsymbol{S}}_{kj}^{9e}, & k,\ j\text{ 为 }\zeta,\ \zeta\text{ 方向自由度索引}\end{cases} \tag{7.62}$$

$$\boldsymbol{M1}_{kj}^e=\begin{cases}\boldsymbol{M1}_{kj}^{1e}, & k,\ j\text{ 为 }\xi,\ \xi\text{ 方向自由度索引}\\ \boldsymbol{M1}_{kj}^{2e}, & k,\ j\text{ 为 }\xi,\ \eta\text{ 方向自由度索引}\\ \boldsymbol{M1}_{kj}^{3e}, & k,\ j\text{ 为 }\xi,\ \zeta\text{ 方向自由度索引}\\ \boldsymbol{M1}_{kj}^{4e}, & k,\ j\text{ 为 }\eta,\ \xi\text{ 方向自由度索引}\\ \boldsymbol{M1}_{kj}^{5e}, & k,\ j\text{ 为 }\eta,\ \eta\text{ 方向自由度索引}\\ \boldsymbol{M1}_{kj}^{6e}, & k,\ j\text{ 为 }\eta,\ \zeta\text{ 方向自由度索引}\\ \boldsymbol{M1}_{kj}^{7e}, & k,\ j\text{ 为 }\zeta,\ \xi\text{ 方向自由度索引}\\ \boldsymbol{M1}_{kj}^{8e}, & k,\ j\text{ 为 }\zeta,\ \eta\text{ 方向自由度索引}\\ \boldsymbol{M1}_{kj}^{9e}, & k,\ j\text{ 为 }\zeta,\ \zeta\text{ 方向自由度索引}\end{cases} \tag{7.63}$$

$$
\boldsymbol{M2}_{kj}^{e}=\begin{cases}\boldsymbol{M2}_{kj}^{1e}, & k,\ j\text{ 为 }\xi,\ \xi\text{ 方向自由度索引}\\ \boldsymbol{M2}_{kj}^{2e}, & k,\ j\text{ 为 }\xi,\ \eta\text{ 方向自由度索引}\\ \boldsymbol{M2}_{kj}^{3e}, & k,\ j\text{ 为 }\xi,\ \zeta\text{ 方向自由度索引}\\ \boldsymbol{M2}_{kj}^{4e}, & k,\ j\text{ 为 }\eta,\ \xi\text{ 方向自由度索引}\\ \boldsymbol{M2}_{kj}^{5e}, & k,\ j\text{ 为 }\eta,\ \eta\text{ 方向自由度索引}\\ \boldsymbol{M2}_{kj}^{6e}, & k,\ j\text{ 为 }\eta,\ \zeta\text{ 方向自由度索引}\\ \boldsymbol{M2}_{kj}^{7e}, & k,\ j\text{ 为 }\zeta,\ \xi\text{ 方向自由度索引}\\ \boldsymbol{M2}_{kj}^{8e}, & k,\ j\text{ 为 }\zeta,\ \eta\text{ 方向自由度索引}\\ \boldsymbol{M2}_{kj}^{9e}, & k,\ j\text{ 为 }\zeta,\ \zeta\text{ 方向自由度索引}\end{cases} \tag{7.64}
$$

$$
\boldsymbol{B1}_{kj}^{e}=\begin{cases}\boldsymbol{B1}_{kj}^{1e}, & k,\ j\text{ 为 }\xi,\ \xi\text{ 方向自由度索引}\\ \boldsymbol{B1}_{kj}^{2e}, & k,\ j\text{ 为 }\xi,\ \eta\text{ 方向自由度索引}\\ \boldsymbol{B1}_{kj}^{3e}, & k,\ j\text{ 为 }\xi,\ \zeta\text{ 方向自由度索引}\\ \boldsymbol{B1}_{kj}^{4e}, & k,\ j\text{ 为 }\eta,\ \xi\text{ 方向自由度索引}\\ \boldsymbol{B1}_{kj}^{5e}, & k,\ j\text{ 为 }\eta,\ \eta\text{ 方向自由度索引}\\ \boldsymbol{B1}_{kj}^{6e}, & k,\ j\text{ 为 }\eta,\ \zeta\text{ 方向自由度索引}\\ \boldsymbol{B1}_{kj}^{7e}, & k,\ j\text{ 为 }\zeta,\ \xi\text{ 方向自由度索引}\\ \boldsymbol{B1}_{kj}^{8e}, & k,\ j\text{ 为 }\zeta,\ \eta\text{ 方向自由度索引}\\ \boldsymbol{B1}_{kj}^{9e}, & k,\ j\text{ 为 }\zeta,\ \zeta\text{ 方向自由度索引}\end{cases} \tag{7.65}
$$

$$
\boldsymbol{B2}_{kj}^{e}=\begin{cases}\boldsymbol{B2}_{kj}^{1e}, & k,\ j\text{ 为 }\xi,\ \xi\text{ 方向自由度索引}\\ \boldsymbol{B2}_{kj}^{2e}, & k,\ j\text{ 为 }\xi,\ \eta\text{ 方向自由度索引}\\ \boldsymbol{B2}_{kj}^{3e}, & k,\ j\text{ 为 }\xi,\ \zeta\text{ 方向自由度索引}\\ \boldsymbol{B2}_{kj}^{4e}, & k,\ j\text{ 为 }\eta,\ \xi\text{ 方向自由度索引}\\ \boldsymbol{B2}_{kj}^{5e}, & k,\ j\text{ 为 }\eta,\ \eta\text{ 方向自由度索引}\\ \boldsymbol{B2}_{kj}^{6e}, & k,\ j\text{ 为 }\eta,\ \zeta\text{ 方向自由度索引}\\ \boldsymbol{B2}_{kj}^{7e}, & k,\ j\text{ 为 }\zeta,\ \xi\text{ 方向自由度索引}\\ \boldsymbol{B2}_{kj}^{8e}, & k,\ j\text{ 为 }\zeta,\ \eta\text{ 方向自由度索引}\\ \boldsymbol{B2}_{kj}^{9e}, & k,\ j\text{ 为 }\zeta,\ \zeta\text{ 方向自由度索引}\end{cases} \tag{7.66}
$$

其中，

$$
\begin{aligned}\tilde{\boldsymbol{S}}_{kj}^{1e}=&\frac{2(z_2-z_1)}{(x_2-x_1)(y_2-y_1)}\int_{-1}^{1}\int_{-1}^{1}\int_{-1}^{1}\frac{\partial\boldsymbol{\Phi}_k^{\xi}}{\partial\eta}\cdot\frac{\partial\boldsymbol{\Phi}_j^{\xi}}{\partial\eta}\mathrm{d}\xi\mathrm{d}\eta\mathrm{d}\zeta\\&+\frac{2(y_2-y_1)}{(x_2-x_1)(z_2-z_1)}\int_{-1}^{1}\int_{-1}^{1}\int_{-1}^{1}\frac{\partial\boldsymbol{\Phi}_k^{\xi}}{\partial\zeta}\cdot\frac{\partial\boldsymbol{\Phi}_j^{\xi}}{\partial\zeta}\mathrm{d}\xi\mathrm{d}\eta\mathrm{d}\zeta\end{aligned} \tag{7.67}
$$

$$\tilde{S}_{kj}^{2e} = -\frac{2(z_2 - z_1)}{(x_2 - x_1)(y_2 - y_1)} \int_{-1}^{1}\int_{-1}^{1}\int_{-1}^{1} \frac{\partial \boldsymbol{\Phi}_k^{\xi}}{\partial \eta} \cdot \frac{\partial \boldsymbol{\Phi}_j^{\eta}}{\partial \xi} \mathrm{d}\xi \mathrm{d}\eta \mathrm{d}\zeta \tag{7.68}$$

$$\tilde{S}_{kj}^{3e} = -\frac{2(y_2 - y_1)}{(x_2 - x_1)(z_2 - z_1)} \int_{-1}^{1}\int_{-1}^{1}\int_{-1}^{1} \frac{\partial \boldsymbol{\Phi}_k^{\xi}}{\partial \zeta} \cdot \frac{\partial \boldsymbol{\Phi}_j^{\zeta}}{\partial \xi} \mathrm{d}\xi \mathrm{d}\eta \mathrm{d}\zeta \tag{7.69}$$

$$\tilde{S}_{kj}^{4e} = -\frac{2(z_2 - z_1)}{(x_2 - x_1)(y_2 - y_1)} \int_{-1}^{1}\int_{-1}^{1}\int_{-1}^{1} \frac{\partial \boldsymbol{\Phi}_k^{\eta}}{\partial \xi} \cdot \frac{\partial \boldsymbol{\Phi}_j^{\xi}}{\partial \eta} \mathrm{d}\xi \mathrm{d}\eta \mathrm{d}\zeta \tag{7.70}$$

$$\begin{aligned} \tilde{S}_{kj}^{5e} = & \frac{2(z_2 - z_1)}{(x_2 - x_1)(y_2 - y_1)} \int_{-1}^{1}\int_{-1}^{1}\int_{-1}^{1} \frac{\partial \boldsymbol{\Phi}_k^{\eta}}{\partial \xi} \cdot \frac{\partial \boldsymbol{\Phi}_j^{\eta}}{\partial \xi} \mathrm{d}\xi \mathrm{d}\eta \mathrm{d}\zeta \\ & + \frac{2(x_2 - x_1)}{(y_2 - y_1)(z_2 - z_1)} \int_{-1}^{1}\int_{-1}^{1}\int_{-1}^{1} \frac{\partial \boldsymbol{\Phi}_k^{\eta}}{\partial \zeta} \cdot \frac{\partial \boldsymbol{\Phi}_j^{\eta}}{\partial \zeta} \mathrm{d}\xi \mathrm{d}\eta \mathrm{d}\zeta \end{aligned} \tag{7.71}$$

$$\tilde{S}_{kj}^{6e} = -\frac{2(x_2 - x_1)}{(y_2 - y_1)(z_2 - z_1)} \int_{-1}^{1}\int_{-1}^{1}\int_{-1}^{1} \frac{\partial \boldsymbol{\Phi}_k^{\eta}}{\partial \zeta} \cdot \frac{\partial \boldsymbol{\Phi}_j^{\zeta}}{\partial \eta} \mathrm{d}\xi \mathrm{d}\eta \mathrm{d}\zeta \tag{7.72}$$

$$\tilde{S}_{kj}^{7e} = -\frac{2(y_2 - y_1)}{(x_2 - x_1)(z_2 - z_1)} \int_{-1}^{1}\int_{-1}^{1}\int_{-1}^{1} \frac{\partial \boldsymbol{\Phi}_k^{\zeta}}{\partial \xi} \cdot \frac{\partial \boldsymbol{\Phi}_j^{\xi}}{\partial \zeta} \mathrm{d}\xi \mathrm{d}\eta \mathrm{d}\zeta \tag{7.73}$$

$$\tilde{S}_{kj}^{8e} = -\frac{2(x_2 - x_1)}{(y_2 - y_1)(z_2 - z_1)} \int_{-1}^{1}\int_{-1}^{1}\int_{-1}^{1} \frac{\partial \boldsymbol{\Phi}_k^{\zeta}}{\partial \eta} \cdot \frac{\partial \boldsymbol{\Phi}_j^{\eta}}{\partial \zeta} \mathrm{d}\xi \mathrm{d}\eta \mathrm{d}\zeta \tag{7.74}$$

$$\begin{aligned} \tilde{S}_{kj}^{9e} = & \frac{2(y_2 - y_1)}{(x_2 - x_1)(z_2 - z_1)} \int_{-1}^{1}\int_{-1}^{1}\int_{-1}^{1} \frac{\partial \boldsymbol{\Phi}_k^{\zeta}}{\partial \xi} \cdot \frac{\partial \boldsymbol{\Phi}_j^{\zeta}}{\partial \xi} \mathrm{d}\xi \mathrm{d}\eta \mathrm{d}\zeta \\ & + \frac{2(x_2 - x_1)}{(y_2 - y_1)(z_2 - z_1)} \int_{-1}^{1}\int_{-1}^{1}\int_{-1}^{1} \frac{\partial \boldsymbol{\Phi}_k^{\zeta}}{\partial \eta} \cdot \frac{\partial \boldsymbol{\Phi}_j^{\zeta}}{\partial \eta} \mathrm{d}\xi \mathrm{d}\eta \mathrm{d}\zeta \end{aligned} \tag{7.75}$$

$$\boldsymbol{M1}_{kj}^{1e} = \sigma_{xx} \frac{(y_2 - y_1)(z_2 - z_1)}{2(x_2 - x_1)} \int_{-1}^{1}\int_{-1}^{1}\int_{-1}^{1} \boldsymbol{\Phi}_k^{\xi} \cdot \boldsymbol{\Phi}_j^{\xi} \mathrm{d}\xi \mathrm{d}\eta \mathrm{d}\zeta \tag{7.76}$$

$$\boldsymbol{M1}_{kj}^{2e} = \sigma_{xy} \frac{(z_2 - z_1)}{2} \int_{-1}^{1}\int_{-1}^{1}\int_{-1}^{1} \boldsymbol{\Phi}_k^{\xi} \cdot \boldsymbol{\Phi}_j^{\eta} \mathrm{d}\xi \mathrm{d}\eta \mathrm{d}\zeta \tag{7.77}$$

$$\boldsymbol{M1}_{kj}^{3e} = \sigma_{xz} \frac{(y_2 - y_1)}{2} \int_{-1}^{1}\int_{-1}^{1}\int_{-1}^{1} \boldsymbol{\Phi}_k^{\xi} \cdot \boldsymbol{\Phi}_j^{\zeta} \mathrm{d}\xi \mathrm{d}\eta \mathrm{d}\zeta \tag{7.78}$$

$$\boldsymbol{M1}_{kj}^{4e} = \sigma_{xy} \frac{(z_2 - z_1)}{2} \int_{-1}^{1}\int_{-1}^{1}\int_{1}^{1} \boldsymbol{\Phi}_k^{\eta} \cdot \boldsymbol{\Phi}_j^{\xi} \mathrm{d}\xi \mathrm{d}\eta \mathrm{d}\zeta \tag{7.79}$$

$$\boldsymbol{M1}_{kj}^{5e} = \sigma_{yy} \frac{(x_2 - x_1)(z_2 - z_1)}{2(y_2 - y_1)} \int_{-1}^{1}\int_{-1}^{1}\int_{-1}^{1} \boldsymbol{\Phi}_k^{\eta} \cdot \boldsymbol{\Phi}_j^{\eta} \mathrm{d}\xi \mathrm{d}\eta \mathrm{d}\zeta \tag{7.80}$$

$$\boldsymbol{M1}_{kj}^{6e} = \sigma_{yz} \frac{(x_2 - x_1)}{2} \int_{-1}^{1}\int_{-1}^{1}\int_{-1}^{1} \boldsymbol{\Phi}_k^{\eta} \cdot \boldsymbol{\Phi}_j^{\zeta} \mathrm{d}\xi \mathrm{d}\eta \mathrm{d}\zeta \tag{7.81}$$

$$\boldsymbol{M1}_{kj}^{7e} = \sigma_{xz} \frac{(y_2 - y_1)}{2} \int_{-1}^{1}\int_{-1}^{1}\int_{-1}^{1} \boldsymbol{\Phi}_k^{\zeta} \cdot \boldsymbol{\Phi}_j^{\xi} \mathrm{d}\xi \mathrm{d}\eta \mathrm{d}\zeta \tag{7.82}$$

$$\boldsymbol{M1}_{kj}^{8e} = \sigma_{yz} \frac{(x_2 - x_1)}{2} \int_{-1}^{1}\int_{-1}^{1}\int_{-1}^{1} \boldsymbol{\Phi}_k^{\zeta} \cdot \boldsymbol{\Phi}_j^{\eta} \mathrm{d}\xi \mathrm{d}\eta \mathrm{d}\zeta \tag{7.83}$$

$$\boldsymbol{M1}_{kj}^{9e} = \sigma_{zz} \frac{(x_2 - x_1)(y_2 - y_1)}{2(z_2 - z_1)} \int_{-1}^{1}\int_{-1}^{1}\int_{-1}^{1} \boldsymbol{\Phi}_k^{\zeta} \cdot \boldsymbol{\Phi}_j^{\zeta} \mathrm{d}\xi \mathrm{d}\eta \mathrm{d}\zeta \tag{7.84}$$

$$\boldsymbol{B1}_{kj}^{1e}=(\sigma_{xx}-\sigma_p)\frac{(y_2-y_1)(z_2-z_1)}{2(x_2-x_1)}\int_{-1}^{1}\int_{-1}^{1}\int_{-1}^{1}\boldsymbol{\Phi}_k^{\xi}\cdot\boldsymbol{\Phi}_j^{\xi}\mathrm{d}\xi\mathrm{d}\eta\mathrm{d}\zeta \tag{7.85}$$

$$\boldsymbol{B1}_{kj}^{2e}=(\sigma_{xy}-\sigma_p)\frac{(z_2-z_1)}{2}\int_{-1}^{1}\int_{-1}^{1}\int_{-1}^{1}\boldsymbol{\Phi}_k^{\xi}\cdot\boldsymbol{\Phi}_j^{\eta}\mathrm{d}\xi\mathrm{d}\eta\mathrm{d}\zeta \tag{7.86}$$

$$\boldsymbol{B1}_{kj}^{3e}=(\sigma_{xz}-\sigma_p)\frac{(y_2-y_1)}{2}\int_{-1}^{1}\int_{-1}^{1}\int_{-1}^{1}\boldsymbol{\Phi}_k^{\xi}\cdot\boldsymbol{\Phi}_j^{\zeta}\mathrm{d}\xi\mathrm{d}\eta\mathrm{d}\zeta \tag{7.87}$$

$$\boldsymbol{B1}_{kj}^{4e}=(\sigma_{xy}-\sigma_p)\frac{(z_2-z_1)}{2}\int_{-1}^{1}\int_{-1}^{1}\int_{-1}^{1}\boldsymbol{\Phi}_k^{\eta}\cdot\boldsymbol{\Phi}_j^{\xi}\mathrm{d}\xi\mathrm{d}\eta\mathrm{d}\zeta \tag{7.88}$$

$$\boldsymbol{B1}_{kj}^{5e}=(\sigma_{yy}-\sigma_p)\frac{(x_2-x_1)(z_2-z_1)}{2(y_2-y_1)}\int_{-1}^{1}\int_{-1}^{1}\int_{-1}^{1}\boldsymbol{\Phi}_k^{\eta}\cdot\boldsymbol{\Phi}_j^{\eta}\mathrm{d}\xi\mathrm{d}\eta\mathrm{d}\zeta \tag{7.89}$$

$$\boldsymbol{B1}_{kj}^{6e}=(\sigma_{yz}-\sigma_p)\frac{(x_2-x_1)}{2}\int_{-1}^{1}\int_{-1}^{1}\int_{-1}^{1}\boldsymbol{\Phi}_k^{\eta}\cdot\boldsymbol{\Phi}_j^{\zeta}\mathrm{d}\xi\mathrm{d}\eta\mathrm{d}\zeta \tag{7.90}$$

$$\boldsymbol{B1}_{kj}^{7e}=(\sigma_{xz}-\sigma_p)\frac{(y_2-y_1)}{2}\int_{-1}^{1}\int_{-1}^{1}\int_{-1}^{1}\boldsymbol{\Phi}_k^{\zeta}\cdot\boldsymbol{\Phi}_j^{\xi}\mathrm{d}\xi\mathrm{d}\eta\mathrm{d}\zeta \tag{7.91}$$

$$\boldsymbol{B1}_{kj}^{8e}=(\sigma_{yz}-\sigma_p)\frac{(x_2-x_1)}{2}\int_{-1}^{1}\int_{-1}^{1}\int_{-1}^{1}\boldsymbol{\Phi}_k^{\zeta}\cdot\boldsymbol{\Phi}_j^{\eta}\mathrm{d}\xi\mathrm{d}\eta\mathrm{d}\zeta \tag{7.92}$$

$$\boldsymbol{B1}_{kj}^{9e}=(\sigma_{zz}-\sigma_p)\frac{(x_2-x_1)(y_2-y_1)}{2(z_2-z_1)}\int_{-1}^{1}\int_{-1}^{1}\int_{-1}^{1}\boldsymbol{\Phi}_k^{\zeta}\cdot\boldsymbol{\Phi}_j^{\zeta}\mathrm{d}\xi\mathrm{d}\eta\mathrm{d}\zeta \tag{7.93}$$

$$\boldsymbol{M2}_{kj}^{1e}=\boldsymbol{B2}_{kj}^{1e}=\frac{(y_2-y_1)(z_2-z_1)}{2(x_2-x_1)}\int_{-1}^{1}\int_{-1}^{1}\int_{-1}^{1}\boldsymbol{\Phi}_k^{\xi}\cdot\boldsymbol{\Phi}_j^{\xi}\mathrm{d}\xi\mathrm{d}\eta\mathrm{d}\zeta \tag{7.94}$$

$$\boldsymbol{M2}_{kj}^{5e}=\boldsymbol{B2}_{kj}^{5e}=\frac{(x_2-x_1)(z_2-z_1)}{2(y_2-y_1)}\int_{-1}^{1}\int_{-1}^{1}\int_{-1}^{1}\boldsymbol{\Phi}_k^{\eta}\cdot\boldsymbol{\Phi}_j^{\eta}\mathrm{d}\xi\mathrm{d}\eta\mathrm{d}\zeta \tag{7.95}$$

$$\boldsymbol{M2}_{kj}^{9e}=\boldsymbol{B2}_{kj}^{9e}=\frac{(x_2-x_1)(y_2-y_1)}{2(z_2-z_1)}\int_{-1}^{1}\int_{-1}^{1}\int_{-1}^{1}\boldsymbol{\Phi}_k^{\zeta}\cdot\boldsymbol{\Phi}_j^{\zeta}\mathrm{d}\xi\mathrm{d}\eta\mathrm{d}\zeta \tag{7.96}$$

$$\boldsymbol{M2}_{kj}^{2e}=\boldsymbol{M2}_{kj}^{3e}=\boldsymbol{M2}_{kj}^{4e}=\boldsymbol{M2}_{kj}^{6e}=\boldsymbol{M2}_{kj}^{7e}=\boldsymbol{M2}_{kj}^{8e}=0 \tag{7.97}$$

$$\boldsymbol{B2}_{kj}^{2e}=\boldsymbol{B2}_{kj}^{3e}=\boldsymbol{B2}_{kj}^{4e}=\boldsymbol{B2}_{kj}^{6e}=\boldsymbol{B2}_{kj}^{7e}=\boldsymbol{B2}_{kj}^{8e}=0 \tag{7.98}$$

刚度矩阵$\tilde{\boldsymbol{S}}_{kj}^{e}$由两个基函数一阶导数积分构成，以索引 k 对应的基函数 $\boldsymbol{\Phi}_k^{\xi}$ 的一阶导数为例进行展开，得到以下四类积分项

$$\begin{aligned}&\int_{-1}^{1}\int_{-1}^{1}\int_{-1}^{1}\frac{\partial\boldsymbol{\Phi}_k^{\xi}}{\partial\eta}\cdot\frac{\partial\boldsymbol{\Phi}_j^{\xi}}{\partial\eta}\mathrm{d}\xi\mathrm{d}\eta\mathrm{d}\zeta\\&=\int_{-1}^{1}\int_{-1}^{1}\int_{-1}^{1}\varphi_r^{(N-1)}(\xi)\varphi_s'^{(N)}(\eta)\varphi_t^{(N)}(\zeta)\varphi_{r'}^{(N-1)}(\xi)\varphi_{s'}'^{(N)}(\eta)\varphi_{t'}^{(N)}(\zeta)\mathrm{d}\xi\mathrm{d}\eta\mathrm{d}\zeta\end{aligned} \tag{7.99}$$

$$\begin{aligned}&\int_{-1}^{1}\int_{-1}^{1}\int_{-1}^{1}\frac{\partial\boldsymbol{\Phi}_k^{\xi}}{\partial\zeta}\cdot\frac{\partial\boldsymbol{\Phi}_j^{\xi}}{\partial\zeta}\mathrm{d}\xi\mathrm{d}\eta\mathrm{d}\zeta\\&=\int_{-1}^{1}\int_{-1}^{1}\int_{-1}^{1}\varphi_r^{(N-1)}(\xi)\varphi_s^{(N)}(\eta)\varphi_t'^{(N)}(\zeta)\varphi_{r'}^{(N-1)}(\xi)\varphi_{s'}^{(N)}(\eta)\varphi_{t'}'^{(N)}(\zeta)\mathrm{d}\xi\mathrm{d}\eta\mathrm{d}\zeta\end{aligned} \tag{7.100}$$

$$\int_{-1}^{1}\int_{-1}^{1}\int_{-1}^{1}\frac{\partial\boldsymbol{\Phi}_k^{\xi}}{\partial\eta}\cdot\frac{\partial\boldsymbol{\Phi}_j^{\eta}}{\partial\xi}\mathrm{d}\xi\mathrm{d}\eta\mathrm{d}\zeta$$
$$=\int_{-1}^{1}\int_{-1}^{1}\int_{-1}^{1}\varphi_r^{(N-1)}(\xi)\varphi_s'^{(N)}(\eta)\varphi_t^{(N)}(\zeta)\varphi_{r'}'^{(N)}(\xi)\varphi_{s'}^{(N-1)}(\eta)\varphi_{t'}^{(N)}(\zeta)\mathrm{d}\xi\mathrm{d}\eta\mathrm{d}\zeta \tag{7.101}$$

$$\int_{-1}^{1}\int_{-1}^{1}\int_{-1}^{1}\frac{\partial\boldsymbol{\Phi}_k^{\xi}}{\partial\zeta}\cdot\frac{\partial\boldsymbol{\Phi}_j^{\zeta}}{\partial\xi}\mathrm{d}\xi\mathrm{d}\eta\mathrm{d}\zeta$$
$$=\int_{-1}^{1}\int_{-1}^{1}\int_{-1}^{1}\varphi_r^{(N-1)}(\xi)\varphi_s^{(N)}(\eta)\varphi_t'^{(N)}(\zeta)\varphi_{r'}'^{(N)}(\xi)\varphi_{s'}^{(N)}(\eta)\varphi_{t'}^{(N-1)}(\zeta)\mathrm{d}\xi\mathrm{d}\eta\mathrm{d}\zeta \tag{7.102}$$

式中，角标之间的关系同样由索引 $k=f(r,\ s,\ t)$ 和 $j=f(r',\ s',\ t')$ 确定，索引规则与前述物理域电磁场索引规则相同。以索引 k 对应的基函数 $\boldsymbol{\Phi}_k^{\eta}$ 的一阶导数为例进行展开，得到以下四个积分项，即

$$\int_{-1}^{1}\int_{-1}^{1}\int_{-1}^{1}\frac{\partial\boldsymbol{\Phi}_k^{\eta}}{\partial\xi}\cdot\frac{\partial\boldsymbol{\Phi}_j^{\eta}}{\partial\xi}\mathrm{d}\xi\mathrm{d}\eta\mathrm{d}\zeta$$
$$=\int_{-1}^{1}\int_{-1}^{1}\int_{-1}^{1}\varphi_r'^{(N)}(\xi)\varphi_s^{(N-1)}(\eta)\varphi_t^{(N)}(\zeta)\varphi_{r'}'^{(N)}(\xi)\varphi_{s'}^{(N-1)}(\eta)\varphi_{t'}^{(N)}(\zeta)\mathrm{d}\xi\mathrm{d}\eta\mathrm{d}\zeta \tag{7.103}$$

$$\int_{-1}^{1}\int_{-1}^{1}\int_{-1}^{1}\frac{\partial\boldsymbol{\Phi}_k^{\eta}}{\partial\zeta}\cdot\frac{\partial\boldsymbol{\Phi}_j^{\eta}}{\partial\zeta}\mathrm{d}\xi\mathrm{d}\eta\mathrm{d}\zeta$$
$$=\int_{-1}^{1}\int_{-1}^{1}\int_{-1}^{1}\varphi_r^{(N)}(\xi)\varphi_s^{(N-1)}(\eta)\varphi_t'^{(N)}(\zeta)\varphi_{r'}^{(N)}(\xi)\varphi_{s'}^{(N-1)}(\eta)\varphi_{t'}'^{(N)}(\zeta)\mathrm{d}\xi\mathrm{d}\eta\mathrm{d}\zeta \tag{7.104}$$

$$\int_{-1}^{1}\int_{-1}^{1}\int_{-1}^{1}\frac{\partial\boldsymbol{\Phi}_k^{\eta}}{\partial\xi}\cdot\frac{\partial\boldsymbol{\Phi}_j^{\xi}}{\partial\eta}\mathrm{d}\xi\mathrm{d}\eta\mathrm{d}\zeta$$
$$=\int_{-1}^{1}\int_{-1}^{1}\int_{-1}^{1}\varphi_r'^{(N)}(\xi)\varphi_s^{(N-1)}(\eta)\varphi_t^{(N)}(\zeta)\varphi_{r'}^{(N-1)}(\xi)\varphi_{s'}'^{(N)}(\eta)\varphi_{t'}^{(N)}(\zeta)\mathrm{d}\xi\mathrm{d}\eta\mathrm{d}\zeta \tag{7.105}$$

$$\int_{-1}^{1}\int_{-1}^{1}\int_{-1}^{1}\frac{\partial\boldsymbol{\Phi}_k^{\eta}}{\partial\zeta}\cdot\frac{\partial\boldsymbol{\Phi}_j^{\zeta}}{\partial\eta}\mathrm{d}\xi\mathrm{d}\eta\mathrm{d}\zeta$$
$$=\int_{-1}^{1}\int_{-1}^{1}\int_{-1}^{1}\varphi_r^{(N)}(\xi)\varphi_s^{(N-1)}(\eta)\varphi_t'^{(N)}(\zeta)\varphi_{r'}^{(N)}(\xi)\varphi_{s'}'^{(N)}(\eta)\varphi_{t'}^{(N-1)}(\zeta)\mathrm{d}\xi\mathrm{d}\eta\mathrm{d}\zeta \tag{7.106}$$

以索引 k 对应的基函数 $\boldsymbol{\Phi}_k^{\zeta}$ 的一阶导数为例进行展开，得到以下四个积分项，即

$$\int_{-1}^{1}\int_{-1}^{1}\int_{-1}^{1}\frac{\partial\boldsymbol{\Phi}_k^{\zeta}}{\partial\xi}\cdot\frac{\partial\boldsymbol{\Phi}_j^{\zeta}}{\partial\xi}\mathrm{d}\xi\mathrm{d}\eta\mathrm{d}\zeta$$
$$=\int_{-1}^{1}\int_{-1}^{1}\int_{-1}^{1}\varphi_r'^{(N)}(\xi)\varphi_s^{(N)}(\eta)\varphi_t^{(N-1)}(\zeta)\varphi_{r'}'^{(N)}(\xi)\varphi_{s'}^{(N)}(\eta)\varphi_{t'}^{(N-1)}(\zeta)\mathrm{d}\xi\mathrm{d}\eta\mathrm{d}\zeta \tag{7.107}$$

$$\int_{-1}^{1}\int_{-1}^{1}\int_{-1}^{1}\frac{\partial \boldsymbol{\Phi}_k^{\zeta}}{\partial \eta}\cdot\frac{\partial \boldsymbol{\Phi}_j^{\zeta}}{\partial \eta}\mathrm{d}\xi\mathrm{d}\eta\mathrm{d}\zeta$$
$$=\int_{-1}^{1}\int_{-1}^{1}\int_{-1}^{1}\varphi_r^{(N)}(\xi)\varphi_s'^{(N)}(\eta)\varphi_t^{(N-1)}(\zeta)\varphi_{r'}^{(N)}(\xi)\varphi_{s'}'^{(N)}(\eta)\varphi_{t'}^{(N-1)}(\zeta)\mathrm{d}\xi\mathrm{d}\eta\mathrm{d}\zeta \tag{7.108}$$

$$\int_{-1}^{1}\int_{-1}^{1}\int_{-1}^{1}\frac{\partial \boldsymbol{\Phi}_k^{\zeta}}{\partial \xi}\cdot\frac{\partial \boldsymbol{\Phi}_j^{\xi}}{\partial \zeta}\mathrm{d}\xi\mathrm{d}\eta\mathrm{d}\zeta$$
$$=\int_{-1}^{1}\int_{-1}^{1}\int_{-1}^{1}\varphi_r'^{(N)}(\xi)\varphi_s^{(N)}(\eta)\varphi_t^{(N-1)}(\zeta)\varphi_{r'}^{(N-1)}(\xi)\varphi_{s'}^{(N)}(\eta)\varphi_{t'}'^{(N)}(\zeta)\mathrm{d}\xi\mathrm{d}\eta\mathrm{d}\zeta \tag{7.109}$$

$$\int_{-1}^{1}\int_{-1}^{1}\int_{-1}^{1}\frac{\partial \boldsymbol{\Phi}_k^{\zeta}}{\partial \eta}\cdot\frac{\partial \boldsymbol{\Phi}_j^{\eta}}{\partial \zeta}\mathrm{d}\xi\mathrm{d}\eta\mathrm{d}\zeta$$
$$=\int_{-1}^{1}\int_{-1}^{1}\int_{-1}^{1}\varphi_r^{(N)}(\xi)\varphi_s'^{(N)}(\eta)\varphi_t^{(N-1)}(\zeta)\varphi_{r'}^{(N)}(\xi)\varphi_{s'}^{(N-1)}(\eta)\varphi_{t'}'^{(N)}(\zeta)\mathrm{d}\xi\mathrm{d}\eta\mathrm{d}\zeta \tag{7.110}$$

质量矩阵 $\boldsymbol{M1}_{kj}$与右端项矩阵 $\boldsymbol{B1}_{kj}$包含的积分项均由两个基函数构成，索引 k 对应的基函数 $\boldsymbol{\Phi}_k^{\xi}$ 的积分为

$$\int_{-1}^{1}\int_{-1}^{1}\int_{-1}^{1}\boldsymbol{\Phi}_k^{\xi}\cdot\boldsymbol{\Phi}_j^{\xi}\mathrm{d}\xi\mathrm{d}\eta\mathrm{d}\zeta$$
$$=\int_{-1}^{1}\int_{-1}^{1}\int_{-1}^{1}\varphi_r^{(N-1)}(\xi)\varphi_s^{(N)}(\eta)\varphi_t^{(N)}(\zeta)\varphi_{r'}^{(N-1)}(\xi)\varphi_{s'}^{(N)}(\eta)\varphi_{t'}^{(N)}(\zeta)\mathrm{d}\xi\mathrm{d}\eta\mathrm{d}\zeta \tag{7.111}$$

$$\int_{-1}^{1}\int_{-1}^{1}\int_{-1}^{1}\boldsymbol{\Phi}_k^{\xi}\cdot\boldsymbol{\Phi}_j^{\eta}\mathrm{d}\xi\mathrm{d}\eta\mathrm{d}\zeta$$
$$=\int_{-1}^{1}\int_{-1}^{1}\int_{-1}^{1}\varphi_r^{(N-1)}(\xi)\varphi_s^{(N)}(\eta)\varphi_t^{(N)}(\zeta)\varphi_{r'}^{(N)}(\xi)\varphi_{s'}^{(N-1)}(\eta)\varphi_{t'}^{(N)}(\zeta)\mathrm{d}\xi\mathrm{d}\eta\mathrm{d}\zeta \tag{7.112}$$

$$\int_{-1}^{1}\int_{-1}^{1}\int_{-1}^{1}\boldsymbol{\Phi}_k^{\xi}\cdot\boldsymbol{\Phi}_j^{\zeta}\mathrm{d}\xi\mathrm{d}\eta\mathrm{d}\zeta$$
$$=\int_{-1}^{1}\int_{-1}^{1}\int_{-1}^{1}\varphi_r^{(N-1)}(\xi)\varphi_s^{(N)}(\eta)\varphi_t^{(N)}(\zeta)\varphi_{r'}^{(N)}(\xi)\varphi_{s'}^{(N)}(\eta)\varphi_{t'}^{(N-1)}(\zeta)\mathrm{d}\xi\mathrm{d}\eta\mathrm{d}\zeta \tag{7.113}$$

索引 k 对应的基函数 $\boldsymbol{\Phi}_k^{\eta}$ 的积分为

$$\int_{-1}^{1}\int_{-1}^{1}\int_{-1}^{1}\boldsymbol{\Phi}_k^{\eta}\cdot\boldsymbol{\Phi}_j^{\xi}\mathrm{d}\xi\mathrm{d}\eta\mathrm{d}\zeta$$
$$=\int_{-1}^{1}\int_{-1}^{1}\int_{-1}^{1}\varphi_r^{(N)}(\xi)\varphi_s^{(N-1)}(\eta)\varphi_t^{(N)}(\zeta)\varphi_{r'}^{(N-1)}(\xi)\varphi_{s'}^{(N)}(\eta)\varphi_{t'}^{(N)}(\zeta)\mathrm{d}\xi\mathrm{d}\eta\mathrm{d}\zeta \tag{7.114}$$

$$\int_{-1}^{1}\int_{-1}^{1}\int_{-1}^{1}\boldsymbol{\Phi}_k^{\eta}\cdot\boldsymbol{\Phi}_j^{\eta}\mathrm{d}\xi\mathrm{d}\eta\mathrm{d}\zeta$$
$$=\int_{-1}^{1}\int_{-1}^{1}\int_{-1}^{1}\varphi_r^{(N)}(\xi)\varphi_s^{(N-1)}(\eta)\varphi_t^{(N)}(\zeta)\varphi_{r'}^{(N)}(\xi)\varphi_{s'}^{(N-1)}(\eta)\varphi_{t'}^{(N)}(\zeta)\mathrm{d}\xi\mathrm{d}\eta\mathrm{d}\zeta \tag{7.115}$$

$$
\begin{aligned}
&\int_{-1}^{1}\int_{-1}^{1}\int_{-1}^{1}\boldsymbol{\Phi}_k^{\eta}\cdot\boldsymbol{\Phi}_j^{\zeta}\mathrm{d}\xi\mathrm{d}\eta\mathrm{d}\zeta \\
&=\int_{-1}^{1}\int_{1}^{1}\int_{-1}^{1}\varphi_r^{(N)}(\xi)\varphi_s^{(N-1)}(\eta)\varphi_t^{(N)}(\zeta)\varphi_{r'}^{(N)}(\xi)\varphi_{s'}^{(N)}(\eta)\varphi_{t'}^{(N-1)}(\zeta)\mathrm{d}\xi\mathrm{d}\eta\mathrm{d}\zeta
\end{aligned}
\tag{7.116}
$$

索引k对应的基函数 $\boldsymbol{\Phi}_k^{\zeta}$ 的积分为

$$
\begin{aligned}
&\int_{-1}^{1}\int_{-1}^{1}\int_{-1}^{1}\boldsymbol{\Phi}_k^{\zeta}\cdot\boldsymbol{\Phi}_j^{\xi}\mathrm{d}\xi\mathrm{d}\eta\mathrm{d}\zeta \\
&=\int_{-1}^{1}\int_{-1}^{1}\int_{-1}^{1}\varphi_r^{(N)}(\xi)\varphi_s^{(N)}(\eta)\varphi_t^{(N-1)}(\zeta)\varphi_{r'}^{(N-1)}(\xi)\varphi_{s'}^{(N)}(\eta)\varphi_{t'}^{(N)}(\zeta)\mathrm{d}\xi\mathrm{d}\eta\mathrm{d}\zeta
\end{aligned}
\tag{7.117}
$$

$$
\begin{aligned}
&\int_{-1}^{1}\int_{-1}^{1}\int_{-1}^{1}\boldsymbol{\Phi}_k^{\zeta}\cdot\boldsymbol{\Phi}_j^{\eta}\mathrm{d}\xi\mathrm{d}\eta\mathrm{d}\zeta \\
&=\int_{-1}^{1}\int_{-1}^{1}\int_{-1}^{1}\varphi_r^{(N)}(\xi)\varphi_s^{(N)}(\eta)\varphi_t^{(N-1)}(\zeta)\varphi_{r'}^{(N)}(\xi)\varphi_{s'}^{(N-1)}(\eta)\varphi_{t'}^{(N)}(\zeta)\mathrm{d}\xi\mathrm{d}\eta\mathrm{d}\zeta
\end{aligned}
\tag{7.118}
$$

$$
\begin{aligned}
&\int_{-1}^{1}\int_{-1}^{1}\int_{-1}^{1}\boldsymbol{\Phi}_k^{\zeta}\cdot\boldsymbol{\Phi}_j^{\zeta}\mathrm{d}\xi\mathrm{d}\eta\mathrm{d}\zeta \\
&=\int_{-1}^{1}\int_{-1}^{1}\int_{-1}^{1}\varphi_r^{(N)}(\xi)\varphi_s^{(N)}(\eta)\varphi_t^{(N-1)}(\zeta)\varphi_{r'}^{(N)}(\xi)\varphi_{s'}^{(N)}(\eta)\varphi_{t'}^{(N-1)}(\zeta)\mathrm{d}\xi\mathrm{d}\eta\mathrm{d}\zeta
\end{aligned}
\tag{7.119}
$$

质量矩阵$\boldsymbol{M2}_{kj}$与右端项矩阵$\boldsymbol{B2}_{kj}$仅在索引 k 和 j 对应的基函数沿着同一方向时存在非零元素，k 和 j 基函数沿着不同方向时矩阵元素为零。$\boldsymbol{M2}_{kj}$和 $\boldsymbol{B2}_{kj}$包含的三类积分项为

$$
\begin{aligned}
&\int_{-1}^{1}\int_{-1}^{1}\int_{-1}^{1}\boldsymbol{\Phi}_k^{\xi}\cdot\boldsymbol{\Phi}_j^{\xi}\mathrm{d}\xi\mathrm{d}\eta\mathrm{d}\zeta \\
&=\int_{-1}^{1}\int_{-1}^{1}\int_{-1}^{1}\varphi_r^{(N-1)}(\xi)\varphi_s^{(N)}(\eta)\varphi_t^{(N)}(\zeta)\varphi_{r'}^{(N-1)}(\xi)\varphi_{s'}^{(N)}(\eta)\varphi_{t'}^{(N)}(\zeta)\mathrm{d}\xi\mathrm{d}\eta\mathrm{d}\zeta
\end{aligned}
\tag{7.120}
$$

$$
\begin{aligned}
&\int_{-1}^{1}\int_{-1}^{1}\int_{-1}^{1}\boldsymbol{\Phi}_k^{\eta}\cdot\boldsymbol{\Phi}_j^{\eta}\mathrm{d}\xi\mathrm{d}\eta\mathrm{d}\zeta \\
&=\int_{-1}^{1}\int_{-1}^{1}\int_{-1}^{1}\varphi_r^{(N)}(\xi)\varphi_s^{(N-1)}(\eta)\varphi_t^{(N)}(\zeta)\varphi_{r'}^{(N)}(\xi)\varphi_{s'}^{(N-1)}(\eta)\varphi_{t'}^{(N)}(\zeta)\mathrm{d}\xi\mathrm{d}\eta\mathrm{d}\zeta
\end{aligned}
\tag{7.121}
$$

$$
\begin{aligned}
&\int_{-1}^{1}\int_{-1}^{1}\int_{-1}^{1}\boldsymbol{\Phi}_k^{\zeta}\cdot\boldsymbol{\Phi}_j^{\zeta}\mathrm{d}\xi\mathrm{d}\eta\mathrm{d}\zeta \\
&=\int_{-1}^{1}\int_{-1}^{1}\int_{-1}^{1}\varphi_r^{(N)}(\xi)\varphi_s^{(N)}(\eta)\varphi_t^{(N-1)}(\zeta)\varphi_{r'}^{(N)}(\xi)\varphi_{s'}^{(N)}(\eta)\varphi_{t'}^{(N-1)}(\zeta)\mathrm{d}\xi\mathrm{d}\eta\mathrm{d}\zeta
\end{aligned}
\tag{7.122}
$$

式(7.99)~式(7.122)中每个积分都可拆分成三个一维积分的乘积。以式(7.99)为例，有

$$
\begin{aligned}
&\int_{-1}^{1}\int_{-1}^{1}\int_{-1}^{1}\frac{\partial\boldsymbol{\Phi}_k^{\xi}}{\partial\eta}\cdot\frac{\partial\boldsymbol{\Phi}_j^{\xi}}{\partial\eta}\mathrm{d}\xi\mathrm{d}\eta\mathrm{d}\zeta \\
&=\int_{-1}^{1}\varphi_r^{(N-1)}(\xi)\varphi_{r'}^{(N-1)}(\xi)\mathrm{d}\xi\int_{-1}^{1}\varphi_s'^{(N)}(\eta)\varphi_{s'}'^{(N)}(\eta)\mathrm{d}\eta\int_{-1}^{1}\varphi_t^{(N)}(\zeta)\varphi_{t'}^{(N)}(\zeta)\mathrm{d}\zeta
\end{aligned}
\tag{7.123}
$$

统计整理出如下五类一维积分形式，即

$$
H_1=\int_{-1}^{1}\varphi_p^{(N-1)}(\gamma)\varphi_{p'}^{(N-1)}(\gamma)\mathrm{d}\gamma \tag{7.124}
$$

$$H_2=\int_{-1}^{1}\varphi_p^{(N-1)}(\gamma)\varphi_{p'}^{(N)}(\gamma)\mathrm{d}\gamma \tag{7.125}$$

$$H_3=\int_{-1}^{1}\varphi_p^{(N)}(\gamma)\varphi_{p'}^{(N)}(\gamma)\mathrm{d}\gamma \tag{7.126}$$

$$H_4=\int_{-1}^{1}\varphi_p^{(N-1)}(\gamma)\varphi_{p'}'^{(N)}(\gamma)\mathrm{d}\gamma \tag{7.127}$$

$$H_5=\int_{-1}^{1}\varphi_p'^{(N)}(\gamma)\varphi_{p'}'^{(N)}(\gamma)\mathrm{d}\gamma \tag{7.128}$$

式中，p 为 r、s 或 t；p'为 r'、s'或 t'；γ 为 ξ、η 或 ζ。需要指出的是，仅以 GLL 多项式为基函数时，标准单元矩阵积分项可通过 GLL 数值积分求解。虽然不少于$(N+1)$阶的 GLL 数值积分能保证 $2N$ 阶多项式的计算精度，经 Lee 等(2006)验证，对于 $2N$ 阶多项式采用降一阶即 N 阶 GLL 数值积分同样可以保证计算结果精确，并且 N 阶 GLL 数值积分节点与 GLL 多项式插值节点一致，可利用多项式在插值节点处的 δ 函数属性，增加矩阵的稀疏性，优化矩阵分析。由此，对 GLL 数值积分降阶或部分降阶，可得

$$\begin{aligned}H_1&=\int_{-1}^{1}\varphi_p^{(N-1)}(\gamma)\varphi_{p'}^{(N-1)}(\gamma)\mathrm{d}\gamma\\&=\sum_{m=0}^{N-1}w_m^{(N-1)}\varphi_p^{(N-1)}(\gamma_m)\varphi_{p'}^{(N-1)}(\gamma_m)\\&=\sum_{m=0}^{N-1}w_m^{(N-1)}\delta_{pm}\delta_{p'm}\end{aligned} \tag{7.129}$$

$$\begin{aligned}H_2&=\int_{-1}^{1}\varphi_p^{(N-1)}(\gamma)\varphi_{p'}^{(N)}(\gamma)\mathrm{d}\gamma\\&=\sum_{m=0}^{N}w_m^{(N)}\varphi_p^{(N-1)}(\gamma_m)\delta_{p'm}\end{aligned} \tag{7.130}$$

$$\begin{aligned}H_3&=\int_{-1}^{1}\varphi_p^{(N)}(\gamma)\varphi_{p'}^{(N)}(\gamma)\mathrm{d}\gamma\\&=\sum_{m=0}^{N}w_m^{(N)}\varphi_p^{(N)}(\gamma_m)\varphi_{p'}^{(N)}(\gamma_m)\\&=\sum_{m=0}^{N}w_m^{(N)}\delta_{pm}\delta_{p'm}\end{aligned} \tag{7.131}$$

$$\begin{aligned}H_4&=\int_{-1}^{1}\varphi_p^{(N-1)}(\gamma)\varphi_{p'}'^{(N)}(\gamma)\mathrm{d}\gamma\\&=\sum_{m=0}^{N}w_m^{(N)}\varphi_p^{(N-1)}(\gamma_m)\varphi_{p'}'^{(N)}(\gamma_m)\end{aligned} \tag{7.132}$$

$$\begin{aligned}H_5&=\int_{-1}^{1}\varphi_p'^{(N)}(\gamma)\varphi_{p'}'^{(N)}(\gamma)\mathrm{d}\gamma\\&=\sum_{m=0}^{N}w_m^{(N)}\varphi_p'^{(N)}(\gamma_m)\varphi_{p'}'^{(N)}(\gamma_m)\end{aligned} \tag{7.133}$$

式中，γ_m 和 w_m分别为高斯积分节点和权系数；$\delta_{qm}(\gamma_m)=\begin{cases}1, & q=m\\0, & q\neq m\end{cases}$，$q$ 为 p 或者 p'。

当正交插值多项式选取为 GLC 多项式时，积分项为解析表达式。计算单元矩阵积分过程中所涉及的 GLC 插值多项式乘积的积分、多项式与导数乘积的积分及多项式导数乘

积的积分分别推导如下。

$$\int_{-1}^{1}\varphi_p^{(N-1)}(\gamma)\varphi_{p'}^{(N-1)}(\gamma)\mathrm{d}\gamma=\frac{1}{c_pc_{p'}}\cdot\frac{2}{(N-1)}\cdot\frac{2}{(N-1)}\sum_{k=0}^{N-1}\sum_{j=0}^{N-1}\frac{1}{c_kc_j}T_k(\gamma_p)T_j(\gamma_{p'})\int_{-1}^{1}T_k(\gamma)T_j(\gamma)\mathrm{d}\gamma \tag{7.134}$$

$$\int_{-1}^{1}\varphi_p^{(N-1)}(\gamma)\varphi_{p'}^{(N)}(\gamma)\mathrm{d}\gamma=\frac{1}{c_pc_{p'}}\cdot\frac{2}{(N-1)}\cdot\frac{2}{N}\sum_{k=0}^{N-1}\sum_{j=0}^{N}\frac{1}{c_kc_j}T_k(\gamma_p)T_j(\gamma_{p'})\int_{-1}^{1}T_k(\gamma)T_j(\gamma)\mathrm{d}\gamma \tag{7.135}$$

$$\int_{-1}^{1}\varphi_p^{(N)}(\gamma)\varphi_{p'}^{(N)}(\gamma)\mathrm{d}\gamma=\frac{1}{c_pc_{p'}}\cdot\frac{2}{N}\cdot\frac{2}{N}\sum_{k=0}^{N}\sum_{j=0}^{N}\frac{1}{c_kc_j}T_k(\gamma_p)T_j(\gamma_{p'})\int_{-1}^{1}T_k(\gamma)T_j(\gamma)\mathrm{d}\gamma \tag{7.136}$$

$$\int_{-1}^{1}\varphi_p^{(N-1)}(\gamma)\varphi_{p'}'^{(N)}(\gamma)\mathrm{d}\gamma=\frac{1}{c_pc_{p'}}\cdot\frac{2}{N-1}\cdot\frac{2}{N}\sum_{k=0}^{N-1}\sum_{j=0}^{N}\frac{1}{c_kc_j}T_k(\gamma_p)T_j(\gamma_{p'})\int_{-1}^{1}T_k(\gamma)\frac{\partial T_j(\gamma)}{\partial\gamma}\mathrm{d}\gamma \tag{7.137}$$

$$\int_{-1}^{1}\varphi_p'^{(N)}(\gamma)\varphi_{p'}'^{(N)}(\gamma)\mathrm{d}\gamma=\frac{1}{c_pc_{p'}}\cdot\frac{2}{N}\cdot\frac{2}{N}\sum_{k=0}^{N}\sum_{j=0}^{N}\frac{1}{c_kc_j}T_k(\gamma_p)T_j(\gamma_{p'})\int_{-1}^{1}\frac{\partial T_k(\gamma)}{\partial\gamma}\frac{\partial T_j(\gamma)}{\partial\gamma}\mathrm{d}\gamma \tag{7.138}$$

令 $\gamma=\cos\theta$，则式(7.134)~式(7.138)右端项积分可表示为

$$\begin{aligned}
&\int_{-1}^{1}T_k(\gamma)T_j(\gamma)\mathrm{d}\gamma=\int_0^{\pi}\cos k\theta\cdot\cos j\theta\cdot\sin\theta\mathrm{d}\theta\\
&=\frac{1}{4}\int_0^{\pi}[\sin(1-k-j)\theta+\sin(1+k+j)\theta+\sin(1-k+j)\theta+\sin(1+k-j)\theta]\mathrm{d}\theta\\
&=\frac{1}{4}\left[\frac{\cos(1-k-j)\theta}{1-k-j}+\frac{\cos(1+k+j)\theta}{1+k+j}+\frac{\cos(1-k+j)\theta}{1-k+j}+\frac{\cos(1+k-j)\theta}{1+k-j}\right]\Bigg|_0^{\pi}\\
&=\begin{cases}0, & k+j\text{ 为奇数}\\ \dfrac{1}{1-(k+j)^2}+\dfrac{1}{1-(k-j)^2}, & k+j\text{ 为偶数}\end{cases}
\end{aligned} \tag{7.139}$$

$$\begin{aligned}
&\int_{-1}^{1}T_k(\gamma)\frac{\partial T_j(\gamma)}{\partial\gamma}\mathrm{d}\gamma=\int_0^{\pi}\cos k\theta\cdot\frac{j\sin j\theta}{\sin\theta}\cdot\sin\theta\mathrm{d}\theta\\
&=\int_0^{\pi}\cos k\theta\cdot\sin j\theta\cdot j\mathrm{d}\theta\\
&=\frac{j}{2}\int_0^{\pi}[\sin(k+j)\theta-\sin(k-j)\theta]\mathrm{d}\theta\\
&=\frac{j}{2}\left[-\frac{\cos(k+j)\theta}{k+j}+\frac{\cos(k-j)\theta}{k-j}\right]\Bigg|_0^{\pi}\\
&=\begin{cases}\dfrac{j}{k+j}+\dfrac{j}{k-j}, & k+j\text{ 为奇数}\\ 0, & k+j\text{ 为偶数}\end{cases}
\end{aligned} \tag{7.140}$$

$$\begin{aligned}\int_{-1}^{1}\frac{\partial T_k(\gamma)}{\partial\gamma}\frac{\partial T_j(\gamma)}{\partial\gamma}\mathrm{d}\gamma &= \int_0^{\pi}\frac{k\sin k\theta}{\sin\theta}\cdot\frac{j\sin j\theta}{\sin\theta}\cdot\sin\theta\mathrm{d}\theta\\ &= \int_0^{\pi}\frac{\sin k\theta\cdot\sin j\theta}{\sin\theta}\cdot kj\mathrm{d}\theta\\ &= \frac{kj}{2}\int_0^{\pi}\left[\frac{\cos(k-j)\theta}{\sin\theta}-\frac{\cos(k+j)\theta}{\sin\theta}\right]\mathrm{d}\theta\end{aligned}\tag{7.141}$$

通过分析 $\int_0^{\pi}\frac{\cos m\theta}{\sin\theta}\mathrm{d}\theta$ 积分中 m 为奇数和偶数不同情况，可得

$$\int_{-1}^{1}\frac{\partial T_k(\gamma)}{\partial\gamma}\frac{\partial T_j(\gamma)}{\partial\gamma}\mathrm{d}\gamma=\begin{cases}0, & k+j\text{ 为奇数}\\ \frac{kj}{2}(J_{|k-j|/2}-J_{|k+j|/2}), & k+j\text{ 为偶数}\end{cases}\tag{7.142}$$

式中，当 $k=0$ 时 $J_k=0$，否则 $J_k=-4\sum_{\ell=0}^{k}\frac{1}{2\ell-1}$。此外，由于切比雪夫级数在逼近函数时是一致收敛的，因此在构建基函数时采用 GLC 正交多项式，计算精度得到有效保证。

7.4　基于规则六面体网格谱元法时域三维电磁正演

时域三维电磁正演与频域最大的不同在于控制方程中包含空间和时间参数两部分，其正演分为直接法与间接法。目前，间接法依据反傅里叶变换对频域响应进行频时转换，已与积分方程、有限差分、有限元、有限体积等方法结合，实现了时域电磁正演，但计算精度较低。直接法方面，显式和隐式时域有限元等方法的引入使得时域电磁正演模拟取得重大突破。

本节将从电磁场矢量波动方程的边值问题出发，利用谱元法对控制方程进行空间离散，结合后推欧拉差分格式对时间进行离散，进而介绍基于规则六面体网格谱元法时域三维正演模拟算法。最后，将通过一维地电模型验证时域谱元法在不同物理网格剖分和不同基函数阶数条件下的计算精度和有效性，分析基函数阶数和物理网格剖分对计算精度和效率的影响，进而将讨论针对典型三维地电模型多源、多时间道时域航空电磁响应特征。

7.4.1　时域三维电磁正演边值问题

时域电磁正演边值问题的推导可从麦克斯韦方程出发，在忽略位移电流情况下，可得到时域矢量电场满足的扩散方程为

$$\nabla\times\nabla\times\boldsymbol{E}+\mu\boldsymbol{\sigma}\frac{\partial\boldsymbol{E}}{\partial t}=-\mu\frac{\partial\boldsymbol{J}_i}{\partial t}\tag{7.143}$$

与频域问题类似，时域电磁场可分解为背景场和异常场，即

$$\boldsymbol{E}=\boldsymbol{E}_p+\boldsymbol{E}_s\tag{7.144}$$

$$\boldsymbol{H}=\boldsymbol{H}_p+\boldsymbol{H}_s\tag{7.145}$$

同理可得背景场与异常场满足的矢量扩散方程为

$$\nabla\times\nabla\times\boldsymbol{E}_p+\mu\boldsymbol{\sigma}_p\frac{\partial\boldsymbol{E}_p}{\partial t}=-\mu\frac{\partial\boldsymbol{J}_i}{\partial t}\tag{7.146}$$

$$\nabla\times\nabla\times\boldsymbol{E}_s+\mu\boldsymbol{\sigma}\frac{\partial\boldsymbol{E}_s}{\partial t}=-\mu(\boldsymbol{\sigma}-\boldsymbol{\sigma}_p)\frac{\partial\boldsymbol{E}_p}{\partial t}\tag{7.147}$$

本节主要介绍采用背景场与异常场分离的策略求解时域电磁响应问题，其中背景场采用发射源在均匀半空间上产生的电磁场。

时域背景电场可通过频时转换将频域电磁响应转换到时域获得。以单位磁矩垂直磁偶极子发射源为例，各向同性均匀半空间模型空间任意位置电场可写为

$$E_x^p=\frac{i\omega}{2\pi}\frac{y}{r}\int_0^{\infty}F(\lambda)\lambda^2J_1(\lambda r)\mathrm{d}\lambda\tag{7.148}$$

$$E_y^p=-\frac{i\omega}{2\pi}\frac{x}{r}\int_0^{\infty}F(\lambda)\lambda^2J_1(\lambda r)\mathrm{d}\lambda\tag{7.149}$$

$$E_z^p=0\tag{7.150}$$

式中，$F(\lambda)$为与大地电导率相关的递归函数，具体形式可参考 Weidelt(1991)；$J_1(\lambda r)$为一阶贝塞尔函数，可通过快速汉克尔变换进行计算(殷长春，2018)。

为计算时域背景场，以上阶跃波为例并采用余弦变换将式(7.148)～式(7.150)中的频域背景场转化到时域，即

$$\begin{bmatrix}E_{\mathrm{step\_}x}^p\\E_{\mathrm{step\_}y}^p\\E_{\mathrm{step\_}z}^p\end{bmatrix}=\frac{2}{\pi}\int_0^{\infty}\begin{Bmatrix}\mathrm{Im}[E_x^p(\omega)/\omega]\\\mathrm{Im}[E_y^p(\omega)/\omega]\\\mathrm{Im}[E_z^p(\omega)/\omega]\end{Bmatrix}\cos\omega t\mathrm{d}\omega\tag{7.151}$$

为保证时域三维正演问题解的唯一性，需要添加边界条件和初始条件。物理域内部边界上电磁场满足

$$\begin{cases}\hat{\boldsymbol{n}}\times(\boldsymbol{E}_{p1}-\boldsymbol{E}_{p2})=\boldsymbol{0}\\\hat{\boldsymbol{n}}\times(\boldsymbol{E}_{s1}-\boldsymbol{E}_{s2})=\boldsymbol{0}\end{cases}\tag{7.152}$$

式中，$\boldsymbol{E}_{p1}$和$\boldsymbol{E}_{p2}$、$\boldsymbol{E}_{s1}$和$\boldsymbol{E}_{s2}$分别为分界面两侧背景场和异常场。物理域外部边界强加狄利克雷边界条件。考虑任意时刻电磁场在物理域外边界处基本衰减殆尽，则有

$$\begin{cases}\boldsymbol{E}_p|_{\Gamma}=\boldsymbol{0}\\\boldsymbol{E}_s|_{\Gamma}=\boldsymbol{0}\end{cases}\tag{7.153}$$

时域电磁三维正演的初始条件与发射波形相关。对于下阶跃波，断电时刻之前发射电流恒定、激发稳定磁场。由于稳定磁场不激发二次电场，因此下阶跃波对应的初始条件可写为

$$\begin{cases}\boldsymbol{H}_p|_{t=0}=\boldsymbol{H}_{p0}\\\boldsymbol{E}_p|_{t=0}=\boldsymbol{0}\\\boldsymbol{E}_s|_{t=0}=\boldsymbol{0}\end{cases}\tag{7.154}$$

由此，时域航空电磁正演边值问题由控制方程式(7.147)与边界条件式(7.152)、式(7.153)以及初始条件式(7.154)构成。

7.4.2　时域控制方程离散

时域电磁法控制方程对应的余量为

$$\boldsymbol{R}^{\text{time}} = \nabla\times\nabla\times\boldsymbol{E}_s + \mu\boldsymbol{\sigma}\frac{\partial\boldsymbol{E}_s}{\partial t} + \mu(\boldsymbol{\sigma}-\boldsymbol{\sigma}_p)\frac{\partial\boldsymbol{E}_p}{\partial t} \tag{7.155}$$

与频域空间离散类似，$\boldsymbol{R}_e^{\text{time}}$ 为离散区域 V^e的余量，根据伽辽金加权余量法可得

$$\begin{aligned}&\int_{V^e}\boldsymbol{W}_e\cdot\boldsymbol{R}_e^{\text{time}}\mathrm{d}v\\&=\int_{V^e}\boldsymbol{W}_e\cdot\left[\nabla\times\nabla\times\boldsymbol{E}_s+\mu\boldsymbol{\sigma}\frac{\partial\boldsymbol{E}_s}{\partial t}+\mu(\boldsymbol{\sigma}-\boldsymbol{\sigma}_p)\frac{\partial\boldsymbol{E}_p}{\partial t}\right]\mathrm{d}v=0\end{aligned} \tag{7.156}$$

式中，$\boldsymbol{W}_e$ 为权函数。本节采用谱元基函数 $\tilde{\boldsymbol{\Phi}}$ 作为权函数。式(7.156)经整理可写为

$$\begin{aligned}&\int_{V^e}(\nabla\times\boldsymbol{W}_e)\cdot(\nabla\times\boldsymbol{E}_s)\mathrm{d}v+\mu\int_{V^e}\boldsymbol{W}_e\cdot\boldsymbol{\sigma}\cdot\frac{\partial\boldsymbol{E}_s}{\partial t}\mathrm{d}v\\&+\mu\int_{V^e}\boldsymbol{W}_e\cdot(\boldsymbol{\sigma}-\boldsymbol{\sigma}_p)\cdot\frac{\partial\boldsymbol{E}_p}{\partial t}\mathrm{d}v=0\end{aligned} \tag{7.157}$$

需要指出的是，式(7.157)的积分形式对应各向异性地电模型，当地电模型电导率为各向同性时，式(7.157)可简化为

$$\begin{aligned}&\int_{V^e}(\nabla\times\boldsymbol{W}_e)\cdot(\nabla\times\boldsymbol{E}_s)\mathrm{d}v+\mu\int_{V^e}\sigma\boldsymbol{W}_e\cdot\frac{\partial\boldsymbol{E}_s}{\partial t}\mathrm{d}v\\&+\mu\int_{V^e}(\sigma-\sigma_p)\boldsymbol{W}_e\cdot\frac{\partial\boldsymbol{E}_p}{\partial t}\mathrm{d}v=0\end{aligned} \tag{7.158}$$

假设沿 x、y 和 z 方向的基函数分别为 $\tilde{\boldsymbol{\Phi}}_j^x(x,\ y,\ z)$、$\tilde{\boldsymbol{\Phi}}_j^y(x,\ y,\ z)$ 和 $\tilde{\boldsymbol{\Phi}}_j^z(x,\ y,\ z)$，则在任意单元中时域电场可通过插值基函数表示为

$$\begin{aligned}\boldsymbol{E}_s&=\sum_{t=0}^{N_z}\sum_{s=0}^{N_y}\sum_{r=0}^{N_x-1}E_j^{sx}\tilde{\boldsymbol{\Phi}}_j^x(x,\ y,\ z)+\sum_{t=0}^{N_z}\sum_{s=0}^{N_y-1}\sum_{r=0}^{N_x}E_j^{sy}\tilde{\boldsymbol{\Phi}}_j^y(x,\ y,\ z)\\&\quad+\sum_{t=0}^{N_z-1}\sum_{s=0}^{N_y}\sum_{r=0}^{N_x}E_j^{sz}\tilde{\boldsymbol{\Phi}}_j^z(x,\ y,\ z)=\sum_{j=1}^{M}E_j^s\tilde{\boldsymbol{\Phi}}_j(x,\ y,\ z)\end{aligned} \tag{7.159}$$

$$\begin{aligned}\boldsymbol{E}_p&=\sum_{t=0}^{N_z}\sum_{s=0}^{N_y}\sum_{r=0}^{N_x-1}E_j^{px}\tilde{\boldsymbol{\Phi}}_j^x(x,\ y,\ z)+\sum_{t=0}^{N_z}\sum_{s=0}^{N_y-1}\sum_{r=0}^{N_x}E_j^{py}\tilde{\boldsymbol{\Phi}}_j^y(x,\ y,\ z)\\&\quad+\sum_{t=0}^{N_z-1}\sum_{s=0}^{N_y}\sum_{r=0}^{N_x}E_j^{pz}\tilde{\boldsymbol{\Phi}}_j^z(x,\ y,\ z)=\sum_{j=1}^{M}E_j^p\tilde{\boldsymbol{\Phi}}_j(x,\ y,\ z)\end{aligned} \tag{7.160}$$

式中，N_x、N_y、N_z分别为基函数在 x、y 和 z 三个方向的阶数；$j=f(r,\ s,\ t)$，为在某一单元内索引编号，编号规则已由上文给出；E_j^s 和 E_j^p 分别为异常场和背景场在单元索引为 j 的基函数所在棱边上的切向电场；M 为某一单元中总自由度。将式(7.159)、式(7.160)代入式(7.157)中，并用 $\tilde{\boldsymbol{\Phi}}_k$ 代替 $\boldsymbol{W}_e$，则调整积分与求和顺序可得

$$\sum_{j=1}^{M} E_j^s \int_{V^e} (\nabla\times\tilde{\boldsymbol{\Phi}}_k)^{\mathrm{T}} \cdot (\nabla\times\tilde{\boldsymbol{\Phi}}_j)\mathrm{d}v + \mu \sum_{j=1}^{M} \frac{\partial E_j^s}{\partial t} \int_{V^e} \tilde{\boldsymbol{\Phi}}_k^{\mathrm{T}} \cdot \boldsymbol{\sigma} \cdot \tilde{\boldsymbol{\Phi}}_j \mathrm{d}v$$
$$+ \mu \sum_{j=1}^{M} \frac{\partial E_j^p}{\partial t} \int_{V^e} \tilde{\boldsymbol{\Phi}}_k^{\mathrm{T}} \cdot (\boldsymbol{\sigma} - \boldsymbol{\sigma}_p) \cdot \tilde{\boldsymbol{\Phi}}_j \mathrm{d}v = 0,\quad k = 1,\ 2,\ \cdots,\ M \tag{7.161}$$

同理，式(7.158)可改写为

$$\sum_{j=1}^{M} E_j^s \int_{V^e} (\nabla\times\tilde{\boldsymbol{\Phi}}_k)^{\mathrm{T}} \cdot (\nabla\times\tilde{\boldsymbol{\Phi}}_j)\mathrm{d}v + \mu\sigma \sum_{j=1}^{M} \frac{\partial E_j^s}{\partial t} \int_{V^e} \tilde{\boldsymbol{\Phi}}_k^{\mathrm{T}} \cdot \tilde{\boldsymbol{\Phi}}_j \mathrm{d}v$$
$$+ \mu(\sigma - \sigma_p) \sum_{j=1}^{M} \frac{\partial E_j^p}{\partial t} \int_{V^e} \tilde{\boldsymbol{\Phi}}_k^{\mathrm{T}} \cdot \tilde{\boldsymbol{\Phi}}_j \mathrm{d}v = 0,\quad k = 1,\ 2,\ \cdots,\ M \tag{7.162}$$

将式(7.161)、式(7.162)改写为如下单元矩阵形式

$$\boldsymbol{M}_{ta}^e \frac{\partial \boldsymbol{E}_s}{\partial t} + \boldsymbol{S}_{ta}^e \boldsymbol{E}_s = -\boldsymbol{B}_{ta}^e \frac{\partial \boldsymbol{E}_p}{\partial t} \tag{7.163}$$

$$\boldsymbol{M}_{ti}^e \frac{\partial \boldsymbol{E}_s}{\partial t} + \boldsymbol{S}_{ti}^e \boldsymbol{E}_s = -\boldsymbol{B}_{ti}^e \frac{\partial \boldsymbol{E}_p}{\partial t} \tag{7.164}$$

式中，$\boldsymbol{M}^e$、$\boldsymbol{S}^e$和$\boldsymbol{B}^e$分别为某一单元的质量矩阵、刚度矩阵和右端项相关矩阵；$\boldsymbol{M}^e$和$\boldsymbol{S}^e$共同组成了单元矩阵；下标 ta 和 ti 分别为时域各向异性和各向同性情况；$\boldsymbol{E}_s$ 和 $\boldsymbol{E}_p$ 为时域待求解电场和背景场向量。式(7.163)和式(7.164)对应的$\boldsymbol{M}^e$、$\boldsymbol{S}^e$的具体形式分别为

$$\boldsymbol{S}_{ta}^e[k,\ j] = \tilde{\boldsymbol{S}}^e[k,\ j] = \int_{V^e} (\nabla\times\tilde{\boldsymbol{\Phi}}_k)^{\mathrm{T}} \cdot (\nabla\times\tilde{\boldsymbol{\Phi}}_j)\mathrm{d}v \tag{7.165}$$

$$\boldsymbol{S}_{ti}^e[k,\ j] = \tilde{\boldsymbol{S}}^e[k,\ j] = \int_{V^e} (\nabla\times\tilde{\boldsymbol{\Phi}}_k)^{\mathrm{T}} \cdot (\nabla\times\tilde{\boldsymbol{\Phi}}_j)\mathrm{d}v \tag{7.166}$$

$$\boldsymbol{M}_{ta}^e[k,\ j] = \mu\boldsymbol{M1}^e[k,\ j] = \mu\int_{V^e} \tilde{\boldsymbol{\Phi}}_k^{\mathrm{T}} \cdot \boldsymbol{\sigma} \cdot \tilde{\boldsymbol{\Phi}}_j \mathrm{d}v \tag{7.167}$$

$$\boldsymbol{M}_{ti}^e[k,\ j] = \mu\sigma\boldsymbol{M2}^e[k,\ j] = \mu\sigma\int_{V^e} \tilde{\boldsymbol{\Phi}}_k^{\mathrm{T}} \cdot \tilde{\boldsymbol{\Phi}}_j \mathrm{d}v \tag{7.168}$$

$$\boldsymbol{B}_{ta}^e[k,\ j] = \mu\boldsymbol{B1}^e[k,\ j] = \mu\int_{V^e} \tilde{\boldsymbol{\Phi}}_k^{\mathrm{T}} \cdot (\boldsymbol{\sigma} - \boldsymbol{\sigma}_p) \cdot \tilde{\boldsymbol{\Phi}}_j \mathrm{d}v \tag{7.169}$$

$$\boldsymbol{B}_{ti}^e[k,\ j] = \mu(\sigma - \sigma_p)\boldsymbol{B2}^e[k,\ j] = \mu(\sigma - \sigma_p)\int_{V^e} \tilde{\boldsymbol{\Phi}}_k^{\mathrm{T}} \cdot \tilde{\boldsymbol{\Phi}}_j \mathrm{d}v \tag{7.170}$$

考虑到谱元基函数定义在参考域内，因此利用参考域基函数展开某一标准单元内时域电场，可得

$$\boldsymbol{E}_s = \sum_{t=0}^{N_\zeta} \sum_{s=0}^{N_\eta} \sum_{r=0}^{N_\xi - 1} E_j^{s\xi} \boldsymbol{\Phi}_j^{\xi}(\xi,\ \eta,\ \zeta) + \sum_{t=0}^{N_\zeta} \sum_{s=0}^{N_\eta - 1} \sum_{r=0}^{N_\xi} E_j^{s\eta} \boldsymbol{\Phi}_j^{\eta}(\xi,\ \eta,\ \zeta)$$
$$+ \sum_{t=0}^{N_\zeta - 1} \sum_{s=0}^{N_\eta} \sum_{r=0}^{N_\xi} E_j^{s\zeta} \boldsymbol{\Phi}_j^{\zeta}(\xi,\ \eta,\ \zeta) = \sum_{j=1}^{M} E_j^s \boldsymbol{\Phi}_j(\xi,\ \eta,\ \zeta) \tag{7.171}$$

$$
\begin{aligned}
\boldsymbol{E}_p &= \sum_{t=0}^{N_\zeta}\sum_{s=0}^{N_\eta}\sum_{r=0}^{N_\xi-1} E_j^{p\xi}\boldsymbol{\Phi}_j^{\xi}(\xi,\ \eta,\ \zeta) + \sum_{t=0}^{N_\zeta}\sum_{s=0}^{N_\eta-1}\sum_{r=0}^{N_\xi} E_j^{p\eta}\boldsymbol{\Phi}_j^{\eta}(\xi,\ \eta,\ \zeta) \\
&+ \sum_{t=0}^{N_\zeta-1}\sum_{s=0}^{N_\eta}\sum_{r=0}^{N_\xi} E_j^{p\zeta}\boldsymbol{\Phi}_j^{\zeta}(\xi,\ \eta,\ \zeta) = \sum_{j=1}^{M} E_j^{p}\boldsymbol{\Phi}_j(\xi,\ \eta,\ \zeta)
\end{aligned}
\tag{7.172}
$$

式中，$j=f(r,\ s,\ t)$为单元索引编号，规则参见上文。根据等参映射关系，式(7.161)和式(7.162)可转换为参考域下的积分形式，即

$$
\begin{aligned}
&\sum_{j=1}^{M} E_j^{s}\int_{-1}^{1}\int_{-1}^{1}\int_{-1}^{1}(\nabla\times\boldsymbol{\Phi}_k)^{\mathrm{T}}\cdot\boldsymbol{J}\cdot\boldsymbol{J}^{\mathrm{T}}\cdot(\nabla\times\boldsymbol{\Phi}_j)\frac{1}{|\boldsymbol{J}|}\mathrm{d}\xi\mathrm{d}\eta\mathrm{d}\zeta \\
&+\mu\sum_{j=1}^{M}\frac{\partial E_j^{s}}{\partial t}\int_{-1}^{1}\int_{-1}^{1}\int_{-1}^{1}\boldsymbol{\Phi}_k^{\mathrm{T}}\cdot\boldsymbol{J}^{-\mathrm{T}}\cdot\boldsymbol{\sigma}\cdot\boldsymbol{J}^{-1}\cdot\boldsymbol{\Phi}_j|\boldsymbol{J}|\mathrm{d}\xi\mathrm{d}\eta\mathrm{d}\zeta,\quad k=1,\ 2,\ \cdots,\ M \\
&+\mu\sum_{j=1}^{M}\frac{\partial E_j^{p}}{\partial t}\int_{-1}^{1}\int_{-1}^{1}\int_{-1}^{1}\boldsymbol{\Phi}_k^{\mathrm{T}}\cdot\boldsymbol{J}^{-\mathrm{T}}\cdot(\boldsymbol{\sigma}-\boldsymbol{\sigma}_p)\cdot\boldsymbol{J}^{-1}\cdot\boldsymbol{\Phi}_j|\boldsymbol{J}|\mathrm{d}\xi\mathrm{d}\eta\mathrm{d}\zeta=0
\end{aligned}
\tag{7.173}
$$

$$
\begin{aligned}
&\sum_{j=1}^{M} E_j^{s}\int_{-1}^{1}\int_{-1}^{1}\int_{-1}^{1}(\nabla\times\boldsymbol{\Phi}_k)^{\mathrm{T}}\cdot\boldsymbol{J}\cdot\boldsymbol{J}^{\mathrm{T}}\cdot(\nabla\times\boldsymbol{\Phi}_j)\frac{1}{|\boldsymbol{J}|}\mathrm{d}\xi\mathrm{d}\eta\mathrm{d}\zeta \\
&+\mu\sigma\sum_{j=1}^{M}\frac{\partial E_j^{s}}{\partial t}\int_{-1}^{1}\int_{-1}^{1}\int_{-1}^{1}\boldsymbol{\Phi}_k^{\mathrm{T}}\cdot\boldsymbol{J}^{-\mathrm{T}}\cdot\boldsymbol{J}^{-1}\cdot\boldsymbol{\Phi}_j|\boldsymbol{J}|\mathrm{d}\xi\mathrm{d}\eta\mathrm{d}\zeta,\quad k=1,\ 2,\ \cdots,\ M \\
&+\mu(\sigma-\sigma_p)\sum_{j=1}^{M}\frac{\partial E_j^{p}}{\partial t}\int_{-1}^{1}\int_{-1}^{1}\int_{-1}^{1}\boldsymbol{\Phi}_k^{\mathrm{T}}\cdot\boldsymbol{J}^{-\mathrm{T}}\cdot\boldsymbol{J}^{-1}\cdot\boldsymbol{\Phi}_j|\boldsymbol{J}|\mathrm{d}\xi\mathrm{d}\eta\mathrm{d}\zeta=0
\end{aligned}
\tag{7.174}
$$

式(7.173)~式(7.174)中包含的积分可参考频域正演单元矩阵分析方法进行求解。对所有单元进行类似的分析并整理，可得如下总体求解矩阵，即

$$
\boldsymbol{M}_{ta}\frac{\partial\boldsymbol{E}_s}{\partial t}+\boldsymbol{S}_{ta}\boldsymbol{E}_s=-\boldsymbol{B}_{ta}\frac{\partial\boldsymbol{E}_p}{\partial t}\tag{7.175}
$$

$$
\boldsymbol{M}_{ti}\frac{\partial\boldsymbol{E}_s}{\partial t}+\boldsymbol{S}_{ti}\boldsymbol{E}_s=-\boldsymbol{B}_{ti}\frac{\partial\boldsymbol{E}_p}{\partial t}\tag{7.176}
$$

时域电磁正演还需对时间进行离散，本节将引入后推欧拉差分格式对式(7.175)和式(7.176)进行时间离散。隐式差分格式可确保时间步长自适应选择，在电磁场衰减快速的早期部分采用较小的时间步长，而在电磁场衰减缓慢的中晚期采用较大的时间步长。如前所述，一阶后推欧拉的差分格式可表示为

$$
f'(t)=\frac{1}{\Delta t}[f(t)-f(t-\Delta t)]\tag{7.177}
$$

式中，Δt 为时间步长，采用式(7.177)进行时间离散时，仅能保证$f'(t)$的一阶精度。为保证解的精确性，可采用二阶后推欧拉差分格式进行时间离散。为此，重写式(5.108)如下

$$
f'(t)=\frac{1}{2\Delta t}[3f(t)-4f(t-\Delta t)+f(t-2\Delta t)]\tag{7.178}
$$

利用式(7.178)对式(7.175)和式(7.176)进行时间离散，可得

$$(3\boldsymbol{M}_t + 2\Delta t_1 \boldsymbol{S}_t)\cdot \boldsymbol{E}_s(t_1) = -3\boldsymbol{B}_t \cdot \boldsymbol{E}_p(t_1),\quad j=1 \tag{7.179}$$

$$(3\boldsymbol{M}_t + 2\Delta t_2 \boldsymbol{S}_t)\cdot \boldsymbol{E}_s(t_2) = 4\boldsymbol{M}_t \cdot \boldsymbol{E}_s(t_1) - \boldsymbol{B}_t \cdot [3\boldsymbol{E}_p(t_2) - 4\boldsymbol{E}_p(t_1)],\quad j=2 \tag{7.180}$$

$$(3\boldsymbol{M}_t + 2\Delta t_j \boldsymbol{S}_t)\cdot \boldsymbol{E}_s(t_j) = \boldsymbol{M}_t \cdot [4\boldsymbol{E}_s(t_{j-1}) - \boldsymbol{E}_s(t_{j-2})] - \boldsymbol{B}_t \cdot [3\boldsymbol{E}_p(t_j) - 4\boldsymbol{E}_p(t_{j-1}) + \boldsymbol{E}_p(t_{j-2})],\quad j \geqslant 3 \tag{7.181}$$

式中，j 为时间道。对于不等步长时间离散，请参见第 5. 3. 2 节。

7.5 基于形变六面体网格谱元法三维电磁正演

规则与非规则六面体网格剖分均能实现谱元法的数值离散。规则六面体谱元法频域和时域电磁三维正演限制了复杂地电模型电磁响应的正演计算，而非规则六面体网格保证了谱元法航空电磁正演模拟的灵活性。本节将以各向同性地电模型为例，介绍基于形变六面体网格谱元正演模拟方法。

采用形变六面体网格对地电模型进行离散，首先要解决的问题就是如何利用形变六面体网格对物理模型进行剖分。规则六面体中相互正交的棱边与沿着物理坐标系的三个轴平行，可以有规律地沿着物理坐标系的三个轴方向拓扑，建立满足物理模型的六面体网格剖分模式。非规则六面体网格剖分可以借助诸如 GID、COMSOL、CUBIT 等具有前后处理功能的商业化软件或者自主开发的算法实现。

基于形变六面体网格谱元法频域和时域航空电磁三维正演理论建立过程与基于规则六面体网格谱元法的三维正演理论相似。然而，两种方法物理网格形式不同使得形变六面体网格中各物理单元对应的矩阵变得复杂。本节将介绍形变六面体物理域与参考域映射关系及基于形变六面体网格的单元矩阵分析，最后利用形变六面体网格谱元法计算和分析三维地电模型的电磁响应。

7.5.1 物理域与参考域之间的映射关系

在利用任意六面体网格进行离散时，雅可比矩阵 $\boldsymbol{J}$ 形式变得复杂，需要通过相应的函数形式表达。根据物理单元和参考单元的映射关系，物理域内任意一点坐标(x, y, z)可由形函数 $W(\xi, \eta, \zeta)$表示为

$$x = \sum_{k=1}^{m} W_k x_k,\quad y = \sum_{k=1}^{m} W_k y_k,\quad z = \sum_{k=1}^{m} W_k z_k \tag{7.182}$$

式中，(x_k, y_k, z_k)为六面体单元第 k 个节点坐标；m 为几何节点总数。由此，雅可比矩阵 $\boldsymbol{J}$ 可表示为

$$\boldsymbol{J} = \begin{pmatrix} \sum_{k=1}^{m} \frac{\partial W_k}{\partial \xi} x_k & \sum_{k=1}^{m} \frac{\partial W_k}{\partial \xi} y_k & \sum_{k=1}^{m} \frac{\partial W_k}{\partial \xi} z_k \\ \sum_{k=1}^{m} \frac{\partial W_k}{\partial \eta} x_k & \sum_{k=1}^{m} \frac{\partial W_k}{\partial \eta} y_k & \sum_{k=1}^{m} \frac{\partial W_k}{\partial \eta} z_k \\ \sum_{k=1}^{m} \frac{\partial W_k}{\partial \zeta} x_k & \sum_{k=1}^{m} \frac{\partial W_k}{\partial \zeta} y_k & \sum_{k=1}^{m} \frac{\partial W_k}{\partial \zeta} z_k \end{pmatrix} \tag{7.183}$$

拟合形变结构可以选择控制节点为 $m=8$ 的形变六面体，其形函数 $W(\xi, \eta, \zeta)$ 可表示为

$$W_k = \frac{1}{8}(1+\xi_k\xi)(1+\eta_k\eta)(1+\zeta_k\zeta) \tag{7.184}$$

由式(7.183)和式(7.184)可知，任意六面体雅可比矩阵元素为参考坐标系中变量(ξ, η, ζ)的函数，通过系数矩阵与常量的相乘已经不能满足物理坐标系下矩阵计算，故任意六面体单元的系数矩阵需要对包含雅可比矩阵相关的函数进行整体求解。因此，不规则六面体单元的系数矩阵计算变得复杂。

为实现基于形变六面体网格谱元法的正演计算，将式(7.184)代入式(7.183)中以建立物理域中形变六面体与参考域中标准六面体单元映射关系。图 7.2 给出了物理域与参考域单元的映射关系。式(7.184)中 k 为六面体八个顶点的索引，按图 7.2 给出的索引标号，W_k 具体可表示为

$$\begin{cases} W_1 = \frac{1}{8}(1-\xi)(1-\eta)(1-\zeta), & W_2 = \frac{1}{8}(1+\xi)(1-\eta)(1-\zeta) \\ W_3 = \frac{1}{8}(1-\xi)(1+\eta)(1-\zeta), & W_4 = \frac{1}{8}(1+\xi)(1+\eta)(1-\zeta) \\ W_5 = \frac{1}{8}(1-\xi)(1-\eta)(1+\zeta), & W_6 = \frac{1}{8}(1+\xi)(1-\eta)(1+\zeta) \\ W_7 = \frac{1}{8}(1-\xi)(1+\eta)(1+\zeta), & W_8 = \frac{1}{8}(1+\xi)(1+\eta)(1+\zeta) \end{cases} \tag{7.185}$$

而 $\boldsymbol{J}$ 和 $\boldsymbol{J}^{-1}$ 分别表示为

$$\boldsymbol{J} = \begin{pmatrix} \frac{\partial x}{\partial \xi} & \frac{\partial y}{\partial \xi} & \frac{\partial z}{\partial \xi} \\ \frac{\partial x}{\partial \eta} & \frac{\partial y}{\partial \eta} & \frac{\partial z}{\partial \eta} \\ \frac{\partial x}{\partial \zeta} & \frac{\partial y}{\partial \zeta} & \frac{\partial z}{\partial \zeta} \end{pmatrix} = \begin{pmatrix} J_{11} & J_{12} & J_{13} \\ J_{21} & J_{22} & J_{23} \\ J_{31} & J_{32} & J_{33} \end{pmatrix} \tag{7.186}$$

$$\boldsymbol{J}^{-1} = \boldsymbol{K} = \begin{pmatrix} K_{11} & K_{12} & K_{13} \\ K_{21} & K_{22} & K_{23} \\ K_{31} & K_{32} & K_{33} \end{pmatrix} \tag{7.187}$$

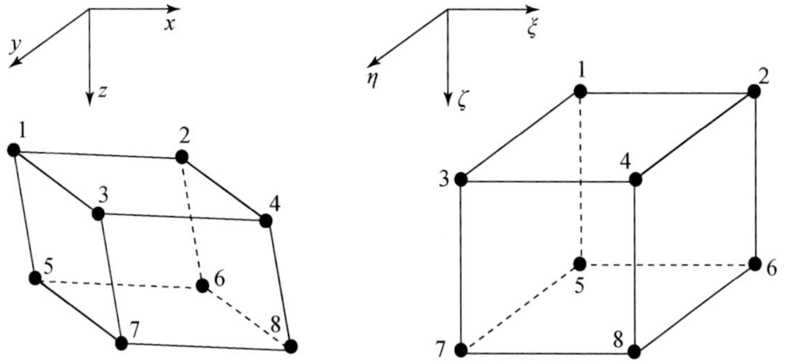

图 7.2　形变六面体物理单元与标准参考单元之间的映射关系

将式(7.185)代入式(7.183)，可得

$$J_{11}=\sum_{k=1}^{8}\frac{\partial W_k}{\partial\xi}x_k=-\frac{1}{8}(1-\eta)(1-\zeta)x_1+\frac{1}{8}(1-\eta)(1-\zeta)x_2$$
$$-\frac{1}{8}(1+\eta)(1-\zeta)x_3+\frac{1}{8}(1+\eta)(1-\zeta)x_4$$
$$-\frac{1}{8}(1-\eta)(1+\zeta)x_5+\frac{1}{8}(1-\eta)(1+\zeta)x_6$$
$$-\frac{1}{8}(1+\eta)(1+\zeta)x_7+\frac{1}{8}(1+\eta)(1+\zeta)x_8 \tag{7.188}$$

$$J_{12}=\sum_{k=1}^{8}\frac{\partial W_k}{\partial\xi}y_k=-\frac{1}{8}(1-\eta)(1-\zeta)y_1+\frac{1}{8}(1-\eta)(1-\zeta)y_2$$
$$-\frac{1}{8}(1+\eta)(1-\zeta)y_3+\frac{1}{8}(1+\eta)(1-\zeta)y_4$$
$$-\frac{1}{8}(1-\eta)(1+\zeta)y_5+\frac{1}{8}(1-\eta)(1+\zeta)y_6$$
$$-\frac{1}{8}(1+\eta)(1+\zeta)y_7+\frac{1}{8}(1+\eta)(1+\zeta)y_8 \tag{7.189}$$

$$J_{13}=\sum_{k=1}^{8}\frac{\partial W_k}{\partial\xi}z_k=-\frac{1}{8}(1-\eta)(1-\zeta)z_1+\frac{1}{8}(1-\eta)(1-\zeta)z_2$$
$$-\frac{1}{8}(1+\eta)(1-\zeta)z_3+\frac{1}{8}(1+\eta)(1-\zeta)z_4$$
$$-\frac{1}{8}(1-\eta)(1+\zeta)z_5+\frac{1}{8}(1-\eta)(1+\zeta)z_6$$
$$-\frac{1}{8}(1+\eta)(1+\zeta)z_7+\frac{1}{8}(1+\eta)(1+\zeta)z_8 \tag{7.190}$$

$$J_{21}=\sum_{k=1}^{8}\frac{\partial W_k}{\partial\eta}x_k=-\frac{1}{8}(1-\xi)(1-\zeta)x_1-\frac{1}{8}(1+\xi)(1-\zeta)x_2$$
$$+\frac{1}{8}(1-\xi)(1-\zeta)x_3+\frac{1}{8}(1+\xi)(1-\zeta)x_4$$
$$-\frac{1}{8}(1-\xi)(1+\zeta)x_5-\frac{1}{8}(1+\xi)(1+\zeta)x_6$$
$$+\frac{1}{8}(1-\xi)(1+\zeta)x_7+\frac{1}{8}(1+\xi)(1+\zeta)x_8 \tag{7.191}$$

$$J_{22}=\sum_{k=1}^{8}\frac{\partial W_k}{\partial\eta}y_k=-\frac{1}{8}(1-\xi)(1-\zeta)y_1-\frac{1}{8}(1+\xi)(1-\zeta)y_2$$
$$+\frac{1}{8}(1-\xi)(1-\zeta)y_3+\frac{1}{8}(1+\xi)(1-\zeta)y_4$$
$$-\frac{1}{8}(1-\xi)(1+\zeta)y_5-\frac{1}{8}(1+\xi)(1+\zeta)y_6$$
$$+\frac{1}{8}(1-\xi)(1+\zeta)y_7+\frac{1}{8}(1+\xi)(1+\zeta)y_8 \tag{7.192}$$

$$J_{23} = \sum_{k=1}^{8} \frac{\partial W_k}{\partial \eta} z_k = -\frac{1}{8}(1-\xi)(1-\zeta)z_1 - \frac{1}{8}(1+\xi)(1-\zeta)z_2 + \frac{1}{8}(1-\xi)(1-\zeta)z_3 + \frac{1}{8}(1+\xi)(1-\zeta)z_4 - \frac{1}{8}(1-\xi)(1+\zeta)z_5 - \frac{1}{8}(1+\xi)(1+\zeta)z_6 + \frac{1}{8}(1-\xi)(1+\zeta)z_7 + \frac{1}{8}(1+\xi)(1+\zeta)z_8 \tag{7.193}$$

$$J_{31} = \sum_{k=1}^{8} \frac{\partial W_k}{\partial \zeta} x_k = -\frac{1}{8}(1-\xi)(1-\eta)x_1 - \frac{1}{8}(1+\xi)(1-\eta)x_2 - \frac{1}{8}(1-\xi)(1+\eta)x_3 - \frac{1}{8}(1+\xi)(1+\eta)x_4 + \frac{1}{8}(1-\xi)(1-\eta)x_5 + \frac{1}{8}(1+\xi)(1-\eta)x_6 + \frac{1}{8}(1-\xi)(1+\eta)x_7 + \frac{1}{8}(1+\xi)(1+\eta)x_8 \tag{7.194}$$

$$J_{32} = \sum_{k=1}^{8} \frac{\partial W_k}{\partial \zeta} y_k = -\frac{1}{8}(1-\xi)(1-\eta)y_1 - \frac{1}{8}(1+\xi)(1-\eta)y_2 - \frac{1}{8}(1-\xi)(1+\eta)y_3 - \frac{1}{8}(1+\xi)(1+\eta)y_4 + \frac{1}{8}(1-\xi)(1-\eta)y_5 + \frac{1}{8}(1+\xi)(1-\eta)y_6 + \frac{1}{8}(1-\xi)(1+\eta)y_7 + \frac{1}{8}(1+\xi)(1+\eta)y_8 \tag{7.195}$$

$$J_{33} = \sum_{k=1}^{8} \frac{\partial W_k}{\partial \zeta} z_k = -\frac{1}{8}(1-\xi)(1-\eta)z_1 - \frac{1}{8}(1+\xi)(1-\eta)z_2 - \frac{1}{8}(1-\xi)(1+\eta)z_3 - \frac{1}{8}(1+\xi)(1+\eta)z_4 + \frac{1}{8}(1-\xi)(1-\eta)z_5 + \frac{1}{8}(1+\xi)(1-\eta)z_6 + \frac{1}{8}(1-\xi)(1+\eta)z_7 + \frac{1}{8}(1+\xi)(1+\eta)z_8 \tag{7.196}$$

在获得雅可比矩阵 $\boldsymbol{J}$ 之后，利用雅可比矩阵 $\boldsymbol{J}$ 的伴随矩阵可得

$$[\boldsymbol{K}]_{kj} = [\boldsymbol{J}^{-1}]_{kj} = \frac{[\boldsymbol{J}^*]_{kj}}{|\boldsymbol{J}|} \tag{7.197}$$

进而可求解雅可比矩阵 $\boldsymbol{J}$ 的逆矩阵 $\boldsymbol{K}$，即

$$K_{11} = \frac{\left(\frac{\partial y}{\partial \eta}\frac{\partial z}{\partial \zeta} - \frac{\partial y}{\partial \zeta}\frac{\partial z}{\partial \eta}\right)}{|\boldsymbol{J}|} = \frac{(J_{22}J_{33} - J_{32}J_{23})}{|\boldsymbol{J}|} \tag{7.198}$$

$$K_{12} = \frac{\left(\frac{\partial z}{\partial \xi}\frac{\partial y}{\partial \zeta} - \frac{\partial y}{\partial \xi}\frac{\partial z}{\partial \zeta}\right)}{|\boldsymbol{J}|} = \frac{(J_{13}J_{32} - J_{12}J_{33})}{|\boldsymbol{J}|} \tag{7.199}$$

$$K_{13}=\frac{\left(\frac{\partial y}{\partial \xi}\frac{\partial z}{\partial \eta}-\frac{\partial y}{\partial \eta}\frac{\partial z}{\partial \xi}\right)}{|\boldsymbol{J}|}=\frac{(J_{12}J_{23}-J_{22}J_{13})}{|\boldsymbol{J}|} \tag{7.200}$$

$$K_{21}=\frac{\left(\frac{\partial z}{\partial \eta}\frac{\partial x}{\partial \zeta}-\frac{\partial x}{\partial \eta}\frac{\partial z}{\partial \zeta}\right)}{|\boldsymbol{J}|}=\frac{(J_{23}J_{31}-J_{21}J_{33})}{|\boldsymbol{J}|} \tag{7.201}$$

$$K_{22}=\frac{\left(\frac{\partial x}{\partial \xi}\frac{\partial z}{\partial \zeta}-\frac{\partial z}{\partial \xi}\frac{\partial x}{\partial \zeta}\right)}{|\boldsymbol{J}|}=\frac{(J_{11}J_{33}-J_{13}J_{31})}{|\boldsymbol{J}|} \tag{7.202}$$

$$K_{23}=\frac{\left(\frac{\partial z}{\partial \xi}\frac{\partial x}{\partial \eta}-\frac{\partial z}{\partial \eta}\frac{\partial x}{\partial \xi}\right)}{|\boldsymbol{J}|}=\frac{(J_{13}J_{21}-J_{23}J_{11})}{|\boldsymbol{J}|} \tag{7.203}$$

$$K_{31}=\frac{\left(\frac{\partial x}{\partial \eta}\frac{\partial y}{\partial \zeta}-\frac{\partial y}{\partial \eta}\frac{\partial x}{\partial \zeta}\right)}{|\boldsymbol{J}|}=\frac{(J_{21}J_{32}-J_{22}J_{31})}{|\boldsymbol{J}|} \tag{7.204}$$

$$K_{32}=\frac{\left(\frac{\partial y}{\partial \xi}\frac{\partial x}{\partial \zeta}-\frac{\partial x}{\partial \xi}\frac{\partial y}{\partial \zeta}\right)}{|\boldsymbol{J}|}=\frac{(J_{12}J_{31}-J_{11}J_{32})}{|\boldsymbol{J}|} \tag{7.205}$$

$$K_{33}=\frac{\left(\frac{\partial x}{\partial \xi}\frac{\partial y}{\partial \eta}-\frac{\partial y}{\partial \xi}\frac{\partial x}{\partial \eta}\right)}{|\boldsymbol{J}|}=\frac{(J_{11}J_{22}-J_{12}J_{21})}{|\boldsymbol{J}|} \tag{7.206}$$

7.5.2 形变六面体单元矩阵分析

本节仅讨论各向同性介质三维正演模拟问题。由式(7.39)、式(7.41)、式(7.43)、式(7.166)、式(7.168)和式(7.170)可知，在物理域中单元矩阵相关量 $\boldsymbol{M}_f^e$、$\boldsymbol{S}_f^e$、$\boldsymbol{B}_f^e$、$\boldsymbol{M}_t^e$、$\boldsymbol{S}_t^e$ 和 $\boldsymbol{B}_t^e$ 可表示为

$$\boldsymbol{S}_f^e[k,\ j]=\tilde{\boldsymbol{S}}^e[k,\ j]=\int_{V^e}(\nabla\times\tilde{\boldsymbol{\Phi}}_k)^{\mathrm{T}}\cdot(\nabla\times\tilde{\boldsymbol{\Phi}}_j)\mathrm{d}v \tag{7.207}$$

$$\boldsymbol{S}_t^e[k,\ j]=\tilde{\boldsymbol{S}}^e[k,\ j]=\int_{V^e}(\nabla\times\tilde{\boldsymbol{\Phi}}_k)^{\mathrm{T}}\cdot(\nabla\times\tilde{\boldsymbol{\Phi}}_j)\mathrm{d}v \tag{7.208}$$

$$\boldsymbol{M}_f^e[k,\ j]=i\omega\mu\sigma\boldsymbol{M1}^e[k,\ j]=i\omega\mu\sigma\int_{V^e}\tilde{\boldsymbol{\Phi}}_k^{\mathrm{T}}\cdot\tilde{\boldsymbol{\Phi}}_j\mathrm{d}v \tag{7.209}$$

$$\boldsymbol{M}_t^e[k,\ j]=\mu\sigma\boldsymbol{M1}^e[k,\ j]=\mu\sigma\int_{V^e}\tilde{\boldsymbol{\Phi}}_k^{\mathrm{T}}\cdot\tilde{\boldsymbol{\Phi}}_j\mathrm{d}v \tag{7.210}$$

$$\boldsymbol{B}_f^e[k,\ j]=i\omega\mu(\sigma-\sigma_p)\boldsymbol{B1}^e[k,\ j]=i\omega\mu(\sigma-\sigma_p)\int_{V^e}\tilde{\boldsymbol{\Phi}}_k^{\mathrm{T}}\cdot\tilde{\boldsymbol{\Phi}}_j\mathrm{d}v \tag{7.211}$$

$$\boldsymbol{B}_t^e[k,\ j]=\mu(\sigma-\sigma_p)\boldsymbol{B1}^e[k,\ j]=\mu(\sigma-\sigma_p)\int_{V^e}\tilde{\boldsymbol{\Phi}}_k^{\mathrm{T}}\cdot\tilde{\boldsymbol{\Phi}}_j\mathrm{d}v \tag{7.212}$$

通过映射变换，并令 $\boldsymbol{V}=\nabla\times\boldsymbol{\Phi}$，则 $\tilde{\boldsymbol{S}}^e$、$\boldsymbol{M1}^e$ 和 $\boldsymbol{B1}^e$ 可由参考坐标系下积分表示为

$$\tilde{\boldsymbol{S}}^e[k,\ j]=\int_{-1}^{1}\int_{-1}^{1}\int_{-1}^{1}(\nabla\times\boldsymbol{\Phi}_k)^{\mathrm{T}}\cdot\boldsymbol{J}\cdot\boldsymbol{J}^{\mathrm{T}}\cdot(\nabla\times\boldsymbol{\Phi}_j)\ |\boldsymbol{J}|^{-1}\mathrm{d}\xi\mathrm{d}\eta\mathrm{d}\zeta$$

$$= \int_{-1}^{1}\int_{-1}^{1}\int_{-1}^{1} \boldsymbol{V}_k^{\mathrm{T}} \cdot \boldsymbol{J} \cdot \boldsymbol{J}^{\mathrm{T}} \cdot \boldsymbol{V}_j \ |\boldsymbol{J}|^{-1} \mathrm{d}\xi \mathrm{d}\eta \mathrm{d}\zeta \tag{7.213}$$

$$\boldsymbol{M1}^e[k,\ j] = \int_{-1}^{1}\int_{-1}^{1}\int_{-1}^{1} \boldsymbol{\Phi}_k^{\mathrm{T}} \cdot \boldsymbol{J}^{-\mathrm{T}} \cdot \boldsymbol{J}^{-1} \cdot \boldsymbol{\Phi}_j |\boldsymbol{J}| \mathrm{d}\xi \mathrm{d}\eta \mathrm{d}\zeta \tag{7.214}$$

$$\boldsymbol{B1}^e[k,\ j] = \int_{-1}^{1}\int_{-1}^{1}\int_{-1}^{1} \boldsymbol{\Phi}_k^{\mathrm{T}} \cdot \boldsymbol{J}^{-\mathrm{T}} \cdot \boldsymbol{J}^{-1} \cdot \boldsymbol{\Phi}_j |\boldsymbol{J}| \mathrm{d}\xi \mathrm{d}\eta \mathrm{d}\zeta \tag{7.215}$$

式中，$\boldsymbol{M1}^e[k,\ j]$与$\boldsymbol{B1}^e[k,\ j]$的形式相同，可将$\boldsymbol{M1}^e[k,\ j]$和$\boldsymbol{B1}^e[k,\ j]$合并进行分析。利用式(7.186)和式(7.187)展开式(7.213)～式(7.215)，可得

$$\begin{aligned}
\tilde{\boldsymbol{S}}^e[k,\ j] &= \int_{-1}^{1}\int_{-1}^{1}\int_{-1}^{1} \boldsymbol{V}_k^{\mathrm{T}} \cdot \boldsymbol{J} \cdot \boldsymbol{J}^{\mathrm{T}} \cdot \boldsymbol{V}_j \ |\boldsymbol{J}|^{-1} \mathrm{d}\xi \mathrm{d}\eta \mathrm{d}\zeta \\
&= \int_{-1}^{1}\int_{-1}^{1}\int_{-1}^{1} [(J_{11}J_{11} + J_{12}J_{12} + J_{13}J_{13}) \boldsymbol{V}_k^{\xi} \cdot \boldsymbol{V}_j^{\xi} \\
&\quad + (J_{21}J_{11} + J_{22}J_{12} + J_{23}J_{13}) \boldsymbol{V}_k^{\xi} \cdot \boldsymbol{V}_j^{\eta} \\
&\quad + (J_{31}J_{11} + J_{32}J_{12} + J_{33}J_{13}) \boldsymbol{V}_k^{\xi} \cdot \boldsymbol{V}_j^{\zeta} \\
&\quad + (J_{11}J_{21} + J_{12}J_{22} + J_{13}J_{23}) \boldsymbol{V}_k^{\eta} \cdot \boldsymbol{V}_j^{\xi} \\
&\quad + (J_{21}J_{21} + J_{22}J_{22} + J_{23}J_{23}) \boldsymbol{V}_k^{\eta} \cdot \boldsymbol{V}_j^{\eta} \\
&\quad + (J_{31}J_{21} + J_{32}J_{22} + J_{33}J_{23}) \boldsymbol{V}_k^{\eta} \cdot \boldsymbol{V}_j^{\zeta} \\
&\quad + (J_{11}J_{31} + J_{12}J_{32} + J_{13}J_{33}) \boldsymbol{V}_k^{\zeta} \cdot \boldsymbol{V}_j^{\xi} \\
&\quad + (J_{21}J_{31} + J_{22}J_{32} + J_{23}J_{33}) \boldsymbol{V}_k^{\zeta} \cdot \boldsymbol{V}_j^{\eta} \\
&\quad + (J_{31}J_{31} + J_{32}J_{32} + J_{33}J_{33}) \boldsymbol{V}_k^{\zeta} \cdot \boldsymbol{V}_j^{\zeta}] \ |\boldsymbol{J}|^{-1} \mathrm{d}\xi \mathrm{d}\eta \mathrm{d}\zeta
\end{aligned} \tag{7.216}$$

$$\begin{aligned}
\boldsymbol{B1}^e[k,\ j] = \boldsymbol{M1}^e[k,\ j] &= \int_{-1}^{1}\int_{-1}^{1}\int_{-1}^{1} \boldsymbol{\Phi}_k^{\mathrm{T}} \cdot \boldsymbol{J}^{-\mathrm{T}} \cdot \boldsymbol{J}^{-1} \cdot \boldsymbol{\Phi}_j |\boldsymbol{J}| \mathrm{d}\xi \mathrm{d}\eta \mathrm{d}\zeta \\
&= \int_{-1}^{1}\int_{-1}^{1}\int_{-1}^{1} \boldsymbol{\Phi}_k^{\mathrm{T}} \cdot \boldsymbol{K}^{\mathrm{T}} \cdot \boldsymbol{K} \cdot \boldsymbol{\Phi}_j |\boldsymbol{J}| \mathrm{d}\xi \mathrm{d}\eta \mathrm{d}\zeta \\
&= \int_{-1}^{1}\int_{-1}^{1}\int_{-1}^{1} [(K_{11}K_{11} + K_{21}K_{21} + K_{31}K_{31}) \boldsymbol{\Phi}_k^{\xi} \cdot \boldsymbol{\Phi}_j^{\xi} \\
&\quad + (K_{12}K_{11} + K_{22}K_{21} + K_{32}K_{31}) \boldsymbol{\Phi}_k^{\xi} \cdot \boldsymbol{\Phi}_j^{\eta} \\
&\quad + (K_{13}K_{11} + K_{23}K_{21} + K_{33}K_{31}) \boldsymbol{\Phi}_k^{\xi} \cdot \boldsymbol{\Phi}_j^{\zeta} \\
&\quad + (K_{11}K_{12} + K_{21}K_{22} + K_{31}K_{32}) \boldsymbol{\Phi}_k^{\eta} \cdot \boldsymbol{\Phi}_j^{\xi} \\
&\quad + (K_{12}K_{12} + K_{22}K_{22} + K_{32}K_{32}) \boldsymbol{\Phi}_k^{\eta} \cdot \boldsymbol{\Phi}_j^{\eta} \\
&\quad + (K_{13}K_{12} + K_{23}K_{22} + K_{33}K_{32}) \boldsymbol{\Phi}_k^{\eta} \cdot \boldsymbol{\Phi}_j^{\zeta} \\
&\quad + (K_{11}K_{13} + K_{21}K_{23} + K_{31}K_{33}) \boldsymbol{\Phi}_k^{\zeta} \cdot \boldsymbol{\Phi}_j^{\xi} \\
&\quad + (K_{12}K_{13} + K_{22}K_{23} + K_{32}K_{33}) \boldsymbol{\Phi}_k^{\zeta} \cdot \boldsymbol{\Phi}_j^{\eta} \\
&\quad + (K_{13}K_{13} + K_{23}K_{23} + K_{33}K_{33}) \boldsymbol{\Phi}_k^{\zeta} \cdot \boldsymbol{\Phi}_j^{\zeta}] \ |\boldsymbol{J}| \mathrm{d}\xi \mathrm{d}\eta \mathrm{d}\zeta
\end{aligned} \tag{7.217}$$

而$\tilde{\boldsymbol{S}}^e[k,\ j]$、$\boldsymbol{M1}^e[k,\ j]$及$\boldsymbol{B1}^e[k,\ j]$可改写为

$$\tilde{\boldsymbol{S}}_{kj}^{e}=\begin{cases}\tilde{\boldsymbol{S}}_{kj}^{1e}, & k,\ j\text{ 为 }\xi,\ \xi\text{ 方向自由度索引}\\ \tilde{\boldsymbol{S}}_{kj}^{2e}, & k,\ j\text{ 为 }\xi,\ \eta\text{ 方向自由度索引}\\ \tilde{\boldsymbol{S}}_{kj}^{3e}, & k,\ j\text{ 为 }\xi,\ \zeta\text{ 方向自由度索引}\\ \tilde{\boldsymbol{S}}_{kj}^{4e}, & k,\ j\text{ 为 }\eta,\ \xi\text{ 方向自由度索引}\\ \tilde{\boldsymbol{S}}_{kj}^{5e}, & k,\ j\text{ 为 }\eta,\ \eta\text{ 方向自由度索引}\\ \tilde{\boldsymbol{S}}_{kj}^{6e}, & k,\ j\text{ 为 }\eta,\ \zeta\text{ 方向自由度索引}\\ \tilde{\boldsymbol{S}}_{kj}^{7e}, & k,\ j\text{ 为 }\zeta,\ \xi\text{ 方向自由度索引}\\ \tilde{\boldsymbol{S}}_{kj}^{8e}, & k,\ j\text{ 为 }\zeta,\ \eta\text{ 方向自由度索引}\\ \tilde{\boldsymbol{S}}_{kj}^{9e}, & k,\ j\text{ 为 }\zeta,\ \zeta\text{ 方向自由度索引}\end{cases}\tag{7.218}$$

$$\boldsymbol{M1}_{kj}^{e}=\begin{cases}\boldsymbol{M1}_{kj}^{1e}, & k,\ j\text{ 为 }\xi,\ \xi\text{ 方向自由度索引}\\ \boldsymbol{M1}_{kj}^{2e}, & k,\ j\text{ 为 }\xi,\ \eta\text{ 方向自由度索引}\\ \boldsymbol{M1}_{kj}^{3e}, & k,\ j\text{ 为 }\xi,\ \zeta\text{ 方向自由度索引}\\ \boldsymbol{M1}_{kj}^{4e}, & k,\ j\text{ 为 }\eta,\ \xi\text{ 方向自由度索引}\\ \boldsymbol{M1}_{kj}^{5e}, & k,\ j\text{ 为 }\eta,\ \eta\text{ 方向自由度索引}\\ \boldsymbol{M1}_{kj}^{6e}, & k,\ j\text{ 为 }\eta,\ \zeta\text{ 方向自由度索引}\\ \boldsymbol{M1}_{kj}^{7e}, & k,\ j\text{ 为 }\zeta,\ \xi\text{ 方向自由度索引}\\ \boldsymbol{M1}_{kj}^{8e}, & k,\ j\text{ 为 }\zeta,\ \eta\text{ 方向自由度索引}\\ \boldsymbol{M1}_{kj}^{9e}, & k,\ j\text{ 为 }\zeta,\ \zeta\text{ 方向自由度索引}\end{cases}\tag{7.219}$$

$$\boldsymbol{B1}_{kj}^{e}=\begin{cases}\boldsymbol{B1}_{kj}^{1e}, & k,\ j\text{ 为 }\xi,\ \xi\text{ 方向自由度索引}\\ \boldsymbol{B1}_{kj}^{2e}, & k,\ j\text{ 为 }\xi,\ \eta\text{ 方向自由度索引}\\ \boldsymbol{B1}_{kj}^{3e}, & k,\ j\text{ 为 }\xi,\ \zeta\text{ 方向自由度索引}\\ \boldsymbol{B1}_{kj}^{4e}, & k,\ j\text{ 为 }\eta,\ \xi\text{ 方向自由度索引}\\ \boldsymbol{B1}_{kj}^{5e}, & k,\ j\text{ 为 }\eta,\ \eta\text{ 方向自由度索引}\\ \boldsymbol{B1}_{kj}^{6e}, & k,\ j\text{ 为 }\eta,\ \zeta\text{ 方向自由度索引}\\ \boldsymbol{B1}_{kj}^{7e}, & k,\ j\text{ 为 }\zeta,\ \xi\text{ 方向自由度索引}\\ \boldsymbol{B1}_{kj}^{8e}, & k,\ j\text{ 为 }\zeta,\ \eta\text{ 方向自由度索引}\\ \boldsymbol{B1}_{kj}^{9e}, & k,\ j\text{ 为 }\zeta,\ \zeta\text{ 方向自由度索引}\end{cases}\tag{7.220}$$

以 $\boldsymbol{M1}^e[k,\ j]$ 和 $\boldsymbol{B1}^e[k,\ j]$ 为例，可推导 $\boldsymbol{M1}_{kj}^{1e}\sim\boldsymbol{M1}_{kj}^{9e}$ 及 $\boldsymbol{B1}_{kj}^{1e}\sim\boldsymbol{B1}_{kj}^{9e}$ 的具体积分表达式如下

$$\boldsymbol{M1}_{kj}^{1e}=\boldsymbol{B1}_{kj}^{1e}=\int_{-1}^{1}\int_{-1}^{1}\int_{-1}^{1}(K_{11}K_{11}+K_{21}K_{21}+K_{31}K_{31})\,|\boldsymbol{J}|\boldsymbol{\Phi}_k^{\xi}\cdot\boldsymbol{\Phi}_j^{\xi}\mathrm{d}\xi\mathrm{d}\eta\mathrm{d}\zeta\tag{7.221}$$

$$\boldsymbol{M1}_{kj}^{2e}=\boldsymbol{B1}_{kj}^{2e}=\int_{-1}^{1}\int_{-1}^{1}\int_{-1}^{1}(K_{12}K_{11}+K_{22}K_{21}+K_{32}K_{31})\,|\boldsymbol{J}|\boldsymbol{\Phi}_k^{\xi}\cdot\boldsymbol{\Phi}_j^{\eta}\mathrm{d}\xi\mathrm{d}\eta\mathrm{d}\zeta \tag{7.222}$$

$$\boldsymbol{M1}_{kj}^{3e}=\boldsymbol{B1}_{kj}^{3e}=\int_{-1}^{1}\int_{-1}^{1}\int_{-1}^{1}(K_{13}K_{11}+K_{23}K_{21}+K_{33}K_{31})\,|\boldsymbol{J}|\boldsymbol{\Phi}_k^{\xi}\cdot\boldsymbol{\Phi}_j^{\zeta}\mathrm{d}\xi\mathrm{d}\eta\mathrm{d}\zeta \tag{7.223}$$

$$\boldsymbol{M1}_{kj}^{4e}=\boldsymbol{B1}_{kj}^{4e}=\int_{-1}^{1}\int_{-1}^{1}\int_{-1}^{1}(K_{11}K_{12}+K_{21}K_{22}+K_{31}K_{32})\,|\boldsymbol{J}|\boldsymbol{\Phi}_k^{\eta}\cdot\boldsymbol{\Phi}_j^{\xi}\mathrm{d}\xi\mathrm{d}\eta\mathrm{d}\zeta \tag{7.224}$$

$$\boldsymbol{M1}_{kj}^{5e}=\boldsymbol{B1}_{kj}^{5e}=\int_{-1}^{1}\int_{-1}^{1}\int_{-1}^{1}(K_{12}K_{12}+K_{22}K_{22}+K_{32}K_{32})\,|\boldsymbol{J}|\boldsymbol{\Phi}_k^{\eta}\cdot\boldsymbol{\Phi}_j^{\eta}\mathrm{d}\xi\mathrm{d}\eta\mathrm{d}\zeta \tag{7.225}$$

$$\boldsymbol{M1}_{kj}^{6e}=\boldsymbol{B1}_{kj}^{6e}=\int_{-1}^{1}\int_{-1}^{1}\int_{-1}^{1}(K_{13}K_{12}+K_{23}K_{22}+K_{33}K_{32})\,|\boldsymbol{J}|\boldsymbol{\Phi}_k^{\eta}\cdot\boldsymbol{\Phi}_j^{\zeta}\mathrm{d}\xi\mathrm{d}\eta\mathrm{d}\zeta \tag{7.226}$$

$$\boldsymbol{M1}_{kj}^{7e}=\boldsymbol{B1}_{kj}^{7e}=\int_{-1}^{1}\int_{-1}^{1}\int_{-1}^{1}(K_{11}K_{13}+K_{21}K_{23}+K_{31}K_{33})\,|\boldsymbol{J}|\boldsymbol{\Phi}_k^{\zeta}\cdot\boldsymbol{\Phi}_j^{\xi}\mathrm{d}\xi\mathrm{d}\eta\mathrm{d}\zeta \tag{7.227}$$

$$\boldsymbol{M1}_{kj}^{8e}=\boldsymbol{B1}_{kj}^{8e}=\int_{-1}^{1}\int_{-1}^{1}\int_{-1}^{1}(K_{12}K_{13}+K_{22}K_{23}+K_{32}K_{33})\,|\boldsymbol{J}|\boldsymbol{\Phi}_k^{\zeta}\cdot\boldsymbol{\Phi}_j^{\eta}\mathrm{d}\xi\mathrm{d}\eta\mathrm{d}\zeta \tag{7.228}$$

$$\boldsymbol{M1}_{kj}^{9e}=\boldsymbol{B1}_{kj}^{9e}=\int_{-1}^{1}\int_{-1}^{1}\int_{-1}^{1}(K_{13}K_{13}+K_{23}K_{23}+K_{33}K_{33})\,|\boldsymbol{J}|\boldsymbol{\Phi}_k^{\zeta}\cdot\boldsymbol{\Phi}_j^{\zeta}\mathrm{d}\xi\mathrm{d}\eta\mathrm{d}\zeta \tag{7.229}$$

将式(7.198)～式(7.206)代入式(7.221)～式(7.229)中，可对 $\boldsymbol{M1}_{kj}^{1e}\sim\boldsymbol{M1}_{kj}^{9e}$ 及 $\boldsymbol{B1}_{kj}^{1e}\sim\boldsymbol{B1}_{kj}^{9e}$ 进行展开，同理可得 $\tilde{\boldsymbol{S}}_{kj}^{1e}\sim\tilde{\boldsymbol{S}}_{kj}^{9e}$ 的具体表达式。

当物理网格为规则六面体单元时，J_{11}、J_{22}、J_{33}、K_{11}、K_{22} 和 K_{33} 均为常数，而 J_{12}、J_{13}、J_{21}、J_{23}、J_{31}、J_{32}、K_{12}、K_{13}、K_{21}、K_{23}、K_{31}、K_{32} 均为零。在处理积分项 $\tilde{\boldsymbol{S}}^e[k,j]$、$\boldsymbol{M1}^e[k,j]$ 和 $\boldsymbol{B1}^e[k,j]$ 时，根据 7.3 节可知，雅可比矩阵相关系数可以放到积分项外，因此，规则六面体单元的单元矩阵可简化为

$$\boldsymbol{M1}_{kj}^{1e}=\boldsymbol{B1}_{kj}^{1e}=K_{11}K_{11}\,|\boldsymbol{J}|\int_{-1}^{1}\int_{-1}^{1}\int_{-1}^{1}\boldsymbol{\Phi}_k^{\xi}\cdot\boldsymbol{\Phi}_j^{\xi}\mathrm{d}\xi\mathrm{d}\eta\mathrm{d}\zeta \tag{7.230}$$

$$\boldsymbol{M1}_{kj}^{2e}=\boldsymbol{B1}_{kj}^{2e}=0 \tag{7.231}$$

$$\boldsymbol{M1}_{kj}^{3e}=\boldsymbol{B1}_{kj}^{3e}=0 \tag{7.232}$$

$$\boldsymbol{M1}_{kj}^{4e}=\boldsymbol{B1}_{kj}^{4e}=0 \tag{7.233}$$

$$\boldsymbol{M1}_{kj}^{5e}=\boldsymbol{B1}_{kj}^{5e}=K_{22}K_{22}\,|\boldsymbol{J}|\int_{-1}^{1}\int_{-1}^{1}\int_{-1}^{1}\boldsymbol{\Phi}_k^{\eta}\cdot\boldsymbol{\Phi}_j^{\eta}\mathrm{d}\xi\mathrm{d}\eta\mathrm{d}\zeta \tag{7.234}$$

$$\boldsymbol{M1}_{kj}^{6e}=\boldsymbol{B1}_{kj}^{6e}=0 \tag{7.235}$$

$$\boldsymbol{M1}_{kj}^{7e}=\boldsymbol{B1}_{kj}^{7e}=0 \tag{7.236}$$

$$\boldsymbol{M1}_{kj}^{8e}=\boldsymbol{B1}_{kj}^{8e}=0 \tag{7.237}$$

$$\boldsymbol{M1}_{kj}^{9e}=\boldsymbol{B1}_{kj}^{9e}=K_{33}K_{33}\,|\boldsymbol{J}|\int_{-1}^{1}\int_{-1}^{1}\int_{-1}^{1}\boldsymbol{\Phi}_k^{\zeta}\cdot\boldsymbol{\Phi}_j^{\zeta}\mathrm{d}\xi\mathrm{d}\eta\mathrm{d}\zeta \tag{7.238}$$

式(7.230)～式(7.238)与 7.3 节中推导的 $\boldsymbol{M2}^e[k,j]$ 和 $\boldsymbol{B2}^e[k,j]$ 相同。这是由于规则六面体网格离散单元矩阵是形变六面体网格离散单元矩阵的一种特例。

形变六面体单元 $\tilde{\boldsymbol{S}}^e[k,j]$、$\boldsymbol{M1}^e[k,j]$ 和 $\boldsymbol{B1}^e[k,j]$ 包含雅可比矩阵相关函数项，对于 GLL 基函数来说，可采用三维 GLL 数值积分进行求解。以 $\boldsymbol{M1}^e[k,j]$ 和 $\boldsymbol{B1}^e[k,j]$ 为例，将其包含的九项积分展开为

$$
\begin{aligned}
&\int_{-1}^{1}\int_{-1}^{1}\int_{-1}^{1} g_1 \boldsymbol{\Phi}_k^{\xi} \cdot \boldsymbol{\Phi}_j^{\xi} \mathrm{d}\xi \mathrm{d}\eta \mathrm{d}\zeta \\
&= \int_{-1}^{1}\int_{-1}^{1}\int_{-1}^{1} g_1 \varphi_r^{(N-1)} \varphi_s^{(N)} \varphi_t^{(N)} \varphi_{r'}^{(N-1)} \varphi_{s'}^{(N)} \varphi_{t'}^{(N)} \mathrm{d}\xi \mathrm{d}\eta \mathrm{d}\zeta \\
&= \sum_{p=0}^{N_\zeta'} \sum_{n=0}^{N_\eta'} \sum_{m=0}^{N_\xi'} \left[w_m^{(N_\xi')} w_n^{(N_\eta')} w_p^{(N_\zeta')} g_1 \varphi_r^{(N-1)}(\xi_m) \varphi_s^{(N)}(\eta_n) \varphi_t^{(N)}(\zeta_p) \varphi_{r'}^{(N-1)}(\xi_m) \varphi_{s'}^{(N)}(\eta_n) \varphi_{t'}^{(N)}(\zeta_p) \right]
\end{aligned} \tag{7.239}
$$

$$
\begin{aligned}
&\int_{-1}^{1}\int_{-1}^{1}\int_{-1}^{1} g_2 \boldsymbol{\Phi}_k^{\xi} \cdot \boldsymbol{\Phi}_j^{\eta} \mathrm{d}\xi \mathrm{d}\eta \mathrm{d}\zeta \\
&= \int_{-1}^{1}\int_{-1}^{1}\int_{-1}^{1} g_2 \varphi_r^{(N-1)} \varphi_s^{(N)} \varphi_t^{(N)} \varphi_{r'}^{(N)} \varphi_{s'}^{(N-1)} \varphi_{t'}^{(N)} \mathrm{d}\xi \mathrm{d}\eta \mathrm{d}\zeta \\
&= \sum_{p=0}^{N_\zeta'} \sum_{n=0}^{N_\eta'} \sum_{m=0}^{N_\xi'} \left[w_m^{(N_\xi')} w_n^{(N_\eta')} w_p^{(N_\zeta')} g_2 \varphi_r^{(N-1)}(\xi_m) \varphi_s^{(N)}(\eta_n) \varphi_t^{(N)}(\zeta_p) \varphi_{r'}^{(N)}(\xi_m) \varphi_{s'}^{(N-1)}(\eta_n) \varphi_{t'}^{(N)}(\zeta_p) \right]
\end{aligned} \tag{7.240}
$$

$$
\begin{aligned}
&\int_{-1}^{1}\int_{-1}^{1}\int_{-1}^{1} g_3 \boldsymbol{\Phi}_k^{\xi} \cdot \boldsymbol{\Phi}_j^{\zeta} \mathrm{d}\xi \mathrm{d}\eta \mathrm{d}\zeta \\
&= \int_{-1}^{1}\int_{-1}^{1}\int_{-1}^{1} g_3 \varphi_r^{(N-1)} \varphi_s^{(N)} \varphi_t^{(N)} \varphi_{r'}^{(N)} \varphi_{s'}^{(N)} \varphi_{t'}^{(N-1)} \mathrm{d}\xi \mathrm{d}\eta \mathrm{d}\zeta \\
&= \sum_{p=0}^{N_\zeta'} \sum_{n=0}^{N_\eta'} \sum_{m=0}^{N_\xi'} \left[w_m^{(N_\xi')} w_n^{(N_\eta')} w_p^{(N_\zeta')} g_3 \varphi_r^{(N-1)}(\xi_m) \varphi_s^{(N)}(\eta_n) \varphi_t^{(N)}(\zeta_p) \varphi_{r'}^{(N)}(\xi_m) \varphi_{s'}^{(N)}(\eta_n) \varphi_{t'}^{(N-1)}(\zeta_p) \right]
\end{aligned} \tag{7.241}
$$

$$
\begin{aligned}
&\int_{-1}^{1}\int_{-1}^{1}\int_{-1}^{1} g_4 \boldsymbol{\Phi}_k^{\eta} \cdot \boldsymbol{\Phi}_j^{\xi} \mathrm{d}\xi \mathrm{d}\eta \mathrm{d}\zeta \\
&= \int_{-1}^{1}\int_{-1}^{1}\int_{-1}^{1} g_4 \varphi_r^{(N)} \varphi_s^{(N-1)} \varphi_t^{(N)} \varphi_{r'}^{(N-1)} \varphi_{s'}^{(N)} \varphi_{t'}^{(N)} \mathrm{d}\xi \mathrm{d}\eta \mathrm{d}\zeta \\
&= \sum_{p=0}^{N_\zeta'} \sum_{n=0}^{N_\eta'} \sum_{m=0}^{N_\xi'} \left[w_m^{(N_\xi')} w_n^{(N_\eta')} w_p^{(N_\zeta')} g_4 \varphi_r^{(N)}(\xi_m) \varphi_s^{(N-1)}(\eta_n) \varphi_t^{(N)}(\zeta_p) \varphi_{r'}^{(N-1)}(\xi_m) \varphi_{s'}^{(N)}(\eta_n) \varphi_{t'}^{(N)}(\zeta_p) \right]
\end{aligned} \tag{7.242}
$$

$$
\begin{aligned}
&\int_{-1}^{1}\int_{-1}^{1}\int_{-1}^{1} g_5 \boldsymbol{\Phi}_k^{\eta} \cdot \boldsymbol{\Phi}_j^{\eta} \mathrm{d}\xi \mathrm{d}\eta \mathrm{d}\zeta \\
&= \int_{-1}^{1}\int_{-1}^{1}\int_{-1}^{1} g_5 \varphi_r^{(N)} \varphi_s^{(N-1)} \varphi_t^{(N)} \varphi_{r'}^{(N)} \varphi_{s'}^{(N-1)} \varphi_{t'}^{(N)} \mathrm{d}\xi \mathrm{d}\eta \mathrm{d}\zeta \\
&= \sum_{p=0}^{N_\zeta'} \sum_{n=0}^{N_\eta'} \sum_{m=0}^{N_\xi'} \left[w_m^{(N_\xi')} w_n^{(N_\eta')} w_p^{(N_\zeta')} g_5 \varphi_r^{(N)}(\xi_m) \varphi_s^{(N-1)}(\eta_n) \varphi_t^{(N)}(\zeta_p) \varphi_{r'}^{(N)}(\xi_m) \varphi_{s'}^{(N-1)}(\eta_n) \varphi_{t'}^{(N)}(\zeta_p) \right]
\end{aligned} \tag{7.243}
$$

$$
\begin{aligned}
&\int_{-1}^{1}\int_{-1}^{1}\int_{-1}^{1} g_6 \boldsymbol{\Phi}_k^{\eta} \cdot \boldsymbol{\Phi}_j^{\xi} \mathrm{d}\xi \mathrm{d}\eta \mathrm{d}\zeta \\
&= \int_{-1}^{1}\int_{-1}^{1}\int_{-1}^{1} g_6 \varphi_r^{(N)} \varphi_s^{(N-1)} \varphi_t^{(N)} \varphi_{r'}^{(N)} \varphi_{s'}^{(N)} \varphi_{t'}^{(N-1)} \mathrm{d}\xi \mathrm{d}\eta \mathrm{d}\zeta \\
&= \sum_{p=0}^{N'_\zeta} \sum_{n=0}^{N'_\eta} \sum_{m=0}^{N'_\xi} \left[w_m^{(N'_\xi)} w_n^{(N'_\eta)} w_p^{(N'_\zeta)} g_6 \varphi_r^{(N)}(\xi_m) \varphi_s^{(N-1)}(\eta_n) \varphi_t^{(N)}(\zeta_p) \varphi_{r'}^{(N)}(\xi_m) \varphi_{s'}^{(N)}(\eta_n) \varphi_{t'}^{(N-1)}(\zeta_p) \right]
\end{aligned}
\tag{7.244}
$$

$$
\begin{aligned}
&\int_{-1}^{1}\int_{-1}^{1}\int_{-1}^{1} g_7 \boldsymbol{\Phi}_k^{\zeta} \cdot \boldsymbol{\Phi}_j^{\xi} \mathrm{d}\xi \mathrm{d}\eta \mathrm{d}\zeta \\
&= \int_{-1}^{1}\int_{-1}^{1}\int_{-1}^{1} g_7 \varphi_r^{(N)} \varphi_s^{(N)} \varphi_t^{(N-1)} \varphi_{r'}^{(N-1)} \varphi_{s'}^{(N)} \varphi_{t'}^{(N)} \mathrm{d}\xi \mathrm{d}\eta \mathrm{d}\zeta \\
&= \sum_{p=0}^{N'_\zeta} \sum_{n=0}^{N'_\eta} \sum_{m=0}^{N'_\xi} \left[w_m^{(N'_\xi)} w_n^{(N'_\eta)} w_p^{(N'_\zeta)} g_7 \varphi_r^{(N)}(\xi_m) \varphi_s^{(N)}(\eta_n) \varphi_t^{(N-1)}(\zeta_p) \varphi_{r'}^{(N-1)}(\xi_m) \varphi_{s'}^{(N)}(\eta_n) \varphi_{t'}^{(N)}(\zeta_p) \right]
\end{aligned}
\tag{7.245}
$$

$$
\begin{aligned}
&\int_{-1}^{1}\int_{-1}^{1}\int_{-1}^{1} g_8 \boldsymbol{\Phi}_k^{\zeta} \cdot \boldsymbol{\Phi}_j^{\eta} \mathrm{d}\xi \mathrm{d}\eta \mathrm{d}\zeta \\
&= \int_{-1}^{1}\int_{-1}^{1}\int_{-1}^{1} g_8 \varphi_r^{(N)} \varphi_s^{(N)} \varphi_t^{(N-1)} \varphi_{r'}^{(N)} \varphi_{s'}^{(N-1)} \varphi_{t'}^{(N)} \mathrm{d}\xi \mathrm{d}\eta \mathrm{d}\zeta \\
&= \sum_{p=0}^{N'_\zeta} \sum_{n=0}^{N'_\eta} \sum_{m=0}^{N'_\xi} \left[w_m^{(N'_\xi)} w_n^{(N'_\eta)} w_p^{(N'_\zeta)} g_8 \varphi_r^{(N)}(\xi_m) \varphi_s^{(N)}(\eta_n) \varphi_t^{(N-1)}(\zeta_p) \varphi_{r'}^{(N)}(\xi_m) \varphi_{s'}^{(N-1)}(\eta_n) \varphi_{t'}^{(N)}(\zeta_p) \right]
\end{aligned}
\tag{7.246}
$$

$$
\begin{aligned}
&\int_{-1}^{1}\int_{-1}^{1}\int_{-1}^{1} g_9 \boldsymbol{\Phi}_k^{\zeta} \cdot \boldsymbol{\Phi}_j^{\zeta} \mathrm{d}\xi \mathrm{d}\eta \mathrm{d}\zeta \\
&= \int_{-1}^{1}\int_{-1}^{1}\int_{-1}^{1} g_9 \varphi_r^{(N)} \varphi_s^{(N)} \varphi_t^{(N-1)} \varphi_{r'}^{(N)} \varphi_{s'}^{(N)} \varphi_{t'}^{(N-1)} \mathrm{d}\xi \mathrm{d}\eta \mathrm{d}\zeta \\
&= \sum_{p=0}^{N'_\zeta} \sum_{n=0}^{N'_\eta} \sum_{m=0}^{N'_\xi} \left[w_m^{(N'_\xi)} w_n^{(N'_\eta)} w_p^{(N'_\zeta)} g_9 \varphi_r^{(N)}(\xi_m) \varphi_s^{(N)}(\eta_n) \varphi_t^{(N-1)}(\zeta_p) \varphi_{r'}^{(N)}(\xi_m) \varphi_{s'}^{(N)}(\eta_n) \varphi_{t'}^{(N-1)}(\zeta_p) \right]
\end{aligned}
\tag{7.247}
$$

式中，r、s 和 t 及 r'、s' 和 t' 分别为基函数沿 ξ、η 和 ζ 三个维度的索引，并且存在 $k=f(r, s, t)$ 及 $j=f(r', s', t')$；m、n 和 p 为沿 ξ、η 和 ζ 三个维度的 GLL 积分节点索引；N'_ξ、N'_η 和 N'_ζ 分别为沿 ξ、η 和 ζ 积分阶数；$w_{m,n,p}$ 为各 GLL 积分节点对应的权重。g_1、g_2、g_3、g_4、g_5、g_6、g_7、g_8 和 g_9 均为 (ξ, η, ζ) 的函数，由式(7.221)～式(7.229)可得其表达形式为

$$g_1(\xi, \eta, \zeta) = (K_{11}K_{11} + K_{21}K_{21} + K_{31}K_{31})|\boldsymbol{J}|$$

$$g_2(\xi, \eta, \zeta) = (K_{12}K_{11} + K_{22}K_{21} + K_{32}K_{31})|\boldsymbol{J}|$$

$$g_3(\xi, \eta, \zeta) = (K_{13}K_{11} + K_{23}K_{21} + K_{33}K_{31})|\boldsymbol{J}|$$

$$g_4(\xi, \eta, \zeta) = (K_{11}K_{12} + K_{21}K_{22} + K_{31}K_{32})|\boldsymbol{J}|$$

$$g_5(\xi,\ \eta,\ \zeta)=(K_{12}K_{12}+K_{22}K_{22}+K_{32}K_{32})\,|\boldsymbol{J}| \tag{7.248}$$
$$g_6(\xi,\ \eta,\ \zeta)=(K_{13}K_{12}+K_{23}K_{22}+K_{33}K_{32})\,|\boldsymbol{J}|$$
$$g_7(\xi,\ \eta,\ \zeta)=(K_{11}K_{13}+K_{21}K_{23}+K_{31}K_{33})\,|\boldsymbol{J}|$$
$$g_8(\xi,\ \eta,\ \zeta)=(K_{12}K_{13}+K_{22}K_{23}+K_{32}K_{33})\,|\boldsymbol{J}|$$
$$g_9(\xi,\ \eta,\ \zeta)=(K_{13}K_{13}+K_{23}K_{23}+K_{33}K_{33})\,|\boldsymbol{J}|$$

同理，可以利用 GLL 数值积分求解$\tilde{\boldsymbol{S}}^e[k,\ j]$。在利用 GLL 数值积分获得$\tilde{\boldsymbol{S}}^e[k,\ j]$、$\boldsymbol{M1}^e[k,\ j]$和$\boldsymbol{B1}^e[k,\ j]$后，经过数学运算即可求解单元质量矩阵$\boldsymbol{M}_f^e$和$\boldsymbol{M}_t^e$及刚度矩阵 $\boldsymbol{S}_f^e$和$\boldsymbol{S}_t^e$，以及右端矩阵项$\boldsymbol{B}_f^e$和$\boldsymbol{B}_t^e$。对于曲面六面体单元，可参考本节单元矩阵分析过程，建立由形函数式(7.183)形成的雅可比矩阵。在完成单元矩阵分析后，采用与规则六面体谱元法相同的方式进行总体矩阵合成，并施加边界条件，即可完成大型线性方程组求解。

7.6　基于耦合无单元伽辽金谱元法三维电磁正演

谱元法和无单元伽辽金法(element-free Galerkin，EFG)都是基于伽辽金法的数值算法。两种方法均不需要对物理网格进行精细剖分即可保证计算精度。然而，谱元法需要通过物理网格离散模型，EFG 法则通过一系列离散节点代替谱元法中物理网格，实现对边值问题求解。为了克服复杂六面体网格剖分对谱元法的制约，本节尝试将 EFG 法节点离散物理模型思想引入常规谱元法电磁模拟中，不再假设六面体单元中电导率为常量，而是参考 EFG 思想，通过数值积分节点来处理物性参数的变化。

7.6.1　耦合 EFG 谱元法

EFG 法(Belytschko et al.，1994)是一种弱形式无网格(mesh-free)方法。该方法基于节点建模，不需要物理离散网格，因而可以避免精细物理网格剖分，非常适合基于节点的标量物理场求解。然而，该方法很难准确描述矢量场在物性界面的连续性问题。

基于耦合 EFG 的谱元法借鉴了 EFG 方法中的节点建模思想，利用 GLL 基函数谱元法中使用的数值积分节点对地电模型进行离散，并假设地电模型电导率分布随积分节点而变化，使得基于节点离散物理模型与采用谱元法求解边值问题的物理网格分离，将随节点变化的物理属性融入数值积分过程中，打破物理属性模型离散与数值计算网格离散的一致性要求，同时也保证了矢量场的连续性。图 7.3 对比了两种不同的离散方式。图 7.3(a)为常规谱元法对地电模型的离散，而图 7.3(b)为耦合 EFG 谱元法对地电模型的离散。对比两图发现，耦合 EFG 法思想的谱元法在对地电模型离散时其剖分方式更为灵活，地下电导率分布不再限制物理网格剖分。

7.6.2　边值问题与计算网格离散

本节以频域航空电磁为例，介绍基于 EFG 思想的谱元法正演理论。为介绍方便，重

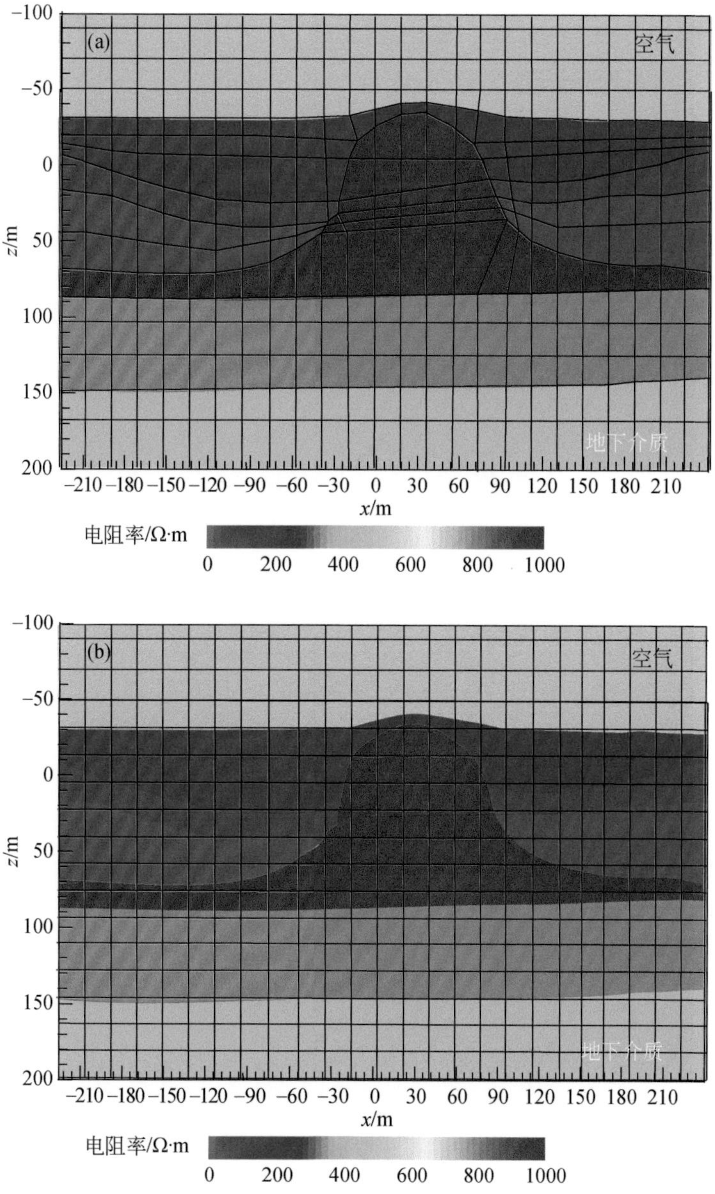

图 7.3　常规谱元法(a)和耦合 EFG 谱元法(b)离散方式对比

新给出一些前几节中出现的公式。假设时谐因子 $e^{i\omega t}$，忽略位移电流并假设大地为各向同性，则频域二次电场满足的矢量亥姆霍兹方程为

$$\nabla\times\nabla\times\boldsymbol{E}_s+i\omega\mu\sigma\boldsymbol{E}_s=-i\omega\mu(\sigma-\sigma_p)\boldsymbol{E}_p \tag{7.249}$$

对于有限计算区域 V，其外边界 Γ 上的边界条件可表示为

$$\begin{cases}\boldsymbol{E}_p\big|_\Gamma=\boldsymbol{0}\\ \boldsymbol{E}_s\big|_\Gamma=\boldsymbol{0}\end{cases} \tag{7.250}$$

式(7.249)和式(7.250)即为需要求解的边值问题。谱元法的矢量基函数可以自动满足切向电场连续性和电场无散条件，因此在物理域和参考域中，沿离散网格切向的一次和二次电场可用谱元基函数分别表示为

$$\boldsymbol{E}_p = \sum_{t=0}^{N_z}\sum_{s=0}^{N_y}\sum_{r=0}^{N_x-1} E_j^{px}\tilde{\boldsymbol{\Phi}}_j^x(x,\ y,\ z) + \sum_{t=0}^{N_z}\sum_{s=0}^{N_y-1}\sum_{r=0}^{N_x} E_j^{py}\tilde{\boldsymbol{\Phi}}_j^y(x,\ y,\ z) + \sum_{t=0}^{N_z-1}\sum_{s=0}^{N_y}\sum_{r=0}^{N_x} E_j^{pz}\tilde{\boldsymbol{\Phi}}_j^z(x,\ y,\ z) = \sum_{j=1}^{M} E_j^p\tilde{\boldsymbol{\Phi}}_j(x,\ y,\ z) \tag{7.251}$$

$$\boldsymbol{E}_s = \sum_{t=0}^{N_z}\sum_{s=0}^{N_y}\sum_{r=0}^{N_x-1} E_j^{sx}\tilde{\boldsymbol{\Phi}}_j^x(x,\ y,\ z) + \sum_{t=0}^{N_z}\sum_{s=0}^{N_y-1}\sum_{r=0}^{N_x} E_j^{sy}\tilde{\boldsymbol{\Phi}}_j^y(x,\ y,\ z) + \sum_{t=0}^{N_z-1}\sum_{s=0}^{N_y}\sum_{r=0}^{N_x} E_j^{sz}\tilde{\boldsymbol{\Phi}}_j^z(x,\ y,\ z) = \sum_{j=1}^{M} E_j^s\tilde{\boldsymbol{\Phi}}_j(x,\ y,\ z) \tag{7.252}$$

$$\boldsymbol{E}_p = \sum_{t=0}^{N_\zeta}\sum_{s=0}^{N_\eta}\sum_{r=0}^{N_\xi-1} E_j^{p\xi}\boldsymbol{\Phi}_j^\xi(\xi,\ \eta,\ \zeta) + \sum_{t=0}^{N_\zeta}\sum_{s=0}^{N_\eta-1}\sum_{r=0}^{N_\xi} E_j^{p\eta}\boldsymbol{\Phi}_j^\eta(\xi,\ \eta,\ \zeta) + \sum_{t=0}^{N_\zeta-1}\sum_{s=0}^{N_\eta}\sum_{r=0}^{N_\xi} E_j^{p\zeta}\boldsymbol{\Phi}_j^\zeta(\xi,\ \eta,\ \zeta) = \sum_{j=1}^{M} E_j^p\boldsymbol{\Phi}_j(\xi,\ \eta,\ \zeta) \tag{7.253}$$

$$\boldsymbol{E}_s = \sum_{t=0}^{N_\zeta}\sum_{s=0}^{N_\eta}\sum_{r=0}^{N_\xi-1} E_j^{s\xi}\boldsymbol{\Phi}_j^\xi(\xi,\ \eta,\ \zeta) + \sum_{t=0}^{N_\zeta}\sum_{s=0}^{N_\eta-1}\sum_{r=0}^{N_\xi} E_j^{s\eta}\boldsymbol{\Phi}_j^\eta(\xi,\ \eta,\ \zeta) + \sum_{t=0}^{N_\zeta-1}\sum_{s=0}^{N_\eta}\sum_{r=0}^{N_\xi} E_j^{s\zeta}\boldsymbol{\Phi}_j^\zeta(\xi,\ \eta,\ \zeta) = \sum_{j=1}^{M} E_j^s\boldsymbol{\Phi}_j(\xi,\ \eta,\ \zeta) \tag{7.254}$$

式(7.251)~式(7.254)中的 j 和 $(r,\ s,\ t)$ 的关系同前。引入雅可比矩阵，建立如式(7.51)所示的物理域与参考域之间的映射关系。根据7.3节的讨论可知，当离散物理网格为规则六面体时，雅可比矩阵可简化为对角常量矩阵，其值仅与正交六面体边长有关。

7.6.3　基于伽辽金法的谱元边值问题离散

根据伽辽金加权余量法，式(7.249)对应的余量 $\boldsymbol{R}$ 可表示为

$$\boldsymbol{R} = \nabla\times\nabla\times\boldsymbol{E}_s + i\omega\mu\sigma\boldsymbol{E}_s + i\omega\mu(\sigma - \sigma_p)\boldsymbol{E}_p \tag{7.255}$$

将物理域离散为一系列单元网格，定义离散区域为 V^e，则在每个离散单元中加权余量积分满足

$$\int_{V^e}\boldsymbol{W}_e\cdot\boldsymbol{R}_e\mathrm{d}v = 0 \tag{7.256}$$

式中，$\boldsymbol{W}_e$ 为权函数。将式(7.255)代入式(7.256)中，则由式(7.53)可得

$$\begin{aligned}&\sum_{j=1}^{M}E_j^s\int_{-1}^{1}\int_{-1}^{1}\int_{-1}^{1}J_1^e\ (\nabla\times\boldsymbol{\Phi}_k)^{\mathrm{T}}\cdot(\nabla\times\boldsymbol{\Phi}_j)\mathrm{d}\xi\mathrm{d}\eta\mathrm{d}\zeta\\&+ i\omega\mu\sigma\sum_{j=1}^{M}E_j^s\int_{-1}^{1}\int_{-1}^{1}\int_{-1}^{1}J_2^e\boldsymbol{\Phi}_k^{\mathrm{T}}\cdot\boldsymbol{\Phi}_j\mathrm{d}\xi\mathrm{d}\eta\mathrm{d}\zeta,\quad k=1,\ 2,\ \cdots,\ M\\&+ i\omega\mu(\sigma-\sigma_p)\sum_{i=1}^{M}E_j^p\int_{-1}^{1}\int_{-1}^{1}\int_{-1}^{1}J_2^e\boldsymbol{\Phi}_k^{\mathrm{T}}\cdot\boldsymbol{\Phi}_j\mathrm{d}\xi\mathrm{d}\eta\mathrm{d}\zeta = 0\end{aligned} \tag{7.257}$$

式中，k 和 j 为单元矩阵索引；J_1^e 和 J_2^e 为雅可比矩阵相关系数。当离散单元为规则六面体时，J_1^e 和 J_2^e 为常量且可放到积分号外。式(7.257)假设物理单元中电导率为常量。根据 EFG 法思想，当采用一系列节点对物理模型进行离散时，电导率为节点位置函数，在参考域中电导率表示为 $\sigma=\sigma(\xi,\ \eta,\ \zeta)$。

为将 EFG 法思想应用于谱元法中，选取 GLL 积分节点作为电导率离散点，则式(7.257)可改写为

$$\begin{aligned}&\sum_{j=1}^{M} E_j^s J_1^e \int_{-1}^{1}\int_{-1}^{1}\int_{-1}^{1} (\nabla\times\boldsymbol{\Phi}_k)^{\mathrm{T}}\cdot(\nabla\times\boldsymbol{\Phi}_j)\mathrm{d}\xi\mathrm{d}\eta\mathrm{d}\zeta\\&+i\omega\mu\sum_{j=1}^{M} E_j^s J_2^e \int_{-1}^{1}\int_{-1}^{1}\int_{-1}^{1}\sigma(\xi,\ \eta,\ \zeta)\boldsymbol{\Phi}_k^{\mathrm{T}}\cdot\boldsymbol{\Phi}_j\mathrm{d}\xi\mathrm{d}\eta\mathrm{d}\zeta,\qquad k=1,\ 2,\ \cdots,\ M\\&+i\omega\mu\sum_{j=1}^{M} E_j^p J_2^e \int_{-1}^{1}\int_{-1}^{1}\int_{-1}^{1}[\sigma(\xi,\ \eta,\ \zeta)-\sigma_p(\xi,\ \eta,\ \zeta)]\boldsymbol{\Phi}_k^{\mathrm{T}}\cdot\boldsymbol{\Phi}_j\mathrm{d}\xi\mathrm{d}\eta\mathrm{d}\zeta=0\end{aligned}\tag{7.258}$$

将式(7.258)写为矩阵形式，可得

$$(\boldsymbol{S}^e+i\omega\mu_0\boldsymbol{M}^e)\boldsymbol{E}_s=\boldsymbol{B}^e\boldsymbol{E}_p\tag{7.259}$$

式中，刚度矩阵$\boldsymbol{S}^e$、质量矩阵$\boldsymbol{M}^e$ 和右端项相关矩阵$\boldsymbol{B}^e$ 分别为

$$\boldsymbol{S}^e[k,\ j]=J_1^e\int_{-1}^{1}\int_{-1}^{1}\int_{-1}^{1}(\nabla\times\boldsymbol{\Phi}_k)^{\mathrm{T}}\cdot(\nabla\times\boldsymbol{\Phi}_j)\mathrm{d}\xi\mathrm{d}\eta\mathrm{d}\zeta\tag{7.260}$$

$$\boldsymbol{M}^e[k,\ j]=J_2^e\int_{-1}^{1}\int_{-1}^{1}\int_{-1}^{1}\sigma(\xi,\ \eta,\ \zeta)\boldsymbol{\Phi}_k^{\mathrm{T}}\cdot\boldsymbol{\Phi}_j\mathrm{d}\xi\mathrm{d}\eta\mathrm{d}\zeta\tag{7.261}$$

$$\boldsymbol{B}^e[k,\ j]=J_2^e\int_{-1}^{1}\int_{-1}^{1}\int_{-1}^{1}[\sigma(\xi,\ \eta,\ \zeta)-\sigma_p(\xi,\ \eta,\ \zeta)]\boldsymbol{\Phi}_k^{\mathrm{T}}\cdot\boldsymbol{\Phi}_j\mathrm{d}\xi\mathrm{d}\eta\mathrm{d}\zeta\tag{7.262}$$

式(7.260)~式(7.262)中刚度矩阵与规则六面体网格谱元法一致，本节将不作讨论。依据索引 k 和 j，确定不同方向的自由度，将式(7.261)和式(7.262)表示为

$$\boldsymbol{M}_{kj}^e=\begin{cases}\boldsymbol{M}_{kj}^{1e}, & k,\ j\text{ 为 }\xi,\ \xi\text{ 方向自由度索引}\\ \boldsymbol{M}_{kj}^{2e}, & k,\ j\text{ 为 }\xi,\ \eta\text{ 方向自由度索引}\\ \boldsymbol{M}_{kj}^{3e}, & k,\ j\text{ 为 }\xi,\ \zeta\text{ 方向自由度索引}\\ \boldsymbol{M}_{kj}^{4e}, & k,\ j\text{ 为 }\eta,\ \xi\text{ 方向自由度索引}\\ \boldsymbol{M}_{kj}^{5e}, & k,\ j\text{ 为 }\eta,\ \eta\text{ 方向自由度索引}\\ \boldsymbol{M}_{kj}^{6e}, & k,\ j\text{ 为 }\eta,\ \zeta\text{ 方向自由度索引}\\ \boldsymbol{M}_{kj}^{7e}, & k,\ j\text{ 为 }\zeta,\ \xi\text{ 方向自由度索引}\\ \boldsymbol{M}_{kj}^{8e}, & k,\ j\text{ 为 }\zeta,\ \eta\text{ 方向自由度索引}\\ \boldsymbol{M}_{kj}^{9e}, & k,\ j\text{ 为 }\zeta,\ \zeta\text{ 方向自由度索引}\end{cases}\tag{7.263}$$

$$\boldsymbol{B}_{kj}^{e}=\begin{cases}\boldsymbol{B}_{kj}^{1e}, & k,\ j\text{ 为 }\xi,\ \xi\text{ 方向自由度索引}\\ \boldsymbol{B}_{kj}^{2e}, & k,\ j\text{ 为 }\xi,\ \eta\text{ 方向自由度索引}\\ \boldsymbol{B}_{kj}^{3e}, & k,\ j\text{ 为 }\xi,\ \zeta\text{ 方向自由度索引}\\ \boldsymbol{B}_{kj}^{4e}, & k,\ j\text{ 为 }\eta,\ \xi\text{ 方向自由度索引}\\ \boldsymbol{B}_{kj}^{5e}, & k,\ j\text{ 为 }\eta,\ \eta\text{ 方向自由度索引}\\ \boldsymbol{B}_{kj}^{6e}, & k,\ j\text{ 为 }\eta,\ \zeta\text{ 方向自由度索引}\\ \boldsymbol{B}_{kj}^{7e}, & k,\ j\text{ 为 }\zeta,\ \xi\text{ 方向自由度索引}\\ \boldsymbol{B}_{kj}^{8e}, & k,\ j\text{ 为 }\zeta,\ \eta\text{ 方向自由度索引}\\ \boldsymbol{B}_{kj}^{9e}, & k,\ j\text{ 为 }\zeta,\ \zeta\text{ 方向自由度索引}\end{cases}\tag{7.264}$$

参考 7.3 节相关内容，针对物理域中由 $[x_1,\ x_2]\times[y_1,\ y_2]\times[z_1,\ z_2]$ 定义的规则六面体单元，则由式(7.76)～式(7.84)可得

$$\begin{aligned}\boldsymbol{M}_{kj}^{1e}&=J_2^{1e}\int_{-1}^{1}\int_{-1}^{1}\int_{-1}^{1}\sigma(\xi,\ \eta,\ \zeta)\boldsymbol{\Phi}_k^{\xi}\cdot\boldsymbol{\Phi}_j^{\xi}\mathrm{d}\xi\mathrm{d}\eta\mathrm{d}\zeta\\&=\frac{(y_2-y_1)(z_2-z_1)}{2(x_2-x_1)}\int_{-1}^{1}\int_{-1}^{1}\int_{-1}^{1}\sigma(\xi,\ \eta,\ \zeta)\boldsymbol{\Phi}_k^{\xi}\cdot\boldsymbol{\Phi}_j^{\xi}\mathrm{d}\xi\mathrm{d}\eta\mathrm{d}\zeta\end{aligned}\tag{7.265}$$

$$\begin{aligned}\boldsymbol{B}_{kj}^{1e}&=J_2^{1e}\int_{-1}^{1}\int_{-1}^{1}\int_{-1}^{1}[\sigma(\xi,\ \eta,\ \zeta)-\sigma_p(\xi,\ \eta,\ \zeta)]\boldsymbol{\Phi}_k^{\xi}\cdot\boldsymbol{\Phi}_j^{\xi}\mathrm{d}\xi\mathrm{d}\eta\mathrm{d}\zeta\\&=\frac{(y_2-y_1)(z_2-z_1)}{2(x_2-x_1)}\int_{-1}^{1}\int_{-1}^{1}\int_{-1}^{1}[\sigma(\xi,\ \eta,\ \zeta)-\sigma_p(\xi,\ \eta,\ \zeta)]\boldsymbol{\Phi}_k^{\xi}\cdot\boldsymbol{\Phi}_j^{\xi}\mathrm{d}\xi\mathrm{d}\eta\mathrm{d}\zeta\end{aligned}\tag{7.266}$$

$$\begin{aligned}\boldsymbol{M}_{kj}^{5e}&=J_2^{5e}\int_{-1}^{1}\int_{-1}^{1}\int_{-1}^{1}\sigma(\xi,\ \eta,\ \zeta)\boldsymbol{\Phi}_k^{\eta}\cdot\boldsymbol{\Phi}_j^{\eta}\mathrm{d}\xi\mathrm{d}\eta\mathrm{d}\zeta\\&=\frac{(x_2-x_1)(z_2-z_1)}{2(y_2-y_1)}\int_{-1}^{1}\int_{-1}^{1}\int_{-1}^{1}\sigma(\xi,\ \eta,\ \zeta)\boldsymbol{\Phi}_k^{\eta}\cdot\boldsymbol{\Phi}_j^{\eta}\mathrm{d}\xi\mathrm{d}\eta\mathrm{d}\zeta\end{aligned}\tag{7.267}$$

$$\begin{aligned}\boldsymbol{B}_{kj}^{5e}&=J_2^{5e}\int_{-1}^{1}\int_{-1}^{1}\int_{-1}^{1}[\sigma(\xi,\ \eta,\ \zeta)-\sigma_p(\xi,\ \eta,\ \zeta)]\boldsymbol{\Phi}_k^{\eta}\cdot\boldsymbol{\Phi}_j^{\eta}\mathrm{d}\xi\mathrm{d}\eta\mathrm{d}\zeta\\&=\frac{(x_2-x_1)(z_2-z_1)}{2(y_2-y_1)}\int_{-1}^{1}\int_{-1}^{1}\int_{-1}^{1}[\sigma(\xi,\ \eta,\ \zeta)-\sigma_p(\xi,\ \eta,\ \zeta)]\boldsymbol{\Phi}_k^{\eta}\cdot\boldsymbol{\Phi}_j^{\eta}\mathrm{d}\xi\mathrm{d}\eta\mathrm{d}\zeta\end{aligned}\tag{7.268}$$

$$\begin{aligned}\boldsymbol{M}_{kj}^{9e}&=J_2^{9e}\int_{-1}^{1}\int_{-1}^{1}\int_{-1}^{1}\sigma(\xi,\ \eta,\ \zeta)\boldsymbol{\Phi}_k^{\zeta}\cdot\boldsymbol{\Phi}_j^{\zeta}\mathrm{d}\xi\mathrm{d}\eta\mathrm{d}\zeta\\&=\frac{(x_2-x_1)(y_2-y_1)}{2(z_2-z_1)}\int_{-1}^{1}\int_{-1}^{1}\int_{-1}^{1}\sigma(\xi,\ \eta,\ \zeta)\boldsymbol{\Phi}_k^{\zeta}\cdot\boldsymbol{\Phi}_j^{\zeta}\mathrm{d}\xi\mathrm{d}\eta\mathrm{d}\zeta\end{aligned}\tag{7.269}$$

$$\boldsymbol{B}_{kj}^{9e} = J_2^{9e}\int_{-1}^{1}\int_{-1}^{1}\int_{-1}^{1}[\sigma(\xi,\ \eta,\ \zeta) - \sigma_p(\xi,\ \eta,\ \zeta)]\boldsymbol{\Phi}_k^{\zeta}\cdot\boldsymbol{\Phi}_j^{\zeta}\mathrm{d}\xi\mathrm{d}\eta\mathrm{d}\zeta$$
$$= \frac{(x_2 - x_1)(y_2 - y_1)}{2(z_2 - z_1)}\int_{-1}^{1}\int_{-1}^{1}\int_{-1}^{1}[\sigma(\xi,\ \eta,\ \zeta) - \sigma_p(\xi,\ \eta,\ \zeta)]\boldsymbol{\Phi}_k^{\zeta}\cdot\boldsymbol{\Phi}_j^{\zeta}\mathrm{d}\xi\mathrm{d}\eta\mathrm{d}\zeta \tag{7.270}$$

$$\boldsymbol{M}_{kj}^{2e} = \boldsymbol{M}_{kj}^{3e} = \boldsymbol{M}_{kj}^{4e} = \boldsymbol{M}_{kj}^{6e} = \boldsymbol{M}_{kj}^{7e} = \boldsymbol{M}_{kj}^{8e} = 0 \tag{7.271}$$

$$\boldsymbol{B}_{kj}^{2e} = \boldsymbol{B}_{kj}^{3e} = \boldsymbol{B}_{kj}^{4e} = \boldsymbol{B}_{kj}^{6e} = \boldsymbol{B}_{kj}^{7e} = \boldsymbol{B}_{kj}^{8e} = 0 \tag{7.272}$$

7.6.4　单元矩阵分析

由式(7.258)可知，离散的矢量亥姆霍兹方程包含两项积分，刚度矩阵部分与电导率无关，质量矩阵部分与电导率相关。选取GLL积分节点作为电导率离散点，利用数值积分求解，则式(7.265)~式(7.270)中的矩阵元素可表示为

$$\boldsymbol{M}_{kj}^{1e} = J_2^{1e}\int_{-1}^{1}\int_{-1}^{1}\int_{-1}^{1}\sigma(\xi,\ \eta,\ \zeta)\boldsymbol{\Phi}_k^{\xi}\cdot\boldsymbol{\Phi}_j^{\xi}\mathrm{d}\xi\mathrm{d}\eta\mathrm{d}\zeta$$
$$= J_2^{1e}\sum_{p=0}^{N'_\zeta}\sum_{n=0}^{N'_\eta}\sum_{m=0}^{N'_\xi}[w_m^{(N'_\xi)}w_n^{(N'_\eta)}w_p^{(N'_\zeta)}\sigma(\xi_m,\ \eta_n,\ \zeta_p)$$
$$\times\varphi_r^{(N-1)}(\xi_m)\varphi_s^{(N)}(\eta_n)\varphi_t^{(N)}(\zeta_p)\varphi_{r'}^{(N-1)}(\xi_m)\varphi_{s'}^{(N)}(\eta_n)\varphi_{t'}^{(N)}(\zeta_p)] \tag{7.273}$$

$$\boldsymbol{B}_{kj}^{1e} = J_2^{1e}\int_{-1}^{1}\int_{-1}^{1}\int_{-1}^{1}[\sigma(\xi,\ \eta,\ \zeta) - \sigma_p(\xi,\ \eta,\ \zeta)]\boldsymbol{\Phi}_k^{\xi}\cdot\boldsymbol{\Phi}_j^{\xi}\mathrm{d}\xi\mathrm{d}\eta\mathrm{d}\zeta$$
$$= J_2^{1e}\sum_{p=0}^{N'_\zeta}\sum_{n=0}^{N'_\eta}\sum_{m=0}^{N'_\xi}\{w_m^{(N'_\xi)}w_n^{(N'_\eta)}w_p^{(N'_\zeta)}[\sigma(\xi_m,\ \eta_n,\ \zeta_p) - \sigma_p(\xi_m,\ \eta_n,\ \zeta_p)]$$
$$\times\varphi_r^{(N-1)}(\xi_m)\varphi_s^{(N)}(\eta_n)\varphi_t^{(N)}(\zeta_p)\varphi_{r'}^{(N-1)}(\xi_m)\varphi_{s'}^{(N)}(\eta_n)\varphi_{t'}^{(N)}(\zeta_p)\} \tag{7.274}$$

$$\boldsymbol{M}_{kj}^{5e} = J_2^{5e}\int_{-1}^{1}\int_{-1}^{1}\int_{-1}^{1}\sigma(\xi,\ \eta,\ \zeta)\boldsymbol{\Phi}_k^{\eta}\cdot\boldsymbol{\Phi}_j^{\eta}\mathrm{d}\xi\mathrm{d}\eta\mathrm{d}\zeta$$
$$= J_2^{5e}\sum_{p=0}^{N'_\zeta}\sum_{n=0}^{N'_\eta}\sum_{m=0}^{N'_\xi}[w_m^{(N'_\xi)}w_n^{(N'_\eta)}w_p^{(N'_\zeta)}\sigma(\xi_m,\ \eta_n,\ \zeta_p)$$
$$\times\varphi_r^{(N)}(\xi_m)\varphi_s^{(N-1)}(\eta_n)\varphi_t^{(N)}(\zeta_p)\varphi_{r'}^{(N)}(\xi_m)\varphi_{s'}^{(N-1)}(\eta_n)\varphi_{t'}^{(N)}(\zeta_p)] \tag{7.275}$$

$$\boldsymbol{B}_{kj}^{5e} = J_2^{5e}\int_{-1}^{1}\int_{-1}^{1}\int_{-1}^{1}[\sigma(\xi,\ \eta,\ \zeta) - \sigma_p(\xi,\ \eta,\ \zeta)]\boldsymbol{\Phi}_k^{\eta}\cdot\boldsymbol{\Phi}_j^{\eta}\mathrm{d}\xi\mathrm{d}\eta\mathrm{d}\zeta$$
$$= J_2^{5e}\sum_{p=0}^{N'_\zeta}\sum_{n=0}^{N'_\eta}\sum_{m=0}^{N'_\xi}\{w_m^{(N'_\xi)}w_n^{(N'_\eta)}w_p^{(N'_\zeta)}[\sigma(\xi_m,\ \eta_n,\ \zeta_p) - \sigma_p(\xi_m,\ \eta_n,\ \zeta_p)]$$
$$\times\varphi_r^{(N)}(\xi_m)\varphi_s^{(N-1)}(\eta_n)\varphi_t^{(N)}(\zeta_p)\varphi_{r'}^{(N)}(\xi_m)\varphi_{s'}^{(N-1)}(\eta_n)\varphi_{t'}^{(N)}(\zeta_p)\} \tag{7.276}$$

$$\boldsymbol{M}_{kj}^{9e} = J_2^{9e}\int_{-1}^{1}\int_{-1}^{1}\int_{-1}^{1}\sigma(\xi,\ \eta,\ \zeta)\boldsymbol{\Phi}_k^{\zeta}\cdot\boldsymbol{\Phi}_j^{\zeta}\mathrm{d}\xi\mathrm{d}\eta\mathrm{d}\zeta$$
$$= J_2^{9e}\sum_{p=0}^{N'_\zeta}\sum_{n=0}^{N'_\eta}\sum_{m=0}^{N'_\xi}[w_m^{(N'_\xi)}w_n^{(N'_\eta)}w_p^{(N'_\zeta)}\sigma(\xi_m,\ \eta_n,\ \zeta_p)$$
$$\times\varphi_r^{(N)}(\xi_m)\varphi_s^{(N)}(\eta_n)\varphi_t^{(N-1)}(\zeta_p)\varphi_{r'}^{(N)}(\xi_m)\varphi_{s'}^{(N)}(\eta_n)\varphi_{t'}^{(N-1)}(\zeta_p)] \tag{7.277}$$

$$
\begin{aligned}
\boldsymbol{B}_{kj}^{9e} &= J_2^{9e}\int_{-1}^{1}\int_{-1}^{1}\int_{-1}^{1}[\sigma(\xi,\ \eta,\ \zeta)-\sigma_p(\xi,\ \eta,\ \zeta)]\boldsymbol{\Phi}_k^{\zeta}\cdot\boldsymbol{\Phi}_j^{\zeta}\mathrm{d}\xi\mathrm{d}\eta\mathrm{d}\zeta \\
&= J_2^{9e}\sum_{p=0}^{N'_\xi}\sum_{n=0}^{N'_\eta}\sum_{m=0}^{N'_\xi}\{w_m^{(N'_\xi)}w_n^{(N'_\eta)}w_p^{(N'_\zeta)}[\sigma(\xi_m,\ \eta_n,\ \zeta_p)-\sigma_p(\xi_m,\ \eta_n,\ \zeta_p)] \\
&\quad\times\varphi_r^{(N)}(\xi_m)\varphi_s^{(N)}(\eta_n)\varphi_t^{(N-1)}(\zeta_p)\varphi_{r'}^{(N)}(\xi_m)\varphi_{s'}^{(N)}(\eta_n)\varphi_{t'}^{(N-1)}(\zeta_p)\}
\end{aligned}
\tag{7.278}
$$

式(7.273)~式(7.278)中，$\sigma(\xi_m,\ \eta_n,\ \zeta_p)$为离散单元在积分节点$(\xi_m,\ \eta_n,\ \zeta_p)$处的电导率；$N'_\xi$、$N'_\eta$ 和 N'_ζ 分别为ξ、η、ζ方向上 GLL 数值积分的阶数。通过数值积分获得单元刚度矩阵$\boldsymbol{S}^e$、单元质量矩阵 $\boldsymbol{M}^e$ 和单元右端项矩阵 $\boldsymbol{B}^e$ 后，可参考规则六面体谱元正演方法，按照单元内局部索引与总体索引关系形成总体矩阵，并根据边界位置索引添加边界条件，最后完成大型线性方程组组装和求解。

7.7　应用及电磁响应特征分析

7.7.1　频域航空电磁谱元法数值模拟

本节将对谱元法的应用效果进行评价，包括谱元法对电磁场刻画能力、频域及时域航空电磁三维正演精度与计算效率、谱元法在三维正演中优化求解策略，以及谱元法对电各向异性的模拟能力等。

1. 谱元基函数对电磁场的刻画能力

首先介绍基于 GLL 基函数的谱元法对电磁场的刻画能力。考虑如图 7.4 所示的地电模型。发射源为垂直磁偶极子，发射磁矩为 1Am^2，发射源和接收机距离地面 30m，发射频率为 1000Hz 和 10kHz，半空间电阻率为 100Ω · m。图 7.5 和图 7.6 给出了三阶和四阶谱元基函数在物理网格尺寸为 30m×30m×20m 时接收点所在 xy 平面内磁场垂向分量 H_z，以及一阶和二阶有限元法在相同计算域采用尺寸为 10m×10m×10m 的单元网格计算的 H_z。由

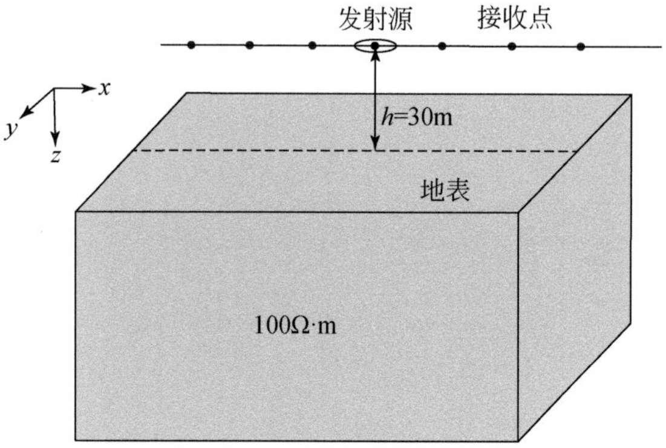

图 7.4　航空电磁均匀半空间模型

图 7.4 可以看出：常规一阶有限元刻画的电磁场在一个物理网格内为常量，二阶有限元刻画的电磁场在一个物理网格内呈线性变化，而三阶和四阶谱元法刻画的电磁场具有明显的“非线性”特性，且四阶基函数比三阶基函数描述的磁场更为光滑，特别是实部响应。因此，谱元法采用粗物理网格刻画的磁场分布，效果优于有限元法采用细网格的刻画效果，这也表明有限元法的模拟能力对物理网格依赖程度高，而谱元法可以采用较稀疏的物理网格实现对“非线性”电磁场的刻画。

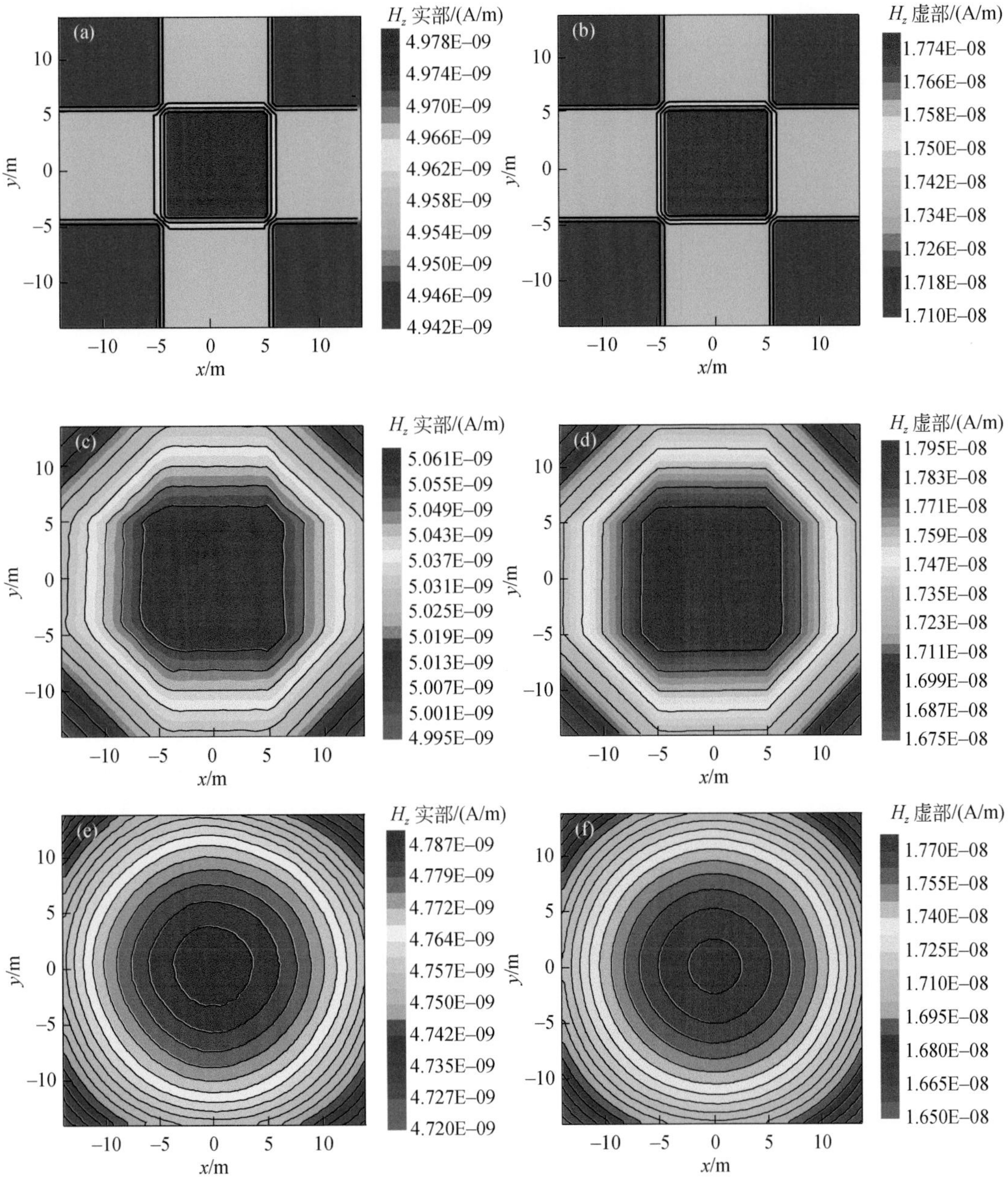

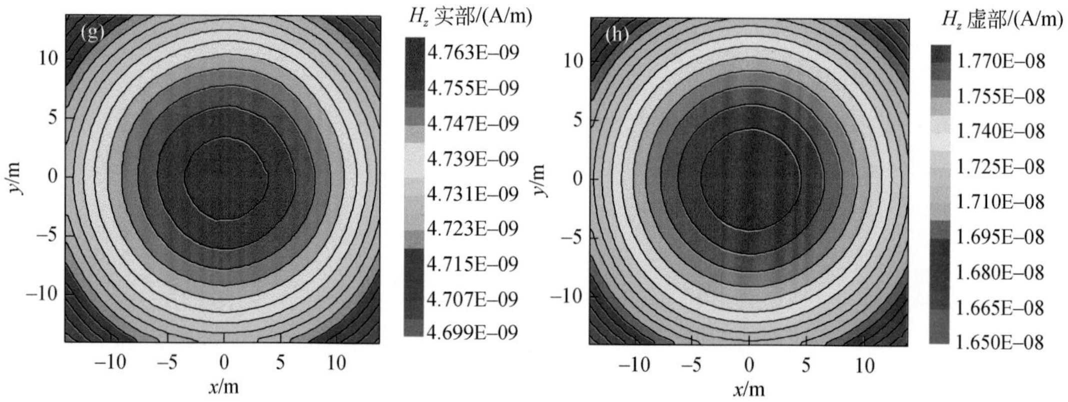

图 7.5　一阶有限元法、二阶有限元法、三阶谱元法和四阶谱元法模拟的航空电磁响应(f=1000Hz)

(a)(b)一阶有限元法；(c)(d)二阶有限元法；(e)(f)三阶谱元法；(g)(h)四阶谱元法

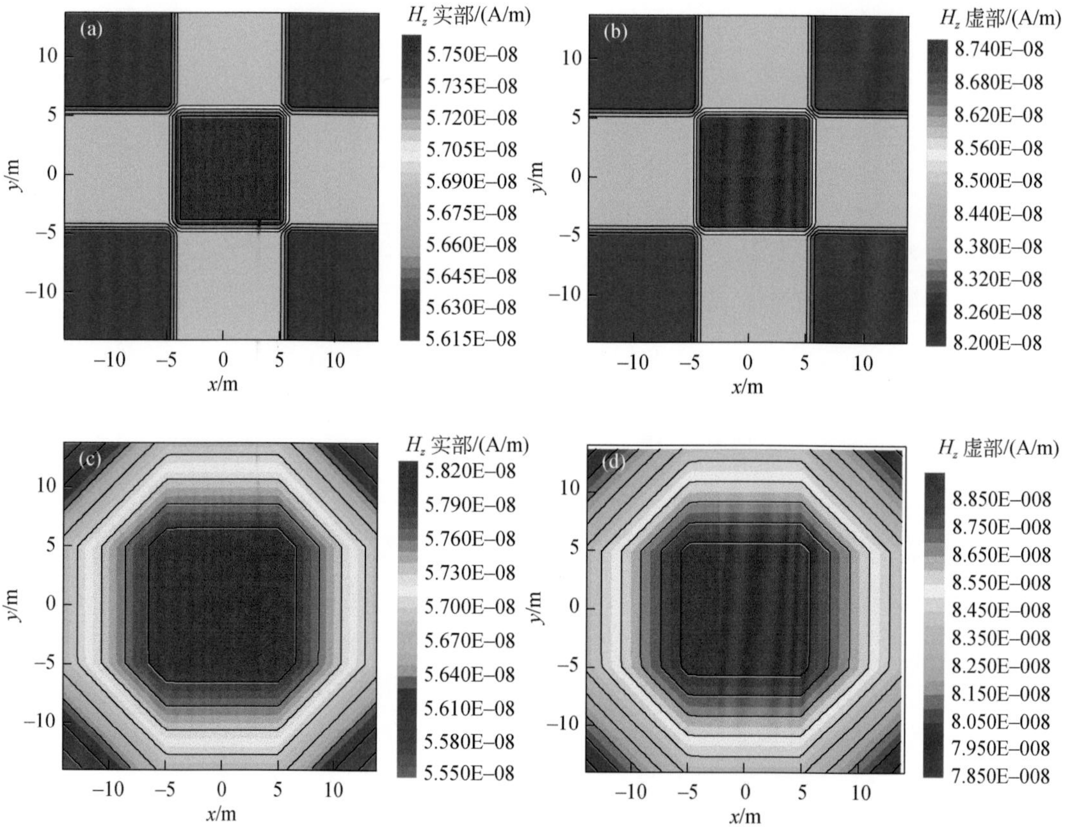

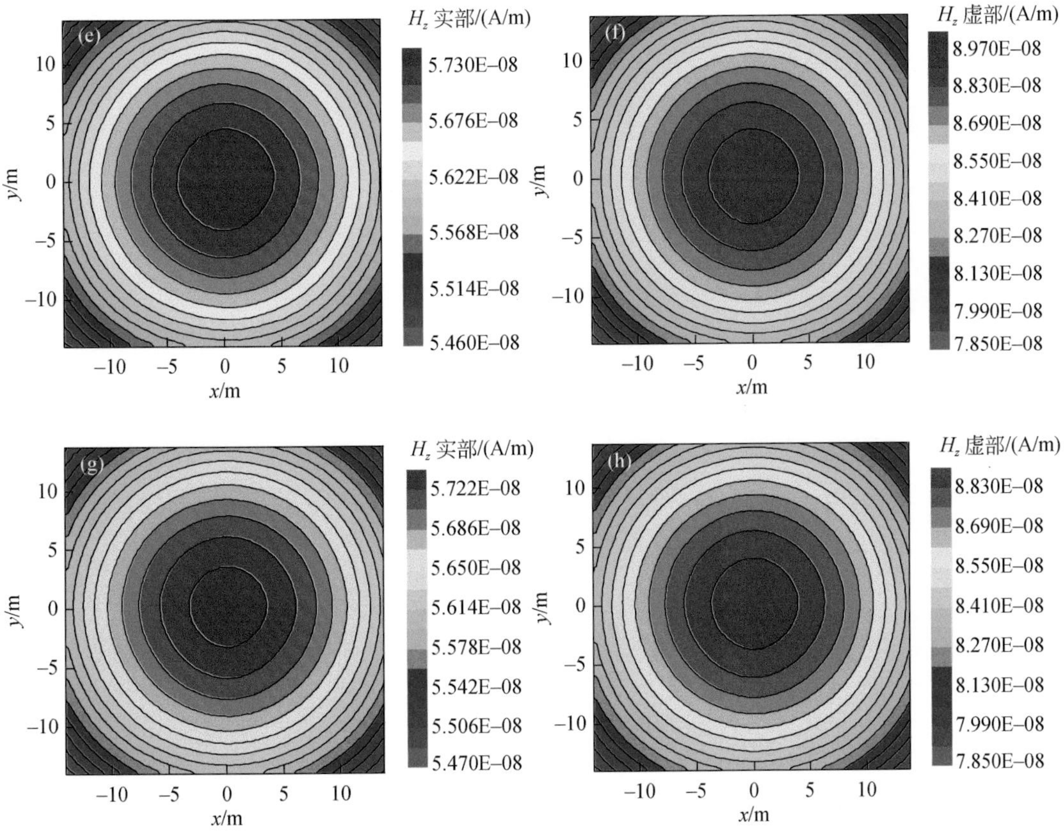

图 7.6　一阶有限元法、二阶有限元法、三阶谱元法和四阶谱元法模拟的航空电磁响应(f=10kHz)
(a)(b)一阶有限元法；(c)(d)二阶有限元法；(e)(f)三阶谱元法；(g)(h)四阶谱元法

下文介绍基于 GLC 多项式谱元法的正演模拟结果。以电阻率为 100Ω · m 的半空间模型为例进行分析。航空电磁系统飞行高度为 30m，收发距 10m，采用垂直共面装置，发射磁矩 1Am^2。探究 GLC 多项式谱元法对多网格离散区域电磁场刻画能力。图 7.7 和图 7.8 展示了四阶基函数、一阶有限元、二阶有限元计算的发射源所在 xy 平面磁场垂向分量 H_z 分布及与半解析解的相对误差。由图 7.7 和图 7.8 可以看出：利用 GLC 多项式为基函数谱元法模拟的场特征与 GLL 多项式类似。常规有限元求解的垂直磁场实虚分量均呈块状分布，此时磁场随空间位置的变化只能通过单元剖分细化，因此需要采用更密的网格才能刻画磁场的变化特征。当采用高阶谱元时，磁场实虚部均呈现典型的向外扩散分布特征，并且随着谱元阶数提升，场的相对误差明显减小，误差与网格的关系也逐渐减弱。

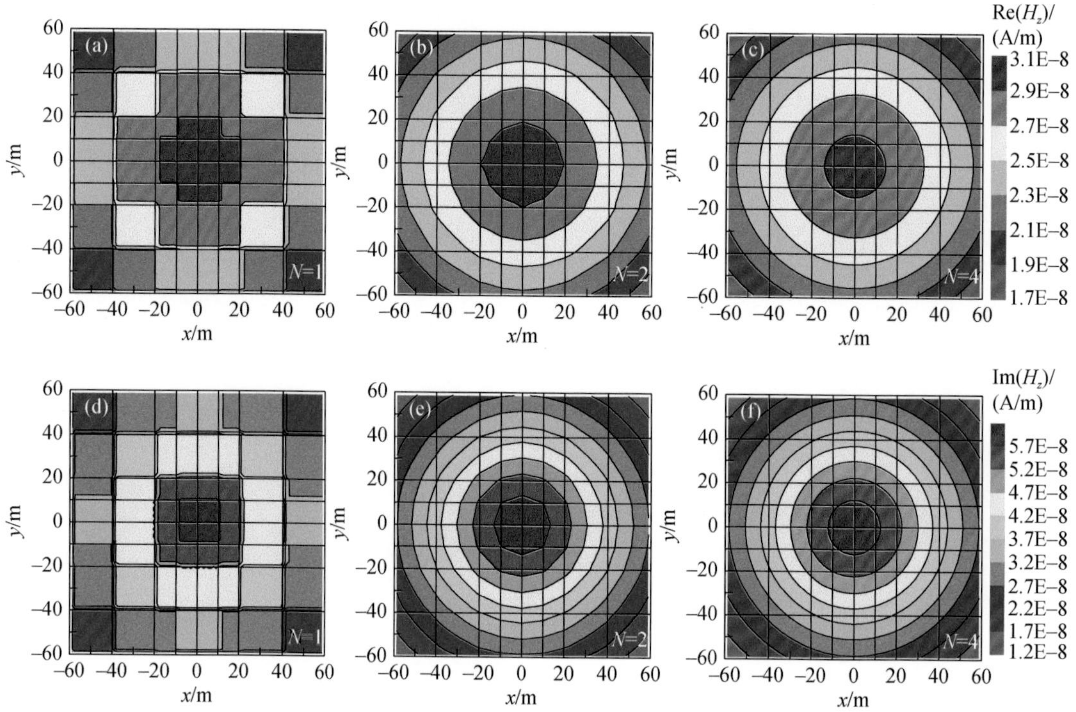

图 7.7　不同阶插值多项式谱元法垂直磁场 H_z 模拟结果(f=5000Hz，阶数 N=1、2、4)

(a)～(c)不同阶数下 H_z 实分量；(d)～(f)不同阶数下 H_z 虚分量

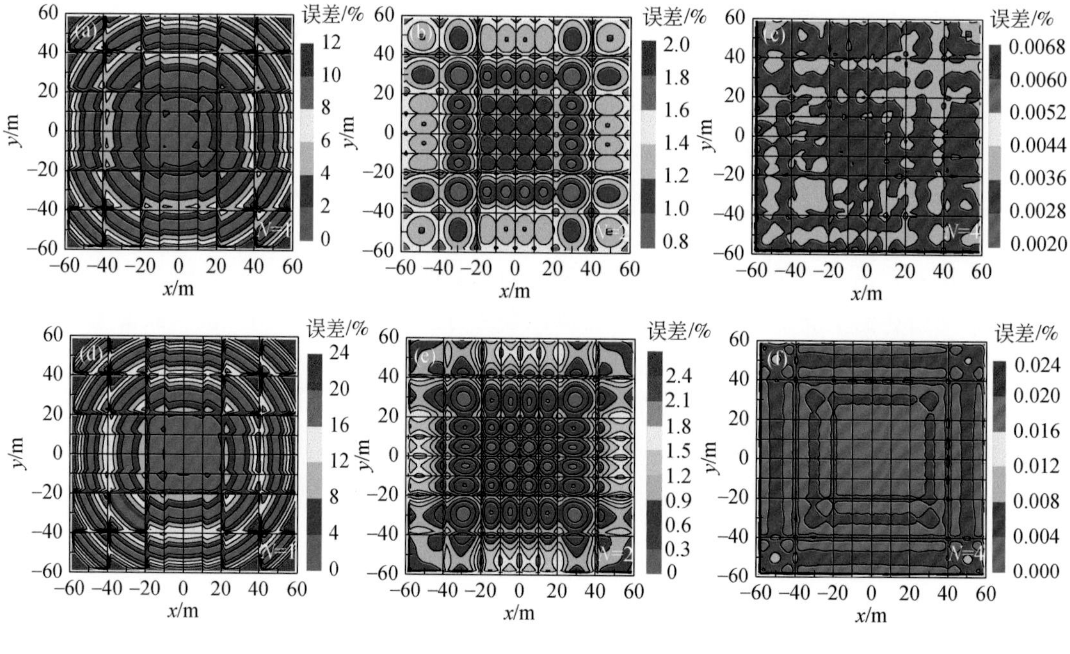

图 7.8　不同阶数插值多项式谱元法模拟结果与一维半解析解的相对误差(f=5000Hz，阶数 N=1，2，4)

(a)～(c)不同阶数下 H_z 实部误差分布；(d)～(f)不同阶数下 H_z 虚部误差分布

2. 基于 GLL 多项式谱元法正演模拟精度与效率分析

本节介绍基于 GLL 多项式谱元法在频域航空电磁正演模拟中的应用。通过模拟一维层状各向同性地电模型的 HCP 和 VCX 装置的电磁响应，并与二阶有限元进行计算效率对比，检验算法的有效性。层状介质模型见图 7.9。收发距 10m，飞行高度 30m。谱元法和二阶

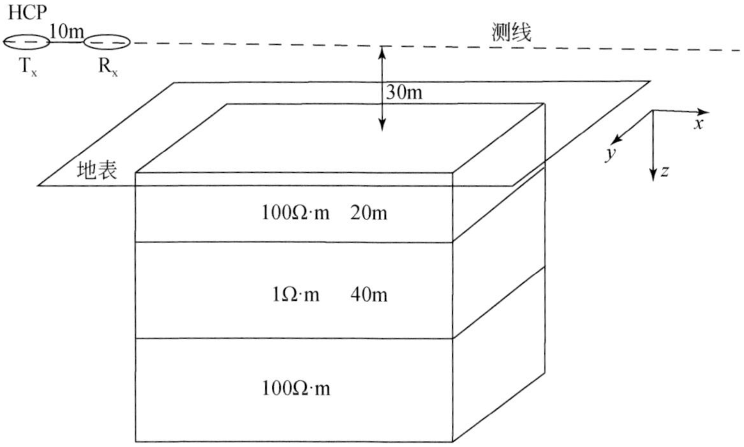

图 7.9　一维各向同性介质模型

有限元法物理网格剖分参见表 7.1 和表 7.2。其中，有限元法所采用的物理网格密实度约为谱元法的三倍，二阶有限元和四阶谱元法的自由度个数相近。图 7.10 和图 7.11 分别给出了三、四和五阶谱元法以及二阶有限元模拟的航空电磁响应以及与一维半解析解的相对误差，而表 7.3 给出了正演精度和计算效率统计结果。结合图 7.10、图 7.11 和表 7.3 可以得出如下结论：①随着基函数阶数提高，航空电磁响应的计算误差减小。因此，谱元法可以通过提高基函数阶数改善计算精度。②二阶有限元法自由度分别为四阶和五阶基函数谱元法的 0.91 倍和 1.79 倍，而其最大误差分别为四阶和五阶谱元法的 2.64 倍和 6.625 倍。另外，四阶和五阶谱元法的求解时间仅为二阶有限元法的 1/40 和 1/12。因此，比起常规二阶有限元法，谱元法可以实现较大自由度条件下的高效和高精度电磁场求解；③相对于四阶基函数模拟结果，五阶基函数对计算结果的精度提升不大，但五阶基函数谱元法求解时间是四阶基函数的 3.2 倍。因此，随着基函数阶数提高，谱元法方程组的自由度随之增大，计算效率降低。为保证求解精度与效率双重优化，需要考虑物理网格剖分与基函数阶数的合理选取。

表 7.1　各向同性地电模型物理网格剖分

方向	网格剖分/m
x 轴方向	2000、200、60、30、30、30、30、30、60、200、2000
y 轴方向	2000、200、60、30、30、30、30、30、60、200、2000
z 轴地下	20、20、20、40、60、200、2000
z 轴空气	2000、200、60、20、20

表 7.2　二阶有限元法采用的物理网格剖分

方向	网格剖分/m
x 轴方向	1000、1000、235、100、60、60、30、15、15、10、10、10、15、15、30、60、60、100、235、1000、1000
y 轴方向	1000、1000、235、100、60、60、30、15、15、10、10、10、15、15、30、60、60、100、235、1000、1000
z 轴地下	10、10、10、10、20、35、55、150、300、1000、1000
z 轴空气	1000、1000、200、150、100、50、50、40、20、10、10、10、10

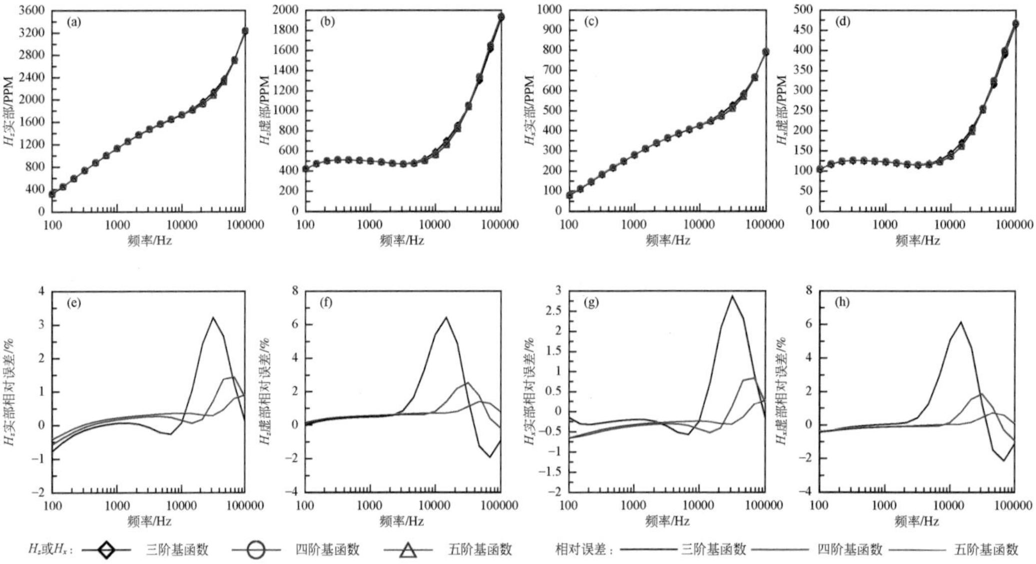

图 7.10　层状介质模型 HCP 和 VCX 装置航空电磁响应及与一维半解析解的相对误差

(a)(b)三阶和四阶基函数 HCP 响应；(c)(d)三阶和四阶基函数 VCX 响应；(e)(f)三阶和四阶基函数 HCP 响应相对误差；(g)(h)三阶和四阶基函数 VCX 响应相对误差

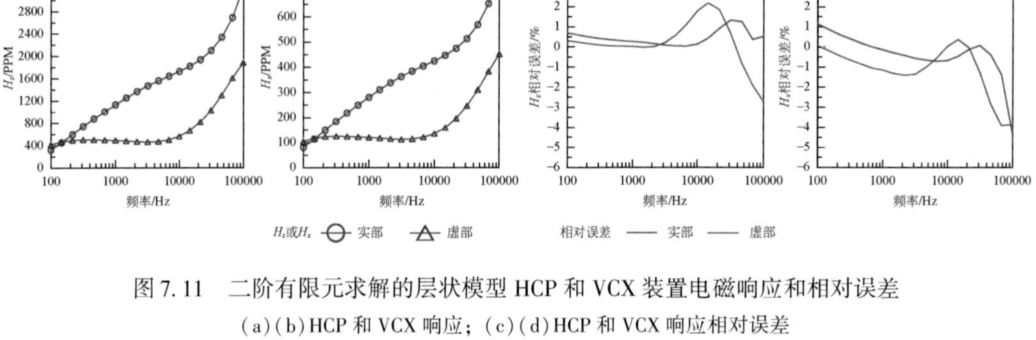

图 7.11　二阶有限元求解的层状模型 HCP 和 VCX 装置电磁响应和相对误差

(a)(b)HCP 和 VCX 响应；(c)(d)HCP 和 VCX 响应相对误差

表 7.3　各向同性地电模型二阶有限元法和不同阶谱元法求解时间统计

方法	物理网格个数/个	自由度个数/个	单频求解时间	最大计算误差
三阶谱元法	1452	124644	约 4.0s	6.42%(HCP), 6.10%(VCX)
四阶谱元法	1452	291240	约 18.0s	1.41%(HCP), 1.89%(VCX)
五阶谱元法	1452	563920	约 57.5s	0.91%(HCP), 0.64%(VCX)
二阶有限元法	12696	317906	约 12min	2.66%(HCP), 4.24%(VCX)

3. GLC 多项式谱元法正演模拟精度与效率分析

为了验证基于 GLC 多项式谱元法的正演模拟精度，本节对图 7.12 所示的三层模型进行正演模拟，并与半解析解的结果进行对比。图 7.13 给出了三阶谱元法正演结果及与一维半解析解的相对误差。从图 7.13 中可以看出，与 GLL 多项式谱元法类似，基于 GLC 多项式的谱元法可对三层模型的航空电磁响应进行精确模拟。

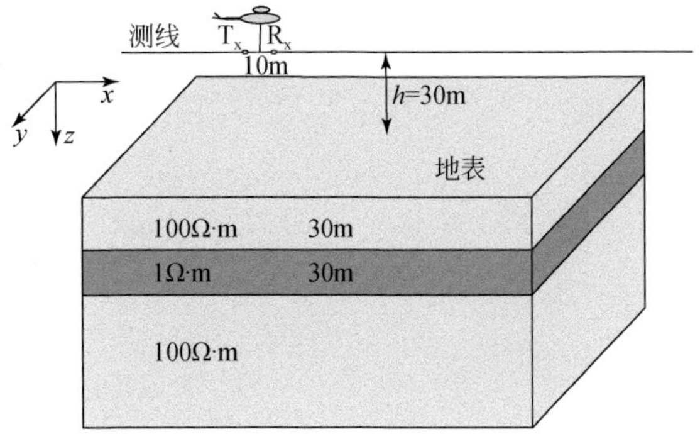

图 7.12　三层模型示意图

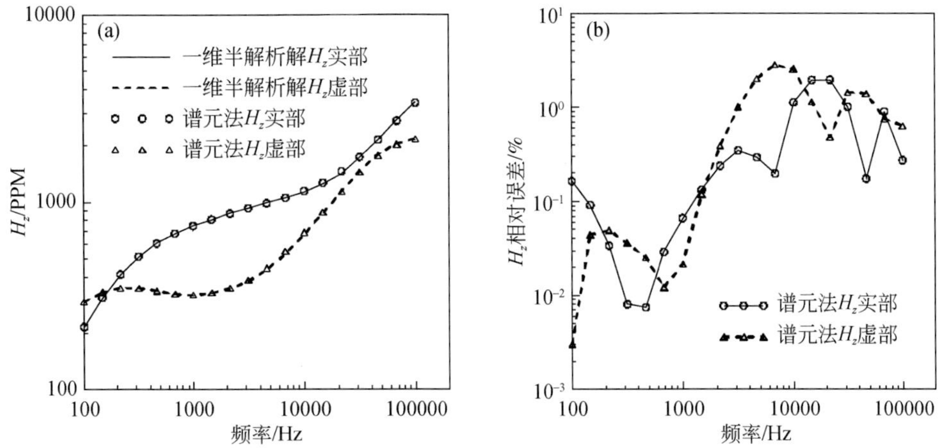

图 7.13　三层模型航空电磁响应及相对误差曲线

(a)实部和虚部响应；(b)实部和虚部相对误差

4. 各向异性模型谱元法正演模拟精度与效率分析

为验证谱元法对电各向异性模型的模拟精度，本节使用如表 7.4 所示的稀疏与密集两种物理网格进行计算域剖分，并采用 GLL 多项式谱元法对层状各向异性模型 HCP 装置航空电磁响应进行计算。为方便讨论，利用电阻率张量替代前文讨论中使用的电导率张量。模型参数如下：第一层为任意各向异性层，主轴电阻率 ρ_x、ρ_y 和 ρ_z 分别为 1Ω · m、10Ω · m和 100Ω · m，α、β 和 γ 分别为 30°、60°和 90°，厚度 50m，第二层为三轴各向异性，主轴电阻率 ρ_x、ρ_y 和 ρ_z 分别为 1Ω · m、10Ω · m 和 100Ω · m，α、β 和 γ 均为 0°。图 7.14 给出表 7.4 中稀疏物理网格结合高阶(四阶)基函数及密实物理网格结合低阶(三阶)基函数的 HCP 装置频域航空电磁响应及与一维半解析解的相对误差。由图 7.14 可以看出，两种策略均可精确地模拟航空电磁各向异性响应。在物理网格较粗时，可通过提高基函数阶数改善计算精度，这是谱元法相对于其他数值模拟算法的独特优势。因此，谱元法可通过简单的物理网格剖分结合高阶基函数进行高精度数值模拟，可避免物理网格剖分不合理造成的精度损失，减少正演模拟对物理网格的依赖性。

表 7.4　精度验证模型物理网格剖分

方向	细化网格剖分/m
x 轴方向	1000、500、200、100、50、20、20、20、20、20、20、20、50、100、200、500、1000
y 轴方向	1000、500、200、100、50、20、20、20、20、20、20、20、50、100、200、500、1000
z 轴方向	1000、500、300、50、10、10、10、10、10、10、10、10、4、4、4、5、5、5、8、8、10、10、20、20、40、60、100、300
方向	粗化网格剖分/m
x 轴方向	2000、100、60、60、60、60、60、60、60、60、60、100、2000
y 轴方向	2000、100、60、60、60、60、60、60、60、60、60、100、2000
z 轴方向	2000、100、40、20、20、20、20、10、10、10、20、40、40、60、100、200、2000

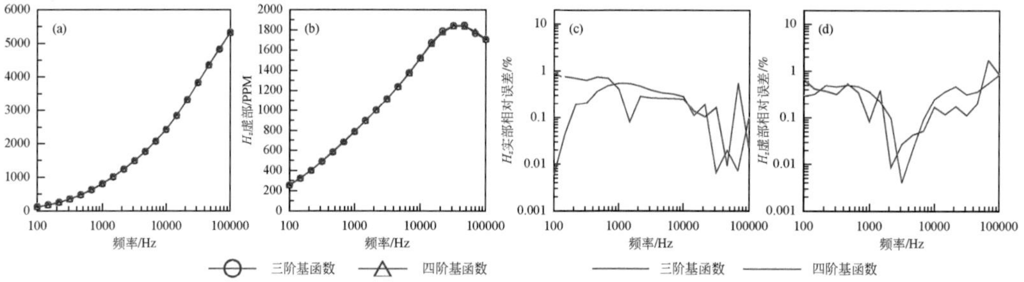

图 7.14　层状各向异性介质模型航空电磁 HCP 响应及与一维半解析解的相对误差
(a)(b)实部和虚部响应；(c)(d)实部和虚部相对误差

5. 频域航空电磁三维模型响应正演模拟与特征分析

本节以图 7.15 给出的地电模型为例，介绍谱元法正演模拟中的“二元”优化策略。换句话说，如何通过剖分物理网格和选取基函数阶数，高效地达到设定的计算精度。分别选取两种不同尺度的物理网格对同一个地电模型进行离散，进而针对两种物理网格分别采用三阶、四阶和五阶基函数模拟沿主测线 x 方向 40 个测点(位于异常体正上方 $x=-150\sim150\text{m}$，$y=0$，$z=-30\text{m}$)的航空电磁响应。图 7.16 和图 7.17 给出六种策略计算的航空电磁响应曲线($f=6300\text{Hz}$)，而表 7.5 给出六种策略计算效率的统计结果。

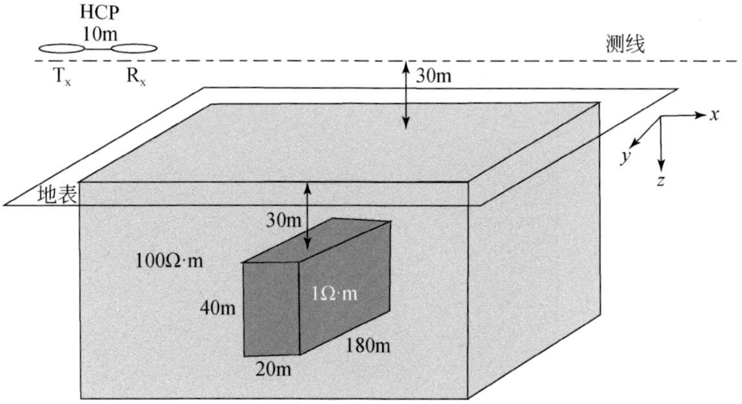

图 7.15　三维地电模型示意图

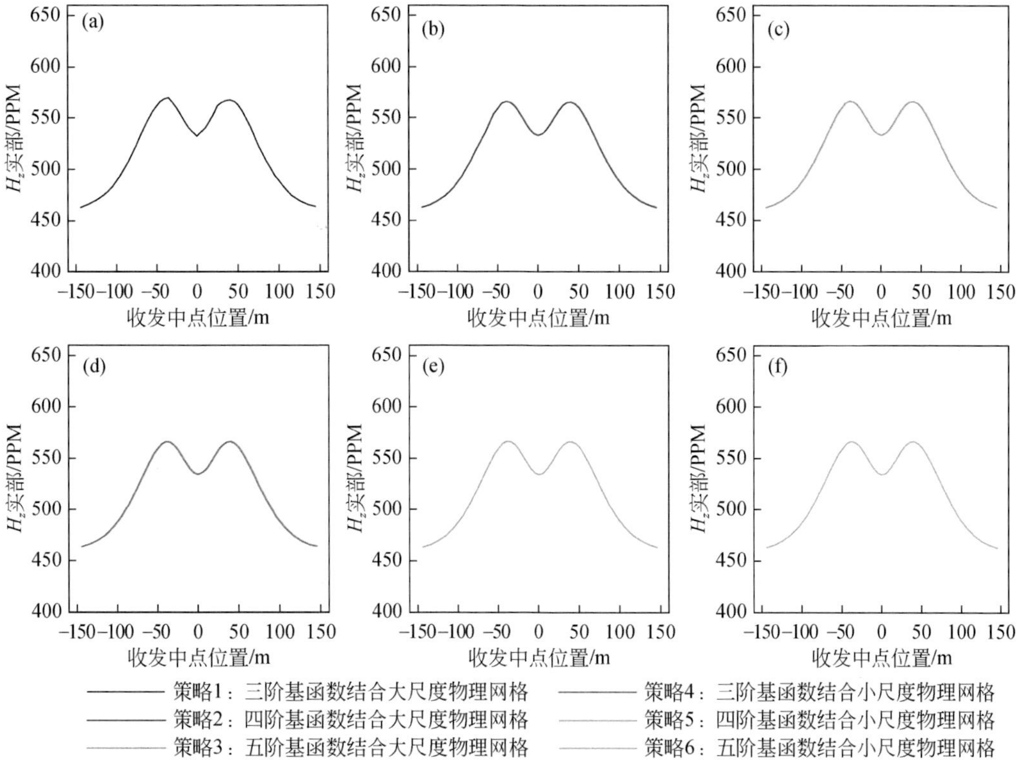

图 7.16　六种策略航空电磁实部响应

(a)、(b)和(c)对应粗网格三阶、四阶和五阶基函数；(d)、(e)和(f)对应细网格三阶、四阶和五阶基函数

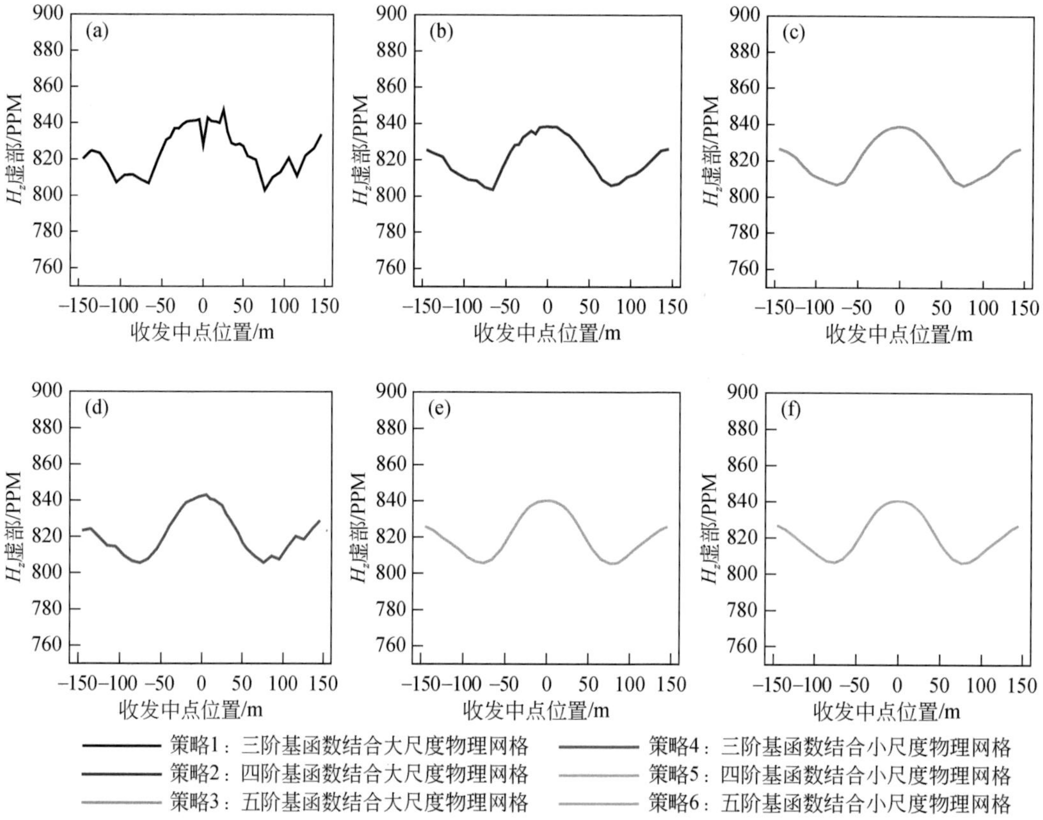

图 7.17　六种策略航空电磁虚部响应

(a)、(b)和(c)对应粗网格三阶、四阶和五阶基函数；(d)、(e)和(f)对应细网格三阶、四阶和五阶基函数

表 7.5　六种策略物理网格剖分、基函数阶数和计算时间统计

策略	网格总数/个	基函数阶数	自由度个数/个	最小网格尺度	计算时间/s
1	2992	3	253914	20m×30m×30m	14.57
2	2992	4	594960	20m×30m×30m	65.65
3	2992	5	1153970	20m×30m×30m	210.43
4	5355	3	450600	20m×20m×20m	44.03
5	5355	4	975076	20m×20m×20m	190.53
6	5355	5	2054740	20m×20m×20m	619.01

由上文给出的结果可以看出，加密物理网格和提高基函数阶数均能改善谱元法计算精度。考虑由小尺度物理网格剖分结合五阶基函数(策略 6)获得的响应精度最高，可以假设小尺度物理网格剖分结合五阶基函数的计算结果等价于精确解，而其他五种策略计算的航

空电磁响应与五阶基函数计算结果误差越小，表明计算精度越高。由图 7.16 和图 7.17 可以进一步看出：①六种策略计算的多源航空电磁响应变化趋势相同，实分量响应曲线均重合较好，而虚分量响应曲线随物理网格剖分和基函数阶数的改变发生分离。因此，物理网格剖分和基函数的改变对虚分量影响较大。②小尺度物理网格结合四阶和五阶基函数的响应曲线光滑且几乎完全重合，可以认为密实网格四阶基函数求解的航空电磁响应已逼近真解。图 7.18 给出了六种策略计算响应的对比结果。由图 7.18 可见，随着基函数阶数提高或者网格细化，计算的电磁响应逐渐收敛到精确值，其中基函数阶数提高对计算精度改善效果更为明显。

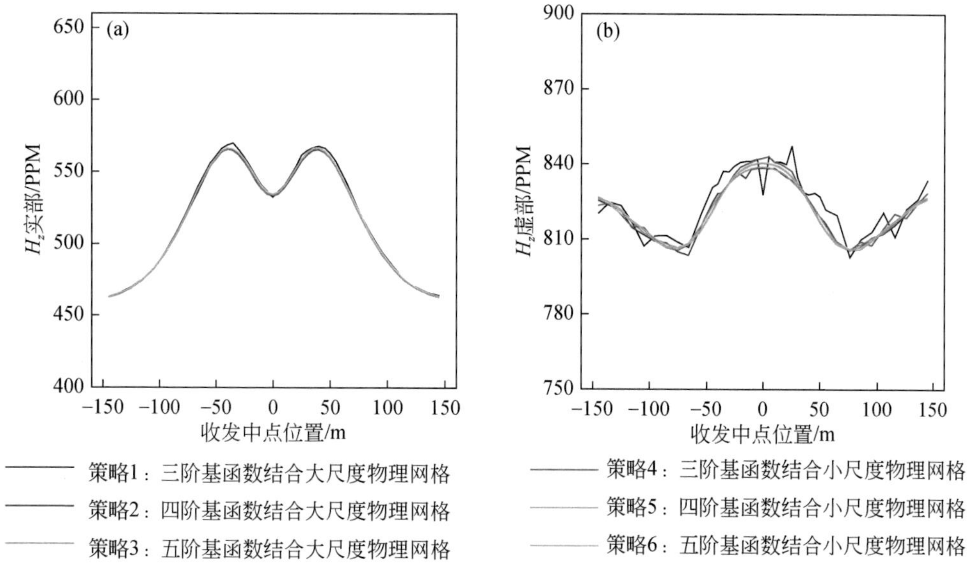

图 7.18　六种策略航空电磁响应对比结果

(a)实部响应；(b)虚部响应

由上文的讨论得出如下结论：①大尺度物理网格结合三阶基函数的响应曲线出现震荡，随着物理网格加密和基函数阶数提高到四阶，曲线变得光滑，提高基函数阶数曲线光滑程度优于物理网格加密，因此在大尺度物理网格离散地电模型条件下，提高基函数阶数可有效地改善计算精度；②对大尺度网格离散的物理模型，若继续提高基函数阶数到五阶，虽然计算精度可得到进一步的改善，但未知数个数随之增多，求解效率降低。此时，大幅度增加计算量对计算精度只有小幅提升，并没有达到最优化正演计算的效果。因此，可以考虑保持基函数阶数不变，通过微调物理网格的策略使计算精度继续得到改善。考虑到小尺度物理网格结合四阶基函数的计算结果已收敛到精确解，此时可以停止对物理网格与基函数阶数的改变。因此，采用谱元法求解航空电磁响应如同一个二元优化过程，即通过细化物理网格和提高基函数阶数改善计算精度。通过对本节算例分析总结，获得如下二元优化策略：首先改变基函数阶数提高计算精度，直到精度改善不明显时再次细化物理网格，然后再在细化的网格上提高基函数阶数，如此直到结果收敛时计算终止。尽管首先改善物理网格质量同样可以改善计算精度，但物理网格设定需要丰富的经验，而基函数的提升实现起来相对容易，且对计算精度改善效果更好。因此，提高基函数阶数为首选，仅当继续提高基函数阶数难以进一步改善计算精度时，才考虑进行网格细分。

6. 基于 GLC 多项式谱元法航空电磁响应模拟

本节将介绍基于 GLC 多项式的谱元法对典型地电模型的航空电磁响应进行正演模拟。模型一为板状体，参数如图 7.19 所示。图 7.20 给出了利用谱元法计算的航空电磁响应。由图 7.20 中的计算结果可以看出，水平板状体上方航空电磁响应呈现单峰异常，而垂直板状体上方航空电磁响应呈现双峰异常。这是由于航空电磁系统通过水平板异常体上方时产生最强的感应涡流，而直立板状体在两侧产生最强的感应涡流。不同频率的响应结果显示，在较低频率时异常响应较为明显，随着频率的增加异常逐渐减弱，这是由于低频时电磁波穿透较深，反映了地下较深处介质信息，高频时穿透深度浅，电磁波尚未到达异常体所在位置，电磁信号几乎无法反映异常体的信息。

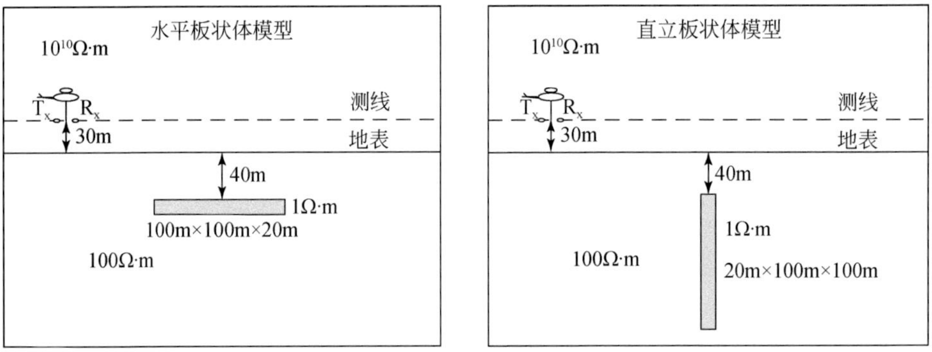

图 7.19　板状体模型

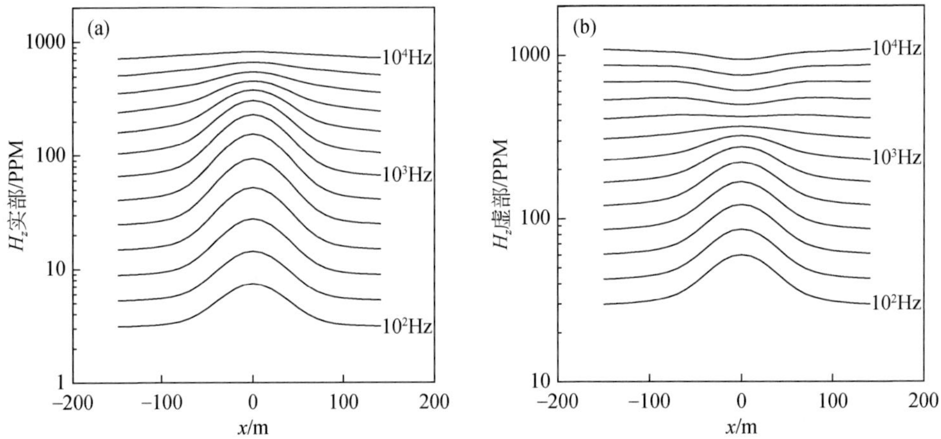

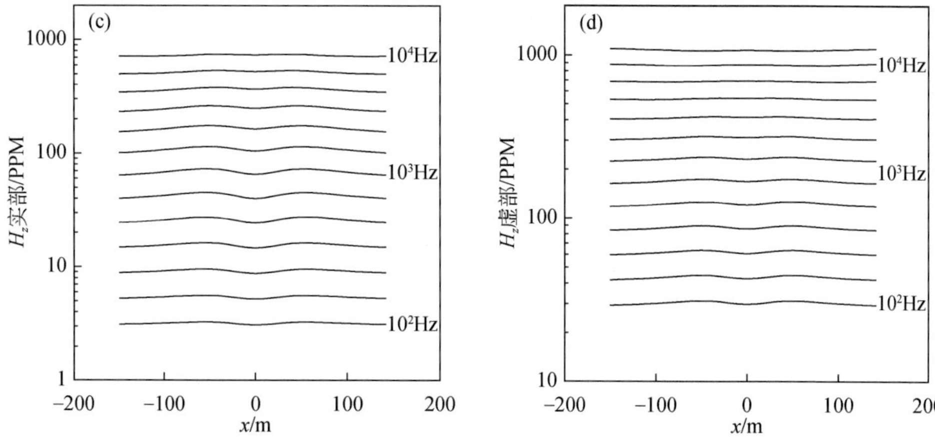

图 7.20　板状体模型频域航空电磁响应

(a)(b)水平板状体电磁响应；(c)(d)直立板状体电磁响应

模型二为垂直接触带模型。如图 7.21 所示，接触带左侧介质的电阻率为 20Ω · m，右侧介质的电阻率为 100Ω · m。异常体电阻率为 1Ω · m，尺寸 10m×180m×140m，顶面中心位于(0，0，–20m)处。图 7.22 给出了模型二的航空电磁响应曲线。由图 7.22 可以看出，当测线接近垂直接触带位置时，航空电磁响应曲线出现缓慢的变化，电阻率越高，航空电磁响应越小，因此在高阻一侧曲线呈下降趋势。对比垂直接触带中填充和不填充低阻体的结果可以看出，在低阻填充物附近航空电磁响应增大，响应曲线整体变陡，呈现为近似阶梯状变化。这些响应特征对判断断层中是否有良导体填充具有重要指导意义。

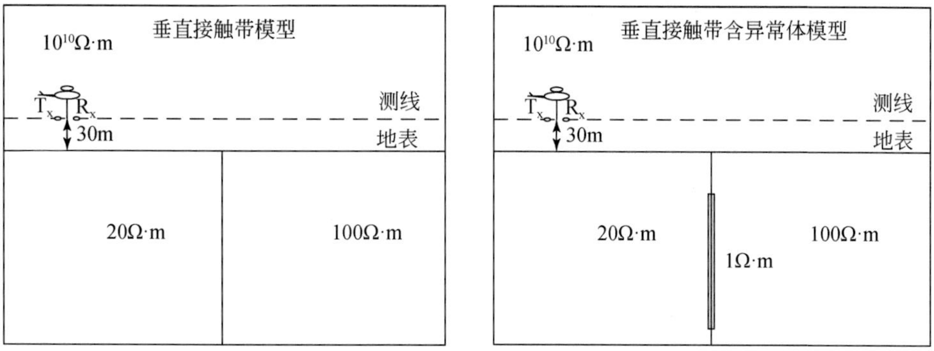

图 7.21　垂直接触带模型

模型三为覆盖层下存在异常体模型。如图 7.23 所示，为了探究覆盖层对地下目标体探测结果的影响，在模型中添加了厚度为 20m 的覆盖层，并假设覆盖层的电阻率分别为 20Ω · m、100Ω · m、500Ω · m，异常体的大小均为 60m×100m×100m。图 7.24 ~ 图 7.26 给出了各模型对应的航空电磁响应曲线。对比模型响应发现，随着异常体埋深的增加，异常体上方航空电磁响应异常逐渐减弱。多个异常体同时存在时，响应出现耦合现象。当异

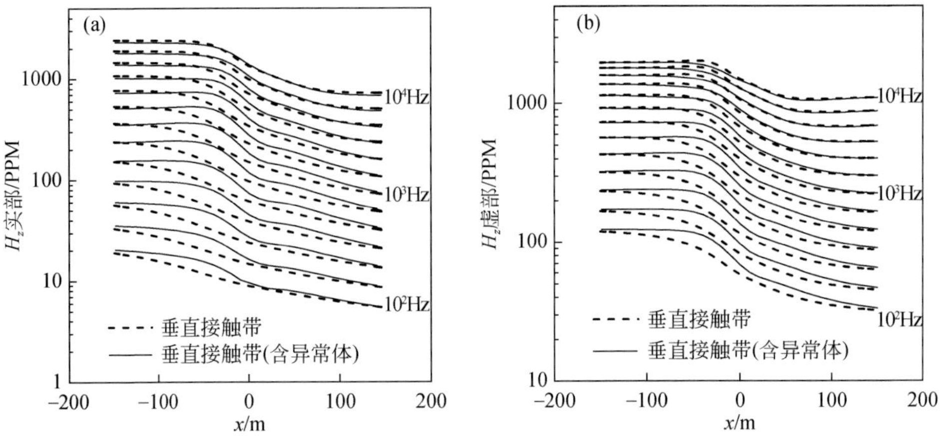

图 7.22　垂直接触带模型航空电磁响应

(a)实部响应；(b)虚部响应

常体隐伏于覆盖层之下时，响应曲线形态不受影响，但幅值发生变化。由于高阻覆盖层的存在，响应幅值整体减弱，异常明显，说明高阻覆盖层不影响目标体的探测。然而，当覆盖层为低阻时，响应幅值整体增强，但异常信号可能被掩盖，说明当目标体隐伏于低阻覆盖层之下时，航空电磁探测能力减弱。

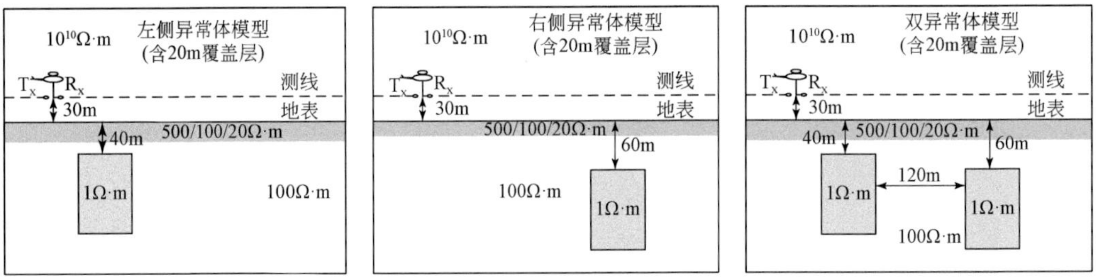

图 7.23　覆盖层下异常体模型

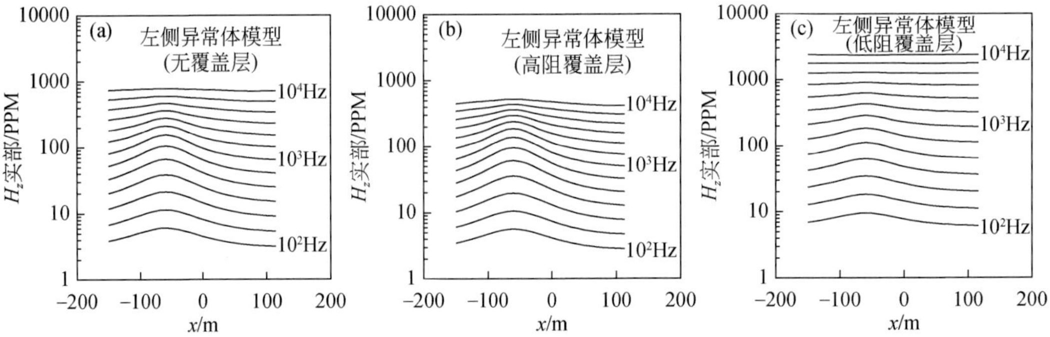

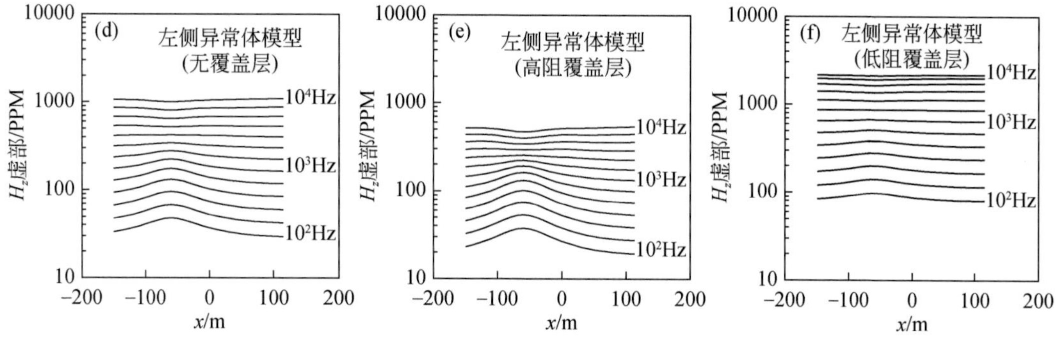

图 7.24　覆盖层左侧异常体模型航空电磁响应

(a)~(c)实部响应；(d)~(f)虚部响应

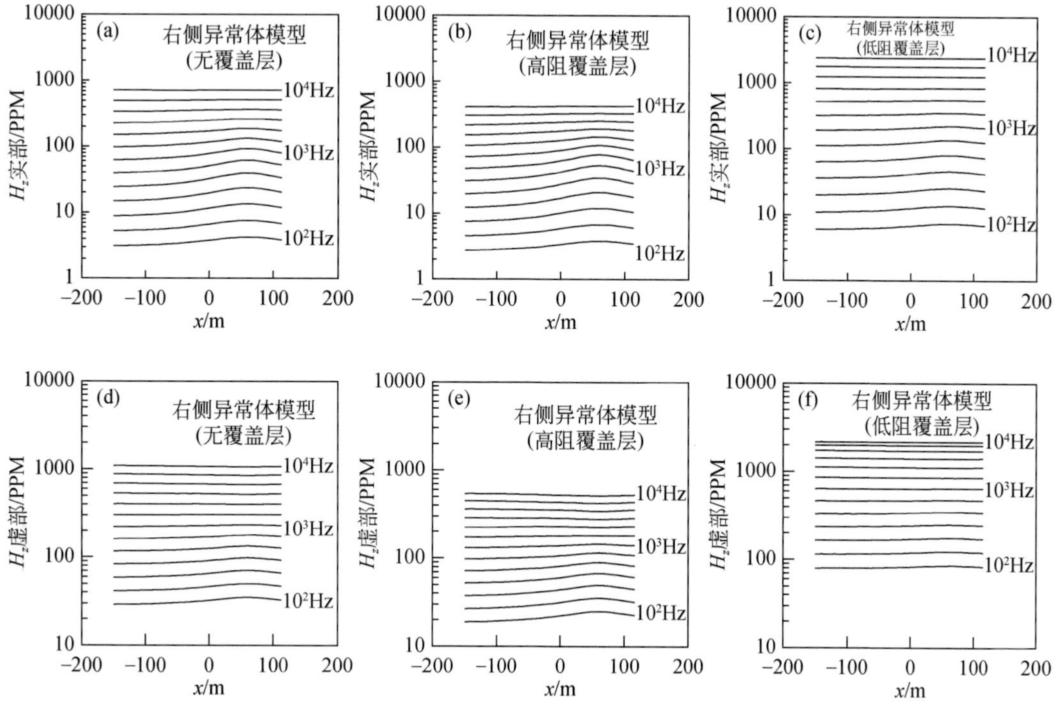

图 7.25　覆盖层右侧异常体模型航空电磁响应

(a)~(c)实部响应；(d)~(f)虚部响应

7.7.2　时域航空电磁谱元法数值模拟

下文对基于谱元法的时域正演算法进行评价，包括对基于 GLL 和 GLC 多项式谱元法的正演精度与效率进行分析，并探究典型模型的电磁响应特征。

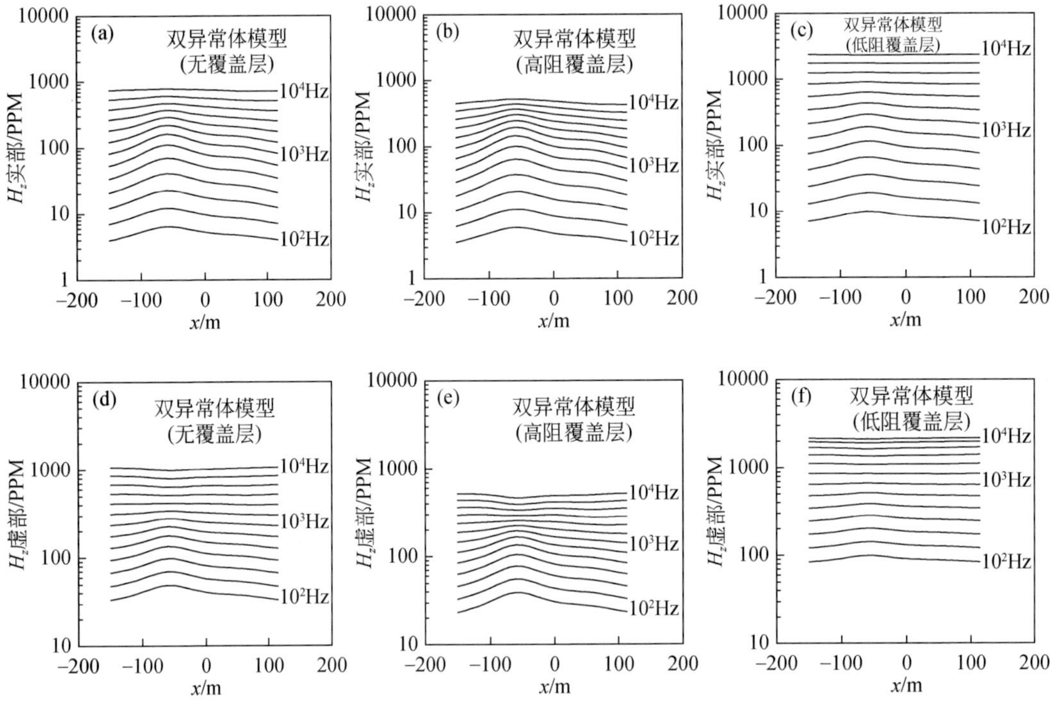

图 7.26　覆盖层双异常体模型航空电磁响应

(a) ~ (c) 实部响应；(d) ~ (f) 虚部响应

1. 基于 GLL 多项式谱元法正演精度与效率分析

首先以一维层状各向同性介质模型为例计算时域航空电磁响应并与一维半解析解对比以验证算法精度。模型参数如下：第一层与第二层厚度均为 40m，第一、二和三层电阻率分别为 100Ω · m、1Ω · m 和 100Ω · m。以图 7.29 给出的时域航空电磁中心回线装置为例，发射波形为下阶跃波，发射磁矩 615000Am^2。计算区域 500m×500m×300m，各方向扩边区均为 2000m。采用的时间道为10^{-6}s ~ 0.02s。其中，在 10^{-6}s ~ 10^{-5}s、10^{-5}s ~ 10^{-4}s、10^{-4}s ~ 10^{-3}s、10^{-3}s ~ 10^{-2}s、10^{-2}s ~ 2×10^{-2}s 五个时间段分别采用等间隔时间步长离散，每个时间段等间隔分为 150 个时间步长，共 750 个时间道。图 7.27 和图 7.28 给出四种物理网格(30m×30m×10m、40m×40m×20m、50m×50m×20m 和 80m×80m×40m)结合不同阶数基函数(三阶、四阶、五阶和六阶)的正演结果及与一维半解析解的相对误差。有关物理网格、基函数阶数、自由度和求解时间等参见表 7.6。由图 7.27 和图 7.28 可以看出，四种策略求解的 dB_z/dt 和 B_z 响应与一维半解析解的最大相对误差小于 5%，表明基于谱元法时域航空电磁正演模拟的精确性，同时也证实了不同尺度物理网格结合不同基函数阶数的策略适用于时域问题求解。此外，由表 7.6 可以看出，四种策略的未知数个数和求解时间相近，均在 250s 左右完成 750 个时间道的响应计算，证实了时域谱元法可以在基函数阶数和物理网格剖分之间找到平衡，以达到求解精度和效率的最优化。

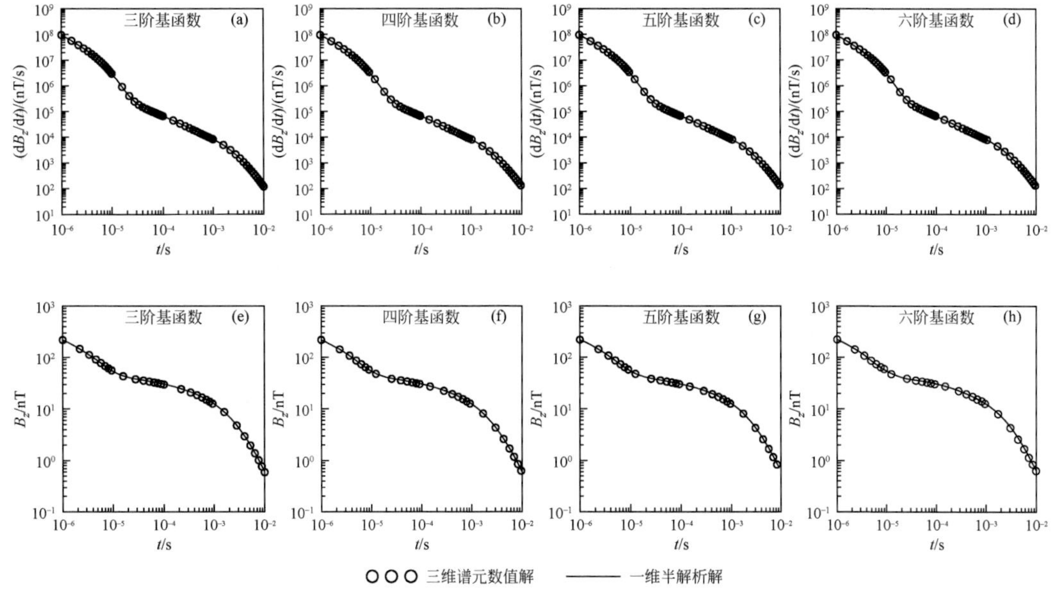

图 7.27 四种策略计算的层状介质模型时间域航空电磁 dB_z/dt 和 B_z 响应

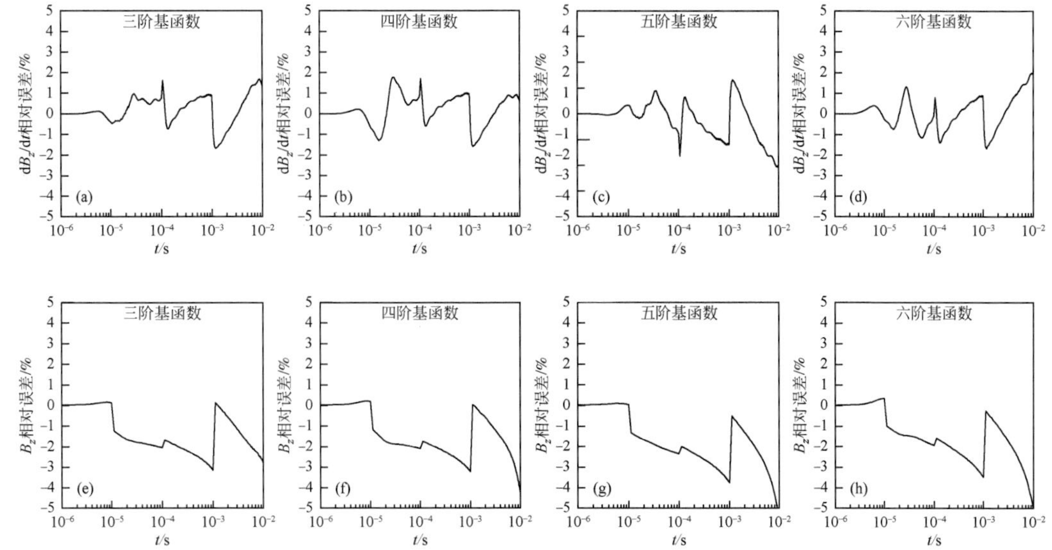

图 7.28 四种策略计算的层状介质模型时域航空电磁 dB_z/dt 和 B_z 与一维半解析解的相对误差

表 7.6 四种求解策略信息统计

项目	第一种策略	第二种策略	第三种策略	第四种策略
物理网格	30m×30m×10m	40m×40m×20m	50m×50m×20m	80m×80m×40m

续表

项目	第一种策略	第二种策略	第三种策略	第四种策略
基函数阶数	三阶	四阶	五阶	六阶
自由度个数/个	379500	387000	343557	298506
矩阵生成时间/s	7.26	10.94	14.15	16.81
总体求解时间/s	268.26	265.16	238.32	252.08

2. 基于 GLC 多项式谱元法正演精度与效率分析

本节设计如图 7.29 所示的层状模型，选取单位磁矩的下阶跃波作为发射波形。核心计算区域为 500m×500m×300m。为了满足边界条件，各方向扩边 2000m。为准确模拟断电后电磁场的扩散过程，将计算时间划分为 10 段，每段设置 100 个时间间隔，各段时间间隔分别为 10^{-7}s、2×10^{-7}s、4×10^{-7}s、8×10^{-7}s、1.6×10^{-6}s、3.2×10^{-6}s、6.4×10^{-6}s、1.28×10^{-5}s、2.56×10^{-5}s、5.12×10^{-5}s。设计了两种网格剖分和插值基函数的组合方式，分别是 40m×40m×20m 网格和三阶插值基函数以及 60m×60m×20m 网格和四阶插值基函数。图 7.30给出了两种组合方式获得的时域航空电磁 $\mathrm{d}B_z/\mathrm{d}t$ 和 B_z 响应曲线及相对误差。由图 7.30可以看出，两种组合方式的计算精度均较高。这说明采用粗网格和高阶插值基函数，或者采用细网格和较低阶插值基函数均可以获得较高的计算精度。这再次验证了基于 GLC 多项式谱元法模拟时域航空电磁响应的有效性。

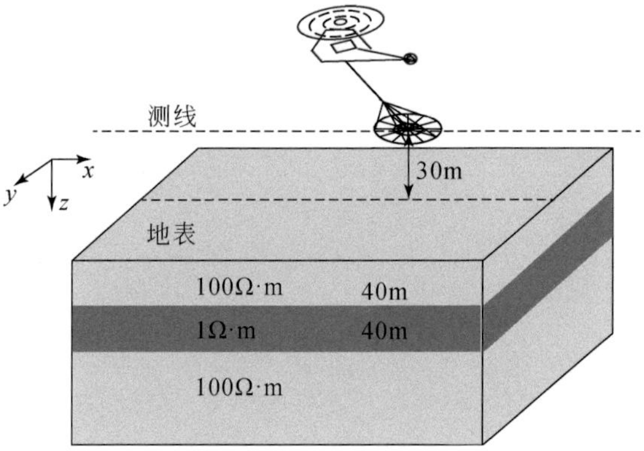

图 7.29　三层模型示意图

3. 典型三维模型时域航空电磁响应

本节中心回线装置发射磁矩设为 615000Am²。模型一为如图 7.31 所示的单板模型。异常体处采用 20m×20m×20m 的网格，而围岩采用 40m×20m×20m 的网格进行离散，各个方向扩边均为 2000m。图 7.32 为采用四阶 GLL 基函数计算的多源(沿着 x 方向分布范围 −200～200m，$y=0$，$z=-30$m)多时间道航空电磁 $\mathrm{d}B_z/\mathrm{d}t$ 和 B_z 响应。由图 7.32 可以看出，

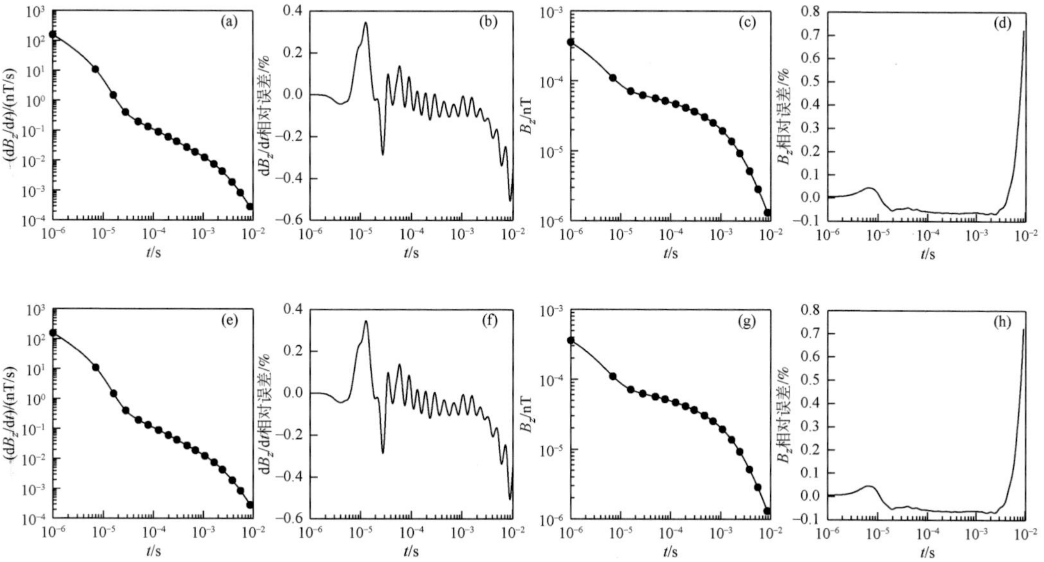

图 7.30　谱元法时域航空电磁 dB_z/dt 和 B_z 响应及与一维半解析解的相对误差

(a) ~ (d)40m×40m×20m 网格结合三阶插值基函数；(e) ~ (h)60m×60m×20m 网格结合四阶插值基函数

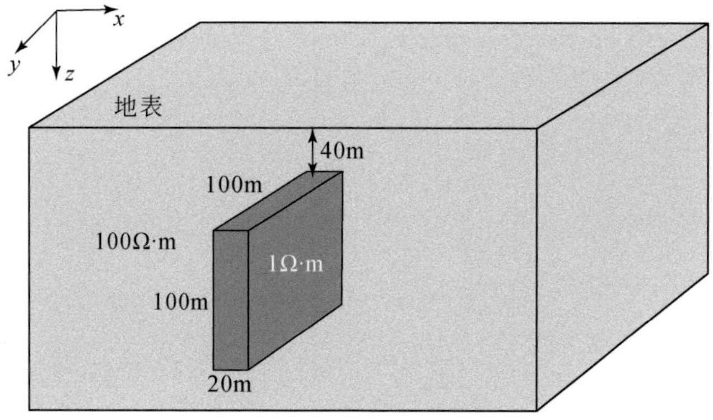

图 7.31　单个板状体模型

dB_z/dt 和 B_z 响应随时间变化规律类似。早期时间道响应曲线几乎为一条直线，表明接收的早期信号反映浅层地表信息，电磁场尚未传播到板状体。随着时间推移，电磁场传播到板状体附近，当接收线圈位于异常体上方时，响应曲线出现“M”形，在异常体正上方 $x=0$m 处出现极小值，在 $x=-50$m 和 $x=50$m 处出现极大值。随着接收线圈远离异常体，响应曲线变得平缓。因此，接收线圈中不同时间道信号反映了地下不同深度的地电信息，根据接收信号可推断异常体产状和埋深等，而“M”形状异常也可推测异常体位置。

模型二为如图 7.33 所示的双板模型。计算区域物理网格在异常体处为 20m×20m×20m，在围岩处为 40m×20m×20m，各个方向扩边均为 2000m。图 7.34 给出四阶 GLL 基函

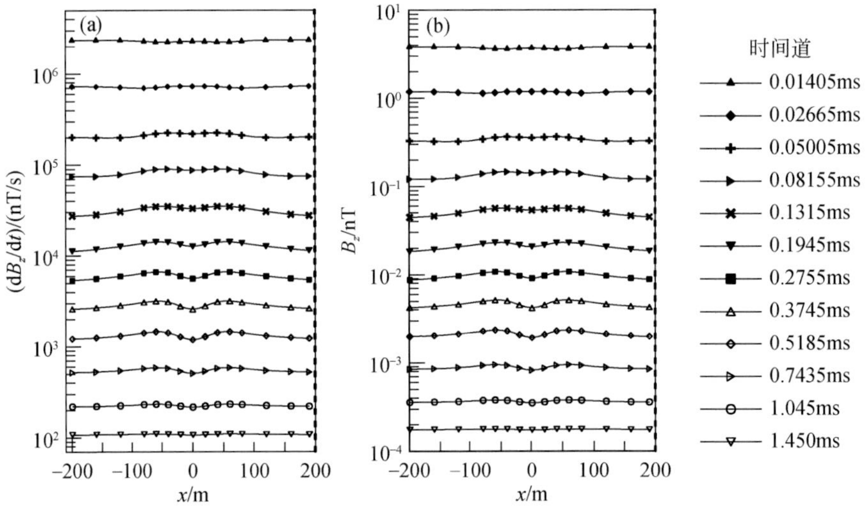

图 7.32　单板模型时域航空电磁响应

(a) dB_z/dt；(b) B_z

数计算的多源(沿着 x 方向 -200 ~ 200m，$y=0$，$z=-30$m)多时间道航空电磁 dB_z/dt 和 B_z 响应。由图 7.34 可以看出，双板状体的 dB_z/dt 和 B_z 响应曲线早期和晚期时间道的形态与单板状体类似，多源响应曲线几乎为一条直线，说明早期响应主要反映浅部地表信息。随着时间推移，响应曲线形态发生变化，地下深部信息得到显现。不同于单板模型电磁响应，双板状体电磁响应曲线出现“W”形状异常，并且“W”形状异常随着时间推移先增大后减小，表明电磁场随着时间推移出现由接近异常体向远离异常体的传播过程。与单板状体类似，电磁响应曲线随时间的变化反映了电磁场穿透深度的变化特征。

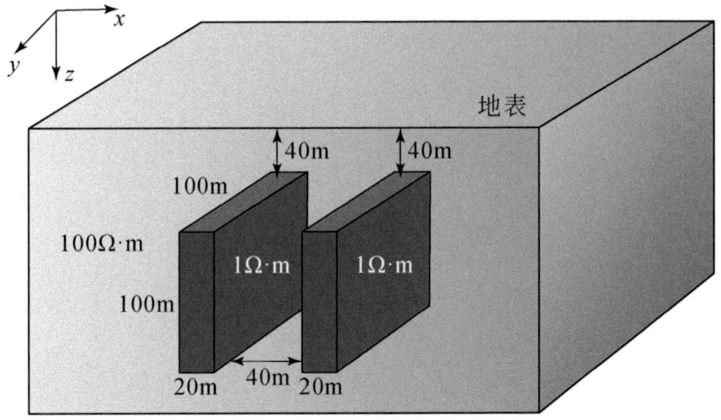

图 7.33　双板状体模型

模型三为如图 7.35 所示的带覆盖层三维异常体模型。地下异常体尺寸为 120m×120m×40m，埋深 40m，电阻率为 1Ω · m，围岩电阻率为 100Ω · m。覆盖层厚度为 20m，电阻

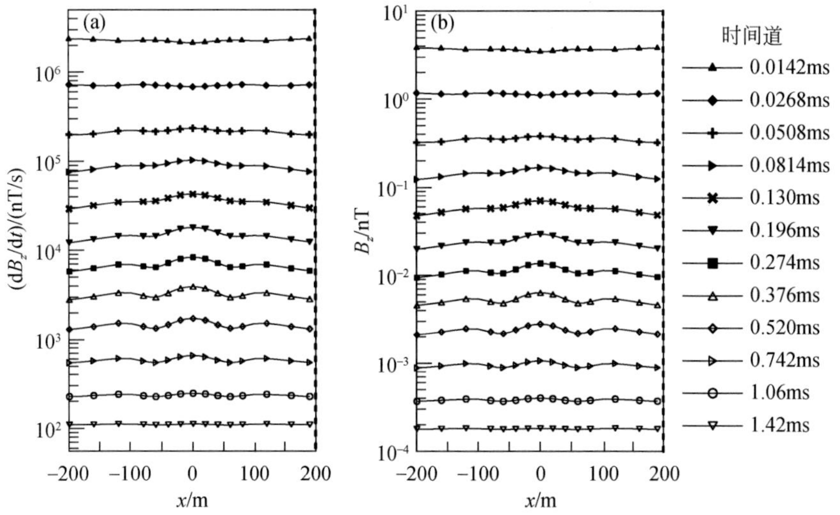

图 7.34 双板状体模型时域航空电磁响应

(a) dB_z/dt；(b) B_z

率值分别取为 10Ω · m 和 500Ω · m。中心计算区域网格大小为 30m×30m×20m。采用三阶 GLC 基函数进行正演计算。图 7.36 展示了覆盖层异常体模型多源多时间道航空电磁 dB_z/dt 和 B_z 响应，其中(a1)和(b1)、(a2)和(b2)以及(a3)和(b3)分别为无覆盖层、覆盖层电率为 10Ω · m 和 500Ω · m 的数值模拟结果。对比(a1) ~ (a3)、(b1) ~ (b3)可以发现有无覆盖层以及覆盖层电阻率的不同会引起电磁响应发生明显变化。

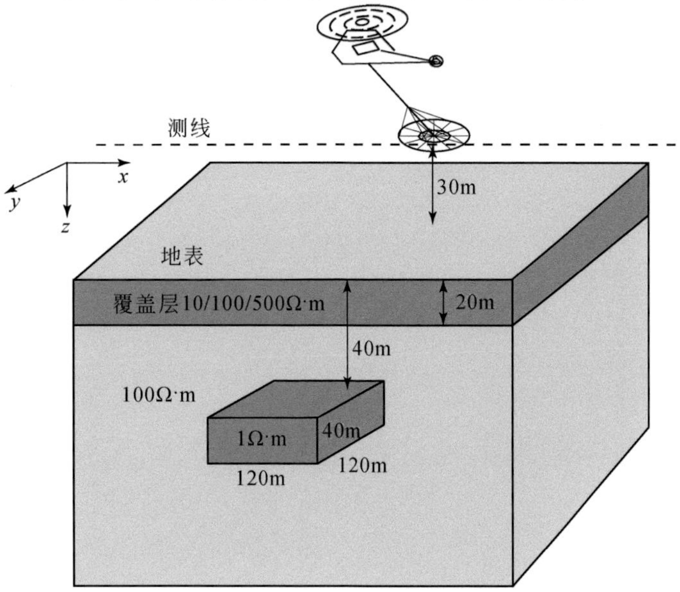

图 7.35 覆盖层下三维异常体模型

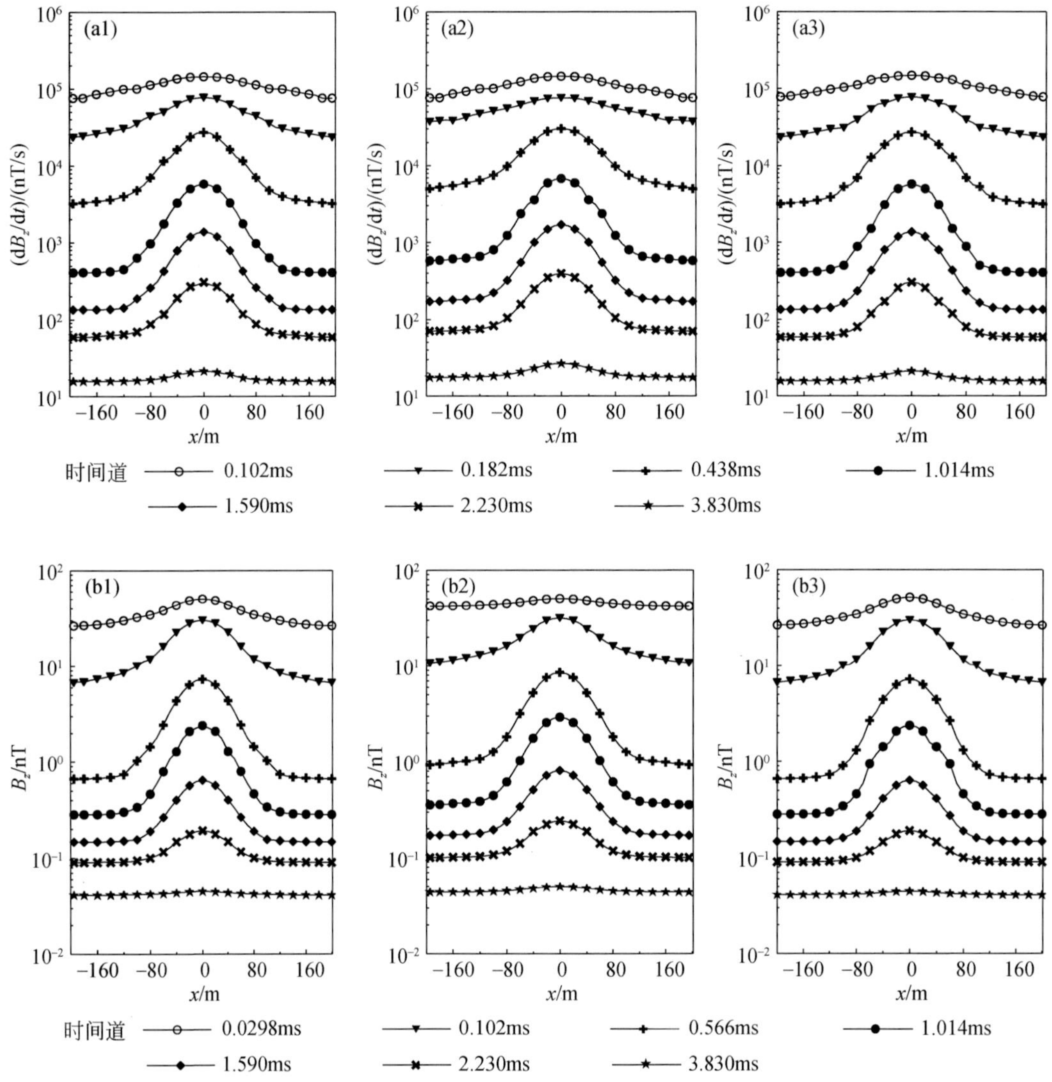

图 7.36　覆盖层下三维异常体模型航空电磁响应

(a1)～(a3)分别为无覆盖层及覆盖层电阻率为 10Ω · m、500Ω · m 的 dB_z/dt 响应；(b1)～(b3)分别为无覆盖层及覆盖层电阻率为 10Ω · m、500Ω · m 的 B_z 响应

7.7.3　形变六面体网格谱元法在频域航空电磁正演模拟中的应用

1. 精度验证

为验证形变六面体网格谱元法的模拟精度，本节以频域航空电磁 HCP 装置为例，利用形变六面体网格谱元法对四层模型和三维异常体模型的航空电磁响应进行正演模拟，并

将两种模型的模拟结果与一维半解析解和规则六面体网格离散的谱元法计算结果进行对比。系统参数同前。针对四层模型采用三阶、四阶谱元基函数进行模拟，模型参数和网格剖分如图 7.37 所示。图 7.38 给出了四层模型的航空电磁响应及与一维半解析解的相对误差。由图 7.38 可以看出：①三阶和四阶谱元法的模拟结果均具有较高的计算精度，实虚部相对误差均小于 2.0%。这表明基于形变六面体网格的谱元法在频域航空电磁响应模拟中的有效性。②随着基函数阶数升高，航空电磁响应的相对误差进一步降低，说明针对形变六面体网格的谱元法同样可以通过增加基函数阶数提高计算精度。

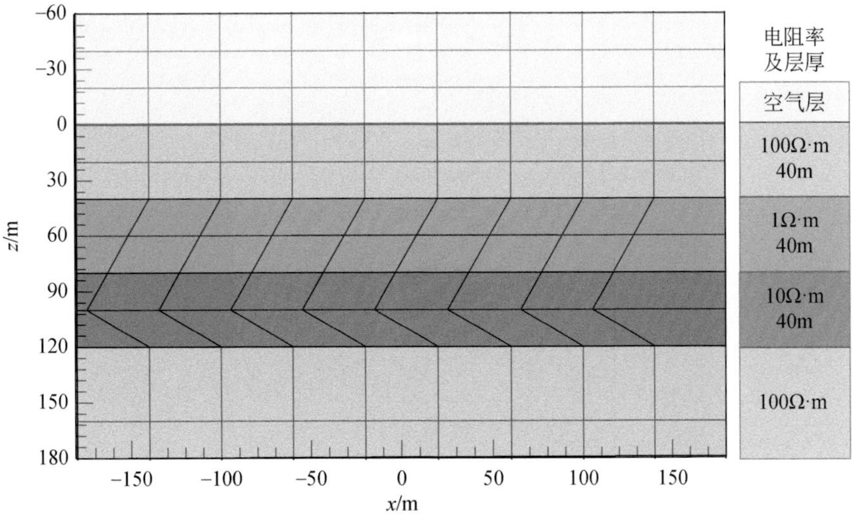

图 7.37　层状模型物理网格 xz 剖面图

不同颜色代表不同地层电阻率

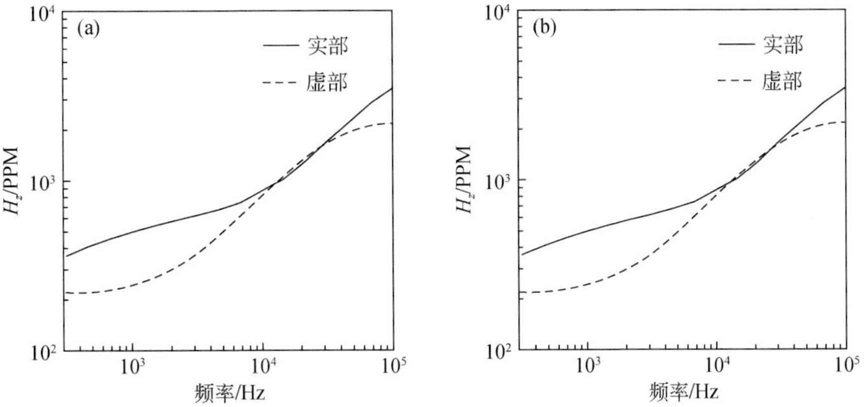

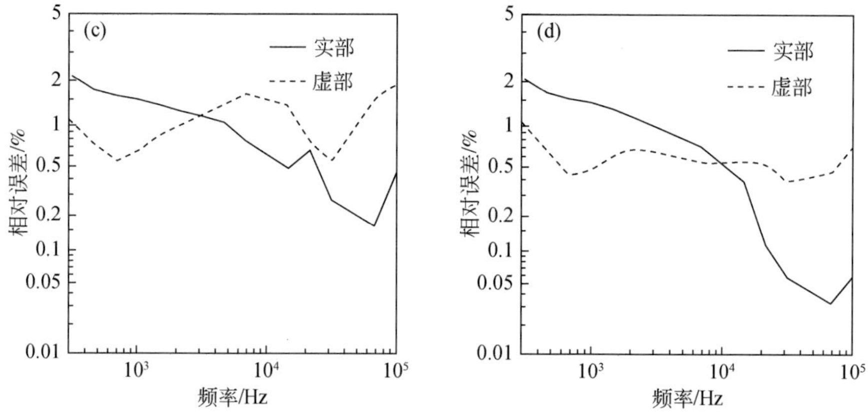

图 7.38　层状模型航空电磁响应及与一维半解析解的相对误差

(a)(b)三阶和四阶谱元法模拟的电磁响应；(c)(d)三阶和四阶谱元法模拟相对误差

此外，本节还针对两种形变六面体网格离散的(第一种为沿 z 方向棱边形变，第二种为沿 x 方向棱边形变)三维规则异常体地电模型，计算频域 HCP 装置航空电磁响应，并将结果与基于规则六面体网格谱元法正演结果进行对比。图 7.39 给出了三维规则异常体模型和网格剖分，图 7.40 给出了基于四阶基函数谱元正演模拟结果。可以看出，虽然三种物理网格剖分形式不同，但由其计算的电磁响应曲线重合得很好。这说明基于形变六面体网格谱元法可实现频域航空电磁三维地电模型的正演模拟。

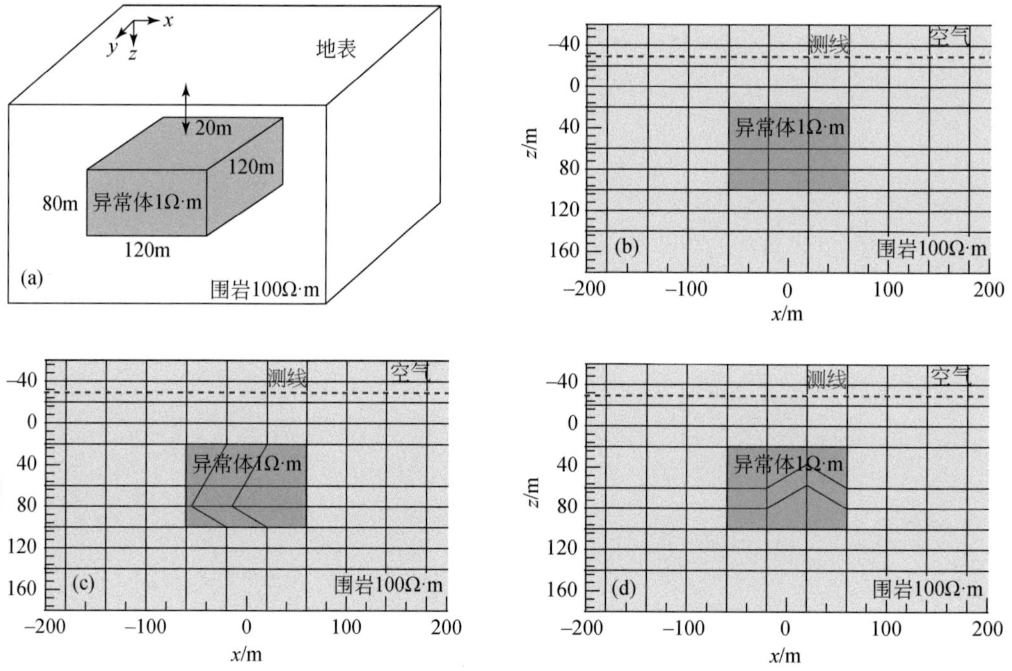

图 7.39　三维规则异常体模型与不同物理网格离散

(a)异常体模型；(b)、(c)、(d)三种物理网格离散 xz 剖面

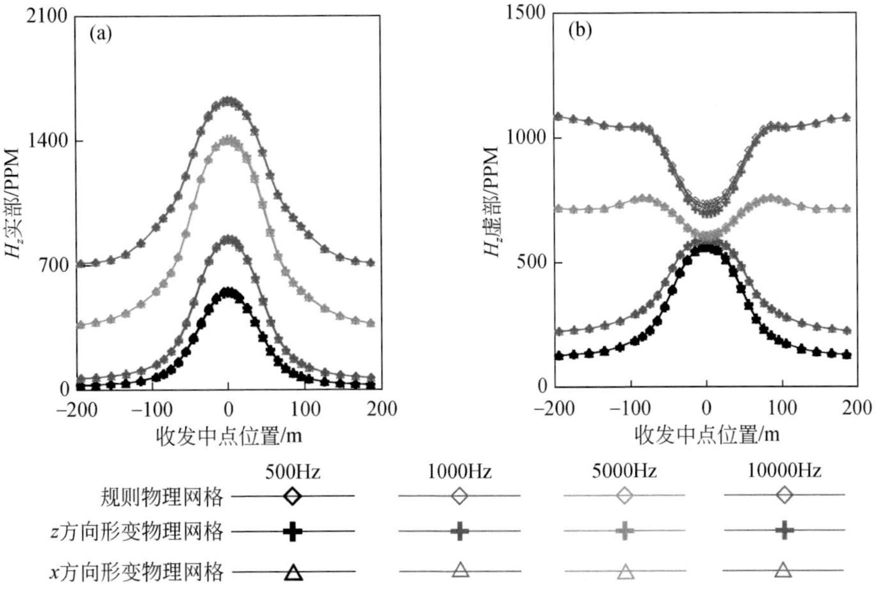

图 7.40　三种物理网格主测线(沿 x 方向，$y=0$，$z=-30$m)频域航空电磁响应

(a) H_z 实部；(b) H_z 虚部

2. 形变网格谱元法在复杂模型正演中的应用

本节检验形变六面体网格谱元法在模拟复杂异常体电磁响应中的有效性。首先设计三组不同倾斜程度的双异常体模型，图 7.41 ~ 图 7.43 给出了模型参数与网格离散形式。针

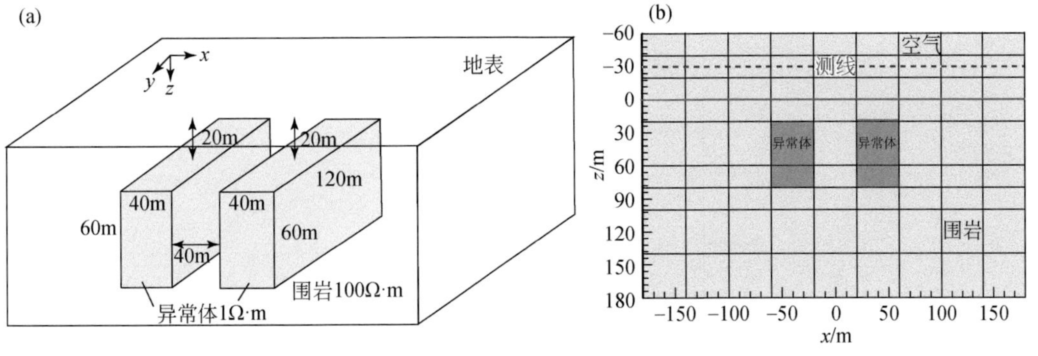

图 7.41　双直立板状体模型与物理网格离散

(a) 异常体模型；(b) 物理网格离散 xz 剖面

对三组模型，采用四阶基函数对多源频域航空电磁响应进行模拟。图 7.44 ~ 图 7.46 展示了五种频率 500Hz、1000Hz、5000Hz、10000Hz 和 20000Hz 在主测线上(沿 x 方向，$y=0$，$z=-30$m)航空电磁 HCP 响应。由图 7.44 ~ 图 7.46 可以看出，由于异常体形态发生变化，

航空电磁响应曲线形态发生很大变化。然而，航空电磁响应的曲线形态与异常体形态之间具有一定的对应关系，对异常体产状具有较强的指示作用，因此可以根据多源航空电磁响应定性识别异常体特征。

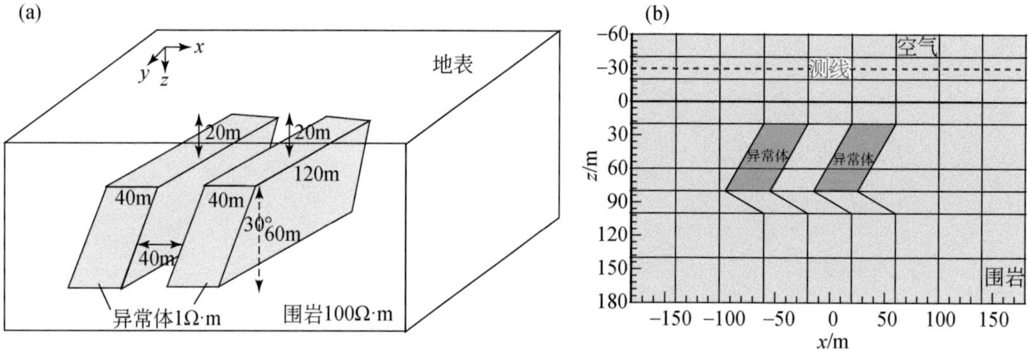

图 7.42　倾斜双板状体模型与物理网格离散
(a)异常体模型；(b)物理网格离散 xz 剖面

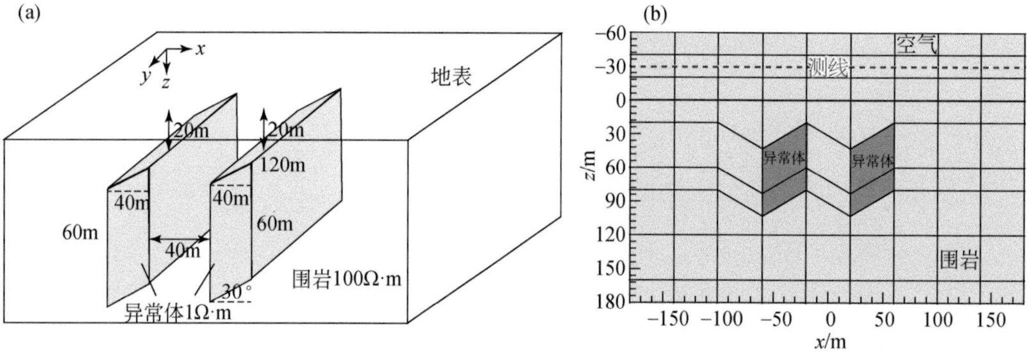

图 7.43　形变双板状体模型与物理网格离散
(a)异常体模型；(b)物理网格离散 xz 剖面

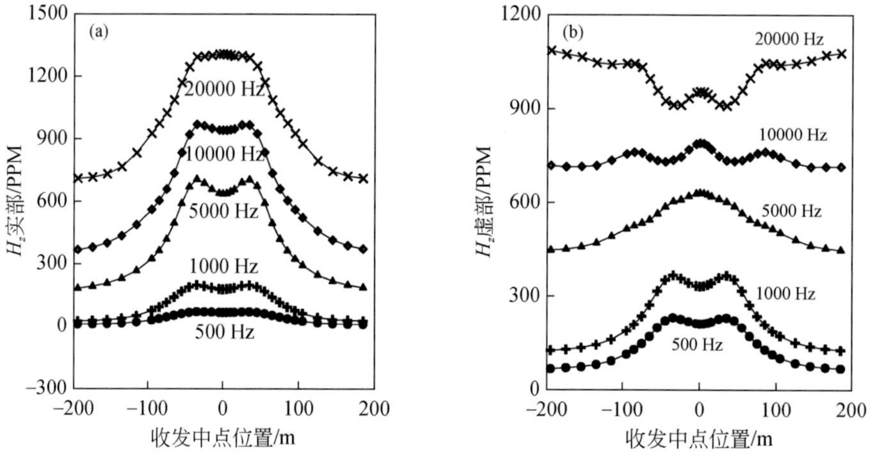

图 7.44　针对图 7.41 所示模型的主测线航空电磁响应
(a)实部；(b)虚部

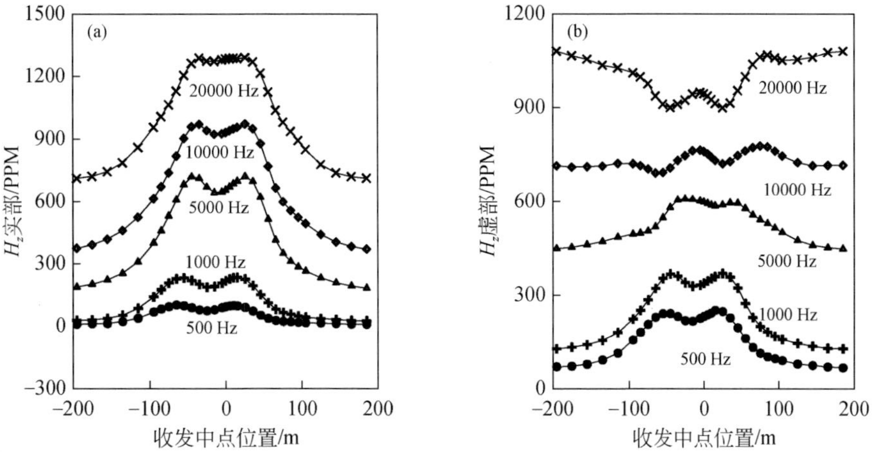

图 7.45　针对图 7.42 所示模型的主测线航空电磁响应
(a)实部；(b)虚部

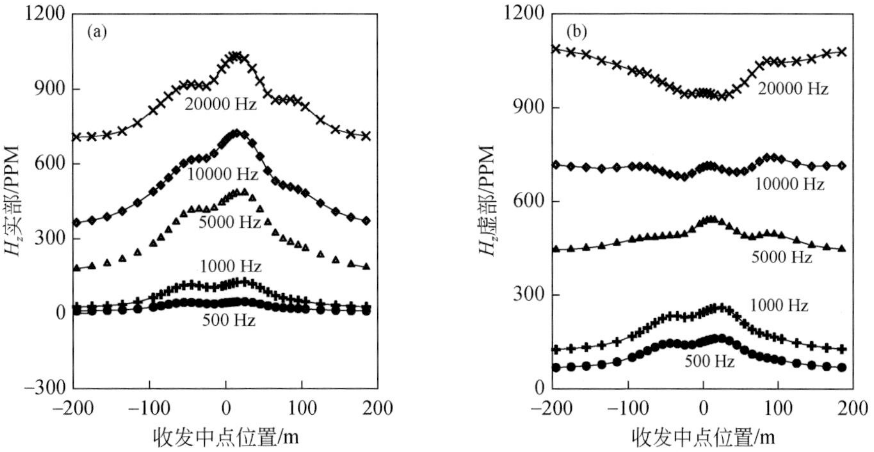

图 7.46　针对图 7.43 所示模型的主测线航空电磁响应
(a)实部；(b)虚部

此外，还设计了如图 7.47 所示的球形异常体(半径 76m)模型。图 7.48 给出了利用四阶基函数谱元法模拟的三种频率 500Hz、5000Hz 和 10000Hz 航空电磁响应。由图 7.48 可以看出，三种频率的实部和虚部响应等值平面呈现中心对称，展示了高导球体的对称性。另外，电磁响应幅值随频率而改变，体现了航空电磁系统不同频率对应不同的探测深度。因此，验证了基于复杂六面体网格的谱元法在频域航空电磁正演模拟中的有效性。

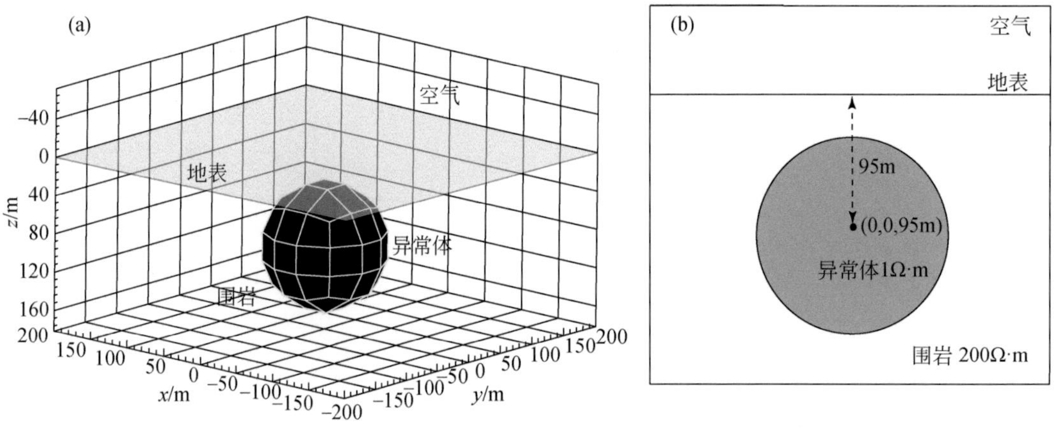

图 7.47　三维球体模型

(a)模型及物理网格离散；(b)电性参数

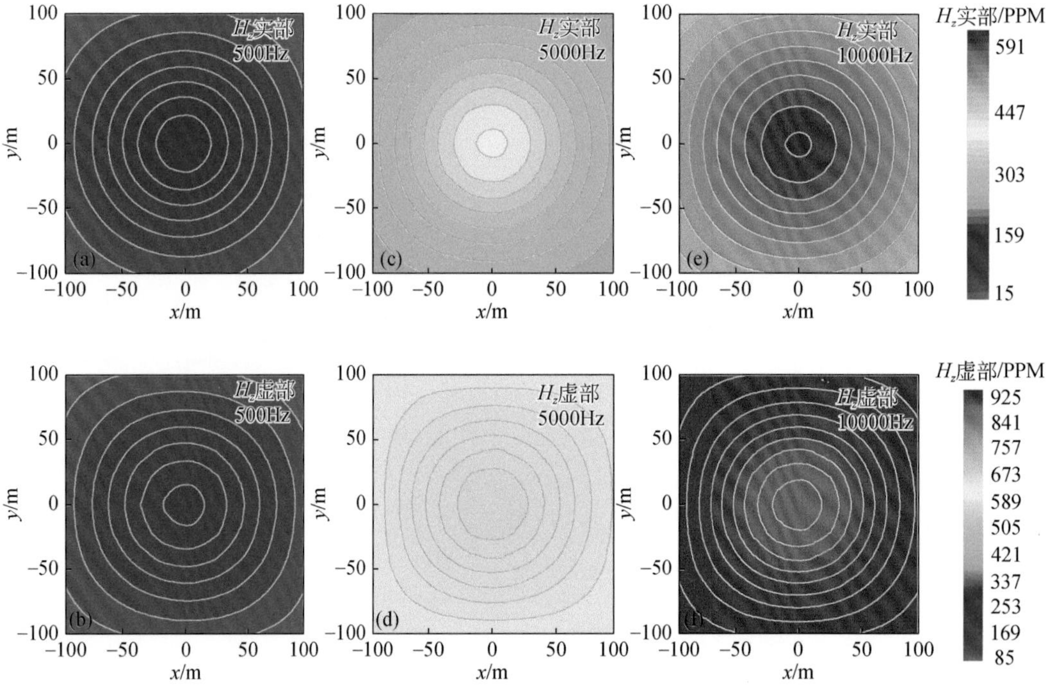

图 7.48　针对图 7.47 所示模型的频域航空电磁响应

(a)(b)f=500Hz；(c)(d)f=5000Hz；(e)(f)f=10000Hz

7.7.4　形变网格谱元法在时域航空电磁正演模拟中的应用

1. 精度验证

本节利用形变六面体谱元法对时域航空电磁响应进行正演模拟，同时采用基于规则六面体网格的时域谱元法以及频时转换技术对相同模型进行模拟，以验证基于形变六面体网格谱元法的模拟精度。系统参数同图 7.29，发射磁矩 615000Am^2。图 7.49 给出了三维地电模型和三种数值算法使用的物理网格剖分，图 7.50 给出规则和形变六面体四阶基函数谱元法和有限元法计算的共中心装置 dB_z/dt 和 B_z 响应。可以看出：①三种方法计算的多时间道航空电磁响应吻合较好(其间相对误差均小于 10%)，证实了基于形变六面体网格的谱元法模拟三维地电模型航空电磁响应的有效性；②对比三种算法的物理网格剖分形式，谱元法使用的物理网格尺度远大于有限元网格尺度，因此，较之于有限元方法，形变六面体谱元法对物理网格依赖性较弱。

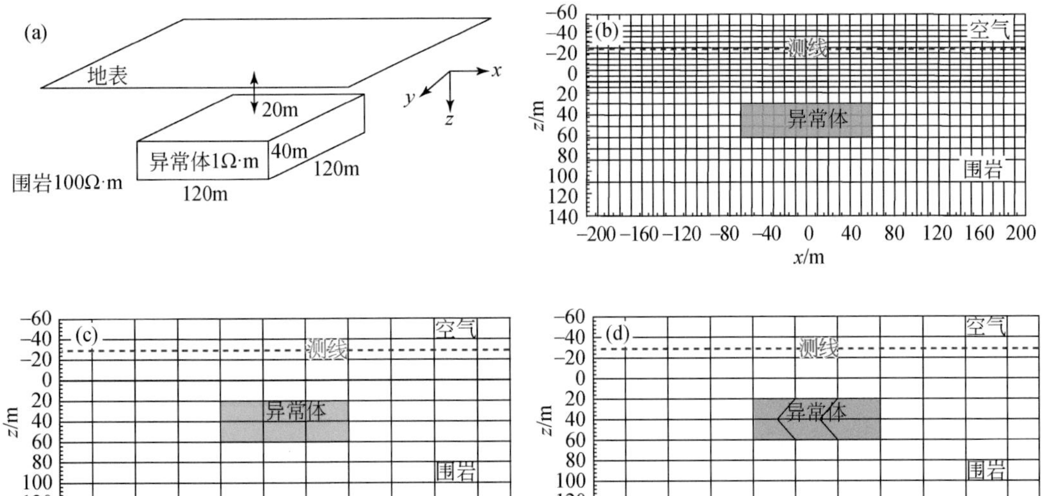

图 7.49　三维地电模型及物理网格剖分 xz 切面图

(a)三维板状体模型；(b)有限元法规则六面体网格；(c)谱元法规则六面体网格；(d)谱元法形变六面体网格

2. 形变六面体网格谱元法计算复杂模型时域航空电磁响应

本节将对几种非规则地下异常体模型的航空电磁响应进行模拟和分析。首先介绍倾斜异常体时域航空电磁响应特征。为此，设计如图 7.51 所示的三组不同倾角的异常体模型。模型一、二和三中的异常体倾角分别为 0°、20°和 40°。图 7.51 同时给出了三种模型对应的物理网格离散，系统参数同图 7.49。图 7.52 ~ 图 7.54 展示了共中心装置四阶谱元法对

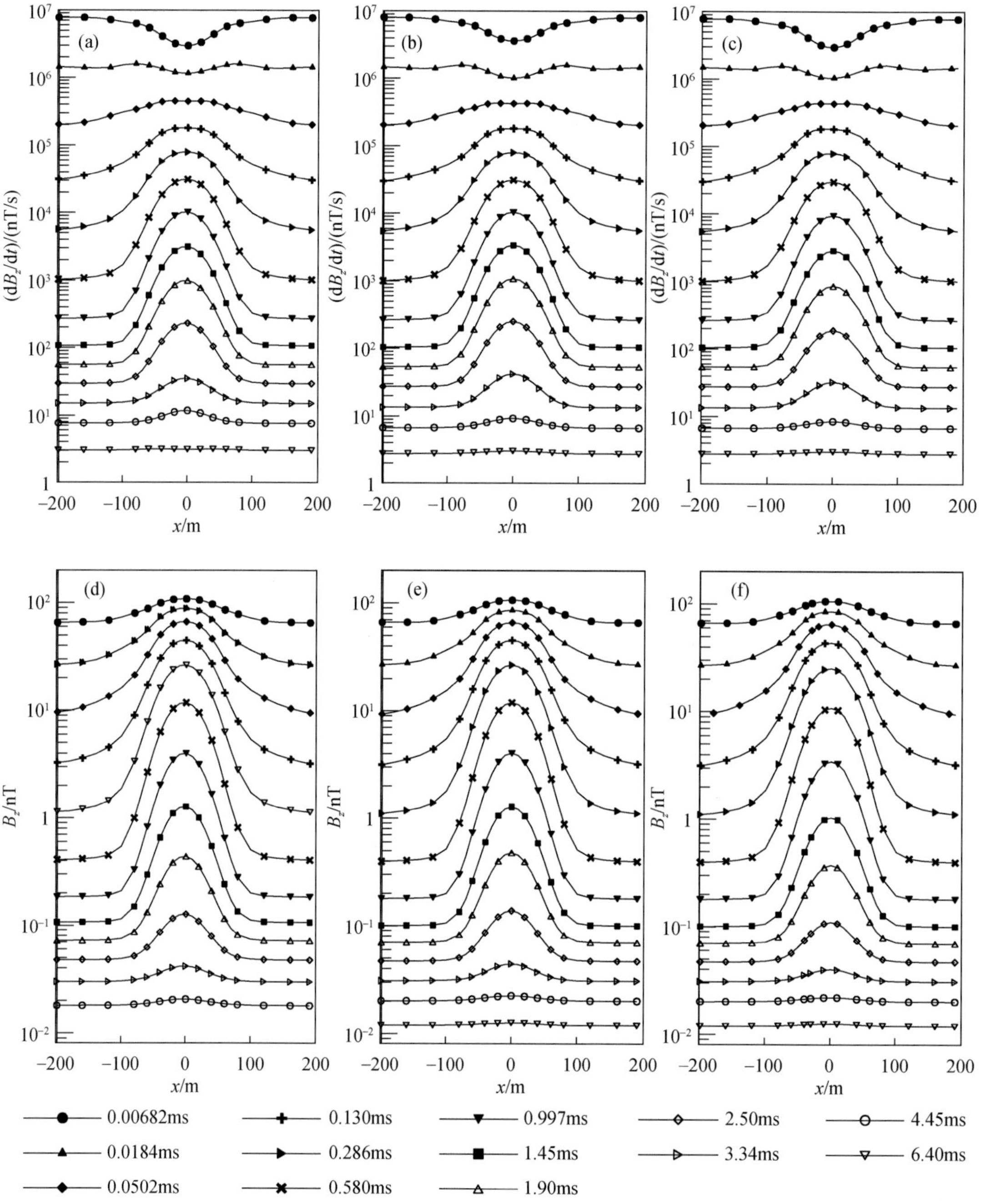

图 7.50　针对图 7.49 所示模型的时域航空电磁响应

(a)、(b)和(c)分别为有限元法、规则六面体谱元法、形变六面体谱元法计算的 dB_z/dt 响应；(d)、(e)和(f)分别为有限元法、规则六面体谱元法、形变六面体谱元法计算的 B_z 响应

主测线 dB_z/dt 和 B_z 响应的模拟结果。可以看出：随着异常体倾斜角度发生变化，dB_z/dt 和 B_z 响应曲线由对称变为不对称。同时，随着角度增大，dB_z/dt 和 B_z 响应曲线峰值向 x 轴负方向移动，并且异常体倾向一侧响应曲线的斜率变小，另外，曲线峰值随倾角的增大而减小。由此，依据电磁响应曲线特征可以判断地下异常体的位置和倾向等相关信息。

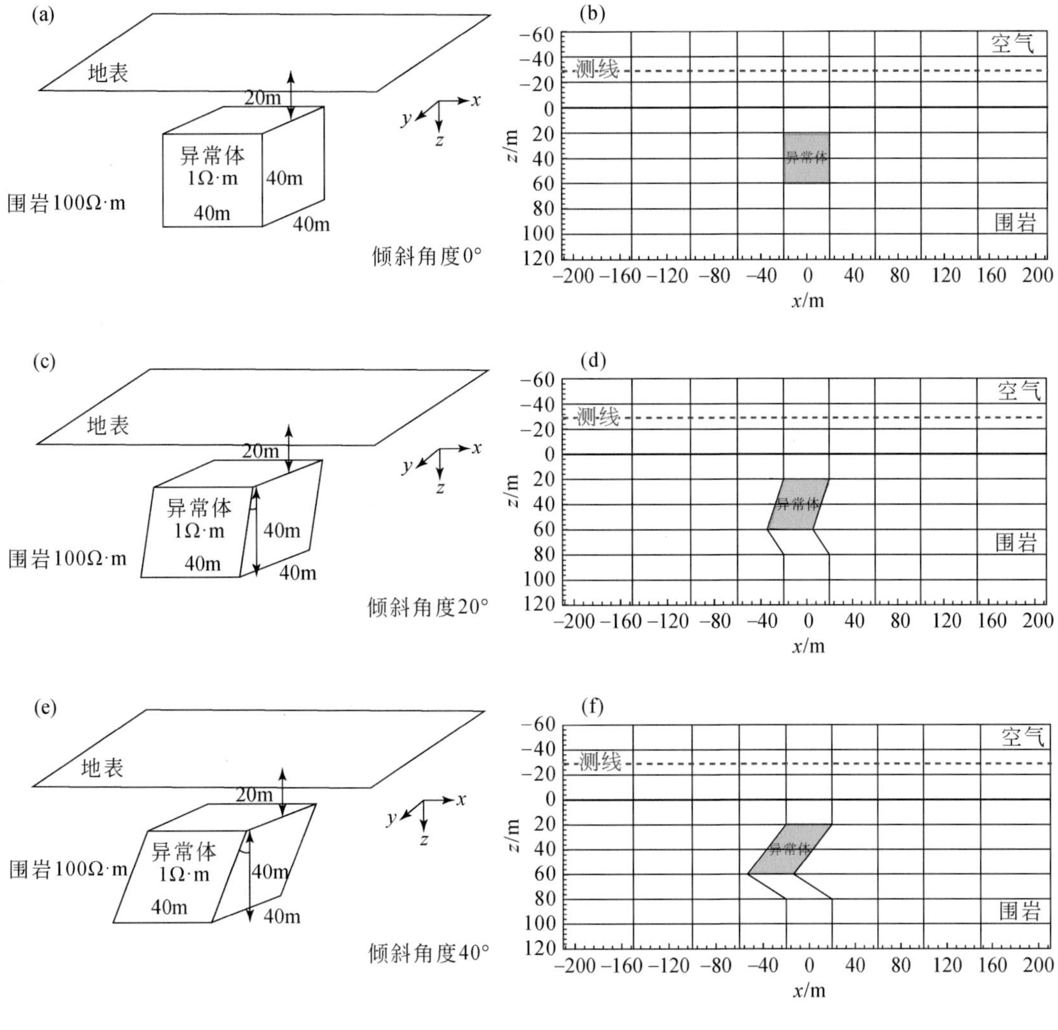

图 7.51　不同倾斜角度异常体模型和物理网格

(a)(b)倾斜角度为 0°；(c)(d)倾斜角度为 20°；(e)(f)倾斜角度为 40°

此外，本节对包含导电球体模型的航空电磁响应进行分析，进一步探究基于形变六面体网格谱元法在模拟复杂地电模型时的有效性。图 7.55 给出了球体模型(半径 42m，中心埋深 70m)。电磁系统参数同前。图 7.56 给出导电球体模型主测线航空电磁共中心装置 dB_z/dt 和 B_z 响应。可以看出，球形异常体的 dB_z/dt 和 B_z 响应曲线沿 x 轴对称分布。随着时间推移，dB_z/dt 响应先增大后减小，在晚期时间道几乎看不到导电球体的异常响应。这种电磁响应随时间变化与电磁场衰减过程相吻合。当电磁场传播到导电球体时，航空电磁

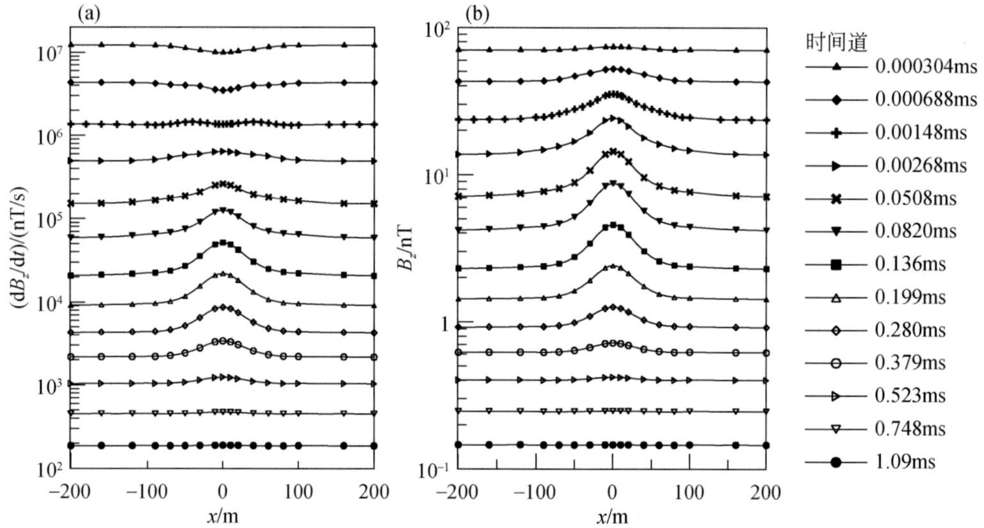

图 7.52　异常体倾斜角度为 0°时航空电磁响应

(a) dB_z/dt；(b) B_z

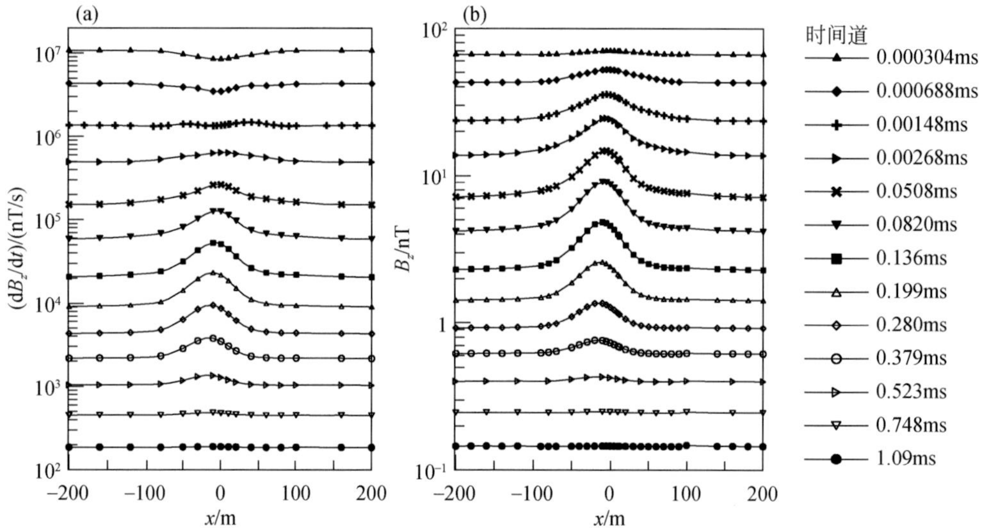

图 7.53　异常体倾斜角度为 20°时航空电磁响应

(a) dB_z/dt；(b) B_z

dB_z/dt 和 B_z 响应随之增大；随着电磁场穿过并逐渐远离异常体，航空电磁响应逐渐减小。

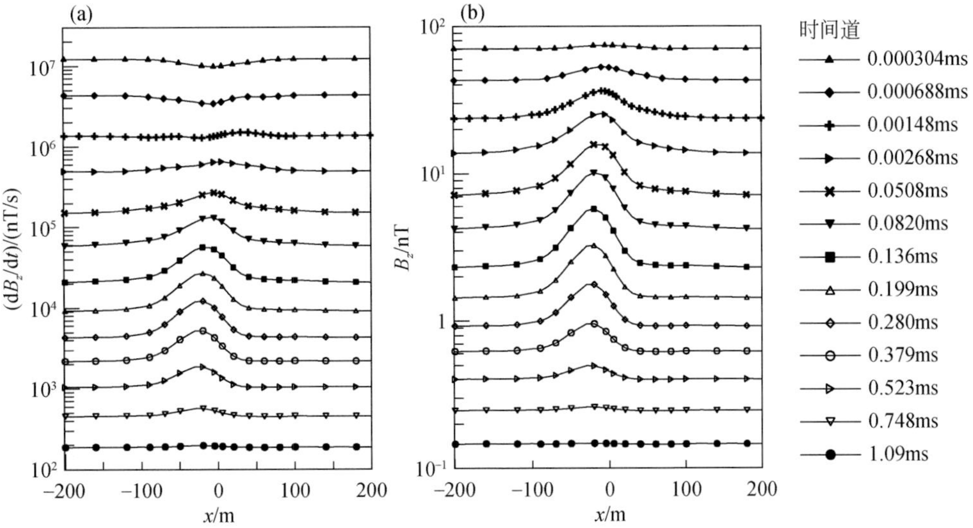

图 7.54　异常体倾斜角度为 40°时航空电磁响应

(a) dB_z/dt；(b) B_z

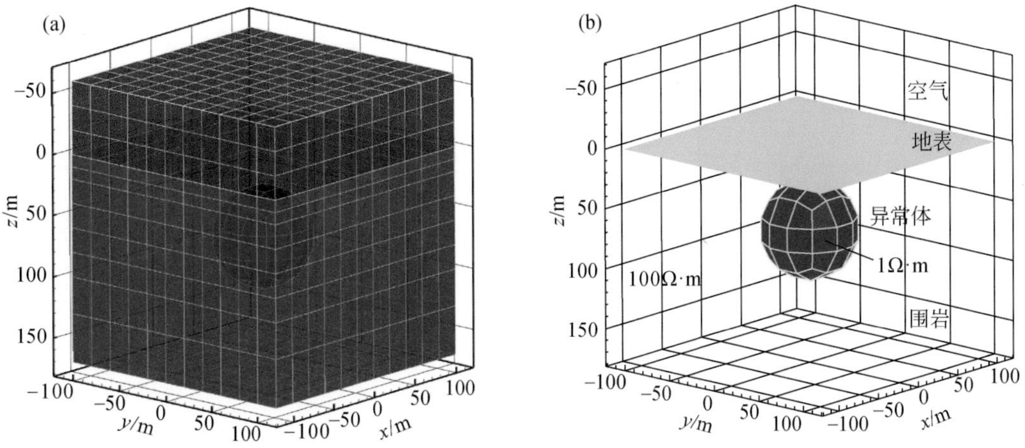

图 7.55　导电球体模型及物理网格剖分

7.7.5　耦合 EFG 谱元法在航空电磁正演模拟中的应用

1. 精度验证

本节首先设计如图 7.57 所示的五层地电模型进行航空电磁响应计算。模型参数如下：第一至五层电阻率分别为 100Ω · m、1Ω · m、100Ω · m、10Ω · m 和 100Ω · m，而第一至

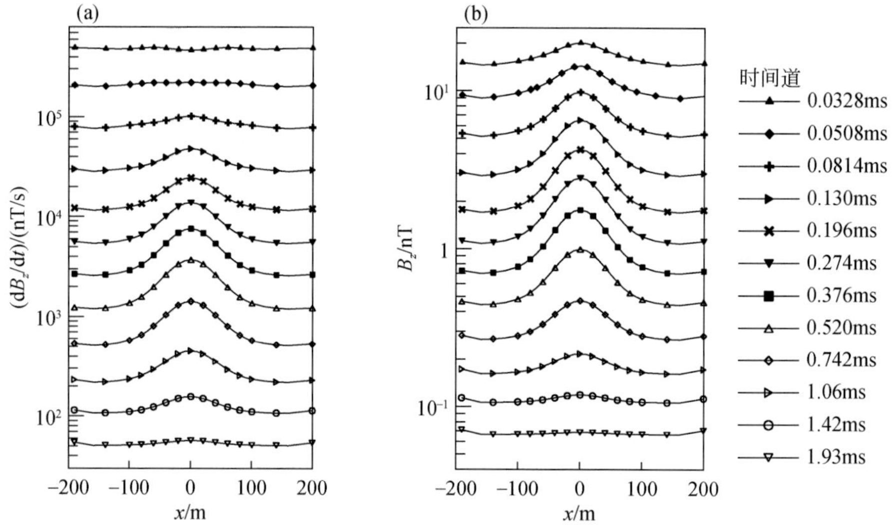

图 7. 56　球体模型时域航空电磁响应

(a) dB_z/dt；(b) B_z

四层厚度分别为 22m、16m、23m 和 16m。电磁系统参数同前。浅部和深部分别采用尺度为 20m×20m×10m 和 20m×20m×20m 的六面体单元对计算区域进行离散。*xz* 剖面物理网格剖分和电阻率分布如图 7. 57 所示。图中电阻率分布不受物理网格剖分限制，部分单元可包含多于一种电阻率。图 7. 58 展示了三种策略计算的航空电磁响应和与一维半解析解的相对误差。其中，策略一为四阶基函数结合四阶 GLL 积分，策略二为四阶基函数结合五阶 GLL 积分，策略三为五阶基函数结合五阶 GLL 积分。由图 7. 58 可以看出：①策略一计算

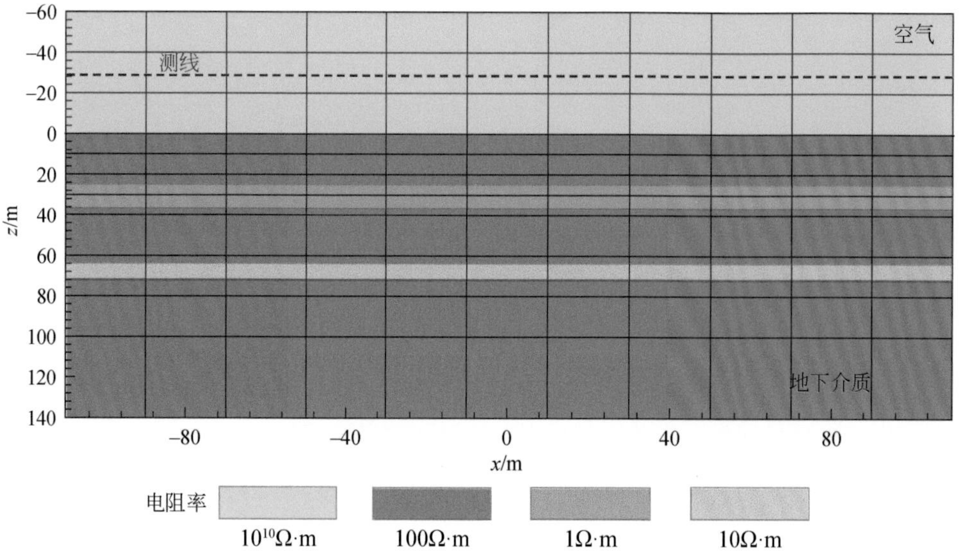

图 7. 57　五层地电模型电阻率分布与物理网格

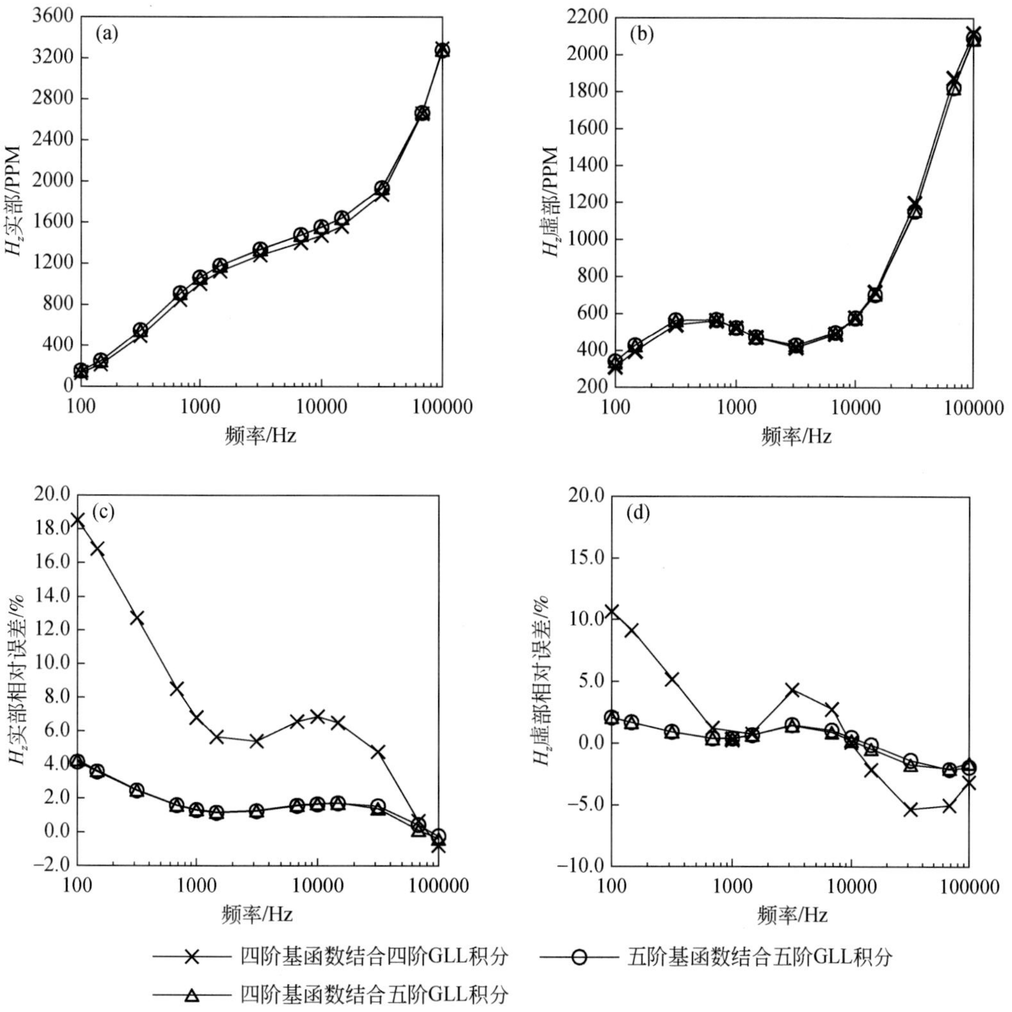

图 7.58　三种策略计算的五层地电模型航空电磁 HCP 响应及其与一维半解析解的相对误差

(a)实部响应；(b)虚部响应；(c)实部相对误差；(d)虚部相对误差

的航空电磁响应误差最大，低频部分尤为明显，实部和虚部最大误差分别高达 18.52% 和 10.66%，表明基于耦合 EFG 思想的谱元法计算精度小于常规谱元法，降阶积分法不适用于耦合 EFG 谱元法。②对于策略二和策略三，航空电磁响应相对误差较小，大部分频点实部和虚部的相对误差均低于 2%。③对比策略一和策略二，在基函数阶数不变的情况下，改变数值积分阶数，计算精度得到提升。这表明随着电导率与积分节点的相关性变得紧密，数值积分阶数对计算结果的影响增大。④对比策略二和策略三，在数值积分阶数不变的情况下，基函数阶数的提高导致计算精度有微小的提升，这与常规谱元法不同。这是由于耦合 EFG 的谱元法中，积分节点与离散物理模型刻画密切相关。随着积分节点增多，对离散物理模型和电导率分布的描述变得更加细致，因此在耦合 EFG 思想的谱元法中数值积分阶数是保证正演精度的首要条件。

2. 耦合 EFG 谱元法在复杂地电模型正演模拟中的应用

为验证耦合 EFG 思想的谱元法模拟复杂地电模型的灵活性，本节对倾斜低阻异常体模型航空电磁响应进行正演模拟。模型参数如下：倾斜异常体顶部和底部埋深分别为 20m 和 80m，顶面中心坐标为(0，0，20m)，异常体与 z 轴夹角为 30°，异常体沿 x 和 y 方向延伸分别为 40m 和 120m。异常体电阻率为 1Ω · m，背景围岩电阻率为 200Ω · m。与双异常体模型类似，本节采用常规谱元法和耦合 EFG 谱元法两种算法模拟倾斜异常体的航空电磁响应。图 7. 59 给出两种算法对应的物理网格剖分形式。图 7. 60 给出两种算法选用四阶基函数结合五阶 GLL 数值积分，对三种频率 1000Hz、5000Hz 和 10000Hz 沿主测线(x 方向，$y=0$，$z=-30$m)航空电磁响应模拟结果。由图 7. 60 可见，两种方法计算的响应曲线变化趋势一致，在收发系统位于 $x=30\sim60$m 的位置上存在着微小的数值差异，这可能是由于常规谱元法需要对形变网格进行细分以满足对倾斜异常体的刻画，或者耦合 EFG 谱元法选取的积分节点不够多，不能完全满足对倾斜异常体电阻率的刻画。然而，该算例在一定程度上验证了耦合 EFG 谱元法模拟复杂地质体航空电磁响应的灵活性。

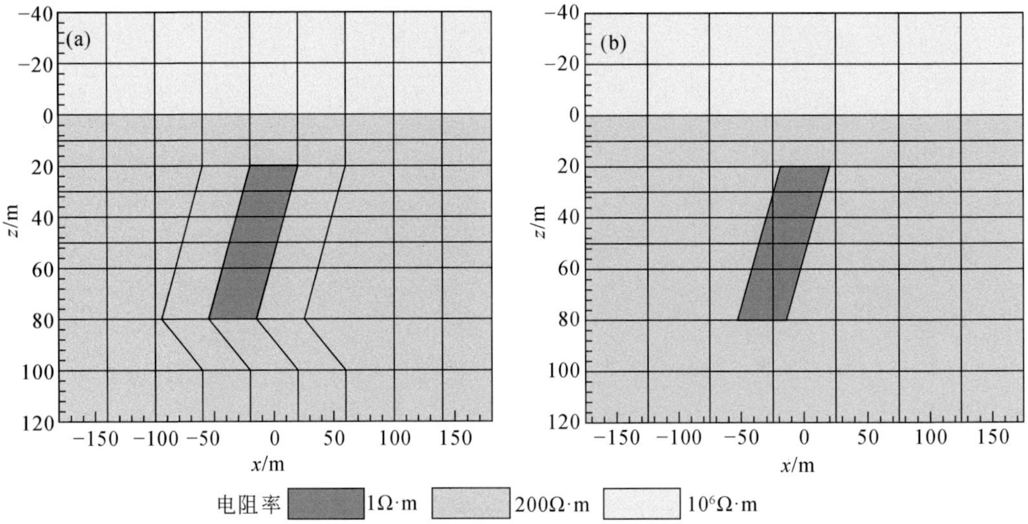

图 7. 59　倾斜异常体模型物理网格与电阻率分布

(a)常规谱元法采用的物理网格；(b)耦合 EFG 谱元法采用的物理网格

下文尝试对加拿大 Voisey's Bay 铜镍硫化矿床模型的航空电磁响应进行模拟。参考钻井数据，矿区存在一个 400m×300m×115m 的复杂矿体，其最小覆盖层厚度为 20m，如图 7. 61(a)所示。围岩电阻率 1000Ω · m，矿体电阻率 0. 01Ω · m。本节采用的物理网格尺度在 x 和 y 方向均为 50m，在 z 方向随着深度渐变，如图 7. 61(b)所示。由图 7. 61 可见，计算网格离散方式与电性模型并非一致，并没有受到电性分布限制。为验证算法有效性，图 7. 62 给出了有限元法和耦合 EFG 谱元法在 $y=555700$m 处的航空电磁响应对比结果。由图 7. 62 可见，耦合 EFG 谱元法计算的响应与有限元结果吻合较好，表明本节提出的耦合 EFG 谱元法在模拟复杂地质体航空电磁响应时的有效性。

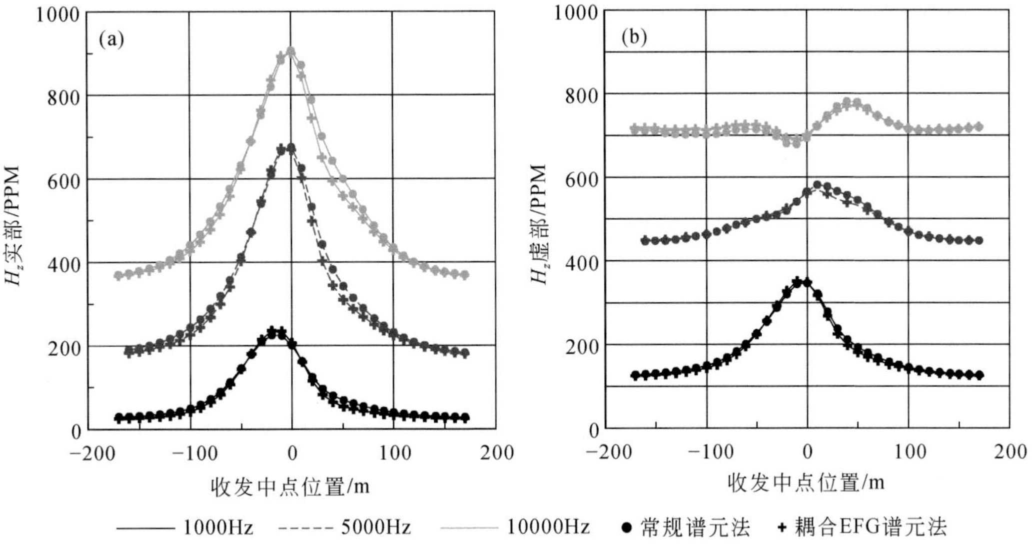

图 7.60 倾斜异常体模型航空电磁 HCP 响应模拟结果对比

(a)实部；(b)虚部

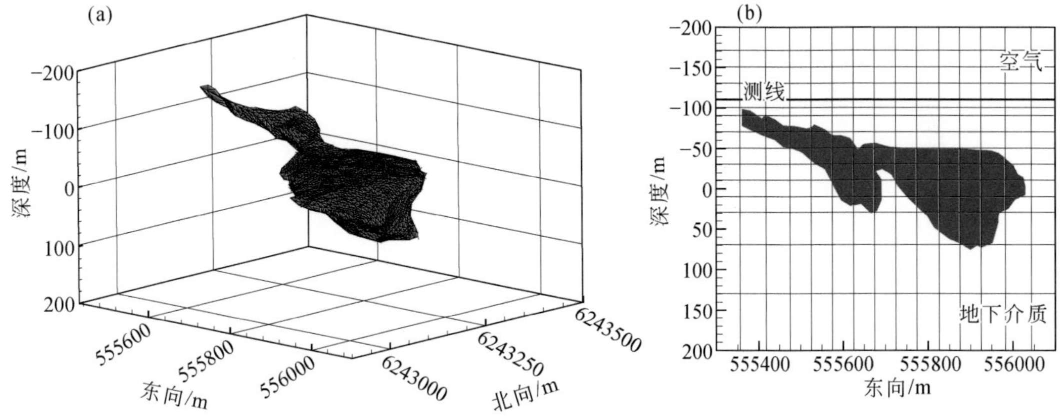

图 7.61 (a)加拿大 Voisey's Bay 铜镍硫化物矿床模型；(b)电阻率分布和物理网格剖分

图 7.63 和图 7.64 给出了针对加拿大 Voisey's Bay 铜镍硫化矿床模型由耦合 EFG 谱元法和常规有限元模拟的航空电磁响应平面分布。可以看出，两种算法计算的响应结果相互吻合，表明耦合 EFG 谱元法具有通过简单网格离散模拟复杂地质体的能力。此外，对比图 7.63 和图 7.64 给出的两种频率计算结果可以看出，实部响应直观地刻画出卵形块状良导硫化物矿体的形态，而虚部的刻画能力较弱。说明实部对良导体更为敏感。随着频率的升高，虚部电磁响应对异常体的刻画能力增强，这是因为卵状带块状硫化物矿体尾部埋深较浅，高频电磁波对浅层物性信息更为敏感。

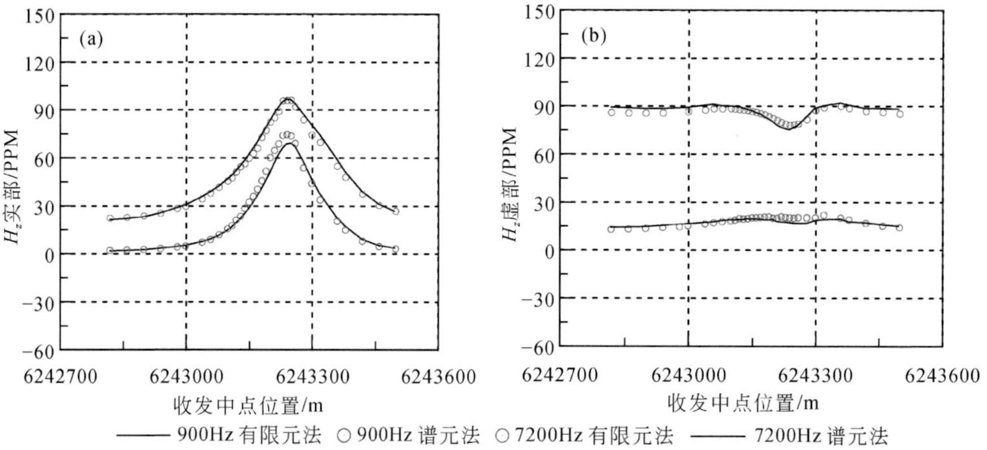

图 7.62　有限元法与耦合 EFG 谱元法航空电磁 HCP 响应计算结果对比

(a)实部；(b)虚部

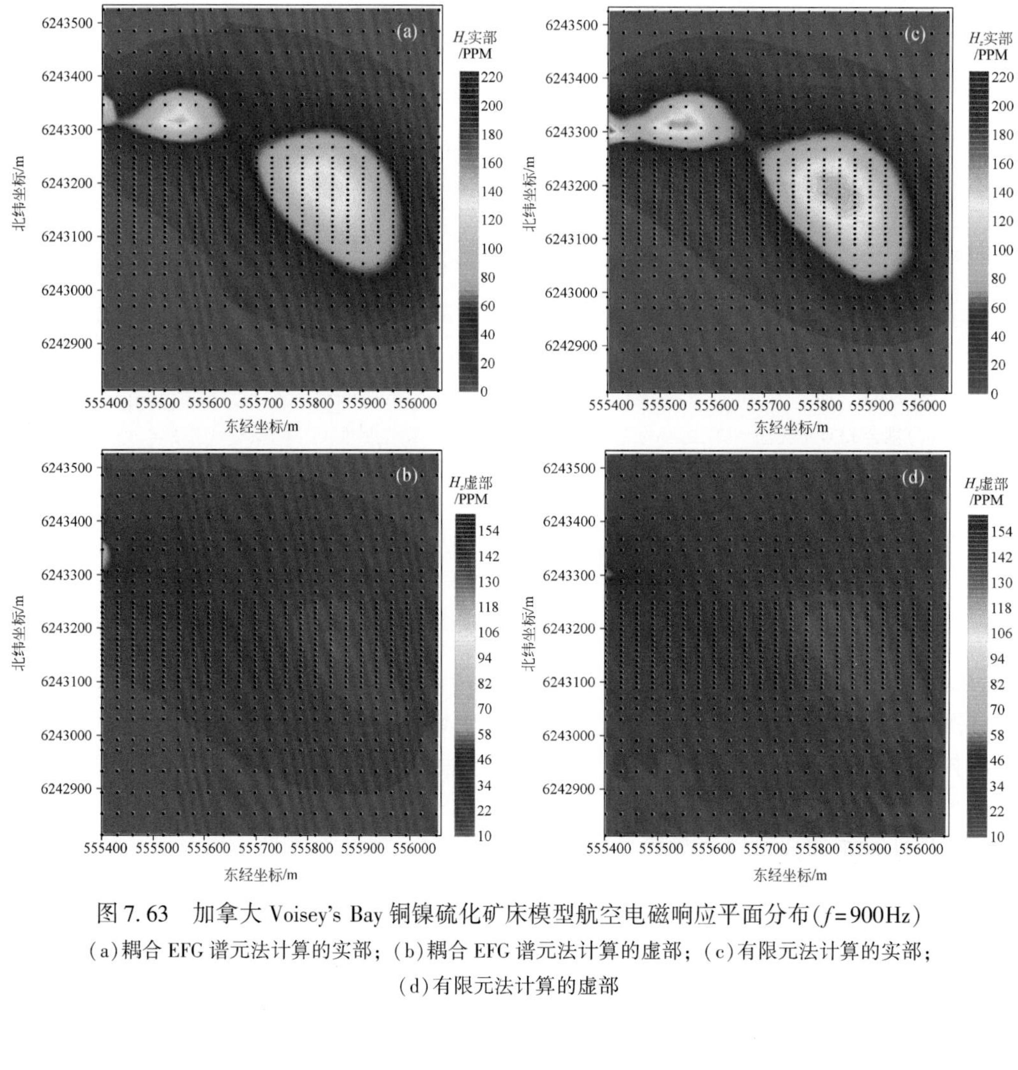

图 7.63　加拿大 Voisey's Bay 铜镍硫化矿床模型航空电磁响应平面分布(f=900Hz)

(a)耦合 EFG 谱元法计算的实部；(b)耦合 EFG 谱元法计算的虚部；(c)有限元法计算的实部；(d)有限元法计算的虚部

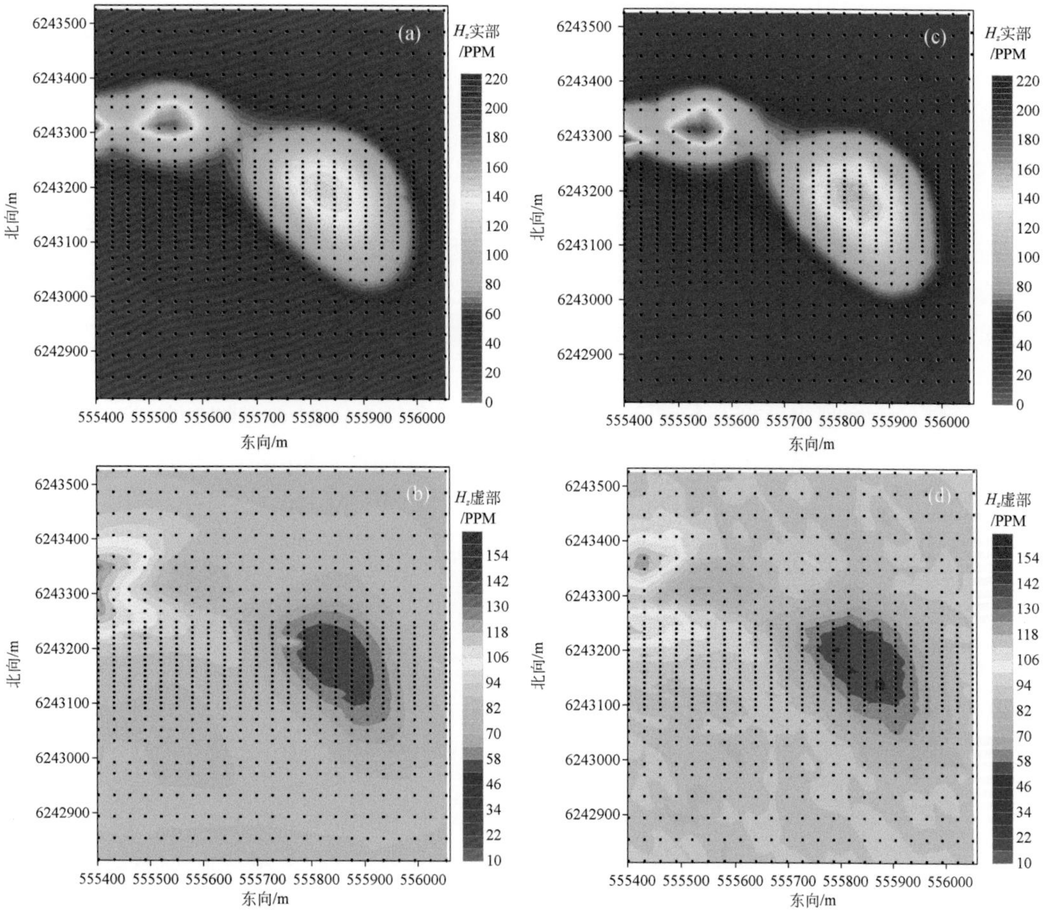

图 7.64　加拿大 Voisey's Bay 铜镍硫化矿床模型航空电磁响应平面分布(f=7200Hz)
(a)耦合 EFG 谱元法计算的实部；(b)耦合 EFG 谱元法计算的虚部；(c)有限元法计算的实部；
(b)有限元法计算的虚部

7.8　小　　结

本章系统地论述了基于谱元法的三维航空电磁正演模拟理论及应用。其中，理论部分介绍了谱元法的基本原理，讨论了以 GLL 与 GLC 多项式为基函数基于规则六面体网格谱元法的频域与时域正演理论。进而，以 GLL 多项式谱元法为例介绍了基于形变六面体网格谱元法频域与时域航空电磁正演理论，并且讨论了基于无单元伽辽金思想改进的谱元正演算法。该算法实现了通过数值积分节点离散物理模型，将计算空间离散网格和对物理模型的处理分开，突破了物理模型对计算空间的限制，完成了包含变化电导率单元矩阵分析。以此为基础，重点对谱元法正演算例进行分析，通过典型算例验证了谱元正演算法的精度与效率。通过分析物理网格与基函数阶数对频域航空电磁正演计算精度与效率的影响特征发现，随着物理网格的加密和基函数阶数增加，频域航空电磁响应计算精度不断提高，但计算效率随之降低。通过对时域航空在未知数个数近似相同，但基函数阶数和物理网格剖分不同情况下数值算例分析发现，粗化物理网格结合高阶基函数可以获得较高的模拟精度，进一步证实谱元法可以采用提高谱元插值基函数阶数和优化网格的二元优化策略。在形变六面体网格谱元法应用方面，通过和层状模型半解析解对比，以及通过不同网格离散的三维规则异常体航空电磁响应对比，验证了基于形变六面体网格谱元法在航空电磁正演模拟方面的有效性。最后，引入耦合无单元 EFG 思想对谱元法进行改进，通过一维层状地电模型验证了该改进算法的精确性。进而，本章分析了基函数阶数和数值积分阶数对正演结果的影响特征。不同阶数基函数和不同积分阶数的数值结果表明，基函数阶数对计算结果精度的影响小于数值积分阶数。通过分析复杂的实际地电模型算例并与其他算法结果对比，验证了本章提出的耦合无单元谱元法在模拟复杂地电模型中的有效性。

众所周知，三维电磁正演的精度与效率一直是制约电磁三维反演的关键，本章内容是谱元法在航空电磁三维正演模拟中的初步应用。未来的研究将考虑在非结构网格条件下如何利用谱元法实现电磁三维高精度正反演，这将是未来重点研究方向。

参考文献

李琳，刘韬，胡天跃．2014．三角谱元法及其在地震正演模拟中的应用．地球物理学报，57(4)：1224-1234.

李小康．2011．基于 MPI 的频率域航空电磁法有限元二维正演并行计算研究．北京：中国地质大学(北京).

林伟军，苏畅，Seriani G．2018．多网格谱元法及其在高性能计算中的应用．应用声学，37(1)：42-52.

刘有山，滕吉文，徐涛，等．2014．三角网格谱元法地震波场数值模拟．地球物理学进展，29(4)：1715-1726.

王秀明，Seriani G，林伟军．2007．利用谱元法计算弹性波场的若干理论问题．中国科学(G 辑)，37(1)：41-59.

徐世浙．1994．地球物理中的有限单元法．北京：科学出版社．

殷长春．2018．航空电磁理论与勘查技术．北京：科学出版社．

Belytschko T, Lu Y Y, Gu L. 1994. Element-free Galerkin methods. International Journal for Numerical Methods in Engineering, 37(2): 229-256.

Canuto C, Hussaini M Y, Quarteroni A, et al. 2012. Spectral Methods in Fluid Dynamics. Berlin: Springer.

Cohen G. 2002. Higher-Order Numerical Methods for Transient Wave Equations. New York: Springer Verlag.

Cohen G, Joly P, Tordjman N. 1993. Construction and Analysis of Higher-order Finite Elements with Mass Lumping for the Wave Equation. Philadelphia: Proceedings of the Second International Conference on Mathematical and Numerical Aspects of Wave Propagation, SIAM.

Henderson R D, Karniadakis G E. 1995. Unstructured spectral element methods for simulation of turbulent flows. Journal of Computational Physics, 122(2): 191-217.

Huang X, Yin CC, Cao X Y, et al. 2017. 3D anisotropic modeling and identification for airborne EM systems based on the spectral-element method. Applied Geophysics, 14(3): 419-430.

Huang X, Yin CC, Farquharson C G, et al. 2019. Spectral-element method with arbitrary hexahedron meshes for time-domain 3D airborne electromagnetic forward modeling. Geophysics, 84(1): E37-E46.

Huang X, Farquaharson C, Yin C C, et al. 2021. A 3D forward modeling approach for airborne electromagnetic data using a modified spectral-element method. Geophysics, 86(5): E343-354.

Huang Y, Chen J F, Zhang J Z, et al. 2010. A Parallel High Precision Integration Scheme with Spectral Element Method for Transient Electromagnetic Computation. Chicago: 14th Biennial IEEE Conference on Electromagnetic Field Computation.

Komatitsch D. 2011. Fluid-solid coupling on a cluster of GPU graphics cards for seismic wave propagation. Comptes Rendus Mécanique, 339(2-3): 125-135.

Komatitsch D, Martin R. 2007. An unsplit convolutional perfectly matched layer improved at grazing incidence for the seismic wave equation. Geophysics, 72(5): SM155-SM167.

Komatitsch D, Tromp J. 1999. Introduction to the spectral element method for three-dimensional seismic wave propagation. Geophysical Journal International, 139(3): 806-822.

Komatitsch D, Tromp J. 2002a. Spectral-element simulations of global seismic wave propagation—I. Validation. Geophysical Journal International, 149(2): 390-412.

Komatitsch D, Tromp J. 2002b. Spectral-element simulations of global seismic wave propagation—II. 3-D models, oceans, rotation, and self-gravitation. Geophysical Journal International, 150(1): 303-318.

Komatitsch D, Erlebacher G, Göddeke D, et al. 2010. High-order finite-element seismic wave propagation modeling with MPI on a large GPU cluster. Journal of Computational Physics, 229(20): 7692-7714.

Kudela P, Zak A, Krawczuk M, et al. 2007. Modelling of wave propagation in composite plates using the time domain spectral element method. Journal of Sound and Vibration, 302(4-5): 728-745.

Lee J H, Liu Q H. 2004. Analysis of 3D Eigenvalue Problems based on A Spectral Element Method. Monterey: International Union Radio Science(URSI) Meeting.

Lee J H, Xiao T, Liu Q H. 2006. A 3-D spectral-element method using mixed-order curl conforming vector basis functions for electromagnetic fields. IEEE Transactions on Microwave Theory & Techniques, 54(1): 437-444.

Lee J H, Chen J, Liu Q H. 2009. A 3-Ddiscontinuous spectral element time-domain method for maxwell's equations. IEEE Transactions on Antennas and Propagation, 57(9): 2666-2674.

Lu G Z, Li Y F. 2006. The Study of Spectral Element method in Electromagnetic Fields. Guilin: 7th International Symposium on Antennas Propagation & EM Theory.

Newman G A, Alumbaugh D L. 1995. Frequency-domain modelling of airborne electromagnetic responses using staggered finite differences. Geophysical Prospecting, 43(8): 1021-1042.

Patera A T. 1984. A spectral element method for fluid dynamics: Laminar flow in a channel expansion. Journal of Computational Physics, 54(3): 468-488.

Ren Q, Tobon L E, Sun Q, et al. 2015. A new 3-D nonspurious discontinuous galerkin spectral element time-domain(DG-SETD) method for maxwell's equations. IEEE Transactions on Antennas & Propagation, 63(6): 2585-2594.

Ren Y, Chen Y, Zhan Q, et al. 2017. A higher order hybrid SIE/FEM/SEM method for the flexible electromagnetic simulation in layered medium. IEEE Transactions on Geoscience and Remote Sensing, 55(5): 2563-2574.

Seriani G. 2004. Double-grid Chebyshev spectral elements for acoustic wave modeling. Wave Motion, 39(4): 351-360.

Seriani G, Priolo E. 1991. High-order spectral element method for acoustic wave modeling. SEG Technical Program Extended Abstracts, 1561-1564.

Weidelt P. 1991. Introduction into Electromagnetic Sounding: Lecture Manuscript. Braunschweig: Technical

University of Braunschweig.

Yin C C, Huang X, Liu Y H, et al. 2017. 3-D Modeling for Airborne EM using the Spectral-element Method. Journal of Environmental and Engineering Geophysics, 22(1): 13-23.

Yin C C, Liu L, Liu Y H, et al. 2019. 3D frequency-domain airborne EM forward modelling using spectral element method with Gauss-Lobatto-Chebyshev polynomials. Exploration Geophysics, 50(5): 461-471.

Yin C C, Gao Z H, Su Y, et al. 2021. 3D airborne EM forward modeling based on time-domain spectral element method. Remote Sensing, 13(4): 1-18, 601.

Zhou Y, Shi L, Liu N. 2016. Spectral element method and domain decomposition for low-frequency subsurface EM simulation. IEEE Geoscience and Remote Sensing Letters, 13(4): 550-554.

Zhou Y, Zhuang M, Shi L, et al. 2017. Spectral-element method with divergence-free constraint for 2.5-D marine CSEM hydrocarbon exploration. IEEE Geoscience and Remote Sensing Letters, 14(11): 1973-1977.

Zhu J, Yin C C, Liu Y H, et al. 2020. 3-D dc resistivity modelling based on spectral element method with unstructured tetrahedral grids. Geophysical Journal International, 220(3): 1748-1761.

Zhu J, Yin C C, Gao L, et al. 2022. 3D unstructured spectral element method for frequency-domain airborne EM forward modeling based on Coulomb gauge. IEEE Transactions on Geoscience and Remote Sensing, 60: 1-13.

第8章　大型线性方程组求解方法

8.1　引　　言

除积分方程法外，电磁法三维正演最终形成的方程组一般为包含大型稀疏矩阵的线性方程组。本章介绍此类方程组的代数求解方法。目前针对大型稀疏矩阵的线性方程组求解技术主要包括迭代求解法和直接求解法。迭代方法发展时间较长，是求解大型线性方程组的常用技术，近年来随着预处理技术的发展又展现广阔的应用前景。直接求解技术于20世纪80年代兴起，几种主流方法发布的开源库促进了此类方法的迅速推广和应用。本章将对迭代法和直接求解法的基本原理和使用方法进行介绍。

8.2　迭代求解法

求解线性代数方程组的迭代方法包括定常迭代法和子空间迭代法。定常迭代法主要包括雅可比法、高斯–赛德尔法、超松驰迭代法(Successive Over-Relaxation)等。子空间迭代法的基本思想是在一个维数较低的子空间中寻找解析解的一个“最佳”近似。子空间迭代法的主要过程可分解为如下三个步骤：①寻找合适的子空间。②在该子空间中求“最佳近似”解。③若这个近似解满足精度要求，则停止计算；否则，重新构造一个新的子空间，并返回第②步。这里主要涉及两个关键问题：如何选择和更新子空间，以及如何在给定的子空间中寻找“最佳近似”解。

8.2.1　Krylov 子空间简介

针对上述第一个关键问题，目前较为成功的解决方案是使用 Krylov 子空间，详细介绍如下。

假设 $\boldsymbol{A}\in\mathbb{R}^{n\times n}$，$\boldsymbol{x}\in\mathbb{R}^{n}$，$\boldsymbol{b}\in\mathbb{R}^{n}$，求解线性代数方程组 $\boldsymbol{Ax}=\boldsymbol{b}$ 的投影方法对应从 m 维子空间 $\boldsymbol{x}^{(0)}+\boldsymbol{\kappa}_m$ 施加彼得罗夫–伽辽金(Petrov-Galerkin)条件，即 $\boldsymbol{b}-\boldsymbol{Ax}^{(m)}\perp\boldsymbol{\mathcal{L}}_m$。其中，$\boldsymbol{x}^{(0)}$ 为初始值，$\boldsymbol{\mathcal{L}}_m$ 为另一个 m 维子空间。当 $\boldsymbol{\kappa}_m$ 为如下 Krylov 子空间时，即

$$\boldsymbol{\kappa}_m(\boldsymbol{A},\ \boldsymbol{r})=\mathrm{span}\{\boldsymbol{r},\ \boldsymbol{Ar},\ \boldsymbol{A}^2\boldsymbol{r},\ \cdots,\ \boldsymbol{A}^{m-1}\boldsymbol{r}\},\quad m\leqslant n \tag{8.1}$$

则上述方法称为 Krylov 子空间方法。式(8.1)中，$\boldsymbol{r}=\boldsymbol{b}-\boldsymbol{Ax}^{(0)}$。为了简便起见，将 $\boldsymbol{\kappa}_m(\boldsymbol{A},\boldsymbol{r})$ 简写为 $\boldsymbol{\kappa}_m$。Krylov 子空间方法获得的近似解通常具有如下形式，即

$$\boldsymbol{A}^{-1}\boldsymbol{b}\approx\boldsymbol{x}^{(m)}=\boldsymbol{x}^{(0)}+q_{m-1}(\boldsymbol{A})\boldsymbol{r} \tag{8.2}$$

式中，q_{m-1} 为 $m-1$ 阶多项式。

假定 $\boldsymbol{r}$，$\boldsymbol{A}\boldsymbol{r}$，$\boldsymbol{A}^2\boldsymbol{r}$，…，$\boldsymbol{A}^{m-1}\boldsymbol{r}$ 是线性无关的，则 $\dim(\boldsymbol{\kappa}_m)=m$。令 $\boldsymbol{v}_1$，$\boldsymbol{v}_2$，…，$\boldsymbol{v}_m$ 为 $\boldsymbol{\kappa}_m$ 的一组基函数，则 $\boldsymbol{\kappa}_m$ 中的任意向量 $\boldsymbol{x}$ 可表示为

$$\boldsymbol{x}=y_1\boldsymbol{v}_1+y_2\boldsymbol{v}_2+\cdots+y_m\boldsymbol{v}_m=\boldsymbol{V}_m\boldsymbol{y} \tag{8.3}$$

式中，$\boldsymbol{y}=[y_1,\ y_2,\ \cdots,\ y_m]^{\mathrm{T}}$ 为线性表达系数；$\boldsymbol{V}_m=[\boldsymbol{v}_1,\ \boldsymbol{v}_2,\ \cdots,\ \boldsymbol{v}_m]$。由此，寻找“最佳近似”$\boldsymbol{x}^{(m)}$ 的过程可转化为：①寻找一组合适的基函数 $\boldsymbol{v}_1$，$\boldsymbol{v}_2$，…，$\boldsymbol{v}_m$；②求出 $\boldsymbol{x}^{(m)}$ 在这组基函数下的线性表达系数 $\boldsymbol{y}^{(m)}=[y_1,\ y_2,\ \cdots,\ y_m]^{\mathrm{T}}$。

8.2.2　Arnoldi 与 Lanczos 过程

1. Arnoldi 过程

Arnoldi 方法是一种使用改进的格拉姆–施密特(Gram-Schmidt)过程构建 Krylov 子空间正交基的技术。下文首先讨论基函数选取问题。如上所述，如果 $\boldsymbol{r}$，$\boldsymbol{A}\boldsymbol{r}$，$\boldsymbol{A}^2\boldsymbol{r}$，…，$\boldsymbol{A}^{m-1}\boldsymbol{r}$ 是线性无关的，则它们就自然地构成子空间 $\boldsymbol{\kappa}_m$ 的一组基函数。为了保证算法的稳定性，一般来说通常希望选取一组标准正交基。为此，只需对向量组 $\{\boldsymbol{r},\ \boldsymbol{A}\boldsymbol{r},\ \boldsymbol{A}^2\boldsymbol{r},\ \cdots,\ \boldsymbol{A}^{m-1}\boldsymbol{r}\}$ 进行单位正交化即可实现。对此过程进行归纳，即得到如下基函数生成的 Arnoldi 过程(表 8.1)。

表 8.1　Arnoldi 过程

```
v_1 = r/‖r‖_{L_2}
for j=1 to m-1 do
    z=Av_j
    for i=1 to j do
        h_{i,j}=(v_i, z)
        z=z-h_{i,j}v_i
    end for
    h_{j+1,j}=‖z‖_{L_2}
    if h_{j+1,j}=0 then
        break
    end if
    v_{j+1}=z/h_{j+1,j}
end for
```

理论上，可以证明由 Arnoldi 过程生成的向量 $\boldsymbol{v}_1$，$\boldsymbol{v}_2$，…，$\boldsymbol{v}_m$ 构成了子空间 $\boldsymbol{\kappa}_m$ 的一组标准正交基。将 Arnoldi 过程生成的向量记为 $\boldsymbol{V}_m=[\boldsymbol{v}_1,\ \boldsymbol{v}_2,\ \cdots,\ \boldsymbol{v}_m]$，而

$$
\boldsymbol{H}_{m+1,\ m} = \begin{bmatrix} h_{1,\ 1} & h_{1,\ 2} & h_{1,\ 3} & \cdots & h_{1,\ m-1} & h_{1,\ m} \\ h_{2,\ 1} & h_{2,\ 2} & h_{2,\ 3} & \cdots & h_{2,\ m-1} & h_{2,\ m} \\ 0 & h_{3,\ 2} & h_{3,\ 3} & \cdots & h_{3,\ m-1} & h_{3,\ m} \\ 0 & 0 & h_{4,\ 3} & \cdots & h_{4,\ m-1} & h_{4,\ m} \\ \vdots & \vdots & \vdots & & \vdots & \vdots \\ 0 & 0 & 0 & \cdots & h_{m,\ m-1} & h_{m,\ m} \\ 0 & 0 & 0 & \cdots & 0 & h_{m+1,\ m} \end{bmatrix} \in \mathbb{R}^{(m+1)\times m} \tag{8.4}
$$

则由 Arnoldi 过程可知：$h_{j+1,j}\boldsymbol{v}_{j+1} = \boldsymbol{A}\boldsymbol{v}_j - h_{1,j}\boldsymbol{v}_1 - h_{2,j}\boldsymbol{v}_2 - \cdots - h_{j,j}\boldsymbol{v}_j$，即

$$
\boldsymbol{A}\boldsymbol{v}_j = \sum_{i=1}^{j+1} h_{i,\ j}\boldsymbol{v}_i = \boldsymbol{V}_{m+1}\begin{bmatrix} h_{1,\ j} \\ \vdots \\ h_{j+1,\ j} \\ 0 \\ \vdots \\ 0 \end{bmatrix} = \boldsymbol{V}_{m+1}\boldsymbol{H}_{m+1,\ m}(:,\ j) \tag{8.5}
$$

则有

$$
\boldsymbol{A}\boldsymbol{V}_m = \boldsymbol{V}_{m+1}\boldsymbol{H}_{m+1,\ m} = \boldsymbol{V}_m\boldsymbol{H}_m + h_{m+1,\ m}\boldsymbol{v}_{m+1}\boldsymbol{e}_m^{\mathrm{T}} \tag{8.6}
$$

式中，$\boldsymbol{H}_m$ 为由 $\boldsymbol{H}_{m+1,m}$ 的前 m 行组成的矩阵，即 $\boldsymbol{H}_m = \boldsymbol{H}_{m+1,m}(1:m,\ 1:m)$；$\boldsymbol{e}_m = [0,\ 0,\ \cdots,\ 0,\ 1]^{\mathrm{T}}$。由于 $\boldsymbol{V}_m$ 为列正交矩阵，上式两边同时乘以 $\boldsymbol{V}_m^{\mathrm{T}}$ 可得

$$
\boldsymbol{V}_m^{\mathrm{T}}\boldsymbol{A}\boldsymbol{V}_m = \boldsymbol{H}_m \tag{8.7}
$$

式(8.6)和式(8.7)为 Arnoldi 过程的两个重要性质。

2. Lanczos 过程

如果 $\boldsymbol{A}$ 为对称矩阵，则 $\boldsymbol{H}_m$ 为对称三角矩阵，将其记为 $\boldsymbol{T}_m$，即

$$
\boldsymbol{T}_m = \begin{bmatrix} \alpha_1 & \beta_2 & & & & \\ \beta_2 & \alpha_2 & \beta_3 & & & \\ & \beta_3 & \alpha_3 & \beta_4 & & \\ & & \ddots & \ddots & \ddots & \\ & & & \beta_{m-1} & \alpha_{m-1} & \beta_m \\ & & & & \beta_m & \alpha_m \end{bmatrix} \tag{8.8}
$$

与 Arnoldi 过程类似，可以得到如下性质：

$$
\boldsymbol{A}\boldsymbol{V}_m = \boldsymbol{V}_m\boldsymbol{T}_m + \beta_m\boldsymbol{v}_{m+1}\boldsymbol{e}_m^{\mathrm{T}} \tag{8.9}
$$

$$
\boldsymbol{V}_m^{\mathrm{T}}\boldsymbol{A}\boldsymbol{V}_m = \boldsymbol{T}_m \tag{8.10}
$$

由式(8.9)两边的第 j 列，可得

$$
\beta_{j+1}\boldsymbol{v}_{j+1} = \boldsymbol{A}\boldsymbol{v}_j - \alpha_j\boldsymbol{v}_j - \beta_j\boldsymbol{v}_{j-1},\quad j = 1,\ 2,\ \cdots,\ m-1 \tag{8.11}
$$

令 $\boldsymbol{v}_0 = 0$，$\beta_1 = 0$，则根据上述三项递推公式，可得表 8.2 中由 Arnoldi 过程简化的 Lanczos 过程。可以证明由 Lanczos 过程得到的向量组$[\boldsymbol{v}_1,\ \boldsymbol{v}_2,\ \cdots,\ \boldsymbol{v}_m]$是单位正交的。

表 8.2　Lanczos 过程

1：　Set $\pmb{v}_0 = 0$ and $\beta_1 = 0$

2：　$\pmb{v}_1 = \pmb{r} / \parallel \pmb{r} \parallel_{L_2}$

3：　for $j = 1$ to m do

4：　　　$z = A\pmb{v}_j - \beta_j \pmb{v}_{j-1}$

5：　　　$\alpha_j = (z, \ \pmb{v}_j)$

6：　　　$z = z - \alpha_j \pmb{v}_j$

7：　　　$\beta_{j+1} = \parallel z \parallel_{L_2}$

8：　　　if $\beta_{j+1} = 0$ then

9：　　　　break

10：　　end if

11：　　$\pmb{v}_{j+1} = z / \beta_{j+1}$

12：　end for

8.2.3　GMRES 方法

广义最小残差法(generalized minimal residual method，GMRES)是求解非对称线性代数方程组最常用的方法。该方法中"最佳近似"解的判别方法是使得 $\parallel \pmb{r}_m \parallel_{L_2} = \parallel \pmb{b} - A\pmb{x}^{(m)} \parallel_{L_2}$ 最小，即

$$\pmb{x}^{(m)} = \underset{\pmb{x} \in \pmb{x}^{(0)} + \pmb{\kappa}_m}{\mathrm{argmin}} \parallel \pmb{b} - A\pmb{x}^{(m)} \parallel_{L_2} \tag{8.12}$$

下文根据这个最优条件来推导 GMRES 方法。假设迭代初始向量为 $\pmb{x}^{(0)}$，则对任意向量 $\pmb{x} \in \pmb{x}^{(0)} + \pmb{\kappa}_m$，可设 $\pmb{x} = \pmb{x}^{(0)} + V_m \pmb{y}$，其中 $\pmb{y} \in \mathbb{R}^m$，则有

$$\pmb{r} = \pmb{b} - A\pmb{x} = \pmb{b} - A(\pmb{x}^{(0)} + V_m \pmb{y}) = \pmb{r}_0 - AV_m \pmb{y} = \gamma_0 \pmb{v}_1 - V_{m+1} \pmb{H}_{m+1, \ m} \pmb{y} = V_{m+1}(\gamma_0 \pmb{e}_1 - \pmb{H}_{m+1, \ m} \pmb{y}) \tag{8.13}$$

式中，$\gamma_0 = \parallel \pmb{r}_0 \parallel_{L_2}$。由于 V_{m+1} 的列是正交的，则有

$$\parallel \pmb{r} \parallel_{L_2} = \parallel V_{m+1}(\gamma_0 \pmb{e}_1 - \pmb{H}_{m+1, \ m} \pmb{y}) \parallel_{L_2} = \parallel \gamma_0 \pmb{e}_1 - \pmb{H}_{m+1, \ m} \pmb{y} \parallel_{L_2} \tag{8.14}$$

则最优条件式(8.12)等价于

$$\pmb{y}^{(m)} = \underset{\pmb{y} \in \mathbb{R}^m}{\mathrm{argmin}} \parallel \gamma_0 \pmb{e}_1 - \pmb{H}_{m+1, \ m} \pmb{y} \parallel_{L_2} \tag{8.15}$$

式(8.15)是一个最小二乘问题。由于 $\pmb{H}_{m+1, m}$ 是一个上 Hessenberg 矩阵，且 m 通常不是很大，可以利用基于 Givens 变换的 QR 分解方法进行求解。表 8.3 给出了 GMRES 方法的结构框架。

表 8.3　GMRES 方法

1：　选取初值 $\pmb{x}^{(0)}$；停机标准 $\varepsilon(>0)$，最大迭代步数 IterMax

2：　$\pmb{r}_0 = \pmb{b} - A\pmb{x}^{(0)}$，$\gamma_0 = \parallel \pmb{r}_0 \parallel_{L_2}$

3：　$\pmb{v}_1 = \pmb{r}_0 / \gamma_0$

4：　for $j = 1$ to IterMax do

5：　　$\pmb{\omega} = A\pmb{v}_j$

6：　　　for $i=1$ to j do

7：　　　　　$h_{i,j}=(\boldsymbol{v}_i,\ \boldsymbol{\omega})$

8：　　　　　$\boldsymbol{\omega}=\boldsymbol{\omega}-h_{i,j}\boldsymbol{v}_i$

9：　　　end for

10：　　　$h_{j+1,j}=\|\boldsymbol{\omega}\|_{L_2}$

11：　　　if $h_{j+1,j}=0$ then

12：　　　　　$m=j,\ $ break

13：　　　end if

14：　　　$\boldsymbol{v}_{j+1}=\boldsymbol{\omega}/h_{j+1,j}$

15：　　　$relres=\|\boldsymbol{r}_j\|_{L_2}/\gamma_0$

16：　　　if $relres<\varepsilon$ then

17：　　　　　$m=j,\ $ break

18：　　　end if

19：　　end for

20：　　解决最小二乘问题[式(8.15)]，得到 $\boldsymbol{y}^{(m)}$

21：　　$\boldsymbol{x}^{(m)}=\boldsymbol{x}^{(0)}+\boldsymbol{V}_m\boldsymbol{y}^{(m)}$

8.2.4　共轭梯度法

共轭梯度(conjugate gradient，CG)法是求解对称正定线性代数方程组的常用方法。应用 CG 法既可从优化角度，又可从代数角度进行推导。这里从代数角度来介绍 CG 法。

当 $\boldsymbol{A}$ 为对称正定矩阵时，Arnoldi 过程就转化为 Lanczos 过程，且有

$$\boldsymbol{A}\boldsymbol{V}_m=\boldsymbol{V}_{m+1}\boldsymbol{T}_{m+1,m}=\boldsymbol{V}_m\boldsymbol{T}_m+\beta_m\boldsymbol{v}_{m+1}\boldsymbol{e}_m^{\mathrm{T}} \tag{8.16}$$

$$\boldsymbol{V}_m^{\mathrm{T}}\boldsymbol{A}\boldsymbol{V}_m=\boldsymbol{T}_m \tag{8.17}$$

式中，$\boldsymbol{T}_m=\mathrm{tridiag}(\beta_i,\ \alpha_i,\ \beta_{i+1})$，由式(8.8)给出。此时，需要在 $\boldsymbol{x}^{(0)}+\boldsymbol{\kappa}_m$ 中寻找最优近似解 $\boldsymbol{x}^{(m)}$，使其满足

$$\boldsymbol{b}-\boldsymbol{A}\boldsymbol{x}^{(m)}\perp\boldsymbol{\kappa}_m \tag{8.18}$$

由此可以推导出 CG 算法流程。

假设 $\boldsymbol{x}^{(m)}=\boldsymbol{x}^{(0)}+\boldsymbol{V}_m\boldsymbol{z}^{(m)}$，其中，$\boldsymbol{z}^{(m)}\in\mathbb{R}^m$。由式(8.18)可知

$$\boldsymbol{V}_m^{\mathrm{T}}(\boldsymbol{b}-\boldsymbol{A}\boldsymbol{x}^{(m)})=\boldsymbol{V}_m^{\mathrm{T}}(\boldsymbol{r}_0-\boldsymbol{A}\boldsymbol{V}_m\boldsymbol{z}^{(m)})=\boldsymbol{V}_m^{\mathrm{T}}(\gamma_0\boldsymbol{v}_1)-\boldsymbol{V}_m^{\mathrm{T}}\boldsymbol{A}\boldsymbol{V}_m\boldsymbol{z}^{(m)}=\gamma_0\boldsymbol{e}_1-\boldsymbol{T}_m\boldsymbol{z}^{(m)}=0$$

$$\tag{8.19}$$

则有

$$\boldsymbol{z}^{(m)}=\boldsymbol{T}_m^{-1}(\gamma_0\boldsymbol{e}_1) \tag{8.20}$$

因此，可得

$$\boldsymbol{x}^{(m)}=\boldsymbol{x}^{(0)}+\boldsymbol{V}_m\boldsymbol{z}^{(m)}=\boldsymbol{x}^{(0)}+\boldsymbol{V}_m\boldsymbol{T}_m^{-1}(\gamma_0\boldsymbol{e}_1) \tag{8.21}$$

如果 $\boldsymbol{x}^{(m)}$ 满足精度要求，则计算结束；否则，令 $m\leftarrow m+1$，继续进行下一步迭代。表 8.4 给出实用化迭代法。

表 8.4　共轭梯度法

1：	选取初值 $\boldsymbol{x}^{(0)}$，停机标准 $\varepsilon(>0)$，最大迭代步数 IterMax
2：	$\boldsymbol{r}_0 = \boldsymbol{b} - \boldsymbol{A}\boldsymbol{x}^{(0)}$
3：	$\gamma_0 = \parallel \boldsymbol{r}_0 \parallel_{L_2}$
4：	if γ_0 足够小 then
5：	停止迭代，输出 $\boldsymbol{x}^{(0)}$ 作为方程组的解
6：	end if
7：	for $m=1$ to IterMax do
8：	$\rho = \boldsymbol{r}_{m-1}^{\mathrm{T}}\boldsymbol{r}_{m-1}$
9：	if $m>1$ then
10：	$\mu_{m-1} = \rho/\rho_0$
11：	$\boldsymbol{p}_m = \boldsymbol{r}_{m-1} + \mu_{m-1}\boldsymbol{p}_{m-1}$
12：	else
13：	$\boldsymbol{p}_m = \boldsymbol{r}_0$
14：	end if
15：	$\xi_m = \rho/(\boldsymbol{p}_m^{\mathrm{T}}\boldsymbol{A}\boldsymbol{p}_m)$
16：	$\boldsymbol{x}^{(m)} = \boldsymbol{x}^{(m-1)} + \xi_m\boldsymbol{p}_m$
17：	$\boldsymbol{r}_m = \boldsymbol{r}_{m-1} - \xi_m\boldsymbol{A}\boldsymbol{p}_m$
18：	$relres = \parallel \boldsymbol{r}_m \parallel_{L_2}/\gamma_0$
19：	if $relres<\varepsilon$ then
20：	停止迭代，输出近似解 $\boldsymbol{x}^{(m)}$
21：	end if
22：	$\rho_0 = \rho$
23：	end for
24：	if $relres<\varepsilon$ then
25：	输出近似解 $\boldsymbol{x}^{(m)}$ 及相关信息
26：	else
27：	输出算法失败信息
28：	end if

8.2.5　其他 Krylov 子空间迭代算法

除了上文介绍的用于求解非对称线性代数方程组的常用方法 GMRES，以及求解对称正定线性代数方程组的 CG 方法以外，表 8.5 中还列出其他用于线性方程组求解的 Krylov 子空间方法，供广大读者参考。

8.2.6　预条件迭代

为了改善 Krylov 迭代方法的收敛性，通常需要运用预处理(preconditioning)技术。通俗地讲，预处理就是将原来难以求解的问题转化成一个等价但较容易求解的新问题。预处理技术是目前科学计算领域的重要研究方向。

表 8.5　Krylov 子空间其他迭代算法

对称方程组	CG(Hestenes and Stiefel, 1952)	对称正定，正交投影法(伽辽金)
	MINRES(Paige and Saunders, 1975)	对称非定，斜投影法(彼得罗夫-伽辽金)
	SYMMLQ(Paige and Saunders, 1975)	对称非定
	SQMR(1994)	对称非定
非对称方程组	FOM(Saad, 1981)	正交投影法，Arnoldi
	GMRES(Saad and Schultz, 1986)	斜投影法(彼得罗夫-伽辽金)，Arnoldi
	BiCG(Fletcher, 1976)	双正交(biorthogonalization)
	QMR(Freund and Nachtigal, 1991)	双正交(biorthogonalization)
	CGS(Sonneveld, 1989)	无转置
	BiCGStab(Van Der Vorst, 1992)	无转置，比 CGS 收敛更光滑
	TFQMR(Freund, 1993)	无转置，比 CGS 收敛更光滑
	FGMRES(Saad, 1993)	灵活的 GMRES
正规方程组	CGLS(Paige and Saunders, 1982)	最小二乘(法方程)
	LSQR(Paige and Saunders, 1982)	最小二乘(法方程)

对于线性代数方程组求解问题，预处理就是对系数矩阵进行适当的线性转换，将其转换为一个新矩阵。考虑如下线性代数方程组：

$$\boldsymbol{A}\boldsymbol{x}=\boldsymbol{b},\quad \boldsymbol{A}\in\mathbb{R}^{n\times n}\ \text{非奇异},\quad \boldsymbol{b}\in\mathbb{R}^{n} \tag{8.22}$$

如果在方程组的两边同时左乘一个非奇异矩阵 $\boldsymbol{P}\in\mathbb{R}^{n\times n}$ 的逆，可得

$$\boldsymbol{P}^{-1}\boldsymbol{A}\boldsymbol{x}=\boldsymbol{P}^{-1}\boldsymbol{b} \tag{8.23}$$

这个新方程组就是预处理后的方程组，$\boldsymbol{P}$ 称为预处理子(preconditioner)。当 Krylov 子空间法被应用于求解式(8.23)时，就称为预处理 Krylov 子空间法。

理论上讲，任何一个非奇异矩阵都可以作为预处理子，但一个好的预处理子 $\boldsymbol{P}$ 通常需要满足如下两个条件：①$\boldsymbol{P}^{-1}\boldsymbol{A}$ 具有更好的特征值分布以及/或者更小的条件数；②$\boldsymbol{P}\boldsymbol{z}=\boldsymbol{r}$ 容易求解。其中，第一个条件是为了确保预处理后的线性方程组更容易求解。也就是说，选取的预处理方法是有效的。第二个条件是因为在用 Krylov 子空间方法求解预处理后的方程式(8.23)时，每步迭代都需要求解一个以 $\boldsymbol{P}$ 为系数矩阵的线性方程组，为了不增加太多的额外运算量，必须保证 $\boldsymbol{P}\boldsymbol{z}=\boldsymbol{r}$ 容易求解。

预处理方程式(8.23)称为左预处理。相应地，可以在方程组两边同时右乘 $\boldsymbol{P}^{-1}$，则为右预处理，即

$$\boldsymbol{A}\boldsymbol{P}^{-1}\boldsymbol{u}=\boldsymbol{b},\quad \boldsymbol{x}=\boldsymbol{P}^{-1}\boldsymbol{u} \tag{8.24}$$

另外，也可以将 $\boldsymbol{P}$ 分解为两个矩阵的乘积，即 $\boldsymbol{P}=\boldsymbol{L}\boldsymbol{R}$，则可用式(8.25)对原方程式(8.22)进行预处理，即

$$\boldsymbol{L}^{-1}\boldsymbol{A}\boldsymbol{R}^{-1}\boldsymbol{u}=\boldsymbol{L}^{-1}\boldsymbol{b},\quad \boldsymbol{x}=\boldsymbol{R}^{-1}\boldsymbol{u} \tag{8.25}$$

这就是双边预处理方法。

以上是三种常用的预处理方式。这三种方式预处理后的系数矩阵分别为 $\boldsymbol{P}^{-1}\boldsymbol{A}$、$\boldsymbol{A}\boldsymbol{P}^{-1}$ 和 $\boldsymbol{L}^{-1}\boldsymbol{A}\boldsymbol{R}^{-1}$。由于系数矩阵均是相似的，因此具有相同的特征值分布。如果 $\boldsymbol{A}$ 为对称正定

矩阵，则使用共轭梯度法求解时，这三种方式的预处理效果基本一样。然而，对于非对称情形，效果可能会相差很大。

在实际使用过程中，选取何种预处理方式，需要根据问题本身和所用的方法来确定。例如，对于对称正定线性方程组的 CG 方法，三种方式都可以。然而，对于 GMRES 方法，则选取右预处理效果比较好。原因是一方面在实际使用时，得到的残差范数与原方程组的残差范数相同；另一方面，右预处理极小化的是原始残量范数，而左预处理极小化的是预处理后的残量。需要特别指出的是，在实际求解预处理后的方程组时，并不会显式地计算 $\boldsymbol{P}^{-1}$(除非 $\boldsymbol{P}^{-1}$很容易计算)，更不会显式地计算 $\boldsymbol{P}^{-1}\boldsymbol{A}$，而是求解 $\boldsymbol{P}^{-1}$ 和向量 $\boldsymbol{v}$ 的乘积，即 $\boldsymbol{w}=\boldsymbol{P}^{-1}\boldsymbol{v}$，等效于求解线性代数方程组 $\boldsymbol{P}\boldsymbol{w}=\boldsymbol{v}$。

8.3　直接分解法

8.3.1　方法简介

稀疏矩阵直接分解方法是一种技术高度集成的方法，包括线性代数、图论、图形算法、排列和其他离散数学理论。近年来此类方法发展较快，目前可在个人计算机上实现百万阶矩阵的快速直接分解，已成为电磁法三维正演问题求解的主流技术之一。Ng 和 Peyton (1993)、Davis 等(2006)对稀疏系统的直接求解方法进行了详细的介绍，本节主要介绍此类方法的基本思想和相关主流技术的应用。

直接分解法的基本算法涉及稀疏矩阵存储、数据结构、排序、基本代数运算和稀疏三角阵的快速求解等内容。这些内容读者可查阅相关文献和书籍，这里不作详细介绍。目前的稀疏矩阵直接分解方法主要包含三个阶段：①符号分析(symbolic analysis)；②数值分解(numerical factorization)；③向前和向后求解，包括可选择的迭代优化解(forward and backward solving including optional iterative refinement)。

符号分解在求解过程中只需进行一次，用于确定稀疏矩阵非零元素的分布特性，其速度比数值分解快很多。基于符号分解结果，数值分解在时间和内存消耗上会得到较大提升。下文分别介绍符号分解和数值分解。在直接分解技术中应用的基础分解方法包括 Cholesky 分解、LU 分解和 QR 分解等，限于篇幅，本节所有的方法介绍均以 Cholesky 分解为例。

1. 符号分析

符号分析过程的第一步为寻找一个好的填充化简排序(fill-reducing ordering)方法。当用直接分解法求解稀疏系统 $\boldsymbol{Ax}=\boldsymbol{b}$ 时，不直接分解矩阵 $\boldsymbol{A}$，而是分解一个排序后的矩阵 $\boldsymbol{PAQ}$(如果 $\boldsymbol{A}$ 是非对称的)或者 $\boldsymbol{PAP}^{\mathrm{T}}$(如果 $\boldsymbol{A}$ 是对称的)。如能找到优化的 $\boldsymbol{P}$ 和 $\boldsymbol{Q}$，可最小化内存需求、分解过程中非零元的个数和计算量，但这是一个典型的非确定性多项式(non-deterministic polynomial，NP)难题(Yannakakis，1981)，目前只能用启发式方法实现求解。主流的启发式方法包括最小度(minimum degree)排序、最小缺陷(minimum deficiency）、嵌入式分割（nested dissection）和最大横截矩阵胚（maximum transversal）等方法。

排序之后，符号分析过程需要找到矩阵的消去树（elimination tree or etree）。消去树在许多稀疏分解理论中发挥重要作用。它可指导符号分析过程，并为串行和并行的数值分解过程提供实现框架。消去树定义为一个节点至多只有一个向外连接边的直接非循环图。以 Cholesky 分解为例，假设一个稀疏对称正定矩阵 $\boldsymbol{A}$ 可以分解为 $\boldsymbol{A}=\boldsymbol{L}\boldsymbol{L}^{\mathrm{T}}$，那么 $\boldsymbol{A}$ 的消去树可以基于 $\boldsymbol{L}$ 的模式构建。然而，在实际构建过程中也可以不需要获得 $\boldsymbol{L}$ 的模式进行计算（Liu，1986；Schreiber，1982）。找到消去树后，许多算法和理论需要对其后排序（postordered，即如果把左节点和右节点的位置固定不动，那么根节点放在右节点的右边）。作为例子，图 8.1 展示了矩阵 $\boldsymbol{A}$、其 Cholesky 因子 $\boldsymbol{L}$ 和消去树的正常排序和后排序模式。

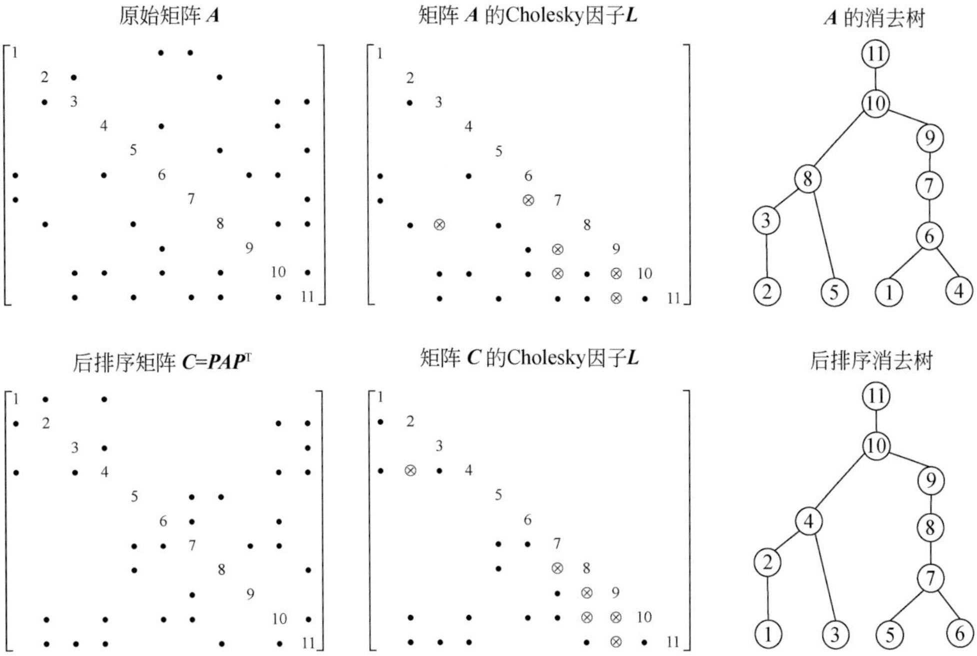

图 8.1　矩阵 $\boldsymbol{A}$ 及其 Cholesky 因子 $\boldsymbol{L}$ 和消去树的正常排序和后排序模式

⊗为后填充元素（参考 Davis，2006）

在找到消去树之后，还需要在符号分析阶段进行 $\boldsymbol{L}$ 的行和列中非零元个数统计。行列计数可不依赖 $\boldsymbol{L}$ 的模式，耗时接近 $O(|\boldsymbol{A}|)$，具体统计方法请参考 Davis（2006）。列计数对于构建好的数据结构很有帮助，而行计数在并行数值分解中可用于确定数据之间的依赖关系。

符号分析的最后步骤为符号分解过程，用于找到 Cholesky 因子 $\boldsymbol{L}$ 的非零模式。如果 $\boldsymbol{L}$ 具有显式表达，则这一步的计算时间为 $O(|\boldsymbol{L}|)$。在超节点法（supernodal）和多波前法（multifrontal）中，该耗时可进一步减少到正比于压缩后的 $\boldsymbol{L}$ 显示表达。目前主流的技术主要有向上（up-looking）符号分解法、基于消去树和使用商图（quotient graph）的符号分解法等（Amestoy et al.，1996）。

2. 数值分解

在完成符号分析后，可以采用多种技术进行数值分解。考虑目前方法变种繁多，本节仅以 Cholesky 分解法为例进行介绍。

1)基于行和列的 Cholesky 分解法

稀疏矩阵直接分解法中，早期的 Cholesky 分解法主要包括加边法(bordering)、左看法(left-looking)和右看法(right-looking)，如图 8.2 所示。三种方法介绍如下。

(1)加边 Cholesky 法：令 i 代表外层循环，逐行计算 $\boldsymbol{L}$ 的元素。内循环包括基于前面行计算结果求解一个三角形方程组获得新行元素。

(2)左看 Cholesky 法：令 j 代表外层循环，逐列计算 $\boldsymbol{L}$ 的元素。内循环包括计算一个矩阵和向量乘积，使得前列计算结果可用于当前列的计算。

(3)右看 Cholesky 法：令 k 代表外层循环，逐列计算 $\boldsymbol{L}$ 的元素。内循环将当前列应用到部分消去后剩余子矩阵(rank-1)的更新中。

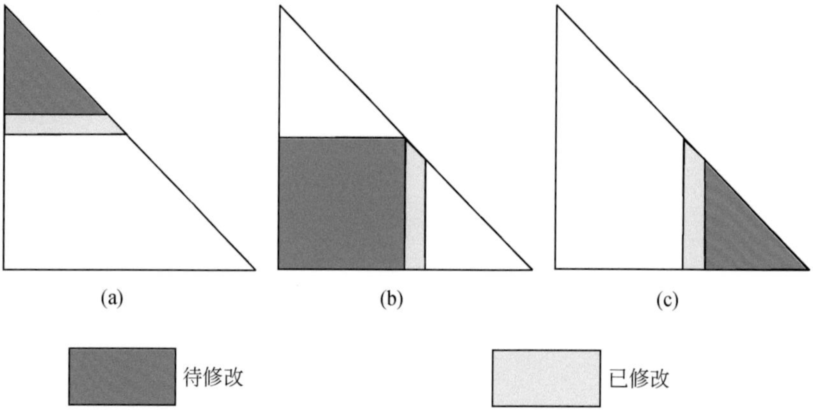

图 8.2　三种 Cholesky 分解法(参考 Ng and Peyton，1993)
(a)加边法；(b)左看法；(c)右看法

2)基于块的 Cholesky 分解法

稀疏矩阵直接分解的重大进步来自分解中元素操作方式发生改变。传统的 Cholesky 分解法是基于对稀疏的行或列进行聚集和分散操作实现的，而后期提出的基于超节点的块运算方法改变了这种状况。在待分解矩阵中，许多行或列具有相同或相近的结构，超节点法将此类列移动到相邻位置并用超节点进行描述。该方法可通过存储更少的数据信息减少对内存的需求，并通过直接对密实矩阵而非单独的行或列进行运算以节省时间。数学描述如下：首先定义一个下三角矩阵 $\boldsymbol{L}$ 第 j 列的稀疏结构为 $Struct(\boldsymbol{L}_{*,k})$：$=\{s>j:\ \boldsymbol{L}_{s,j}\neq 0\}$。如果 $Struct(\boldsymbol{L}_{*,k})=Struct(\boldsymbol{L}_{*,k+1})\cup\{k+1\}$，其中 $j\leqslant k\leqslant k+t-1$，那么连续的列集 j，$j+1$，…，$j+t$ 就构成一个超节点。图 8.3 给出一个 49×49 矩阵的超节点示意图。可以看出，同一个超节点中的列可以被看成一个整体进行计算和存储。

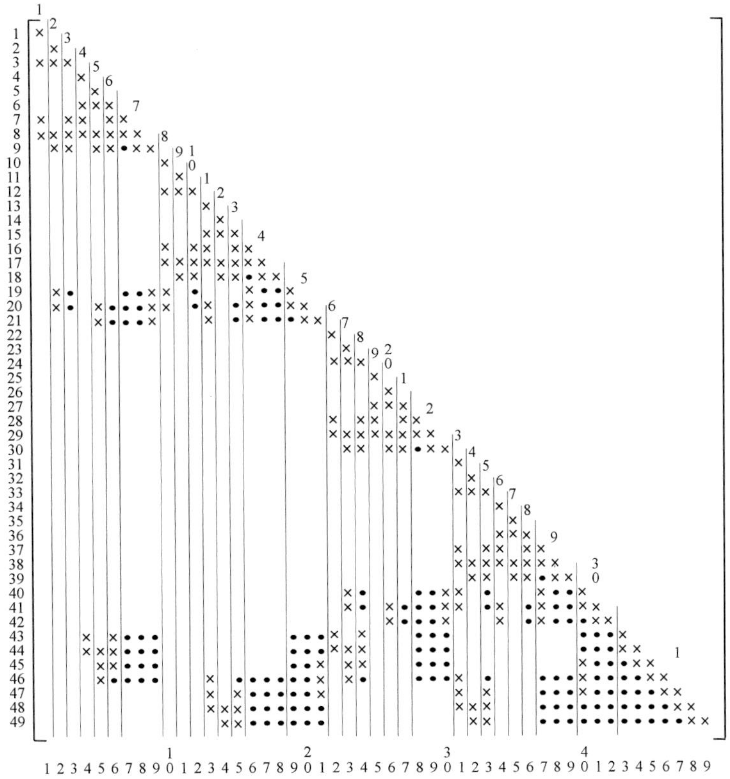

图 8.3　基于嵌入式分割排序的 7×7 网格剖分问题的超节点示意图(参考 Ng and Peyton，1993)
×和•分别表示 $\boldsymbol{A}$ 中的非零元和 $\boldsymbol{L}$ 中的后填充元素，对角上的数字表示超节点序号

对于 $\boldsymbol{L}_{*,j}$ 中包含非对角非零元素的第 j 列，其父节点的定义为该列中第一个非对角非零元素所在的行号。例如，对于图 8.4 中所示的矩阵结构，节点 9 的父节点为节点 19。容易看出，不同列的父节点构成了一个树的结构，即前面介绍的 $\boldsymbol{L}$ 消去树。对于图 8.4 中多个节点合并为一个超节点的消去树通常称为超节点消去树。多波前方法充分利用 $\boldsymbol{L}$ 的超节点消去树，依次实现不同波前的处理和计算。具体原理将在 8.3.3 小节介绍。

目前基于块 Cholesky 分解的主流方法有超节点[主要包括并行直接求解器(parallel direct solver，Pardiso 库)]和多波前[主要包括多波前大规模并行求解器(multi-frontal massively parallel solver，MUMPS 库)]等。下文分别对其基本原理和应用进行介绍。

8.3.2　超节点法

1. 左看-列 Cholesky 分解法

参考 Ng 和 Peyton(1993)，基于左看-列 Cholesky 分解的超节点法基本思想非常简单、易于实现。本节首先讨论左看-列 Cholesky 分解法，并以此为基础重点讨论基于左看-列

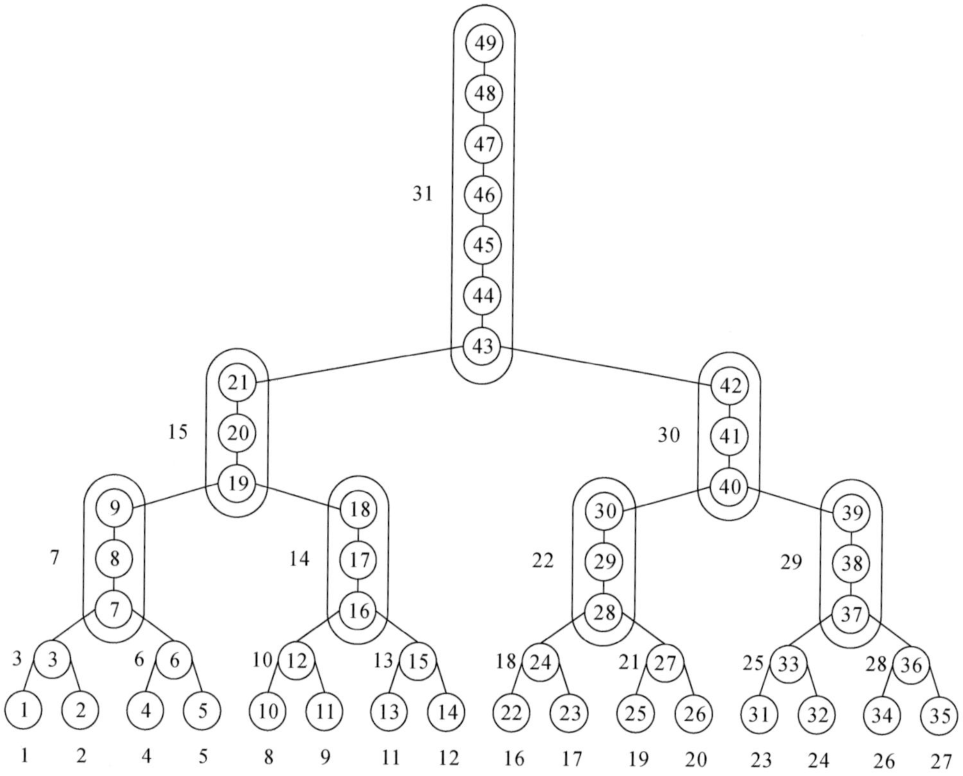

图 8.4　图 8.3 中矩阵多个节点组合成的超节点及消去树(参考 Ng and Peyton，1993)
圆圈内的数字为原始节点编号，而圆圈外的数字表示超节点序号

Cholesky 分解的超节点 Cholesky 分解法。

为讨论问题方便，首先定义两种矩阵基本运算：①$cmod(j,\ k)$通过对第 k 列($k<j$)乘以一个倍数完成对第 j 列的修改；②$cdiv(j)$对第 j 列除以一个因子。利用这两个基本运算，很容易写出左看-列 Cholesky 分解算法流程。表 8.6 给出一个 $N\times N$ 矩阵分解流程。

表 8.6　左看-列 Cholesky 分解法(Ng and Peyton，1993)

```
for j=1 to N do
    for k such that L_{j,K}≠0 do
      cmod(j, k)
      cdiv(j)
```

2. 左看超节点-列 Cholesky 分解法

基于上文的左看-列 Cholesky 分解法，可以讨论超节点-列 Cholesky 分解法。参见图 8.3 和图 8.4，假设 $\boldsymbol{K}=\{p,\ p+1,\ \cdots,\ p+q\}$是 $\boldsymbol{L}$ 中超节点，考虑对于 $j>p+q$ 情况下 $\boldsymbol{L}_{*,j}$ 的计算问题。根据超节点的定义，列 $\boldsymbol{A}_{*,j}$将不被超节点 $\boldsymbol{K}$ 中的列修正，或者被 $\boldsymbol{K}$ 中的全部

列修正。当被用于更新目标列 $\boldsymbol{L}_{*,j}$时，超节点 $\boldsymbol{K}$ 中的所有列可被当作一个单元(或者块状列)来计算。由于在密实对角块下超节点的所有列享有相同的稀疏结构，利用这些列修正一个指定列 $j>p+q$ 可通过密实向量运算后叠加到一个工作向量中，然后通过单一稀疏向量运算应用到目标列。此外，在叠加过程中应用循环展开(loop unrolling)技术可减少内存需求。

表 8.7 给出了基于左看-列 Cholesky 分解的超节点算法流程。假设 $\boldsymbol{K}=\{p,\ p+1,\ \cdots,\ p+q\}$，当 $j>p+q$ 且 $l_{j,p+q}\neq 0$ 时，任务 $cmod(j,\boldsymbol{K})$ 包含 $cmod(j,k)$ 的相关运算，其中，$k=p,\ p+1,\ \cdots,\ p+q$。当 $j\in\boldsymbol{K}$ 时，$cmod(j,\boldsymbol{K})$ 由 $cmod(j,k)$ 运算构成，其中 $k=p,\ p+1,\ \cdots,\ j-1$。令 $\boldsymbol{L}_{j,\boldsymbol{K}}$表示 $\boldsymbol{L}$ 中的 $1\times|\boldsymbol{K}|$ 的子矩阵，由 $\boldsymbol{K}$ 矩阵中行号为 j 的各列确定。在预处理阶段(即符号分析)，每个列表 $Struct(\boldsymbol{L}_{*,j})$ 中的序号按升序排列。对于 $Struct(\boldsymbol{L}_{*,j})$ 中的每个行序号 i，相对序号是 i 相对于列表底部的位置 l。例如，$l=0$ 对应列表的最后序号，$l=1$ 为倒数第二个序号，以此类推。对于每个超节点 $\boldsymbol{J}=\{p,\ p+1,\ \cdots,\ p+q\}$，定义

$$Struct(\boldsymbol{L}_{*,j}) = \{p\} \cup Struct(\boldsymbol{L}_{*,p}) \tag{8.26}$$

每个行序号 $i\in Struct(\boldsymbol{L}_{*,j})$ 的相对位置 l 存储在一个向量 $indmap$ 中，即 $indmap[i]\leftarrow l$。首先，更新量 $cmod(j,\boldsymbol{K})$ 被累加到一个工作向量 $\boldsymbol{t}$ 中，其长度是更新量中非零元的个数。也就是说，该更新量被当作密实向量 $\boldsymbol{t}$ 进行计算和存储。然后，本算法使用 $indmap[i]$ 将每个活动的行序号 $i\in Struct(\boldsymbol{L}_{*,j})$ 映射到 $\boldsymbol{L}_{*,j}$中合适的位置上，进而将 $\boldsymbol{t}$ 分散添加到 $\boldsymbol{L}_{*,j}$中相应的位置上。

表 8.7　左看超节点-列 Cholesky 分解法(Ng and Peyton, 1993)

```
t←0
for J=1 to N do
    Scatter J's relative indices into indmap
    for j∈ J(in order) do
        for K such that L_{j,K}≠0 do
            t←cmod (j,K)
            Assemble t into L_{*,j} using indmap
                    while simultaneously setting t to zero
        cmod (j,J)
        cdiv(j)
```

3. 左看超节点-超节点 Cholesky 分解

通过将 $cmod(j,\boldsymbol{K})$ 操作进行更高一级的分块，可产生超节点-超节点块-列更新运算 $cmod(\boldsymbol{J},\boldsymbol{K})$，并构建新的分解方法。其中，$cmod(\boldsymbol{J},\boldsymbol{K})$ 对经由 $\boldsymbol{K}$ 的列更新过的每一列($j\in\boldsymbol{J}$)执行 $cmod(j,\boldsymbol{K})$ 运算。表 8.8 给出了具体算法流程，其中引入了一个新的标注，即 $\boldsymbol{L}_{\boldsymbol{J},\boldsymbol{K}}$表示大小为 $|\boldsymbol{J}|\times|\boldsymbol{K}|$ 的 $\boldsymbol{L}$ 矩阵的子矩阵。算法中大部分工作量存在于 $cmod(\boldsymbol{J},\boldsymbol{K})$ 和 $cdiv(\boldsymbol{J})$ 中。由于 $cmod(\boldsymbol{J},\boldsymbol{K})$ 比 $cmod(j,\boldsymbol{K})$ 需要更多的内存，导致超节点-超节点块-列更新方法需要更多的内存。两种方法的另一个区别在于，超节点-超节点方法需要计算 $\boldsymbol{J}$ 的待更新列数。该计算需要从 $\boldsymbol{K}$ 矩阵的排序列表中搜索所有行序号 $j\in\boldsymbol{J}\cap Struct(\boldsymbol{L}_{*,\boldsymbol{K}})$。该

算法其余部分与前述超节点-列方法类似，最大的区别在于提高了计算效率。

表 8.8　左看超节点-超节点 Cholesky 分解法(Ng and Peyton，1993)

```
T←0
for J=1 to N do
    Scatter J's relative indices into indmap
    for K such that L_{J,K}≠0 do
        Compute the number of columns of J to be updated by the columns of K
        T← cmod (J, K)
        Gather K's indices relative to J's structure from indmap into relind
        Using relind, assemble T into L_{*,J}
            while simultaneously restoring T to zero
    cdiv(J)
```

基于超节点的主流直接分解库有 Pardiso 和 SuperLU 等。下文以 Pardiso 为例说明此类技术的使用方法。

4. Pardiso 在 Visual Studio+Intel Fortran 环境下安装及配置

- 下载并安装任意版本的 Intel MKL 库；
- 环境设置：

libraries used：Fortran-libraries-Use Intel Math Kernel Library：Sequential(/Qmkl：sequential)

- 编译程序。

5. Pardiso 求解器应用方法

Pardiso 求解器的控制参数较多，具体可参考 MKL 说明书，本节只介绍基本使用方法。Pardiso 求解过程主要包括 3 个阶段。

- 分析阶段：分析矩阵结构，设计分解步骤；
- 分解阶段：对矩阵进行直接分解，并将分解后结果存于内存中或硬盘上；
- 求解阶段：根据给定的右端项对方程组进行求解。

Pardiso 的求解过程有 phase 参数控制，常用值可设定为

- phase=1，进入分析阶段；
- phase=2，进入分解阶段；
- phase=3，进入求解阶段；
- phase=11，(phase=1)；
- phase=12，(phase=1)+(phase=2)；
- phase=13，(phase=1)+(phase=2)+(phase=3)；
- phase=21，(phase=2)；
- phase=23，(phase=2)+(phase=3)；
- phase=33，(phase=3)；

- phase = −1，释放所有内存。

6. Fortran 环境下使用 Pardiso 求解方程范例

设求解方程组为 $\boldsymbol{Ax}=\boldsymbol{b}$，其中对称系数矩阵 $\boldsymbol{A}$ 的上半部分和右端项 $\boldsymbol{b}$ 分别为

$$\boldsymbol{A}=\begin{pmatrix} 7.0 & & 1.0 & & & 2.0 & 7.0 & \\ & -4.0 & 8.0 & & 2.0 & & & \\ & & 1.0 & & & & & 5.0 \\ & & & 7.0 & & & 9.0 & \\ & & & & 5.0 & 1.0 & 5.0 & \\ & & & & & -1.0 & & 5.0 \\ & & & & & & 11.0 & \\ & & & & & & & 5.0 \end{pmatrix},\quad \boldsymbol{b}=\begin{pmatrix} 1.0 \\ 1.0 \\ 1.0 \\ 1.0 \\ 1.0 \\ 1.0 \\ 1.0 \\ 1.0 \end{pmatrix}$$

运行如下代码：

```
!************************************************
INCLUDE 'mkl_pardiso.f90'
PROGRAM pardiso_sym_f90
USE mkl_pardiso
IMPLICIT NONE
INTEGER,PARAMETER ::dp=KIND(1.0D0)
! .. Internal solver memory pointer
TYPE(MKL_PARDISO_HANDLE),ALLOCATABLE  ::pt(:)
! .. All other variables
INTEGER maxfct,mnum,mtype,phase,n,nrhs,error,msglvl,nnz
INTEGER error1
INTEGER,ALLOCATABLE ::iparm( :)
INTEGER,ALLOCATABLE ::ia( :)
INTEGER,ALLOCATABLE ::ja( :)
REAL(KIND=DP),ALLOCATABLE ::a( :)
REAL(KIND=DP),ALLOCATABLE ::b( :)
REAL(KIND=DP),ALLOCATABLE ::x( :)
INTEGER i,idum(1)
REAL(KIND=DP)ddum(1)
! .. Fill all arrays containing matrix data.
n=8
nnz=18
nrhs=1
maxfct=1
mnum=1
ALLOCATE(ia(n + 1))
ia=(/ 1,5,8,10,12,15,17,18,19 /)
```

```
ALLOCATE(ja(nnz))
ja=(/1,      3,          6,  7,        &
         2,  3,      5,                &
             3,                  8,    &
                 4,          7,        &
                     5,  6,  7,        &
                         6,      8,    &
                             7,        &
                                 8/)
ALLOCATE(a(nnz))
a=(/7.d0,          1.d0,                   2.d0,   7.d0,           &
            -4.d0, 8.d0,           2.d0,                           &
                   1.d0,                                   5.d0,   &
                           7.d0,                   9.d0,           &
                                   5.d0,   1.d0,   5.d0,           &
                                          -1.d0,           5.d0,   &
                                                  11.d0,           &
                                                           5.d0/)
ALLOCATE(b(n))
ALLOCATE(x(n))
! ..
! .. Set up PARDISO control parameter
! ..
ALLOCATE(iparm(64))
DO i=1,64
  iparm(i)=0
END DO
iparm(1)=1 ! no solver default
iparm(2)=2 ! fill-in reordering from METIS
iparm(4)=0 ! no iterative-direct algorithm
iparm(5)=0 ! no user fill-in reducing permutation
iparm(6)=0 ! solution on the first n components of x
iparm(8)=2 ! numbers of iterative refinement steps
iparm(10)=13 ! perturb the pivot elements with 1E-13
iparm(11)=1 ! use nonsymmetric permutation and scaling MPS
iparm(13)=0 ! maximum weighted matching algorithm is switched-off(default for
symmetric). Try iparm(13)=1 in case of inappropriate accuracy
iparm(14)=0 ! Output:number of perturbed pivots
iparm(18)=-1 ! Output:number of nonzeros in the factor LU
iparm(19)=-1 ! Output:Mflops for LU factorization
iparm(20)=0 ! Output:Numbers of CG Iterations
error  =0 ! initialize error flag
```

```
msglvl=1 ! print statistical information
mtype  =-2 ! symmetric,indefinite
! .. Initialize the internal solver memory pointer. This is only
! necessary for the FIRST call of the PARDISO solver.
ALLOCATE(pt(64))
DO i=1,64
  pt(i)% DUMMY=0
END DO
! .. Reordering and Symbolic Factorization.This step also allocates
! all memory that is necessary for the factorization.
phase=11 ! only reordering and symbolic factorization

CALL pardiso(pt,maxfct,mnum,mtype,phase,n,a,ia,ja,&
             idum,nrhs,iparm,msglvl,ddum,ddum,error)

WRITE(* ,* )'Reordering completed... '
IF(error /=0)THEN
  WRITE(* ,* )'The following ERROR was detected:' ,error
  GOTO 1000
END IF
WRITE(* ,* )'Number of nonzeros in factors=' ,iparm(18)
WRITE(* ,* )'Number of factorization MFLOPS=' ,iparm(19)

! .. Factorization.
phase=22 ! only factorization
CALL pardiso(pt,maxfct,mnum,mtype,phase,n,a,ia,ja,&
             idum,nrhs,iparm,msglvl,ddum,ddum,error)
WRITE(* ,* )'Factorization completed... '
IF(error /=0)THEN
  WRITE(* ,* )'The following ERROR was detected:' ,error
  GOTO 1000
ENDIF
! .. Back substitution and iterative refinement
iparm(8)=2 ! max numbers of iterative refinement steps
phase=33 ! only solving
DO i=1,n
  b(i)=1.d0
END DO
CALL pardiso(pt,maxfct,mnum,mtype,phase,n,a,ia,ja,&
             idum,nrhs,iparm,msglvl,b,x,error)
WRITE(* ,* )'Solve completed... '
IF(error /=0)THEN
```

```
    WRITE(* ,* )'The following ERROR was detected:',error
    GOTO 1000
  ENDIF
  WRITE(* ,* )'The solution of the system is '
  DO i=1,n
    WRITE(* ,* )'x(',i,')=',x(i)
  END DO
  1000 CONTINUE
  ! .. Termination and release of memory
  phase=-1 ! release internal memory
  CALL pardiso(pt,maxfct,mnum,mtype,phase,n,ddum,idum,idum,&
              idum,nrhs,iparm,msglvl,ddum,ddum,error1)

  IF(ALLOCATED(ia))        DEALLOCATE(ia)
  IF(ALLOCATED(ja))        DEALLOCATE(ja)
  IF(ALLOCATED(a))         DEALLOCATE(a)
  IF(ALLOCATED(b))         DEALLOCATE(b)
  IF(ALLOCATED(x))         DEALLOCATE(x)
  IF(ALLOCATED(iparm))     DEALLOCATE(iparm)
  IF(error1 /=0)THEN
    WRITE(* ,* )'The following ERROR on release stage was detected:',error1
    STOP 1
  ENDIF
  IF(error /=0)STOP 1
  END PROGRAM pardiso_sym_f90
  !*******************************************
```

则程序输出结果为

$$
\boldsymbol{x}=\begin{pmatrix}-0.04186\\-0.00341\\0.11725\\-0.11264\\0.02417\\-0.10763\\0.19872\\0.19038\end{pmatrix}
$$

8.3.3　多波前法

多波前法首先利用矩阵的稀疏特性，得到一系列密集子阵(波前)，进而将矩阵分解转化为对这些波前的装配、消去、更新等操作。由于波前是密实矩阵，可直接调用高性能库

(BLAS 等)进行分解。基于多波前分解技术，国际上几个数学小组研发了快速求解器，主要有 CERFACS 的 MUMPS 求解器(Amestoy et al., 2001)、Davis(2004a，2004b)开发的 UMFPACK 求解器及 GSS 求解器等。本节首先介绍多波前法的基本原理，随后以 MUMPS 为例介绍其在 Windows 环境下的设置、命令和使用范例。下面先介绍简单的波前法。

1. 波前法基本原理

波前法是由 Irons(1970)提出，用于求解由有限元方法得到的线性系统。基于高斯消去法的线性特性，一个有限单元可以在完全组装之前被消去，这奠定了波前法的基础。进一步可理解为，只有被消除的变量需要完全叠加(在所有单元上求和)，而待更新的变量不需要。此外，由于单元可以任意顺序叠加到一起，因此由消去变量得到的更新也可以是任意顺序的。从几何角度来看，波前可以被看作一个在消去过程中在有限元网格中穿过的波。一个变量在波前中第一次出现时被激活，但它最后一次出现后立即被消去。波前就是这样一组被激活的变量，用于分开有限元网格中被消去的变量和未被激活的变量。

波前法主要包含以下步骤：

(1)首先定义一个波前，即一个可进行所有操作的密实方块子矩阵。根据单元的组装顺序可以直接决定波前的最小内存存储方式。

(2)在波前法中交替进行单元组装、变量消去和更新。随着有限单元逐个被组装到一起，波前会被填满。波前填满后，需要对波前矩阵进行部分分解，包括对其中完全叠加的变量进行消去和对未完全叠加变量进行更新。

(3)由于消去的变量不再需要，因此它们被从波前中移除并存储到硬盘或其他地方，为后续单元的组装腾出内存空间。波前法一直重复这种单元组装和波前分解过程，直到所有的变量被消去。

(4)最后，通过向前和向后回代得到线性系统的解。

波前法中最重要的概念包括波前矩阵和更新矩阵。式(8.27)给出一个稀疏矩阵 **A** 及其 Cholesky 分解因子 **L**，其中黑点表示 **A** 矩阵非零元，而圆圈表示分解矩阵的填充项。图 8.5 给出对应的消去树。下文以此为例介绍波前分解构建方法。

$$
\boldsymbol{A}=\begin{array}{c}1\\2\\3\\4\\5\\6\\7\\8\\9\end{array}\begin{pmatrix}
a & & & & & & \bullet & \bullet & \bullet\\
 & b & & \bullet & & \bullet & & & \\
 & & c & & \bullet & & & \bullet & \\
 & \bullet & & d & & & & \bullet & \bullet\\
 & & \bullet & & e & \bullet & & \bullet & \\
 & \bullet & & & \bullet & f & & & \bullet\\
\bullet & & & & & & g & \bullet & \bullet\\
\bullet & & \bullet & \bullet & \bullet & & \bullet & h & \\
\bullet & & & \bullet & & \bullet & \bullet & & i
\end{pmatrix}
\qquad
\boldsymbol{L}=\begin{array}{c}1\\2\\3\\4\\5\\6\\7\\8\\9\end{array}\begin{pmatrix}
a & & & & & & & & \\
 & b & & & & & & & \\
 & & c & & & & & & \\
 & \bullet & & d & & & & & \\
 & & \bullet & & e & & & & \\
 & \bullet & & \circ & \bullet & f & & & \\
\bullet & & & & & & g & & \\
\bullet & & \bullet & \bullet & \bullet & \circ & \bullet & h & \\
\bullet & & & \bullet & & \bullet & \bullet & \circ & i
\end{pmatrix}
\tag{8.27}
$$

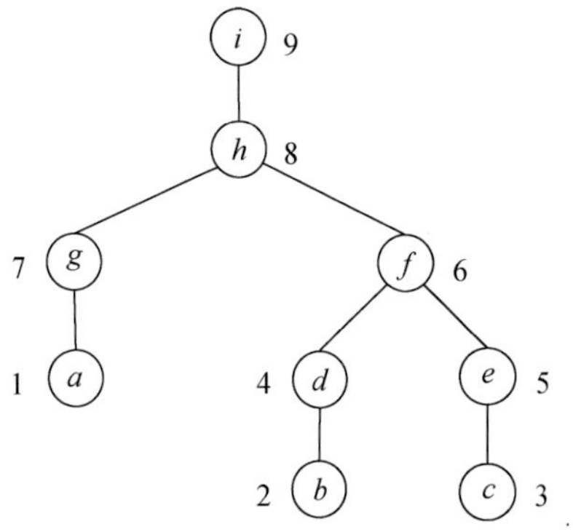

图 8.5　稀疏矩阵 $\boldsymbol{A}$ 及其 Cholesky 分解因子 $\boldsymbol{L}$ 对应的消去树

定义如下更新矩阵：

$$\bar{\boldsymbol{U}}_j = -\sum_{k \in \boldsymbol{T}[j]-\{j\}} \begin{pmatrix} l_{j,k} \\ l_{i_1,k} \\ \vdots \\ l_{i_r,k} \end{pmatrix} (l_{j,k} \quad l_{i_1,k} \quad \cdots \quad l_{i_r,k}) \tag{8.28}$$

式中，$\boldsymbol{T}[j]$ 包含消去树中节点 j 及其所有子节点；i_0，i_1，…，i_r 为矩阵分解因子 $\boldsymbol{L}$ 中第 j 列非零元素的行号（假设第 j 列有 r 个非零元素），且 $i_0=j$。由式(8.28)，可以定义如下波前矩阵，即

$$\boldsymbol{F}_j = \begin{pmatrix} a_{j,j} & a_{j,i_1} & \cdots & a_{j,i_r} \\ a_{i_1,j} & & & \\ \vdots & & 0 & \\ a_{i_r,j} & & & \end{pmatrix} + \bar{\boldsymbol{U}}_j \tag{8.29}$$

表 8.9 给出基于波前的 Cholesky 分解算法（Liu，1992）。

表 8.9　基于波前的 Cholesky 分解算法

for column j: $=1$ to n do

　Let j, i_1, …, i_r be the locations of nonzeros in $\boldsymbol{L}_{*,j}$;

　Let c_1, …, c_s be the children of j in the elimination tree;

　Form the update matrix $\bar{\boldsymbol{U}}_j = \boldsymbol{U}_{c_1}(+)\cdots(+)\boldsymbol{U}_{c_s}$，其中(+)表示扩充叠加；

　Form the jth frontal matrix

$$\boldsymbol{F}_j := \begin{pmatrix} a_{j,j} & a_{j,i_1} & \cdots & a_{j,i_r} \\ a_{i_1,j} & & & \\ \vdots & & 0 & \\ a_{i_r,j} & & & \end{pmatrix} + \bar{\boldsymbol{U}}_j;$$

　Factor $\boldsymbol{F}_j$ into

续表

$$F_j=\begin{pmatrix} l_{j,j} & 0 \\ l_{i_1,j} & 0 \\ \vdots & \\ l_{i_r,j} & I \end{pmatrix}\begin{pmatrix} 1 & 0 \\ & \\ & \\ 0 & U_j \end{pmatrix}\begin{pmatrix} l_{j,j} & l_{i_1,j} & \cdots & l_{i_r,j} \\ & & & \\ & & & \\ 0 & & & I \end{pmatrix} \text{ with}$$

$$U_j=-\sum_{k\in T[j]}\begin{pmatrix} l_{i_1,k} \\ \vdots \\ l_{i_r,k} \end{pmatrix}(l_{i_1,k}\ \ \cdots\ \ l_{i_r,k}).$$

end for

为了进一步展示表 8.9 中算法实现的细节，以式(8.27)和图 8.5 中矩阵的 F_6 为例进行说明。这里只有四个贡献列 $L_{*,2}$、$L_{*,3}$、$L_{*,4}$ 和 $L_{*,5}$，构成更新矩阵 U_6 的子树。节点 6 只有两个子节点 4 和 5，因此 F_6 可以利用 $A_{*,6}$ 和两个更新矩阵 U_4 和 U_5 构建。矩阵 U_4 包含第 2 和第 4 列对 F_6 的更新贡献，而 U_5 包含第 3 和第 5 列的贡献，即

$$U_4=-\begin{pmatrix} l_{62} \\ 0 \\ 0 \end{pmatrix}(l_{62}\quad 0\quad 0)-\begin{pmatrix} l_{64} \\ l_{84} \\ l_{94} \end{pmatrix}(l_{64}\quad l_{84}\quad l_{94})$$

$$U_5=-\begin{pmatrix} 0 \\ l_{83} \end{pmatrix}(0\quad l_{83})-\begin{pmatrix} l_{65} \\ l_{85} \end{pmatrix}(l_{65}\quad l_{85})$$

由于 F_6 的下标集和 $U_4(+)U_5$ 是一致的，可以容易看出 $\bar{U}_6=U_4(+)U_5$。在实际计算中需要先对矩阵 A 进行深度优先搜索–后序遍历，由此式(8.27)中的结构变为

$$\bar{A}=\begin{matrix}1\\2\\3\\4\\5\\6\\7\\8\\9\end{matrix}\begin{pmatrix}
a & \bullet & & & & & & \bullet & \bullet \\
\bullet & g & & & & & & \bullet & \bullet \\
& & b & \bullet & & & \bullet & & \\
& & \bullet & d & & & & \bullet & \bullet \\
& & & & c & \bullet & & \bullet & \\
& & & & \bullet & e & \bullet & \bullet & \\
& & \bullet & & & \bullet & f & & \bullet \\
\bullet & \bullet & & \bullet & \bullet & \bullet & & h & \\
\bullet & \bullet & & \bullet & & & \bullet & & i
\end{pmatrix}\qquad
\bar{L}=\begin{matrix}1\\2\\3\\4\\5\\6\\7\\8\\9\end{matrix}\begin{pmatrix}
a & & & & & & & & \\
\bullet & g & & & & & & & \\
& & b & & & & & & \\
& & \bullet & d & & & & & \\
& & & & c & & & & \\
& & & & \bullet & e & & & \\
& & \bullet & \circ & & \bullet & f & & \\
\bullet & \bullet & & \bullet & \bullet & \bullet & \circ & h & \\
\bullet & \bullet & & \bullet & & & \bullet & \circ & i
\end{pmatrix}\qquad(8.30)$$

对应的消去树见图 8.6，而分解过程中波前矩阵和更新矩阵的存储结构如图 8.7 所示。

2. 基于超节点的多波前法

为使波前方法适合并行计算，Duff 和 Reid(1983)提出多波前分解技术，后经过 Liu(1992)进一步改进。虽然多波前法是由波前法发展而来，但其提供了一种更通用的直接分解框架，可用于对称非正定和非对称系统的求解。目前多波前法的主流思想是依据超节点法构建的。

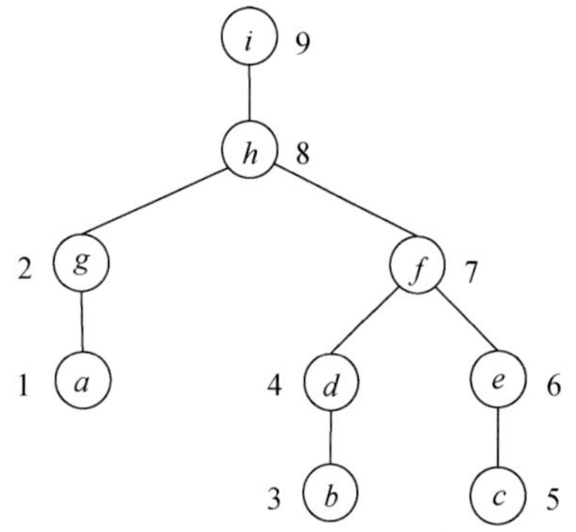

图 8.6　经过深度优先搜索-后序排列的稀疏矩阵 $\bar{\boldsymbol{A}}$ 及其 Cholesky 因子 $\bar{\boldsymbol{L}}$ 对应的消去树

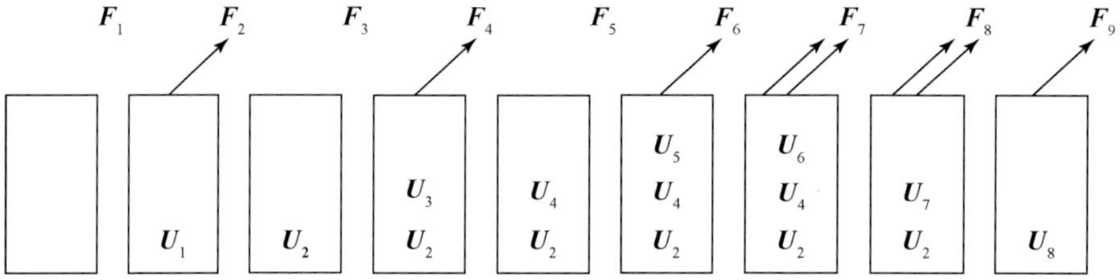

图 8.7　图 8.6 中矩阵分解过程中的堆栈分配

多波前法将分解一个大型稀疏矩阵的任务划分为一系列子任务完成，每个子任务包含对一个较小的密实波前矩阵进行分解，即

$$\boldsymbol{F}_1 \Rightarrow \boldsymbol{L}_{*,1},\ \boldsymbol{F}_2 \Rightarrow \boldsymbol{L}_{*,2},\ \cdots,\ \boldsymbol{F}_n \Rightarrow \boldsymbol{L}_{*,n}$$

则图 8.6 中矩阵的组装/分解树的结构如图 8.8 所示。

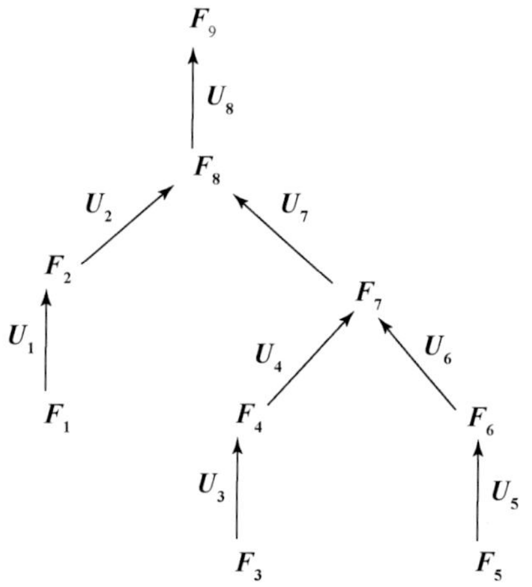

图 8.8　图 8.6 中矩阵的组装/分解树结构

根据 8.3.1 节中对超节点的定义，图 8.6 中矩阵的超节点消去树结构如图 8.9 所示。

由图 8.9 可以看出，图 8.6 中矩阵的超节点消去树包含 6 个超节点，即{1，2}，{3}，{4}，{5}，{6}，{7，8，9}。当然，也可以不利用邻近性条件来构建超节点，可参考相关文献，这里不作讨论。

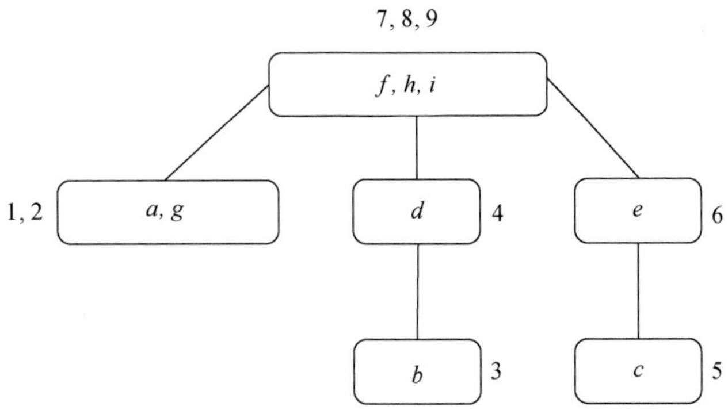

图 8.9　图 8.6 中矩阵对应的超节点消去树

假设 $S=\{j, j+1, \cdots, j+t\}$ 为超节点，而 $j+t, i_1, \cdots, i_r$ 是 $L_{*, j+t}$ 中非零元的行下标，则与 S 相关的超节点波前矩阵 $\tilde{F}_j$ 定义为

$$\tilde{F}_j=\begin{pmatrix} a_{j,j} & a_{j,j+1} & \cdots & a_{j,j+t} & a_{j,i_1} & \cdots & a_{j,i_r} \\ a_{j+1,j} & a_{j+1,j+1} & \cdots & a_{j+1,j+t} & a_{j+1,i_1} & \cdots & a_{j+1,i_r} \\ & & \cdots & & & & \\ a_{j+t,j} & a_{j+t,j+1} & \cdots & a_{j+t,j+t} & a_{j+t,i_1} & \cdots & a_{j+t,i_r} \\ a_{i_1,j} & a_{i_1,j+1} & \cdots & a_{i_1,j+t} & & & \\ & & \cdots & & & 0 & \\ a_{i_r,j} & a_{i_r,j+1} & \cdots & a_{i_r,j+t} & & & \end{pmatrix}+\tilde{U}_j \tag{8.31}$$

其中，

$$\tilde{U}_j=-\sum_{\substack{k\in T[j+t]\\ -\{j,\cdots,j+t\}}}\begin{pmatrix} l_{j,k} \\ l_{j+1,k} \\ \vdots \\ l_{j+t,k} \\ l_{i_1,k} \\ \vdots \\ l_{i_r,k} \end{pmatrix}\begin{pmatrix} l_{j,k} & l_{j+1,k} & \cdots & l_{j+t,k} & l_{i_1,k} & \cdots & l_{i_r,k} \end{pmatrix} \tag{8.32}$$

从新的超节点消去树和波前矩阵及更新矩阵的定义出发，表 8.10 给出了基于超节点多波前的 Cholesky 分解算法(Liu，1992)。基于多波前方法的主流直接分解库有 MUMPS 和 PSPASES 等，下文以 MUMPS 为例说明此类技术的使用方法。

3. MUMPS 在 Windows 7 和 Visual Studio+Intel Fortran 环境下的安装及配置

本节介绍 MUMPS 在 Windows 7 环境下的使用方法，亦可供其他 Windows 版本参考。关于 MUMPS 在 Linux 下的使用方法请参考相关说明书。

表 8.10 基于超节点多波前的 Cholesky 分解法

Initialize a stack of full triangular matrices

for each supernode $\boldsymbol{S}$ in increasing order of first column subscript do

let $\boldsymbol{S}=\{j,\ j+1,\ \cdots,\ j+t\}$

let $j+t,\ i_1,\ \cdots,\ i_r$ be the locations of nonzeros in $\boldsymbol{L}_{*,j+t}$;

$$\tilde{\boldsymbol{F}}_j=\begin{pmatrix} a_{j,j} & a_{j,j+1} & \cdots & a_{j,j+t} & a_{j,i_1} & \cdots & a_{j,i_r} \\ a_{j+1,j} & a_{j+1,j+1} & \cdots & a_{j+1,j+t} & a_{j+1,i_1} & \cdots & a_{j+1,i_r} \\ & & \cdots & & & & \\ a_{j+t,j} & a_{j+t,j+1} & \cdots & a_{j+t,j+t} & a_{j+t,i_1} & \cdots & a_{j+t,i_r} \\ a_{i_1,j} & a_{i_1,j+1} & \cdots & a_{i_1,j+t} & & & \\ & & \cdots & & & 0 & \\ a_{i_r,j} & a_{i_r,j+1} & \cdots & a_{i_r,j+t} & & & \end{pmatrix};$$

nchildren: =No. of children of $\boldsymbol{S}$ in supernodal elimination tree;

for $c=1$ to *nchildren* do

Pop an update matrix $\boldsymbol{U}$ from the stack and form $\tilde{\boldsymbol{F}}_j:=\tilde{\boldsymbol{F}}_j(+)\boldsymbol{U}$

end for;

Perform $t+1$ steps of elimination on $\tilde{\boldsymbol{F}}_j$ to give the factor columns $\boldsymbol{L}_{*,j}$, $\cdots$, $\boldsymbol{L}_{*,j+t}$ and $\boldsymbol{U}_{j+t}$;

Push the update matrix $\boldsymbol{U}_{j+t}$ into the stack

end for

(1)下载 MUMPS 源代码(http://graal. ens- lyon. fr/MUMPS),现有 4. 8. 0 和 4. 10. 0 版本。

(2)下载 WinMUMPS 工具包(http://sourceforge. net/projects/winmumps/),支持 VS2005 和 VS2010。

(3)安装 Visual Studio(http://www. microsoft. com/visualstudio/en- us/products/2010-editions/visual-cpp-expres)和 Intel Visual Fortran Composer XE for Windows(http://software. intel. com/en-us/articles/intel-software-evaluation-center/)。

(4)安装 python(http://www. python. org/getit/releases/2. 6/)。

(5)解压 WinMUMPS,复制 MUMPS 源代码到目录 D:\WinMUMPS\MUMPS_4. 10. 0;建立目录 D:\WinMUMPS\output。

(6)打开命令输入窗口,将路径切换到 D:\WinMUMPS\,执行 winmumps_generator. py-winmumpsdir=D:\WinMUMPS\output-mumpsdir=D:\WinMUMPS\MUMPS_4. 10. 0-msvc=10-intelfortran=9。Fortran 编辑器的版本自动转换。

(7)编译 D:\WinMUMPS\output 下所有工程(共有 5 个 fortran 工程-*. vfproj 和 7 个 Visual Studio c++工程-*. vcproj)。所有生产的库均存入 D:\WinMUMPS\MUMPS_4. 10. 0\lib\Debug\Win32\路径下。Release 版本需要选择对应的 VS 编译选项。

(8)建立路径 D:\MUMPS_test 并将所有生成的库复制过来,同时复制 D:\WinMUMPS\MUMPS_4. 10. 0 下的 cmumps_c. h 文件、D:\WinMUMPS\MUMPS_4. 10. 0\libseq 下的 mpi. h 文件和 csimpletest. f 文件。将所有 Intel\ libs 下的库复制过来。

(9)环境设置：libraries used：libseq_c. lib libseq_fortran. lib cmumps_fortran. lib pord_c. lib mumps_common_c. lib。

(10)编译程序。

4. MUMPS 多波前求解器应用方法

MUMPS 多波前求解器的控制参数较多，本节简单介绍如何利用它求解方程组。MUMPS 求解过程主要包括如下三个阶段。

(1)分析阶段：分析矩阵结构，设计分解步骤。

(2)分解阶段：对矩阵进行直接分解，并将分解后的结果存于内存中或硬盘上。

(3)求解阶段：根据给定的右端项求解方程组。

MUMPS 的求解过程由 JOB 参数控制，共有 8 个可设定值：

- JOB=-1，建立求解过程；
- JOB=-2，销毁求解过程；
- JOB=1，进入分析阶段；
- JOB=2，进入分解阶段；
- JOB=3，进入求解阶段；
- JOB=4，(JOB=1) + (JOB=2)；
- JOB=5，(JOB=2) + (JOB=3)；
- JOB=6，(JOB=1) + (JOB=2) + (JOB=3)

5. Fortran 环境下使用 MUMPS 求解方程范例

设待求解方程组 $\boldsymbol{Ax}=\boldsymbol{b}$ 中的系数矩阵 $\boldsymbol{A}$ 和右端项 $\boldsymbol{b}$ 分别为

$$\boldsymbol{A}=\begin{pmatrix} 2 & 3 & 4 & & \\ 3 & & -3 & & 6 \\ & -1 & 1 & 2 & \\ & & 2 & & \\ & 4 & & & 1 \end{pmatrix},\quad \boldsymbol{b}=\begin{pmatrix} 20 \\ 24 \\ 9 \\ 6 \\ 13 \end{pmatrix}$$

运行如下程序：

```
!   * * * * * * * * * * * * * * * * * * * * * * * * * * * * * * * * * * * * * * * * *
!   This file is part of MUMPS 4.10.0,built on Tue May 10 12:56:32 UTC 2011
!       PROGRAM MUMPS_TEST
      IMPLICIT NONE
      INCLUDE 'mpif.h'
      INCLUDE 'cmumps_struc.h'
      TYPE(CMUMPS_STRUC)mumps_par
      INTEGER IERR,I
      CALL MPI_INIT(IERR)
!   Define a communicator for the package.
      mumps_par%COMM=MPI_COMM_WORLD
```

```
!   Initialize an instance of the package
!   for LU factorization(sym=0,with working host)
     mumps_par%JOB=-1
     mumps_par%SYM=0
     mumps_par%PAR=1
     CALL CMUMPS(mumps_par)
!   Define problem on the host(processor 0)
     OPEN(5,file="input_simpletest_cmplx")
     IF( mumps_par%MYID.eq. 0 )THEN
       READ(5,* )mumps_par%N
       READ(5,* )mumps_par%NZ
       ALLOCATE( mumps_par%IRN( mumps_par%NZ ))
       ALLOCATE( mumps_par%JCN( mumps_par%NZ ))
       ALLOCATE( mumps_par%A( mumps_par%NZ ))
       ALLOCATE( mumps_par%RHS( mumps_par%N  ))
       DO I=1,mumps_par%NZ
         READ(5,* )mumps_par%IRN(I),mumps_par%JCN(I),mumps_par%A(I)
       END DO
       DO I=1,mumps_par%N
         READ(5,* )mumps_par%RHS(I)
       END DO
     END IF
     CLOSE(5)
!   Call package for solution
     mumps_par%JOB=6
     CALL CMUMPS(mumps_par)
!   Solution has been assembled on the host
     IF( mumps_par%MYID.eq. 0 )THEN
       WRITE( 6,*  )' Solution is',(mumps_par%RHS(I),I=1,mumps_par%N)
     END IF
!   Deallocate user data
     IF( mumps_par%MYID.eq. 0 )THEN
       DEALLOCATE( mumps_par%IRN )
       DEALLOCATE( mumps_par%JCN )
       DEALLOCATE( mumps_par%A   )
       DEALLOCATE( mumps_par%RHS )
     END IF
!   Destroy the instance(deallocate internal data structures)
     mumps_par%JOB=-2
     CALL CMUMPS(mumps_par)
     CALL MPI_FINALIZE(IERR)
     STOP
```

```
    END
!   * * * * * * * * * * * * * * * * * * * * * * * * * * * * * * * * * * * * * * * * *
```

则输出结果为：$\boldsymbol{x}=(1, 2, 3, 4, 5)^{\mathrm{T}}$。

input_simpletest_cmplx 文件格式：

```
5                           : N
12                          : NZ
1  2  (3.0, 0.0)
2  3  (-3.0, 0.0)
4  3  (2.0, 0.0)
5  5  (1.0, 0.0)
2  1  (3.0, 0.0)
1  1  (2.0, 0.0)
5  2  (4.0, 0.0)
3  4  (2.0, 0.0)
2  5  (6.0, 0.0)
3  2  (-1.0, 0.0)
1  3  (4.0, 0.0)
3  3  (1.0, 0.0)            : A
(20.0, 0.0)
(24.0, 0.0)
(9.0, 0.0)
(6.0, 0.0)
(13.0, 0.0)                 : RHS
```

8.3.4　主流直接求解软件简介

表 8.11 给出了目前主流的直接求解软件及相关特性。其中，数字 2 代表 LDL^{T} 分解采用 2×2 块旋转，否则为 1。s 代表共享内存，d 代表分布式存储，而 g 代表 GPU 加速技术。表 8.12 给出了主流直接求解软件的作者、参考文献和获得方式，供大家参考。

表 8.11　主流直接求解软件特性(参考 Davis et al., 2016)

软件包	LU	Cholesky	LDL_T	QR	complex	minimum degree	nested dissection	block triangular	profile	parallel	out-of-core	MATLAB	方法
BCSLIB-EXT	×	×	2	×	×	×	×	—	—	s	×	—	multifrontal
BSMP	×	—	—	—	—	—	—	—	—	—	—	—	up-looking
CHOLMOD	—	×	1	—	×	×	×	—	—	sg	—	×	left-looking supernodal

续表

软件包	LU	Cholesky	LDL_T	QR	complex	minimum degree	nested dissection	block triangular	profile	parallel	out-of-core	MATLAB	方法
CSparse	×	×	—	×	×	×	—	×	—	—	—	×	various
DSCPACK	—	×	1	—	—	×	×	—	—	d	—	—	multifrontal w/selected inversion
Elemental	—	—	1	—	×	—	—	—	—	d	—	—	supernodal
ESSL	×	×	—	—	—	×	—	—	—	—	—	—	various
GPLU	×	—	—	—	×	—	—	—	—	—	—	×	left-looking
IMSL	×	×	—	—	—	×	—	—	—	—	—	—	various
KLU	×	—	—	—	×	×	—	×	—	—	—	×	left-looking
LDL	—	×	1	—	—	—	—	—	—	—	—	×	up-looking
MA38	×	—	—	—	×	×	—	×	—	—	—	—	unsymmetric multifrontal
MA41	×	—	—	—	—	×	—	—	—	s	—	—	multifrontal
MA42,MA43	×	—	—	—	×	—	—	—	×	—	×	—	frontal
HSL_MP42,43	×	—	—	—	×	—	—	—	×	sd	×	—	frontal(multiple fronts)
MA46	×	—	—	—	—	×	—	—	—	—	—	—	finite-element multifrontal
MA47	—	×	2	—	×	×	—	—	—	—	—	—	multifrontal
MA48,HSL_MA48	×	—	—	—	×	×	—	×	—	—	—	×	right-looking Markowitz
HSL_MP48	×	—	—	—	—	×	—	×	—	d	×	—	parallel right-looking Markowitz
MA49	—	—	—	×	—	×	—	×	—	s	—	—	multifrontal
MA57,HSL_MA57	—	×	2	—	×	×	×	—	—	—	—	×	multifrontal
MA62,HSL_MP62	—	×	—	—	×	—	—	—	×	d	×	—	frontal
MA67	—	×	2	—	—	×	—	—	—	—	—	—	right-looking Markowitz
HSL_MA77	—	×	2	—	—	—	—	—	—	—	×	—	finite-element multifrontal
HSL_MA78	×	—	—	—	—	—	—	—	—	—	×	—	finite-element multifrontal
HSL_MA86,87	—	×	2	—	×	—	—	—	—	s	—	×	supernodal
HSL_MA97	—	×	2	—	×	×	×	—	—	s	—	×	multifrontal
Mathematica	×	×	—	—	×	×	×	×	—	—	—	—	various
MATLAB	×	×	×	×	×	×	—	×	×	—	—	×	various
Meschach	×	×	2	—	—	×	—	—	—	—	—	—	right-looking
MUMPS	×	×	2	—	×	×	×	—	—	d	—	×	multifrontal
NAG	×	×	—	—	×	×	—	—	—	—	—	—	various
NSPIV	×	—	—	—	—	—	—	—	—	—	—	—	up-looking
Oblio	—	×	2	—	×	×	×	—	—	—	×	—	left,right,multifrontal

续表

软件包	LU	Cholesky	LDL_T	QR	complex	minimum degree	nested dissection	block triangular	profile	parallel	out-of-core	MATLAB	方法
Pardiso	×	×	2	—	×	×	×	—	—	sd	×	×	left/right supernodal
PaStiX	×	×	1	—	×	×	×	—	—	d	—	—	left-looking supernodal
PSPASES	—	×	—	—	—	—	×	—	—	d	—	—	multifrontal
QR_MUMPS	—	—	—	×	×	×	×	—	—	sg	—	—	multifrontal
Quern	—	—	—	×	—	—	—	—	×	—	—	×	row-Givens
S+	×	—	—	—	—	—	—	—	—	d	—	—	right-looking supernodal
Sparse 1.4	×	—	—	×	×	×	—	—	—	—	—	—	right-looking Markowitz
SPARSPAK	×	×	—	—	—	×	×	—	×	—	—	—	left-looking
SPOOLES	×	×	2	—	×	×	×	—	—	sd	—	—	left-looking, multifrontal
SPRAL SSIDS	—	×	2	—	—	—	×	—	—	g	—	—	multifrontal
SuiteSparseQR	—	—	—	—	×	×	×	—	—	sg	—	×	multifrontal
SuperLLT	—	×	—	—	—	×	—	—	—	—	—	—	left-looking supernodal
SuperLU	×	—	—	—	×	×	—	—	—	—	—	×	left-looking supernodal
SuperLU_DIST	×	—	—	—	×	×	—	—	—	d	—	—	right-looking supernodal
SuperLU_MT	×	—	—	—	—	×	—	—	—	s	—	—	left-looking supernodal
TAUCS	×	×	1	—	×	×	×	—	—	s	×	—	left-looking, multifrontal
UMFPACK	×	—	—	—	×	×	—	—	—	—	—	×	multifrontal
WSMP	×	×	1	—	×	×	×	×	—	sd	—	—	multifrontal
Y12M	×	—	—	—	—	×	—	—	—	—	—	—	right-looking Markowitz
YSMP	×	×	—	—	—	×	—	—	—	—	—	—	left-looking(transposed)

表 8.12　主流直接求解软件作者、参考文献和获得方式(参考 Davis et al., 2016)

软件包	参考文献及来源
BCSLIB-EXT	Ashcraft(1995), Ashcraft 等(1998a, 1998b), Pierce 和 Lewis(1997), aanalytics. com
BSMP	Bank 和 Smith(1987), www. netlib. org/linalg/bsmp. f
CHOLMOD	Chen 等(2008), suitesparse. com
CSparse	Davis(2006), suitesparse. com
DSCPACK	Heath 和 Raghavan(1995, 1997) Raghavan(2002), www. cse. psu. edu/ ~ raghavan. Also CAPSS.
Elemental	Poulson, libelemental. org
ESSL	www. ibm. com

续表

软件包	参考文献及来源
GPLU	Gilbert 和 Peierls(1988), www. mathworks. com
IMSL	www. roguewave. com
KLU	Davis 和 Natarajan(2010), suitesparse. com
LDL	Davis(2005), suitesparse. com
MA38	Davis 和 Duff(1997), www. hsl. rl. ac. uk/catalogue/
MA41	Amestoy 和 Duff(1989), www. hsl. rl. ac. uk/catalogue/
MA42, MA43	Duff 和 Scott(1996), www. hsl. rl. ac. uk. Successor to MA32.
HSL_ MP42, HSL_ MP43	Scott(2001a, 2001b, 2003), www. hsl. rl. ac. uk. Also MA52 和 MA72. https://www. hsl. rl. ac. uk/catalogue/hsl_ mp43. html
MA46	Damhaug 和 Reid(1996), www. hsl. rl. ac. uk/catalogue/
MA47	Duff 和 Reid(1996b), www. hsl. rl. ac. uk/catalogue/
MA48, HSL_ MA48	Duff 和 Reid(1996a), www. hsl. rl. ac. uk/catalogue/, Successor to MA28.
HSL_ MP48	Duff 和 Scott(2004), www. hsl. rl. ac. uk/catalogue/
MA49	Amestoy 等(1996), www. hsl. rl. ac. uk/catalogue/
MA57, HSL_ MA57	Duff(2004), www. hsl. rl. ac. uk/catalogue/
MA62, HSL_ MP62	Duff 和 Scott(1999), Scott(2003), www. hsl. rl. ac. uk/catalogue/
MA67	Duff(1991), www. hsl. rl. ac. uk/catalogue/
HSL_ MA77	Reid 和 Scott(2009b), www. hsl. rl. ac. uk/catalogue/
HSL_ MA78	Reid 和 Scott(2009a), www. hsl. rl. ac. uk/catalogue/
HSL_ MA86, HSL_ MA87	Hogg 和 Scott(2013), Hogg 等(2016), www. hsl. rl. ac. uk/catalogue/ https://www. hsl. rl. ac. uk/catalogue/hsl_ ma87. html
HSL_ MA97	Hogg 和 Scott(2013), www. hsl. rl. ac. uk/catalogue/
Mathematica	Wolfram, Inc. (2023), www. wolfram. com
MATLAB	Gilbert 和 Schreiber(1992), www. mathworks. com
Meschach	Stewart 和 Leyk(1994), www. netlib. org/c/meschach
MUMPS	Amestoy 等(2000), Amestoy 等(2001), Amestoy 等(2006), www. enseeiht. fr/apo/MUMPS
NAG	www. nag. com
NSPIV	Sherman(1978a, 1978b), www. netlib. org/toms/533
Oblio	Dobrian 等(2000), Dobrian 和 Pothen(2006), www. cs. purdue. edu/homes/apothen
Pardiso	Schenk 等(2000), Schenk 和 Gärtner(2004), www. pardiso-project. org
PaStiX	Hénon 等(2002), www. labri. fr/ ~ ramet/pastix
QR_ MUMPS	Buttari(2013), buttari. perso. enseeiht. fr/qr mumps
PSPASES	Gupta 等(1997), www. cs. umn. edu/ ~ mjoshi/pspases
Quern	Bridson, www. cs. ubc. ca/ ~ rbridson/quern
S+	Fu 等(1998), Shen 等(2000), www. cs. ucsb. edu/projects/s+

续表

软件包	参考文献及来源
Sparse 1.4	Kundert(1986), sparse. sourceforge. net
SPARSPAK	Chu 等(1984), George 和 Liu(1979, 1981, 1999), www. cs. uwaterloo. ca/ ~ jageorge
SPOOLES	Ashcraft 和 Grimes(1999), www. netlib. org/linalg/spooles
SPRAL SSIDS	Hogg 等(2016), www. numerical. rl. ac. uk/spral
SuiteSparseQR	Davis 等(2018), Foster 和 Davis(2013), suitesparse. com
SuperLLT	Ng 和 Peyton(1993), http://crd. lbl. gov/ ~ EGNg
SuperLU	Demmel 等(1999a), crd. lbl. gov/ ~ xiaoye/SuperLU
SuperLU_ DIST	Li 和 Demmel(2003), crd. lbl. gov/ ~ xiaoye/SuperLU
SuperLU_ MT	Demmel 等(1999b), crd. lbl. gov/ ~ xiaoye/SuperLU
TAUCS	Rotkin 和 Toledo(2004), www. tau. ac. il/ ~ stoledo/taucs
UMFPACK	Davis(2004a), Davis 和 Duff(1997, 1999), suitesparse. com
WSMP	Gupta(2002), Gupta 等(1997), www. cs. umn. edu/ ~ agupta/wsmp
Y12M	Zlatev 等(1981), www. netlib. org/y12m
YSMP	Eisenstat 等(1977, 1982)

8.4 小　结

在两类线性方程组求解方法中，迭代法一般只包含矩阵和向量乘积的计算，对内存需求较小，适合求解超大规模问题。然而，迭代法对方程条件数的要求较高，需要合适的预处理技术以保证其稳定收敛。近年来出现的高效预处理技术使得其可以用于千万级以上规模方程组的快速求解。直接求解法的基础是矩阵分解，进而利用高斯消去法获得最终解。该技术在矩阵分解之后将分解的矩阵存于内存或硬盘上，方便以后调用。对于电磁法正演问题，由于其源项信息位于方程组的右端，因此可以通过替换源项实现多源、多频或多时间道电磁问题的快速求解，是直接求解法较之于迭代法的主要优点之一。另外，直接求解法对方程组的条件数要求较低，适用于求解条件数较差的正演方程。与迭代法相比，直接求解法对内存需求较大，不适用于求解超大规模的问题，目前多用于两三百万未知数问题的求解。

参考文献

Amestoy P R, Duff I S. 1989. Vectorization of a multiprocessor multifrontal code. The International Journal of Supercomputing Applications, 3(3): 41-59.

Amestoy P R, Daydé M J, Duff I S. 1989. Use of Level-3 BLAS Kernels in the Solution of Full and Sparse Linear Equations. Amsterdam: High Performance Computing.

Amestoy P R, Duff I S, Puglisi C. 1996. Multifrontal QR factorization in a multiprocessor environment. Numerical Linear Algebra with Applications, 3(4): 275-300.

Amestoy P R, Duff I S, L'Excellent J Y. 2000. Multifrontal parallel distributed symmetric and unsymmetric solvers. Computer Methods in Applied Mechanics and Engineering, 184(2-4): 501-520.

Amestoy P R, Duff I S, L'Excellent J Y, et al. 2001. A fully asynchronous multifrontal solver using distributed. dynamic scheduling. SIAM Journal on Matrix Analysis and Applications, 23(1): 15-41.

Amestoy P R, Guermouche A, L'Excellent J Y, et al. 2006. Hybrid scheduling for the parallel solution of linear systems. Parallel Computing, 32(2): 136-156.

Ashcraft C. 1995. Compressed graphs and the minimum degree algorithm. SIAM Journal on Scientific Computing, 16(6): 1404-1411.

Ashcraft C, Liu J W H. 1998a. Applications of the Dulmage-Mendelsohn decomposition and network flow to graph bisection improvement. SIAM Journal on Matrix Analysis and Applications, 19(2): 325-354.

Ashcraft C, Liu J W H. 1998b. Robust ordering of sparse matrices usingmultisection. SIAM Journal on Matrix Analysis and Applications, 19(3): 816-832.

Ashcraft C, Grimes R G. 1999. Spooles: An Object-oriented Sparse Matrix Library. Proceedings of 9th SIAM Conference on Parallel Processing for Scientific Computing.

Bank R E, Smith R K. 1987. General sparse elimination requires no permanent integer storage. SIAM Journal on Scientific and Statistical Computing, 8(4): 574-584.

Benzi M. 2002. Preconditioning techniques for large linear systems: A survey. Journal of Computational Physics, 182(2): 418-477.

Buttari A. 2013. Fine-grained multithreading for the multifrontal QR factorization of sparse matrices. SIAM Journal on Scientific Computing, 35(4): C323-C345.

Chen Y, Davis T A, Hager W W, et al. 2008. Algorithm 887: CHOLMOD, supernodal sparse Cholesky factorization and update/downdate. ACM Transactions on Mathematical Software, 35(3): 1-14.

Chu E, George A, Liu J W H, et al. 1984. SPARSPAK: Waterloo sparse matrix package, user's guide for SPARSPAK-A. https: //cs. uwaterloo. ca/research/tr/1984/CS-84-36. pdf[2023-4-15].

Damhaug A C, Reid J K. 1996. MA46: A Fortran code for direct solution of sparse unsymmetric linear systems of equations from finite-element applications. https: //www. numerical. rl. ac. uk/reports/drRAL96010. pdf [2023-4-15].

Davis T A. 2004a. Algorithm 832: UMFPACK V4.3, an unsymmetric- pattern multifrontal method. ACM Transactions on Mathematical Software, 30(2): 196-199.

Davis T A. 2004b. A column pre-ordering strategy for the unsymmetric- pattern multifrontal method. ACM Transactions on Mathematical Software, 30(2): 165-195.

Davis T A. 2005. Algorithm 849: A concise sparse Cholesky factorization package. ACM Transactions on Mathematical Software, 31(4): 587-591.

Davis T A. 2006. Direct Methods for Sparse Linear Systems. Philadelphia: SIAM.

Davis T A, Duff I S. 1997. An unsymmetric-pattern multifrontal method for sparse LU factorization. SIAM Journal on Matrix Analysis and Applications, 18(1): 140-158.

Davis T A, Duff I S. 1999. A combinedunifrontal /multifrontal method for unsymmetric sparse matrices. ACM Transactions on Mathematical Software, 25(1): 1-20.

Davis T A, Natarajan E P. 2010. Algorithm 907: KLU, a direct sparse solver for circuit simulation problems. ACM Transactions on Mathematical Software, 37(3): 1-17.

Davis T A, Rajamanickam S, Sid-Lakhdar W, et al. 2016. A survey of direct methods for sparse linear systems. Acta Numerica, 25: 383-566.

Davis T A, Rajamanickam S, Sid-Lakhdar W M. 2016. A survey of direct methods for sparse linear systems. Texas: A&M Univ.

Davis T A, Yeralan S, Ranka S, et al. 2018. User's Guide for SuiteSparseQR, a multifrontal multithreaded sparse QR factorization package (with optional GPU acceleration). https: //fossies. org/linux/SuiteSparse/SPQR/Doc/spqr_ user_ guide. pdf[2023-4-15].

Demmel J W, Eisenstat S C, Gilbert J R, et al. 1999a. A supernodal approach to sparse partial pivoting. SIAM Journal on Matrix Analysis and Applications, 20(3): 720-755.

Demmel J W, Gilbert J R, Li X S. 1999b. An asynchronous parallel supernodal algorithm for sparse Gaussian elimination. SIAM Journal Matrix Analysis and Application, 20(4): 915-952.

Dobrian F, Pothen A. 2006. Oblio: Design and performance In: Dongarra J, Madsen K, Wasniewski J. Applied parallel computing: State of the Art in Scientific Computing. Lecture Notes in Computer Science, vol 3732. Berlin, Heidelberg: Springer.

Dobrian F, Kumfert G K, Pothen A. 2000. The design of sparse direct solvers using object-oriented techniques In: Langtangen H P, Bruaset A M, Quak E. Advances in software tools for scientific computing. Lecture Notes in Computational Science and Engineering, vol 10. Berlin, Heidelberg: Springer.

Duff I S. 1986. Parallel implementation ofmultifrontal schemes. Parallel Computing, 3(3): 193-204.

Duff I S. 1991. Parallel algorithms for general sparse systems In: Spedicato E. Computer algorithms for solving linear algebraic equations. vol. 77 of NATO ASI Series. Berlin, Heidelberg: Springer.

Duff I S. 2004. MA57—a code for the solution of sparse symmetric definite and indefinite systems. ACM Transactions on Mathematical Software, 30(2): 118-144.

Duff I S, Reid J K. 1983. The multifrontal solution of indefinite sparse symmetric linear equations. ACM Transactions on Mathematical Software, 9(3): 302-325.

Duff I S, Reid J K. 1996a. The design of MA48: A code for the direct solution of sparse unsymmetric linear systems of equations. ACM Transactions on Mathematical Software, 22(2): 187-226.

Duff I S, Reid J K. 1996b. Exploiting zeros on the diagonal in the direct solution of indefinite sparse symmetric linear systems. ACM Transactions on Mathematical Software, 22(2): 227-257.

Duff I S, Scott J A. 1996. The design of a new frontal code for solving sparse, unsymmetric systems. ACM Transactions on Mathematical Software, 22(1): 30-45.

Duff I S, Scott J A. 1999. A frontal code for the solution of sparse positive definite symmetric systems arising from finite-element applications. ACM Transactions on Mathematical Software, 25(4): 404-424.

Duff I S, Scott J A. 2004. A parallel direct solver for large sparse highlyunsymmetric linear systems. ACM Transactions on Mathematical Software, 30(2): 95-117.

Eisenstat S C, Gursky M C, Schultz M H, et al. 1977. The Yale Sparse Matrix Package, II: The Non-symmetric Codes. New Haven: Yale University.

Eisenstat S C, Gursky M C, Schultz M H, et al. 1982. Yale Sparse Matrix Package, I: The symmetric codes. International Journal for Numerical Methods in Engineering, 18(8): 1145-1151.

Fletcher R. 1976. Conjugate gradient methods for indefinite systems In: Watson G A. Numerical Analysis, Lecture Notes in Mathematics. vol 506. Berlin, Heidelberg: Springer.

Foster L V, Davis T A. 2013. Algorithm 933: Reliable calculation of numerical rank, null space bases, pseudoinverse solutions and basic solutions using suitesparseQR. ACM Transactions on Mathematical Software, 40(1): 1-23.

Freund R W. 1993. Atranepose-free quasi-minimal residual algorithm for non-Hermitian linear systems. SIAM

Journal on Scientific Computing, 14(2): 470-482.

Freund R W, Nachtigal N M. 1991. QMR: A quasi-minimal residual method for non-Hermitian linear systems. Numerische Mathematik, 60(3): 315-339.

Fu C, Jiao X, Yang T. 1998. Efficient sparse LU factorization with partial pivoting on distributed memory architectures. IEEE Transactions on Parallel Distributed Systems, 9(2): 109-125.

George A, Liu J W H. 1979. The design of a user interface for a sparse matrix package. ACM Transactions on Mathematical Software, 5(2): 139-162.

George A, Liu J W H. 1981. Computer Solution of Large Sparse Positive Definite Systems. Englewood Cliffs: Prentice Hall.

George A, Liu J W H. 1999. An object-oriented approach to the design of a user interface for a sparse matrix package. SIAM Journal on Matrix Analysis and Applications, 20(4): 953-969.

Gilbert J R, Peierls T. 1988. Sparse partial pivoting in time proportional to arithmetic operations. SIAM Journal on Scientific and Statistical Computing, 9(5): 862-874.

Gilbert J R, Schreiber R. 1992. Highly parallel sparse Cholesky factorization. SIAM Journal on Scientific and Statistical Computing, 13(5): 1151-1172.

Greenbaum A. 1997. Iterative Methods for Solving Linear Systems. Philadelphia: SIAM.

Gupta A. 2002. Improved symbolic and numerical factorization algorithms forunsymmetric sparse matrices. SIAM Journal on Matrix Analysis and Applications, 24(2): 529-552.

Gupta A, Karypis G, Kumar V. 1997. Highly scalable parallel algorithms for sparse matrix factorization. IEEE Transactions on Parallel and Distributed Systems, 8(5): 502-520.

Heath M T, Raghavan P. 1995. A Cartesian parallel nested dissection algorithm. SIAM Journal on Matrix Analysis and Applications, 16(1): 235-253.

Heath M T, Raghavan P. 1997. Performance of a fully parallel sparse solver. International Journal of High Performance Computing Applications, 11(1): 49-64.

Hestenes M R, Stiefel E. 1952. Methods of conjugate gradients for solving linear systems. Journal of Research of the National Bureau of Standards, 49(6): 409-436.

Hogg J D, Scott J A. 2013. New parallel sparse direct solvers for multicore architectures. Algorithms, 6(4): 702-725.

Hogg J D, Ovtchinnikov E, Scott J A. 2016. A sparse symmetric indefinite direct solver for GPU architectures. ACM Transactions on Mathematical Software, 42(1): 1-25.

Hénon P, Ramet P, Roman J. 2002. PaStiX: A high-performance parallel direct solver for sparse symmetric definite systems. Parallel Computing, 28(2): 301-321.

Irons B M. 1970. A frontal solution program for finite element analysis. International Journal for Numerical. Methods in Engineering, 2(1): 5-32.

Kundert K S. 1986. Sparse matrix techniques and their applications to circuit simulation In: Ruehli A E. Circuit Analysis, Simulation and Design. New York: North-Holland.

Li X S, Demmel J W. 2003. Super_DIST: A scalable distributed-memory sparse direct solver for unsymmetric linear systems. ACM Transactions on Mathematical Software, 29 (2): 110-140.

Liu J W H. 1986. A compact row storage scheme for Cholesky factors using elimination trees. ACM Transactions on Mathematical Software, 12 (2): 127-148.

Liu J W H. 1987. An application of generalized tree pebbling to sparse matrix factorization. SIAM Journal on Algebraic Discrete Methods, 8 (3): 375-395.

Liu J W H. 1992. The multifrontal method for sparse matrix solution: Theory and practice. SIAM Review, 34 (1): 82-109.

Ng E G, Peyton B W. 1993. Block sparse Cholesky algorithms on advanced uniprocessor computers. SIAM Journal on Scientific Computing, 14 (5): 1034-1056.

Paige C C, Saunders M A. 1975. Solution of sparse indefinite systems of linear equations. SIAM Journal on Numerical Analysis, 12 (4): 617-629.

Paige C C, Saunders M A. 1982. LSQR: An algorithm for sparse linear equations and sparse least squares. ACM Transactions on Mathematical Software, 8 (1): 43-71.

Pearson J W, Pestana J. 2020. Preconditioners for Krylov subspace methods: An overview. GAMM - Mitteilungen, 43 (4): 1-35.

Pierce D J, Lewis J G. 1997. Sparse multifrontal rank revealing QR factorization. SIAM Journal on Matrix Analysis and Applications, 18 (1): 159-180.

Raghavan P. 2002. DSCPACK: Domain-separator codes for the parallel solution of sparse linear systems. http://www.cse.psu.edu/~pxr3/software.html [2023-4-15].

Reid J K, Scott J A. 2009a. An efficient out-of-coremultifrontal solver for large-scale unsymmetric element problems. International Journal for Numerical Methods in Engineering, 77 (7): 901-921.

Reid J K, Scott J A. 2009b. An out-of-core sparse Cholesky solver. ACM Transactions on Mathematical Software, 36 (2): 1-33.

Rotkin V, Toledo S. 2004. The design and implementation of a new out-of-core sparse Cholesky factorization method. ACM Transactions on Mathematical Software, 30 (1): 19-46.

Saad Y. 1981. Krylov subspace methods for solving large unsymmetric linear systems. Mathematics of Computation, 37 (155): 105-126.

Saad Y. 1993. A flexible inner-outer preconditioned GMRES algorithm. SIAM Journal on Scientific Computing, 14 (2): 461-469.

Saad Y. 2003. Iterative methods for sparse linear systems (2nd Edition). https://www-users.cse.umn.edu/~saad/IterMethBook_2ndEd.pdf [2023-4-15].

Saad Y, Schultz M H. 1986. GMRES: A generalized minimal residual algorithm for solving nonsymmetric linear. systems. SIAM Journal on Scientific and Statistical Computing, 7 (3): 856-869.

Schenk O, Gärtner K. 2004. Solving unsymmetric sparse systems of linear equations with PARDISO. Future Generation Computer Systems, 20 (3): 475-487.

Schenk O, Gärtner K, Fichtner W. 2000. Efficient sparse LU factorization with left-right looking strategy on shared memory multiprocessors. BIT Numerical Mathematics, 40 (1): 158-176.

Schreiber R. 1982. A new implementation of sparse Gaussian elimination. ACM Transactions on Mathematical Software, 8 (3): 256-276.

Scott J A. 2001a. The design of a portable parallel frontal solver for chemical process engineering problems. Computers & Chemical Engineering, 25 (11-12): 1699-1709.

Scott J A. 2001b. A parallel frontal solver for finite element applications. International Journal for Numerical Methods in Engineering, 50 (5): 1131-1144.

Scott J A. 2003. Parallel frontal solvers for large sparse linear systems. ACM Transactions on Mathematical Software, 29 (4): 395-417.

Shen K, Yang T, Jiao X. 2000. S^+: Efficient 2D sparse LU factorization on parallel machines. SIAM Journal on Matrix Analysis and Applications, 22 (1): 282-305.

Sherman A H. 1978a. Algorithm 533: NSPIV, a Fortran subroutine for sparse Gaussian elimination with partial pivoting. ACM Transactions on Mathematical Software, 4 (4): 391-398.

Sherman A H. 1978b. Algorithms for sparse Gaussian elimination with partial pivoting. ACM Transactions on Mathematical Software, 4 (4): 330-338.

Sonneveld P. 1989. CGS, a fast Lanczos-type solver for nonsymmetric linear systems. SIAM Journal on Scientific and Statistical Computing, 10 (1): 36-52.

Stewart D E, Leyk Z. 1994. Meschach: Matrix Computations in C. Canberra: The Australian National University.

Van der Vorst H A. 1992. Bi-CGSTAB: A fast and smoothly converging variant of Bi-CG for the solution of nonsymmetric linear systems. SIAM Journal on Scientific and Statistical Computing, 13 (2): 611-630.

Van der Vorst H A. 2003. Iterative Krylov Methods for Large Linear Systems. Cambridge: Cambridge University Press.

Yannakakis M. 1981. Computing the minimum fill- in is NP- complete. SIAM Journal on Algebraic Discrete Methods, 2 (1): 77-79.

Yeralan S N, Davis T A, Sid-Lakhdar W, et al. 2017. Algorithm 980: Sparse QR factorization on the GPU. ACM Transactions on Mathematical Software, 44 (2): 1-29.

Zlatev Z, Wasniewski J, Schaumburg K. 1981. Y12M Solution of Large and Sparse Systems of Linear Algebraic Equations. Berlin: Springer.

后　　记

本人回国前曾在国外连续工作 15 年，限于当时的工作条件和实际需求，一直将研究重点置于简单模型的电磁正反演模拟，没有太多机会从事三维电磁模拟研究。虽然对从事三维电磁正反演的地球物理同行充满敬仰、非常羡慕，也期待能有机会加入这个队伍，但很遗憾回国前一直没能实现这个愿望。2011 年回国后，立即着手组建电磁研究团队，并将三维电磁数值模拟设定为团队的重点研究方向。非常幸运的是，团队吸引了一批致力于三维电磁数值模拟的青年才俊，同时也得到了国内外同行的大力支持，多年来我从事三维电磁数值模拟的愿望才得以实现。

在三维电磁数值模拟涵盖的微分和积分两大类方法中，基于积分方程的电磁数值模拟方法较为单一，目前可研究的空间较小，近期难以看到新的发展方向。相比之下，微分类电磁数值模拟方法种类繁多，有限元法、有限差分法、有限体积法、谱元法进入百家争鸣的快速发展时期，各方法变种及混合算法层出不穷、各具特色。未来电磁数值模拟走向何方，哪些算法会成为主流方法，还会出现哪些新的算法，现在仍无法预测。然而，可以确信的是，虽然目前主流三维电磁模拟技术已发展相对成熟，但还远没有达到实用化的目标。未来三维电磁数值模拟将向着大尺度模型和局部结构精细刻画两个方向同步发展。只有那些计算效率和精度高、内存占用少、对网格依赖性小的算法才会有好的发展前景。另外，针对不同的应用场景，可能会采用不同的算法。可以预见如下这些研究将是未来三维电磁数值模拟的主流发展方向：①基于物理信息神经网络的电磁数值模拟；②针对大尺度模型的预处理技术和高效迭代解法；③基于多重网格的三维数值模拟方法；④基于高阶插值的电磁正演模拟技术；⑤吸收边界条件及在电磁数值模拟中的有效应用；⑥基于非共形网格的混合算法；⑦全球和卫星尺度三维电磁模拟技术；⑧粗糙介质、激电效应、震电效应等引起的分数阶微分算子或地震电磁耦合方程的离散求解技术；⑨四维（空间和时间）电磁正反演模拟技术；⑩并行技术及现有数值模拟方法有效应用于三维电磁数据反演并达到实用化等。

如前所述，电磁模拟技术是实现三维反演的关键所在，然而，没有高质量的三维数据，再好的模拟技术和反演手段也只是无米之炊。因此，未来广大地球物理工作者应高度关注三维电磁数据采集和处理，特别是原始数据流的精细处理，并在地质信息应用和建模、网格质量评估、时间递推、多尺度模型、求解器等相关技术领域进行广泛深入的研究。

地球物理电磁数值模拟进入三维时代，我国也已成为全球地球物理电磁数值模拟研发中心。各电磁研究团队成果丰硕、各具特色。虽然本书大部分内容集成了团队近年取得的最新研究成果，但有些研究仍是本团队较为薄弱的环节，期待相关团队能够及时发表最新研究成果，大家取长补短。同时也请广大读者积极关注国内外其他团队的最新研究成果。

最后，期待本书能够激发地球物理工作者对电磁三维模拟的兴趣，特别是能够引导广大青年学者积极投入到电磁三维数值模拟研究中，大家一起努力、共同推动我国三维电磁正反演模拟走向实用化，服务于国家能源和资源勘探、环境工程和地下水资源调查、城市地下空间勘探开发、地质灾害预测等领域的发展需求。

殷长春

2023 年 2 月于长春